Waldemar Koos

LS
Lineare Algebra mit analytischer Geometrie

LEISTUNGSKURS

LAMBACHER SCHWEIZER

Mathematisches Unterrichtswerk
für das Gymnasium

erarbeitet von
Manfred Baum
Detlef Lind
Hartmut Schermuly
Ingo Weidig
Peter Zimmermann

unter Mitwirkung von
Maximilian Selinka
Jörg Stark

Ernst Klett Verlag
Stuttgart Düsseldorf Leipzig

Bildquellenverzeichnis:

AKG, Berlin: S. 65 (oben links, unten links und rechts Mitte), 238.3 (Werner Forman), 240.1 (S. Domingie), 240.3, 240.4, 240.5, 241.3 – Bibliothèque municipale, Caen: S. 56 (links) – bpk, Berlin: S. 238.1 (Margarete Büsing) – Bosc *Alles, bloß das nicht* © 1982 by Diogenes Verlag AG, Zürich: S. 241.1 – Campus-Verlag, Frankfurt: S. 238.2 – Cartoon-Caricature-Contor, München: S. 241.2 (Ernesto Clusellas) – Descartes, R. (1637); La Geometrie, Leyden: S. 66 – Deutsches Museum, München: S. 21, 65 (links Mitte), 68, 69, 144, 171, 244 – dpa, Frankfurt: S. 234 – Focus, Hamburg: S. 28 (Goivaux/Rapho) – Rupert Hochleitner, München: S. 41 – Helga Lade Fotoagentur, Frankfurt/Main: S. 248 – Interfoto, München: S. 113 – H.-O. Peitgen, H. Jürgens, D. Saupe, „Bausteine des Chaos - Fraktale", Klett-Cotta/Springer-Verlag: S. 210 (unten rechts) – Mauritius, Stuttgart: S. 136 (Leblond), 166 (P. Freytag) – M. C. Escher's „Belvedere" © 2001 Cordon Art B. V. - Baarn - Holland: S. 241.4 – Moro, C., Stuttgart: S. 20, 56 (rechts), 170 – Scala group, Antella (Firenze): S. 238.4 – Staatliche Graphische Sammlung, München: S. 240.2 – Volker Steger, Stuttgart: S. 112 (unten) – Universitätsbibliothek, Basel: S. 18 – Werkstatt Fotografie, Stuttgart: S. 112 (oben) – Wilhelm-Schickard-Institut, Tübingen: S. 211 (mitte) – Württembergische Landesbibliothek, Stuttgart: S. 8

Nicht in allen Fällen war es uns möglich, den uns bekannten Rechtsinhaber ausfindig zu machen. Berechtigte Ansprüche werden selbstverständlich im Rahmen der üblichen Vereinbarungen abgegolten.

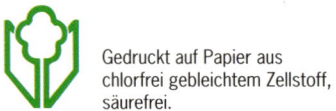

Gedruckt auf Papier aus chlorfrei gebleichtem Zellstoff, säurefrei.

1. Auflage   € A 1 10 9 8 7 6 | 2010 2009 2008 2007 2006

Alle Drucke dieser Auflage können im Unterricht nebeneinander benutzt werden, sie sind untereinander unverändert. Die letzte Zahl bezeichnet das Jahr dieses Druckes.
© Ernst Klett Verlag GmbH, Stuttgart 2001.
Alle Rechte vorbehalten.
Internetadresse: http://www.klett-verlag.de

Zeichnungen: Ulla Bartl, Weil der Stadt; Rudolf Hungreder, Leinfelden; Alfred Marzell, Schwäbisch Gmünd; Günter Schlierf, Neustadt a. Rbge.
Umschlaggestaltung: Alfred Marzell, Schwäbisch Gmünd.
DTP-Satz: topset Computersatz, Nürtingen.
Druck: Druckhaus Götz GmbH, 71636 Ludwigsburg. Printed in Germany.

ISBN 3-12-732340-9

Inhaltsverzeichnis

I Lineare Gleichungssysteme

1. Beispiele von linearen Gleichungssystemen   6
2. Das GAUSS-Verfahren zur Lösung von LGS   8
3. Lösungsmengen linearer Gleichungssysteme   11
4. Die Struktur der Lösungsmengen linearer Gleichungssysteme   14
5. Determinanten und CRAMER'sche Regel   18
6. Anwendungen linearer Gleichungssysteme   20
7. Vermischte Aufgaben   24

Mathematische Exkursionen
  Lineare Gleichungssysteme auf dem Computer   26
  Computertomographie   28

Kapitel I im Rückblick   30

II Vektoren

1. Der Begriff des Vektors in der Geometrie   32
2. Punkte und Vektoren im Koordinatensystem   35
3. Addition von Vektoren   39
4. Multiplikation eines Vektors mit einer Zahl   42
5. Vektorräume   47
6. Lineare Abhängigkeit und Unabhängigkeit von Vektoren   50
7. Beweise mithilfe von Vektoren   55
8. Basis und Dimension   58
9. Vermischte Aufgaben   62

Mathematische Exkursionen
  RENÉ DESCARTES – Mathematiker und Philosoph am Beginn einer neuen Zeit   65
  Raum und Zeit   68

Kapitel II im Rückblick   70

III Geraden und Ebenen

1. Vektorielle Darstellung von Geraden   72
2. Gegenseitige Lage von Geraden   76
3. Vektorielle Darstellung von Ebenen   81
4. Koordinatengleichungen von Ebenen   86
5. Zeichnerische Darstellung von Geraden und Ebenen   89
6. Gegenseitige Lage einer Geraden und einer Ebene   92
7. Gegenseitige Lage von Ebenen   97
8. Teilverhältnisse   102
9. Beweise zu Sätzen mit Teilverhältnissen   105
10. Vermischte Aufgaben   108

Mathematische Exkursionen
  Katzenaugen   112
  Vektor-Grafik – das Geheimnis von Computer-Zeichenprogrammen   113

Kapitel III im Rückblick   114

IV Längen, Abstände, Winkel

1. Betrag eines Vektors, Länge einer Strecke   116
2. Skalarprodukt von Vektoren, Größe von Winkeln   118
3. Eigenschaften der Skalarmultiplikation   124
4. Beweise mithilfe des Skalarproduktes   126
5. Verallgemeinerung des Skalarproduktes   130
6. Normalenform der Ebenengleichung   132

7 Orthogonalität von Geraden und Ebenen 136
8 Abstand eines Punktes von einer Ebene 142
9 Die HESSE'sche Normalenform 144
10 Abstand eines Punktes von einer Geraden 149
11 Abstand windschiefer Geraden 152
12 Schnittwinkel 155
13 Das Vektorprodukt 160
14 Vermischte Aufgaben 164
Mathematische Exkursionen
    Pythagoreische Quadrupel 169
    Aus der Geschichte der Vektorrechnung 170
Kapitel IV im Rückblick 172

V Geometrische Abbildungen und Matrizen

1 Geometrische Abbildungen und Abbildungsgleichungen 174
2 Affine Abbildungen 177
3 Darstellung affiner Abbildungen mithilfe von Matrizen 180
4 Matrixdarstellungen spezieller Kongruenz- und Ähnlichkeitsabbildungen 184
5 Verketten von affinen Abbildungen, Multiplikation von Matrizen 186
6 Umkehrabbildungen – Determinanten von Abbildungen 188
7 Eigenwerte und Eigenvektoren 192
8 Achsenaffinitäten 194
9 Geometrische Klassifikation affiner Abbildungen mit dem Fixpunkt O 196
10 Normalformen von affinen Abbildungen mit dem Fixpunkt O 201
11 Parallelprojektionen 204
12 Vermischte Aufgaben 208
Mathematische Exkursionen
    Iterierte Funktionensysteme – Verfahren, um komplexe Bilder zu generieren 210
Kapitel V im Rückblick 212

VI Prozesse und Matrizen

1 Beschreibung von Prozessen durch Matrizen 214
2 Zweistufige Prozesse und Multiplikation von Matrizen 218
3 Austauschprozesse und stationäre Verteilungen 220
4 Iterationen und Grenzmatrizen 223
5 Stochastische Matrizen 227
6 Algebra quadratischer Matrizen 231
Mathematische Exkursionen
    Input-Output-Analyse 234
Kapitel VI im Rückblickk 236

Anregungen für Projekte
    Perspektive in der Kunst 238
    Komplexe Zahlen und Quaternionen 242
Aufgaben zur Vorbereitung des schriftlichen Abiturs 246
Aufgaben zur Vorbereitung des mündlichen Abiturs 250
Lösungen zu den Aufgaben zum Üben und Wiederholen 252
Register 255

Zum Aufbau des Buches

Jedes Kapitel umfasst
- mehrere Lerneinheiten,
- vermischte Aufgaben,
- mathematische Exkursionen,
- Kapitelrückblick.

- Zu Beginn jeder Lerneinheit stehen **hinführende Aufgaben**. Sie bereiten den Gedankengang der Lerneinheit vor. Sie sollen die Schülerinnen und Schüler zum Nachdenken anregen. Da sie als Angebot gedacht sind, nehmen sie keine Information zum jeweiligen Lerninhalt vorweg und bieten somit den Unterrichtenden die methodische Freiheit.

  Der anschließende **Informationstext** (Lehrtext) beschreibt den mathematischen Inhalt der Lerneinheit. Vielfach werden auch ergänzende Informationen gegeben.

  > Im Kasten wird das wesentliche **Ergebnis** (z. B. in Form einer Definition oder eines Satzes) festgehalten.

  In den anschließenden vollständig bearbeiteten **Beispielen** werden Begriffsbildungen erläutert und wichtige mathematische Verfahren bzw. grundlegende Aufgabentypen der Lerneinheit vorgestellt. Diese Beispiele bieten den Schülerinnen und Schülern besondere Hilfen für das selbstständige Lösen von Aufgaben.

  Der **Aufgabenteil** bietet ein reichhaltiges Auswahlangebot. Die Aufgaben reichen von Routineaufgaben zum Einüben von Fertigkeiten und Darstellungsweisen über zahlreiche Aufgaben im mittleren Schwierigkeitsbereich bis zu schwierigen Aufgaben, die besondere Leistungen verlangen. Zahlreiche Aufgaben zu Sachsituationen helfen, Beziehungen zwischen der Mathematik und ihren Anwendungen aufzuzeigen.

  Wo es aufgrund der besseren Übersicht oder im Sinne eines schnelleren Zugriffs sinnvoll erscheint, werden die Aufgaben durch Zwischenüberschriften gegliedert.

  Aufgaben mit unterlegter Aufgabenziffer (z. B. **8**) sollen mit dem Computer bearbeitet werden.

- In den **vermischten Aufgaben** werden zusätzliche Übungsaufgaben angeboten. Ferner finden sich dort Aufgaben, welche die Zusammenhänge zwischen den einzelnen Lerneinheiten eines Kapitels herstellen.

- In den **mathematischen Exkursionen** werden Themengebiete angesprochen, die mit dem jeweiligen Kapitel in Verbindung stehen. Sie sind als Anregung für Schülerinnen und Schüler gedacht, sich mit mathematischen Fragen, interessanten Themen oder Themen aus dem Alltag auseinander zu setzen.

- Den Abschluss eines jeden Kapitels bildet der **Rückblick**. Es werden die wichtigsten Lerninhalte in prägnanter Form zusammengefasst und die **Aufgaben zum Üben und Wiederholen** angeboten. Die Lösungen dieser Aufgaben stehen am Ende des Buches.

- Im Anhang des Buches befinden sich zwei Anregungen für ein **Projekt** und die Lösungen der Aufgaben zum Üben und Wiederholen.

I Lineare Gleichungssysteme

1 Beispiele von linearen Gleichungssystemen

1 a) Silke, Tanja und Marc haben ihre Führerscheinprüfung bestanden. Wie kann man aus den Notizzetteln schließen, dass sie nicht alle in der gleichen Fahrschule waren?
b) Welche Gleichungen entsprechen den Notizen, wenn man den Preis für eine Überlandfahrt mit x_L und den für eine Nachtfahrt mit x_N bezeichnet?

Fig. 1

Gleichungen der Form $a_1 x_1 + a_2 x_2 + \ldots + a_n x_n = b$, z. B. $3x_1 + 4x_2 = 5$ und $2x_1 - 5x_2 + 3x_3 = 1$ nennt man **lineare Gleichungen**, da die Variablen $x_1, x_2, \ldots$ nur in der ersten Potenz vorkommen. Die Zahlen vor den Variablen heißen **Koeffizienten** der Gleichung. Ein **lineares Gleichungssystem** (abgekürzt LGS) besteht aus mehreren solchen Gleichungen.

Im Beispiel sind alle Gleichungen erfüllt, wenn man 1 für x_1, 0 für x_2 und -1 für x_3 einsetzt. Daher nennt man das Zahlentripel $(1; 0; -1)$ eine Lösung des Gleichungssystems.

Beispiel für ein LGS:
$$2x_1 + 4x_2 - \tfrac{1}{2}x_3 = \tfrac{5}{2}$$
$$x_1 - x_2 + 2x_3 = -1$$
$$x_1 + x_2 - 4x_3 = 5$$

> Eine Lösung eines linearen Gleichungssystems mit n Variablen besteht aus n Zahlen, die man als **n-Tupel** (d. h. als Zahlenpaar, Zahlentripel, ...) angibt.
> Eine solche Lösung muss **alle** Gleichungen des LGS erfüllen.

Beachten Sie:
Während bisher nur Gleichungssysteme mit so vielen Gleichungen wie Variablen vorkamen, sind ab jetzt auch Gleichungssysteme mit mehr Gleichungen oder weniger Gleichungen als Variablen möglich!

Beispiel 1: (4 Gleichungen, 3 Variablen)
a) Bestimmen Sie eine Lösung des LGS, das aus den Gleichungen I, II und III besteht.
b) Warum ist das Zahlentripel aus a) keine Lösung des gesamten LGS?

$$\begin{array}{rl} \text{I} & x_1 \quad\quad\; -2x_3 = -4 \\ \text{II} & 2x_1 \quad\quad\quad\; = 4 \\ \text{III} & x_1 - x_2 \quad\quad = -3 \\ \text{IV} & 4x_1 - x_2 - 2x_3 = 1 \end{array}$$

Lösung:
a) Aus II ergibt sich 2 für x_1 und damit 3 für x_3 aus I. Aus III ergibt sich 5 für x_2.
Die Lösung ist $(2; 5; 3)$.
b) Gleichung IV ist durch $(2; 5; 3)$ nicht erfüllt, da $4 \cdot 2 - 5 - 2 \cdot 3 \neq 1$.

Beispiel 2: (2 Gleichungen, 3 Variablen)
Bestimmen Sie alle dreistelligen Zahlen mit folgenden Eigenschaften: Die Quersumme ist 7 und die zweite Ziffer ist doppelt so groß wie die letzte.
Lösung:
Schritt 1 (Variablen einführen, LGS aufstellen): Sind x_1, x_2, x_3 die Ziffern von links nach rechts, so ergibt sich:

$$\text{LGS} \begin{cases} x_1 + x_2 + x_3 = 7 \\ \quad\quad\; x_2 - 2x_3 = 0 \end{cases}$$

Schritt 2 (Die Lösungen suchen):
Wählt man für x_3 eine Zahl, so kann man x_2 und x_1 berechnen. Es sind nur die Ziffern 0 bis 9 erlaubt. Mit 0 für x_3 ergibt sich 0 für x_2 und damit 7 für x_1. Also ist 700 die größte der gesuchten Zahlen (Quersumme 7!).
Durch Einsetzen von 1 und 2 für x_3 erhält man die restlichen Lösungen 421 und 142. Größere Werte für x_3 sind nicht erlaubt, da sich dann für x_1 negative Werte ergeben würden.

Man könnte auch mit x_1 oder gar x_2 anfangen. Warum ist das ungeschickt?

Aufgaben

2 Ein Fotogeschäft macht vier Angebote für Wechselobjektivsätze. Prüfen Sie mithilfe eines linearen Gleichungssystems, ob das Teleobjektiv, das Zoom und das Weitwinkelobjektiv bei allen Angeboten den gleichen Preis haben.

	Unser Angebot der Woche!	
(1) Tele 200 mm	(1)+(2)+(3)	(2)+(3)
(2) Zoom 35–105 mm	600 €	425 €
(3) Weitwinkel 28 mm	(1)+(2) 390 €	(1)+(3) 375 €

Fig. 1

3 Gegeben sind zwei Punkte A und B. Die durch A und B gehende Gerade soll durch eine Gleichung der Form $x_2 = a x_1 + b$ beschrieben werden. Stellen Sie ein LGS für die Koeffizienten a und b auf und bestimmen Sie die Geradengleichung.
a) A(3|5), B(−2|7) b) A(6|−3), B(−6|6) c) A(1|1), B(8|2) d) A(−1|2), B(5|2)

4 Bestimmen Sie a, b und c so, dass die Parabel mit der Gleichung $y = ax^2 + bx + c$ durch die Punkte A, B und C geht.
a) A(2|1), B(−3|1), C(1|0)
b) A(1|2), B(−2|8), C(−1|4)
c) A(0|9), B(5|9), C(10|−41)
d) A(2|−5), B(3|−10), C(4|−19)

5 Zeigen Sie, dass das LGS keine Lösung besitzt.

a) $x_1 - 2x_2 + x_3 = -2$
$2x_1 + x_2 = 1$
$x_1 = 0$
$x_2 + x_3 = 2$

b) $2x_1 + x_2 = 0$
$2x_1 - 3x_2 + x_3 = 6$
$x_2 - x_3 = 2$
$x_3 = 1$

c) $x_1 + x_2 - x_3 = 6$
$x_1 + x_3 = 4$
$x_1 - x_3 = 2$
$x_2 + 2x_3 = 4$

6 Bestimmen Sie alle dreistelligen Zahlen mit den verlangten Eigenschaften.
a) Die erste Ziffer ist um 4 größer als die letzte und die Summe der ersten beiden Ziffern ist 9.
b) Die erste Ziffer ist um 5 kleiner als die letzte und die Quersumme der Zahl beträgt 10.
c) Die Summe der letzten beiden Ziffern ist 7 und die erste Ziffer ist doppelt so groß wie die zweite.

7 Ist das Gleichungssystem lösbar? Wenn ja: geben Sie eine Lösung an.

a) $x_1 + 3x_2 = 1$
$2x_1 - x_2 = 2$
$x_1 + 5x_2 = 1$

b) $3x_1 - 2x_2 = 0$
$x_1 + x_2 = 5$
$x_1 - 4x_2 = -10$

c) $2x_1 + 5x_2 = 3$
$x_1 - 3x_2 = 11$
$x_1 + 2x_2 = 1$

d) $x_1 - 2x_2 = 2$
$2x_1 - 3x_2 = 3$
$3x_1 - 4x_2 = 4$

8 Ist das Gleichungssystem lösbar? Wenn ja: geben Sie eine Lösung an.

a) $x_1 - 3x_2 + x_3 = 0$
$x_2 - 3x_3 = -1$

b) $2x_1 + 3x_2 - 4x_3 = 2$
$-4x_1 - 6x_2 + 8x_3 = -4$

c) $x_1 + 2x_2 + 3x_3 = 8$
$2x_1 + 3x_2 + 4x_3 = 13$

9 Geben Sie jeweils drei Lösungen des LGS an.

a) $x_1 - 4x_2 + x_3 = 0$
$2x_2 + 3x_3 = 3$

b) $2x_1 - x_2 + x_3 = 3$
$4x_1 + 3x_3 = 8$

c) $3x_1 - x_2 + 3x_3 = 8$
$2x_1 + x_2 - 3x_3 = 2$

10 Beliebte Aufgaben aus alter Zeit:
a) Ein Vater und seine beiden Söhne sind zusammen 100 Jahre alt. Der Vater ist doppelt so alt wie sein ältester Sohn und 30 Jahre älter als sein jüngster Sohn.
b) Auf einem Bauernhof sind Enten, Hühner und Kaninchen mit zusammen 120 Füßen und 36 Köpfen. Es sind doppelt so viele Hühner wie Enten. Wie viele Enten, Hühner und Kaninchen sind es?
c) Jemand kauft Gänse zu je 10 Groschen, Hühner zu je 5 Groschen und Küken zu je 1 Groschen. Es sind insgesamt 50 Tiere für 100 Groschen. Wie viele Hühner hat er gekauft?

Eine Scherzaufgabe: Auf einem Bauernhof sind Hühner und Schweine mit zusammen 180 Beinen und 70 Köpfen. Wie viele Tiere von jeder Sorte sind es?

Johanna (8 Jahre alt) löst die Aufgabe so: Es sind 70 Tiere. Wenn man für jedes Tier schon mal 2 Beine subtrahiert, bleiben 40 Beine übrig. Die müssen den Schweinen gehören. Also sind es 20 Schweine und 50 Hühner!

CARL FRIEDRICH GAUSS (1777–1855) war ein deutscher Mathematiker und Astronom. Als 1801 der Planetoid Ceres entdeckt wurde, verloren die Astronomen den Planetoiden wieder aus den Augen. GAUSS berechnete die Bahn von Ceres aus drei beobachteten Positionen so genau, dass der Planetoid wiedergefunden wurde. Für die Berechnungen waren viele lineare Gleichungssysteme zu lösen. GAUSS entwickelte dazu das nach ihm benannte Verfahren, solche Systeme auf „Dreiecksform" zu bringen. Er veröffentlichte es 1809 in seinem Buch „Theoria Motus".

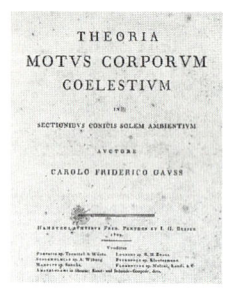

2 Das GAUSS-Verfahren zur Lösung von LGS

1 Die beiden linearen Gleichungssysteme haben jeweils genau eine Lösung. Warum ist hier die Bestimmung der Lösung besonders einfach? Welches Gleichungssystem ist übersichtlicher? Bestimmen Sie für jedes der beiden Gleichungssysteme die Lösung.

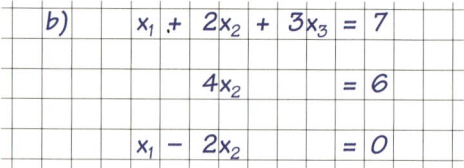

Man sagt: Ein lineares Gleichungssystem ist in **Stufenform**, wenn bei jeder Gleichung mindestens eine ihrer Variablen in den folgenden Gleichungen nicht mehr vorkommt.
Es werden jetzt nur eindeutig lösbare Systeme betrachtet. Dabei bestimmt man so die Lösung aus der Stufenform: Man löst die letzte Gleichung, setzt jeweils alle schon bestimmten Werte in die „nächsthöhere" Gleichung ein und löst nach der nächsten Variablen auf.

Ein eindeutig lösbares LGS in Stufenform:

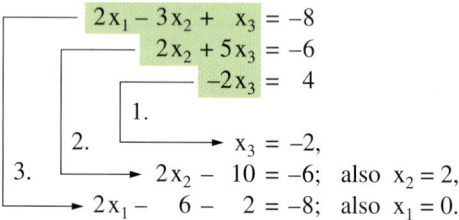

Lösung: $(0; 2; -2)$

Jedes lineare Gleichungssystem lässt sich mit den folgenden **Äquivalenzumformungen** auf Stufenform bringen:
(1) Gleichungen miteinander vertauschen,
(2) eine Gleichung mit einer Zahl $c \neq 0$ multiplizieren,
(3) eine Gleichung durch die Summe oder Differenz eines Vielfachen (Faktor $\neq 0$) von ihr und einem Vielfachen einer **anderen** Gleichung ersetzen.

erlaubte Umformungen:

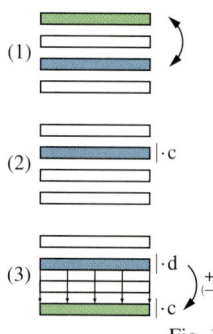

Fig. 1

GAUSS-Verfahren:
Man löst ein lineares Gleichungssystem mit n Variablen, indem man es zunächst mithilfe der Äquivalenzumformungen (1), (2) und (3) auf Stufenform bringt und dann schrittweise nach den Variablen $x_n, \ldots, x_2, x_1$ auflöst.

Um Schreibarbeit zu sparen, kann man ein lineares Gleichungssystem in Kurzform angeben. Dabei notiert man in jeder Zeile nur die Koeffizienten der Gleichung und die Zahl auf der rechten Seite. Bei der Übertragung liest man die Gleichung so, als ob sie nur mit Additionen geschrieben wäre. Dieses Zahlenschema nennt man eine **Matrix**:

LGS:
$2x_1 + x_2 - 4x_3 + x_4 = -7$
$x_1 - 3x_2 + x_3 + 2x_4 = 6$
$x_1 + 5x_2 = -4$
$3x_2 + x_3 + x_4 = 0$

LGS additiv geschrieben:
$2x_1 + x_2 + (-4)x_3 + x_4 = -7$
$x_1 + (-3)x_2 + x_3 + 2x_4 = 6$
$x_1 + 5x_2 = -4$
$3x_2 + x_3 + x_4 = 0$

LGS als Matrix:
$\begin{pmatrix} 2 & 1 & -4 & 1 & | & -7 \\ 1 & -3 & 1 & 2 & | & 6 \\ 1 & 5 & 0 & 0 & | & -4 \\ 0 & 3 & 1 & 1 & | & 0 \end{pmatrix}$

Äquivalenzumformungen von Gleichungen entsprechen Zeilenumformungen in der Matrix.

Das GAUSS-Verfahren zur Lösung von LGS

Beispiel: (GAUSS-Verfahren)
Lösen Sie das lineare Gleichungssystem.
Verwenden Sie entweder die ausführliche
Schreibweise oder die Matrixschreibweise.
Lösung:

$3x_1 + 6x_2 - 2x_3 = -4$
$3x_1 + 2x_2 + x_3 = 0$
$\frac{3}{2}x_1 + 5x_2 - 5x_3 = -9$

	Ausführliche Schreibweise:	Matrixschreibweise:	Umformung:

1. Schritt: LGS notieren und Gleichungen „nummerieren".

I $3x_1 + 6x_2 - 2x_3 = -4$
II $3x_1 + 2x_2 + x_3 = 0$
III $\frac{3}{2}x_1 + 5x_2 - 5x_3 = -9$

$\begin{pmatrix} 3 & 6 & -2 & | & -4 \\ 3 & 2 & 1 & | & 0 \\ \frac{3}{2} & 5 & -5 & | & -9 \end{pmatrix}$ | IIa = II − I

2. Schritt: Damit x_1 in der zweiten Gleichung „wegfällt", ersetzt man sie durch die Differenz aus ihr und der ersten Gleichung.

I $3x_1 + 6x_2 - 2x_3 = -4$
IIa $-4x_2 + 3x_3 = 4$
III $\frac{3}{2}x_1 + 5x_2 - 5x_3 = -9$

$\begin{pmatrix} 3 & 6 & -2 & | & -4 \\ 0 & -4 & 3 & | & 4 \\ \frac{3}{2} & 5 & -5 & | & -9 \end{pmatrix}$ | IIIa = III − $\frac{1}{2}$·I

3. Schritt: Damit x_1 in der dritten Gleichung „wegfällt", ersetzt man sie durch die Differenz aus ihr und der Hälfte der ersten Gleichung.

I $3x_1 + 6x_2 - 2x_3 = -4$
IIa $-4x_2 + 3x_3 = 4$
IIIa $2x_2 - 4x_3 = -7$

$\begin{pmatrix} 3 & 6 & -2 & | & -4 \\ 0 & -4 & 3 & | & 4 \\ 0 & 2 & -4 & | & -7 \end{pmatrix}$ | IIIb = 2·IIIa + IIa

4. Schritt: Damit x_2 in der dritten Gleichung „wegfällt", ersetzt man Gleichung IIIa durch die Summe aus ihr und dem 2fachen von Gleichung IIa.

I $3x_1 + 6x_2 - 2x_3 = -4$
IIa $-4x_2 + 3x_3 = 4$
IIIb $-5x_3 = -10$

$\begin{pmatrix} 3 & 6 & -2 & | & -4 \\ 0 & -4 & 3 & | & 4 \\ 0 & 0 & -5 & | & -10 \end{pmatrix}$

5. Schritt: Man bestimmt die Lösung aus der Dreiecksform.

Aus IIIb folgt: $x_3 = 2$
Aus $x_3 = 2$ und IIa folgt: $x_2 = \frac{1}{2}$
Aus $x_3 = 2$, $x_2 = \frac{1}{2}$ und I folgt: $x_1 = -1$
Lösung: $(-1; \frac{1}{2}; 2)$

Aufgaben

2 Lösen Sie das lineare Gleichungssystem mit dem GAUSS-Verfahren.

a) $2x_1 - 4x_2 + 5x_3 = 3$
   $3x_1 + 3x_2 + 7x_3 = 13$
   $4x_1 - 2x_2 - 3x_3 = -1$

b) $-x_1 + 7x_2 - x_3 = 5$
   $4x_1 - x_2 + x_3 = 1$
   $5x_1 - 3x_2 + x_3 = -1$

c) $0{,}6x_2 + 1{,}8x_3 = 3$
   $0{,}3x_1 + 1{,}2x_2 = 0$
   $0{,}5x_1 + x_3 = 1$

3 Lösen Sie mit dem GAUSS-Verfahren.

a) $x_1 - \frac{1}{2}x_2 = \frac{1}{2}$
   $x_1 + x_2 - 2x_3 = 0$
   $x_1 - \frac{3}{4}x_3 = \frac{3}{2}$

b) $x_1 + \frac{1}{4}x_2 + x_3 = 0$
   $x_1 - \frac{1}{2}x_2 - 2x_3 = 3$
   $x_1 - x_2 + \frac{1}{2}x_3 = \frac{1}{2}$

c) $\frac{1}{2}x_1 + \frac{1}{4}x_2 + x_3 = \frac{1}{2}$
   $x_1 - \frac{3}{2}x_2 + \frac{7}{4}x_3 = \frac{9}{8}$
   $x_1 + x_2 + \frac{3}{2}x_3 = \frac{9}{4}$

d) $x_1 + 3x_2 - 2x_3 = 4{,}5$
   $-x_1 + 2x_2 - 3x_3 = 1{,}5$
   $3x_1 - 4x_2 + 2x_3 = 0{,}9$

e) $1{,}6x_1 - 0{,}5x_2 + 2x_3 = 0{,}1$
   $2x_1 + 1{,}2x_2 - x_3 = 1{,}8$
   $0{,}8x_1 - 2x_2 - 5x_3 = 7{,}8$

f) $0{,}4x_1 + 0{,}8x_2 + 1{,}2x_3 = 1{,}8$
   $2{,}1x_1 - 1{,}4x_2 - 3{,}5x_3 = 10{,}5$
   $-3x_1 - 2{,}5x_2 + x_3 = -3{,}3$

4 Schreiben Sie das Gleichungssystem als Matrix und lösen Sie es in dieser Schreibweise.

a) $2x_1 + 5x_2 + 2x_3 = -4$
   $-2x_1 + 4x_2 - 5x_3 = -20$
   $3x_1 - 6x_2 + 5x_3 = 23$

b) $x_1 - 0{,}5x_2 + 2x_3 = -3$
   $2x_1 + 1{,}2x_2 - x_3 = 4$
   $3x_1 - 2x_2 + 2{,}5x_3 = -2$

c) $0{,}4x_1 + 0{,}8x_2 + 1{,}3x_3 = 4{,}4$
   $2{,}2x_1 - 1{,}4x_2 - 3{,}5x_3 = -8{,}7$
   $-3x_1 - 1{,}5x_2 + x_3 = -2{,}5$

Das GAUSS-Verfahren zur Lösung von LGS

5 Lösen Sie das Gleichungssystem.

a) $x_2 = 3x_1 + 3x_3 + 17$
$x_2 = 2x_1 - x_3 + 8$
$x_2 = x_1 + 3x_3 + 7$

b) $2x_1 - (3x_2 + 2) = 2x_3 + 8$
$x_2 - (x_1 + x_3) = 2$
$x_3 + (x_1 - 1) = 3x_3 + 6$

c) $2(x_1 - 1) + 3(x_3 - x_2) = 2$
$5x_1 - 4(x_2 - 2x_3) = 22$
$3(x_2 + x_3) - 4(x_1 - 1) = 14$

6 Lösen Sie das Gleichungssystem.

a) $-x_1 + 2x_2 - 2x_3 + x_4 = -3$
$2x_2 + x_3 + x_4 = 2$
$2x_1 - 2x_2 + 5x_3 - 5x_4 = 7$
$x_1 \qquad + 2x_3 + 2x_4 = 4$

b) $2x_1 - 2x_2 - 2x_3 + 2x_4 = 3$
$x_1 + x_2 + x_3 \qquad = 0$
$2x_1 - 2x_2 + x_3 - 3x_4 = 1$
$x_1 + 2x_2 \qquad + 2x_4 = 0$

7 Lösen Sie das Gleichungssystem in der Matrixschreibweise (Variablen: x_1, x_2, x_3, x_4).

a) $\begin{pmatrix} 1 & -2 & 3 & 4 & | & 8 \\ 2 & -3 & 4 & -3 & | & 3 \\ 0 & 3 & 4 & -1 & | & 3 \\ 1 & 1 & 1 & 1 & | & 3 \end{pmatrix}$

b) $\begin{pmatrix} 5 & 2 & -8 & -2 & | & 0 \\ 4 & -4 & 3 & 1 & | & 9 \\ -2 & 1 & 1 & 1 & | & 0 \\ 2 & 2 & -3 & 1 & | & 5 \end{pmatrix}$

c) $\begin{pmatrix} 2,5 & -2 & -0,5 & 2 & | & -4,7 \\ 2 & 0,8 & 1 & 3 & | & -2,4 \\ 1,5 & -2 & 8 & 0,3 & | & 1,1 \\ 3 & 1,6 & -6 & 1,5 & | & 0 \end{pmatrix}$

8 Folgende Aufgaben stammen aus der „Vollständigen Anleitung zur Algebra" von EULER. Stellen Sie jeweils ein lineares Gleichungssystem auf und lösen Sie es.

a) „Drei Leute haben ein Haus gekauft für 100 Reichsthaler; der Erste verlangt vom anderen die Hälfte seines Geldes, weil er dann das Haus allein bezahlen könnte; der andere begehrt vom Dritten $\frac{1}{3}$ seines Geldes, um das Haus allein bezahlen zu können; der Dritte begehrt vom Ersten $\frac{1}{4}$ seines Geldes, um das Haus allein bezahlen zu können. Wie viel hat nun jeder gehabt?"

b) „Jemand kauft 12 Stück Tuch für 140 Reichsthaler, davon sind 2 weiß, 3 schwarz und 7 blau. Nun kostet ein Stück schwarzes Tuch 2 Reichsthaler mehr als ein weißes, und ein blaues 3 Reichsthaler mehr als ein schwarzes. Die Frage ist, wie viel jedes kostet."

9 Bestimmen Sie eine ganzrationale Funktion f dritten Grades mit den angegebenen Eigenschaften.

a) $f(-1) = 0$, $f(0) = 1$, $f(1) = 4$, $f(2) = 15$
b) $f(-4) = 29$, $f(-2) = 59$, $f(2) = -1$, $f(4) = 149$
c) $f(1) = 2$, $f(2) = 6$, $f(3) = 6$, $f(4) = -4$
d) $f(0) = -1$, $f(2) = 3$, $f(3) = 15$, $f(4) = 50$

10 Bestimmen Sie eine ganzrationale Funktion dritten Grades mit den angegebenen Eigenschaften.

a) $E(3|-81)$ ist ein Extrempunkt und $W(0|0)$ ist ein Wendepunkt.
b) $E(-1|11)$ ist ein Extrempunkt und $W(-2|-11)$ ist ein Wendepunkt.
c) $A(2|23)$ und $B(4|19)$ sind Extrempunkte.

11 Bestimmen Sie eine ganzrationale Funktion vierten Grades, deren Schaubild die in Fig. 1 angegebenen Eigenschaften hat.

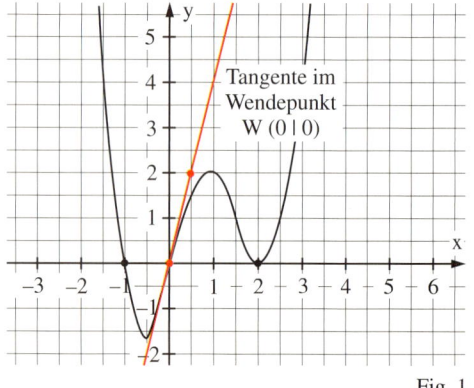

Fig. 1

12 Die rechte Seite des Gleichungssystems hängt von r ab. Bestimmen Sie die Lösung in Abhängigkeit von r.

a) $-x_1 + 3x_2 \qquad = r$
$x_1 + x_2 \qquad = 3r$
$-3x_1 + 2x_2 + x_3 = 0$

b) $2x_1 + x_2 + x_3 = r$
$x_2 - x_3 = r + 1$
$2x_1 + 3x_2 \qquad = r$

c) $3x_1 + 2x_2 + x_3 = 4r$
$2x_1 + x_2 \qquad = r + 2$
$x_1 - 2x_2 + 3x_3 = 2r$

3 Lösungsmengen linearer Gleichungssysteme

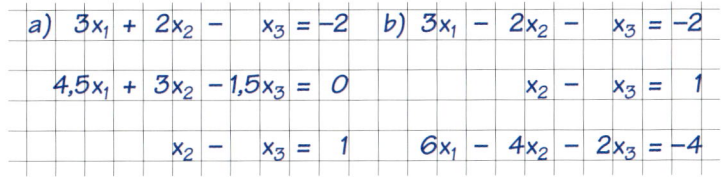

1 Was passiert jeweils, wenn Sie das GAUSS-Verfahren auf die Gleichungssysteme anwenden? Welches der beiden Systeme hat keine Lösung, welches hat mehr als eine Lösung? Beschreiben Sie jeweils die Lösungsmenge.

Es ist stets möglich, eine dieser drei Endformen zu erreichen. Eventuell muss man dazu die Nummerierung der Variablen ändern.

Nachdem ein lineares Gleichungssystem in Stufenform gebracht wurde, kann man leicht entscheiden, zu welchem der folgenden drei Typen es gehört:

(1) Gleichungssysteme mit **genau einer** Lösung.

Beispiel: $2x_1 - x_2 = 1$
$4x_2 = 1$
Lösungsmenge: $L = \left\{\left(\frac{5}{8}; \frac{1}{4}\right)\right\}$.

(2) Gleichungssysteme mit **keiner** Lösung.

Beispiel: $x_1 - 2x_2 - 4x_3 = 2$
$3x_2 + 2x_3 = 0$
$0 = -1$
Lösungsmenge: $L = \{\ \}$.

*Wählt man für x_3 eine Zahl t, so ergibt sich stets eine Lösung. Man nennt t einen **Parameter**. Wir verwenden für Parameter die Buchstaben r, s, t, u und v.*

(3) Gleichungssysteme mit **unendlich vielen** Lösungen.

Beispiel: $2x_1 - x_2 + x_3 = 2$
$2x_2 - 6x_3 = 0$
Lösungsmenge: $L = \{(1 + t; 3t; t) \mid t \in \mathbb{R}\}$.

> Ein lineares Gleichungssystem hat entweder genau eine Lösung oder keine Lösung oder unendlich viele Lösungen.

Beispiel 1: (unendliche Lösungsmenge)
Bestimmen Sie die Lösungsmenge:

$x_1 - 3x_2 + x_3 = 1$
$x_1 - 4x_2 + 2x_3 = 6$

Lösung:
1. Schritt: Man notiert das LGS und nummeriert die Gleichungen.

I $\quad x_1 - 3x_2 + x_3 = 1$
II $\quad x_1 - 4x_2 + 2x_3 = 6 \quad |$ IIa = II − I

2. Schritt: Man überführt das LGS mit dem GAUSS-Verfahren in Stufenform.

I $\quad x_1 - 3x_2 + x_3 = 1$
IIa $\quad\quad\quad\ -x_2 + x_3 = 5$

3. Schritt: Man setzt für die überzähligen Variablen Parameter als „Werte" ein (hier t für x_3).

$x_1 - 3x_2 + t = 1$
$-x_2 + t = 5$

Das Wort Parameter leitet sich von den griechischen Begriffen para (= neben) und metron (= Maß) ab. Man bezeichnet damit Variablen, die eine Sonderrolle spielen.

4. Schritt: Man löst schrittweise nach den übrigen Variablen auf.

$x_2 = -5 + t$
$x_1 = 1 - t + 3x_2 = -14 + 2t$
und es gilt (3. Schritt) $x_3 = t$.

5. Schritt: Man gibt die Lösungsmenge an.

$L = \{(-14 + 2t; -5 + t; t) \mid t \in \mathbb{R}\}$

Lösungsmengen linearer Gleichungssysteme

Beispiel 2: (LGS mit Parameter auf der rechten Seite)
Bestimmen Sie die Lösungsmenge
in Abhängigkeit vom Parameter r.

$x_1 + x_2 - 2x_3 = 0$
$2x_1 - 2x_2 + 3x_3 = 1 + 2r$
$x_1 - x_2 - x_3 = r$

Beachten Sie:
*Hier ist L_r eine **einelementige** Lösungsmenge. Da zu jedem Wert von r ein LGS gehört, erhält man für jeden Wert von r eine Lösungsmenge L_r. Daher darf die Beschreibung in Schritt 3 nicht mit der Angabe unendlicher Lösungsmengen wie in Beispiel 1 verwechselt werden!*

Lösung:
1. Schritt: LGS notieren.

I $\quad x_1 + x_2 - 2x_3 = 0$
II $\quad 2x_1 - 2x_2 + 3x_3 = 1 + 2r \mid$ IIa = II $- 2 \cdot$ I
III $\quad x_1 - x_2 - x_3 = r \quad\mid$ IIIa = $2 \cdot$ III $-$ II

2. Schritt: Man bringt das LGS auf Stufenform.

I $\quad x_1 + x_2 - 2x_3 = 0$
IIa $\quad -4x_2 + 7x_3 = 1 + 2r$
IIIa $\quad -5x_3 = -1$

3. Schritt: Man löst schrittweise nach den Variablen x_3, x_2, x_1 auf (x_3 ergibt sich aus IIIa, x_2 aus IIIa und IIa, x_1 aus IIIa, IIa und I).

$x_3 = \frac{1}{5}$
$x_2 = -\frac{1}{4} - \frac{1}{2}r + \frac{7}{4}x_3 = \frac{1}{10} - \frac{1}{2}r$
$x_1 = -x_2 + 2x_3 = \frac{3}{10} + \frac{1}{2}r$

4. Schritt: Man gibt die Lösungsmengen an.

$L_r = \left\{\left(\frac{3}{10} + \frac{1}{2}r;\ \frac{1}{10} - \frac{1}{2}r;\ \frac{1}{5}\right)\right\}$.

Beispiel 3: (LGS mit Parameter auf beiden Seiten)
Für welche Werte von r besitzt das Gleichungssystem keine Lösung, genau eine Lösung, unendlich viele Lösungen?

$x_1 - x_2 + \frac{r}{3}x_3 = 1$
$3x_2 - rx_3 = 0$
$3x_1 - 3x_2 + r^2x_3 = r + 2$

Lösung:
1. Schritt: Man notiert das LGS.

I $\quad x_1 - x_2 + \frac{r}{3}x_3 = 1$
II $\quad 3x_2 - rx_3 = 0$
III $\quad 3x_1 - 3x_2 + r^2x_3 = r + 2 \mid$ IIIa = III $- 3 \cdot$ I

2. Schritt: Man bringt das LGS auf Stufenform (IIIa = III $- 3 \cdot$ I).

I $\quad x_1 - x_2 + \frac{r}{3}x_3 = 1$
II $\quad 3x_2 - rx_3 = 0$
IIIa $\quad (r^2 - r)x_3 = r - 1$ (∗)

3. Schritt: Man bestimmt die Lösungsmengen.
Will man x_3 berechnen, so muss man in (∗) durch $r^2 - r$ dividieren. Dies ist nur für $r^2 - r \neq 0$ erlaubt. Also müssen die Fälle $r = 1$ und $r = 0$ gesondert betrachtet werden.

1. Fall ($r \neq 1$, $r \neq 0$): In (∗) ist die Umformung $x_3 = \frac{r-1}{r^2 - r} = \frac{1}{r}$ erlaubt. Also: $x_2 = \frac{1}{3}$ aus II und damit $x_1 = 1$ aus I.
Lösungsmenge: $L_r = \left\{\left(1;\ \frac{1}{3};\ \frac{1}{r}\right)\right\}$.

2. Fall ($r = 0$): Da (∗) die Form $0 = -1$ hat, gibt es keine Lösung. Lösungsmenge: $L_0 = \{\ \}$.

3. Fall ($r = 1$): Da (∗) die Form $0 = 0$ hat, gibt es unendlich viele Lösungen.
Lösungsmenge: $L_1 = \left\{\left(1;\ \frac{1}{3}t;\ t\right) \mid t \in \mathbb{R}\right\}$.

Aufgaben

2 Bestimmen Sie die Lösungsmenge.

a) $x_1 + x_2 + x_3 = 3$
$\quad x_1 + 2x_2 + 3x_3 = 6$

b) $-3x_1 + 6x_2 - 6x_3 = 5$
$\quad 2x_1 - 4x_2 + 4x_3 = -2$

c) $-6x_1 - 3x_2 + 6x_3 = 9$
$\quad 4x_1 + 2x_2 - 5x_3 = -6$

3 a) $3x_1 + 4x_2 + 2x_3 = 5$
$\quad 2x_1 - 3x_2 + x_3 = 8$
$\quad 2x_3 = 6$

b) $3x_1 + 2x_2 + 3x_3 = 9$
$\quad 4x_2 - 3x_3 = 6$
$\quad 2x_1 + 4x_2 = 10$

c) $2x_1 - 3x_2 + 4x_3 = 1$
$\quad 3x_1 + x_2 - 5x_3 = 7$
$\quad 4x_1 + 5x_2 - 14x_3 = 13$

Lösungsmengen linearer Gleichungssysteme

4 Bestimmen Sie die Lösungsmenge.

a) $x_1 + x_3 = 2$
$x_2 + x_3 = 4$
$x_1 + x_2 = 5$
$x_1 + x_2 + x_3 = 0$

b) $x_1 + x_2 + x_3 = 15$
$2x_1 - x_2 + 7x_3 = 50$
$3x_1 + 11x_2 - 9x_3 = 1$
$x_1 - x_2 + x_3 = 5$

c) $7x_1 + 11x_2 + 13x_3 = 0$
$x_1 - x_2 - x_3 = 1$
$2x_1 + 3x_2 + 4x_3 = 0$
$9x_1 + 10x_2 + 11x_3 = 0$

Hier ist es möglich, dass Sie zwei Parameter zur Beschreibung der Lösungsmenge brauchen!

5 Bestimmen Sie die Lösungsmenge.

a) $-x_1 + 2x_2 - 2x_3 + x_4 = 5$
$2x_2 + x_3 + x_4 = 4$
$2x_1 - 2x_2 + 5x_3 - x_4 = -6$
$x_1 + 3x_3 = -1$

b) $x_1 + 2x_2 - 3x_3 + x_4 = 0$
$x_2 - x_4 = 2$
$2x_1 + 3x_2 - 3x_3 + 5x_4 = -3$
$-x_1 + x_2 + 4x_3 = 4$

c) $2x_3 - x_4 = 1$
$x_1 + x_2 + x_3 + x_4 = 4$
$2x_1 + 2x_2 - 4x_3 + 5x_4 = 5$
$x_1 + x_2 - 7x_3 + 5x_4 = 0$

6 Das Gleichungssystem enthält einen Parameter auf der rechten Seite. Geben Sie die Lösungsmenge in Abhängigkeit vom Parameter an.

a) $3x_1 - 2x_2 + x_3 = 2r$
$5x_1 - 4x_2 - x_3 = 2$
$x_1 + 3x_2 - 2x_3 = 2r + 6$

b) $2x_1 + 2x_2 + 2x_3 = r + 2$
$4x_1 - 3x_2 + 2x_3 = 0$
$x_1 + x_2 + 3x_3 = 2r + 6$

c) $3x_1 + 3x_2 - 5x_3 = 3r$
$x_1 + 6x_2 - 10x_3 = r$
$15x_2 + 25x_3 = 0$

In dieser Aufgabe müssen nicht jeweils alle drei Fälle auftreten!

7 Geben Sie die Lösungsmenge in Abhängigkeit vom Parameter r an.

a) $-x_1 + 3x_2 = 1$
$3x_2 + 4x_3 = 1$
$-3x_1 + 6x_2 - r^2x_3 = r$

b) $4x_1 - 2x_2 + \tfrac{1}{3}x_3 = 0$
$rx_1 + 6x_2 - x_3 = 0$
$5x_1 + 2x_2 + 7x_3 = 4r$

c) $7x_1 - 3x_2 + rx_3 = 29$
$70x_1 + 2x_2 + 5x_3 = r$
$19x_1 + x_2 + 16x_3 = 41$

8 Durch die Punkte P und Q gehen unendlich viele Parabeln. Stellen Sie ein lineares Gleichungssystem für die Koeffizienten a, b, c der Parabelgleichung $y = ax^2 + bx + c$ auf und bestimmen Sie die Lösungsmenge. Wählen Sie dabei a als Parameter. Bestimmen Sie danach die Gleichungen der drei dargestellten Parabeln.

a)
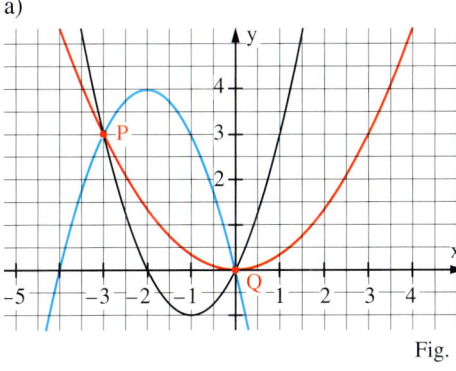

b)
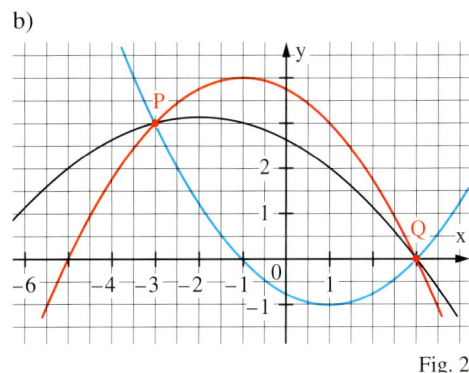

Fig. 1   Fig. 2

9 In den folgenden Zahlenrätseln ist n eine dreistellige Zahl. Bestimmen Sie jeweils alle natürlichen Zahlen mit den angegebenen Eigenschaften.
a) Die Quersumme von n ist 12. Schreibt man die Ziffern von n in umgekehrter Reihenfolge, so ergibt sich 24 weniger als das Dreifache von n.
b) Die letzte Ziffer ist um 2 größer als die erste. Lässt man die erste Ziffer weg und multipliziert mit 8, so erhält man 15 mehr als n.

10 Für welche Werte von h und k hat das lineare Gleichungssystem $\begin{cases} 2x_1 + 3x_2 - 5x_3 = 12 \\ 4x_1 + 6x_2 + hx_3 = k \end{cases}$

keine Lösung, für welche Werte hat es unendlich viele Lösungen?

13

4 Die Struktur der Lösungsmengen linearer Gleichungssysteme

1 a) Welche Lösung des LGS $\begin{cases} x_1 - 5x_2 = 0 \\ x_2 - 3x_3 = 0 \\ x_3 - 2x_4 = 0 \end{cases}$ kann man ohne zu rechnen sofort angeben?

b) Begründen Sie, dass das LGS die Lösungsmenge $L = \{(30r; 6r; 2r; r) \mid r \in \mathbb{R}\}$ besitzt.

Ein lineares Gleichungssystem wie in Fig. 1, bei dem alle rechten Seiten der Gleichungen null sind, heißt **homogen**.
Alle anderen LGS nennt man **inhomogen**.
Ein homogenes LGS besitzt mindestens eine Lösung, nämlich $(0; 0; \ldots; 0)$.

Auch das ist ein inhomogenes LGS (warum?):
$2x_1 + x_2 + 1 = 0$
$3x_1 - 2x_2 + 2 = 0$

$$\begin{aligned} a_{11}x_1 + a_{12}x_2 + \ldots + a_{1n}x_n &= 0 \\ a_{21}x_1 + a_{22}x_2 + \ldots + a_{2n}x_n &= 0 \\ &\vdots \\ a_{m1}x_1 + a_{m2}x_2 + \ldots + a_{mn}x_n &= 0 \end{aligned}$$

Fig. 1

Kennt man Lösungen eines homogenen LGS, so kann man sofort weitere angeben, z.B. alle Vielfachen dieser Lösungen. Allgemein gilt:

Satz 1: Bei einem homogenen linearen Gleichungssystem ist
a) jedes Vielfache $(ru_1; ru_2; \ldots; ru_n)$ einer Lösung $(u_1; u_2; \ldots; u_n)$ wieder eine Lösung,
b) die Summe $(u_1 + v_1; u_2 + v_2; \ldots; u_n + v_n)$ zweier Lösungen $(u_1; u_2; \ldots; u_n)$ und $(v_1; v_2; \ldots; v_n)$ wieder eine Lösung.

Beweis:
Jede Gleichung des homogenen LGS ist von der Form $a_{k1}x_1 + a_{k2}x_2 + \ldots + a_{kn}x_n = 0$.
zu a): Ist $(u_1; u_2; \ldots; u_n)$ eine Lösung, so ist auch $(ru_1; ru_2; \ldots; ru_n)$ eine Lösung, denn mit $a_{k1}u_1 + a_{k2}u_2 + \ldots + a_{kn}u_n = 0$ ist stets auch
$a_{k1}ru_1 + a_{k2}ru_2 + \ldots + a_{kn}ru_n = r(a_{k1}u_1 + a_{k2}u_2 + \ldots + a_{kn}u_n) = 0$.
zu b): Sind $(u_1; u_2; \ldots; u_n)$ und $(v_1; v_2; \ldots; v_n)$ Lösungen, so ist auch
$(u_1 + v_1; u_2 + v_2; \ldots; u_n + v_n)$ eine Lösung,
denn mit $a_{k1}u_1 + a_{k2}u_2 + \ldots + a_{kn}u_n = 0$ und $a_{k1}v_1 + a_{k2}v_2 + \ldots + a_{kn}v_n = 0$ ist auch
$a_{k1}(u_1 + v_1) + a_{k2}(u_2 + v_2) + \ldots + a_{kn}(u_n + v_n) =$
$= (a_{k1}u_1 + a_{k2}u_2 + \ldots + a_{kn}u_n) + (a_{k1}v_1 + a_{k2}v_2 + \ldots + a_{kn}v_n) = 0$.

Also:
$(r \cdot 2; r \cdot 3) = r(2; 3)$ und
$(1+3; 2-4) = (1; 2) + (3; -4)$

Bezeichnung: Statt $(ru_1; ru_2; \ldots; ru_n)$ schreibt man auch $r(u_1; u_2; \ldots; u_n)$ und statt $(u_1 + v_1; u_2 + v_2; \ldots; u_n + v_n)$ kann man auch $(u_1; u_2; \ldots; u_n) + (v_1; v_2; \ldots; v_n)$ schreiben.

Aus Satz 1 folgt, dass mit zwei Lösungen $(u_1; u_2; \ldots; u_n)$ und $(v_1; v_2; \ldots; v_n)$ eines homogenen LGS auch jede **Linearkombination** $r(u_1; u_2; \ldots; u_n) + s(v_1; v_2; \ldots; v_n)$ eine Lösung ist.

Man kann bei homogenen LGS die gesamte Lösungsmenge mithilfe von Linearkombinationen beschreiben. So ergibt sich z.B. für das LGS $\begin{cases} x_1 + 3x_2 - 5x_3 + x_4 + x_5 = 0 \\ x_2 - 3x_3 + 2x_4 - 3x_5 = 0 \end{cases}$ die Darstellung:

$L = \{(-4r + 5s - 10t; 3r - 2s + 3t; r; s; t) \mid r, s, t \in \mathbb{R}\}$
$= \{(-4r + 5s - 10t; 3r - 2s + 3t; 1r + 0s + 0t; 0r + 1s + 0t; 0r + 0s + 1t) \mid r, s, t \in \mathbb{R}\}$
$= \{r(-4; 3; 1; 0; 0) + s(5; -2; 0; 1; 0) + t(-10; 3; 0; 0; 1) \mid r, s, t \in \mathbb{R}\}$

14

Die Struktur der Lösungsmengen linearer Gleichungssysteme

Die Aussagen von Satz 1 gelten bei einem inhomogenen LGS nicht. So sind z. B. (2; 5; –1) und (3; 7; 2) Lösungen des inhomogenen LGS $\begin{cases} 11x_1 - x_2 - 3x_3 = 20 \\ x_1 + x_2 - x_3 = 8 \end{cases}$, nicht aber alle Vielfachen und auch nicht die Summe (5; 12; 1). Es gilt jedoch:

Zum Beweis vergleichen Sie Aufgabe 16.

Satz 2: Bei einem inhomogenen LGS mit einer Lösung $(x_1^*; x_2^*; \ldots; x_n^*)$ erhält man alle Lösungen, indem man $(x_1^*; x_2^*; \ldots; x_n^*)$ zu jeder Lösung $(u_1; u_2; \ldots; u_n)$ des zugehörigen homogenen LGS addiert.

Bemerkung: Ein inhomogenes LGS kann also nicht mehrere Lösungen haben, wenn das zugehörige homogene LGS nur die eine Lösung $(0; 0; \ldots; 0)$ besitzt.

Beispiel 1: (verschiedene Darstellungen der Lösungsmenge eines homogenen LGS)
Das homogene LGS $\begin{cases} x_1 + 3x_2 - 4x_3 + 3x_4 = 0 \\ 2x_2 - x_3 + 5x_4 = 0 \end{cases}$ hat bereits Stufenform.

a) Stellen Sie seine Lösungsmenge auf zwei verschiedene Arten mithilfe von Linearkombinationen dar.
b) Prüfen Sie, ob $T = \{r(5; 1; 2; 0) + s(3; 4; 3; -1) \mid r, s \in \mathbb{R}\}$ auch eine Beschreibung der Lösungsmenge ist.

Lösung:
a) 1. Schritt: Lösungsmenge in Kurzform.
Parameter: $x_3 = r$, $x_4 = s$ bzw. $L = \{(\frac{5}{2}r + \frac{9}{2}s; \frac{1}{2}r - \frac{5}{2}s; r; s) \mid r, s \in \mathbb{R}\}$
Parameter: $x_2 = r$, $x_4 = s$. $L' = \{(5r + 17s; r; 2r + 5s; s) \mid r, s \in \mathbb{R}\}$

2. Schritt: n-Tupel umschreiben.   in L: $(\frac{5}{2}r + \frac{9}{2}s; \frac{1}{2}r - \frac{5}{2}s; 1r + 0s; 0r + 1s)$
                                                    in L': $(5r + 17s; 1r + 0s; 2r + 5s; 0r + 1s)$

3. Schritt: Linearkombination verwenden. $L = \{r(\frac{5}{2}; \frac{1}{2}; 1; 0) + s(\frac{9}{2}; -\frac{5}{2}; 0; 1) \mid r, s \in \mathbb{R}\}$
                                                    $L' = \{r(5; 1; 2; 0) + s(17; 0; 5; 1) \mid r, s \in \mathbb{R}\}$

Um die Gleichheit von Mengen A und B zu zeigen, kann man nachweisen, dass sowohl $A \subseteq B$ als auch $B \subseteq A$ gilt.

b) 1. Schritt: $T \subseteq L$ prüfen.   Sowohl (5; 1; 2; 0) als auch (3; 4; 3; –1) lösen
                                                    das LGS. Aus Satz 1 folgt $T \subseteq L$.
2. Schritt: $L \subseteq T$ prüfen.   Gesucht sind s, t, u, v mit
Es reicht die Prüfung, ob (5; 1; 2; 0) und $s(\frac{5}{2}; \frac{1}{2}; 1; 0) + t(\frac{9}{2}; -\frac{5}{2}; 0; 1) = (5; 1; 2; 0)$ und
(3; 4; 3; –1) zu T gehören. $u(\frac{5}{2}; \frac{1}{2}; 1; 0) + v(\frac{9}{2}; -\frac{5}{2}; 0; 1) = (3; 4; 3; -1)$.
                                                    Es ergibt sich $s = 2$, $t = 0$, $u = 3$, $v = -1$.
                                                    Also gilt auch $L \subseteq T$, woraus $L = T$ folgt.

Beispiel 2: (Lösungsmenge eines inhomogenen LGS)
Gegeben ist das LGS $\begin{cases} x_1 - x_2 + 3x_3 = 8 \\ 2x_2 - 3x_3 = 6 \\ x_3 + 5x_4 = 8 \end{cases}$.

Stellen Sie seine Lösungsmenge mithilfe ganzzahliger Lösungen des homogenen LGS dar.
Lösung:
1. Schritt: Lösungsmenge in Kurzform   Mit $x_4 = r$ ergibt sich
angeben. $L = \{(-1 + \frac{15}{2}r; 15 - \frac{15}{2}r; 8 - 5r; r) \mid r \in \mathbb{R}\}$
Dabei Brüche möglichst vermeiden.   Mit $x_4 = 2r$ erhält man jedoch:
                                                    $L = \{(-1 + 15r; 15 - 15r; 8 - 10r; 2r) \mid r \in \mathbb{R}\}$.
2. Schritt: n-Tupel umschreiben. $(-1 + 15r; 15 - 15r; 8 - 10r; 0 + 2r)$
3. Schritt: Linearkombinationen verwenden. $L = \{(-1; 15; 8; 0) + r(15; -15; -10; 2) \mid r \in \mathbb{R}\}$.

15

Die Struktur der Lösungsmengen linearer Gleichungssysteme

Aufgaben

Homogene lineare Gleichungssysteme

Beachten Sie, dass z. B. ein Vielfaches von $\left(\frac{1}{2}; \frac{2}{5}; \frac{2}{3}\right)$ auch ein Vielfaches von $(15; 12; 20)$ ist.

2 Stellen Sie die Lösungsmenge des LGS mithilfe von ganzzahligen Lösungen dar.

a) $x_1 + x_2 + x_3 = 0$
$2x_1 + 5x_2 - 2x_3 = 0$

b) $2x_1 + 3x_2 - x_3 = 0$
$5x_1 - x_2 + 2x_3 = 0$

c) $2x_1 + 5x_2 - 7x_3 = 0$
$2x_1 + 5x_2 - 3x_3 = 0$

d) $x_1 - 2x_2 + x_3 = 0$
$2x_1 + 3x_2 - 2x_3 = 0$
$3x_1 + 8x_2 - 3x_3 = 0$

e) $3x_1 - 4x_2 + 3x_3 = 0$
$2x_1 - x_2 - x_3 = 0$
$4x_1 + 3x_2 - 11x_3 = 0$

f) $2x_1 - 3x_2 + x_3 = 0$
$-6x_1 + 9x_2 - 3x_3 = 0$
$x_1 - \frac{3}{2}x_2 + \frac{1}{2}x_3 = 0$

3 Stellen Sie die Lösungsmenge des LGS mithilfe von Linearkombinationen dar.

a) $2x_1 + 3x_2 + x_3 + x_4 = 0$
$x_1 - 2x_2 + 3x_3 - x_4 = 0$

b) $5x_2 + 7x_3 = 0$
$x_1 - 2x_2 + 3x_4 = 0$

c) $5x_1 + 3x_2 - x_3 + x_4 = 0$
$2x_1 + 4x_2 + 5x_3 + 2x_4 = 0$

d) $x_1 + x_2 - x_3 - x_4 = 0$
$2x_1 + 3x_3 + x_4 = 0$
$x_1 - x_2 + 5x_3 = 0$

e) $2x_1 - x_2 + 2x_3 - x_4 = 0$
$x_1 + 3x_2 + x_4 = 0$
$2x_1 + 3x_2 + 4x_3 = 0$

f) $3x_1 + x_2 + x_3 + x_4 = 0$
$x_1 + 4x_2 - 3x_3 + 2x_4 = 0$
$4x_1 + 5x_2 + 3x_4 = 0$

g) $x_1 + 2x_2 + x_3 - x_4 = 0$

h) $2x_1 - x_2 + 5x_3 + x_4 = 0$

i) $3x_1 + 4x_2 + 5x_3 + 6x_4 = 0$

vgl. Beispiel 1

4 Bestimmen Sie zwei verschiedene Darstellungen der Lösungsmenge des LGS.

a) $x_1 - 2x_2 - x_3 + 3x_4 = 0$
$x_2 + x_3 + 2x_4 = 0$

b) $2x_1 + 5x_2 + x_3 - x_4 = 0$
$x_2 - 3x_3 + 2x_4 = 0$

c) $3x_1 + x_2 - 2x_4 = 0$
$2x_2 - x_3 + 3x_4 = 0$

d) $x_1 - 2x_2 + x_3 + x_4 = 0$

e) $2x_1 + 3x_2 - 2x_3 - 3x_4 = 0$

f) $5x_1 + x_2 - 2x_3 - 2x_4 = 0$

5 Bestimmen Sie eine Darstellung der Lösungsmenge L und prüfen Sie, ob $T = L$ gilt.

a) $2x_1 + 4x_2 - x_3 - x_4 = 0$
$x_1 + x_2 - 2x_3 + 2x_4 = 0$
$T = \{(r(-7; 3; -2; 0) \mid r \in \mathbb{R}\}$

b) $x_1 - x_2 + x_3 - x_4 = 0$
$x_1 + x_2 - 2x_3 = 0$
$T = \{(r(0; -6; -3; 3) + s(1; 1; 1; 1) \mid r, s \in \mathbb{R}\}$

6 Bestätigen Sie, dass $(-2; 0; 4; 2)$, $(2; -6; -7; 1)$ und $(-3; 8; 10; -1)$ Lösungen des homogenen LGS $\begin{cases} x_1 - x_2 + x_3 - x_4 = 0 \\ x_1 + 2x_2 - x_3 + 3x_4 = 0 \end{cases}$ sind.

Stellen Sie dann jede dieser Lösungen jeweils als Linearkombination der beiden anderen dar.

7 L und L′ sind Lösungsmengen von homogenen LGS. Untersuchen Sie, ob $L = L'$ gilt.

a) $L = \{r(1; 0; 4) + s(3; 7; -1) \mid r, s \in \mathbb{R}\}$
$L' = \{r(10; 7; 27) + s(-2; -7; 5) \mid r, s \in \mathbb{R}\}$

b) $L = \{r(2; 1; 3) + s(4; -7; 5) \mid r, s \in \mathbb{R}\}$
$L' = \{r(-1; 5; 11) + s(4; 14; 3) \mid r, s \in \mathbb{R}\}$

Hier ist etwas Knobelei angesagt!!!

8 Es sollen zwei zweistellige Zahlen mit gleicher Quersumme bestimmt werden, von denen die eine doppelt so groß wie die andere ist.
Stellen Sie ein LGS für die Ziffern auf und lösen Sie das Problem.

Man kann das auch ohne LGS einsehen. Wie?

9 Beweisen Sie mithilfe eines homogenen LGS: Kann man sechs reelle Zahlen so zyklisch anordnen (Fig. 1), dass jede das arithmetische Mittel ihrer beiden Nachbarn ist, so sind diese Zahlen gleich.

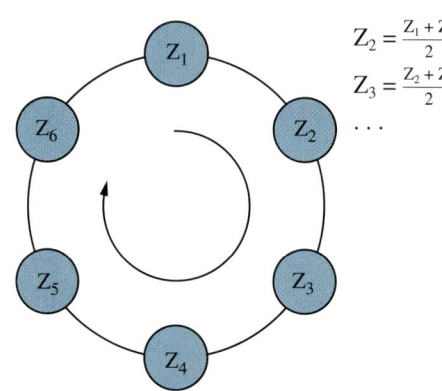

$Z_2 = \frac{Z_1 + Z_3}{2}$

$Z_3 = \frac{Z_2 + Z_4}{2}$

...

Fig. 1

Die Struktur der Lösungsmengen linearer Gleichungssysteme

Inhomogene lineare Gleichungssysteme

10 Stellen Sie die Lösungsmenge mithilfe von Lösungen des zugehörigen homogenen LGS dar.

a) $6x_1 + 5x_2 = 11$
$\quad 2x_2 + x_3 = 3$

b) $x_1 + x_2 + x_3 = 9$
$\quad 5x_1 + 2x_2 - x_3 = 18$

c) $2x_1 - 3x_2 + 5x_3 = 8$
$\quad 4x_1 + 7x_2 = -7$

d) $-3x_1 + x_2 + x_3 = 17$

e) $2x_1 + 5x_2 - 7x_3 = 9$

f) $x_1 - 5x_2 + 0x_3 = 6$

11 Formen Sie das LGS erst so um, dass alle Koeffizienten ganzzahlig sind. Stellen Sie danach seine Lösungsmenge mithilfe von Lösungen des zugehörigen homogenen LGS dar.

a) $\frac{1}{3}x_1 - \frac{1}{12}x_2 + \frac{1}{5}x_3 = 1{,}2$
$\quad 0{,}1x_1 + 0{,}2x_2 - \frac{1}{2}x_3 = -\frac{5}{4}$

b) $\frac{5}{12}x_1 + \frac{2}{3}x_3 - x_4 = 0$
$\quad 0{,}75x_2 + \frac{1}{5}x_3 - 0{,}2x_4 = 0{,}25$

12 Bestimmen Sie die Lösungsmenge L des inhomogenen LGS und geben Sie die Lösungsmenge U des zugehörigen homogenen LGS an.

a) $x_1 + x_2 + x_3 + x_4 = 7$
$\quad x_2 + x_3 + 2x_4 = 11$

b) $2x_1 - x_2 + 3x_3 + x_4 = 0$
$\quad 3x_1 + 2x_3 - x_4 = 1$

c) $5x_1 + 4x_2 + 3x_3 + x_4 = 0$
$\quad x_1 + 3x_2 + 4x_3 + 5x_4 = 3$

d) $x_1 - x_2 - x_3 + 3x_4 = 5$
$\quad x_1 + x_3 + x_4 = 10$
$\quad 2x_1 + 5x_3 = 0$

e) $x_1 + x_2 + x_3 + x_4 = 0$
$\quad 3x_2 + x_3 = 11$
$\quad 5x_1 + 2x_4 = 17$

f) $3x_1 - x_2 - 4x_3 + 2x_4 = 10$
$\quad 2x_1 - 3x_2 + 2x_3 - x_4 = 20$
$\quad 2x_1 - 2x_2 - x_3 - x_4 = 30$

13 Ein inhomogenes LGS mit 2 Variablen besitzt die Lösungen (1; 2) und (3; 4). Zeigen Sie, dass dann auch alle Zahlenpaare der Form $(1 + 2t; 2 + 2t)$ mit $t \in \mathbb{R}$ Lösungen sind.

14 Zeigen Sie, dass $L = L'$ gilt.

a) $L = \{(1; 2; 0; 3) + r(-1; 1; 1; 2) \mid r \in \mathbb{R}\}$
$\quad L' = \{(-2; 5; 3; 9) + s(2; -2; -2; -4) \mid s \in \mathbb{R}\}$

b) $L = \{(-1; 4; 1; 0) + r(2; 0; 1; 0) + s(1; -1; 1; -1) \mid r, s \in \mathbb{R}\}$
$\quad L' = \{(2; 3; 3; -1) + t(3; -1; 2; -1) + u(0; 2; -1; 2) \mid t, u \in \mathbb{R}\}$

Das GAUSS-JORDAN-Verfahren

Ist ein lösbares LGS auf Stufenform gebracht, so kann man aus den oberen Gleichungen Variablen eliminieren. Dies geschieht mit Zeilenumformungen wie im folgenden Beispiel.

I	$2x_1 + 5x_2 + x_3 - x_4 = 3$	Ia = I − III
II	$x_2 - 3x_3 + 2x_4 = 1$	IIa = II + 3·III
III	$x_3 + 2x_4 = 0$	
Ia	$2x_1 + 5x_2 - 3x_4 = 3$	Ib = (Ia − 5·IIa):2
IIa	$x_2 + 8x_4 = 1$	
III	$x_3 + 2x_4 = 0$	
Ib	$x_1 \quad -\frac{43}{2}x_4 = -1$	
IIa	$x_2 + 8x_4 = 1$	
III	$x_3 + 2x_4 = 0$	

Wählt man nun die Variable x_4 als Parameter, so kann man sofort die Lösungsmenge ablesen, hier mit $x_4 = 2t$, also
$L = \{(-1 + 43t; 1 - 16t; -4t; 2t) \mid t \in \mathbb{R}\}$
$= \{(-1; 1; 0; 0) + t(43; -16; -4; 2) \mid t \in \mathbb{R}\}$.

---

15 Bestimmen Sie die Lösungsmenge mit dem GAUSS-JORDAN-Verfahren.

a) $x_1 - 2x_2 + x_3 - 2x_4 = 1$
$\quad 3x_1 - 2x_2 - 2x_3 + 3x_4 = 2$
$\quad 4x_2 - 6x_3 + 8x_4 = 3$

b) $x_1 - x_2 - 2x_3 - 2x_4 = 4$
$\quad 3x_1 - 6x_2 - 2x_3 + 3x_4 = 12$
$\quad 2x_1 - 5x_2 - 5x_3 + 8x_4 = 3$

c) $x_1 + 2x_2 + x_3 + 2x_4 = -1$
$\quad 3x_1 - 6x_2 - 2x_3 + 3x_4 = 1$
$\quad 5x_1 - 2x_2 + 7x_4 = -1$

16 Begründen Sie, dass für ein inhomogenes Gleichungssystem (∗)
a) die Differenz zweier Lösungen von (∗) eine Lösung des zugehörigen homogenen LGS ist,
b) die Summe einer Lösung von (∗) und einer Lösung des zugehörigen homogenen LGS wieder eine Lösung von (∗) ist.

5 Determinanten und CRAMER'sche Regel

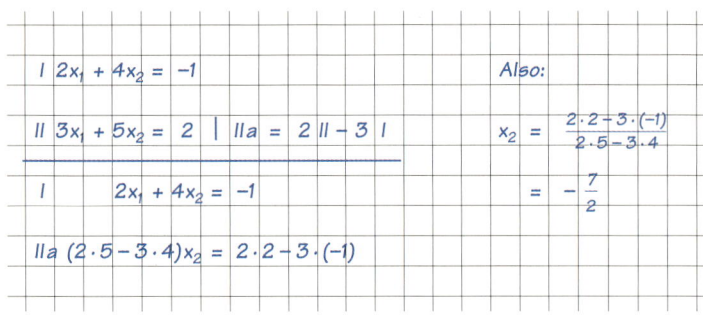

1 a) Wie kann man bei dem LGS den Wert für x_1 ebenfalls direkt als Quotient zweier Terme berechnen?
Schreiben Sie diesen Quotienten auf und vergleichen Sie die Zählerterme und die Nennerterme für x_1 und x_2.
b) Die Faktoren in den Nennertermen werden „über Kreuz" zusammengestellt.
Geben Sie auch für die Zählerterme ein solches Schema an.

Wenn ein LGS mit zwei Gleichungen und zwei Variablen genau eine Lösung hat, dann kann man diese Lösung so bestimmen:

$a_{11}a_{22} - a_{21}a_{12}$ ist genau dann von Null verschieden, wenn das LGS nur eine Lösung besitzt!

I $a_{11}x_1 + a_{12}x_2 = b_1$ Ia = $a_{22} \cdot$ I $- a_{12} \cdot$ II   Ia $(a_{22}a_{11} - a_{12}a_{21})x_1 = a_{22}b_1 - a_{12}b_2$
II $a_{21}x_1 + a_{22}x_2 = b_2$ IIa = $a_{11} \cdot$ II $- a_{21} \cdot$ I   IIa $(a_{11}a_{22} - a_{21}a_{12})x_2 = a_{11}b_2 - a_{21}b_1$

Also: $x_2 = \dfrac{a_{11}b_2 - a_{21}b_1}{a_{11}a_{22} - a_{21}a_{12}}$ und $x_1 = \dfrac{a_{22}b_1 - a_{12}b_2}{a_{11}a_{22} - a_{21}a_{12}}$.

Für $a_{11}a_{22} - a_{21}a_{12}$ schreibt man auch $\begin{vmatrix} a_{11} & a_{12} \\ a_{21} & a_{22} \end{vmatrix}$ und nennt dies eine **Determinante**. Damit gilt:

*GABRIEL CRAMER
(1704–1752), Schweizer Mathematiker*

> **Satz** (CRAMER'sche Regel):
>
> Hat das LGS $\begin{cases} a_{11}x_1 + a_{12}x_2 = b_1 \\ a_{21}x_1 + a_{22}x_2 = b_2 \end{cases}$ genau eine Lösung, dann kann man diese so schreiben:
>
> $x_1 = \dfrac{b_1 a_{22} - b_2 a_{12}}{a_{11}a_{22} - a_{21}a_{12}} = \dfrac{\begin{vmatrix} b_1 & a_{12} \\ b_2 & a_{22} \end{vmatrix}}{\begin{vmatrix} a_{11} & a_{12} \\ a_{21} & a_{22} \end{vmatrix}}$ und $x_2 = \dfrac{a_{11}b_2 - a_{21}b_1}{a_{11}a_{22} - a_{21}a_{12}} = \dfrac{\begin{vmatrix} a_{11} & b_1 \\ a_{21} & b_2 \end{vmatrix}}{\begin{vmatrix} a_{11} & a_{12} \\ a_{21} & a_{22} \end{vmatrix}}$

Besteht ein LGS aus drei Gleichungen mit drei Variablen, so lässt sich dieses Verfahren übertragen, wenn man „Dreierdeterminanten" so festlegt:

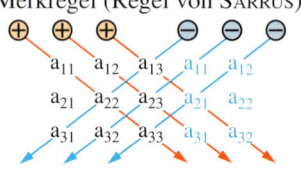

Merkregel (Regel von SARRUS):

$\begin{vmatrix} a_{11} & a_{12} & a_{13} \\ a_{21} & a_{22} & a_{23} \\ a_{31} & a_{32} & a_{33} \end{vmatrix} = a_{11}a_{22}a_{33} + a_{12}a_{23}a_{31} + a_{13}a_{21}a_{32}$
$\qquad\qquad\qquad - a_{13}a_{22}a_{31} - a_{11}a_{23}a_{32} - a_{12}a_{21}a_{33}$

Löst man ein LGS mit Determinanten, so ist der Aufwand meistens höher als bei der Verwendung des GAUSS-Verfahrens. Will man nur wissen, ob ein LGS genau eine Lösung hat, so kann man die Determinante der Koeffizienten berechnen.

Hiermit lautet die CRAMER'sche Regel:

Hat das LGS $\begin{cases} a_{11}x_1 + a_{12}x_2 + a_{13}x_3 = b_1 \\ a_{21}x_1 + a_{22}x_2 + a_{23}x_3 = b_2 \\ a_{31}x_1 + a_{32}x_2 + a_{33}x_3 = b_3 \end{cases}$ genau eine Lösung, dann kann man diese so schreiben:

$x_1 = \dfrac{1}{D}\begin{vmatrix} b_1 & a_{12} & a_{13} \\ b_2 & a_{22} & a_{23} \\ b_3 & a_{32} & a_{33} \end{vmatrix}$, $x_2 = \dfrac{1}{D}\begin{vmatrix} a_{11} & b_1 & a_{13} \\ a_{21} & b_2 & a_{23} \\ a_{31} & b_3 & a_{33} \end{vmatrix}$, $x_3 = \dfrac{1}{D}\begin{vmatrix} a_{11} & a_{12} & b_1 \\ a_{21} & a_{22} & b_2 \\ a_{31} & a_{32} & b_3 \end{vmatrix}$ mit $D = \begin{vmatrix} a_{11} & a_{12} & a_{13} \\ a_{21} & a_{22} & a_{23} \\ a_{31} & a_{32} & a_{33} \end{vmatrix}$.

Beispiel 1: (LGS mit Parameter)
Entscheiden Sie mithilfe von Determinanten, für welche Werte von r das lineare Gleichungssystem $\begin{cases} 4x_1 + 2x_2 = 3 \\ 6x_1 + rx_2 = 3 \end{cases}$ nur eine Lösung hat. Geben Sie für diesen Fall die Lösung in Abhängigkeit von r an.

Lösung:
Determinante der Koeffizienten: $\begin{vmatrix} 4 & 2 \\ 6 & r \end{vmatrix} = 4r - 12$.

Für $r \neq 3$ hat das LGS nur eine Lösung, und es gilt

$x_1 = \dfrac{\begin{vmatrix} 3 & 2 \\ 3 & r \end{vmatrix}}{4r-12} = \dfrac{3r-6}{4r-12}$ und $x_2 = \dfrac{\begin{vmatrix} 4 & 3 \\ 6 & 3 \end{vmatrix}}{4r-12} = \dfrac{3}{6-2r}$; also: $L_r = \left\{ \left(\dfrac{3r-6}{4r-12}, \dfrac{3}{6-2r} \right) \right\}$.

Das homogene LGS hat entweder nur die eine Lösung (0; 0; 0) oder unendlich viele Lösungen.

Beispiel 2: (Homogenes LGS mit Parameter)
Wie muss man r wählen, damit das homogene lineare Gleichungssystem (*) unendlich viele Lösungen besitzt?

$(*) \begin{cases} x_1 - 2x_2 - rx_3 = 0 \\ 2x_1 + rx_2 + x_3 = 0 \\ 4x_1 + x_2 + 2x_3 = 0 \end{cases}$

Lösung:
1. Schritt: Koeffizientendeterminante D bestimmen und Gleichung $D = 0$ lösen.

$D = 2r - 8 - 2r + 4r^2 - 1 + 8 = 4r^2 - 1$
$D = 0$ gilt für $r = \frac{1}{2}$ und $r = -\frac{1}{2}$.

2. Schritt: Antwort formulieren.

Das LGS hat für $r = \frac{1}{2}$ und $r = -\frac{1}{2}$ unendlich viele Lösungen.

Aufgaben

2 Lösen Sie das LGS mithilfe von Determinanten.

a) $2x_1 - 3x_2 = 5$
$7x_1 + 5x_2 = 9$

b) $11x_1 - 13x_2 = 20$
$5x_1 - 12x_2 = 1$

c) $6x_1 + 8x_2 = 13$
$10x_1 + 1x_2 = 11$

3 Entscheiden Sie mithilfe von Determinanten, für welche Werte von r das LGS genau eine Lösung besitzt. Geben Sie für diesen Fall die Lösung in Abhängigkeit von r an.

a) $x_1 - 2x_2 = 5$
$rx_1 + 4x_2 = 9$

b) $7x_1 + 7x_2 = 10$
$rx_1 - rx_2 = 1$

c) $rx_1 + 8x_2 = 13$
$rx_1 + rx_2 = r$

4 Lösen Sie das LGS mit der CRAMER'schen Regel, wenn es genau eine Lösung hat.

a) $3x_1 + 5x_2 - 7x_3 = 4$
$6x_1 + 4x_2 - 12x_3 = 9$
$3x_1 - 3x_2 - 6x_3 = 2$

b) $x_1 + x_2 + x_3 = 10$
$5x_1 + 7x_2 - 9x_3 = 11$
$3x_1 + 2x_2 - 25x_3 = 30$

c) $11x_1 + 13x_2 = 8$
$4x_1 + x_2 - 20x_3 = 10$
$x_1 + x_2 + x_3 = 1$

5 Wie muss man r wählen, damit das homogene LGS unendlich viele Lösungen besitzt?

a) $rx_1 + x_2 - 2x_3 = 0$
$4x_1 + rx_2 + x_3 = 0$
$2x_1 + 3x_2 + 5x_3 = 0$

b) $rx_1 + 7x_2 + rx_3 = 0$
$x_1 + rx_2 - 4x_3 = 0$
$3x_1 + rx_2 - x_3 = 0$

c) $x_1 + rx_2 + rx_3 = 0$
$2x_1 - 5x_2 + rx_3 = 0$
$3x_1 - 2x_2 - 5x_3 = 0$

6 a) Begründen Sie mithilfe von Determinanten, dass das lineare Gleichungssystem
$\begin{cases} sx_1 - tx_2 = 1 \\ tx_1 + sx_2 = 0 \end{cases}$ genau eine Lösung hat, sobald mindestens einer der Parameter s und t von 0 verschieden ist.

b) Geben Sie die Lösung des LGS für diesen Fall in Abhängigkeit von s und t an.

6 Anwendungen linearer Gleichungssysteme

In Bereichen wie Technik, Natur- und Wirtschaftswissenschaften gibt es Probleme, die man mithilfe linearer Gleichungssysteme lösen kann. Die folgenden Beispiele zeigen, wie man dabei vorgeht.

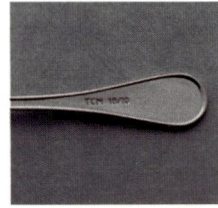

Beispiel 1: (Mischungsrechnung)
Edelstahl ist eine Legierung aus Eisen, Chrom und Nickel; z.B. besteht 18/10-Stahl aus 72 % Eisen, 18 % Chrom und 10 % Nickel.
Aus den Legierungen A, B, C soll unter Zugabe von möglichst wenig Nickel (D) eine Tonne 18/10-Stahl hergestellt werden. Lösen Sie das Problem mit einem LGS.
Lösung:
1. Schritt: Variablen einführen.

	A	B	C	D
Eisen	70 %	74 %	78 %	0 %
Chrom	22 %	18 %	15 %	0 %
Nickel	8 %	8 %	7 %	100 %

Mengen für A, B, C, D in t: x_1, x_2, x_3, x_4

2. Schritt: Gleichungen aufstellen:
I für die Gesamtmenge, II für Eisen,
III für Chrom, IV für Nickel.

$$\begin{array}{rl} \text{I} & x_1 + x_2 + x_3 + x_4 = 1 \\ \text{II} & 70x_1 + 74x_2 + 78x_3 = 72 \\ \text{III} & 22x_1 + 18x_2 + 15x_3 = 18 \\ \text{IV} & 8x_1 + 8x_2 + 7x_3 + 100x_4 = 10 \end{array}$$

3. Schritt: Lösungsmenge bestimmen:
Man bringt das System auf Stufenform
(II a = II − 70 · I, III a = 22 · I − III, ...)
und bestimmt L (mit $x_4 = r$ als Parameter).

$$\begin{array}{rl} \text{I} & x_1 + x_2 + x_3 + x_4 = 1 \\ \text{II a} & 4x_2 + 8x_3 - 70x_4 = 2 \\ \text{III b} & x_3 - 92x_4 = -2 \\ \text{IV c} & 0 = 0 \end{array}$$

$L = \left\{ \left(-\frac{3}{2} + \frac{147}{2}r; \frac{9}{2} - \frac{333}{2}r; 92r - 2; r \right) \mid r \in \mathbb{R} \right\}$.

4. Schritt: Die Lösung mit dem niedrigsten Nickelzusatz bestimmen und die Antwort formulieren.

Für x_1, x_2, x_3, x_4 sind keine negativen Werte zulässig. Also muss $r \geq \frac{1}{46}$ sein. Da x_1 und x_2 für $r = \frac{1}{46}$ positiv sind, ist $\left(\frac{9}{92}; \frac{81}{92}; 0; \frac{1}{46} \right)$ die gesuchte Lösung.
Es müssen rund 22 kg Nickel, 880 kg der Sorte B und 98 kg der Sorte A verwendet werden.

Beispiel 2: (Stoffumwandlungen in der Chemie)
Reaktionsgleichungen wie in Fig. 1 geben an, wie viele Moleküle der Ausgangsstoffe wie viele Moleküle der Endstoffe liefern. Bestimmen Sie möglichst kleine natürliche Zahlen x_1, x_2, x_3 und x_4 für die Reaktion
$$x_1 NH_3 + x_2 O_2 \longrightarrow x_3 NO_2 + x_4 H_2O,$$
nach der Ammoniak NH_3 zu Stickstoffdioxid und Wasser verbrennt.
Lösung:
1. Schritt: Für jede Atomart eine Gleichung aufstellen; dabei ausnutzen, dass rechts und links gleich viele Atome vorkommen.

Umwandlung von Stickstoffdioxid NO_2 mit Wasser H_2O und Sauerstoff O_2 zu Salpetersäure:

$$4NO_2 + 2H_2O + O_2 \longrightarrow 4HNO_3$$

Die Faktoren 4, 2, 1 und 4 ergeben sich aus der Bedingung, dass rechts und links gleich viele Atome jedes Elements vorkommen müssen.

Fig. 1

Für N: $x_1 = x_3$
Für H: $3x_1 = 2x_4$
Für O: $2x_2 = 2x_3 + x_4$

20

Anwendungen linearer Gleichungssysteme

2. Schritt: Gleichungen umschreiben und als LGS notieren.

$$\begin{array}{rrrrr} \text{I} & x_1 & - & x_3 & = 0 \\ \text{II} & 3x_1 & & & - 2x_4 = 0 \\ \text{III} & & 2x_2 - 2x_3 & - x_4 = 0 \end{array}$$

3. Schritt: Gleichungssystem lösen:
Die dritte mit der zweiten Gleichung vertauschen und die neue dritte Gleichung durch die Differenz aus ihr und dem Dreifachen der ersten ersetzen; danach die Lösungsmenge bestimmen.

$$\begin{array}{rrrr} \text{I} & x_1 - x_3 & = 0 \\ \text{IIa} & 2x_2 - 2x_3 - x_4 & = 0 \\ \text{IIIb} & 3x_3 - 2x_4 & = 0 \end{array}$$

Setzt man s für x_4 ein, so ergibt sich
$x_3 = \frac{2}{3}x_4 = \frac{2}{3}s$ und damit sowohl
$x_2 = x_3 + \frac{1}{2}x_4 = \frac{7}{6}s$ als auch
$x_1 = x_3 = \frac{2}{3}s$.
Lösungsmenge: $L = \left\{ \left(\frac{2}{3}s; \frac{7}{6}s; \frac{2}{3}s; s\right) \mid s \in \mathbb{R} \right\}$

4. Schritt: Die gesuchten Faktoren bestimmen. Die kleinste positive Zahl s, für die sich eine ganzzahlige Lösung ergibt, ist 6.

Mit $s = 6$ ergibt sich 4 für x_1, 7 für x_2, 4 für x_3 und 6 für x_4. Reaktionsgleichung:
$4\,NH_3 + 7\,O_2 \longrightarrow 4\,NO_2 + 6\,H_2O$.

Aufgaben

1 Für Düngeversuche sollen aus den drei Düngersorten I, II und III 10 kg Blumendünger gemischt werden, der 40 % Kalium, 35 % Stickstoff und 25 % Phosphor enthält. Welche Mengen werden benötigt?

	I	II	III
Kalium	40 %	30 %	50 %
Stickstoff	50 %	20 %	30 %
Phosphor	10 %	50 %	20 %

Dural wurde unter dem Namen Duraluminium erstmals 1906 von dem Metallurgen Alfred Wilm (1869–1937) mit etwa 4 % Kupfer, 0,5 % Mangan, 0,6 % Magnesium sowie Spuren von Silizium und Eisen hergestellt. Es wird heute hauptsächlich im Flugzeug-, Fahrzeug- und Maschinenbau eingesetzt.

2 Die sehr widerstandsfähige Aluminiumlegierung Dural enthält außer Aluminium bis zu 5 % Kupfer, bis zu 1,5 % Mangan und bis zu 1,6 % Magnesium.
a) Welche Legierungen mit 95 % Aluminium und 3 % Kupfer lassen sich aus den drei Duralsorten A, B, C in Fig. 1 herstellen? Geben Sie eine Beschreibung mithilfe einer Lösungsmenge.
b) Lässt sich aus den Duralsorten A, B, C eine Legierung herstellen, die 95 % Aluminium, 3 % Kupfer, 1,2 % Mangan und 0,8 % Magnesium enthält?

	A	B	C
Aluminium	96,0 %	93,0 %	93,2 %
Kupfer	2,5 %	4,0 %	3,9 %
Mangan	1,1 %	1,4 %	1,2 %
Magnesium	0,4 %	1,6 %	1,7 %

Fig. 1

Stückliste für SKEW 500: Ausführung	A	B	C	im Lager (Stück)
Stück Modul 32 MB	1	2	4	66
Stück Lüfter	1	1	2	43
Stück Schn. seriell	2	3	4	101
...	...	...	...	...

Fig. 2

3 Eine Computerfirma baut das Modell SKEW 500 in den Ausführungen A, B und C. Die Tabelle in Fig. 2 zeigt, wie viele 32-MB-Module, Lüfter und serielle Schnittstellen jeweils eingebaut werden. Wie viele Ausführungen von SKEW 500 können noch mit dem Lagerbestand produziert werden, wenn alle übrigen Teile reichlich vorhanden sind?

Hinweis zu Aufgabe 4: Jeder Artikel kann höchstens einmal bestellt werden!

4 Bei einer Sonderaktion eines Versandhauses kann man bis zu 4 Artikel A, B, C, D ankreuzen. Fig. 3 zeigt einige Rechnungsbeträge. Was kosten die Artikel, wenn als Versandkosten pauschal 3,45 € berechnet werden?

A ☒	B ☒	C ☒	D ☒	175,05 €
A ☒	B ☐	C ☒	D ☐	90,15 €
A ☐	B ☒	C ☐	D ☒	88,35 €
A ☐	B ☒	C ☒	D ☒	125,15 €
A ☒	B ☒	C ☐	D ☒	113,35 €

Fig. 3

Anwendungen linearer Gleichungssysteme

5 Die Variablen $x_1, x_2, \ldots$ in den chemischen Reaktionsgleichungen sollen für möglichst kleine natürliche Zahlen stehen. Bestimmen Sie diese Zahlen nach dem Verfahren in Beispiel 2.
a) $x_1 Fe + x_2 O_2 \longrightarrow x_3 Fe_2O_3$ (Rosten von Eisen in trockener Luft)
b) $x_1 C_6H_{12}O_6 + x_2 O_2 \longrightarrow x_3 CO_2 + x_4 H_2O$ (Verbrennung von Traubenzucker)
c) $x_1 FeS_2 + x_2 O_2 \longrightarrow x_3 Fe_2O_3 + x_4 SO_2$ (Entstehen von Schwefeldioxid aus Pyrit)
d) $x_1 C_3H_5N_3O_9 \longrightarrow x_2 CO_2 + x_3 H_2O + x_4 N_2 + x_5 O_2$ (Explosion von Nitroglyzerin)

6 Der tägliche Nahrungsbedarf eines Erwachsenen beträgt pro kg Körpergewicht 5 g bis 6 g Kohlenhydrate, etwa 0,9 g Eiweiß und 1 g Fett.
Wie kann ein Erwachsener mit 75 kg Körpergewicht mit Kabeljau, Kartoffeln und Butter seinen täglichen Nahrungsbedarf decken? Rechnen Sie mit 400 g Kohlenhydraten, 70 g Eiweiß und 75 g Fett.

100 g Kabeljau:
Eiweiß 16,5 g
Fett 0,4 g
Kohlenhydrate 0,0 g

100 g Kartoffeln:
Eiweiß 2,0 g
Fett 0,2 g
Kohlenhydrate 20,9 g

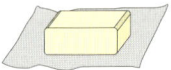

100 g Butter:
Eiweiß 0,8 g
Fett 82,0 g
Kohlenhydrate 0,7 g

Fig. 1

7 Die Tabelle in Fig. 2 gibt den Eiweiß-, Kohlenhydrate- und Fettgehalt von drei Speisebestandteilen A, B und C an.
a) Zeigen Sie, dass man aus A, B und C keine Speise mit 47 % Eiweiß, 35 % Kohlenhydrate und 18 % Fett zusammenstellen kann.
b) Untersuchen Sie, ob man Speisen mit 40 % Eiweiß und 40 % Kohlenhydrate aus A, B und C herstellen kann.

	A	B	C
Eiweiß	30 %	50 %	20 %
Kohlenhydrate	30 %	30 %	70 %
Fett	40 %	20 %	10 %

Fig. 2

8 Im Versuchslabor eines Getränkeherstellers soll aus den drei angegebenen Mischgetränken A, B und C in Fig. 3 eine neue Sorte PLOP mit 50 % Fruchtsaftgehalt gemischt werden.
a) Wie viel cm³ der Sorte C können für 1 Liter PLOP höchstens verwendet werden?
b) Wie kann man 1 Liter PLOP mit 20 % Maracujaanteil aus den drei Sorten mischen?

A — Fruchtgehalte: Ananas 30%, Kirsche 15%, Maracuja 5%
B — Fruchtgehalte: Ananas 10%, Kirsche 20%, Maracuja 10%
C — Fruchtgehalte: Ananas 15%, Kirsche 15%, Maracuja 30%

Fig. 3

9 Alpaka (Neusilber) ist eine Legierung aus Kupfer, Nickel und Zink. Aus den vier in Fig. 4 angegebenen Sorten kann auf verschiedene Arten 100 g Alpaka mit einem Gehalt von 55 % Kupfer, 23 % Nickel und 22 % Zink hergestellt werden.
Bestimmen Sie die Legierungen mit dem größten und dem kleinsten Anteil von Sorte IV.

	I	II	III	IV
Kupfer	40 %	50 %	60 %	70 %
Nickel	26 %	22 %	25 %	18 %
Zink	34 %	28 %	15 %	12 %

Fig. 4

10 Bei einem Automodell sind die Servolenkung S und die Klimaanlage K Sonderausstattungen. Bei 100 000 ausgelieferten Autos wurde S 65 100-mal und K 12 600-mal eingebaut.
a) Warum lässt sich aus den Angaben noch nicht schließen, wie oft weder S noch K, nur S, nur K oder beide Sonderausstattungen eingebaut wurden? Stellen Sie ein Gleichungssystem für die vier möglichen Ausstattungskombinationen auf.
b) Mindestens wie viele Käufer wählten keine Sonderausstattung?
c) Wie viele Käufer wählten keine Sonderausstattung, wenn K stets mit S bestellt wurde?

22

Anwendungen linearer Gleichungssysteme

11 Bei einem Geviert aus Einbahnstraßen sind die Verkehrsdichten (Fahrzeuge pro Stunde) für die zu- und abfließenden Verkehrsströme bekannt. Stellen Sie ein lineares Gleichungssystem für die Verkehrsdichten x_1, x_2, x_3, x_4 auf und bearbeiten Sie folgende Fragestellungen:
a) Ist eine Sperrung des Straßenstücks AD ohne Drosselung des Zuflusses möglich?
b) Welches ist die minimale Verkehrsdichte auf dem Straßenstück AB?
c) Welches ist die maximale Verkehrsdichte auf dem Straßenstück CD?

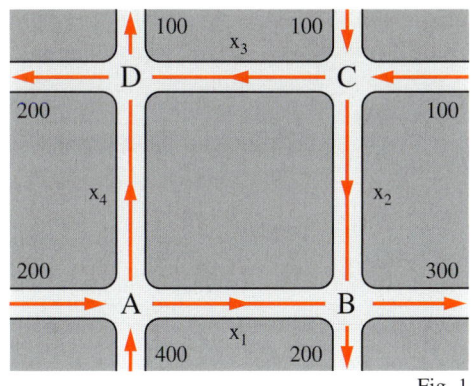
Fig. 1

Ströme in Netzwerken:
Gegeben sind **Knoten** und **Verbindungen**, über die etwas in nur einer der beiden möglichen Richtungen transportiert wird.

Bei **Einbahnstraßennetzen** (Aufgabe 11) gilt:
An jedem Knoten ist die Summe der Stromstärken zufließender Ströme gleich der Summe der Stromstärken abfließender Ströme.

Bei **Gleichstromnetzen** enthalten die Verbindungen Widerstände. Es gelten die KIRCHHOFF'schen Regeln:

Knotenregel: Die Summe der Stromstärken der ankommenden Ströme ist gleich der Summe der Stromstärken der abgehenden Ströme.

Maschenregel: In jedem in sich geschlossenen Teil des Leitersystems (Masche) ist die Summe der Spannungen aus Spannungsquellen gleich der Summe der Produkte aus den (gerichteten) Stromstärken und den Widerständen der einzelnen Zweige.

Beispiel:

Knotenregel:
$I_1 = I_2 + I_5$
$I_4 = I_3 + I_5$
Maschenregel:
$R_1I_1 + R_2I_2 = U$
$R_1I_1 - R_3I_3 + R_5I_5 = 0$
$R_2I_2 - R_4I_4 - R_5I_5 = 0$

(U in Volt [V], I in Ampere [A], R in Ohm [Ω])

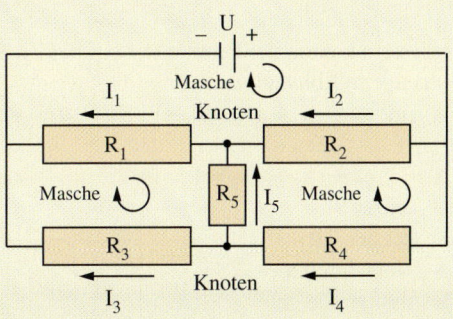

LGS: $\begin{cases} I_1 - I_2 - I_5 = 0 \\ I_3 - I_4 + I_5 = 0 \\ R_1I_1 + R_2I_2 = U \\ R_1I_1 - R_3I_3 + R_5I_5 = 0 \\ R_2I_2 - R_4I_4 - R_5I_5 = 0 \end{cases}$

12 Die Straßenverwaltung möchte bei dem Einbahnstraßengeviert in Fig. 1 erproben, wie sich eine Umkehrung der vorgeschriebenen Richtungen auf den Straßenstücken BC und AD auswirkt. Warum ist davon abzuraten? Untersuchen Sie die Belastungen der Verbindungen, wenn die äußeren Zu- und Abflüsse gleich bleiben.

13 Berechnen Sie die Stromstärken für das Beispiel im Kasten für den Fall $U = 42\,V$, $R_1 = R_4 = R_5 = 10\,\Omega$ und $R_2 = R_3 = 20\,\Omega$.

14 Berechnen Sie die Stromstärken im Gleichstromnetz mithilfe der KIRCHHOFF'schen Regeln. Orientieren Sie erst alle Maschen im gleichen Umlaufsinn.

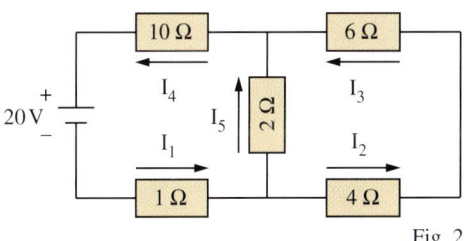
Fig. 2

15 Berechnen Sie die Stromstärken im Gleichstromnetz.

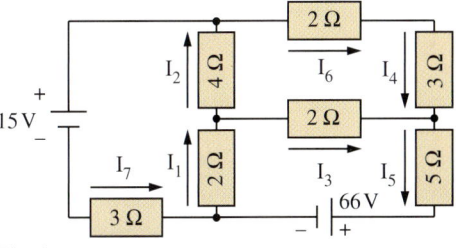
Fig. 3

7 Vermischte Aufgaben

1 Bestimmen Sie die Lösungsmenge des linearen Gleichungssystems.

a) $4x_1 - 4x_2 - x_3 = -61$
$4x_1 + 15x_2 - 9x_3 = 0$
$8x_1 - 4x_2 + 5x_3 = -31$

b) $7x_1 + 3x_2 + 8x_3 = 35$
$3x_1 - 5x_2 + 6x_3 = 9$
$5x_1 + 5x_2 + 5x_3 = 18$

c) $4x_1 + 3x_2 + 4x_3 = 32$
$9x_1 - 3x_2 - 3x_3 = 6$
$3x_1 + 4x_2 + 2x_3 = -2$

2
a) $x_1 + x_2 + x_3 = 11$
$2x_1 - 3x_2 + 4x_3 = 6$

b) $5x_1 + 7x_2 - x_3 = 0$
$2x_1 - 4x_3 = 3$

c) $2x_1 - 5x_2 - x_3 = 14$
$3x_1 + 3x_2 = 0$

3
a) $2x_1 + 3x_2 = 5$
$-x_1 + 8x_2 = 7$
$x_1 + 11x_2 = 12$

b) $-x_1 + 3x_2 = 0$
$2x_1 - 6x_2 = 1$
$x_1 - x_2 = 3$

c) $2x_1 + 7x_2 = 11$
$6x_1 - 5x_2 = 7$
$10x_1 - 17x_2 = 3$

d) $7x_1 - 5x_2 = 9$
$11x_1 + 3x_2 = 25$
$3x_1 - 7x_2 = -1$

4 Lösen Sie das lineare Gleichungssystem.

a) $2x_1 + 2x_2 + x_3 + x_4 = 0$
$6x_1 + 6x_2 + 2x_3 + 20x_4 = 12$
$x_1 + 2x_2 + \frac{1}{2}x_3 = -4$
$2x_1 + 4x_2 + 14x_4 = 4$

b) $x_1 + 2x_2 - 3x_3 + x_4 = 0$
$x_2 - x_4 = 2$
$2x_1 + 3x_2 - 3x_3 + 5x_4 = -3$
$-x_1 + x_2 + 4x_3 = 4$

Es gibt auch solche Matrizen:

5 Das Gleichungssystem ist als Matrix gegeben. Bestimmen Sie die Lösungsmenge.

a) $\begin{pmatrix} 2 & 1 & 1 & 0 & | & 1 \\ 3 & 2 & 0 & -2 & | & -13 \\ 5 & 0 & -2 & -1 & | & 14 \\ 0 & -3 & 4 & 1 & | & 5 \end{pmatrix}$

b) $\begin{pmatrix} 3 & 1 & -3 & -9 & | & 54 \\ 0 & -1 & 2 & 4 & | & 6 \\ 1 & 1 & -2 & -5 & | & 9 \\ 2 & 2 & -3 & 3 & | & 37 \end{pmatrix}$

c) $\begin{pmatrix} 2 & 4 & -1 & 5 & | & 9 \\ \frac{5}{2} & 1 & 3 & -7 & | & 5 \\ 3 & 0 & -3 & 1 & | & 6 \\ 1 & 8 & 1 & 9 & | & 13 \end{pmatrix}$

6 Bestimmen Sie die Lösungsmenge in Abhängigkeit vom Parameter r.

a) $x_1 - 2x_2 + x_3 = 3$
$2x_1 + x_2 - 3x_3 = 2r$
$x_1 + 3x_2 - 3x_3 = 4r$

b) $2x_1 - x_2 + x_3 = 2r$
$x_1 - 5x_2 + 2x_3 = 6$
$ 9x_2 - 3x_3 = r - 12$

c) $x_1 + 2x_2 + x_3 = 0$
$-4x_1 - 12x_2 + x_3 = r$
$3x_1 + 4x_2 + 2x_3 = r + 2$

7 Im linearen Gleichungssystem kommt der Parameter r auf beiden Seiten vor. Bestimmen Sie die Lösungsmenge in Abhängigkeit von r.

a) $x_1 + rx_2 = 5$
$2x_1 + 3x_2 = 4r$

b) $2x_1 + x_2 + rx_3 = 0$
$2x_2 + x_3 = r$
$x_1 + x_2 + x_3 = 1$

c) $x_1 + rx_2 + rx_3 = 0$
$2x_1 + rx_3 = -3$
$x_1 + 2rx_2 + r^2x_3 = r$

8 Der Graph der Funktion mit der Gleichung $y = ax^3 + bx^2 + cx + d$ soll durch die Punkte A, B, C, D gehen. Bestimmen Sie die Koeffizienten a, b, c, d.
a) $A(-2|-24)$, $B(0|4)$, $C(2|0)$, $D(3|16)$
b) $A(-2|20)$, $B(-1|24)$, $C(1|-40)$, $D(2|-60)$

9 Bestimmen Sie eine ganzrationale Funktion dritten Grades, deren Graph die in Fig. 1 angegebenen Eigenschaften hat.

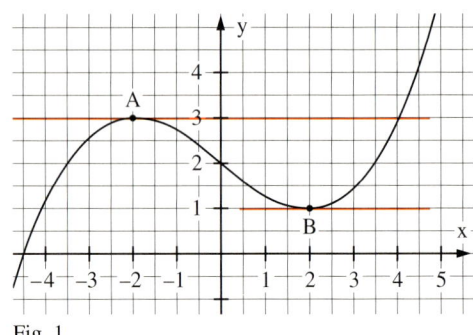

Fig. 1

24

Vermischte Aufgaben

10 Eine vierstellige positive ganze Zahl n hat die Quersumme 20. Die Summe der ersten beiden Ziffern ist 11, die Summe der ersten und letzten Ziffer ebenfalls. Die erste Ziffer ist um 3 größer als die letzte Ziffer. Bestimmen Sie die Zahl n.

11 Bestimmen Sie alle dreistelligen positiven ganzen Zahlen
a) mit der Quersumme 12, bei denen die erste Ziffer doppelt so groß wie die letzte ist,
b) mit der Quersumme 13, bei denen die zweite Ziffer doppelt so groß wie die erste ist.

12 Es gilt $1^3 + 2^3 + 3^3 + \ldots + n^3 = an^4 + bn^3 + cn^2 + dn$ für alle $n \in \mathbb{N}$. Für die Koeffizienten a, b, c, d in der Formel kann man ein LGS aufstellen, indem man z.B. n = 1, n = 2, n = 3 und n = 4 setzt. Bestimmen Sie auf diese Weise a, b, c und d.

13 Zeigen Sie, dass $L_1 = L_2$ gilt.
a) $L_1 = \{(2; 1; 3) + r(1; 1; -1) | r \in \mathbb{R}\}$
   $L_2 = \{(1; 0; 4) + s(-2; -2; 2) | s \in \mathbb{R}\}$
b) $L_1 = \{s(1; 0; 1) + t(2; 5; 7) | s, t \in \mathbb{R}\}$
   $L_2 = \{u(5; 10; 15) + v(2; -10; -8) | u, v \in \mathbb{R}\}$

Ein Verfahren für Aufgabe 14:
Um z.B. ein LGS mit der Lösungsmenge
$\{(2; 0; 3) + r(3; 2; 1) | r \in \mathbb{R}\}$
zu finden, drückt man in den Gleichungen
$x_1 = 2 + 3r$ und $x_2 = 2r$
den Parameter r mithilfe der dritten Gleichung
$x_3 = 3 + r$ durch x_3 aus.

14 Stellen Sie ein LGS mit den Variablen x_1, x_2, x_3 auf, das die Lösungsmenge L besitzt.
a) $L = \{(1; 0; 1) + r(0; 1; 2) | r \in \mathbb{R}\}$
b) $L = \{(0; 3; 1) + r(1; 1; 2) | r \in \mathbb{R}\}$
c) $L = \{(1; 2; 3) + r(5; 7; 1) | r \in \mathbb{R}\}$
d) $L = \{r(1; 1; 2) + s(0; 1; 0) | r, s \in \mathbb{R}\}$

15 Für die Herstellung einer Schraube durchläuft der Rohling eine Maschine M_1 und wird dann von zwei Maschinen M_2 und M_3 fertig bearbeitet. Für 3 Schraubensorten A, B, C ist in Fig. 1 angegeben, wie viele Minuten jede Maschine dafür laufen muss. Je Arbeitstag kann M_1 insgesamt 600 Minuten, M_2 nur 540 Minuten und M_3 nur 560 Minuten lang betrieben werden. Wie viele Schrauben der Sorten A, B, C können jeweils pro Tag hergestellt werden?

	A	B	C
M_1	2	4	1
M_2	1	3	2
M_3	4	3	2

Fig. 1

	A	B	C
Kalium	40%	30%	50%
Stickstoff	50%	20%	30%
Phosphor	10%	50%	20%
Preis (€/kg)	1,60	1,80	1,70

Fig. 2

16 Eine Gärtnerei möchte 5 kg Blumendünger mischen, der 45% Kalium enthält. Zur Verfügung stehen die Düngersorten A, B, C in Fig. 2.
a) Stellen Sie ein LGS auf und bestimmen Sie seine Lösungsmenge.
b) Welche Mischung kostet am wenigsten, welche am meisten?

17 Untersuchen Sie mithilfe eines linearen Gleichungssystems, ob man aus Hartblei (91% Blei, 9% Antimon) und Lötzinn (40% Blei, 60% Zinn) eine Bleilegierung mit 80% Blei, 15% Zinn und 5% Antimon herstellen kann. Bestimmen Sie gegebenenfalls die Mischungsanteile.

18 Die Variablen x_1, x_2, ... in den chemischen Reaktionsgleichungen sollen für möglichst kleine natürliche Zahlen stehen. Bestimmen Sie diese Zahlen (vgl. Beispiel 2 von Seite 20).
a) $x_1 Fe_3O_4 + x_2 Al \longrightarrow x_3 Al_2O_3 + x_4 Fe$ (Thermitverfahren)
b) $x_1 N_2H_4 + x_2 N_2O_4 \longrightarrow x_3 N_2 + x_4 H_2O$ (Hydrazinraketenantrieb)
c) $x_1 C_6H_6 + x_2 O_2 \longrightarrow x_3 H_2O + x_4 CO_2$ (Verbrennung von Benzol)
d) $x_1 Na_2CO_3 + x_2 HCl \longrightarrow x_3 NaCl + x_4 H_2CO_3$ (Reaktion von Soda mit Salzsäure)
e) $x_1 Na_2B_4O_7 + x_2 HCl + x_3 H_2O \longrightarrow x_4 H_3BO_3 + x_5 NaCl$ (Darstellung von Borsäure)

Mathematische Exkursionen

Lineare Gleichungssysteme auf dem Computer

Das Lösen von linearen Gleichungssystemen wird umso aufwendiger, je mehr Variablen und Gleichungen auftreten. Daher wird man ein Gleichungssystem wie (∗) eher mit dem Computer lösen. Am Beispiel der Computeralgebrasysteme DERIVE und MAPLE V soll gezeigt werden, wie dies möglich ist. Aus Platzgründen werden dabei nur kleinere LGS betrachtet.

$$(*) \begin{cases} 2x_1 + 3x_2 + 4x_3 + x_5 - x_6 = 0 \\ x_1 - x_2 - x_3 + x_4 - x_6 = 1 \\ 3x_2 + x_3 - 2x_4 + x_5 - x_6 = 0 \\ 4x_1 + 3x_3 - 5x_4 + x_5 - 2x_6 = 0 \\ 2x_1 - 3x_2 - 5x_4 + 2x_5 + 2x_6 = 1 \\ 3x_1 + 3x_2 - 6x_4 + 5x_5 = 1 \end{cases}$$

1. Weg bei DERIVE (Direkteingabe):	1. Weg bei MAPLE (Direkteingabe):
Schritt 1: Gleichung mit dem Befehl **Schreibe** in der Form [2x + 3y + 4z = 0, x − y − z = 1, 5x − 2y + 3z = 0] eingeben. Schritt 2: Befehl **Löse** eingeben. Der Bildschirm zeigt: #1: [2x + 3y + 4z = 0, x − y − z = 1, 5x − 2y + 3z = 0] #2: $[x = \frac{17}{22}, y = \frac{7}{11}, z = -\frac{19}{22}]$	Hier erfolgt die Eingabe zusammen mit dem Befehl „solve" hinter der Eingabeaufforderung „>". Erst nach dem Semikolon wird die Eingabetaste gedrückt. Der Bildschirm zeigt: > solve({2 ∗ x + 3 ∗ y + 4 ∗ z = 0, x − y − z = 1, 5 ∗ x − > 2 ∗ y + 3 ∗ z = 0}); $\{y = \frac{7}{11}, z = -\frac{19}{22}, x = \frac{17}{22}\}$
Wenn ein LGS keine Lösung hat, meldet DERIVE: **Keine Lösung gefunden.**	MAPLE reagiert bei einem LGS ohne Lösung nur mit: >
Im zweiten Beispiel gibt es unendlich viele Lösungen: #1: [2x + 3y + 4z = 0, x − y − z = 1, 3x + 2y + 3z = 1] #2: [x = @1, y = 2·(3·@1 − 2), z = 3 − 5·@1] Bei DERIVE ist @1 das Symbol für einen Parameter, bei zwei oder mehr Parametern werden @1, @2, ... verwendet.	Dasselbe Beispiel wie links (hier gilt z als Parameter): > solve({2 ∗ x + 3 ∗ y + 4 ∗ z = 0, x − y − z = 1, 3 ∗ x + > 2 ∗ y + 3 ∗ z = 1}); $\{y = -\frac{6}{5}z - \frac{2}{5}, x = -\frac{1}{5}z + \frac{3}{5}, z = z\}$
2. Weg bei DERIVE (Matrixeingabe): Den Befehl **Def**, dann den Befehl **Matrix** anwählen. Die Zeilenzahl und die Spaltenzahl eingeben. Danach die Elemente der Matrix eingeben. Den Befehl **Schreibe** anwählen und danach ROW_REDUCE („Taste F3") eingeben. Den Befehl **Vereinfache** anwählen: DERIVE bestimmt eine Matrix, aus der man die Lösungsmenge ablesen kann.	**2. Weg bei MAPLE (Matrixeingabe):** Das Paket „Lineare Algebra" wird durch die Eingabe **with(linalg);** aufgerufen. Das LGS als Matrix eingeben: **matrix(„Zeilenzahl", „Spaltenzahl", [„Elemente"]);** **gausselim(");** führt auf Stufenform, **gaussjord(");** liefert wie bei DERIVE eine Matrix, aus der man die Lösungsmenge ablesen kann.

Für das zweite Beispiel ergibt sich mit x_1, x_2, x_3 als Variablen:

$$\begin{bmatrix} 2 & 3 & 4 & 0 \\ 1 & -1 & -1 & 1 \\ 3 & 2 & 3 & 1 \end{bmatrix} \text{(Eingabematrix)} \qquad \begin{bmatrix} 1 & 0 & \frac{1}{5} & \frac{3}{5} \\ 0 & 1 & \frac{6}{5} & -\frac{2}{5} \\ 0 & 0 & 0 & 0 \end{bmatrix} \text{(Ergebnismatrix)} \qquad \begin{array}{l} x_3 = t \quad \text{(aus der 3. Zeile)} \\ x_2 = -\frac{2}{5} - \frac{6}{5}t \quad \text{(aus der 2. Zeile)} \\ x_1 = \frac{3}{5} - \frac{1}{5}t \quad \text{(aus der 1. Zeile)} \end{array}$$

1 Erläutern Sie folgende Ergebnisanzeigen von DERIVE:
a) #2: [x = −3, y = 0, z = 17]
b) #2: [x = @1, y = 2 − @1, z = 1 − 2·@1]
c) #2: [x = @1, y = @2, z = 3 − 6·@1 + @2]

2 Falls Ihnen DERIVE zur Verfügung steht: Lösen Sie das lineare Gleichungssysteme (∗) durch Matrixeingabe.

3 Falls Ihnen MAPLE V zur Verfügung steht:
a) Lösen Sie das lineare Gleichungssystem (∗) durch Direkteingabe. Achten Sie dabei auf die Rolle der Eingabetaste!
b) Geben Sie die obige Eingabematrix ein, verwenden Sie jedoch anstelle der Befehle **gausselim(");** und **gaussjord(");** den Befehl **linsolve(submatrix(",1...6, 1...6), col(",7));**. Was gibt MAPLE jetzt aus?

Mathematische Exkursionen

Erfolgen numerische Berechnungen mit dem Computer, so werden Zahlen gerundet in der Form $a_1, a_2 \ldots a_n \cdot 10^z$ mit fester Ziffernzahl n und einem ganzzahligen Exponenten z zwischen vorgegebenen Grenzen $b < 0$ und $c > 0$ dargestellt und verarbeitet. Sie kennen diese Darstellung bereits als eine mögliche Taschenrechneranzeige.

Bei Anwendungen geht es oft um riesige lineare Gleichungssysteme (vgl. die Exkursion zur Computertomographie), bei denen die Koeffizienten gerundete Näherungswerte sind. Da bei derartigen Datenmengen Zahlen nur mit einer festen Stellenzahl gespeichert werden können, muss beim Rechnen laufend gerundet werden. Damit gibt es zwei Probleme, die man schon an kleinen Gleichungssystemen verdeutlichen kann, wenn beim Rechnen laufend auf 2 Stellen gerundet wird:

Beispiel 1: (LGS mit kritischen Anfangsdaten)

LGS exakt:
$\frac{1}{2}x_1 + \frac{2}{3}x_2 = \frac{17}{2}$
$\frac{1}{2}x_1 + \frac{5}{8}x_2 = 8$
Lösung: (1; 12)

LGS mit Rundung:
$0{,}50\,x_1 + 0{,}67\,x_2 = 8{,}5$
$0{,}50\,x_1 + 0{,}63\,x_2 = 8{,}0$
Lösung: (−0,40; 13)

LGS „verfälscht":
$0{,}50\,x_1 + 0{,}67\,x_2 = 8{,}5$
$0{,}50\,x_1 + 0{,}62\,x_2 = 8{,}0$
Lösung: (3,6; 10)

Man kann Beispiel 1 als rechnerische Schnittpunktbestimmung deuten (Fig. 1). Dann zeigt sich, dass die durch die beiden Gleichungen beschriebenen Geraden fast die gleiche Steigung haben. Also führen kleine Steigungsänderungen zu starken Verschiebungen des Schnittpunkts. Gleichungssysteme, deren Lösung stark auf kleine Änderungen der Koeffizienten reagiert, nennt man **schlecht konditioniert**.

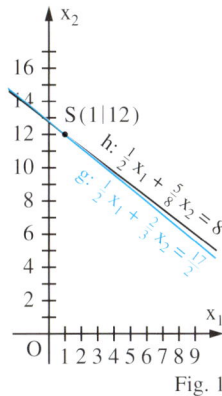

Fig. 1

Ein Übergang wie von LGS (1) zu LGS (2) durch „Auflösen nach der Hauptdiagonale" liefert nur dann ein brauchbares Verfahren, wenn die Koeffizienten auf der Hauptdiagonalen „groß" gegenüber allen anderen Koeffizienten sind.
Mit etwas mehr Aufwand findet man auch in den anderen Fällen Verfahren zur schrittweisen Verbesserung von Näherungslösungen.

Beispiel 2: (Alternative zum GAUSS-Verfahren)
Das nebenstehende LGS (1) hat die Lösung (1; 2; 1). Wird bei jedem Rechenschritt auf 2 Stellen gerundet, so liefert das GAUSS-Verfahren die Näherungslösung (1,1; 1,9; 1,0). Dies liegt an der Anhäufung von Rundungsfehlern. Verwendet man statt dessen das dazu äquivalente LGS (2), so kann man auf der rechten Seite eine beliebige Näherungslösung einsetzen und das Ergebnis als neue Näherung betrachten. Fängt man z. B. wie in der Tabelle mit (0; 0; 0) an, so ergibt sich nach 7 Verbesserungsschritten trotz fortlaufendem Runden die exakte Lösung.

(1) $\begin{cases} 1{,}1\,x_1 + 0{,}10\,x_2 + 0{,}50\,x_3 = 1{,}8 \\ 0{,}5\,x_1 + 1{,}1\,x_2 + 0{,}10\,x_3 = 2{,}8 \\ 0{,}5\,x_1 + 0{,}10\,x_2 + 1{,}1\,x_3 = 1{,}8 \end{cases}$

(2) $\begin{cases} x_1 = (1{,}8 - 0{,}10\,x_2 - 0{,}50\,x_3) : 1{,}1 \\ x_2 = (2{,}8 - 0{,}50\,x_1 - 0{,}10\,x_3) : 1{,}1 \\ x_3 = (1{,}8 - 0{,}50\,x_1 - 0{,}10\,x_2) : 1{,}1 \end{cases}$

⎯⎯⎯ Schritte ⎯⎯⎯→

	0.	1.	2.	3.	4.	5.	6.	7.
x_1	0	1,6	0,68	1,2	0,89	1,1	1,0	1,0
x_2	0	2,5	1,7	2,2	1,9	2,0	1,9	2,0
x_3	0	1,6	0,68	1,2	0,89	1,1	1,0	1,0

4 DERIVE lässt sich auf 2-stelliges Rechnen einstellen. Dazu muss am Anfang **Einstellung**, danach **Genauigkeit**, danach **Approximate** angewählt werden.
a) Rechnen Sie mit dieser Einstellung die drei Lösungen von Beispiel 1 mit Direkteingabe nach.
b) Geben Sie das exakte LGS noch einmal ein, wählen Sie danach den Befehl **vereinfache** an. Wie können Sie sich jetzt die von Beispiel 1 abweichenden Lösungen in a) erklären?

5 a) Lösen Sie das LGS mit einem Computeralgebrasystem exakt und geben Sie die Lösung mit 2-stelliger Rundung an.
b) Geben Sie alle Koeffizienten auf 2 Stellen gerundet ein und lösen Sie das erhaltene LGS.

$\frac{1}{10}x_1 + \frac{1}{9}x_2 + \frac{1}{3}x_3 + \frac{1}{4}x_4 = 0$
$\frac{1}{10}x_1 + \frac{1}{6}x_2 + \frac{1}{7}x_3 + \frac{1}{8}x_4 = 0$
$\frac{1}{5}x_1 + \frac{1}{5}x_2 + \frac{1}{4}x_3 + \frac{1}{4}x_4 = 0$
$\frac{1}{10}x_1 + \frac{1}{4}x_2 + \frac{1}{3}x_3 + \frac{1}{2}x_4 = \frac{1}{5}$

> Auch in den nächsten Kapiteln geht vieles mit dem Computer. Der Aufwand ist jedoch meistens größer als die Arbeit, selbst zu rechnen. So kann man z. B. „Vektoren", die im nächsten Kapitel auftreten, auch mit dem Computer bearbeiten. Erst bei den späteren „Koordinatengleichungen" bietet der Computer eventuell Vorteile, wenn man analog zu LGS vorgehen kann.

Mathematische Exkursionen

Computertomographie

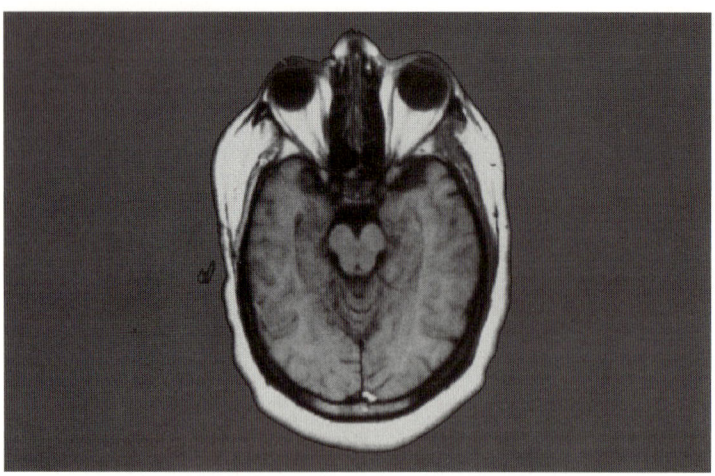

Das Bild zeigt einen Querschnitt durch das menschliche Gehirn, der mit einem Computertomographen angefertigt wurde. In der Darstellung gibt die Schwärzung jedes Bildpunktes an, wie stark das durch ihn angegebene Körpergewebe Röntgenstrahlen beim Durchgang schwächt. Das Bild liefert mehr Informationen als eine normale Röntgenaufnahme, da diese ein Schattenbild und damit nur die Gesamtabschwächung von Röntgenstrahlen zeigt. Die Computertomographie als medizinische Routinebildtechnik konnte erst entwickelt werden, als kleine leistungsstarke Computer mit der Möglichkeit zum Verarbeiten großer Datenmengen zur Verfügung standen.

Computertomographischer Querschnitt einer Hirnregion. Durch den Vergleich mit entsprechenden Querschnitten gesunder Versuchspersonen kann aus festgestellten Dichteunterschieden auf krankhafte Veränderungen geschlossen werden.

Dies liegt daran, dass ein Computertomograph zur Anfertigung eines solchen Bildes erst einmal sehr viele Messwerte speichern muss. Zur Berechnung der Grauwerte aller Bildpunkte muss dann mithilfe der Messwerte ein riesiges lineares Gleichungssystem aufgestellt und gelöst werden. Am Modell eines einfachen Computertomographen kann erklärt werden, wie man solche Gleichungssysteme aufstellt.

Beim **Parallelstrahlgerät** wird die Röntgenquelle zur Untersuchung einer Körperscheibe auf einem Halbkreis in kleinen Winkelschritten um den Körper herumgeführt (Fig. 1). Der Gerätearm trägt einen Schlitten, der tangential zum Halbkreis ist. Der Einfachheit halber kann man sich vorstellen, dass bei jeder Messrichtung der Rotationsarm des Geräts kurz angehalten wird und die Röntgenquelle so auf dem Schlitten bewegt wird, dass ein Bündel paralleler Strahlen durch die Körperscheibe geschickt wird.
Bei jedem einzelnen Strahl kann man annehmen, dass er viele aufeinander folgende Materialschichten gleicher Dicke auf kürzestem Weg durchläuft (Fig. 2). Wenn I_0 die Intensität des Strahls vor dem Eintritt in eine einzelne Materialschicht M ist und I_1 seine Intensität beim Austritt aus M ist, so definiert man den Schwächungskoeffizienten μ von M in der Form $\mu = \frac{I_1}{I_0}$.
Folgen zwei Schichten mit den Schwächungskoeffizienten μ_1, μ_2 aufeinander, so tritt der Strahl aus der ersten mit der Intensität $I_1 = \mu_1 I_0$ aus und gleichzeitig in die nächste ein. Also tritt er aus der zweiten mit der Intensität $I_2 = \mu_2 I_1 = \mu_1 \cdot \mu_2 I_0$ aus.
Werden mehrere Schichten M_1, M_2, ..., M_n mit den Schwächungskoeffizienten μ_1, μ_2, ..., μ_n durchlaufen, so multiplizieren sich entsprechend μ_1, μ_2, ..., μ_n und die Intensität des Strahls am Ende dieses Weges ist $I_n = \mu_1 \cdot \mu_2 \cdot ... \cdot \mu_n \cdot I_0$.
Um eine lineare Gleichung zu erhalten, logarithmiert man und erhält für $x_1 = \log(\mu_1)$, $x_2 = \log(\mu_2)$, ..., $x_n = \log(\mu_n)$ die Beziehung $x_1 + x_2 + ... + x_n = \log(I_n) - \log(I_0)$.

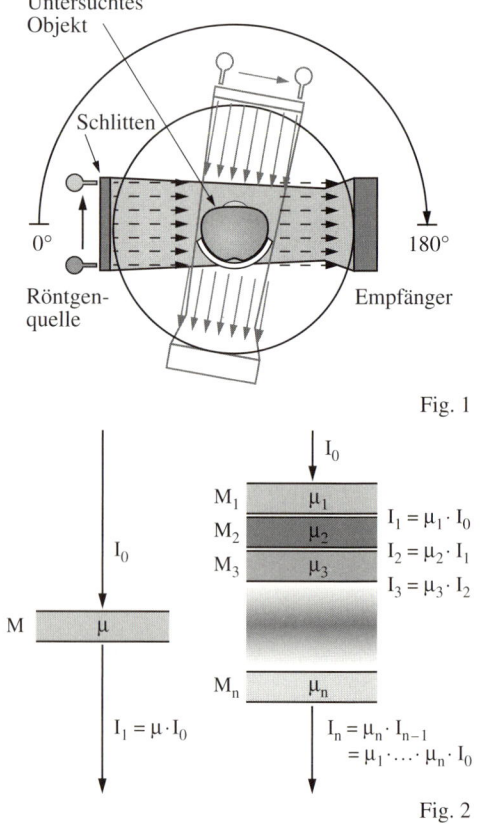

Fig. 1

Fig. 2

Mathematische Exkursionen

Man kann sich nun einen Querschnitt Q des Messobjekts näherungsweise aus so vielen gleich großen kreisförmigen „Zellen" aufgebaut denken, wie das Bild von Q Punkte hat.
Dann sind so viele Logarithmen $x_1, x_2, \ldots, x_n$ von Schwächungskoeffizienten zu bestimmen, wie es Bildpunkte von Q gibt (Fig. 1).

Wird bei jedem Strahl s die Differenz $d = \log(I_n) - \log(I_0)$ aus den gemessenen Intensitäten berechnet, so ist d in erster Näherung gleich der Summe der Variablen, die zu den auf dem Weg des Strahls liegenden Zellen gehören.
Bei einem kleinen Objekt wie in Fig. 1 kann man sich dabei auf Strahlen beschränken, die alle auf dem Weg liegende Zellen zentral treffen.
Bei größeren Objekten ist dies nicht möglich.

Werden zu wenige Richtungen einbezogen, so hat das entstehende lineare Gleichungssystem mehr als eine Lösung.
Wenn man so viele Richtungen einbezieht, dass es nur eine Lösung gibt, ergeben sich wie im obigen Beispiel fast immer mehr Gleichungen als Variablen. Die 16 Gleichungen mit 9 Variablen sind hier sehr leicht mit dem GAUSS-Verfahren lösbar.
Wird geschickt umgeordnet, so kommt man mit wenigen Umformungen aus.

Bei großen Objekten muss ein Computer verwendet werden. Das GAUSS-Verfahren würde hier wegen der unvermeidbaren Rundungsfehler beim Rechnen keine brauchbare „Lösung" des aufgestellten Gleichungssystems liefern. Daher geht man von einer groben Näherungslösung aus und verbessert diese mit besser geeigneten Verfahren so lange, bis ein aus allen Gleichungen bestimmter Gesamtfehler klein genug ist.

Beispiel eines Objekts mit
$\log(\mu_1) = \log(\mu_4) = \log(\mu_7) = \log(\mu_8) = -10$ und
$\log(\mu_2) = \log(\mu_3) = \log(\mu_5) = \log(\mu_6) = \log(\mu_9) = -1$:

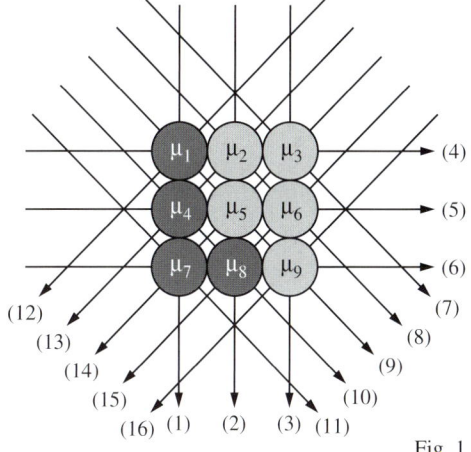

Fig. 1

Das lineare Gleichungssystem zu Fig. 1:

(1) $x_1 + x_4 + x_7 = -30$
(2) $x_2 + x_5 + x_8 = -12$
(3) $x_3 + x_6 + x_9 = -3$
(4) $x_1 + x_2 + x_3 = -12$
(5) $x_4 + x_5 + x_6 = -12$
(6) $x_7 + x_8 + x_9 = -21$
(7) $x_3 = -1$
(8) $x_2 + x_6 = -2$
(9) $x_1 + x_5 + x_9 = -12$
(10) $x_4 + x_8 = -20$
(11) $x_7 = -10$
(12) $x_1 = -10$
(13) $x_2 + x_4 = -11$
(14) $x_3 + x_5 + x_7 = -12$
(15) $x_6 + x_8 = -11$
(16) $x_9 = -1$

1 Bei einem Objekt wie in Fig. 1 wurden für die Strahlen (1) bis (16) folgende Differenzen aus den Intensitäten bestimmt

Strahl	(1)	(2)	(3)	(4)	(5)	(6)	(7)	(8)
$\log(I_n) - \log(I_0)$	−12	−30	−12	−21	−12	−21	−10	−11

Strahl	(9)	(10)	(11)	(12)	(13)	(14)	(15)	(16)
$\log(I_n) - \log(I_0)$	−12	−11	−10	−1	−11	−30	−11	−1

Stellen Sie ein lineares Gleichungssystem zu Bestimmung logarithmierter μ-Werte auf. Bestimmen Sie daraus die Schwächungskoeffizienten und zeichnen Sie ein Bild des Objekts wie in Fig. 1.

2 Stellen Sie auch für das Objekt in Fig. 2 ein lineares Gleichungssystem zur Bestimmung logarithmierter μ-Werte auf. Prüfen Sie, ob das System mehr als eine Lösung besitzt.

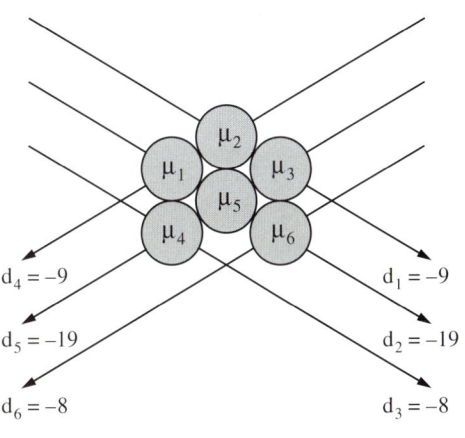

Fig. 2

Rückblick

Lösungen eines linearen Gleichungssystems:
Jede Lösung eines linearen Gleichungssystems mit n Variablen besteht aus n Zahlen, die man als **n-Tupel** angibt.
Ein LGS heißt **homogen**, wenn alle Zahlen auf der rechten Seite 0 sind, ansonsten heißt es **inhomogen**. Ein homogenes LGS hat stets mindestens eine Lösung, nämlich $(0; 0; \ldots; 0)$.

GAUSS-Verfahren:
Man bringt das LGS zunächst mithilfe der folgenden Umformungen auf Stufenform:
(1) Gleichungen miteinander vertauschen,
(2) eine Gleichung mit einer Zahl $c \neq 0$ multiplizieren,
(3) eine Gleichung durch die Summe oder Differenz eines Vielfachen von ihr und einem Vielfachen einer anderen Gleichung ersetzen.
Dann bestimmt man die Lösungsmenge.

Lösungsmenge:
Fall 1: Nach der letzten Gleichung, in der Variablen vorkommen, folgt mindestens eine Gleichung der Art $0 = c$ mit $c \neq 0$. Das LGS ist unlösbar, d.h. die Lösungsmenge L ist leer.
Fall 2: Das LGS in Stufenform enthält (abgesehen von Gleichungen der Form $0 = 0$) genauso viele Gleichungen wie Variablen („Dreiecksform"). In diesem Fall besitzt das LGS genau eine Lösung und man kann bei 2 oder 3 Variablen die Lösung auch mit **Determinaten** (vgl. Seite 18) bestimmen.
Fall 3: Das LGS in Stufenform enthält (abgesehen von Gleichungen der Form $0 = 0$) weniger Gleichungen als Variablen. Hier besitzt das LGS unendlich viele Lösungen und man kann die Lösungsmenge L mit Parametern darstellen. Die Struktur von L wird deutlicher, wenn man L mithilfe von Linearkombinationen beschreibt.

Gleichungssysteme mit Parametern:
Hängt ein LGS von einem einzigen Parameter r ab, so gibt es zu jeder reellen Zahl r eine Lösungsmenge L_r. Bei der Bestimmung von L_r sind oft Fallunterscheidungen nötig.

Ein inhomogenes LGS:
I $2x_1 - x_2 + 6x_3 = 8$
II $3x_1 + 2x_2 + 2x_3 = -2$
III $x_1 + 3x_2 - 4x_3 = -10$
$(-2; 0; 2)$ ist eine der Lösungen.

GAUSS-Verfahren für dieses LGS:
I $2x_1 - x_2 + 6x_3 = 8$ | Ia=III
II $3x_1 + 2x_2 + 2x_3 = -2$
III $x_1 + 3x_2 - 4x_3 = -10$ | IIIa=I

Ia $x_1 + 3x_2 - 4x_3 = -10$
II $3x_1 + 2x_2 + 2x_3 = -2$ | IIb=II−3·Ia
IIIa $2x_1 - x_2 + 6x_3 = 8$ | IIIb=IIIa−2·Ia

Ia $x_1 + 3x_2 - 4x_3 = -10$
IIb $-7x_2 + 14x_3 = 28$
IIIb $-7x_2 + 14x_3 = 28$ | IIIc=IIIb−IIb

Stufenform:
Ia $x_1 + 3x_2 - 4x_3 = -10$
IIb $-7x_2 + 14x_3 = 28$
IIIc $0 = 0$

Lösungsmengenbestimmung:
$x_3 = t$ (Parameterwahl)
$x_2 = -\frac{28}{7} + \frac{14}{7}x_3 = -4 + 2t$ (aus IIb)
$x_1 = -10 - 3x_2 + 4x_3 = 2 - 2t$ (aus Ia)

Lösungsmenge:
$L = \{(2-2t; -4+2t; t) \mid t \in \mathbb{R}\}$
$ = \{(2; -4; 0) + t\underbrace{(-2; 2; 1)}_{} \mid t \in \mathbb{R}\}$
Lösung des homogenen LGS

LGS mit einem Parameter:
I $3x_1 + 2x_3 = 10$
II $2x_1 - x_2 + 3x_3 = 9$
III $x_1 + rx_2 - x_3 = r$

Hier erhält man durch die Umformungen
IIa=3·II−2·I, IIIa=3·III−I,
IIIb=IIIa+r·IIa die Stufenform:
I $3x_1 + 2x_3 = 10$
IIa $-3x_2 + 5x_3 = 7$
IIIb $(5r-5)x_3 = 10r - 10$

Lösungsmenge:
$L_r = \{(2; 1; 2)\}$ für $r \neq 1$.
$L_r = \left\{\left(\frac{10-2t}{3}; \frac{5t-7}{3}; t\right) \mid t \in \mathbb{R}\right\}$ für $r = 1$.

30

Aufgaben zum Üben und Wiederholen

1 Lösen Sie das lineare Gleichungssystem.

a) $2x_1 - 3x_2 = 19$
$4x_1 - 8x_3 = 20$
$ 5x_2 - 4x_3 = -7$

b) $3x_1 - 3x_2 + x_3 = 15$
$2x_1 + 6x_2 - 3x_3 = 5$
$6x_1 + 4x_2 - x_3 = 23$

c) $8x_1 + 7x_2 + 6x_3 = 30$
$9x_1 - 6x_2 - 8x_3 = -26$
$6x_1 - 10x_2 - 9x_3 = -24$

2 Bestimmen Sie die Lösungsmenge des linearen Gleichungssystems.

a) $x_1 - 3x_2 + 2x_3 = 8$
$3x_1 + 2x_2 + x_3 = 3$

b) $4x_1 - 2x_2 - 3x_3 = -6$
$2x_1 + 3x_2 - 4x_3 = 0$

c) $2x_1 - 5x_2 + 3x_3 = 16$
$5x_1 + 3x_2 - 2x_3 = 3$

3 Bestimmen Sie die Lösungsmenge.

a) $x_1 + 3x_2 = 5$
$-x_1 + 5x_2 = 11$
$x_1 + 10x_2 = 19$

b) $2x_1 + 3x_2 = 0$
$x_1 - 5x_2 = 11$
$x_1 - x_2 = 3$

c) $2x_1 + 3x_2 = 6$
$-6x_1 - 9x_2 = -18$
$6x_1 + 9x_2 = 18$

d) $2x_1 - 7x_2 = 9$
$11x_1 + 5x_2 = 6$
$3x_1 - 7x_2 = 10$

4 Bei dem Viereck ABCD in Fig. 1 sind gleich gefärbte Winkel gleich groß. Bestimmen Sie die Winkel α, β, γ, δ des Vierecks, wenn gilt:
a) α ist doppelt so groß wie β und die Winkelsumme von β und δ ist gleich 2γ;
b) α ist um 40° kleiner als β und die Winkelsumme von β und δ ist gleich 4γ.

Fig. 1

5 Lösen Sie das als Matrix gegebene Gleichungssystem.

a) $\begin{pmatrix} 3 & -1 & 4 & -2 & | & -8 \\ 2 & 1 & 1 & 0 & | & 1 \\ 0 & -3 & 4 & 2 & | & 5 \\ 7 & 1 & -1 & -2 & | & 15 \end{pmatrix}$

b) $\begin{pmatrix} 3 & 1 & -1 & -5 & | & 24 \\ 0 & -1 & 2 & 4 & | & 6 \\ 1 & 1 & -2 & -5 & | & 9 \\ 2 & -4 & 7 & 3 & | & 35 \end{pmatrix}$

c) $\begin{pmatrix} 5 & 4 & -2 & 6 & | & 15 \\ 5 & 2 & 3 & 14 & | & 10 \\ 6 & 0 & -3 & 2 & | & 12 \\ 4 & -3 & 0 & 3 & | & -4 \end{pmatrix}$

6 Für welchen Wert des Parameters r hat das Gleichungssystem keine Lösung, genau eine Lösung, unendlich viele Lösungen?

a) $x_1 + rx_2 = 7$
$3x_1 + 3x_2 = 4$

b) $2x_1 - x_2 + rx_3 = 2 - 2r$
$2x_2 + x_3 = r$
$x_1 + 6x_2 + 4x_3 = 2 + 2r$

c) $6x_1 + rx_2 + 4rx_3 = -6$
$2x_1 + rx_3 = -3$
$x_1 + rx_2 + r^2 x_3 = r$

7 Bestimmen Sie die Lösungsmenge in Abhängigkeit vom Parameter r.

a) $2x_1 - 2x_2 + x_3 = 6$
$4x_1 + x_2 - 3x_3 = 4r$
$2x_1 + 3x_2 - 3x_3 = 8r$

b) $2x_1 - x_2 + x_3 = 6r$
$3x_2 - x_3 = r - 2$
$x_1 + 3x_2 - x_3 = 3$

c) $x_1 + rx_2 + rx_3 = 5$
$2x_1 + 3rx_2 + rx_3 = -5$
$3x_1 + 5rx_2 + r^2 x_3 = r - 2$

8 Bestimmen Sie die Lösungsmenge L des LGS und stellen Sie L mithilfe von Lösungen des zugehörigen homogenen LGS dar.

a) $2x_1 - 3x_2 + x_4 = 4$
$x_2 - x_4 = -1$
$2x_1 - x_2 - x_4 = 2$
$-x_1 + x_2 + 4x_3 = 3$

b) $6x_1 + 6x_2 + 20x_3 + 2x_4 = 12$
$2x_1 + 2x_2 + 4x_3 + x_4 = 0$
$16x_3 - 2x_4 = 24$
$6x_1 + 6x_2 + 28x_3 + x_4 = 24$

9 Edelstahl ist eine Legierung aus Eisen, Chrom und Nickel; beispielsweise besteht V2A-Stahl zu 74% aus Eisen, 18% Chrom und 8% Nickel. Aus den Legierungen I bis IV in Fig. 2 sollen 1000 kg V2A-Stahl hergestellt werden. Stellen Sie ein lineares Gleichungssystem auf und lösen Sie es.

	I	II	III	IV
Eisen	70%	76%	80%	85%
Chrom	22%	16%	10%	12%
Nickel	8%	8%	10%	3%

Fig. 2

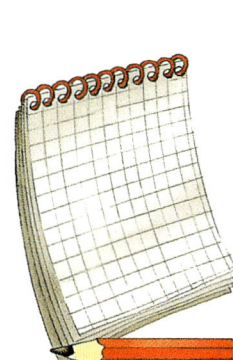

Die Lösungen zu den Aufgaben dieser Seite finden Sie auf Seite 252.

II Vektoren

1 Der Begriff des Vektors in der Geometrie

1 a) Vergleichen Sie die Pfeile in Fig. 1 miteinander.
b) Welche physikalische Größe wird vermutlich durch die Pfeile symbolisiert?
Wie viele Pfeile müssen hierzu mindestens gezeichnet werden?
c) Welche Informationen kann man durch die Pfeile mitteilen?
Welche Angabe fehlt in Fig. 1?

Fig. 1

*In der Lerneinheit 5 auf Seite 47 ff wird der Begriff **Vektor** ausführlich besprochen.*

Viele geometrische Fragestellungen lassen sich mithilfe von Verschiebungen bearbeiten. In diesem Kapitel werden deshalb Verschiebungen näher betrachtet und Rechenregeln für sie erarbeitet. Diese Regeln gelten jedoch nicht nur für Verschiebungen, sondern für viele Objekte in der Mathematik und anderen Wissenschaften. Solche Objekte nennt man allgemein **Vektoren**.

In der Geometrie meint man mit der Bezeichnung Vektor den Spezialfall einer Verschiebung; deshalb wird ein Vektor in der Geometrie durch eine Menge zueinander paralleler, gleich langer und gleich gerichteter Pfeile beschrieben.

Eine solche Menge von Pfeilen ist bereits festgelegt, wenn man einen ihrer Pfeile, einen Repräsentanten, kennt.

Bezeichnungen bei Vektoren:

Der Vektor, zu dem die Pfeile in Fig. 2 gehören, bildet P auf P′, Q auf Q′, R auf R′ ... ab.
Man bezeichnet ihn mit $\overrightarrow{PP'}$ oder $\overrightarrow{QQ'}$ oder $\overrightarrow{RR'}$ ... oder mit einem kleinen Buchstaben und einem Pfeil (z. B.: $\vec{a}$ oder $\vec{b}$ oder $\vec{c}$ ...).

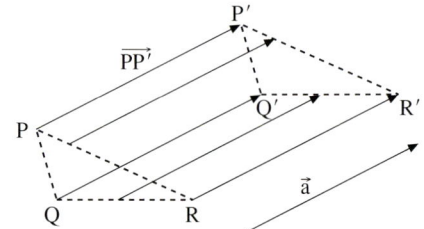

Fig. 2

vehere (lat.): ziehen, schieben
vector (lat.): Träger, Fahrer

Vektoren $\vec{a}$ und $\vec{b}$ sind **gleich** ($\vec{a} = \vec{b}$), wenn die Pfeile von $\vec{a}$ und $\vec{b}$ zueinander parallel, gleich lang und gleich gerichtet sind (Fig. 3).

Derjenige Vektor, der jeden Punkt auf sich selbst abbildet, heißt **Nullvektor**.
Der Nullvektor wird mit $\vec{o}$ bezeichnet, er ist der einzige Vektor ohne Verschiebungspfeil.

Sind die Pfeile zweier Vektoren $\vec{a}$ und $\vec{b}$ zueinander parallel und gleich lang, aber entgegengesetzt gerichtet (Fig. 4), so heißt $\vec{a}$ **Gegenvektor** zu $\vec{b}$ (und $\vec{b}$ heißt Gegenvektor zu $\vec{a}$).

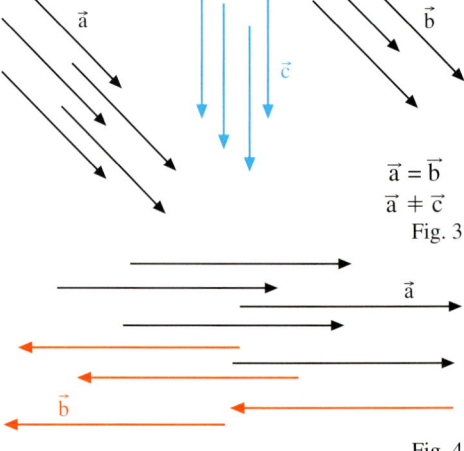

Fig. 3

Fig. 4

Der Begriff des Vektors in der Geometrie

Blickwechsel unbedenklich:
Die Figur zu Beispiel 1 kann man räumlich als Quader sehen oder so, dass alle Pfeile in einer Ebene liegen.
Die Lösung von Beispiel 1 ist jedoch unabhängig von der „Sichtweise" des Betrachters der Figur.

Beispiel 1: (Pfeile und Vektoren)
a) Wie viele verschiedene Vektoren sind in der Figur durch Pfeile dargestellt?
b) Welche Vektoren sind zueinander Gegenvektoren?
c) Welcher Vektor bildet C auf D ab?
Lösung:
a) Da die Pfeile von $\vec{a}$, $\vec{e}$ und $\vec{g}$ zueinander parallel, gleich lang und gleich gerichtet sind, gilt: $\vec{a} = \vec{e} = \vec{g}$.
Ebenso gilt:
$\vec{b} = \vec{d}$ und $\vec{f} = \vec{h}$ und $\vec{k} = \vec{l} = \vec{m}$.
Also sind 6 verschiedene Vektoren in der Figur eingetragen: $\vec{a}, \vec{b}, \vec{c}, \vec{f}, \vec{i}, \vec{k}$.
b) $\vec{a}, \vec{e}$ und $\vec{g}$ sind Gegenvektoren zu $\vec{c}$. $\vec{k}, \vec{l}$ und $\vec{m}$ sind Gegenvektoren zu $\vec{i}$.
$\vec{b}$ und $\vec{d}$ sind Gegenvektoren zu $\vec{f}$ und $\vec{h}$.
c) $\vec{f}$ bildet C auf D ab. (Ebenso bildet $\vec{h}$ den Punkt C auf den Punkt D ab.)

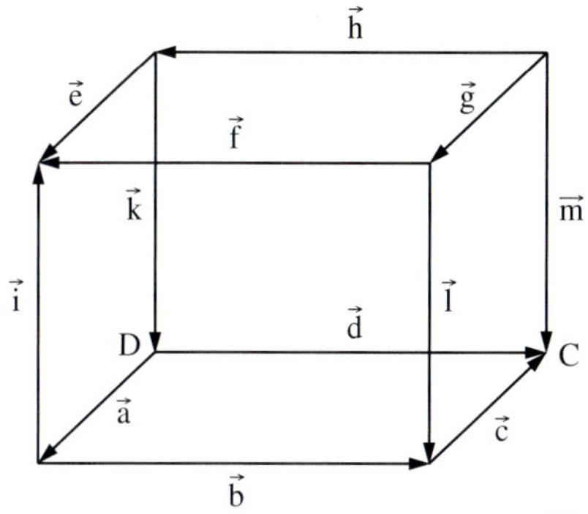

Fig. 1

Ein Springer (ein Turm) eines Schachspieles steht auf dem Feld e4.
Wie viele Vektoren benötigt man, um alle möglichen Züge anzugeben, wenn keine andere Figur stört?

Beispiel 2: (Vektor und Gegenvektor)
Ein Punkt A wird
– durch einen Vektor $\vec{v}$ auf A_1 und durch den Gegenvektor von $\vec{v}$ auf A_3 abgebildet.
– durch einen Vektor $\vec{w}$ auf A_2 und durch den Gegenvektor von $\vec{w}$ auf A_4 abgebildet.
Beschreiben Sie das Viereck $A_1A_2A_3A_4$, wenn $\vec{v} \neq \vec{w}$, $\vec{v} \neq \vec{o}$ und $\vec{w} \neq \vec{o}$.
Lösung:
Da ein Vektor und sein Gegenvektor einen Punkt gleich weit und in entgegengesetzte Richtungen verschieben, bilden die Punkte A_1, A_2, A_3 und A_4 ein Viereck, in dem sich die Diagonalen halbieren.
Dieses Viereck ist ein Parallelogramm.

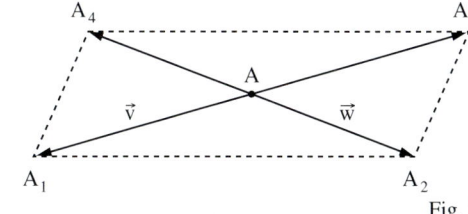

Fig. 2

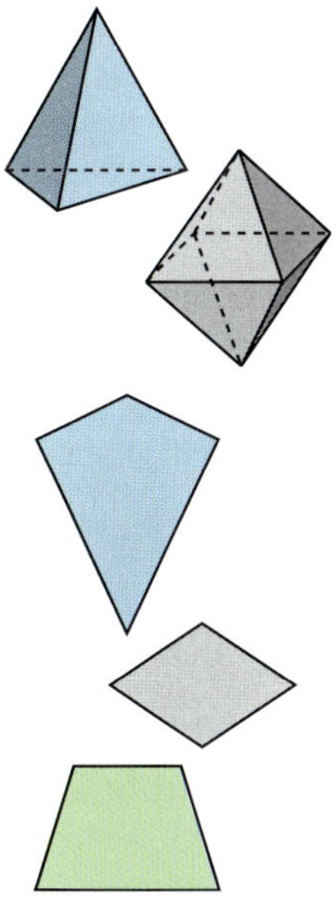

Aufgaben

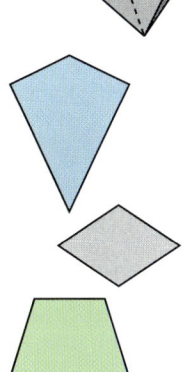

2 Ein Würfel hat die Ecken A, B, C, D, E, F, G und H. Mithilfe dieser Ecken kann man Pfeile längs der Kanten festlegen, z. B. den Pfeil von A nach B.
a) Wie viele solcher Pfeile gibt es?
b) Wie viele verschiedene Vektoren legen diese Pfeile fest?

3 Wie viele verschiedene Vektoren können durch die Ecken eines Tetraeders (Oktaeders) festgelegt werden, wenn jeweils eine Ecke Anfangspunkt und eine andere Ecke Endpunkt eines Pfeiles ist?

4 Ein Punkt A wird durch einen Vektor $\vec{a}$ ($\vec{a} \neq \vec{o}$) auf A_1, durch den Gegenvektor zu $\vec{a}$ auf A_2 abgebildet. Weiterhin wird A durch einen Vektor $\vec{b}$ ($\vec{b} \neq \vec{o}$) auf B abgebildet.
Wie müssen $\vec{a}$ und $\vec{b}$ gewählt werden, damit das Dreieck A_1BA_2 gleichschenklig (gleichseitig) ist?

5 Ein Punkt A wird auf die Punkte B, C, D und E abgebildet. Wie müssen die Vektoren $\overrightarrow{AB}$, $\overrightarrow{AC}$, $\overrightarrow{AD}$, $\overrightarrow{AE}$ gewählt werden, damit das Viereck BCDE
a) ein Rechteck,   b) ein Quadrat,   c) ein Drachen,   d) eine Raute,   e) ein Trapez ist?

33

Der Begriff des Vektors in der Geometrie

6 Ist die Aussage wahr? Begründen Sie Ihre Antwort.
„Bildet man einen Punkt A durch einen Vektor $\vec{a}$ auf einen Punkt B und dann den Punkt B durch einen Vektor $\vec{b}$ auf einen Punkt C ab, so sind die Pfeile von $\vec{a}$ und auch die Pfeile von $\vec{b}$ höchstens so lang wie die Pfeile von $\overrightarrow{AC}$."

7 Zeichnen Sie ein Dreieck ABC und bilden Sie es durch eine zweifache Achsenspiegelung an zueinander parallelen Geraden auf ein Dreieck A'B'C' ab. Welche Richtung und welche Länge haben die Pfeile des Vektors, der das Dreieck ABC auf das Dreieck A'B'C' abbildet?

Die Lösung von Aufgabe 8 sieht man ziemlich schnell oder man muss lange überlegen, denn ...

8 Gegeben sind 10 Vektoren und ihre 10 Gegenvektoren so, dass man insgesamt 20 verschiedene Vektoren hat. Ein Dreieck ABC wird durch den ersten dieser 20 Vektoren auf das Dreieck $A_1B_1C_1$ abgebildet, das Dreieck $A_1B_1C_1$ wird dann durch den zweiten der 20 Vektoren auf das Dreieck $A_2B_2C_2$ abgebildet usw., bis man das Dreieck $A_{20}B_{20}C_{20}$ erhält. Wie liegen die Dreiecke ABC und $A_{20}B_{20}C_{20}$ zueinander?

9 Zeichnen Sie ein gleichseitiges Dreieck ABC. Bilden Sie B durch $\overrightarrow{AB}$ auf B_1 und C durch $\overrightarrow{AC}$ auf C_1 ab. Bilden Sie nun B_1 durch $\overrightarrow{AB_1}$ auf B_2 ab und C_1 durch $\overrightarrow{AC_1}$ auf C_2 ab usw., bis Sie das Dreieck AB_4C_4 (AB_nC_n, $n \in \mathbb{N}$) erhalten.
Wievielmal so groß ist der Flächeninhalt des Dreiecks AB_4C_4 (des Dreiecks AB_nC_n, $n \in \mathbb{N}$) wie der Flächeninhalt des Dreiecks ABC?

Bewegungen, bei denen sich die Geschwindigkeit eines Körpers nicht ändert, bezeichnet man als gleichförmige Bewegungen. Bewegt sich ein Körper (genauer ein Massenpunkt) gleichförmig, so gibt seine Geschwindigkeit die Länge der Strecke pro Zeiteinheit, in der er verschoben wird, und die Verschiebungsrichtung an.

Das Flugzeug in Fig. 1 hat bei Windstille die Geschwindigkeit $\vec{v}_1$ relativ zur Erde. Würde dieses Flugzeug nur – wie z. B. ein Heißluftballon – durch Wind bewegt, so hätte es relativ zur Erde die Geschwindigkeit $\vec{v}_2$. Beide Geschwindigkeiten zusammen ergeben die resultierende Geschwindigkeit $\vec{v}$.

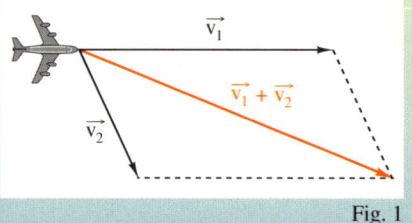
Fig. 1

10 Ein Sportflugzeug würde bei Windstille mit einer Geschwindigkeit von $150\frac{km}{h}$ genau nach Süden fliegen.
Es wird jedoch von einem Wind, der mit der Geschwindigkeit $30\frac{km}{h}$ aus Richtung Nord-Osten bläst, abgetrieben.
Stellen Sie die Geschwindigkeit des Flugzeuges relativ zur Erde mithilfe eines Pfeiles dar.

11 Ein Boot überquert einen Fluss so, dass seine Fahrtrichtung senkrecht zum Ufer und senkrecht zur Strömungsrichtung des Wassers ist. Relativ zum Ufer beträgt die Geschwindigkeit des Bootes $4\frac{km}{h}$ und die des Wassers $3\frac{km}{h}$.
Stellen Sie die Geschwindigkeit des Bootes relativ zum Wasser dar.

12 Das Förderband bewegt sich mit einer Geschwindigkeit von $2\frac{km}{h}$ zum Fußboden. Das Kind läuft mit einer Geschwindigkeit von $5\frac{km}{h}$ auf dem Band gegen dessen Laufrichtung.

Fig. 2

a) Neben dem Band steht eine Frau. In welche Richtung und mit welcher Geschwindigkeit bewegt sich die Frau relativ zum Kind?

b) Die Frau geht senkrecht zum Band mit einer Geschwindigkeit von $4\frac{km}{h}$ weg. Stellen Sie mithilfe eines Pfeiles die Geschwindigkeit der Frau relativ zum Kind dar.

2 Punkte und Vektoren im Koordinatensystem

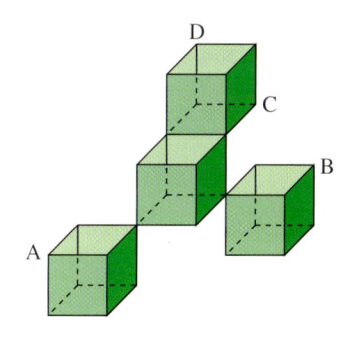

1 Die Figur zeigt eine Plastik aus vier gleich großen Würfeln mit der Kantenlänge 1 m.
a) Geben Sie mehrere Möglichkeiten an, wie man die Lagen der Ecken A, B, C und D präzise beschreiben kann, und geben Sie die Positionen der Ecken an.
b) Geben Sie Vor- und Nachteile dieser Möglichkeiten an.

Fig. 1

Das bisher verwendete Koordinatensystem hat zwei Achsen. Es ermöglicht, die Lage von Punkten in einer Ebene durch Zahlenpaare anzugeben (Fig. 2).
Ein Koordinatensystem mit drei Achsen, die nicht in einer Ebene liegen, ermöglicht die Lage von Punkten des Raumes anzugeben; hierbei verwendet man Zahlentripel (Fig. 3).
Es ist üblich, die erste dieser Achsen „nach vorn", die zweite „nach rechts" und die dritte „nach oben" zu zeichnen.
Es ist ferner zweckmäßig, die Achsen nicht wie bisher mit x, y und ggf. z zu bezeichnen, sondern mit x_1, x_2 und ggf. x_3, denn zur Bezeichnung der **Koordinaten von Punkten** verwendet man auch die Indizes 1, 2, 3; z. B.: $P(p_1|p_2)$ bzw. $P(p_1|p_2|p_3)$.

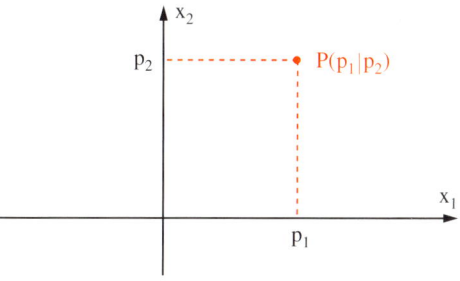

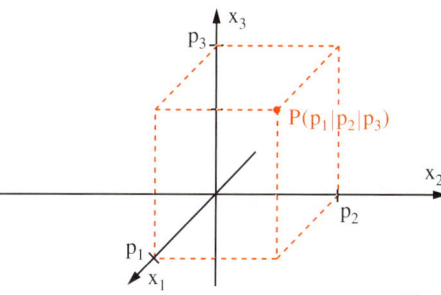

Fig. 2   Fig. 3

Die Achsen der Koordinatensysteme in Fig. 2 und Fig. 3 sind paarweise zueinander senkrecht. Man spricht in diesen Fällen jeweils von einem **rechtwinkligen** Koordinatensystem. Koordinatensysteme, deren Achsen nicht zueinander senkrecht sind, heißen **schiefwinklige** Koordinatensysteme (Fig. 4 und Fig. 5).

*Wird bei einem Koordinatensystem keine Angabe zu den Winkeln zwischen den Achsen gemacht, so ist ein **rechtwinkliges** Koordinatensystem gemeint.*

*Ein rechtwinkliges Koordinatensystem wird in Erinnerung an den französischen Philosophen und Mathematiker RENÉ DESCARTES auch **kartesisches Koordinatensystem** genannt. Lesen Sie hierzu die Mathematische Exkursion auf den Seiten 65 bis 67.*

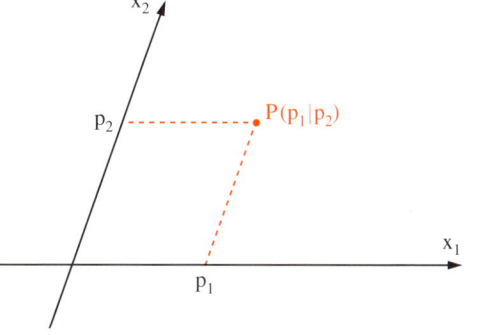

Fig. 4   Fig. 5

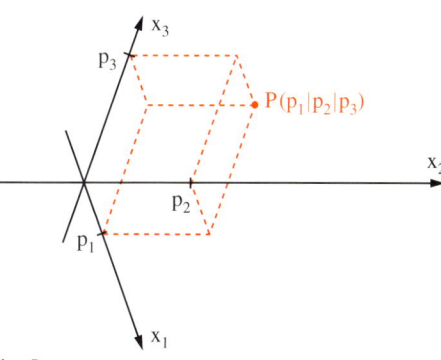

Punkte und Vektoren im Koordinatensystem

„–5 Einheiten in Richtung der x₁-Achse" bedeutet: „5 Einheiten in Gegenrichtung der x₁-Achse".

Zeichenhilfe bei rechtwinkligen Koordinatensystemen:

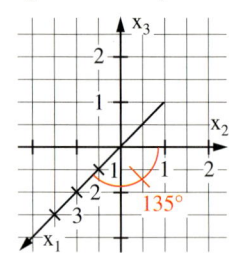

Um einen räumlichen Eindruck zu erreichen, zeichnet man die x₁-Achse und die x₂-Achse so, dass sie einen Winkel von 135° einschließen. Die Einheiten auf der x₁-Achse wählt man $\frac{1}{2}\sqrt{2}$-mal so groß wie auf den beiden anderen Achsen.

Entsprechen in der Zeichnung auf der x₂-Achse und der x₃-Achse 2 Kästchen einer Längeneinheit, dann entspricht auf der x₁-Achse eine Kästchendiagonale einer Längeneinheit.

Verschiebt ein Vektor $\vec{v}$ einen Punkt um
v_1 Einheiten in Richtung der x₁-Achse,
v_2 Einheiten in Richtung der x₂-Achse,
v_3 Einheiten in Richtung der x₃-Achse,
so schreibt man $\vec{v} = \begin{pmatrix} v_1 \\ v_2 \\ v_3 \end{pmatrix}$ ($v_1, v_2, v_3 \in \mathbb{R}$)

v_1, v_2, v_3 nennt man die **Koordinaten des Vektors $\vec{v}$**.

Fig. 1

Fig. 2

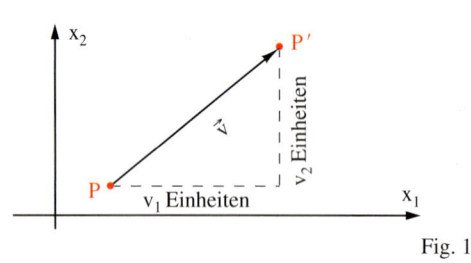

Bildet ein Vektor $\vec{v}$ einen Punkt $A(a_1|a_2|a_3)$ auf einen Punkt $B(b_1|b_2|b_3)$ ab, so verschiebt dieser Vektor $\vec{v}$ auch jeden anderen Punkt um
$b_1 - a_1$ Einheiten in Richtung der x₁-Achse,
$b_2 - a_2$ Einheiten in Richtung der x₂-Achse,
$b_3 - a_3$ Einheiten in Richtung der x₃-Achse.

Also ist $\vec{v} = \overrightarrow{AB} = \begin{pmatrix} b_1 - a_1 \\ b_2 - a_2 \\ b_3 - a_3 \end{pmatrix}$

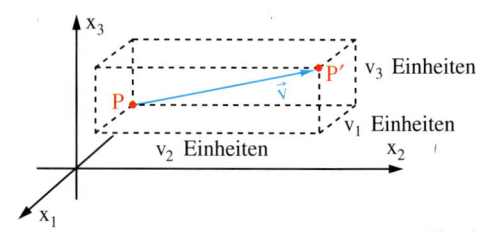

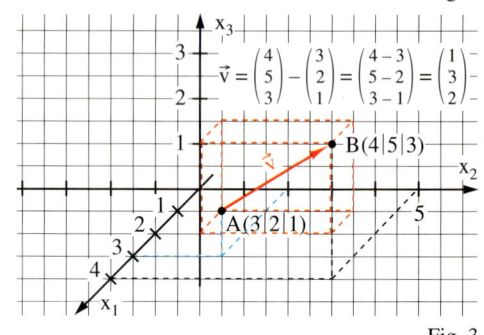

Fig. 3

Für zwei Punkte $A(a_1|a_2|a_3)$ und $B(b_1|b_2|b_3)$ gilt: $\overrightarrow{AB} = \begin{pmatrix} \mathbf{b_1 - a_1} \\ \mathbf{b_2 - a_2} \\ \mathbf{b_3 - a_3} \end{pmatrix}$.

Zu jedem Punkt $P(p_1|p_2|p_3)$ gibt es einen Vektor $\overrightarrow{OP}$, der den Ursprung $O(0|0|0)$ auf diesen Punkt P abbildet (Fig. 4).

Es gilt: $\overrightarrow{OP} = \begin{pmatrix} p_1 - 0 \\ p_2 - 0 \\ p_3 - 0 \end{pmatrix} = \begin{pmatrix} p_1 \\ p_2 \\ p_3 \end{pmatrix}$.

Beachten Sie:
Jeder Vektor ist Ortsvektor eines Punktes, nämlich des Punktes, auf den der Vektor den Ursprung O abbildet.

$\overrightarrow{OP}$ heißt **Ortsvektor des Punktes P**.
Ein Punkt und sein Ortsvektor haben dieselben Koordinaten.

Beispiel 1: (Punkte im Raum)
Ein Würfel ABCDEFGH hat die Ecken $A(0|0|0)$, $B(1|0|0)$, $C(1|1|0)$, $D(0|1|0)$ und $H(0|1|1)$.
a) Zeichnen Sie diesen Würfel.
b) Geben Sie die Koordinaten von E, F, G und des Mittelpunktes M vom Viereck CDHG an.
Lösung:
a) Fig. 5 b) $E(0|0|1)$, $F(1|0|1)$, $G(1|1|1)$
$M(0,5|1|0,5)$

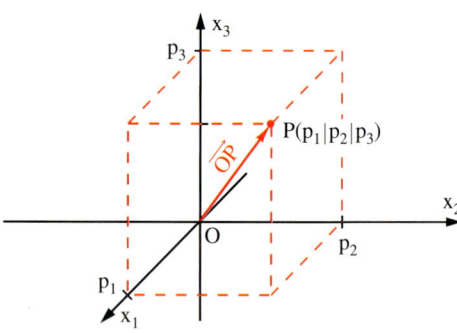

Fig. 4

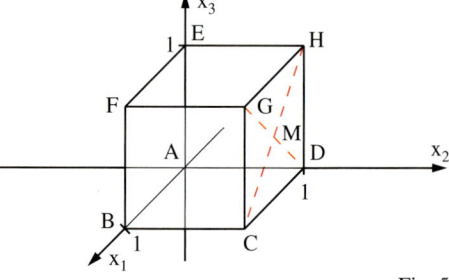

Fig. 5

36

Punkte und Vektoren im Koordinatensystem

Beispiel 2: (rechtwinklige und schiefwinklige Koordinatensysteme)
Zeichnen Sie die Strecken $\overline{AD}$, $\overline{BC}$, $\overline{CE}$, $\overline{DC}$ und $\overline{DE}$ mit A(1|0), B(5|0), C(5|2), D(1|2) sowie E(3|4)
a) in ein rechtwinkliges Koordinatensystem.
b) in ein schiefes Koordinatensystem mit einem Winkel von 45° (120°) zwischen x_1- und x_2-Achse.

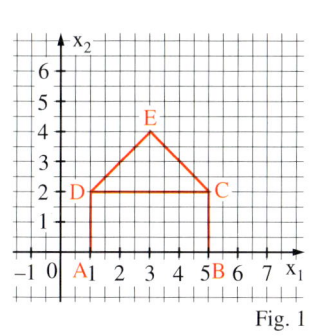

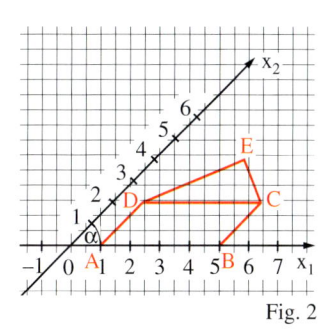

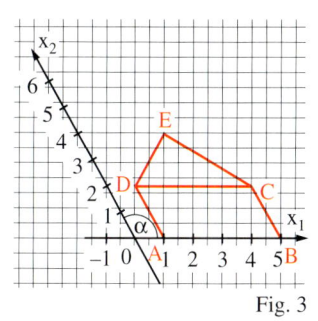

Fig. 1   Fig. 2   Fig. 3

Beispiel 3: (Nachweis von Figureneigenschaften mithilfe von Vektoren)
Sind die Punkte A(1|2|3), B(3|−2|1), C(0,25|2,7|9) und D(2,25|−1,3|7) die aufeinander folgenden Ecken eines Parallelogramms ABCD?
Lösung:
Falls $\overrightarrow{AB} = \overrightarrow{DC}$ (bzw. $\overrightarrow{AD} = \overrightarrow{BC}$), dann sind A, B, C und D die Ecken eines Parallelogramms (vergleiche Fig. 4).

$\overrightarrow{AB} = \begin{pmatrix} 3-1 \\ -2-2 \\ 1-3 \end{pmatrix} = \begin{pmatrix} 2 \\ -4 \\ -2 \end{pmatrix}$; $\overrightarrow{DC} = \begin{pmatrix} 2{,}25 - 0{,}25 \\ -1{,}3 - 2{,}7 \\ 7 - 9 \end{pmatrix} = \begin{pmatrix} 2 \\ -4 \\ -2 \end{pmatrix}$; $\overrightarrow{AB} = \overrightarrow{DC}$.

A, B, C und D sind die Ecken eines Parallelogramms.

Fig. 4

Aufgaben

2 Zeichnen Sie die Punkte A(2|3|4), B(−2|0|1), C(3|−1|0) und D(0|0|−3) in ein Koordinatensystem ein.

3 Wo liegen im räumlichen Koordinatensystem alle Punkte, deren x_1-Koordinate null ist (x_2-Koordinate und x_3-Koordinate null sind)?

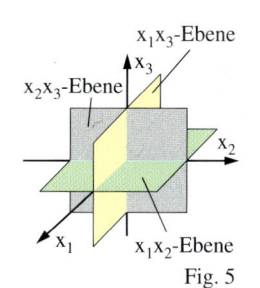

4 In Fig. 6 befinden sich
die Punkte P und Q in der x_1x_2-Ebene,
die Punkte R und S in der x_2x_3-Ebene,
die Punkte T und U in der x_1x_3-Ebene.
Bestimmen Sie die Koordinaten dieser Punkte.

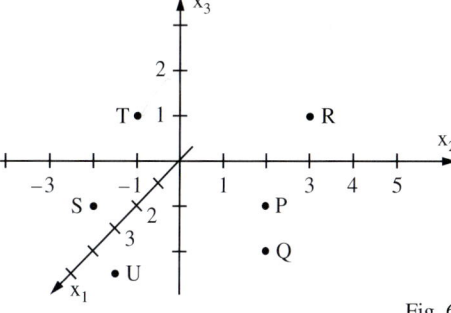

Fig. 5   Fig. 6

5 Die Punkte O(0|0|0), A(1|0|0), B(0|1|0) und C(0|0|1) sind Eckpunkte eines Würfels. Bestimmen Sie die Koordinaten der Mittelpunkte der Diagonalen der Seitenflächen und der Raumdiagonalen des Würfels.

6 Zeichnen Sie die Strecken $\overline{AD}$, $\overline{BC}$, $\overline{CE}$ und $\overline{DE}$ mit A(1|0), B(5|0), C(7|2√2), D(3|2√2)
a) in ein rechtwinkliges Koordinatensystem.
b) in ein schiefes Koordinatensystem mit einem Winkel von 135° zwischen x_1- und x_2-Achse.

37

Punkte und Vektoren im Koordinatensystem

7 Gegeben sind die Punkte A(1|4), B(3|2), C(4|3), D(4|5) und E(3|6).
Zeichnen Sie die Strecken $\overline{AB}$, $\overline{BC}$, $\overline{CD}$, $\overline{DE}$ und $\overline{AE}$ und bestimmen Sie die Koordinaten der Mittelpunkte der Strecken. Verwenden Sie hierbei
a) ein kartesisches Koordinatensystem.
b) ein schiefes Koordinatensystem mit einem Winkel von 50° zwischen der x_1- und x_2-Achse.

8 Welche Koordinaten haben die Bildpunkte von A(2|0|0), B(−1|2|−1), C(−2|3|4) und D(3|4|−2) bei Spiegelung an der
a) x_1x_2-Ebene, b) x_2x_3-Ebene, c) x_1x_3-Ebene?

9 Zeichnen Sie drei Pfeile des Vektors in ein Koordinatensystem ein.

a) $\begin{pmatrix}1\\1\end{pmatrix}$ b) $\begin{pmatrix}-3\\4\end{pmatrix}$ c) $\begin{pmatrix}1\\1\\0\end{pmatrix}$ d) $\begin{pmatrix}2\\-1\\1\end{pmatrix}$ e) $\begin{pmatrix}-1\\-3\\2\end{pmatrix}$ f) $\begin{pmatrix}2,5\\-2\\-3\end{pmatrix}$ g) $\begin{pmatrix}-2\\3\\\sqrt{2}\end{pmatrix}$

10 Bestimmen Sie die Koordinaten des Vektors $\overrightarrow{AB}$ und seines Gegenvektors.
a) A(1|0|1), B(3|4|1) b) A(−1|2|3), B(2|−2|4) c) A(1|−4|−3), B(7|2|−4)

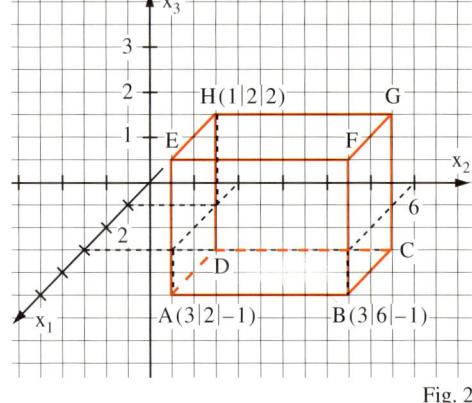

11 Begründen Sie: $\vec{w} = \begin{pmatrix}-a\\-b\\-c\end{pmatrix}$ ist der Gegenvektor zu $\vec{v} = \begin{pmatrix}a\\b\\c\end{pmatrix}$; a, b, c ∈ ℝ.

12 Der Vektor $\vec{v} = \begin{pmatrix}2\\-1\\3\end{pmatrix}$ bildet A auf B ab. Bestimmen Sie die Koordinaten des fehlenden Punktes.

a) A(2|−1|3), b) A(a|2a|−3a), a ∈ ℝ c) B(−17|11|31), d) B(3b|−7b|b), b ∈ ℝ.

13 Zu welchem Punkt ist der Vektor $\overrightarrow{AB}$ (der Vektor $\overrightarrow{BA}$) Ortsvektor, wenn
a) A(2|−1|3), B(0|0|0), b) A(3|4|5), B(5|4|3), c) A(0|a|0), B(b|0|−b), a, b ∈ ℝ?

14 Überprüfen Sie, ob das Viereck ABCD ein Parallelogramm ist.
a) A(2|0|3), B(4|4|4), C(11|7|9), D(9|3|8)
b) A(2|−2|7), B(6|5|1), C(1|−1|1), D(8|0|8)

15 Bestimmen Sie die Koordinaten des Punktes D so, dass A, B, C und D die Ecken eines Parallelogramms sind (mehrere Lösungen).
a) A(21|−11|43), B(3|7|−8), C(0|4|5)
b) A(3t|−9t|t), B(5t|0|−8t), C(t|2t|3t), t ≠ 0, t ∈ ℝ

16 Bestimmen Sie zu Fig. 1 die Koordinaten der Vektoren
$\overrightarrow{FG}$, $\overrightarrow{DB}$, $\overrightarrow{CA}$, $\overrightarrow{EB}$, $\overrightarrow{AD}$, $\overrightarrow{CF}$, $\overrightarrow{OG}$.

17 Fig. 2 zeigt einen Quader ABCDEFGH. M_1 ist der Diagonalenschnittpunkt des Vierecks ABCD, M_2 ist der Diagonalenschnittpunkt des Vierecks BCGF, M_3 ist der Diagonalenschnittpunkt des Vierecks CDHG und M_4 ist der Diagonalenschnittpunkt des Vierecks ADHE.
Bestimmen Sie die Koordinaten von $\overrightarrow{M_1M_2}$, $\overrightarrow{M_2M_3}$, $\overrightarrow{M_3M_4}$, $\overrightarrow{M_4M_1}$.

Fig. 1

Fig. 2

3 Addition von Vektoren

1 Der computergesteuerte „Igel" kann jede Position innerhalb des umrandeten Bereichs erreichen. Die Befehle hierzu heißen: „Gehe i_1 Einheiten in x_1-Richtung und i_2 Einheiten in x_2-Richtung".
Wie lauten die Befehle für die Bewegungen von A nach B, von B nach C und von A nach C? Vergleichen Sie diese Befehle.

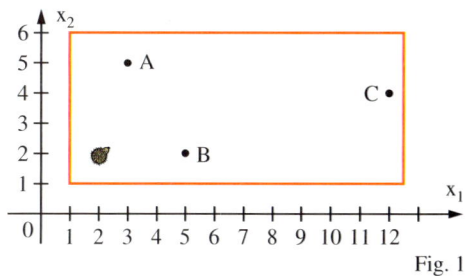

Fig. 1

Zeichnerisches Addieren (Fig. 2):
Der Anfangspunkt des zweiten Pfeiles befindet sich an der Spitze des ersten Pfeiles.
Der Ergebnispfeil reicht vom Anfangspunkt des ersten zur Spitze des zweiten Pfeiles.

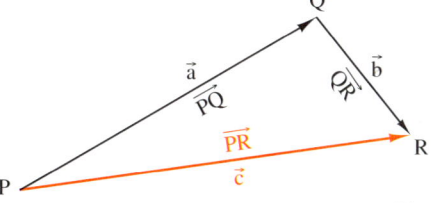

Die Hintereinanderausführung zweier Vektoren $\vec{a}$ und $\vec{b}$ (d. h. zweier Verschiebungen) ergibt wieder einen Vektor $\vec{c}$ (d. h. wieder eine Verschiebung).
Fig. 2 verdeutlicht, wie man mithilfe eines Pfeiles von $\vec{a}$ und eines Pfeiles von $\vec{b}$ einen Pfeil von $\vec{c}$ erhält.

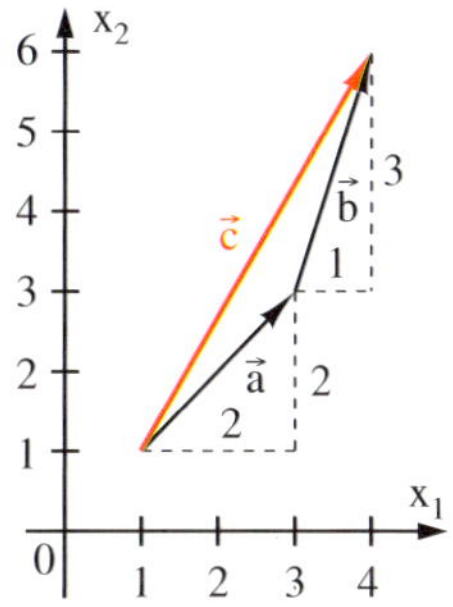

Fig. 2

Sind die Koordinaten von $\vec{a}$ und $\vec{b}$ bekannt, so kann man die Koordinaten von $\vec{c}$ berechnen:

Ist $\vec{a} = \begin{pmatrix} a_1 \\ a_2 \\ a_3 \end{pmatrix}$, $\vec{b} = \begin{pmatrix} b_1 \\ b_2 \\ b_3 \end{pmatrix}$, so verschiebt

$\vec{a}$ jeden Punkt um	$\vec{b}$ jeden Punkt um	$\vec{c}$ jeden Punkt um
a_1 Einheiten in x_1-Richtung,	b_1 Einheiten in x_1-Richtung,	a_1+b_1 Einheiten in x_1-Richtung,
a_2 Einheiten in x_2-Richtung,	b_2 Einheiten in x_2-Richtung,	a_2+b_2 Einheiten in x_2-Richtung,
a_3 Einheiten in x_3-Richtung,	b_3 Einheiten in x_3-Richtung,	a_3+b_3 Einheiten in x_3-Richtung.

Die Koordinaten von $\vec{c}$ ergeben sich somit aus den jeweiligen Summen der Koordinaten von $\vec{a}$ und $\vec{b}$.

Fig. 3

$\vec{a} = \begin{pmatrix} 2 \\ 2 \end{pmatrix}$

$\vec{b} = \begin{pmatrix} 1 \\ 3 \end{pmatrix}$

$\vec{c} = \begin{pmatrix} 2+1 \\ 2+3 \end{pmatrix} = \begin{pmatrix} 3 \\ 5 \end{pmatrix}$

Statt Hintereinanderausführung zweier Vektoren $\vec{a}$ und $\vec{b}$ sagt man auch:
Die Vektoren $\vec{a}$ und $\vec{b}$ werden **addiert** und man schreibt $\vec{a} + \vec{b}$.
Mit Fig. 2 ist $\overrightarrow{PQ} + \overrightarrow{QR} = \overrightarrow{PR}$
Sind die Koordinaten zweier Vektoren $\vec{a}$ und $\vec{b}$ gegeben, so gilt:

$\vec{a} + \vec{b} = \begin{pmatrix} a_1 \\ a_2 \end{pmatrix} + \begin{pmatrix} b_1 \\ b_2 \end{pmatrix} = \begin{pmatrix} a_1 + b_1 \\ a_2 + b_2 \end{pmatrix}$ bzw. $\vec{a} + \vec{b} = \begin{pmatrix} a_1 \\ a_2 \\ a_3 \end{pmatrix} + \begin{pmatrix} b_1 \\ b_2 \\ b_3 \end{pmatrix} = \begin{pmatrix} a_1 + b_1 \\ a_2 + b_2 \\ a_3 + b_3 \end{pmatrix}$.

Zeichnerisches Subtrahieren (Fig. 4):
Gemeinsamer Anfangspunkt für beide Pfeile.
Der Ergebnispfeil reicht von der Spitze des zweiten zur Spitze des ersten Pfeiles.

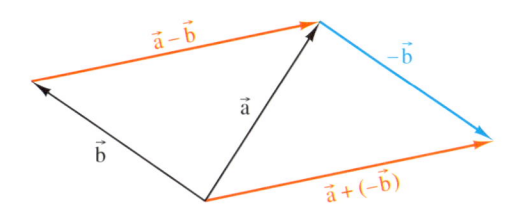

Den Gegenvektor eines Vektors kennzeichnet man mit einem „–"-Zeichen. $-\vec{b}$ ist der Gegenvektor des Vektors $\vec{b}$.
Statt $\vec{a} + (-\vec{b})$ schreibt man kurz $\vec{a} - \vec{b}$ und man sagt: $\vec{b}$ wird von $\vec{a}$ **subtrahiert**.
Fig. 4 zeigt, wie man einen Pfeil von $\vec{a} - \vec{b}$ erhält.

Fig. 4

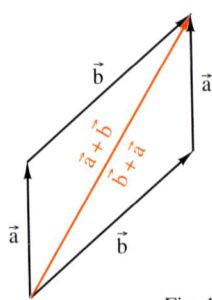

0Addition von Vektoren

Für jeden Vektor $\vec{a} = \begin{pmatrix} a_1 \\ a_2 \\ a_3 \end{pmatrix}$ ist insbesondere $\vec{a} + (-\vec{a}) = \vec{o}$ mit $\vec{o} = \begin{pmatrix} 0 \\ 0 \\ 0 \end{pmatrix}$ und deshalb gilt für den

Gegenvektor von $\vec{a}$: $-\vec{a} = \begin{pmatrix} -a_1 \\ -a_2 \\ -a_3 \end{pmatrix}$.

Bei der Addition gilt das Kommutativgesetz, denn für alle $\vec{a} = \begin{pmatrix} a_1 \\ a_2 \\ a_3 \end{pmatrix}$ und $\vec{b} = \begin{pmatrix} b_1 \\ b_2 \\ b_3 \end{pmatrix}$ ist:

$$\vec{a} + \vec{b} = \begin{pmatrix} a_1 \\ a_2 \\ a_3 \end{pmatrix} + \begin{pmatrix} b_1 \\ b_2 \\ b_3 \end{pmatrix} = \begin{pmatrix} a_1 + b_1 \\ a_2 + b_2 \\ a_3 + b_3 \end{pmatrix} = \begin{pmatrix} b_1 + a_1 \\ b_2 + a_2 \\ b_3 + a_3 \end{pmatrix} = \begin{pmatrix} b_1 \\ b_2 \\ b_3 \end{pmatrix} + \begin{pmatrix} a_1 \\ a_2 \\ a_3 \end{pmatrix} = \vec{b} + \vec{a} \quad \text{(Fig. 1)}$$

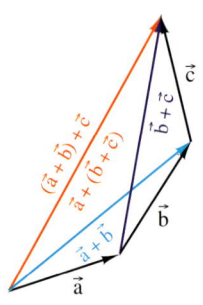

Fig. 1

Bei der Addition gilt das Assoziativgesetz, denn für alle $\vec{a} = \begin{pmatrix} a_1 \\ a_2 \\ a_3 \end{pmatrix}$, $\vec{b} = \begin{pmatrix} b_1 \\ b_2 \\ b_3 \end{pmatrix}$ und $\vec{c} = \begin{pmatrix} c_1 \\ c_2 \\ c_3 \end{pmatrix}$ ist:

$$(\vec{a} + \vec{b}) + \vec{c} = \left[\begin{pmatrix} a_1 \\ a_2 \\ a_3 \end{pmatrix} + \begin{pmatrix} b_1 \\ b_2 \\ b_3 \end{pmatrix}\right] + \begin{pmatrix} c_1 \\ c_2 \\ c_3 \end{pmatrix} = \begin{pmatrix} a_1 + b_1 \\ a_2 + b_2 \\ a_3 + b_3 \end{pmatrix} + \begin{pmatrix} c_1 \\ c_2 \\ c_3 \end{pmatrix} = \begin{pmatrix} (a_1 + b_1) + c_1 \\ (a_2 + b_2) + c_2 \\ (a_3 + b_3) + c_3 \end{pmatrix}$$

$$= \begin{pmatrix} a_1 + (b_1 + c_1) \\ a_2 + (b_2 + c_2) \\ a_3 + (b_3 + c_3) \end{pmatrix} = \begin{pmatrix} a_1 \\ a_2 \\ a_3 \end{pmatrix} + \begin{pmatrix} b_1 + c_1 \\ b_2 + c_2 \\ b_3 + c_3 \end{pmatrix} = \begin{pmatrix} a_1 \\ a_2 \\ a_3 \end{pmatrix} + \left[\begin{pmatrix} b_1 \\ b_2 \\ b_3 \end{pmatrix} + \begin{pmatrix} c_1 \\ c_2 \\ c_3 \end{pmatrix}\right] = \vec{a} + (\vec{b} + \vec{c}) \quad \text{(Fig. 2)}$$

Beachten Sie:
Für Vektoren mit zwei Koordinaten gelten analoge Überlegungen.

Fig. 2

Satz: Für alle Vektoren $\vec{a}$, $\vec{b}$, $\vec{c}$ einer Ebene oder des Raumes gelten für die Addition
$\vec{a} + \vec{b} = \vec{b} + \vec{a}$ **(Kommutativgesetz)** und
$\vec{a} + \vec{b} + \vec{c} = (\vec{a} + \vec{b}) + \vec{c} = \vec{a} + (\vec{b} + \vec{c})$ **(Assoziativgesetz)**

Beispiel 1:
Gegeben sind der Punkt $P(1|2|3)$ und der Vektor $\vec{u} = \begin{pmatrix} 4 \\ -2 \\ 7 \end{pmatrix}$. Bestimmen Sie die Koordinaten des Punktes Q, für den gilt: $\overrightarrow{OP} + \vec{u} = \overrightarrow{OQ}$.

Lösung:
$\overrightarrow{OP} + \vec{u} = \begin{pmatrix} 1 \\ 2 \\ 3 \end{pmatrix} + \begin{pmatrix} 4 \\ -2 \\ 7 \end{pmatrix} = \begin{pmatrix} 5 \\ 0 \\ 10 \end{pmatrix}$, also $Q(5|0|10)$.

Beispiel 2:
Gegeben sind die Punkte $P(1|2|3)$, $Q(3|4|-1)$, $R(-2|6|-5)$ und $S(7|-1|1)$.
Bestimmen Sie den Punkt T, zu dem der Vektor $\vec{t} = \overrightarrow{PQ} + \overrightarrow{RS}$ Ortsvektor ist.
Lösung:
$\overrightarrow{PQ} = \begin{pmatrix} 3-1 \\ 4-2 \\ -1-3 \end{pmatrix} = \begin{pmatrix} 2 \\ 2 \\ -4 \end{pmatrix}$; $\overrightarrow{RS} = \begin{pmatrix} 7-(-2) \\ -1-6 \\ 1-(-5) \end{pmatrix} = \begin{pmatrix} 9 \\ -7 \\ 6 \end{pmatrix}$; $\vec{t} = \overrightarrow{PQ} + \overrightarrow{RS} = \begin{pmatrix} 2+9 \\ 2+(-7) \\ -4+6 \end{pmatrix} = \begin{pmatrix} 11 \\ -5 \\ 2 \end{pmatrix}$.

Der Vektor $\vec{t} = \overrightarrow{PQ} + \overrightarrow{RS}$ ist Ortsvektor des Punktes $T(11|-5|2)$.

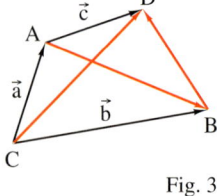

Beispiel 3:
Drücken Sie die Vektoren $\overrightarrow{AB}$, $\overrightarrow{CD}$, $\overrightarrow{BD}$ und ihre Gegenvektoren durch $\vec{a}, \vec{b}, \vec{c}$ aus (Fig. 3).
Lösung:
$\overrightarrow{AB} = \vec{b} - \vec{a}$; $-\overrightarrow{AB} = \overrightarrow{BA} = \vec{a} - \vec{b}$; $\overrightarrow{CD} = \vec{a} + \vec{c}$; $-\overrightarrow{CD} = \overrightarrow{DC} = -\vec{c} + (-\vec{a}) = -\vec{c} - \vec{a} = -\vec{a} - \vec{c}$;
$\overrightarrow{BD} = \overrightarrow{BA} + \vec{c} = \vec{a} - \vec{b} + \vec{c}$; $-\overrightarrow{BD} = \overrightarrow{DB} = -\vec{c} + \overrightarrow{AB} = -\vec{c} + \vec{b} - \vec{a} = -\vec{a} + \vec{b} - \vec{c}$

Fig. 3

Addition von Vektoren

$\vec{a} - \vec{b} = (-\vec{b}) + \vec{a}$

deshalb „gehe" so:

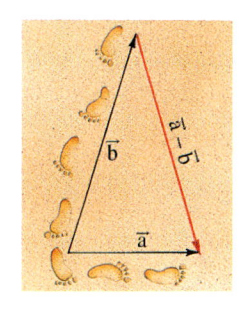

Schnelles zeichnerisches Addieren:

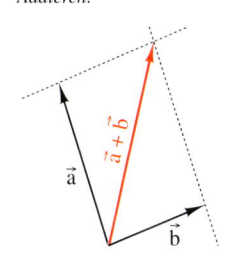

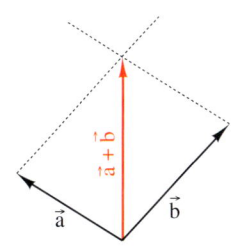

Aufgaben

2 Vereinfachen Sie den Ausdruck so weit wie möglich.
a) $\overrightarrow{PQ} + \overrightarrow{QR}$
b) $\overrightarrow{AB} + \overrightarrow{BC}$
c) $\overrightarrow{AB} + \overrightarrow{BA}$
d) $\overrightarrow{PQ} - \overrightarrow{RQ}$
e) $\overrightarrow{PQ} + \overrightarrow{RR}$
f) $\overrightarrow{QP} + \overrightarrow{RQ}$
g) $\overrightarrow{PQ} + \overrightarrow{QR} + \overrightarrow{RS}$
h) $\overrightarrow{AB} + \overrightarrow{BC} + \overrightarrow{CD}$
i) $\overrightarrow{PQ} - \overrightarrow{QR} + \overrightarrow{QP}$
j) $\overrightarrow{PQ} + \overrightarrow{QR} - \overrightarrow{PR}$
k) $\overrightarrow{PQ} - \overrightarrow{RS} - \overrightarrow{PR}$
l) $\overrightarrow{PQ} + \overrightarrow{QR} - \overrightarrow{SR}$
m) $\overrightarrow{RP} - \overrightarrow{QP} + \overrightarrow{QR}$
n) $\overrightarrow{AB} - (\overrightarrow{AB} + \overrightarrow{BC})$
o) $\overrightarrow{AB} - (\overrightarrow{AB} - \overrightarrow{BC}) + \overrightarrow{CD}$
p) $\overrightarrow{AB} - (\overrightarrow{CC} - \overrightarrow{BA})$

3 Es sind fünf Punkte A, B, C, D und P gegeben. Drücken Sie $\overrightarrow{AB}, \overrightarrow{BA}, \overrightarrow{AC}, \overrightarrow{CA}, \overrightarrow{AD}, \overrightarrow{DA},$ $\overrightarrow{BC}, \overrightarrow{CB}, \overrightarrow{BD}, \overrightarrow{DB}, \overrightarrow{CD}, \overrightarrow{DC}$ durch die Vektoren $\vec{a} = \overrightarrow{PA}, \vec{b} = \overrightarrow{PB}, \vec{c} = \overrightarrow{PC}, \vec{d} = \overrightarrow{PD}$ aus.

4 Berechnen Sie.
a) $\begin{pmatrix} 4 \\ -1 \\ 2 \end{pmatrix} + \begin{pmatrix} 3 \\ 2 \\ -4 \end{pmatrix}$
b) $\begin{pmatrix} 3 \\ 2 \\ -2 \end{pmatrix} - \begin{pmatrix} 2 \\ 1 \\ -3 \end{pmatrix}$
c) $\begin{pmatrix} 2 \\ 1 \\ -3 \end{pmatrix} - \begin{pmatrix} 3 \\ 2 \\ 1 \end{pmatrix} + \begin{pmatrix} 1 \\ 2 \\ -5 \end{pmatrix}$
d) $\begin{pmatrix} 4 \\ 4 \\ 2 \end{pmatrix} - \begin{pmatrix} -1 \\ 2 \\ 3 \end{pmatrix} - \begin{pmatrix} 3 \\ 5 \\ -1 \end{pmatrix} + \begin{pmatrix} 7 \\ 1 \\ 4 \end{pmatrix}$

5 Berechnen Sie für A(2|-1|5), B(3|0|3), C(-2|7|1), D(4|4|4) die Koordinaten von
a) $\overrightarrow{AB} + \overrightarrow{CD}$,
b) $\overrightarrow{AD} - \overrightarrow{BC}$,
c) $\overrightarrow{AB} - \overrightarrow{BC} - \overrightarrow{CA}$,
d) $\overrightarrow{BD} + \overrightarrow{AC} - \overrightarrow{DB}$.

6 Der Vektor $\vec{a}$ bildet den Punkt P auf den Punkt Q ab. Der Vektor $\vec{b}$ bildet den Punkt Q auf den Punkt R ab.
Zu welchem Punkt ist $\vec{a} + \vec{b}$ Ortsvektor? Auf welche Punkte bildet der Vektor $\vec{a} + \vec{b}$ die Punkte P, R und Q ab?
a) P(2|7|-1), Q(3|-5|9), R(2|6|-5)
b) P(11|0|-2), Q(8|13|-5), R(5|6|7)

7 In Fig. 1 sind Pfeile der Vektoren $\vec{a}, \vec{b}, \vec{c}$ und $\vec{d}$ gegeben. Zeichnen Sie einen Pfeil von
a) $\vec{a} + \vec{b}; \vec{a} - \vec{b}; -\vec{a} + \vec{b}; -\vec{c} - \vec{d}; \vec{d} - \vec{c}$,
b) $(\vec{a} + \vec{b}) + \vec{c}; \vec{d} - (\vec{a} - \vec{c}); (\vec{c} - \vec{d}) - \vec{a}$,
c) $(\vec{a} + \vec{b}) - (\vec{c} + \vec{d}); (\vec{a} - \vec{b}) + (\vec{c} - \vec{d})$.

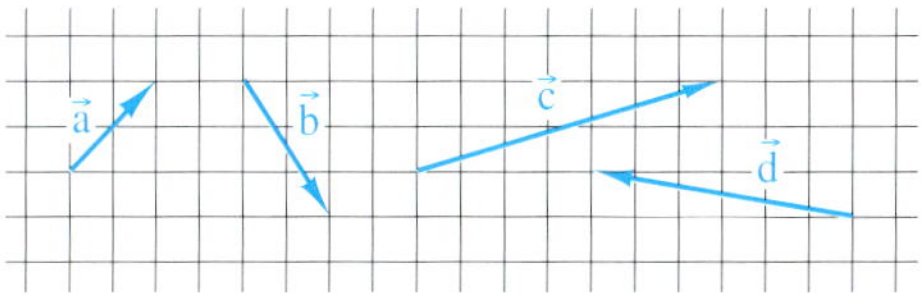

Fig. 1

8 Fig. 2 zeigt einen Spat, d. h. ein Prisma, dessen Grundfläche und Deckfläche jeweils ein Parallelogramm ist.
Erläutern Sie mithilfe der Vektoren $\vec{a}, \vec{b}$ und $\vec{c}$ das Assoziativgesetz bezüglich der Addition von Vektoren.

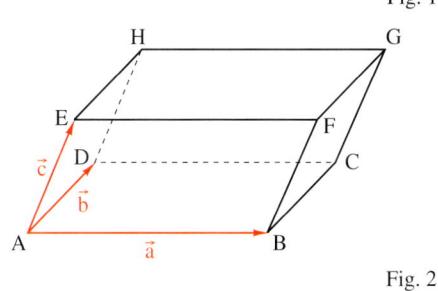

Der Begriff Spat kommt aus der Mineralogie. Das Foto zeigt einen Flussspat.

9 a) Zeigen Sie mithilfe der Rechengesetze für Vektoren, dass für alle $\vec{a}, \vec{b}, \vec{c}$ gilt: Aus $\vec{a} + \vec{b} = \vec{b} + \vec{c}$ folgt $\vec{a} = \vec{c}$.
b) Lösen Sie die Gleichung nach $\vec{x}$ auf. Welche Gesetze wenden Sie bei der Umformung der Gleichung an?
(1) $\vec{a} + \vec{b} + \vec{x} = \vec{c}$
(2) $\vec{a} + (\vec{b} - \vec{x}) - \vec{a} = \vec{a} - \vec{c}$
(3) $\vec{c} + \vec{x} - \vec{a} = \vec{b} - [\vec{x} + (\vec{a} - \vec{x})]$
c) Bestimmen Sie $\vec{x}$ algebraisch (zeichnerisch).
(1) $\begin{pmatrix} -6 \\ 7 \end{pmatrix} - \vec{x} = \begin{pmatrix} 1 \\ 2 \end{pmatrix}$
(2) $\vec{x} - \begin{pmatrix} 3 \\ 2 \\ 1 \end{pmatrix} = \begin{pmatrix} 3 \\ 2 \\ 1 \end{pmatrix}$

Fig. 2

10 Die Pfeile der Vektoren $\vec{a}$ und $\vec{b}$ sind gleich lang. Welchen Winkel schließen ein Pfeil von $\vec{a}$ und ein Pfeil von $\vec{b}$ ein, wenn ein Pfeil von $\vec{a} + \vec{b}$ $\sqrt{2}$-mal so lang ist wie ein Pfeil von $\vec{a}$?

41

4 Multiplikation eines Vektors mit einer Zahl

1 a) Begründen Sie, dass die Pfeile des Vektors $\overrightarrow{OQ}$ in Fig. 1 r-mal so lang sind wie die Pfeile des Vektors $\overrightarrow{OP}$.
b) Spiegelt man Q an O, so erhält man den Punkt Q'. Vergleichen Sie die Pfeile der Vektoren $\overrightarrow{OQ'}$ und $\overrightarrow{OP}$.

Die Addition $\vec{a} + \vec{a} + \ldots + \vec{a}$ mit n Summanden $\vec{a}$ ($\vec{a} \neq \vec{o}$) ergibt einen Vektor, dessen Pfeile parallel und gleich gerichtet zu den Pfeilen von $\vec{a}$ und n-mal so lang wie die Pfeile von $\vec{a}$ sind.
Diesen Vektor bezeichnet man deshalb mit $n \cdot \vec{a}$ (Fig. 2).

Fig. 1

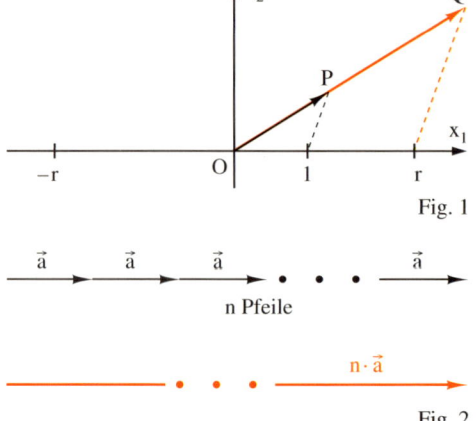

Fig. 2

Die Multiplikation eines Vektors mit einer natürlichen Zahl kann auf reelle Zahlen erweitert werden:

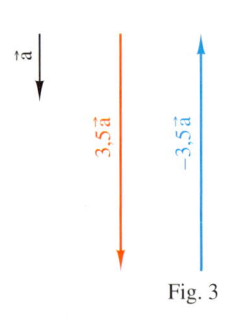

Definition: Für einen Vektor $\vec{a}$ ($\vec{a} \neq \vec{o}$) und eine reelle Zahl r (r $\neq$ 0) bezeichnet man mit $\mathbf{r \cdot \vec{a}}$ den Vektor, dessen Pfeile
1. parallel zu den Pfeilen von $\vec{a}$ sind,
2. |r|-mal so lang wie die Pfeile von $\vec{a}$ sind,
3. gleich gerichtet zu den Pfeilen von $\vec{a}$ sind, falls r > 0,
   entgegengesetzt gerichtet zu den Pfeilen von $\vec{a}$ sind, falls r < 0.

Ist r = 0, so ist $r \cdot \vec{a} = \vec{o}$ für alle Vektoren $\vec{a}$. Ist $\vec{a} = \vec{o}$, so ist $r \cdot \vec{a} = \vec{o}$ für alle $r \in \mathbb{R}$.

Fig. 3

Die Koordinaten von $r \cdot \vec{a}$ kann man berechnen, wenn man die Koordinaten von $\vec{a}$ und die reelle Zahl r kennt:

Satz 1: Für einen Vektor $\begin{pmatrix} a_1 \\ a_2 \end{pmatrix}$ bzw. $\begin{pmatrix} a_1 \\ a_2 \\ a_3 \end{pmatrix}$ und eine reelle Zahl r gilt:

$$r \cdot \begin{pmatrix} a_1 \\ a_2 \end{pmatrix} = \begin{pmatrix} r \cdot a_1 \\ r \cdot a_2 \end{pmatrix} \quad \text{bzw.} \quad r \cdot \begin{pmatrix} a_1 \\ a_2 \\ a_3 \end{pmatrix} = \begin{pmatrix} r \cdot a_1 \\ r \cdot a_2 \\ r \cdot a_3 \end{pmatrix}$$

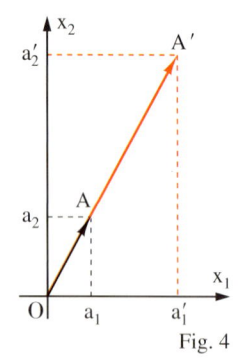

Beweis: Ist wie in Fig. 4 $\overrightarrow{OA'} = r \cdot \overrightarrow{OA}$, $r \in \mathbb{R}$, $r > 1$, so gilt nach dem Strahlensatz:
$a'_1 : a_1 = \overrightarrow{OA'} : \overrightarrow{OA} = r$ und $a'_2 : a_2 = \overrightarrow{OA'} : \overrightarrow{OA} = r$.

Also ist $a'_1 = r \cdot a_1$ und $a'_2 = r \cdot a_2$, d.h.: $r \cdot \begin{pmatrix} a_1 \\ a_2 \end{pmatrix} = \begin{pmatrix} r \cdot a_1 \\ r \cdot a_2 \end{pmatrix}$ bzw. $r \cdot \begin{pmatrix} a_1 \\ a_2 \\ a_3 \end{pmatrix} = \begin{pmatrix} r \cdot a_1 \\ r \cdot a_2 \\ r \cdot a_3 \end{pmatrix}$.

Alle anderen Fälle zeigt man analog.

Fig. 4

Multiplikation eines Vektors mit einer Zahl

Zeichnerische Veranschaulichungen des Assoziativgesetzes und der Distributivgesetze:

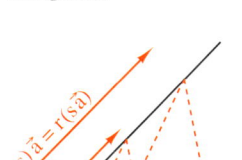

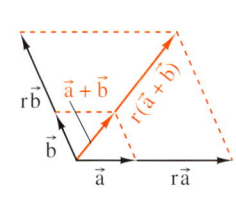

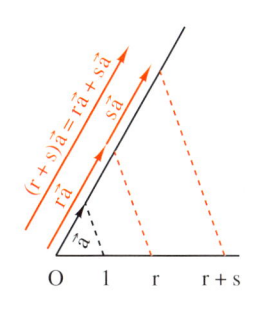

Für einen Vektor $\vec{a}$ und zwei reelle Zahlen r und s gilt bezüglich der Multiplikation das Assoziativgesetz $r \cdot (s \cdot \vec{a}) = (r \cdot s) \cdot \vec{a}$, denn für $\vec{a} = \begin{pmatrix} a_1 \\ a_2 \\ a_3 \end{pmatrix}$ ist

$$r \cdot (s \cdot \vec{a}) = r \cdot (s \cdot \begin{pmatrix} a_1 \\ a_2 \\ a_3 \end{pmatrix}) = r \cdot \begin{pmatrix} s \cdot a_1 \\ s \cdot a_2 \\ s \cdot a_3 \end{pmatrix} = \begin{pmatrix} r \cdot (s \cdot a_1) \\ r \cdot (s \cdot a_2) \\ r \cdot (s \cdot a_3) \end{pmatrix} = \begin{pmatrix} (r \cdot s) \cdot a_1 \\ (r \cdot s) \cdot a_2 \\ (r \cdot s) \cdot a_3 \end{pmatrix} = (r \cdot s) \cdot \begin{pmatrix} a_1 \\ a_2 \\ a_3 \end{pmatrix} = (r \cdot s) \cdot \vec{a}.$$

Für zwei Vektoren $\vec{a}, \vec{b}$ und zwei reelle Zahlen r, s gelten bezüglich der Multiplikation die Distributivgesetze, denn

für $\vec{a} = \begin{pmatrix} a_1 \\ a_2 \\ a_3 \end{pmatrix}$ und $\vec{b} = \begin{pmatrix} b_1 \\ b_2 \\ b_3 \end{pmatrix}$ ist

$$r \cdot (\vec{a} + \vec{b}) = r \cdot (\begin{pmatrix} a_1 \\ a_2 \\ a_3 \end{pmatrix} + \begin{pmatrix} b_1 \\ b_2 \\ b_3 \end{pmatrix}) = r \cdot \begin{pmatrix} a_1 + b_1 \\ a_2 + b_2 \\ a_3 + b_3 \end{pmatrix} = \begin{pmatrix} r \cdot (a_1 + b_1) \\ r \cdot (a_2 + b_2) \\ r \cdot (a_3 + b_3) \end{pmatrix} = \begin{pmatrix} r \cdot a_1 + r \cdot b_1 \\ r \cdot a_2 + r \cdot b_2 \\ r \cdot a_3 + r \cdot b_3 \end{pmatrix}$$

$$= \begin{pmatrix} r \cdot a_1 \\ r \cdot a_2 \\ r \cdot a_3 \end{pmatrix} + \begin{pmatrix} r \cdot b_1 \\ r \cdot b_2 \\ r \cdot b_3 \end{pmatrix} = r \cdot \begin{pmatrix} a_1 \\ a_2 \\ a_3 \end{pmatrix} + r \cdot \begin{pmatrix} b_1 \\ b_2 \\ b_3 \end{pmatrix} = r \cdot \vec{a} + r \cdot \vec{b},$$

$$(r + s) \cdot \vec{a} = (r + s) \cdot \begin{pmatrix} a_1 \\ a_2 \\ a_3 \end{pmatrix} = \begin{pmatrix} (r + s) \cdot a_1 \\ (r + s) \cdot a_2 \\ (r + s) \cdot a_3 \end{pmatrix} = \begin{pmatrix} r \cdot a_1 + s \cdot a_1 \\ r \cdot a_2 + s \cdot a_2 \\ r \cdot a_3 + s \cdot a_3 \end{pmatrix} = \begin{pmatrix} r \cdot a_1 \\ r \cdot a_2 \\ r \cdot a_3 \end{pmatrix} + \begin{pmatrix} s \cdot a_1 \\ s \cdot a_2 \\ s \cdot a_3 \end{pmatrix}$$

$$= r \cdot \begin{pmatrix} a_1 \\ a_2 \\ a_3 \end{pmatrix} + s \cdot \begin{pmatrix} a_1 \\ a_2 \\ a_3 \end{pmatrix} = r \cdot \vec{a} + s \cdot \vec{a}$$

Beachten Sie: Für Vektoren mit zwei Koordinaten gelten analoge Überlegungen.

Satz 2: Für alle Vektoren $\vec{a}, \vec{b}$ einer Ebene bzw. des Raumes und alle reellen Zahlen r, s gelten
$\mathbf{r \cdot (s \cdot \vec{a}) = (r \cdot s) \cdot \vec{a}}$ (**Assoziativgesetz**) und
$\mathbf{r \cdot (\vec{a} + \vec{b}) = r \cdot \vec{a} + r \cdot \vec{b} \, ; \, (r + s) \cdot \vec{a} = r \cdot \vec{a} + s \cdot \vec{a}}$ (**Distributivgesetze**)

Ein Punkt mit zwei verschiedenen Bedeutungen:

$r \cdot s$
↑
Zahl mal Zahl
Zahl mal Vektor
↓
$r \cdot \vec{a}$

Einen Ausdruck wie $r_1 \cdot \vec{a_1} + r_2 \cdot \vec{a_2} + \ldots + r_n \cdot \vec{a_n}$ ($n \in \mathbb{N}$) nennt man eine **Linearkombination** der Vektoren $\vec{a_1}, \vec{a_2}, \ldots, \vec{a_n}$; die reellen Zahlen $r_1, r_2, \ldots, r_n$ heißen **Koeffizienten**.

Beispiel 1: (Vereinfachen)
Vereinfachen Sie.

a) $5 \cdot \begin{pmatrix} 0,2 \\ 1,6 \\ \frac{3}{5} \end{pmatrix}$
b) $\frac{2}{3} \cdot (\frac{3}{2} \cdot \begin{pmatrix} 1 \\ 2 \\ 3 \end{pmatrix})$
c) $0,25 \cdot \vec{a} + 0,75 \cdot \vec{a}$
d) $3 \cdot \begin{pmatrix} 2,7 \\ -8,2 \\ 0,4 \end{pmatrix} + 3 \cdot \begin{pmatrix} 1,3 \\ -1,8 \\ 0,6 \end{pmatrix}$

Lösung:

a) $5 \cdot \begin{pmatrix} 0,2 \\ 1,6 \\ \frac{3}{5} \end{pmatrix} = \begin{pmatrix} 5 \cdot 0,2 \\ 5 \cdot 1,6 \\ 5 \cdot \frac{3}{5} \end{pmatrix} = \begin{pmatrix} 1 \\ 8 \\ 3 \end{pmatrix}$

b) $\frac{2}{3} \cdot (\frac{3}{2} \cdot \begin{pmatrix} 1 \\ 2 \\ 3 \end{pmatrix}) = (\frac{2}{3} \cdot \frac{3}{2}) \cdot \begin{pmatrix} 1 \\ 2 \\ 3 \end{pmatrix} = 1 \cdot \begin{pmatrix} 1 \\ 2 \\ 3 \end{pmatrix} = \begin{pmatrix} 1 \\ 2 \\ 3 \end{pmatrix}$

c) $0,25 \cdot \vec{a} + 0,75 \cdot \vec{a} = (0,25 + 0,75) \cdot \vec{a} = 1 \cdot \vec{a} = \vec{a}$

d) $3 \cdot \begin{pmatrix} 2,7 \\ -8,2 \\ 0,4 \end{pmatrix} + 3 \cdot \begin{pmatrix} 1,3 \\ -1,8 \\ 0,6 \end{pmatrix} = 3 \cdot \begin{pmatrix} 2,7 + 1,3 \\ -8,2 + (-1,8) \\ 0,4 + 0,6 \end{pmatrix} = 3 \cdot \begin{pmatrix} 4 \\ -10 \\ 1 \end{pmatrix} = \begin{pmatrix} 3 \cdot 4 \\ 3 \cdot (-10) \\ 3 \cdot 1 \end{pmatrix} = \begin{pmatrix} 12 \\ -30 \\ 3 \end{pmatrix}$

Multiplikation eines Vektors mit einer Zahl

Beispiel 2: (Linearkombination)

Stellen Sie $\vec{a} = \begin{pmatrix} 4 \\ 2 \\ 1 \end{pmatrix}$ als Linearkombination der Vektoren $\begin{pmatrix} 1 \\ 2 \\ 1 \end{pmatrix}, \begin{pmatrix} 1 \\ 1 \\ 0 \end{pmatrix}, \begin{pmatrix} 0 \\ 2 \\ 3 \end{pmatrix}$ dar.

Lösung:

Es sind Koeffizienten u, v, w gesucht, sodass gilt: $u \cdot \begin{pmatrix} 1 \\ 2 \\ 1 \end{pmatrix} + v \cdot \begin{pmatrix} 1 \\ 1 \\ 0 \end{pmatrix} + w \cdot \begin{pmatrix} 0 \\ 2 \\ 3 \end{pmatrix} = \begin{pmatrix} 4 \\ 2 \\ 1 \end{pmatrix}$.

Aus $\begin{pmatrix} 1u + 1v + 0w \\ 2u + 1v + 2w \\ 1u + 0v + 3w \end{pmatrix} = \begin{pmatrix} 4 \\ 2 \\ 1 \end{pmatrix}$ erhält man $\begin{cases} u + v + 0 = 4 \\ 2u + v + 2w = 2 \\ u + 0 + 3w = 1 \end{cases}$ mit L = {(–8; 12; 3)}.

Somit gilt: $\begin{pmatrix} 4 \\ 2 \\ 1 \end{pmatrix} = -8 \cdot \begin{pmatrix} 1 \\ 2 \\ 1 \end{pmatrix} + 12 \cdot \begin{pmatrix} 1 \\ 1 \\ 0 \end{pmatrix} + 3 \cdot \begin{pmatrix} 0 \\ 2 \\ 3 \end{pmatrix}$.

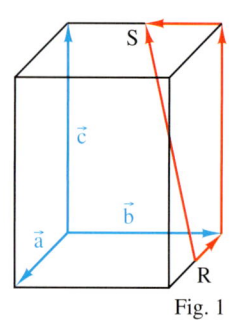

Beispiel 3:

R und S sind Kantenmitten des Quaders von Fig. 1. Stellen Sie den Vektor $\overrightarrow{RS}$ als Linearkombination der Vektoren $\vec{a}$, $\vec{b}$ und $\vec{c}$ dar.

Lösung:

Man „sucht" einen „Vektorweg", der von R nach S führt. Eine Möglichkeit ist:
$\overrightarrow{RS} = -0{,}5\,\vec{a} + \vec{c} - 0{,}5\,\vec{b} = -0{,}5\,\vec{a} - 0{,}5\,\vec{b} + \vec{c}$.

Fig. 1

Aufgaben

2 Berechnen Sie die Koordinaten des Vektors

a) $7 \begin{pmatrix} 1 \\ 2 \\ 5 \end{pmatrix}$, b) $(-3) \begin{pmatrix} 1 \\ 0 \\ 11 \end{pmatrix}$, c) $(-5) \begin{pmatrix} -2 \\ 1 \\ -1 \end{pmatrix}$, d) $\frac{1}{2} \begin{pmatrix} 4 \\ 6 \\ 8 \end{pmatrix}$, e) $\left(-\frac{3}{4}\right) \begin{pmatrix} 10 \\ 11 \\ 12 \end{pmatrix}$, f) $0 \begin{pmatrix} 1 \\ 2 \\ 3 \end{pmatrix}$.

3 Schreiben Sie als Produkt aus einer reellen Zahl und einem Vektor mit ganzzahligen Koordinaten.

a) $\begin{pmatrix} \frac{1}{2} \\ 3 \\ \frac{1}{4} \end{pmatrix}$ b) $\begin{pmatrix} 5 \\ \frac{5}{2} \\ \frac{3}{2} \end{pmatrix}$ c) $\begin{pmatrix} -8 \\ 12 \\ 36 \end{pmatrix}$ d) $\begin{pmatrix} 39 \\ 0 \\ -52 \end{pmatrix}$ e) $\begin{pmatrix} 12 \\ -\frac{5}{6} \\ -\frac{1}{8} \end{pmatrix}$ f) $\begin{pmatrix} \frac{3}{11} \\ -\frac{5}{22} \\ \frac{7}{33} \end{pmatrix}$

4 Vereinfachen Sie.

a) $7\vec{a} + 5\vec{a}$ \hspace{2cm} b) $13\vec{c} - \vec{c} + 6\vec{c}$
c) $3\vec{d} - 4\vec{e} + 7\vec{d} - 6\vec{e}$ \hspace{1cm} d) $2{,}5\vec{u} - 3{,}7\vec{v} - 5{,}2\vec{u} + \vec{v}$
e) $6{,}3\vec{a} + 7{,}4\vec{b} - 2{,}8\vec{c} + 17{,}5\vec{a} - 9{,}3\vec{c} + \vec{b} - \vec{a} + \vec{c}$

5 a) $2(\vec{a} + \vec{b}) + \vec{a}$ \hspace{1cm} b) $-3(\vec{x} + \vec{y})$ \hspace{1cm} c) $-(\vec{u} - \vec{v})$
d) $-(-\vec{a} - \vec{b})$ \hspace{1cm} e) $3(2\vec{a} + 4\vec{b})$ \hspace{1cm} f) $-4(\vec{a} - \vec{b}) - \vec{b} + \vec{a}$
g) $3(\vec{a} + 2(\vec{a} + \vec{b}))$ \hspace{0.5cm} h) $6(\vec{a} - \vec{b}) + 4(\vec{a} + \vec{b})$ \hspace{0.5cm} i) $7\vec{u} + 5(\vec{u} - 2(\vec{u} + \vec{v}))$

6 Berechnen Sie.

a) $3 \begin{pmatrix} -1 \\ 4 \\ 2 \end{pmatrix} - 2 \begin{pmatrix} -2 \\ 4 \\ 1 \end{pmatrix} + 3 \begin{pmatrix} -1 \\ 4 \\ 2 \end{pmatrix}$ \hspace{1cm} b) $4 \begin{pmatrix} 0{,}5 \\ 3 \\ 1 \end{pmatrix} + 2 \begin{pmatrix} 1 \\ 6 \\ 2 \end{pmatrix} + 3 \begin{pmatrix} 0{,}8 \\ 2 \\ 3 \end{pmatrix}$

c) $2 \begin{pmatrix} -2 \\ -3{,}5 \\ \frac{1}{2} \end{pmatrix} + 4 \begin{pmatrix} 2 \\ -1 \\ 2 \end{pmatrix} + 3 \begin{pmatrix} 2 \\ 3{,}5 \\ -\frac{1}{2} \end{pmatrix}$ \hspace{1cm} d) $4 \begin{pmatrix} \frac{1}{2} \\ 0{,}5 \\ \frac{2}{5} \end{pmatrix} + 6 \begin{pmatrix} \frac{1}{3} \\ -0{,}3 \\ 0{,}2 \end{pmatrix} - 2 \begin{pmatrix} 1 \\ 1 \\ \frac{1}{2} \end{pmatrix}$

Multiplikation eines Vektors mit einer Zahl

7 Stellen Sie die Linearkombination wie in Fig. 1 zeichnerisch dar.

a) $2\begin{pmatrix}1\\2\end{pmatrix}+3\begin{pmatrix}2\\0\end{pmatrix}$ b) $4\begin{pmatrix}1\\1\end{pmatrix}-2\begin{pmatrix}1\\3\end{pmatrix}$

c) $3\begin{pmatrix}-1\\-2\end{pmatrix}+2\begin{pmatrix}1\\-3\end{pmatrix}$ d) $\frac{3}{2}\begin{pmatrix}4\\3\end{pmatrix}+\frac{1}{2}\begin{pmatrix}6\\5\end{pmatrix}$

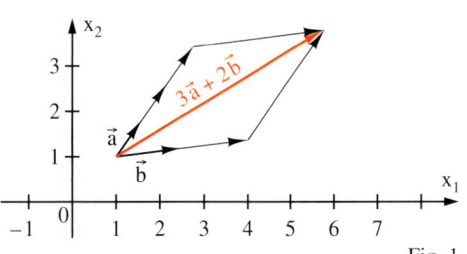

e) $-\begin{pmatrix}4\\5\end{pmatrix}+4\begin{pmatrix}1\\2\end{pmatrix}$ f) $0{,}5\begin{pmatrix}3\\7\end{pmatrix}-1{,}5\begin{pmatrix}9\\2\end{pmatrix}$

Fig. 1

8 Bestimmen Sie die Koordinaten der Vektoren in Fig. 2. Bestimmen Sie zeichnerisch und rechnerisch die Linearkombination:
a) $\vec{a}+\vec{b}$,   b) $\vec{b}-\vec{a}$,
c) $\vec{a}+2\vec{b}$,   d) $\vec{b}-2\vec{a}$,
e) $3\vec{c}-4\vec{d}$,   f) $\vec{a}+\vec{b}-\vec{c}$,
g) $2\vec{a}-2\vec{c}+2\vec{d}$,   h) $\vec{a}+\vec{b}+\vec{c}+\vec{d}$,
i) $0{,}5\vec{a}-\vec{b}+\vec{c}+2\vec{d}$,   j) $\vec{a}-2\vec{b}+3\vec{c}-4\vec{d}$.

Fig. 2

9 Bestimmen Sie, falls möglich, eine reelle Zahl x, sodass gilt:

a) $\begin{pmatrix}8\\4\end{pmatrix}=x\begin{pmatrix}2\\1\end{pmatrix}$, b) $\begin{pmatrix}3\\0\end{pmatrix}=x\begin{pmatrix}2\\0\end{pmatrix}$, c) $\begin{pmatrix}3\\1\end{pmatrix}=x\begin{pmatrix}2\\5\end{pmatrix}$, d) $\begin{pmatrix}2\\3\end{pmatrix}=x\begin{pmatrix}1\\1\end{pmatrix}$,

e) $\begin{pmatrix}1\\2\\3\end{pmatrix}=x\begin{pmatrix}-2\\-4\\-6\end{pmatrix}$, f) $\begin{pmatrix}1\\1\\1\end{pmatrix}=x\begin{pmatrix}17\\0\\13\end{pmatrix}$, g) $\begin{pmatrix}2\\4\\6\end{pmatrix}=x\begin{pmatrix}0{,}1\\0{,}2\\0{,}3\end{pmatrix}$, h) $\begin{pmatrix}3\\7\\8\end{pmatrix}=x\begin{pmatrix}2\\5\\9\end{pmatrix}$,

i) $\begin{pmatrix}2\\3\\4\end{pmatrix}=2\begin{pmatrix}1\\x\\2\end{pmatrix}$, j) $\begin{pmatrix}9\\12\\15\end{pmatrix}=3\begin{pmatrix}x\\2x\\3x\end{pmatrix}$, k) $\begin{pmatrix}8\\0\\10\end{pmatrix}=x\begin{pmatrix}9\\7\\4\end{pmatrix}-x\begin{pmatrix}5\\7\\-1\end{pmatrix}$.

10 Bestimmen Sie, falls möglich, reelle Zahlen r und s, sodass gilt:

a) $\begin{pmatrix}4\\5\end{pmatrix}+r\begin{pmatrix}-3\\2\end{pmatrix}=s\begin{pmatrix}1\\0\end{pmatrix}$, b) $\begin{pmatrix}2\\5\end{pmatrix}=r\begin{pmatrix}1\\1\end{pmatrix}+s\begin{pmatrix}1\\2\end{pmatrix}$, c) $\begin{pmatrix}1\\2\\3\end{pmatrix}+r\begin{pmatrix}3\\0\\-1\end{pmatrix}=s\begin{pmatrix}5\\1\\0\end{pmatrix}$, d) $\begin{pmatrix}1\\6\\10\end{pmatrix}=r\begin{pmatrix}1\\2\\5\end{pmatrix}+s\begin{pmatrix}2\\1\\0\end{pmatrix}$.

11 Stellen Sie zeichnerisch, wie in Fig. 3, und rechnerisch den Vektor als Linearkombination von $\vec{a}=\begin{pmatrix}2\\1\end{pmatrix}$ und $\vec{b}=\begin{pmatrix}1\\3\end{pmatrix}$ dar.

a) $\begin{pmatrix}3\\4\end{pmatrix}$ b) $\begin{pmatrix}6\\8\end{pmatrix}$ c) $\begin{pmatrix}5\\5\end{pmatrix}$ d) $\begin{pmatrix}1\\-2\end{pmatrix}$

e) $\begin{pmatrix}4\\-3\end{pmatrix}$ f) $\begin{pmatrix}3\\0\end{pmatrix}$ g) $\begin{pmatrix}1\\1\end{pmatrix}$ h) $\begin{pmatrix}-3\\-3\end{pmatrix}$

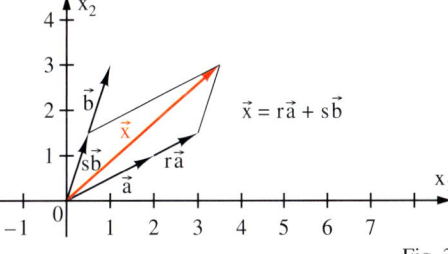

Fig. 3

12 Stellen Sie jeden der drei Vektoren als Linearkombination der beiden anderen dar.

a) $\begin{pmatrix}2\\-1\end{pmatrix}, \begin{pmatrix}3\\4\end{pmatrix}, \begin{pmatrix}-1\\3\end{pmatrix}$ b) $\begin{pmatrix}1\\-1\end{pmatrix}, \begin{pmatrix}3\\2\end{pmatrix}, \begin{pmatrix}-2\\-8\end{pmatrix}$ c) $\begin{pmatrix}1{,}5\\-1\end{pmatrix}, \begin{pmatrix}3\\2\end{pmatrix}, \begin{pmatrix}-3\\-10\end{pmatrix}$

13 Stellen Sie den Vektor $\vec{x}$ als Linearkombination der Vektoren $\vec{a}$, $\vec{b}$ und $\vec{c}$ dar.

a) $\vec{x}=\begin{pmatrix}3\\13\\-1\end{pmatrix}, \vec{a}=\begin{pmatrix}2\\3\\4\end{pmatrix}, \vec{b}=\begin{pmatrix}-4\\3\\-2\end{pmatrix}, \vec{c}=\begin{pmatrix}5\\7\\-3\end{pmatrix}$ b) $\vec{x}=\begin{pmatrix}1\\2\\0\end{pmatrix}, \vec{a}=\begin{pmatrix}1\\1\\1\end{pmatrix}, \vec{b}=\begin{pmatrix}-1\\-1\\1\end{pmatrix}, \vec{c}=\begin{pmatrix}0\\1\\-2\end{pmatrix}$

c) $\vec{x}=\begin{pmatrix}5\\1\\-1\end{pmatrix}, \vec{a}=\begin{pmatrix}-1\\4\\5\end{pmatrix}, \vec{b}=\begin{pmatrix}7\\-1\\-3\end{pmatrix}, \vec{c}=\begin{pmatrix}-1\\1\\1\end{pmatrix}$ d) $\vec{x}=\begin{pmatrix}0\\1\\1\end{pmatrix}, \vec{a}=\begin{pmatrix}0{,}3\\0{,}5\\0\end{pmatrix}, \vec{b}=\begin{pmatrix}1{,}2\\0\\0{,}7\end{pmatrix}, \vec{c}=\begin{pmatrix}0\\1\\-1{,}7\end{pmatrix}$

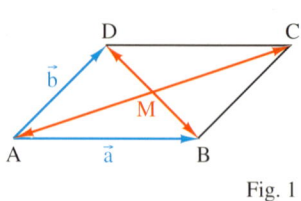

Multiplikation eines Vektors mit einer Zahl

Fig. 1
Fig. 2 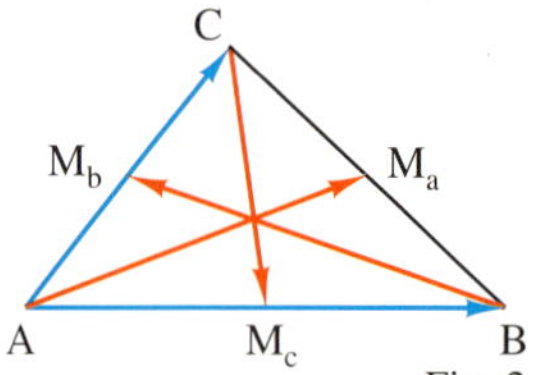
Fig. 3 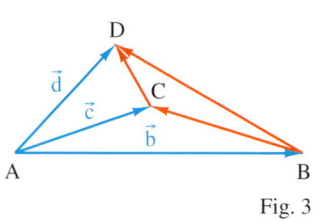
Fig. 4 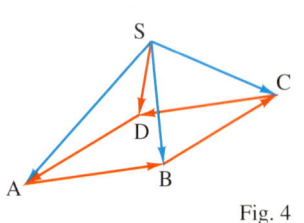

14 Geben Sie im Parallelogramm in Fig. 1 die Vektoren $\vec{MA}, \vec{MB}, \vec{MC}, \vec{MD}$ als Linearkombination von $\vec{a} = \vec{AB}$ und $\vec{b} = \vec{AD}$ an.

15 In Fig. 2 sind M_a, M_b, M_c die Mittelpunkte der Dreiecksseiten. Drücken Sie $\vec{AM_a}, \vec{BM_b}, \vec{CM_c}$ als Linearkombination von $\vec{u} = \vec{AB}$ und $\vec{v} = \vec{AC}$ aus.

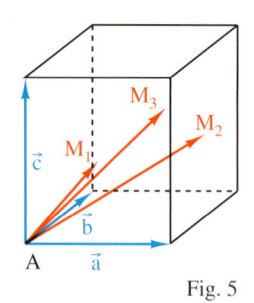

16 Fig. 3 zeigt eine dreiseitige Pyramide. Drücken Sie $\vec{BC}, \vec{BD}, \vec{CD}$ als Linearkombinationen der Vektoren $\vec{b}, \vec{c}$ und $\vec{d}$ aus.

17 Fig. 4 zeigt eine quadratische Pyramide. Drücken Sie $\vec{SD}, \vec{AB}, \vec{BC}, \vec{DA}, \vec{CD}$ als Linearkombinationen der Vektoren $\vec{SA}, \vec{SB}, \vec{SC}$ aus.

18 In Fig. 5 sind M_1, M_2 und M_3 die Mittelpunkte der „vorderen", „rechten" und „hinteren" Seitenfläche des Quaders. Stellen Sie $\vec{AM_1}, \vec{AM_2}, \vec{AM_3}$ als Linearkombinationen von $\vec{a}, \vec{b}, \vec{c}$ dar.

Fig. 5

$\vec{m} = \frac{1}{2}(\vec{a} + \vec{b})$

Besondere Punkte

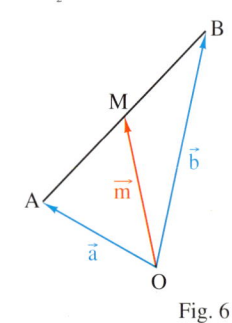

19 Bestimmen Sie vektoriell die Koordinaten der Seitenmitten des Dreiecks ABC mit A(1|1|0), B(0|2|2) und C(3|0|3). Fertigen Sie dann eine Zeichnung an.

20 Zeigen Sie: Sind $\vec{a}$ und $\vec{b}$ die Ortsvektoren zu den Punkten A und B, dann ist $\vec{m} = \frac{1}{2}(\vec{a} + \vec{b})$ der Ortsvektor des Mittelpunktes M der Strecke $\overline{AB}$ (Fig. 6).

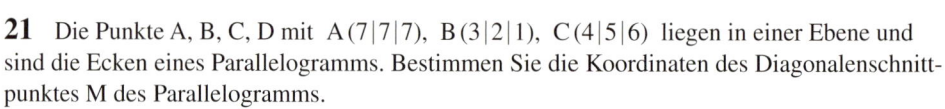

21 Die Punkte A, B, C, D mit A(7|7|7), B(3|2|1), C(4|5|6) liegen in einer Ebene und sind die Ecken eines Parallelogramms. Bestimmen Sie die Koordinaten des Diagonalenschnittpunktes M des Parallelogramms.

Fig. 6

Der Schwerpunkt eines Dreiecks ist der Schnittpunkt der Seitenhalbierenden. Die Seitenhalbierenden eines Dreiecks werden vom Schwerpunkt im Verhältnis 2 : 1 geteilt.

22 Gegeben ist ein Dreieck ABC.
Zeigen Sie:
Sind $\vec{a}, \vec{b}, \vec{c}$ die Ortsvektoren zu A, B und C sowie $\vec{s}$ der Ortsvektor des Schwerpunktes S des Dreiecks, dann gilt:
$\vec{s} = \frac{1}{3}(\vec{a} + \vec{b} + \vec{c})$ (Fig. 7).

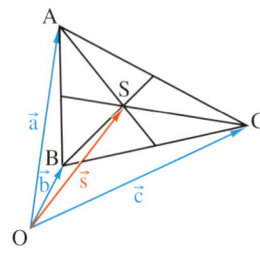

Fig. 7

Gleichungen mit Vektoren

23 Lösen Sie die Gleichungen nach $\vec{x}$ auf.
a) $4(3\vec{a} + 5\vec{x} - 7\vec{b}) = -7[5(-2\vec{x} + 3\vec{b}) - \vec{a}]$
b) $-(6\vec{a} - 8\vec{b} + \vec{x}) + 7[3\vec{a} - 4\vec{x} + 3(\vec{b} - \vec{x})] = \vec{x}$

24 Berechnen Sie $\vec{x}$.

a) $4\begin{pmatrix} 2 \\ 1 \\ -2 \end{pmatrix} - 3\vec{x} = (-5)\begin{pmatrix} 3 \\ 1 \\ 2 \end{pmatrix} + 3\vec{x}$

b) $2\left(5\begin{pmatrix} 0{,}1 \\ 0{,}5 \\ -0{,}3 \end{pmatrix} - 4\begin{pmatrix} 1{,}25 \\ -2{,}5 \\ 1 \end{pmatrix}\right) + 2\vec{x} = 5\left(\vec{x} - \begin{pmatrix} 1 \\ 5 \\ -3 \end{pmatrix}\right) - \vec{x}$

46

5 Vektorräume

$$\begin{pmatrix} 0 & 1 & 2 \\ 3 & 1 & -1 \\ 0 & 1 & 2 \end{pmatrix} + \begin{pmatrix} 2 & 9 & 4 \\ 7 & 5 & 3 \\ 6 & 1 & 8 \end{pmatrix} = \begin{pmatrix} 0+2 & 1+9 & 2+4 \\ 3+7 & 1+5 & -1+3 \\ 0+6 & 1+1 & 2+8 \end{pmatrix} = \begin{pmatrix} 2 & 10 & 6 \\ 10 & 6 & 2 \\ 6 & 2 & 10 \end{pmatrix}$$

$$4 \cdot \begin{pmatrix} 0 & 1 & 2 \\ 3 & 1 & -1 \\ 0 & 1 & 2 \end{pmatrix} = \begin{pmatrix} 4 \cdot 0 & 4 \cdot 1 & 4 \cdot 2 \\ 4 \cdot 3 & 4 \cdot 1 & 4 \cdot (-1) \\ 4 \cdot 0 & 4 \cdot 1 & 4 \cdot 2 \end{pmatrix} = \begin{pmatrix} 0 & 4 & 8 \\ 12 & 4 & -4 \\ 0 & 4 & 8 \end{pmatrix}$$

Fig. 1

1 Eine quadratische Matrix heißt magisches Quadrat, wenn die Summen der Zahlen in jeder Spalte, jeder Zeile und jeder Diagonalen gleich sind. Fig. 1 verdeutlicht, wie man zwei magische Quadrate addiert und wie man ein magisches Quadrat mit einer reellen Zahl multipliziert. Ist die Summe zweier magischer Quadrate stets wieder ein magisches Quadrat? Welche Rechengesetze der (Verschiebungs-)Vektoren gelten auch für magische Quadrate?

In der analytischen Geometrie meinen wir mit dem Begriff Vektor eine Verschiebung. Die Eigenschaften und Gesetze für Verschiebungen gelten auch für viele andere Objekte. Solche Objekte nennt man allgemein Vektoren und eine Menge von solchen Objekten bezeichnet man als Vektorraum.

+ entspricht der Addition zweier Verschiebungsvektoren, vergleiche Seite 39.

zu 1.1 vergleiche „Nullvektor" auf Seite 32.
zu 1.2 vergleiche „Gegenvektor" auf den Seiten 39 und 40.
zu 1.3 und 1.4 vergleiche Seite 40.

· entspricht der Multiplikation eines Verschiebungsvektors mit einer reellen Zahl, vergleiche Seite 42
zu 2.1 und 2.2 vergleiche Seite 43.

Definition: Eine nicht leere Menge V nennt man einen **Vektorraum** und ihre Elemente **Vektoren**, wenn
1. es eine „Addition" gibt, die Elementen $\vec{a}, \vec{b} \in V$ jeweils genau ein Element $\vec{a} + \vec{b} \in V$ zuordnet, und hierbei gilt:
   1.1 Es gibt ein „Nullelement" $\vec{o} \in V$ mit $\vec{a} + \vec{o} = \vec{a}$ für alle $\vec{a} \in V$.
   1.2 Zu jedem $\vec{a} \in V$ gibt es ein „Gegenelement" $-\vec{a} \in V$ mit $\vec{a} + (-\vec{a}) = \vec{o}$.
   1.3 Für alle $\vec{a}, \vec{b}, \vec{c} \in V$ gilt: $\vec{a} + (\vec{b} + \vec{c}) = (\vec{a} + \vec{b}) + \vec{c}$ (Assoziativgesetz)
   1.4 Für alle $\vec{a}, \vec{b} \in V$ gilt: $\vec{a} + \vec{b} = \vec{b} + \vec{a}$ (Kommutativgesetz)
2. es eine „Multiplikation" gibt, die jeweils einer reellen Zahl r und einem Element $\vec{a} \in V$ genau ein Element $r \cdot \vec{a} \in V$ zuordnet, und hierbei gilt:
   2.1 Für alle $r \in \mathbb{R}$, $\vec{a}, \vec{b} \in V$ gilt: $r \cdot (\vec{a} + \vec{b}) = r \cdot \vec{a} + r \cdot \vec{b}$ und
       für alle $r, s \in \mathbb{R}$, $\vec{a} \in V$ gilt: $(r + s) \cdot \vec{a} = r \cdot \vec{a} + s \cdot \vec{a}$ (Distributivgesetze)
   2.2 Für alle $r, s \in \mathbb{R}$, $\vec{a} \in V$ gilt: $r \cdot (s \cdot \vec{a}) = (r \cdot s) \cdot \vec{a}$ (Assoziativgesetz)
   2.3 Für alle $\vec{a} \in V$ gilt: $1 \cdot \vec{a} = \vec{a}$

Ein Vektorraum ist vollständig bekannt, wenn man die Menge der Vektoren V und die beiden Verknüpfungen + und · kennt. Man gibt deshalb oft einen Vektorraum in der Schreibweise (V, +, ·) an.

Es gibt viele verschiedene Vektorräume, zum Beispiel:
Vektorräume mit Polynomen als Vektoren oder Vektorräume mit Matrizen als Vektoren oder Vektorräume mit Zahlenfolgen als Vektoren oder $\mathbb{R}^n = \left\{ \begin{pmatrix} a_1 \\ \vdots \\ a_n \end{pmatrix} \middle| a_1, \ldots, a_n \in \mathbb{R} \right\}$. In der analytischen Geometrie sind die Vektorräume $\mathbb{R}^2 = \left\{ \begin{pmatrix} a_1 \\ a_2 \end{pmatrix} \middle| a_1, a_2 \in \mathbb{R} \right\}$ und $\mathbb{R}^3 = \left\{ \begin{pmatrix} a_1 \\ a_2 \\ a_3 \end{pmatrix} \middle| a_1, a_2, a_3 \in \mathbb{R} \right\}$ mit den bekannten Verknüpfungen + und · wichtig, denn jede Verschiebung kann durch ein Element aus $\mathbb{R}^2$ bzw. $\mathbb{R}^3$ beschrieben werden.

Alle Vektorräume haben neben den Eigenschaften, die die Definition auflistet, noch weitere Gemeinsamkeiten. Diese Gemeinsamkeiten beweist man allgemein, das heißt für alle Vektorräume auf einmal.

Vektorräume

*Ist die Summe zweier Elemente einer Menge wieder ein Element dieser Menge, so sagt man auch, die Menge ist bezüglich dieser Addition **abgeschlossen**.*

Beispiel 1: (Nachweis eines Vektorraumes)
Zeigen Sie, dass die Menge der Polynome maximal 2. Grades $P_2 = \{ax^2 + bx + c \mid a, b, c \in \mathbb{R}\}$ mit der Addition $(a_1 x^2 + b_1 x + c_1) + (a_2 x^2 + b_2 x + c_2) = (a_1 + a_2) x^2 + (b_1 + b_2) x + (c_1 + c_2)$ und der Multiplikation $r \cdot (a_1 x^2 + b_1 x + c_1) = r a_1 x^2 + r b_1 x + r c_1$ ein Vektorraum ist.

Lösung:
Zuerst überprüft man, ob die Addition zweier Elemente aus P_2 sowie die Multiplikation einer reellen Zahl mit einem Element aus P_2 jeweils wieder ein Element aus P_2 ergibt:
Es ist $(a_1 x^2 + b_1 x + c_1) + (a_2 x^2 + b_2 x + c_2) = (a_1 + a_2) x^2 + (b_1 + b_2) x + (c_1 + c_2)$
und $r \cdot (a_1 x^2 + b_1 x + c_1) = r a_1 x^2 + r b_1 x + r c_1$;
hierbei sind $(a_1 + a_2) x^2 + (b_1 + b_2) x + (c_1 + c_2)$ und $r a_1 x^2 + r b_1 x + r c_1$ ebenfalls Elemente von P_2.
Zum Nachweis der restlichen Vektorraumeigenschaften nutzt man aus, dass für die Koeffizienten die Rechenregeln der reellen Zahlen gelten.

In vielen Fällen zeigt sich schon bei der Überprüfung der Abgeschlossenheit bez. der Addition, dass eine Menge V kein Vektorraum ist.

Beispiel 2: (Überprüfung, ob ein Vektorraum vorliegt)
$V = \left\{ \begin{pmatrix} 1 \\ a \end{pmatrix} \middle| a \in \mathbb{R} \right\}$ ist eine Teilmenge von $\mathbb{R}^2$. Überprüfen Sie, ob V zusammen mit der für den Vektorraum $\mathbb{R}^2$ definierten Addition und Multiplikation ebenfalls ein Vektorraum ist.

Lösung:
Es liegt kein Vektorraum vor, denn addiert man zwei Elemente aus V, so erhält man nicht wieder ein Element aus V, z. B.: $\begin{pmatrix} 1 \\ 2 \end{pmatrix} + \begin{pmatrix} 1 \\ 7 \end{pmatrix} = \begin{pmatrix} 2 \\ 9 \end{pmatrix}$; $\begin{pmatrix} 2 \\ 9 \end{pmatrix}$ ist kein Element aus V.

Beispiel 3: (Beweis einer Vektorraumeigenschaft)
Zeigen Sie:
Ist $\vec{o}$ das Nullelement eines Vektorraumes $(V, +, \cdot)$, so gilt für alle $\vec{a}$ aus V: $0 \cdot \vec{a} = \vec{o}$.

Lösung:
Es gilt für alle $\vec{a}$ aus V: $(0 + 1) \cdot \vec{a} = 0 \cdot \vec{a} + \vec{a}$, also ist $\vec{a} = 0 \cdot \vec{a} + \vec{a}$.
Addiert man auf beiden Seiten der Gleichung $-\vec{a}$, so erhält man $\vec{a} + (-\vec{a}) = 0 \cdot \vec{a} + \vec{a} + (-\vec{a})$, und somit gilt $\vec{o} = 0 \cdot \vec{a}$.

Aufgaben

Vektorräume

2 Überprüfen Sie, ob die Menge V zusammen mit der für den Vektorraum $\mathbb{R}^3$ definierten Addition und Multiplikation ein Vektorraum ist.

a) $V = \left\{ \begin{pmatrix} a \\ 0 \\ 0 \end{pmatrix} \middle| a \in \mathbb{R} \right\}$
b) $V = \left\{ \begin{pmatrix} a \\ 2a \\ 3a \end{pmatrix} \middle| a \in \mathbb{R} \right\}$
c) $V = \left\{ \begin{pmatrix} a \\ a^2 \\ a^3 \end{pmatrix} \middle| a \in \mathbb{R} \right\}$

3 Welche dieser Teilmengen des $\mathbb{R}^2$ ist zusammen mit der für den Vektorraum $\mathbb{R}^2$ definierten Addition und Multiplikation jeweils ein Vektorraum

$A = \left\{ \begin{pmatrix} x_1 \\ x_2 \end{pmatrix} \middle| x_1 + x_2 = 0 \right\}$;
$B = \left\{ \begin{pmatrix} x_1 \\ x_2 \end{pmatrix} \middle| x_1 + x_2 = 1 \right\}$;
$C = \left\{ \begin{pmatrix} x_1 \\ x_2 \end{pmatrix} \middle| x_1 + x_2 > 0 \right\}$;

$D = \left\{ \begin{pmatrix} x_1 \\ x_2 \end{pmatrix} \middle| x_1 \cdot x_2 = 0 \right\}$;
$E = \left\{ \begin{pmatrix} x_1 \\ x_2 \end{pmatrix} \middle| x_1^2 = x_2 \right\}$;
$F = \left\{ \begin{pmatrix} x_1 \\ x_2 \end{pmatrix} \middle| |x_1| = |x_2| \right\}$?

Unter einer n × n-Matrix versteht man eine Matrix mit n Zeilen und n Spalten, $n \in \mathbb{N}$.

4 Zeigen Sie, dass die Menge aller 4 × 4-Matrizen (n × n-Matrizen, $n \in \mathbb{N}$ fest gewählt) zusammen mit der Addition und Multiplikation von Fig. 1 der vorherigen Seite ein Vektorraum ist.

5 Es ist n eine fest gewählte natürliche Zahl. Zeigen Sie, dass die Menge der Polynome höchstens n-ten Grades $P_n = \{a_n x^n + \ldots + a_1 x + a_0 \mid a_0, \ldots, a_n \in \mathbb{R}\}$ zusammen mit der Addition $(a_n x^n + \ldots + a_1 x + a_0) + (b_n x^n + \ldots + b_1 x + b_0) = (a_n + b_n) x^n + \ldots + (a_1 + b_1) x + (a_0 + b_0)$ und der Multiplikation $r \cdot (a_n x^n + \ldots + a_1 x + a_0) = r a_n x^n + \ldots + r a_1 x + r a_0$ ein Vektorraum ist.

6 Begründen Sie:
a) Die Lösungsmenge eines homogenen LGS ist ein Vektorraum.
Geben Sie zuerst die Verknüpfungen + und · an (vergleiche Seite 14).
b) Die Lösungsmenge eines inhomogenen LGS ist im Allgemeinen kein Vektorraum.
Geben Sie zuerst die Verknüpfungen + und · an (vergleiche Seite 15).

7 Zeigen Sie:
Die Menge aller reellen Zahlenfolgen bildet zusammen mit der Addition $(a_n) + (b_n) = (a_n + b_n)$ und der Multiplikation $r \cdot (a_n) = (r \cdot a_n)$ einen Vektorraum.

8 a) Zeigen Sie: Die Menge aller Pfeile mit gemeinsamem Anfangspunkt bildet zusammen mit der bekannten Pfeiladdition und Multiplikation eines Pfeiles mit einer reellen Zahl einen Vektorraum.
b) Begründen Sie: Alle möglichen Kräfte, die an einem festen Punkt angreifen können, bilden einen Vektorraum (Fig. 1).

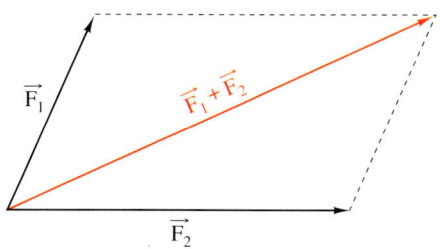

Fig. 1

9 a) Erläutern Sie: Ist n eine fest gewählte natürliche Zahl, so ist $\mathbb{R}^n = \left\{ \begin{pmatrix} a_1 \\ a_2 \\ \vdots \\ a_n \end{pmatrix} \middle| a_1, \ldots, a_n \in \mathbb{R} \right\}$

zusammen mit der vom $\mathbb{R}^3$ übertragenen Addition und Multiplikation ein Vektorraum.
b) Begründen Sie: $\mathbb{R}$ ist zusammen mit + und · ein Vektorraum.

10 Gegeben ist die Menge $V = \mathbb{R}^2$ mit der bekannten Addition sowie der Multiplikation $r \cdot \vec{a} = \vec{o}$ für alle $\vec{a} \in V$ und alle $r \in \mathbb{R}$. Zeigen Sie:
V ist zusammen mit dieser Addition und Multiplikation kein Vektorraum.

Eigenschaften von Vektorräumen

Tipp zu Aufgabe 11:
$\vec{o} + \vec{o} = \vec{o}$
$\vec{a} + \vec{o} = \vec{a}$

11 $(V, +, \cdot)$ ist ein Vektorraum mit dem Nullelement $\vec{o}$.
Zeigen Sie:
a) Für alle $r \in \mathbb{R}$ gilt: $r \cdot \vec{o} = \vec{o}$.
b) Für alle $r \in \mathbb{R}$ und alle $\vec{a} \in V$ gilt: Aus $r \cdot \vec{a} = \vec{o}$ folgt $r = 0$ oder $\vec{a} = \vec{o}$.
c) Für alle $\vec{a} \in V$ gilt: $(-1) \cdot \vec{a} = -\vec{a}$.

12 $(V, +, \cdot)$ ist ein Vektorraum. Beweisen Sie:
Für alle $\vec{a}, \vec{b}, \vec{c} \in V$ und alle $r, s \in \mathbb{R}$ gilt:
a) Aus $\vec{a} + \vec{b} = \vec{a} + \vec{c}$ folgt $\vec{b} = \vec{c}$.
b) Aus $r \cdot \vec{a} = r \cdot \vec{b}$ mit $r \neq 0$ folgt $\vec{a} = \vec{b}$.
c) Aus $r \cdot \vec{a} = s \cdot \vec{a}$ mit $\vec{a} \neq \vec{o}$ folgt $r = s$.

13 $(V, +, \cdot)$ ist ein Vektorraum. Zeigen Sie, dass für alle $\vec{a}, \vec{b} \in V$ die Gleichung $\vec{a} + \vec{x} = \vec{b}$ genau eine Lösung besitzt.

6 Lineare Abhängigkeit und Unabhängigkeit von Vektoren

1 Betrachtet werden die Vektoren in Fig. 1.
a) Kann man den Vektor $\vec{a}$ durch den Vektor $\vec{b}$ ausdrücken?
b) Kann man den Vektor $\vec{c}$ durch den Vektor $\vec{d}$ ausdrücken?
c) Gibt es Vektoren der Ebene von Fig. 1, die man nicht als Linearkombination der Vektoren $\vec{c}$ und $\vec{d}$ darstellen kann?
d) Gibt es einen Vektor der Ebene von Fig. 1, den man mit zwei verschiedenen Linearkombinationen der Vektoren $\vec{c}$ und $\vec{d}$ darstellen kann?
Begründen Sie Ihre Antworten.

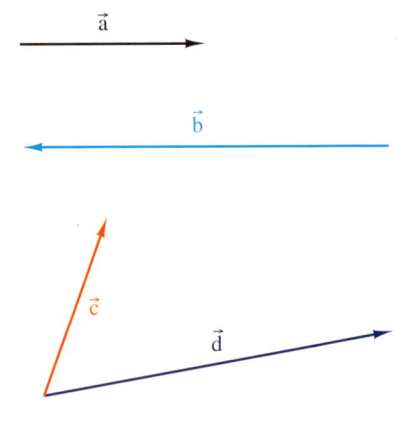

Fig. 1

Für die Vektoren in Fig. 2 gilt:
Der Vektor $\vec{c}$ kann als ein Vielfaches des Vektors $\vec{a}$ dargestellt werden:
$\vec{c} = 2 \cdot \vec{a}$.
Der Vektor $\vec{d}$ kann als Linearkombination der Vektoren $\vec{a}$ und $\vec{b}$ dargestellt werden:
$\vec{d} = 2 \cdot \vec{a} + 3 \cdot \vec{b}$.
Man sagt:
Die Vektoren $\vec{a}$ und $\vec{c}$ bzw. die Vektoren $\vec{a}$, $\vec{b}$ und $\vec{d}$ sind voneinander linear abhängig.

*Statt **voneinander linear abhängig** sagt man auch kurz **linear abhängig**.*

Fig. 2

Allgemein gilt die

*Zwei Vektoren sind genau dann linear abhängig, wenn ihre Pfeile zueinander parallel sind. Man sagt in diesem Fall deshalb auch:
Die Vektoren sind **kollinear**.*

Definition: Die Vektoren $\vec{a_1}, \vec{a_2}, \ldots, \vec{a_n}$ heißen voneinander **linear abhängig**, wenn mindestens einer dieser Vektoren als Linearkombination der anderen Vektoren darstellbar ist.
Andernfalls heißen die Vektoren voneinander **linear unabhängig**.

*Drei Vektoren sind genau dann linear abhängig, wenn es von jedem Vektor einen Pfeil gibt, sodass diese drei Pfeile in einer Ebene liegen. Man sagt in diesem Fall deshalb auch:
Die Vektoren sind **komplanar**.*

Beachten Sie:
Sind mehrere Vektoren linear abhängig, so muss nicht jeder dieser Vektoren als Linearkombination der anderen darstellbar sein, z. B.:
Die Vektoren $\vec{a}, \vec{b}, \vec{c}$ in Fig. 2 sind linear abhängig, denn: $\vec{c} = 2 \cdot \vec{a} + 0 \cdot \vec{b}$,
aber: $\vec{b}$ kann nicht als Linearkombination von $\vec{a}$ und $\vec{c}$ dargestellt werden.

Für die Vektoren in einer Ebene gilt (Fig. 2):
a) Es sind höchstens zwei Vektoren einer Ebene linear unabhängig.
b) Ein Vektor einer Ebene kann stets als Linearkombination zweier linear unabhängiger Vektoren dieser Ebene dargestellt werden. In Fig. 2 kann jeder Vektor als Linearkombination der Vektoren $\vec{a}$ und $\vec{b}$ dargestellt werden.

Lineare Abhängigkeit und Unabhängigkeit von Vektoren

Für Vektoren des Raumes gilt (Fig. 1):
a) Es sind höchstens drei Vektoren des Raumes linear unabhängig.
b) Ein Vektor des Raumes kann stets als Linearkombination dreier linear unabhängiger Vektoren dargestellt werden.

Mithilfe eines linearen Gleichungssystems kann man prüfen, ob Vektoren linear abhängig oder linear unabhängig sind, denn es gilt der

$\vec{d} = r \cdot \vec{a} + s \cdot \vec{b} + t \cdot \vec{c}$

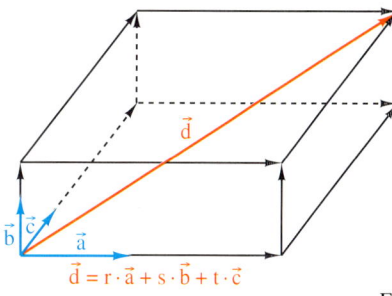

Fig. 1

So liest man „... genau dann, wenn..." richtig:
*„A gilt **genau dann, wenn** B gilt" meint:*
„Wenn A gilt, dann gilt auch B"
und
„Wenn B gilt, dann gilt auch A".

Satz: Die Vektoren $\vec{a_1}, \vec{a_2}, \ldots, \vec{a_n}$ sind genau dann linear unabhängig, wenn die Gleichung $r_1 \cdot \vec{a_1} + r_2 \cdot \vec{a_2} + \ldots + r_n \cdot \vec{a_n} = \vec{o}$ ($r_1, r_2, \ldots, r_n \in \mathbb{R}$) genau eine Lösung mit $r_1 = r_2 = \ldots = r_n = 0$ besitzt.

Beweis:
1. Wenn die Vektoren $\vec{a_1}, \vec{a_2}, \ldots, \vec{a_n}$ linear unabhängig sind, dann ist $r_1 = r_2 = \ldots = r_n = 0$ die einzige Lösung der Gleichung $r_1 \cdot \vec{a_1} + r_2 \cdot \vec{a_2} + \ldots + r_n \cdot \vec{a_n} = \vec{o}$, denn:
Gäbe es eine Lösung der Gleichung $r_1 \cdot \vec{a_1} + r_2 \cdot \vec{a_2} + \ldots + r_n \cdot \vec{a_n} = \vec{o}$, bei der mindestens ein r_i (i = 1, 2, ..., n) nicht 0 ist, z.B. $r_1 \neq 0$, so könnte man den Vektor $\vec{a_1}$ als Linearkombination der anderen Vektoren darstellen; z.B. $\vec{a_1} = s_2 \cdot \vec{a_2} + \ldots + s_n \cdot \vec{a_n}$ mit $s_i = -\frac{r_i}{r_1}$ (i = 2, ..., n).
Dies ist jedoch nicht möglich, weil die Vektoren $\vec{a_1}, \vec{a_2}, \ldots, \vec{a_n}$ linear unabhängig sind. Also ist $r_1 = r_2 = \ldots = r_n = 0$ die einzige Lösung der Gleichung $r_1 \cdot \vec{a_1} + r_2 \cdot \vec{a_2} + \ldots + r_n \cdot \vec{a_n} = \vec{o}$.
2. Wenn $r_1 = r_2 = \ldots = r_n = 0$ die einzige Lösung von $r_1 \cdot \vec{a_1} + r_2 \cdot \vec{a_2} + \ldots + r_n \cdot \vec{a_n} = \vec{o}$ ist, dann sind die Vektoren $\vec{a_1}, \vec{a_2}, \ldots, \vec{a_n}$ linear unabhängig, denn:
Könnte man einen der Vektoren $\vec{a_1}, \vec{a_2}, \ldots, \vec{a_n}$ als Linearkombination der anderen darstellen, z.B. $\vec{a_1} = s_2 \cdot \vec{a_2} + s_3 \cdot \vec{a_3} + \ldots + s_n \cdot \vec{a_n}$ mit $s_i \in \mathbb{R}$; i = 2, 3, ..., n, so folgte: $(-1) \cdot \vec{a_1} + s_2 \cdot \vec{a_2} + s_3 \cdot \vec{a_3} + \ldots + s_n \cdot \vec{a_n} = \vec{o}$.
Dies ist jedoch nicht möglich, weil $r_1 = r_2 = \ldots = r_n = 0$ die einzige Lösung der Gleichung $r_1 \cdot \vec{a_1} + r_2 \cdot \vec{a_2} + \ldots + r_n \cdot \vec{a_n} = \vec{o}$ ist. Also sind die Vektoren $\vec{a_1}, \vec{a_2}, \ldots, \vec{a_n}$ linear unabhängig.

Beispiel 1: (Überprüfen auf lineare Abhängigkeit)

Entscheiden Sie, ob die Vektoren $\begin{pmatrix} 2 \\ 1 \end{pmatrix}, \begin{pmatrix} 1 \\ 3 \end{pmatrix}$ linear abhängig oder linear unabhängig sind.

Lösung:
1. Möglichkeit:
Die beiden Vektoren sind linear unabhängig, denn:
Der Vektor $\begin{pmatrix} 1 \\ 3 \end{pmatrix}$ ist kein Vielfaches des Vektors $\begin{pmatrix} 2 \\ 1 \end{pmatrix}$, weil $\mathbf{0{,}5} \cdot 2 = 1$ und $\mathbf{0{,}5} \cdot 1 \neq 3$.

2. Möglichkeit:
Bestimmen Sie die Lösungsmenge der Gleichung $r \cdot \begin{pmatrix} 2 \\ 1 \end{pmatrix} + s \cdot \begin{pmatrix} 1 \\ 3 \end{pmatrix} = \begin{pmatrix} 0 \\ 0 \end{pmatrix}$:

$\begin{cases} 2r + s = 0 \\ r + 3s = 0 \end{cases}$, also $\begin{cases} 2r + s = 0 \\ 5s = 0 \end{cases}$, also $\begin{cases} 2r + s = 0 \\ s = 0 \end{cases}$, also $\begin{cases} r = 0 \\ s = 0 \end{cases}$.

L = {(0; 0)}

Die beiden Vektoren sind linear unabhängig.

51

Lineare Abhängigkeit und Unabhängigkeit von Vektoren

Beispiel 2: (Lineare Abhängigkeit; Linearkombination)
Sind die Vektoren linear abhängig oder linear unabhängig? Stellen Sie, falls möglich, einen Vektor als Linearkombination der anderen dar.

a) $\begin{pmatrix} 1 \\ -1 \\ 2 \end{pmatrix}, \begin{pmatrix} 3 \\ 0 \\ 1 \end{pmatrix}, \begin{pmatrix} 2 \\ 2 \\ -1 \end{pmatrix}$
b) $\begin{pmatrix} 1 \\ 2 \\ -3 \end{pmatrix}, \begin{pmatrix} 4 \\ 0 \\ 1 \end{pmatrix}, \begin{pmatrix} 2 \\ -4 \\ 7 \end{pmatrix}$
c) $\begin{pmatrix} 1 \\ 2 \\ 3 \end{pmatrix}, \begin{pmatrix} 0 \\ 0 \\ 0 \end{pmatrix}, \begin{pmatrix} 2 \\ -4 \\ 7 \end{pmatrix}$

Lösung:

a) Bestimmung der Anzahl der Lösungen: $r_1 \cdot \begin{pmatrix} 1 \\ -1 \\ 2 \end{pmatrix} + r_2 \cdot \begin{pmatrix} 3 \\ 0 \\ 1 \end{pmatrix} + r_3 \cdot \begin{pmatrix} 2 \\ 2 \\ -1 \end{pmatrix} = \begin{pmatrix} 0 \\ 0 \\ 0 \end{pmatrix}$

$\begin{cases} r_1 + 3r_2 + 2r_3 = 0 \\ -r_1 + 2r_3 = 0, \\ 2r_1 + r_2 - r_3 = 0 \end{cases}$ also $\begin{cases} r_1 + 3r_2 + 2r_3 = 0 \\ 3r_2 + 4r_3 = 0, \\ -5r_2 - 5r_3 = 0 \end{cases}$ also $\begin{cases} r_1 + 3r_2 + 2r_3 = 0 \\ 3r_2 + 4r_3 = 0. \\ 5r_3 = 0 \end{cases}$

(0|0|0) ist die einzige Lösung; die drei Vektoren sind linear unabhängig.

b) Bestimmung der Anzahl der Lösungen: $r_1 \cdot \begin{pmatrix} 1 \\ 2 \\ -3 \end{pmatrix} + r_2 \cdot \begin{pmatrix} 4 \\ 0 \\ 1 \end{pmatrix} + r_3 \cdot \begin{pmatrix} 2 \\ -4 \\ 7 \end{pmatrix} = \begin{pmatrix} 0 \\ 0 \\ 0 \end{pmatrix}$

$\begin{cases} r_1 + 4r_2 + 2r_3 = 0 \\ 2r_1 - 4r_3 = 0, \\ -3r_1 + r_2 + 7r_3 = 0 \end{cases}$ also $\begin{cases} r_1 + 4r_2 + 2r_3 = 0 \\ -8r_2 - 8r_3 = 0, \\ 13r_2 + 13r_3 = 0 \end{cases}$ also $\begin{cases} r_1 + 4r_2 + 2r_3 = 0 \\ r_2 + r_3 = 0. \\ 0 = 0 \end{cases}$

Das LGS hat unendlich viele Lösungen, d.h. die drei Vektoren sind linear abhängig.
Setzt man z.B. $r_2 = 1$, so erhält man $(-2; 1; -1)$ als eine der Lösungen des LGS.

Also ist $(-2) \cdot \begin{pmatrix} 1 \\ 2 \\ -3 \end{pmatrix} + 1 \cdot \begin{pmatrix} 4 \\ 0 \\ 1 \end{pmatrix} + (-1) \cdot \begin{pmatrix} 2 \\ -4 \\ 7 \end{pmatrix} = \begin{pmatrix} 0 \\ 0 \\ 0 \end{pmatrix}$

und somit $\begin{pmatrix} 4 \\ 0 \\ 1 \end{pmatrix} = 2 \cdot \begin{pmatrix} 1 \\ 2 \\ -3 \end{pmatrix} + 1 \cdot \begin{pmatrix} 2 \\ -4 \\ 7 \end{pmatrix}$.

c) Die Vektoren sind linear abhängig, denn: $\begin{pmatrix} 0 \\ 0 \\ 0 \end{pmatrix} = 0 \cdot \begin{pmatrix} 1 \\ 2 \\ 3 \end{pmatrix} + 0 \cdot \begin{pmatrix} 2 \\ -4 \\ 7 \end{pmatrix}$.

Aufgaben

2 Entscheiden Sie, ob die Vektoren linear abhängig oder linear unabhängig sind.

a) $\begin{pmatrix} 2 \\ 1 \end{pmatrix}, \begin{pmatrix} 4 \\ 2 \end{pmatrix}$
b) $\begin{pmatrix} 3 \\ 9 \end{pmatrix}, \begin{pmatrix} -1 \\ -3 \end{pmatrix}$
c) $\begin{pmatrix} 2 \\ -1 \end{pmatrix}, \begin{pmatrix} 1 \\ -2 \end{pmatrix}$
d) $\begin{pmatrix} 4 \\ 5 \end{pmatrix}, \begin{pmatrix} 0 \\ 0 \end{pmatrix}$

e) $\begin{pmatrix} 6 \\ 5 \end{pmatrix}, \begin{pmatrix} 12 \\ 11 \end{pmatrix}$
f) $\begin{pmatrix} 1 \\ 2 \\ 3 \end{pmatrix}, \begin{pmatrix} 2 \\ 4 \\ 6 \end{pmatrix}$
g) $\begin{pmatrix} 2 \\ -1 \\ 4 \end{pmatrix}, \begin{pmatrix} 3 \\ 5 \\ 7 \end{pmatrix}$
h) $\begin{pmatrix} 0 \\ 0 \\ 0 \end{pmatrix}, \begin{pmatrix} 0 \\ 1 \\ 2 \end{pmatrix}$

i) $\begin{pmatrix} 4 \\ 1 \\ 7 \end{pmatrix}, \begin{pmatrix} 1 \\ 9 \\ 5 \end{pmatrix}$
j) $\begin{pmatrix} 2 \\ 0 \\ 4 \end{pmatrix}, \begin{pmatrix} -3 \\ 0 \\ -6 \end{pmatrix}$
k) $\begin{pmatrix} 10 \\ 10 \\ 0 \end{pmatrix}, \begin{pmatrix} 0 \\ -7 \\ -7 \end{pmatrix}$
l) $\begin{pmatrix} 2 \\ 4 \\ 6 \end{pmatrix}, \begin{pmatrix} 7 \\ 14 \\ 21 \end{pmatrix}$

3 Überprüfen Sie die Vektoren auf lineare Abhängigkeit bzw. Unabhängigkeit.

a) $\begin{pmatrix} 1 \\ 4 \\ 5 \end{pmatrix}, \begin{pmatrix} 0 \\ 2 \\ 1 \end{pmatrix}, \begin{pmatrix} 1 \\ 2 \\ 3 \end{pmatrix}$
b) $\begin{pmatrix} 3 \\ 0 \\ -1 \end{pmatrix}, \begin{pmatrix} 7 \\ 6 \\ 1 \end{pmatrix}, \begin{pmatrix} 10 \\ 6 \\ 0 \end{pmatrix}$
c) $\begin{pmatrix} 1 \\ 1 \\ 1 \end{pmatrix}, \begin{pmatrix} 3 \\ 0 \\ 5 \end{pmatrix}, \begin{pmatrix} -1 \\ -4 \\ 1 \end{pmatrix}$
d) $\begin{pmatrix} 7 \\ 1 \\ 5 \end{pmatrix}, \begin{pmatrix} 6 \\ 3 \\ 1 \end{pmatrix}, \begin{pmatrix} 5 \\ 1 \\ -2 \end{pmatrix}$

e) $\begin{pmatrix} 4 \\ 1 \\ 4 \end{pmatrix}, \begin{pmatrix} 2 \\ 1 \\ 2 \end{pmatrix}, \begin{pmatrix} 2 \\ -4 \\ 1 \end{pmatrix}$
f) $\begin{pmatrix} 3 \\ 2 \\ -1 \end{pmatrix}, \begin{pmatrix} 1{,}5 \\ 1 \\ -0{,}5 \end{pmatrix}, \begin{pmatrix} 2 \\ -1 \\ 3 \end{pmatrix}$
g) $\begin{pmatrix} 4 \\ 1 \\ 3 \end{pmatrix}, \begin{pmatrix} -3 \\ -1 \\ -4 \end{pmatrix}, \begin{pmatrix} 1 \\ -3 \\ 4 \end{pmatrix}$
h) $\begin{pmatrix} 1 \\ 1 \\ 1 \end{pmatrix}, \begin{pmatrix} 2 \\ 0 \\ 2 \end{pmatrix}, \begin{pmatrix} 0 \\ 1 \\ 0 \end{pmatrix}$

Lineare Abhängigkeit und Unabhängigkeit von Vektoren

4 Wie muss die reelle Zahl a gewählt werden, damit die Vektoren linear abhängig sind?

a) $\begin{pmatrix}5\\2\end{pmatrix}, \begin{pmatrix}a\\3\end{pmatrix}$ b) $\begin{pmatrix}-4\\6\end{pmatrix}, \begin{pmatrix}2\\a\end{pmatrix}$ c) $\begin{pmatrix}1\\a\end{pmatrix}, \begin{pmatrix}a\\1\end{pmatrix}$ d) $\begin{pmatrix}a\\3\end{pmatrix}, \begin{pmatrix}2a\\5\end{pmatrix}$

e) $\begin{pmatrix}2\\3\\5\end{pmatrix}, \begin{pmatrix}-1\\3\\6\end{pmatrix}, \begin{pmatrix}a\\3\\2\end{pmatrix}$ f) $\begin{pmatrix}a\\-3\\5\end{pmatrix}, \begin{pmatrix}1\\-a\\2\end{pmatrix}, \begin{pmatrix}-2\\-2\\2a\end{pmatrix}$ g) $\begin{pmatrix}3\\1\\a\end{pmatrix}, \begin{pmatrix}1\\0\\4\end{pmatrix}, \begin{pmatrix}a\\2\\1\end{pmatrix}$ h) $\begin{pmatrix}0\\a\\1\end{pmatrix}, \begin{pmatrix}a^2\\1\\0\end{pmatrix}, \begin{pmatrix}0\\0\\1\end{pmatrix}$

i) $\begin{pmatrix}a\\0\\2\end{pmatrix}, \begin{pmatrix}0\\a\\3\end{pmatrix}, \begin{pmatrix}3a\\1\\0\end{pmatrix}$ j) $\begin{pmatrix}1\\a\\a^2\end{pmatrix}, \begin{pmatrix}2\\8\\18\end{pmatrix}, \begin{pmatrix}1\\1\\1\end{pmatrix}$ k) $\begin{pmatrix}1\\a\\1+a\end{pmatrix}, \begin{pmatrix}2\\a\\2+a\end{pmatrix}, \begin{pmatrix}3\\a\\3+a\end{pmatrix}$

Warum findet man für die „?" keine Zahlen, sodass die Vektoren linear unabhängig werden?

a) $\begin{pmatrix}?\\0\\?\end{pmatrix}, \begin{pmatrix}?\\0\\?\end{pmatrix}, \begin{pmatrix}?\\0\\?\end{pmatrix}$

b) $\begin{pmatrix}4\\-3\\2\end{pmatrix}, \begin{pmatrix}0\\0\\0\end{pmatrix}, \begin{pmatrix}?\\7\\?\end{pmatrix}$

c) $\begin{pmatrix}1\\?\\?\end{pmatrix}, \begin{pmatrix}?\\1\\?\end{pmatrix}, \begin{pmatrix}?\\?\\?\end{pmatrix}$

5 Zeigen Sie, dass jeweils zwei der drei Vektoren linear unabhängig sind, und stellen Sie jeden der drei Vektoren als Linearkombination der beiden anderen dar.

a) $\begin{pmatrix}3\\1\end{pmatrix}, \begin{pmatrix}-1\\1\end{pmatrix}, \begin{pmatrix}2\\0\end{pmatrix}$ b) $\begin{pmatrix}4\\1\end{pmatrix}, \begin{pmatrix}-1\\2\end{pmatrix}, \begin{pmatrix}5\\2\end{pmatrix}$ c) $\begin{pmatrix}2\\0\end{pmatrix}, \begin{pmatrix}1\\5\end{pmatrix}, \begin{pmatrix}6\\11\end{pmatrix}$

6 Zeigen Sie, dass jeweils drei der vier Vektoren linear unabhängig sind, und stellen Sie jeden der vier Vektoren als Linearkombination der drei anderen dar.

a) $\begin{pmatrix}1\\0\\0\end{pmatrix}, \begin{pmatrix}0\\1\\0\end{pmatrix}, \begin{pmatrix}0\\0\\1\end{pmatrix}, \begin{pmatrix}1\\3\\4\end{pmatrix}$ b) $\begin{pmatrix}1\\1\\0\end{pmatrix}, \begin{pmatrix}0\\1\\1\end{pmatrix}, \begin{pmatrix}1\\0\\1\end{pmatrix}, \begin{pmatrix}1\\1\\1\end{pmatrix}$ c) $\begin{pmatrix}1\\-1\\1\end{pmatrix}, \begin{pmatrix}2\\1\\-1\end{pmatrix}, \begin{pmatrix}1\\0\\1\end{pmatrix}, \begin{pmatrix}5\\-1\\2\end{pmatrix}$

7 Stellen Sie den Vektor $\vec{x}$ mithilfe einer Linearkombination dar, die möglichst wenig Vektoren benötigt; a, b, c, d sind reelle Zahlen.

a) $\vec{x} = a \cdot \begin{pmatrix}2\\3\end{pmatrix} + b \cdot \begin{pmatrix}4\\-1\end{pmatrix} + c \cdot \begin{pmatrix}1\\0\end{pmatrix} + d \cdot \begin{pmatrix}0\\1\end{pmatrix}$ b) $\vec{x} = a \cdot \begin{pmatrix}1\\2\\3\end{pmatrix} + b \cdot \begin{pmatrix}4\\-5\\-1\end{pmatrix} + c \cdot \begin{pmatrix}1\\0\\1\end{pmatrix} + d \cdot \begin{pmatrix}14\\-11\\3\end{pmatrix}$

8 a) Begründen Sie:
Die Vektoren $\vec{e_1}, \vec{e_2}, \vec{e_3}$ in Fig. 1 sind linear unabhängig.
b) Stellen Sie jeden der Vektoren $\overrightarrow{OP}, \overrightarrow{E_1Q}, \overrightarrow{E_2R}, \overrightarrow{E_3S}$ als Linearkombination der Vektoren $\vec{e_1}, \vec{e_2}, \vec{e_3}$ dar.
c) Begründen Sie:
Jeweils drei der Vektoren $\overrightarrow{OP}, \overrightarrow{E_1Q}, \overrightarrow{E_2R}, \overrightarrow{E_3S}$ sind linear unabhängig.
d) Stellen Sie jeden der Vektoren $\overrightarrow{OP}, \overrightarrow{E_1Q}, \overrightarrow{E_2R}, \overrightarrow{E_3S}$ als Linearkombination der drei anderen dar.

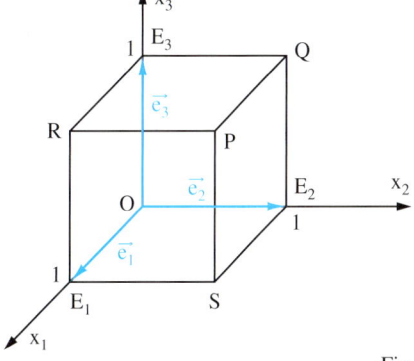

Fig. 1

9 a) Begründen Sie: Liegen vier Punkte A, B, C, D in einer Ebene, so sind die Vektoren $\overrightarrow{AB}, \overrightarrow{AC}, \overrightarrow{AD}$ linear abhängig.
b) Erläutern Sie: Sind die drei Vektoren $\overrightarrow{AB}, \overrightarrow{AC}, \overrightarrow{AD}$ linear abhängig, so liegen die vier Punkte A, B, C, D in einer Ebene.
c) Überprüfen Sie, ob die Punkte A(2|−5|0), B(3|4|7), C(4|−4|3), D(−2|10|5) [A(1|1|1), B(5|4|3), C(−11|4|5), D(0|5|7)] in einer Ebene liegen. Verwenden Sie hierzu die Aussagen von a) und b).

10 a) Begründen Sie: Lässt man von drei linear unabhängigen Vektoren des Raumes einen weg, so sind die zwei restlichen Vektoren ebenfalls linear unabhängig.
b) Begründen Sie: Fügt man zu n (n ∈ ℕ; n ≥ 2) linear abhängigen Vektoren des Raumes einen weiteren Vektor hinzu, so sind die n+1 Vektoren ebenfalls linear abhängig.

53

Lineare Abhängigkeit und Unabhängigkeit von Vektoren

11 Zeigen Sie: Ist einer von mehreren Vektoren der Nullvektor, so sind diese Vektoren linear abhängig.

12 Wie liegen alle Pfeile zweier Vektoren zueinander, wenn die beiden Vektoren linear abhängig (linear unabhängig) sind?

13 Wie liegen alle Pfeile mit gemeinsamem Anfangspunkt dreier oder mehrerer Vektoren zueinander, wenn diese Vektoren linear abhängig sind?

14 Wie liegen die Pfeile mit gemeinsamem Anfangspunkt dreier Vektoren zueinander, wenn diese Vektoren linear unabhängig sind?

15 Begründen Sie: Wenn zwei Vektoren $\vec{a}$ und $\vec{b}$ linear abhängig sind, dann sind auch die Vektoren $\vec{a} + \vec{b}$ und $\vec{a} - \vec{b}$ ($r \cdot \vec{a}$ und $s \cdot \vec{b}$ mit $r, s \in \mathbb{R}$) linear abhängig.

16 Zeichnen Sie je einen Pfeil zweier linear unabhängiger Vektoren $\vec{a}$ und $\vec{b}$.
a) Zeigen Sie algebraisch, dass die beiden Vektoren $\vec{a} + \vec{b}$ und $\vec{a} - \vec{b}$ ebenfalls linear unabhängig sind.
b) Veranschaulichen Sie die Behauptung von a) an Ihrer Zeichnung.

17 Zeichnen Sie je einen Pfeil zweier linear unabhängiger Vektoren $\vec{a}$ und $\vec{b}$.
a) Zeigen Sie algebraisch, dass die beiden Vektoren $\vec{a} + 3\vec{b}$ und $2\vec{a} + 5\vec{b}$ ebenfalls linear unabhängig sind.
b) Veranschaulichen Sie die Behauptung von a) an Ihrer Zeichnung.

18 Zeichnen Sie je einen Pfeil dreier linear unabhängiger Vektoren $\vec{a}, \vec{b}$ und $\vec{c}$.
a) Zeigen Sie algebraisch, dass die Vektoren $n \cdot \vec{a} + m \cdot \vec{b}$, $n \cdot \vec{a} + m \cdot \vec{c}$, $n \cdot \vec{b} + m \cdot \vec{c}$ mit $n, m \in \mathbb{R} \setminus \{0\}$ und $m \neq n$, ebenfalls linear unabhängig sind.
b) Veranschaulichen Sie die Behauptung von a) an Ihrer Zeichnung.

19 Die Vektoren $\vec{a}, \vec{b}, \vec{c}$ sind linear unabhängig. Zeigen Sie die lineare Unabhängigkeit der Vektoren:
a) $\vec{a} + 2\vec{b}$, $\vec{a} + \vec{b} + \vec{c}$ und $\vec{a} - \vec{b} - \vec{c}$,
b) $\vec{a}$, $2\vec{a} + \vec{b} - \vec{c}$ und $3\vec{a} + 2\vec{b} + 5\vec{c}$,
c) $\vec{a} + \vec{b}$, $\vec{b} + \vec{c}$ und $\vec{a} + \vec{c}$,
d) $\vec{a} + 2\vec{b} + \vec{c}$, $\vec{a} - \vec{b} + 5\vec{c}$ und $3\vec{a} - \vec{c}$,
e) $4\vec{a} + 2\vec{b} - 2\vec{c}$, $-\vec{b} - \vec{c}$ und $5\vec{a} - \vec{b} - 3\vec{c}$,
f) $\vec{a} + 7\vec{c}$, $-2\vec{a} - \vec{b} - \vec{c}$ und $\vec{b} - \vec{c}$.

20 Gegeben sind ein Vektorraum V und drei linear unabhängige Vektoren $\vec{a}, \vec{b}, \vec{c}$. Bestimmen Sie Zahlen $r, s, t \in \mathbb{R}$, die die Gleichung erfüllen.
a) $(1 - r)\vec{a} + (r + s)\vec{b} + (r + s + 2t)\vec{c} = \vec{o}$
b) $\left(5 - \frac{1}{4}t\right)\vec{a} + \left(\frac{1}{5}t - s + \frac{3}{8}r\right)\vec{b} + (3s + 6)\vec{c} = \vec{o}$

Lineare Unabhängigkeit bei weiteren Vektorräumen

Vergleichen Sie zu den Aufgaben 21 und 22 die Aufgaben auf Seite 49.

21 Geben Sie jeweils drei linear unabhängige Vektoren
a) des Vektorraumes der Polynome maximal 5. Grades,
b) des Vektorraumes der reellen Zahlenfolgen,
c) des Vektorraumes der 4 x 4-Matrizen an.

22 $3x^5 + 2x^2 + x - 8$ ist ein Vektor des Vektorraumes der Polynome maximal 5. Grades. Stellen Sie diesen Vektor als Linearkombination von zwei (drei) linear unabhängigen Vektoren dar.

7 Beweise mithilfe von Vektoren

Mithilfe des Vektorkalküls lassen sich oft geometrische Zusammenhänge algebraisch beweisen. Hierbei ist es hilfreich, wenn man sich an dem folgenden Schema orientiert:
1. Schritt:
Man fertigt eine Zeichnung an, die die geometrischen Objekte zeigt.
2. Schritt:
Man stellt die Voraussetzung der zu beweisenden Aussage mithilfe von Vektoren dar.
3. Schritt:
Man stellt die Behauptung der zu beweisenden Aussage mithilfe von Vektoren dar.
4. Schritt:
Man leitet aus der Voraussetzung die Behauptung her.
In vielen Fällen ist es dazu sinnvoll, Vektoren zu suchen, deren Summe den Nullvektor ergibt (siehe Beispiel 1), um dann lineare Unabhängigkeiten oder andere gegebene Eigenschaften auszunutzen.

*Ergibt die Summe von Vektoren den Nullvektor, so spricht man auch von einer **geschlossenen Vektorkette**.*

Beispiel 1: (Geschlossene Vektorkette)
Beweisen Sie: Ist ein Viereck ABCD ein Parallelogramm, so halbieren sich die Diagonalen.
Lösung:
1. Schritt:
Man zeichnet ein Parallelogramm ABCD, trägt die Diagonalen ein und kennzeichnet ihren Schnittpunkt (Fig. 1).

Fig. 1

2. Schritt:
Man drückt vektoriell die Voraussetzung aus:
Die Seiten $\overrightarrow{AB}$ und $\overrightarrow{DC}$ sowie die Seiten $\overrightarrow{AD}$ und $\overrightarrow{BC}$ sind jeweils zueinander parallel (Fig. 2).

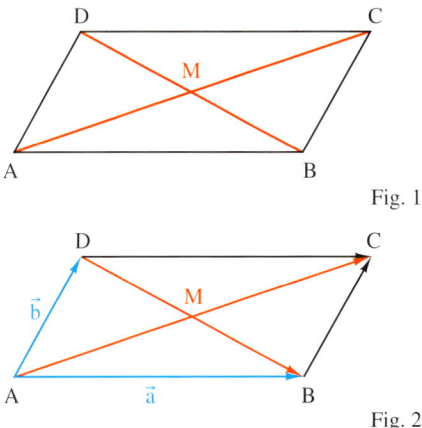

Fig. 2

$\vec{a} = \overrightarrow{AB} = \overrightarrow{DC}$ und $\vec{b} = \overrightarrow{AD} = \overrightarrow{BC}$
Ferner gilt: $\vec{a}$ und $\vec{b}$ sind linear unabhängig.

3. Schritt:
Man drückt vektoriell die Behauptung aus:
Die Diagonalen werden von ihrem Schnittpunkt M halbiert.

$\overrightarrow{AM} = \overrightarrow{MC} = \frac{1}{2}\overrightarrow{AC}$ und $\overrightarrow{MB} = \overrightarrow{DM} = \frac{1}{2}\overrightarrow{DB}$

4. Schritt:
Für die „Diagonal"-Vektoren gilt:
Weiterhin ist:
Geschlossene Vektorkette:
Also ist:
Anwendung der Distributivgesetze ergibt:
Ausklammern von $\vec{a}$ und $\vec{b}$ ergibt:
Da $\vec{a}$ und $\vec{b}$ linear unabhängig sind, folgt:
und somit:
Aus $\overrightarrow{AM} = \frac{1}{2} \cdot \overrightarrow{AC}$ und $\overrightarrow{DM} = \frac{1}{2} \cdot \overrightarrow{DB}$ folgt:

$\overrightarrow{AC} = \vec{a} + \vec{b}$; $\overrightarrow{DB} = \vec{a} - \vec{b}$
$\overrightarrow{AM} = m \cdot \overrightarrow{AC}$ und $\overrightarrow{MB} = n \cdot \overrightarrow{DB}$ (m, n $\in \mathbb{R}$)
$\overrightarrow{AM} + \overrightarrow{MB} + \overrightarrow{BA} = \vec{o}$
$m \cdot (\vec{a} + \vec{b}) + n \cdot (\vec{a} - \vec{b}) + (-\vec{a}) = \vec{o}$
$m \cdot \vec{a} + m \cdot \vec{b} + n \cdot \vec{a} - n \cdot \vec{b} - \vec{a} = \vec{o}$
$(m + n - 1) \cdot \vec{a} + (m - n) \cdot \vec{b} = \vec{o}$
$m + n - 1 = 0$; $m - n = 0$
$m = \frac{1}{2}$; $n = \frac{1}{2}$.
Die Diagonalen halbieren sich.

Beweise mithilfe von Vektoren

Beispiel 2: (Lineare Abhängigkeit; Parallelität)
Beweisen Sie:
In einem Trapez ABCD ist die Mittellinie parallel zu den beiden Grundseiten.
Lösung:

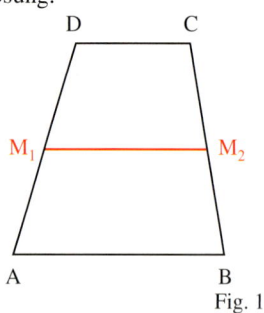

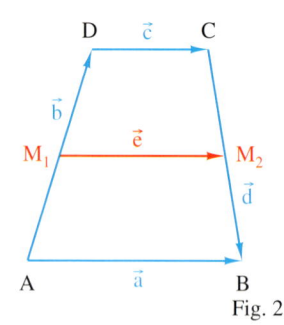

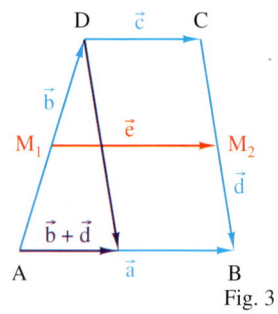

Fig. 1   Fig. 2   Fig. 3

1. Schritt: In Fig. 1 sind die Seiten $\overline{AB}$ und $\overline{CD}$ zueinander parallel. M_1 und M_2 sind die Mittelpunkte der Seiten $\overline{AD}$ und $\overline{BC}$.

2. Schritt: Voraussetzung: Für $\vec{a} = \overrightarrow{AB}$, $\vec{b} = \overrightarrow{AD}$, $\vec{c} = \overrightarrow{DC}$, $\vec{d} = \overrightarrow{CB}$ und $\vec{e} = \overrightarrow{M_1M_2}$ (Fig. 2) gilt:
$\vec{a} = \vec{b} + \vec{c} + \vec{d}$.
Weil die Strecken $\overline{AB}$ und $\overline{DC}$ zueinander parallel sind, sind die Vektoren $\vec{a}$ und $\vec{c}$ linear abhängig, d.h. $\vec{c} = t \cdot \vec{a}$ ($t \in \mathbb{R}$).
Weil M_1 und M_2 Seitenmitten sind, gilt: $\vec{e} = 0{,}5\vec{b} + \vec{c} + 0{,}5\vec{d}$.

3. Schritt: Behauptung: $\vec{a}$ und $\vec{e}$ sowie $\vec{c}$ und $\vec{e}$ sind linear abhängig.

4. Schritt: Herleitung der Behauptung aus der Voraussetzung:
Aus $\vec{e} = 0{,}5\vec{b} + \vec{c} + 0{,}5\vec{d}$ und $\vec{c} = t \cdot \vec{a}$ folgt: $\vec{e} = 0{,}5(\vec{b} + \vec{d}) + t \cdot \vec{a}$
Aus $\vec{a} = \vec{b} + \vec{c} + \vec{d}$ und $\vec{c} = t \cdot \vec{a}$ folgt: $\vec{b} + \vec{d} = (1 - t) \cdot \vec{a}$ (s. Fig. 3)
Somit gilt: $\vec{e} = 0{,}5 \cdot (1 - t) \cdot \vec{a} + t \cdot \vec{a}$
Also sind $\vec{e}$ und $\vec{a}$ und damit auch $\vec{e}$ und $\vec{c}$ linear abhängig, d.h. $\overline{M_1M_2}$ ist zu $\overline{AB}$ parallel. Damit ist $\overline{M_1M_2}$ auch zu $\overline{CD}$ parallel.

Die Aussage, dass die Seitenmitten eines „beliebigen" Vierecks Ecken eines Parallelogramms sind (Aufgabe 3), wurde 1731 von PIERRE VARIGNON aufgestellt.

VARIGNON war Professor am Collège Royal in Paris. Er veröffentlichte viele Arbeiten zur Mathematik und theoretischen Physik. Er entwickelte u.a. die Idee des Kräfteparallelogramms und prägte den Begriff Kraftmoment.

Aufgaben

1 Beweisen Sie:
Halbieren sich in einem Viereck ABCD die Diagonalen, so ist das Viereck ein Parallelogramm.

2 In einem Dreieck ABC sind M und N die Mittelpunkte der Seiten b und a (Fig. 4).
Beweisen Sie:
Die Strecke $\overline{MN}$ ist parallel zur Dreiecksseite c und halb so lang wie diese.

Fig. 4

3 Hält man ein Gummiband wie in Fig. 5, so entsteht ein „Viereck im Raum", also ein Viereck, dessen Ecken nicht alle in einer Ebene liegen.
Beweisen Sie:
Die Seitenmitten dieses Vierecks sind die Eckpunkte eines Parallelogramms.

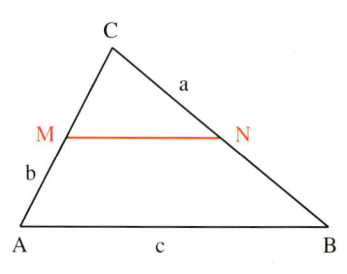

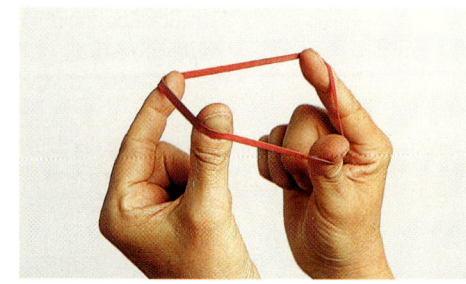

Fig. 5

56

Beweise mithilfe von Vektoren

4 Gegeben ist eine Strecke $\overline{AB}$ mit dem Mittelpunkt M. P ist ein Punkt, der nicht auf der Strecke $\overline{AB}$ liegt.
Beweisen Sie:
$2 \cdot \overrightarrow{PM} = \overrightarrow{PA} + \overrightarrow{PB}$ (Fig. 1).

Fig. 1

5 a) Gegeben sind die Punkte A_1, A_2, A_3 und A_4, die alle auf einer Geraden liegen. Der Punkt M ist der Mittelpunkt der Strecke $\overline{A_1A_4}$. Es gilt: $\overline{A_1A_2} = \overline{A_2A_3} = \overline{A_3A_4}$.
Beweisen Sie:
Ist P ein Punkt, der nicht auf der Geraden durch die Punkte A_1 und A_4 liegt,
so gilt: $\overrightarrow{PA_1} + \overrightarrow{PA_2} + \overrightarrow{PA_3} + \overrightarrow{PA_4} = 4 \cdot \overrightarrow{PM}$
(Fig. 2).
b) Verallgemeinern Sie das Ergebnis von a) auf fünf (sechs, n) Punkte.

Fig. 2

6 Beweisen Sie:
Verbindet man eine Ecke eines Parallelogramms mit den Mitten der nicht anliegenden Seiten, so dritteln diese Strecken die sie schneidende Diagonale (Fig. 3).

Fig. 3

Aufgabe 7 kann man auch ohne Vektoren lösen; man muss hierzu die „geeigneten" Parallelogramme „entdecken".

7 Ein Prisma, dessen Grundfläche und Deckfläche jeweils ein Parallelogramm ist, nennt man Spat.
Beweisen Sie:
Die Raumdiagonalen eines Spats ABCDEFGH schneiden sich in einem Punkt M und werden von diesem Punkt M halbiert (Fig. 4).

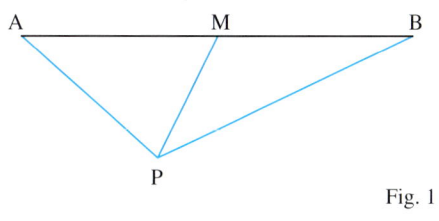

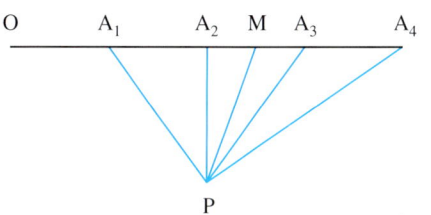

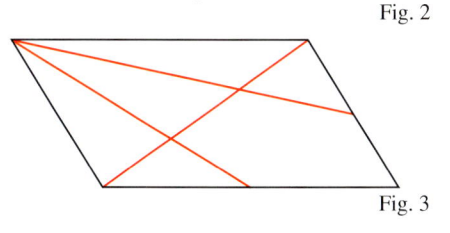

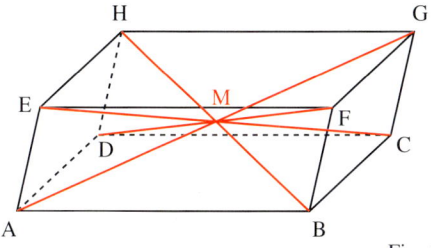

Fig. 4

8 Fig. 5 zeigt eine dreiseitige Pyramide ABCD. Die Punkte E, F, G, H, I und K sind die Mittelpunkte der Kanten der Pyramide.
Beweisen Sie: Die Strecken $\overline{EK}$, $\overline{FH}$ und $\overline{GI}$ schneiden sich in einem Punkt S und sie werden von diesem Punkt S halbiert. (Sie benötigen hier keinen Vektorzug.)

9 In Fig. 6 gilt:
$\overline{AF} : \overline{FC} = \overline{CE} : \overline{EB} = \overline{BD} : \overline{DA}$.
Beweisen Sie:
Das Dreieck ABC und das Dreieck DEF haben den gleichen Schwerpunkt.
(Hinweis:
1. Sie benötigen hier keinen Vektorzug.
2. Setzen Sie
$\overrightarrow{AF} = r\overrightarrow{AC}$, $\overrightarrow{CE} = r\overrightarrow{CB}$, $\overrightarrow{BD} = r\overrightarrow{BA}$.)

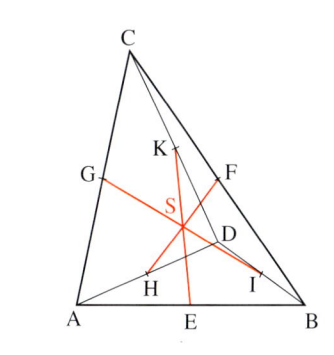

Fig. 5

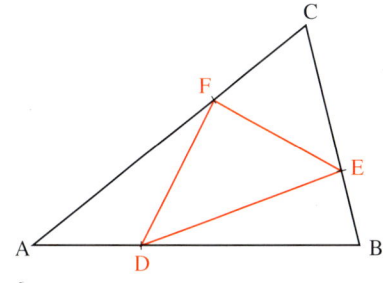

Fig. 6

57

8 Basis und Dimension

1 Der Schreibkopf S des Plotters wird mit der Stange vor- und rückwärts sowie entlang der Stange seitwärts bewegt (Fig. 1).
a) Wäre es von Nachteil, wenn die beiden möglichen „Bewegungsrichtungen" einen anderen Winkel als 90° einschließen würden?
b) Wie viele „Bewegungsrichtungen" benötigt man für ein Gerät, das „alle" Punkte des Raumes erreichen kann?

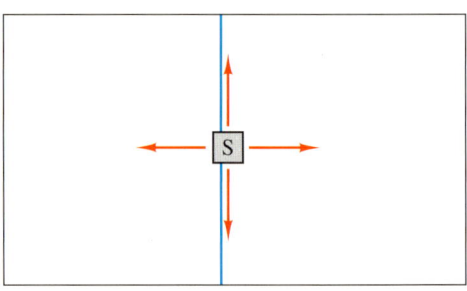

Fig. 1

Sind $\vec{a} = \begin{pmatrix} a_1 \\ a_2 \end{pmatrix}$ und $\vec{b} = \begin{pmatrix} b_1 \\ b_2 \end{pmatrix}$ zwei linear unabhängige Vektoren des $\mathbb{R}^2$, dann kann jeder weitere Vektor $\vec{c} = \begin{pmatrix} c_1 \\ c_2 \end{pmatrix}$ eindeutig als Linearkombination von $\vec{a}$ und $\vec{b}$ dargestellt werden, denn das LGS $\begin{cases} x\,a_1 + y\,b_1 = c_1 \\ x\,a_2 + y\,b_2 = c_2 \end{cases}$ ist wegen der linearen Unabhängigkeit von $\vec{a}$ und $\vec{b}$ eindeutig lösbar.

Ebenso kann man im $\mathbb{R}^3$ mit jeweils drei linear unabhängigen Vektoren alle anderen Vektoren darstellen. Man sagt:
Zwei linear unabhängige Vektoren des $\mathbb{R}^2$ bilden eine Basis des $\mathbb{R}^2$ und drei linear unabhängige Vektoren des $\mathbb{R}^3$ bilden eine Basis des $\mathbb{R}^3$.

> **Definition:** Jeweils n linear unabhängige Vektoren $\vec{b_1}, \vec{b_2}, \ldots, \vec{b_n}$ eines Vektorraumes V heißen **Basis** von V, wenn man jeden Vektor von V als Linearkombination dieser Vektoren darstellen kann.

Im $\mathbb{R}^2$ benötigt man stets zwei Vektoren, um alle anderen Vektoren darzustellen, und es sind höchstens zwei Vektoren linear unabhängig.
Im $\mathbb{R}^3$ benötigt man stets drei Vektoren, um alle anderen Vektoren darzustellen, und es sind höchstens drei Vektoren linear unabhängig.
Allgemein gilt:
Ist n die maximale Anzahl linear unabhängiger Vektoren eines Vektorraumes V, so bilden jeweils n linear unabhängige Vektoren eine Basis von V.

> **Definition:** Die Anzahl der Vektoren einer Basis eines Vektorraumes V heißt **Dimension** von V.

Der Vektorraum $\mathbb{R}^n$, $n \in \mathbb{N}$, hat die Dimension n. Seine „einfachste" Basis ist

$\vec{e_1} = \begin{pmatrix} 1 \\ 0 \\ 0 \\ \vdots \\ 0 \end{pmatrix}$, $\vec{e_2} = \begin{pmatrix} 0 \\ 1 \\ 0 \\ \vdots \\ 0 \end{pmatrix}$, $\ldots$, $\vec{e_n} = \begin{pmatrix} 0 \\ 0 \\ 0 \\ \vdots \\ 1 \end{pmatrix}$, denn für jeden Vektor $\vec{c} = \begin{pmatrix} c_1 \\ c_2 \\ c_3 \\ \vdots \\ c_n \end{pmatrix}$ gilt:

$\vec{c} = c_1 \vec{e_1} + c_2 \vec{e_2} + \ldots + c_n \vec{e_n}$. Die Basis $\vec{e_1}, \vec{e_2}, \ldots, \vec{e_n}$ heißt **Standardbasis**.

Basis und Dimension

Zur Erinnerung:
Bisher wurde
$\vec{a} = \begin{pmatrix} 6 \\ 5 \end{pmatrix}$
so interpretiert:
Der Vektor $\vec{a}$ verschiebt in einem Koordinatensystem jeden Punkt um 6 Einheiten in x_1-Richtung und 5 Einheiten in x_2-Richtung.

Fig. 1 verdeutlicht:
In einem Koordinatensystem bilden die Vektoren $\vec{e_1} = \overrightarrow{OE_1}$, $\vec{e_2} = \overrightarrow{OE_2}$ mit $E_1(1|0)$ und $E_2(0|1)$ die Standardbasis des $\mathbb{R}^2$. Stellt man z. B. $\vec{a}$ als Linearkombination von $\vec{e_1}$ und $\vec{e_2}$ dar, so erhält man $\vec{a} = 6\vec{e_1} + 5\vec{e_2}$. Die Koeffizienten entsprechen hierbei den bisher verwendeten Koordinaten von $\vec{a} = \begin{pmatrix} 6 \\ 5 \end{pmatrix}$.

Analog kann man $\vec{a}$ auch bezüglich einer weiteren Basis $\vec{b_1}, \vec{b_2}$ angeben (Fig. 2). Als Koordinaten von $\vec{a}$ wählt man nun die Koeffizienten in $\vec{a} = 1\vec{b_1} + 2\vec{b_2}$ und bezüglich der Basis $\vec{b_1}, \vec{b_2}$ gilt somit:
$\vec{a} = \begin{pmatrix} 1 \\ 2 \end{pmatrix}$.
Entsprechende Überlegungen gelten auch für den $\mathbb{R}^3$.

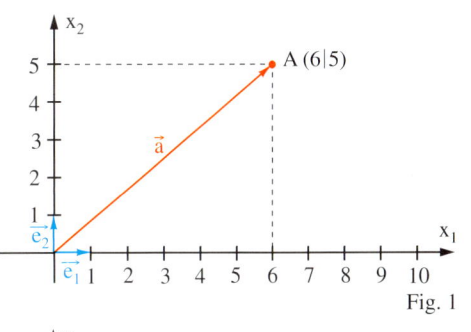

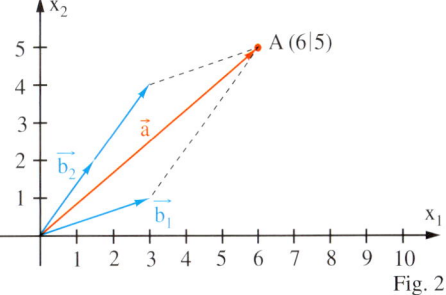

Fig. 1

Fig. 2

Die Vektoren des $\mathbb{R}^2$ und des $\mathbb{R}^3$ werden meistens bezüglich der jeweiligen Standardbasis angegeben, denn es gilt der

Satz: Bezüglich der Standardbasis stimmen die Koordinaten eines Vektors $\vec{a} = \overrightarrow{OA}$ mit den Koordinaten des Punktes A überein.

Beispiel 1: (Nachweis einer Basis / Koordinaten eines Vektors)
Gegeben sind die Punkte $A_1(-1|-2)$, $A_2(-3|-1)$ und $B(5|5)$.
a) Zeigen Sie, dass $\vec{a_1} = \overrightarrow{OA_1}$, $\vec{a_2} = \overrightarrow{OA_2}$ eine Basis des $\mathbb{R}^2$ ist.
b) Geben Sie die Koordinaten von $\vec{b} = \overrightarrow{OB}$ bezüglich der Standardbasis und bezüglich der Basis $\vec{a_1}, \vec{a_2}$ an. Tragen Sie die Vektoren $\vec{a_1}, \vec{a_2}$ und $\vec{b}$ sowie die Vektoren der Standardbasis in ein kartesisches Koordinatensystem ein.
Lösung:
a) Bezüglich der Standardbasis stimmen die Koordinaten der Vektoren $\vec{a_1} = \overrightarrow{OA_1}$ und $\vec{a_2} = \overrightarrow{OA_2}$ mit den Koordinaten der Punkte $A_1(-1|-2)$, $A_2(-3|-1)$ überein, also gilt:
$\vec{a_1} = \begin{pmatrix} -1 \\ -2 \end{pmatrix}$ und $\vec{a_2} = \begin{pmatrix} -3 \\ -1 \end{pmatrix}$. Da $\vec{a_1}$ kein Vielfaches von $\vec{a_2}$ ist, sind $\vec{a_1}$ und $\vec{a_2}$ linear unabhängig.

Im $\mathbb{R}^2$ sind höchstens zwei Vektoren linear unabhängig, also bilden $\vec{a_1}, \vec{a_2}$ eine Basis des $\mathbb{R}^2$.
b) Bezüglich der Standardbasis stimmen die Koordinaten des Vektors $\overrightarrow{OB}$ mit den Koordinaten des Punktes B überein, also gilt $\overrightarrow{OB} = \begin{pmatrix} 5 \\ 5 \end{pmatrix}$. Die Gleichung $r\begin{pmatrix} -1 \\ -2 \end{pmatrix} + s\begin{pmatrix} -3 \\ -1 \end{pmatrix} = \begin{pmatrix} 5 \\ 5 \end{pmatrix}$ hat die Lösung $(-2; -1)$, das heißt, $\overrightarrow{OB} = -2\vec{a_1} + (-1)\vec{a_2}$ und bezüglich der Basis $\vec{a_1}, \vec{a_2}$ gilt $\overrightarrow{OB} = \begin{pmatrix} -2 \\ -1 \end{pmatrix}$ (Fig. 3).

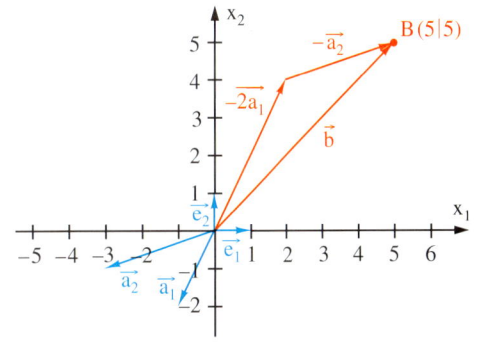

Fig. 3

Basis und Dimension

Beispiel 2: (Basis und Dimension bestimmen)

Die Lösungen des LGS $\begin{cases} 2x_1 + 3x_2 - x_3 + 5x_4 - 2x_5 = 0 \\ x_1 + 7x_2 + 9x_3 + 2x_4 - 6x_5 = 0 \end{cases}$ bilden einen Vektorraum.

Geben Sie eine Basis und die Dimension dieses Vektorraumes an.

Lösung:

Mithilfe des GAUSS-Verfahrens erhält man $\quad \begin{cases} 2x_1 + 3x_2 - x_3 + 5x_4 - 2x_5 = 0 \\ 11x_2 + 19x_3 - x_4 - 10x_5 = 0 \end{cases}$

Mit $x_3 = r$, $x_4 = s$ und $x_5 = t$ folgt $\quad \begin{cases} x_1 = -\frac{3}{2}x_2 + \frac{1}{2}r - \frac{5}{2}s + t \\ x_2 = -\frac{19}{11}r + \frac{1}{11}s + \frac{10}{11}t \end{cases}$ (∗)

Setzt man in der Gleichung (∗) für x_2 den Term $-\frac{19}{11}r + \frac{1}{11}s + \frac{10}{11}t$ ein und drückt man auch x_3, x_4, x_5 als Linearkombination von r, s und t aus, so erhält man

$$x_1 = \tfrac{1}{11}(34r - 29s - 4t)$$
$$x_2 = \tfrac{1}{11}(-19r + 1s + 10t)$$
$$x_3 = \tfrac{1}{11}(11r + 0s + 0t)$$
$$x_4 = \tfrac{1}{11}(0r + 11s + 0t)$$
$$x_5 = \tfrac{1}{11}(0r + 0s + 11t)$$

Jede Lösung $(x_1; x_2; x_3; x_4; x_5)$ des LGS kann man somit als Linearkombination der Lösungen $(34; -19; 11; 0; 0)$, $(-29; 1; 0; 11; 0)$ und $(-4; 10; 0; 0; 11)$ darstellen. Diese drei Lösungen sind linear unabhängig; sie bilden deshalb eine Basis und der Vektorraum der Lösungen dieses LGS hat die Dimension 3.

Aufgaben

2 Bilden die Vektoren eine Basis des $\mathbb{R}^2$?

a) $\begin{pmatrix} 1 \\ 3 \end{pmatrix}, \begin{pmatrix} 0 \\ 4 \end{pmatrix}$
b) $\begin{pmatrix} 3 \\ 4 \end{pmatrix}, \begin{pmatrix} -15 \\ -20 \end{pmatrix}$
c) $\begin{pmatrix} 7 \\ 11 \end{pmatrix}, \begin{pmatrix} 0 \\ 0 \end{pmatrix}$
d) $\begin{pmatrix} 1 \\ 3 \end{pmatrix}, \begin{pmatrix} 0 \\ 0 \end{pmatrix}$

3 Bilden die Vektoren eine Basis des $\mathbb{R}^3$?

a) $\begin{pmatrix} 1 \\ 1 \\ 0 \end{pmatrix}, \begin{pmatrix} 2 \\ 3 \\ 2 \end{pmatrix}, \begin{pmatrix} 3 \\ 4 \\ 2 \end{pmatrix}$
b) $\begin{pmatrix} 3 \\ -1 \\ 4 \end{pmatrix}, \begin{pmatrix} 2 \\ 2 \\ 1 \end{pmatrix}, \begin{pmatrix} -1 \\ 2 \\ 4 \end{pmatrix}$
c) $\begin{pmatrix} 2 \\ 1 \\ 5 \end{pmatrix}, \begin{pmatrix} 1 \\ 5 \\ 2 \end{pmatrix}, \begin{pmatrix} 5 \\ 2 \\ 1 \end{pmatrix}$

4 Wie muss die Zahl a gewählt werden, damit die Vektoren eine Basis des $\mathbb{R}^3$ bilden?

a) $\begin{pmatrix} a \\ 1 \\ 2 \end{pmatrix}, \begin{pmatrix} 0 \\ 1 \\ a \end{pmatrix}, \begin{pmatrix} 3 \\ 0 \\ 1 \end{pmatrix}$
b) $\begin{pmatrix} -1 \\ 2 \\ a \end{pmatrix}, \begin{pmatrix} -1 \\ a \\ 2 \end{pmatrix}, \begin{pmatrix} a \\ -1 \\ 2 \end{pmatrix}$
c) $\begin{pmatrix} 1 \\ 0 \\ 1 \end{pmatrix}, \begin{pmatrix} a \\ 2 \\ -2 \end{pmatrix}, \begin{pmatrix} 4 \\ -1 \\ a \end{pmatrix}$

5 Bestimmen Sie die Koordinaten des Vektors $\vec{a}$ bezüglich der Basis $\begin{pmatrix} 1 \\ 0 \end{pmatrix}, \begin{pmatrix} 1 \\ -1 \end{pmatrix}$, wenn für $\vec{a}$ bezüglich der Standardbasis gilt:

a) $\vec{a} = \begin{pmatrix} 10 \\ 7 \end{pmatrix}$,
b) $\vec{a} = \begin{pmatrix} -3 \\ 5 \end{pmatrix}$,
c) $\vec{a} = \begin{pmatrix} 1 \\ 1 \end{pmatrix}$,
d) $\vec{a} = \begin{pmatrix} -5 \\ -7 \end{pmatrix}$,
e) $\vec{a} = \begin{pmatrix} 0 \\ 0 \end{pmatrix}$.

6 Bestimmen Sie die Koordinaten des Vektors $\vec{a}$ bezüglich der Basis $\begin{pmatrix} 1 \\ 1 \\ 0 \end{pmatrix}, \begin{pmatrix} 1 \\ 0 \\ 1 \end{pmatrix}, \begin{pmatrix} 0 \\ 1 \\ 1 \end{pmatrix}$, wenn für $\vec{a}$ bezüglich der Standardbasis gilt:

a) $\vec{a} = \begin{pmatrix} 2 \\ 1 \\ 5 \end{pmatrix}$,
b) $\vec{a} = \begin{pmatrix} 1 \\ 0 \\ 0 \end{pmatrix}$,
c) $\vec{a} = \begin{pmatrix} 5 \\ 6 \\ 7 \end{pmatrix}$,
d) $\vec{a} = \begin{pmatrix} -7 \\ 11 \\ 1 \end{pmatrix}$,
e) $\vec{a} = \begin{pmatrix} 0 \\ 0 \\ 0 \end{pmatrix}$.

Basis und Dimension

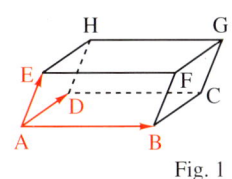

7 Fig. 1 zeigt einen Spat ABCDEFGH. Die Vektoren $\vec{AB}, \vec{AD}, \vec{AE}$ bilden eine Basis des $\mathbb{R}^3$. Bilden die folgenden Vektoren auch eine Basis des $\mathbb{R}^3$? Stellen Sie gegebenenfalls den Vektor $\vec{AG}$ als Linearkombination dieser Vektoren dar.

a) $\vec{AB}, \vec{BC}, \vec{HE}$ b) $\vec{BC}, \vec{CD}, \vec{DH}$ c) $\vec{HD}, \vec{EF}, \vec{BC}$ d) $\vec{EF}, \vec{CD}, \vec{EH}$

Fig. 1

8 Die Lösungen des LGS bilden einen Vektorraum. Geben Sie eine Basis dieses Vektorraumes an.

a) $\begin{cases} 2x_1 + x_2 + x_3 = 0 \\ 2x_2 - x_3 = 0 \end{cases}$
b) $\begin{cases} x_1 + x_2 + x_3 = 0 \\ 2x_1 + 3x_2 + 4x_3 = 0 \end{cases}$
c) $\begin{cases} x_1 + x_2 + x_3 + x_4 = 0 \\ x_2 - 2x_3 - 3x_4 = 0 \end{cases}$

d) $x_1 + x_2 + x_3 + 4x_4 = 0$
e) $\begin{cases} 6x_1 + x_3 + x_5 = 0 \\ 3x_2 + x_4 = 0 \end{cases}$
f) $\begin{cases} x_1 + x_2 + x_3 + x_4 + x_5 = 0 \\ x_1 - x_2 - x_3 + x_4 - x_5 = 0 \end{cases}$

g) $\begin{cases} x_1 + x_4 + x_6 = 0 \\ x_2 + x_3 + x_5 = 0 \end{cases}$
h) $\begin{cases} x_1 + x_2 - x_4 - x_5 = 0 \\ x_1 + 2x_2 + 3x_3 = 0 \\ -x_1 + 3x_3 + x_4 + 2x_5 = 0 \end{cases}$
i) $\begin{cases} 2x_1 + 3x_5 + 7x_6 = 0 \\ 3x_2 + 4x_4 + x_6 = 0 \\ x_1 + x_2 + x_3 = 0 \end{cases}$

9 Stellen Sie den Vektor $\vec{a}$ durch die Vektoren $\vec{u}, \vec{v}, \vec{w}, \vec{z}$ auf zwei verschiedene Arten dar. Wählen Sie aus $\vec{u}, \vec{v}, \vec{w}, \vec{z}$ eine Basis des $\mathbb{R}^3$ aus und geben Sie die Koordinaten von $\vec{a}$ bezüglich dieser Basis an.

$\vec{a} = \begin{pmatrix} 2 \\ 4 \\ 5 \end{pmatrix}, \vec{u} = \begin{pmatrix} 1 \\ -2 \\ 2 \end{pmatrix}, \vec{v} = \begin{pmatrix} 2 \\ 1 \\ -1 \end{pmatrix}, \vec{w} = \begin{pmatrix} 3 \\ 0 \\ 3 \end{pmatrix}, \vec{z} = \begin{pmatrix} 0 \\ 7 \\ 0 \end{pmatrix}$

10 Bestimmen Sie eine Basis und die Dimension des Vektorraumes V.

a) $V = \left\{ \begin{pmatrix} a \\ a \\ 0 \end{pmatrix} \middle| a \in \mathbb{R} \right\}$
b) $V = \left\{ \begin{pmatrix} a \\ 0 \\ b \end{pmatrix} \middle| a, b \in \mathbb{R} \right\}$
c) $V = \left\{ \begin{pmatrix} a \\ 0 \\ a \end{pmatrix} \middle| a \in \mathbb{R} \right\}$

11 Die 2×2-Matrizen bilden mit den Verknüpfungen

$\begin{pmatrix} a_{11} & a_{12} \\ a_{21} & a_{22} \end{pmatrix} + \begin{pmatrix} b_{11} & b_{12} \\ b_{21} & b_{22} \end{pmatrix} = \begin{pmatrix} a_{11} + b_{11} & a_{12} + b_{12} \\ a_{21} + b_{21} & a_{22} + b_{22} \end{pmatrix}$ und $r \cdot \begin{pmatrix} a_{11} & a_{12} \\ a_{21} & a_{22} \end{pmatrix} = \begin{pmatrix} r \cdot a_{11} & r \cdot a_{12} \\ r \cdot a_{21} & r \cdot a_{22} \end{pmatrix}$

einen Vektorraum.

a) Geben Sie eine Basis des Vektorraumes der 2×2-Matrizen an und stellen Sie den Vektor $\begin{pmatrix} 3 & 7 \\ 1 & 9 \end{pmatrix}$ als Linearkombination dieser Basis dar.

b) Die 2×2-Matrizen $\begin{pmatrix} a & b \\ c & d \end{pmatrix}$ mit $a + b + c + d = 0$ bilden ebenfalls einen Vektorraum der Dimension 3. Geben Sie zu diesem Vektorraum eine Basis an.

c) Die 2×2-Matrizen $\begin{pmatrix} a & b \\ -b & a \end{pmatrix}$ bilden einen Vektorraum der Dimension 2. Geben Sie zu diesem Vektorraum eine Basis an.

Magische Quadrate haben Sie auf Seite 47 kennen gelernt.

12 Die magischen 3×3-Quadrate bilden einen Vektorraum der Dimension drei.

Zeigen Sie damit, dass $\begin{pmatrix} 2 & 0 & 1 \\ 0 & 1 & 2 \\ 1 & 2 & 0 \end{pmatrix}, \begin{pmatrix} 1 & 0 & 2 \\ 2 & 1 & 0 \\ 0 & 2 & 1 \end{pmatrix}, \begin{pmatrix} 0 & 2 & 1 \\ 2 & 1 & 0 \\ 1 & 0 & 2 \end{pmatrix}$ eine Basis dieses Vektorraumes ist.

Stellen Sie $\begin{pmatrix} 9 & 4 & 5 \\ 2 & 6 & 10 \\ 7 & 8 & 3 \end{pmatrix}$ als Linearkombination dieser Basis dar.

13 a) Geben Sie eine Basis des Vektorraumes der Polynome höchstens 4. Grades an.
b) Welche Dimension hat der Vektorraum der Polynome höchstens n-ten Grades mit $n \in \mathbb{N}$? Begründen Sie Ihre Antwort.

61

9 Vermischte Aufgaben

1 Zeichnen Sie in ein ebenes kartesisches Koordinatensystem ein Sechseck.
Notieren Sie die Koordinaten der Eckpunkte. Zeichnen Sie nun ein Sechseck, dessen Eckpunkte diese Koordinaten haben, in ein schiefwinkliges Koordinatensystem ein, bei dem der Winkel zwischen der x_1-Achse und der x_2-Achse 50° (150°) beträgt.

2 Die Verschiebung durch den Vektor $\vec{a} = \begin{pmatrix} 2 \\ 1 \\ 3 \end{pmatrix}$ bildet den Punkt P auf den Punkt P′ ab.

Berechnen Sie die Koordinaten des Punktes P′. a) P(1|0|0) b) P(3|1|0) c) P(−2|−4|−1)

3 Zeichnen Sie in ein Koordinatensystem das Dreieck ABC ein. Verschieben Sie dieses Dreieck wie in Fig. 1 nacheinander mit den Vektoren $\vec{a}$ und $\vec{b}$.
Überprüfen Sie das Ergebnis Ihrer Zeichnung rechnerisch.
a) A(1|0), B(5|1), C(3|4);
$\vec{a} = \begin{pmatrix} -1 \\ 3 \end{pmatrix}$, $\vec{b} = \begin{pmatrix} 4 \\ 2 \end{pmatrix}$
b) A(−2|−2), B(3|−3), C(0|5);
$\vec{a} = \begin{pmatrix} 1 \\ 1 \end{pmatrix}$, $\vec{b} = \begin{pmatrix} 3 \\ 4 \end{pmatrix}$

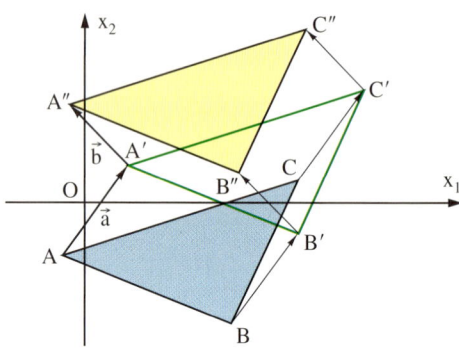

Fig. 1

4 Bei einem geraden dreiseitigen Prisma ABCDEF sind A, B und C die Ecken der Grundfläche. Die Höhe des Prismas beträgt 5 (Längeneinheiten). Bestimmen Sie die Koordinaten der Punkte D, E und F, wenn
a) A(2|0|3), B(1|0|7), C(−7|0|3),   b) A(2|0|3), B(6|2|3), C(3|3|3).

5 Stellen Sie den Vektor $\begin{pmatrix} 2 \\ 5 \\ -1 \end{pmatrix}$ als Linearkombination der Vektoren $\vec{a}$, $\vec{b}$ und $\vec{c}$ dar.

a) $\vec{a} = \begin{pmatrix} 1 \\ 1 \\ 0 \end{pmatrix}$, $\vec{b} = \begin{pmatrix} 0 \\ 1 \\ 1 \end{pmatrix}$, $\vec{c} = \begin{pmatrix} 1 \\ 0 \\ 1 \end{pmatrix}$ b) $\vec{a} = \begin{pmatrix} 1 \\ 0 \\ 2 \end{pmatrix}$, $\vec{b} = \begin{pmatrix} 2 \\ 1 \\ 0 \end{pmatrix}$, $\vec{c} = \begin{pmatrix} 0 \\ 1 \\ 2 \end{pmatrix}$

c) $\vec{a} = \begin{pmatrix} 1 \\ 2 \\ 2 \end{pmatrix}$, $\vec{b} = \begin{pmatrix} 3 \\ 2 \\ 1 \end{pmatrix}$, $\vec{c} = \begin{pmatrix} -1 \\ 1 \\ 5 \end{pmatrix}$ d) $\vec{a} = \begin{pmatrix} 1 \\ 0 \\ 4 \end{pmatrix}$, $\vec{b} = \begin{pmatrix} 0 \\ 5 \\ 3 \end{pmatrix}$, $\vec{c} = \begin{pmatrix} 2 \\ 7 \\ 0 \end{pmatrix}$

6 Zeigen Sie: Wenn für vier Punkte ABCD gilt $\overrightarrow{AB} = \overrightarrow{CD}$, dann gilt auch $\overrightarrow{AC} = \overrightarrow{BD}$.

7 Bilden die Vektoren eine Basis des $\mathbb{R}^2$? Begründen Sie Ihre Antwort.

a) $\begin{pmatrix} 5 \\ -6 \end{pmatrix}$, $\begin{pmatrix} -5 \\ 6 \end{pmatrix}$ b) $\begin{pmatrix} 5 \\ -6 \end{pmatrix}$, $\begin{pmatrix} -5 \\ -6 \end{pmatrix}$ c) $\begin{pmatrix} 0 \\ 0 \end{pmatrix}$, $\begin{pmatrix} \pi \\ \sqrt{5} \end{pmatrix}$ d) $\begin{pmatrix} 5 \\ -6 \end{pmatrix}$, $\begin{pmatrix} -5 \\ 6 \end{pmatrix}$, $\begin{pmatrix} -1 \\ 0 \end{pmatrix}$

8 Bilden die Vektoren eine Basis des $\mathbb{R}^3$? Begründen Sie Ihre Antwort.

a) $\begin{pmatrix} 5 \\ -6 \\ 5 \end{pmatrix}$, $\begin{pmatrix} 1 \\ 0 \\ 1 \end{pmatrix}$, $\begin{pmatrix} -5 \\ 6 \\ -5 \end{pmatrix}$ b) $\begin{pmatrix} 0 \\ -6 \\ 5 \end{pmatrix}$, $\begin{pmatrix} -5 \\ 6 \\ 0 \end{pmatrix}$, $\begin{pmatrix} 1 \\ 0 \\ 1 \end{pmatrix}$ c) $\begin{pmatrix} 7 \\ -6 \\ 9 \end{pmatrix}$, $\begin{pmatrix} -3 \\ 2 \\ 1 \end{pmatrix}$, $\begin{pmatrix} 1 \\ 5 \\ 1 \end{pmatrix}$, $\begin{pmatrix} -2 \\ 4 \\ -7 \end{pmatrix}$

62

9 Die Vektoren $\begin{pmatrix} 3 \\ 1 \\ 1 \end{pmatrix}, \begin{pmatrix} 2 \\ 0 \\ 3 \end{pmatrix}$ bilden eine Basis eines Vektorraumes V. Ist $\vec{c}$ ein Element von V? Begründen Sie Ihre Antwort.

a) $\vec{c} = \begin{pmatrix} -1 \\ 1 \\ 2 \end{pmatrix}$
b) $\vec{c} = \begin{pmatrix} 1 \\ 1 \\ 1 \end{pmatrix}$
c) $\vec{c} = \begin{pmatrix} 2 \\ 4 \\ 7 \end{pmatrix}$
d) $\vec{c} = \begin{pmatrix} 31 \\ 7 \\ 22 \end{pmatrix}$
e) $\vec{c} = \begin{pmatrix} 11 \\ 3 \\ 6 \end{pmatrix}$

10 Bezüglich der Standardbasis des $\mathbb{R}^3$ gilt $\vec{v} = \begin{pmatrix} 5 \\ -1 \\ 3 \end{pmatrix}$.

Bestimmen Sie die Koordinaten dieses Vektors $\vec{v}$ bezüglich der Basis

a) $\begin{pmatrix} 1 \\ 1 \\ 1 \end{pmatrix}, \begin{pmatrix} 1 \\ 1 \\ 0 \end{pmatrix}, \begin{pmatrix} 1 \\ 0 \\ 0 \end{pmatrix}$
b) $\begin{pmatrix} 1 \\ 4 \\ 0 \end{pmatrix}, \begin{pmatrix} -1 \\ 3 \\ 1 \end{pmatrix}, \begin{pmatrix} 2 \\ 1 \\ 1 \end{pmatrix}$.

11 Die Vektoren $\vec{a}, \vec{b}$ und $\vec{c}$ sind linear unabhängig. Zeigen Sie die lineare Unabhängigkeit der Vektoren
a) $\vec{a} + 2\vec{c}, \vec{a} - \vec{b} - \vec{c}$ und $\vec{a} + \vec{b} + \vec{c}$,
b) $2\vec{a} + 3\vec{b} + 5\vec{c}, \vec{a} + 2\vec{b} - \vec{c}$ und $\vec{b}$,
c) $\vec{a} + 2\vec{b}, 3\vec{a} - \vec{c}$ und $\vec{b} + \vec{c}$,
d) $\vec{a}, 3\vec{a} + 2\vec{b} - 7\vec{c}$ und $3\vec{b} - \vec{c}$,
e) $\vec{a} + \vec{c}, \vec{b} - \vec{c}$ und $\vec{c} - \vec{a}$,
f) $5\vec{a} - \vec{b} + \vec{c}, \vec{a} + 2\vec{b} + \vec{c}$ und $\vec{a} - 3\vec{c}$.

12 Gegeben ist ein Vektorraum V. Die Vektoren $\vec{a}, \vec{b}, \vec{c}$ bilden eine Basis von V. Wie müssen die Zahlen x, y und z gewählt werden, damit gilt:
a) $3(x + z)\vec{a} + (x + y)\vec{b} + 2(x + z)\vec{c} = 2(x - y)\vec{a} + (z - x - 2)\vec{b} + 2(2 + y)\vec{c}$,
b) $(3x + 4y)\vec{a} + y\vec{b} + (2y + 7z)\vec{c} = -3z\vec{a} + 2z\vec{b} + x\vec{c}$,
c) $(x + 2y)\vec{a} + z\vec{b} + 2x\vec{c} = 5\vec{a} + (6 + 3y)\vec{b} + (18 + z)\vec{c}$?

Fig. 1

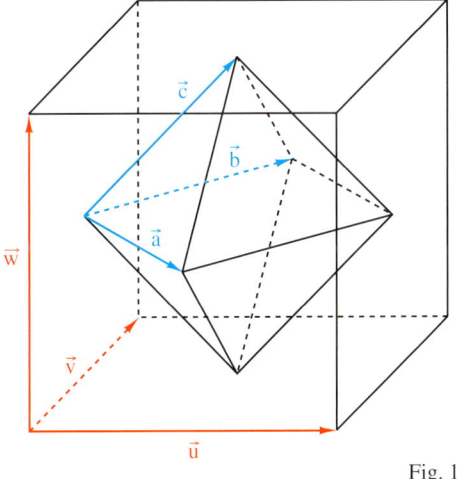

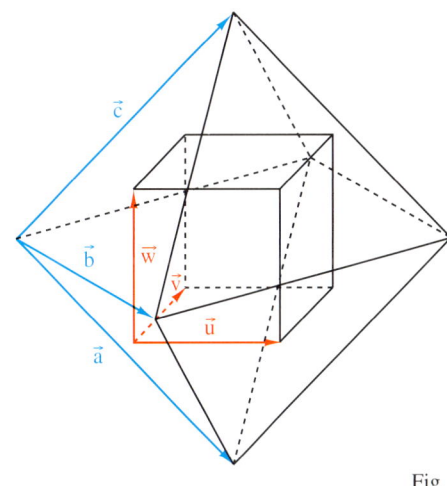

Fig. 2

13 Fig. 1 zeigt einen Würfel und ein einbeschriebenes Oktaeder. Die Ecken des Oktaeders sind die Schnittpunkte der Diagonalen der Seitenflächen des Würfels. Stellen Sie die Vektoren $\vec{a}, \vec{b}$ und $\vec{c}$ jeweils als Linearkombination der Vektoren $\vec{u}, \vec{v}$ und $\vec{w}$ dar.

14 Fig. 2 zeigt ein Oktaeder, dem ein Würfel einbeschrieben wurde. Die Ecken des Würfels sind die Schnittpunkte der Seitenhalbierenden der Dreiecksseiten des Oktaeders. Stellen Sie die Vektoren $\vec{u}, \vec{v}$ und $\vec{w}$ jeweils als Linearkombination der Vektoren $\vec{a}, \vec{b}$ und $\vec{c}$ dar.

Vermischte Aufgaben

Tipp zu Aufgabe 15:
Vier Punkte A, B, C und D liegen in einer Ebene, wenn die Vektoren $\overrightarrow{AB}$, $\overrightarrow{AC}$ und $\overrightarrow{AD}$ linear abhängig sind.

15 Vertauscht man die Koordinaten des Punktes P(1|2|3) auf alle möglichen Arten, so erhält man die Koordinaten von sechs verschiedenen Punkten. Zeigen Sie, dass diese sechs Punkte alle in einer Ebene liegen.

16 In einem Parallelogramm ABCD liegt ein Punkt T auf der Seite $\overline{BC}$. S ist der Schnittpunkt der Diagonalen $\overline{BD}$ und der Strecke $\overline{AT}$.
Beweisen Sie:
Ist $\overrightarrow{BT} = \frac{1}{2} \cdot \overrightarrow{TC}$, dann gilt $\overrightarrow{DS} = 3 \cdot \overrightarrow{SB}$ und $\overrightarrow{AS} = 3 \cdot \overrightarrow{ST}$ (Fig. 1).

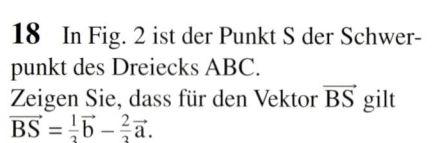

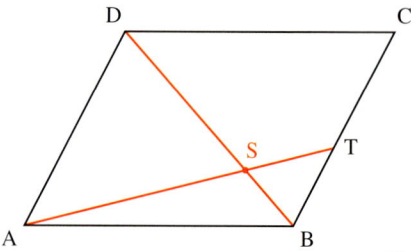

Fig. 1

17 In dem Parallelogramm von Fig. 1 gilt: $\overrightarrow{DS} = x \cdot \overrightarrow{SB}$ und $\overrightarrow{AS} = y \cdot \overrightarrow{ST}$. Berechnen Sie x und y, wenn gilt: $\overrightarrow{BT} = \frac{m}{n} \cdot \overrightarrow{TC}$ (n, m ∈ ℕ).

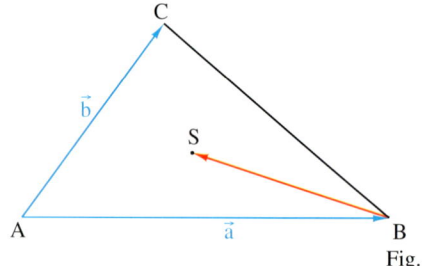

18 In Fig. 2 ist der Punkt S der Schwerpunkt des Dreiecks ABC.
Zeigen Sie, dass für den Vektor $\overrightarrow{BS}$ gilt
$\overrightarrow{BS} = \frac{1}{3}\vec{b} - \frac{2}{3}\vec{a}$.

Fig. 2

19 Fig. 3 zeigt eine dreiseitige Pyramide. Die Vektoren $\vec{a}$, $\vec{c}$, $\vec{d}$ bilden eine Basis des Vektorraumes aller Verschiebungen des Raumes. Wie viele Basen dieses Vektorraumes kann man mithilfe der Vektoren von Fig. 3 bilden?

Fig. 3

20 a) Stellen Sie das Polynom $32 + 29x - 2x^2$ als Linearkombination der Polynome $1 + x - x^2$, $3 - x + 2x^2$, $4 + x + x^2$ dar.
b) Stellen Sie das Polynom $11 - 3x + x^2 + 3x^3$ als Linearkombination der Polynome $1 + x - x^2$, $1 - x - x^2$, $1 + x - x^2 + x^3$, $1 + x^3$ dar.
c) Zeigen Sie, dass man das Polynom $5 + 2x + 3x^2 - x^3$ nicht als Linearkombination der Polynome $1 + x + x^2 + x^3$, $1 + 2x + 3x^2$, $4 + 3x + x^2 + 2x^3$ darstellen kann.

21 a) Zeigen Sie, dass die Polynome 1, $1 + x$, $1 + x + x^2$, $1 + x + x^2 + x^3$ eine Basis des Vektorraumes der Polynome höchstens dritten Grades bilden. Stellen Sie mithilfe dieser Basis das Polynom $2 - x + x^2 + 5x^3$ dar.
b) Zeigen Sie, dass die Polynome 1, $1 + x$, $(1 + x)^2$, $(1 + x)^3$ eine Basis des Vektorraumes der Polynome höchstens dritten Grades bilden. Stellen Sie mithilfe dieser Basis das Polynom $3 - 5x - 2x^2 + 2x^3$ dar.

Warum wurden in Aufgabe 22b), c) auch Summanden mit dem Koeffizienten 0 hinzugeschrieben?

22 Die Lösungen des LGS bilden einen Vektorraum. Geben Sie eine Basis dieses Vektorraumes an.

a) $\begin{cases} x_1 + x_2 + x_3 + x_4 = 0 \\ 2x_2 + x_3 + x_4 = 0 \end{cases}$ b) $0x_1 + 0x_2 + x_3 = 0$ c) $x_1 - 2x_2 + 0x_3 + 0x_4 + x_5 = 0$

23 Gegeben ist ein Vektorraum V mit einer Basis $\vec{a}_1$, $\vec{a}_2$, $\vec{a}_3$.
Zeigen Sie, dass auch die Vektoren $\vec{b}_1$, $\vec{b}_2$, $\vec{b}_3$ eine Basis von V bilden. Berechnen Sie die Koordinaten von $\vec{x} = x_1\vec{a}_1 + x_2\vec{a}_2 + x_3\vec{a}_3$ bezüglich $\vec{b}_1$, $\vec{b}_2$, $\vec{b}_3$.

a) $\vec{b}_1 = \vec{a}_1 + \vec{a}_2 + \vec{a}_3$
$\vec{b}_2 = \phantom{\vec{a}_1 +} \vec{a}_2 + \vec{a}_3$
$\vec{b}_3 = \phantom{\vec{a}_1 + \vec{a}_2 +} \vec{a}_3$

b) $\vec{b}_1 = -\vec{a}_1 + \vec{a}_2 + \vec{a}_3$
$\vec{b}_2 = \vec{a}_1 - \vec{a}_2 + \vec{a}_3$
$\vec{b}_3 = \vec{a}_1 + \vec{a}_2 - \vec{a}_3$

c) $\vec{b}_1 = \vec{a}_1 + 3\vec{a}_2 + 2\vec{a}_3$
$\vec{b}_2 = \vec{a}_1 + 5\vec{a}_2 + 2\vec{a}_3$
$\vec{b}_3 = \phantom{\vec{a}_1 +} 2\vec{a}_2 + 3\vec{a}_3$

Mathematische Exkursionen

RENÉ DESCARTES – Mathematiker und Philosoph am Beginn einer neuen Zeit

Man schrieb das Jahr 1617. Glaubensgegensätze zwischen Katholiken und Protestanten sowie der beginnende Aufstand deutscher Territorialfürsten gegen den Herrschaftsanspruch des Kaisers mündeten letztlich in den Dreißigjährigen Krieg.

Ein intelligenter, hochgebildeter 21-jähriger Adliger schloss sich zunächst den Truppen des Moritz von Nassau an und zog später als eine Art Kriegsbeobachter mit den kaiserlichen Truppen durch Europa.

„Es ist zwecklos, mein Sohn. Ich habe den Aristoteles zweimal gelesen und darin nichts über Flecken auf der Sonne gefunden. Es gibt keine Flecken auf der Sonne. Sie sind entweder auf Mängel deines Teleskops oder auf Fehler in deinen Augen zurückzuführen".

Ausspruch eines unbekannten Jesuiten aus dem 17. Jahrhundert

Der junge Mann, er war Franzose und hieß RENÉ DESCARTES, nutzte hierbei viele Gelegenheiten, bedeutende europäische Wissenschaftler kennen zu lernen.

Nach vier Jahren schied er aus dem Militärdienst aus.

Zu diesem Zeitpunkt hatte er bereits wichtige mathematische Zusammenhänge erarbeitet und entscheidende Schritte zu einem neuen philosophischen System entwickelt.

dominiert wurde, waren die Wissenschaften von den so genannten Autoritäten geprägt (siehe auch Zitat auf der Marginalie): Man berief sich in der Philosophie z. B. auf ARISTOTELES, in Glaubensfragen auf die Kirchenväter wie AUGUSTINUS oder Gottes offenbartes Wort in der Bibel. Alle Erkenntnis wurde stets mit diesen Autoritäten begründet – man „forschte" um zu glauben, weniger um zu wissen.

DESCARTES konnte sich mit dieser Art Wissenschaft nicht anfreunden und stellte den Zweifel ins Zentrum seiner Überlegungen. Er fragte sich, was denn übrig bliebe, wenn alles um ihn herum und auch seine eigenen Sinne ihn täuschten, und kam zu dem Schluss, seine eigene Existenz ist ihm gewiss, denn er zweifelt, er denkt.

GALILEO GALILEI (1564–1642)

NIKOLAUS KOPERNIKUS (1473–1543)

Die Schrecken des Dreißigjährigen Krieges (1618–1648)
Stich von Jacques Callot aus der Sammlung „Misères de la Guerre" (1633). Paris, Nationalbibliothek

JOHANNES KEPLER (1571–1630)

RENÉ DESCARTES gehörte bald zur wissenschaftlichen Elite. Seine Arbeiten wurden eine Basis für die so genannte neuzeitliche Philosophie, die im engeren Sinne bis zu den Arbeiten IMMANUEL KANTS (Ende des 18. Jahrhunderts) reicht.

Ebenso wie die Politik zum Beginn des 17. Jahrhunderts von absoluten Herrschern

Cogito, ergo sum – ich denke (zweifle), also bin ich, auf diese Gewissheit baute er weitere Folgerungen auf. Grundlage hierfür waren die von ihm erarbeiteten *Regeln*. Als Vorbild für diese Regeln dienten ihm das methodische Vorgehen bei der Arithmetik und der Geometrie. DESCARTES zeigte die *Mathematik* als die Methode auf, die zur Erforschung der Wahrheit dient.

Mathematische Exkursionen

RENÉ DESCARTES veröffentlichte 1637 ein Buch mit dem Titel „Discours de la methode". Ein Anhang dieses Buches, „La geometrie", enthält die Anfänge unseres kartesischen Koordinatensystems. Insgesamt ging es DESCARTES – wie in der Philosophie – auch in der Mathematik um klare Begriffe und eindeutige Definitionen. Er nutzte hierzu die vorhandenen Erkenntnisse der Algebra aus.

Im 16. Jahrhundert führte bereits ein anderer Franzose, FRANÇOIS VIÈTE (1540–1603), Buchstaben zur Bezeichnung von Konstanten ein. Symbolisches Rechnen wurde somit möglich, z. B.: a + b = b + a.

Zur Zeit DESCARTES befasste sich die Mathematik im Wesentlichen direkt mit den geometrischen Objekten wie Geraden, Strecken, Dreiecken usw. Algebraisches Wissen wurde kaum bei geometrischen Problemstellungen verwendet. Diese Situation ist vergleichbar mit Teilen der Mathematik, die Sie bis zum Ende der 10. Klasse kennen gelernt haben: Sie haben geometrische Probleme überwiegend mithilfe geometrischer Verfahren gelöst.

Das für Sie neue Vorgehen, das Sie zur Zeit im Mathematikunterricht mithilfe der Vektorrechnung anwenden, wurde in seinen Grundzügen von DESCARTES erarbeitet. Es greift zur Lösung geometrischer Probleme algebraische Verfahren auf:

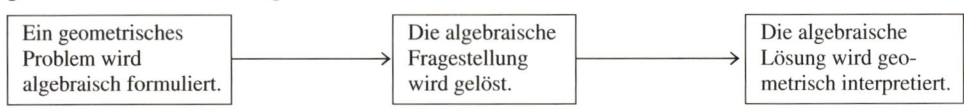

| Ein geometrisches Problem wird algebraisch formuliert. | → | Die algebraische Fragestellung wird gelöst. | → | Die algebraische Lösung wird geometrisch interpretiert. |

RENÉ DESCARTES (1596–1650)

DESCARTES nannte sich in lateinischer Sprache CARTESIUS.

Das heute gebräuchliche Koordinatensystem wird in Erinnerung an DESCARTES deshalb als **kartesisches Koordinatensystem** bezeichnet.

Der Titel Ihres Mathematikbuches lautet „Analytische Geometrie". DESCARTES gilt als Begründer dieser analytischen Geometrie; man könnte wegen der von DESCARTES eingeführten Vorgehensweise statt von analytischer Geometrie auch von algebraischer Geometrie sprechen.

Von J. LAGRANGE, einem Mathematiker des 18. Jahrhunderts, stammt das Zitat:

> „Algebra und Geometrie machten, solang sie getrennt blieben, geringe Fortschritte, und ihre Anwendungen waren beschränkt; jedoch seit die Trennung dieser beiden Disziplinen aufgehört hat, sind sie durch gegenseitige Unterstützung mit Riesenschritten ihrer Vollendung entgegengeeilt.
> Die Anwendung der Algebra auf die Geometrie verdankt man Descartes, und sie hat die größten Entdeckungen in allen Teilen der Mathematik hervorgerufen."

Zur algebraischen Beschreibung geometrischer Objekte verwenden Sie Koordinatensysteme.

Im Gegensatz zu Ihnen hatte DESCARTES zunächst kein Koordinatensystem, das ihm erlaubte, Punkte mit Zahlenpaaren zu identifizieren. Er entwickelte deshalb einen Vorläufer des von Ihnen verwendeten Koordinatensystems: Eigentlich gab es nur eine einzige Achse, genauer eine Halbgerade, und Strecken mit gleicher Richtung. Fig. 1 zeigt, wie DESCARTES Punkte mit Zahlenpaaren identifizierte. Die Strecken gleicher Richtung nannte DESCARTES in französisch *appliquées par ordre* und in lateinisch *omnes ordinam applicatae* (alle der Reihe nach hinzugefügt). Daraus wurde die Bezeichnung Ordinate für den y-Wert bzw. x_2-Wert. Der später eingeführte Begriff *Koordinaten* kommt von *coordinata* (lat. die Zugeordnete).

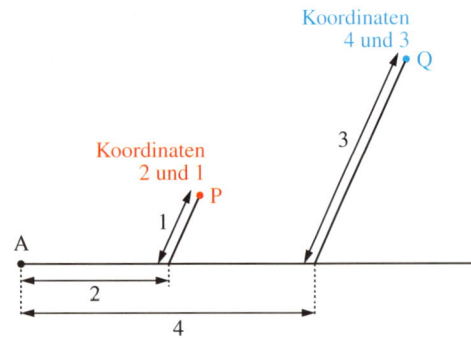

Fig. 1

Mathematische Exkursionen

Die Art und Weise, wie DESCARTES mit Koordinaten arbeitete, lässt sich gut anhand eines Auszuges aus dem zweiten Teil des Buches „La Geometrie" verdeutlichen. Dieser Teil des Buches trägt die Überschrift „Über die Natur der krummen Linien".

Comme fi ie veux fçauoir de quel genre eft la ligne E C, que i'imagine eftre defcrite par l'interfection de la

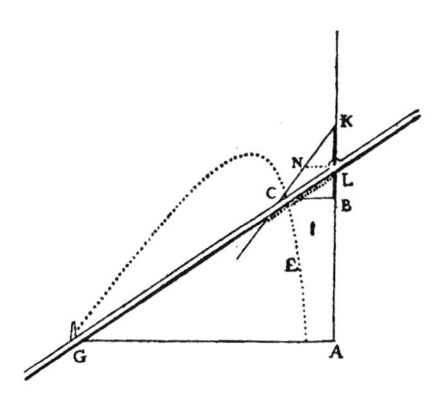

reigle G L, & du plan rectiligne C N K L, dont le cofté K N eft indefiniement prolongé vers C , & qui eftant meu fur le plan de deffous en ligne droite, c'eft a dire en telle forte que fon diametre K L fe trouue toufiours appliqué fur quelque endroit de la ligne B A prolongée de part & d'autre, fait mouuoir circulairement cete reigle G L autour du point G, a caufe quelle luy eft tellement iointe quelle paffe toufiours par le point L.

Fig. 1

Die Zeichnung von Fig. 1 zeigt einen Ausschnitt aus „Über die Natur der krummen Linien".
Die dargestellte geometrische Frage kann man sich aus einer „mechanischen" Problemstellung heraus entstanden denken:
Ein Lineal („reigle") ist bei G drehbar befestigt. Dieses Lineal berührt im Punkt L eine Stange. Auf dieser Stange wird in einem fest gewählten Abstand von L ein Punkt K markiert.
Im Punkt K wird eine weitere Stange so montiert, dass sie mit der Stange durch K und L einen nicht veränderbaren Winkel bildet.
Diese weitere Stange berührt das Lineal im Punkt C. Dreht man nun das Lineal um den Punkt G, so gilt:
1. Der Abstand der Punkte K und L sowie der Winkel bei K bleiben fest.
2. Die Punkte K und L verschieben sich auf der einen Stange und der Punkt C verschiebt sich auf dem Lineal.
Welche Kurve beschreibt C, wenn man das Lineal um den Punkt G dreht?

Beachten Sie:
Die Zeichnung in Fig. 1 müsste um 90° im Uhrzeigersinn gedreht werden, um die von uns gewohnte Lage der Koordinatenachsen zu erhalten.

DESCARTES beschreibt diese Kurve algebraisch.
Im **ersten Schritt** werden „die Achsen eines Koordinatensystems" eingeführt:
Die eine Achse ist die Gerade durch die Punkte K und L. Die zweite Achse ist die Gerade durch den Punkt G, die zur Gerade durch die Punkte K und L senkrecht ist. Die beiden Achsen schneiden sich im Punkt A.
Im **zweiten Schritt** werden „die Koordinaten" des Punktes C eingeführt:
Die Länge der Strecke $\overline{BA}$ wird mit x und die Länge der Strecke $\overline{CB}$ wird mit y bezeichnet.
Im **dritten Schritt** werden Bezeichnungen für die bekannten Streckenlängen eingeführt:
Die Länge der Strecke $\overline{GA}$ wird mit a bezeichnet, die Länge der Strecke $\overline{KL}$ mit b und die Länge der zu $\overline{GA}$ parallelen Strecke $\overline{NL}$ mit c. N liegt hierbei auf der Strecke $\overline{CK}$.
Im **vierten Schritt** wird eine Beziehung zwischen x und y hergeleitet:
Es gilt $c : b = y : \overline{BK}$ und somit $\overline{BK} = \frac{b}{c} y$ (Strahlensatz).
Hieraus folgt $\overline{BL} = \frac{b}{c} y - b$ und $\overline{AL} = x + \frac{b}{c} y - b$.
Mit $\overline{CB} : \overline{BL} = \overline{GA} : \overline{AL}$ gilt $y : \left(\frac{b}{c} y - b\right) = a : \left(x + \frac{b}{c} y - b\right)$ (Strahlensatz).
Durch Umformen dieser Gleichung erhält man: $\frac{ab}{c} y - ab = xy + \frac{b}{c} y^2 - by$.
Hieraus folgt: $y^2 = cy - \frac{cx}{b} y + ay - ac$.

Die letzte Gleichung konnte DESCARTES mit der aus antiken Quellen bekannten Kurve „Hyperbel" in Verbindung bringen, er schreibt: „... dies ist die gesuchte Gleichung, aus der man ersieht, dass die Linie EC von der ersten Gattung ist; in der Tat ist es nichts anderes als eine Hyperbel."

Mathematische Exkursionen

HERMANN MINKOWSKI
(1864–1909)

Darstellungen wie Fig. 1 bis Fig. 3 bezeichnet man als **Raum-Zeit-Diagramme** oder nach dem deutschen Mathematiker HERMANN MINKOWSKI auch als **MINKOWSKI-Diagramme**. MINKOWSKI gilt als der mathematische Vollender der speziellen Relativitätstheorie.

Beachten Sie:
In der klassischen Mechanik verwendet man – anders als bei Raum-Zeit-Diagrammen – die x_1-Achse als t-Achse.

Fig. 1 und Fig. 2 zeigen Weltlinien von Bewegungen entlang der x_1-Achse. Diese Bewegungen werden durch Vektoren mit zwei Koordinaten beschrieben.

Fig. 3 zeigt die Weltlinie einer Bewegung in der x_1x_2-Ebene. Diese Bewegung wird durch Vektoren mit drei Koordinaten beschrieben.

Raum und Zeit

In dieser Exkursion wird dargelegt, wie man Bewegungen vektoriell und grafisch darstellen kann. Hierzu kann man Vektoren mit vier Koordinaten verwenden: drei Koordinaten, die den jeweiligen Ort eines Gegenstandes beschreiben, und eine Koordinate für den dazugehörenden Zeitpunkt. Die Ortskoordinaten sind dabei im Allgemeinen Funktionen der Zeit.

Weltlinien

Fig. 1 zeigt die Beschreibung der Bewegung eines Löwen, der mit konstanter Geschwindigkeit geradeaus geht.
Die grafische Darstellung dieser Bewegung wurde so gewählt, dass die x_1-Achse in der Bewegungsrichtung des Löwen liegt.
Die Linie g nennt man **Weltlinie** (des Löwen); die Koordinaten ihrer Punkte geben jeweils Ort und Zeitpunkt (bez. des Löwen) an.
Diese Bewegung kann durch die Vektoren

$$\vec{x_a} = \begin{pmatrix} a \ [\text{in m}] \\ a \ [\text{in s}] \end{pmatrix}, \ a \in \mathbb{R}^+,$$ angegeben werden.

Die erste Koordinate beschreibt den jeweiligen Ort und die zweite Koordinate den dazugehörenden Zeitpunkt.

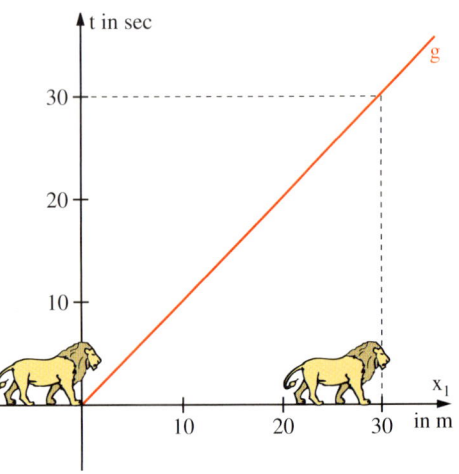

Fig. 1

1 Fig. 2 zeigt die Weltlinie g eines ruhenden Löwen und die Weltlinie h eines zweiten Löwen, der sich von dem ruhenden Löwen wegbewegt. Beschreiben Sie die Bewegung des zweiten Löwen.

2 Fig. 3 zeigt die Weltlinie g eines Löwen, der in der x_1x_2-Ebene einen bogenförmigen Weg zurücklegt. Wie sieht die Weltlinie eines Löwen aus, dessen Bewegung durch die Vektoren
$$\vec{x_t} = \begin{pmatrix} 10\cos(t) \\ 10\sin(t) \\ t \end{pmatrix}$$ für t = 0 bis t = 4,5 beschrieben wird?

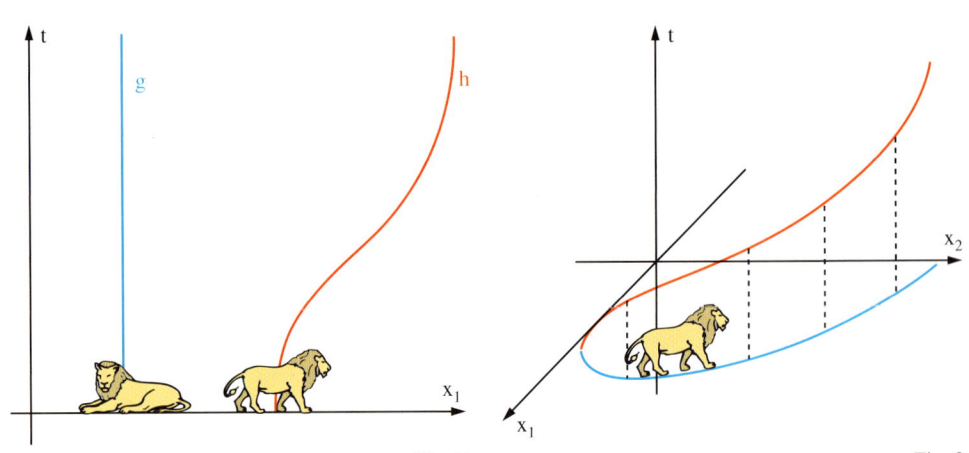

Fig. 2

Fig. 3

68

Mathematische Exkursionen

Fig. 1 zeigt die Flugbahn eines Schmetterlings. Jeder Punkt des Graphen gibt einen Ort im Raum an, den der Schmetterling während seines Fluges erreicht.

Aus Fig. 1 ist jedoch nicht zu entnehmen, zu welchen Zeitpunkten die jeweiligen Stellen der Flugbahn erreicht werden. Es ist nicht möglich, in Fig. 1 eine zusätzliche Achse für die Zeit t, sozusagen für eine vierte „Dimension" einzuzeichnen.

Der Flug des Schmetterlings kann jedoch durch Vektoren der Art

$$\vec{x}_t = \begin{pmatrix} x_1(t) \\ x_2(t) \\ x_3(t) \\ t \end{pmatrix}$$ beschrieben werden.

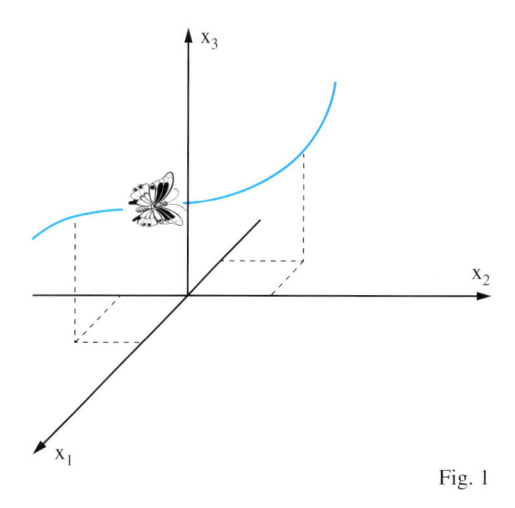

Fig. 1

Vergangenheit, Gegenwart, Zukunft

Zu Beginn des 20. Jahrhunderts entwickelte ALBERT EINSTEIN eine physikalische Theorie, die unter anderem Systeme beschreibt, die sich (mit hohen Geschwindigkeiten) relativ zueinander bewegen. Aus dieser **Relativitätstheorie** folgt, dass Informationen und Gegenstände nicht mit Überlichtgeschwindigkeit von einem Ort zu einem anderen Ort gelangen können.

ALBERT EINSTEIN
(1879–1955)

EINSTEIN hörte als Student in Zürich Mathematikvorlesungen bei HERMANN MINKOWSKI.

Die Lichtgeschwindigkeit beträgt im Vakuum etwa $300\,000\,\frac{km}{s}$.

Fig. 2 zeigt die Weltlinie g eines Lichtsignals, das sich in Richtung der x_1-Achse ausbreitet. Als Zeiteinheit wurde 1 s gewählt, als Längeneinheit 1 Ls (Lichtsekunde). Eine Lichtsekunde ist die Strecke, die ein Lichtsignal in 1 s zurücklegt.

Bewegt sich ein Körper oder ein Signal vom Koordinatenursprung aus in Richtung der x_1-Achse, so muss seine Weltlinie aufgrund der Relativitätstheorie zwischen der Weltlinie des Lichtsignals und der t-Achse verlaufen.

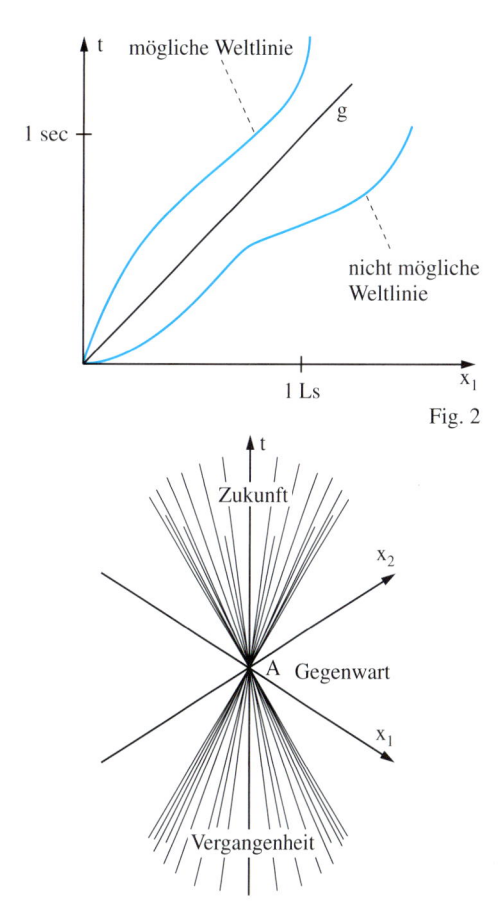

Fig. 2

*Einen Punkt in einem Raum-Zeit-Diagramm bezeichnet man auch als **Ereignis**.*

Fig. 3 zeigt ein Raum-Zeit-Diagramm, mit dessen Hilfe man Vorgänge in der x_1x_2-Ebene beschreiben kann. Eingetragen sind Weltlinien von Lichtsignalen. Diese Weltlinien bilden einen Doppelkegel. Alle anderen möglichen Weltlinien, die von A ausgehen, müssen innerhalb des oberen Kegels liegen. Die Gesamtheit der Ereignisse, die von A aus erreicht werden können, liegen deshalb innerhalb dieses Kegels; sie bildet sozusagen „die Zukunft von A".
Entsprechend stellen das Innere des unteren Kegels „die Vergangenheit von A" und das Äußere des Doppelkegels „die Gegenwart von A" dar.

*Die Begriffe **Vergangenheit**, **Gegenwart** und **Zukunft** werden hier weiter gefasst als in der Umgangssprache.*

Fig. 3

69

Rückblick

Vektoren in der Geometrie
Spricht man in der Geometrie von Vektoren, so meint man damit meist Verschiebungen.
Verschiebungsvektoren $\vec{a}$ und $\vec{b}$ sind **gleich** ($\vec{a} = \vec{b}$), wenn die Pfeile von $\vec{a}$ und $\vec{b}$ zueinander parallel, gleich lang und gleich gerichtet sind.
Sind die Pfeile zweier Verschiebungsvektoren $\vec{a}$ und $\vec{b}$ zueinander parallel und gleich lang, aber entgegengesetzt gerichtet, so heißt $\vec{a}$ **Gegenvektor** zu $\vec{b}$ und es gilt: $\vec{a} = -\vec{b}$ und $\vec{b} = -\vec{a}$.

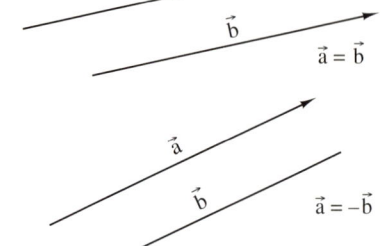

Addition und Subtraktion von Vektoren des Vektorraumes $\mathbb{R}^3$
Sind die Koordinaten zweier Vektoren $\vec{a}$ und $\vec{b}$ gegeben, so gilt:
$$\vec{a} + \vec{b} = \begin{pmatrix} a_1 \\ a_2 \\ a_3 \end{pmatrix} + \begin{pmatrix} b_1 \\ b_2 \\ b_3 \end{pmatrix} = \begin{pmatrix} a_1 + b_1 \\ a_2 + b_2 \\ a_3 + b_3 \end{pmatrix}, \qquad \vec{a} - \vec{b} = \begin{pmatrix} a_1 \\ a_2 \\ a_3 \end{pmatrix} - \begin{pmatrix} b_1 \\ b_2 \\ b_3 \end{pmatrix} = \begin{pmatrix} a_1 - b_1 \\ a_2 - b_2 \\ a_3 - b_3 \end{pmatrix}.$$

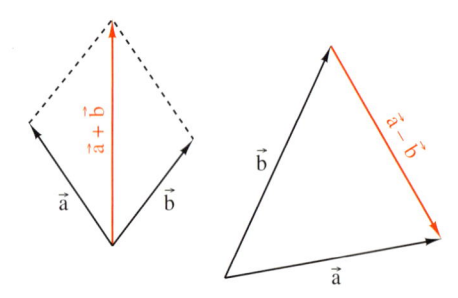

Multiplikation eines Vektors des Vektorraumes $\mathbb{R}^3$ mit einer Zahl
Für einen Vektor $\begin{pmatrix} a_1 \\ a_2 \\ a_3 \end{pmatrix}$ und eine reelle Zahl r gilt: $r \cdot \begin{pmatrix} a_1 \\ a_2 \\ a_3 \end{pmatrix} = \begin{pmatrix} r \cdot a_1 \\ r \cdot a_2 \\ r \cdot a_3 \end{pmatrix}$.

Rechengesetze
Für alle Elemente $\vec{a}, \vec{b}, \vec{c}$ eines Vektorraumes und alle reelle Zahlen r, s gilt u. a.:
$\vec{a} + \vec{b} = \vec{b} + \vec{a}$ (**Kommutativgesetz**)
$\vec{a} + \vec{b} + \vec{c} = (\vec{a} + \vec{b}) + \vec{c} = \vec{a} + (\vec{b} + \vec{c})$ (**Assoziativgesetz**)
$r \cdot (s \cdot \vec{a}) = (r \cdot s) \cdot \vec{a}$ (**Assoziativgesetz**)
$r \cdot (\vec{a} + \vec{b}) = r \cdot \vec{a} + r \cdot \vec{b}$; $(r + s) \cdot \vec{a} = r \cdot \vec{a} + s \cdot \vec{a}$ (**Distributivgesetze**)

$$\begin{pmatrix} 3 \\ 2 \\ -7 \end{pmatrix} + \begin{pmatrix} 5 \\ -1 \\ 4 \end{pmatrix} = \begin{pmatrix} 3+5 \\ 2+(-1) \\ (-7)+4 \end{pmatrix} = \begin{pmatrix} 8 \\ 1 \\ -3 \end{pmatrix}$$

$$\begin{pmatrix} 3 \\ 2 \\ -7 \end{pmatrix} - \begin{pmatrix} 5 \\ -1 \\ 4 \end{pmatrix} = \begin{pmatrix} 3-5 \\ 2-(-1) \\ (-7)-4 \end{pmatrix} = \begin{pmatrix} -2 \\ 3 \\ -11 \end{pmatrix}$$

$$5 \cdot \begin{pmatrix} 4 \\ 2 \\ -3 \end{pmatrix} = \begin{pmatrix} 5 \cdot 4 \\ 5 \cdot 2 \\ 5 \cdot (-3) \end{pmatrix} = \begin{pmatrix} 20 \\ 10 \\ -15 \end{pmatrix}$$

Einen Ausdruck der Art $r_1 \cdot \vec{a_1} + r_2 \cdot \vec{a_2} + \ldots + r_n \cdot \vec{a_n}$ ($n \in \mathbb{N}$) nennt man eine **Linearkombination** der Vektoren $\vec{a_1}, \vec{a_2}, \ldots, \vec{a_n}$; die rellen Zahlen $r_1, r_2, \ldots, r_n$ heißen **Koeffizienten**.

Lineare Abhängigkeit von Vektoren
Die Vektoren $\vec{a_1}, \vec{a_2}, \ldots, \vec{a_n}$ heißen **linear abhängig**, wenn mindestens einer dieser Vektoren als Linearkombination der anderen darstellbar ist; andernfalls heißen die Vektoren **linear unabhängig**.
Die Vektoren $\vec{a_1}, \vec{a_2}, \ldots, \vec{a_n}$ sind genau dann linear unabhängig, wenn die Gleichung $r_1 \cdot \vec{a_1} + r_2 \cdot \vec{a_2} + \ldots + r_n \cdot \vec{a_n} = \vec{o}$ ($r_1, r_2, \ldots, r_n \in \mathbb{R}$) genau eine Lösung mit $r_1 = r_2 = \ldots = r_n = 0$ besitzt.

Drei oder mehr Vektoren des Vektorraumes $\mathbb{R}^2$ sind stets linear abhängig.
Vier oder mehr Vektoren des Vektorraumes $\mathbb{R}^3$ sind stets linear abhängig.

Die Vektoren $\vec{a}$ und $5\vec{a}$ sind linear abhängig

Die Vektoren $\begin{pmatrix} 2 \\ -2 \\ 4 \end{pmatrix}, \begin{pmatrix} 3 \\ 0 \\ 1 \end{pmatrix}, \begin{pmatrix} 1 \\ 1 \\ -0,5 \end{pmatrix}$

sind linear unabhängig, denn die Gleichung

$$r \cdot \begin{pmatrix} 2 \\ -2 \\ 4 \end{pmatrix} + s \cdot \begin{pmatrix} 3 \\ 0 \\ 1 \end{pmatrix} + t \cdot \begin{pmatrix} 1 \\ 1 \\ -0,5 \end{pmatrix} = \begin{pmatrix} 0 \\ 0 \\ 0 \end{pmatrix}$$

hat als einzige Lösung $r = s = t = 0$.

Basis und Dimension
Jeweils n linear unabhängige Vektoren $\vec{b_1}, \vec{b_2}, \ldots, \vec{b_n}$ eines Vektorraumes V heißen **Basis** von V, wenn man jeden Vektor von V als Linearkombination dieser Vektoren darstellen kann.
Die Anzahl der Vektoren einer Basis eines Vektorraumes V heißt **Dimension** von V.

Aufgaben zum Üben und Wiederholen

1 Vereinfachen Sie.
a) $3\vec{a} + 2\vec{a}$
b) $11\vec{c} - 15\vec{c} + 6\vec{c}$
c) $9\vec{d} - \vec{e} + \vec{d} - 6\vec{e}$
d) $5{,}2\vec{u} - 7{,}3\vec{v} - 2{,}5\vec{u} + 4\vec{v}$
e) $3{,}6\vec{a} + 4{,}7\vec{b} - 8{,}2\vec{c} + 5{,}7\vec{a} - 3{,}9\vec{c} + 2{,}5\vec{b} + \vec{a} - \vec{c}$

2 Stellen Sie $\vec{a} = \begin{pmatrix} 1 \\ 2 \\ 4 \end{pmatrix}$ als Linearkombination der Vektoren $\begin{pmatrix} 1 \\ 2 \\ 1 \end{pmatrix}, \begin{pmatrix} 0 \\ 1 \\ 1 \end{pmatrix}, \begin{pmatrix} 3 \\ 2 \\ 0 \end{pmatrix}$ dar.

3 Fig. 1 zeigt ein regelmäßiges Sechseck, in das Pfeile von Vektoren eingezeichnet wurden.
a) Drücken Sie die Vektoren $\vec{c}$, $\vec{d}$ und $\vec{e}$ jeweils durch die beiden Vektoren $\vec{a}$ und $\vec{b}$ aus.
b) Drücken Sie die Vektoren $\vec{a}$, $\vec{b}$ und $\vec{c}$ jeweils durch die beiden Vektoren $\vec{d}$ und $\vec{e}$ aus.

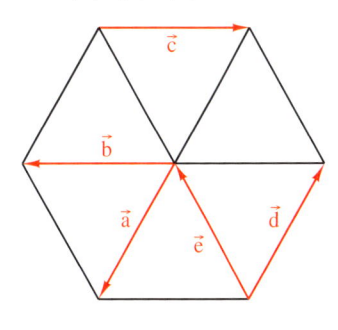

Fig. 1

4 Bilden die Vektoren eine Basis des $\mathbb{R}^3$? Stellen Sie, falls möglich, einen Vektor als Linearkombination der anderen dar.

a) $\begin{pmatrix} 2 \\ -2 \\ 4 \end{pmatrix}, \begin{pmatrix} 1 \\ 1 \\ 2 \end{pmatrix}, \begin{pmatrix} 2 \\ 0 \\ -1 \end{pmatrix}$
b) $\begin{pmatrix} 1 \\ -1 \\ -3 \end{pmatrix}, \begin{pmatrix} 4 \\ 0 \\ 1 \end{pmatrix}, \begin{pmatrix} -2 \\ 2 \\ -7 \end{pmatrix}$
c) $\begin{pmatrix} 5 \\ 7 \\ -9 \end{pmatrix}, \begin{pmatrix} 0 \\ 0 \\ 0 \end{pmatrix}, \begin{pmatrix} -1 \\ -4 \\ 3 \end{pmatrix}$

5 Wie kann die reelle Zahl a gewählt werden, damit die Vektoren eine Basis des $\mathbb{R}^2$ bzw. eine Basis des $\mathbb{R}^3$ bilden?

a) $\begin{pmatrix} 12 \\ 4 \end{pmatrix}, \begin{pmatrix} a \\ 8 \end{pmatrix}$
b) $\begin{pmatrix} 7 \\ 8 \end{pmatrix}, \begin{pmatrix} 3 \\ a \end{pmatrix}$
c) $\begin{pmatrix} 9a \\ 3a \end{pmatrix}, \begin{pmatrix} a \\ 1 \end{pmatrix}$
d) $\begin{pmatrix} 4 \\ 4 \\ 8 \end{pmatrix}, \begin{pmatrix} -3 \\ -3 \\ a \end{pmatrix}, \begin{pmatrix} a \\ a \\ -12 \end{pmatrix}$
e) $\begin{pmatrix} a^3 \\ a^2 \\ a \end{pmatrix}, \begin{pmatrix} 1 \\ 1 \\ 1 \end{pmatrix}, \begin{pmatrix} 27 \\ 9 \\ a^5 \end{pmatrix}$
f) $\begin{pmatrix} -2 \\ a \\ a-4 \end{pmatrix}, \begin{pmatrix} 3 \\ a \\ a-3 \end{pmatrix}, \begin{pmatrix} 4 \\ a \\ a+8 \end{pmatrix}$

6 In Fig. 2 ist die Strecke $\overline{AD}$ doppelt so lang wie die Strecke $\overline{DC}$. Die Strecke $\overline{CE}$ ist dreimal so lang wie die Strecke $\overline{EB}$. Zeigen Sie, dass für die Vektoren $\overrightarrow{AS}$ und $\overrightarrow{BS}$ gilt:
$\overrightarrow{AS} = \frac{2}{9}\vec{a} + \frac{2}{3}\vec{b}$;
$\overrightarrow{BS} = \frac{2}{9}\vec{a} - \frac{1}{3}\vec{b}$.

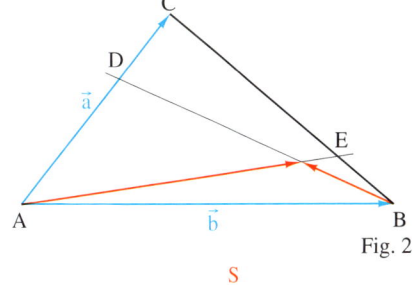

Fig. 2

7 In Fig. 3 sind sie Punkte P, Q, R, S, T, U, V und W die Mittelpunkte der Kanten des Quaders. Beweisen Sie:
a) Die Punkte P, Q, R, S, T und U liegen in einer gemeinsamen Ebene.
b) Die Punkte P, Q, R, S, V und W liegen nicht in einer gemeinsamen Ebene.

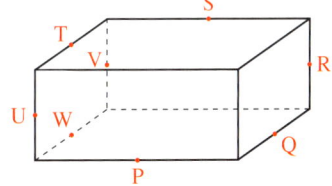

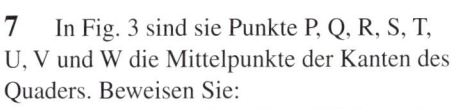

Fig. 3

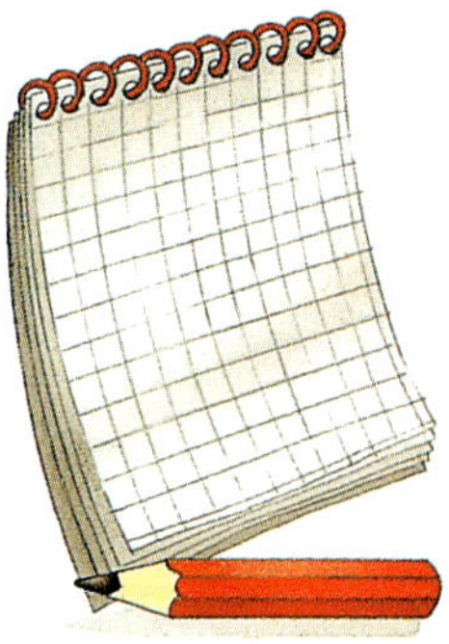

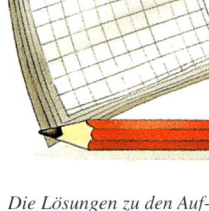

8 Bestimmen Sie eine Basis für den Vektorraum der Lösungen des LGS.

a) $x_1 - x_2 - x_3 + x_4 = 0$
b) $\begin{cases} x_1 + 2x_2 + 3x_3 + 4x_4 = 0 \\ 4x_1 + 3x_2 + 2x_3 + x_4 = 0 \end{cases}$
c) $\begin{cases} x_1 + x_2 + x_3 + x_4 + x_5 = 0 \\ x_1 + x_2 + x_4 + x_5 = 0 \\ x_1 + x_3 + x_5 = 0 \end{cases}$

Die Lösungen zu den Aufgaben dieser Seite finden Sie auf Seite 252/253.

III Geraden und Ebenen

1 Vektorielle Darstellung von Geraden

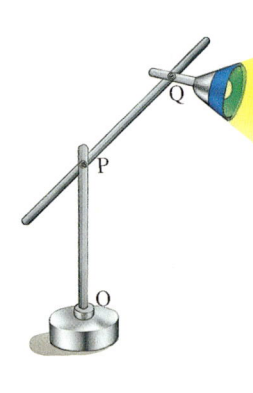

1 Die beiden Stangen der Lampe können an den Stellen O und P verstellt und fixiert werden. Der Befestigungspunkt Q des Strahlers kann mithilfe einer Schraube entlang der Querstange verschoben werden.
a) Was wird festgelegt, wenn man die Schrauben an den Stellen O und P zudreht?
b) Wo liegen alle möglichen Positionen des Befestigungspunktes Q, wenn man die Stangen in P und O fixiert hat?
c) Wie kann man mithilfe zweier Vektoren, deren Pfeile jeweils zu einer der Stangen parallel sind, alle möglichen Stellen Q angeben?

Die Lösungsmenge einer linearen Gleichung der Form $x_2 = a x_1 + b$ kann man als Gerade der Zeichenebene darstellen. Mithilfe von Vektoren ist es möglich, sowohl Geraden der Zeichenebene als auch Geraden im Raum algebraisch zu beschreiben. Hierzu betrachtet man die Ortsvektoren der Punkte einer Geraden.

Beachten Sie:
Die Überlegungen zu Fig. 1 und Fig. 2 gelten sowohl für Geraden einer Ebene als auch für Geraden des Raumes. Deshalb wurden nicht die Koordinatenachsen, sondern nur ihr Schnittpunkt O, der Ursprung, angegeben. Man kann sich also jeweils ein zwei- oder dreidimensionales Koordinatensystem hinzudenken.

Fig. 1 verdeutlicht: Ist g eine Gerade und sind P und Q zwei Punkte von g, so gilt:
Ein beliebig gewählter Punkt X von g hat den Ortsvektor $\vec{x}$ mit $\vec{x} = \overrightarrow{OP} + t \cdot \overrightarrow{PQ}$, $t \in \mathbb{R}$, denn:
Es ist $\vec{x} = \overrightarrow{OP} + \overrightarrow{PX}$. Da P, Q und X auf einer Geraden liegen, sind $\overrightarrow{PQ}$ und $\overrightarrow{PX}$ linear abhängig, also ist $\vec{x} = \overrightarrow{OP} + t \cdot \overrightarrow{PQ}$.
Bezeichnet man $\overrightarrow{OP}$ mit $\vec{p}$ und $\overrightarrow{PQ}$ mit $\vec{u}$, so ist
$\vec{x} = \vec{p} + t \cdot \vec{u}$ ($t \in \mathbb{R}$).

Fig. 1

Fig. 2 verdeutlicht: Sind zwei Vektoren $\vec{p}$ und $\vec{u}$ ($\vec{u} \neq \vec{o}$) gegeben, so gilt:
Alle Punkte X, für deren Ortsvektoren $\vec{x}$ gilt
$\vec{x} = \vec{p} + t \cdot \vec{u}$ ($t \in \mathbb{R}$), liegen auf derselben Geraden, denn:
Die Vektoren $t \cdot \vec{u}$ ($t \in \mathbb{R}$) sind paarweise linear abhängig; d.h. die Spitzen der entsprechenden Pfeile mit dem Anfangspunkt P und P selbst müssen auf einer gemeinsamen Geraden liegen.

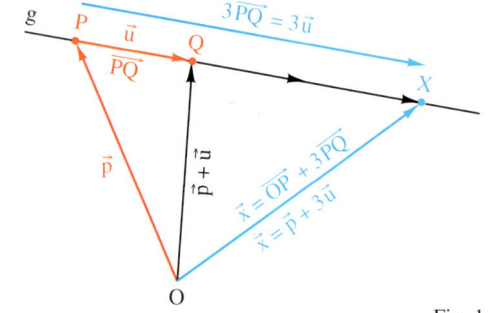

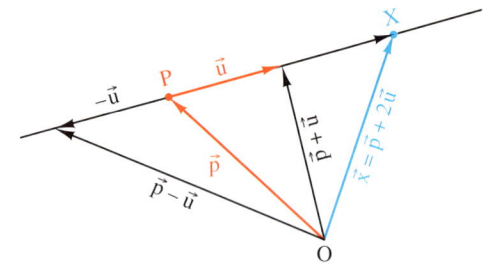

Fig. 2

Ist ein Vektor Ortsvektor eines Geradenpunktes, so kann er als Stützvektor dieser Geraden verwendet werden.
Liegen zwei Punkte P und Q (P ≠ Q) auf einer Geraden, so kann der Vektor $\overrightarrow{PQ}$ als Richtungsvektor dieser Geraden verwendet werden.

Der Vektor $\vec{p}$ heißt **Stützvektor** von g, weil sein Pfeil von O nach P die Gerade g „in dem Punkt P stützt".
Der Vektor $\vec{u}$ heißt **Richtungsvektor** von g, weil er die „Richtung" der Geraden g festlegt.

Satz: Jede Gerade lässt sich durch eine Gleichung der Form
$$\vec{x} = \vec{p} + t \cdot \vec{u} \quad (t \in \mathbb{R})$$
beschreiben. Hierbei ist $\vec{p}$ ein Stützvektor und $\vec{u}$ ($\vec{u} \neq \vec{o}$) ein Richtungsvektor von g.

Man nennt eine Gleichung $\vec{x} = \vec{p} + t \cdot \vec{u}$ eine **Geradengleichung in Parameterform** der jeweiligen Geraden g (mit dem Parameter t). Man schreibt kurz g: $\vec{x} = \vec{p} + t \cdot \vec{u}$.

Vektorielle Darstellung von Geraden

Beispiel 1: (Geraden zeichnen und Geradenpunkte bestimmen)

a) Zeichnen Sie die Gerade $g: \vec{x} = \begin{pmatrix} 2 \\ 4 \\ 3 \end{pmatrix} + t \cdot \begin{pmatrix} 1 \\ 2 \\ -1 \end{pmatrix}$ in ein Koordinatensystem ein.

b) Berechnen Sie die Koordinaten von drei Punkten dieser Geraden und tragen Sie diese Punkte in das Koordinatensystem ein.

Lösung:

a) Man trägt in ein Koordinatensystem ein:

– den Pfeil des Stützvektors $\vec{p} = \begin{pmatrix} 2 \\ 4 \\ 3 \end{pmatrix}$,

dessen Anfangspunkt im Ursprung O liegt.

– den Pfeil des Richtungsvektors $\vec{u} = \begin{pmatrix} 1 \\ 2 \\ -1 \end{pmatrix}$,

dessen Anfangspunkt an der Spitze des Pfeils von $\vec{p}$ liegt. Man zeichnet die Gerade g so, dass der Pfeil von $\vec{u}$ auf g liegt.

Hinweis zu Beispiel 1: Man kann vom Vektor $\vec{u}$ zuerst den Pfeil zeichnen, dessen Anfangspunkt im Ursprung O liegt.

b) Setzt man in die gegebene Gleichung für t nacheinander z. B. die Werte 0, 1 und –1 ein, so erhält man die Vektoren

$\vec{x}_0 = \begin{pmatrix} 2 \\ 4 \\ 3 \end{pmatrix}$, $\vec{x}_1 = \begin{pmatrix} 3 \\ 6 \\ 2 \end{pmatrix}$ und $\vec{x}_{-1} = \begin{pmatrix} 1 \\ 2 \\ 4 \end{pmatrix}$.

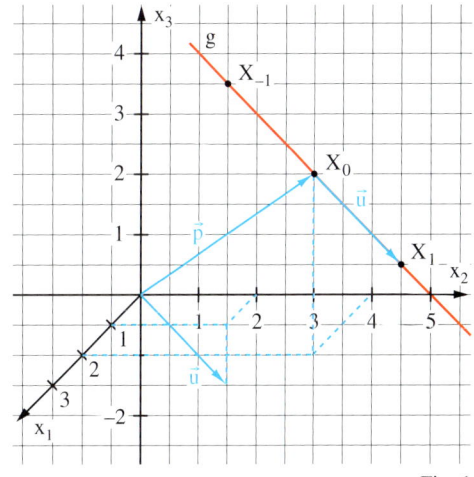

Fig. 1

Das heißt, die Punkte $X_0(2|4|3)$, $X_1(3|6|2)$ und $X_{-1}(1|2|4)$ liegen auf g.

Beispiel 2: (Punktprobe)

Prüfen Sie, ob der Punkt $A(-7|-5|8)$ auf der Geraden $g: \vec{x} = \begin{pmatrix} 3 \\ -1 \\ 2 \end{pmatrix} + t \cdot \begin{pmatrix} 5 \\ 2 \\ -3 \end{pmatrix}$ liegt.

Lösung:

Wenn A auf g liegt, dann muss es eine reelle Zahl geben, die die Gleichung

*Statt Geradengleichung in Parameterform sagt man auch kurz **Parametergleichung**.*

$\begin{pmatrix} 3 \\ -1 \\ 2 \end{pmatrix} + t \cdot \begin{pmatrix} 5 \\ 2 \\ -3 \end{pmatrix} = \begin{pmatrix} -7 \\ -5 \\ 8 \end{pmatrix}$ erfüllt. Aus $3 + t \cdot 5 = -7$ folgt $t = -2$ und es gilt sowohl

$(-1) + (-2) \cdot 2 = -5$ als auch $2 + (-2) \cdot (-3) = 8$.

A liegt somit auf g.

Beispiel 3: (Parametergleichung bestimmen)

Geben Sie zwei Parametergleichungen für die Gerade g, die durch die Punkte $A(1|-2|5)$ und $B(4|6|-2)$ geht, an.

Lösung:

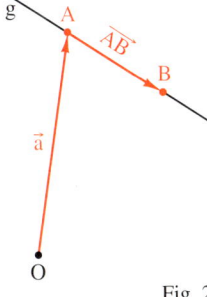

Fig. 2

Da A auf g liegt, ist der Vektor $\vec{a} = \begin{pmatrix} 1 \\ -2 \\ 5 \end{pmatrix}$ ein möglicher Stützvektor von g.

Da A und B auf g liegen, ist der Vektor $\overrightarrow{AB} = \begin{pmatrix} 4 \\ 6 \\ -2 \end{pmatrix} - \begin{pmatrix} 1 \\ -2 \\ 5 \end{pmatrix} = \begin{pmatrix} 3 \\ 8 \\ -7 \end{pmatrix}$ ein möglicher

Hinweis zu Beispiel 3: Jeder Ortsvektor eines Punktes von g ist ein möglicher Stützvektor von g. Jeder Vektor der linear abhängig zu $\begin{pmatrix} 3 \\ 8 \\ -7 \end{pmatrix}$ ist, ist ein möglicher Richtungsvektor von g.

Richtungsvektor von g. Somit erhält man: $g: \vec{x} = \begin{pmatrix} 1 \\ -2 \\ 5 \end{pmatrix} + t \cdot \begin{pmatrix} 3 \\ 8 \\ -7 \end{pmatrix}$.

Eine weitere Gleichung von g ist z. B.: $\vec{x} = \begin{pmatrix} 4 \\ 6 \\ -2 \end{pmatrix} + t \cdot \begin{pmatrix} -6 \\ -16 \\ 14 \end{pmatrix}$.

73

Vektorielle Darstellung von Geraden

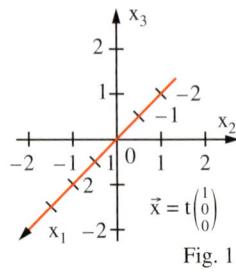

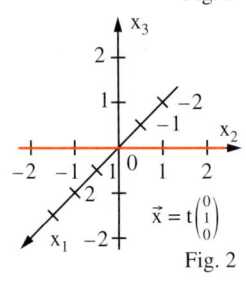

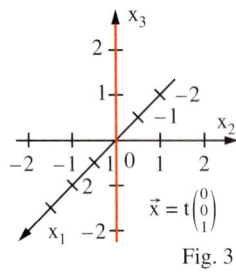

Aufgaben

2 Zeichnen Sie die Gerade g in ein Koordinatensystem ein.

a) $g: \vec{x} = \begin{pmatrix} 1 \\ 2 \end{pmatrix} + t \cdot \begin{pmatrix} 3 \\ 2 \end{pmatrix}$
b) $g: \vec{x} = \begin{pmatrix} -1 \\ 2 \end{pmatrix} + t \cdot \begin{pmatrix} 3 \\ -2 \end{pmatrix}$
c) $g: \vec{x} = \begin{pmatrix} 1 \\ -2 \end{pmatrix} + t \cdot \begin{pmatrix} -3 \\ -2 \end{pmatrix}$

d) $g: \vec{x} = \begin{pmatrix} 1 \\ 0 \\ 1 \end{pmatrix} + t \cdot \begin{pmatrix} 3 \\ 0 \\ 2 \end{pmatrix}$
e) $g: \vec{x} = \begin{pmatrix} 1 \\ 2 \\ -2 \end{pmatrix} + t \cdot \begin{pmatrix} 1 \\ 3 \\ 2 \end{pmatrix}$
f) $g: \vec{x} = \begin{pmatrix} 0 \\ 2 \\ -1 \end{pmatrix} + t \cdot \begin{pmatrix} -3 \\ 2 \\ 0 \end{pmatrix}$

3 Gegeben ist die Gerade $g: \vec{x} = \begin{pmatrix} 1 \\ -3 \\ 2 \end{pmatrix} + t \cdot \begin{pmatrix} 2 \\ 2 \\ 2 \end{pmatrix}$ $\left(h: \vec{x} = \begin{pmatrix} -1 \\ 1 \\ 0 \end{pmatrix} + t \cdot \begin{pmatrix} 3 \\ 2 \\ 1 \end{pmatrix} \right)$.

Zeichnen Sie die Gerade. Bestimmen Sie hierzu zuerst
a) zwei verschiedene Punkte, die auf der Geraden liegen,
b) einen Punkt, der auf der Geraden liegt und dessen x_2-Koordinate null ist,
c) einen Punkt, der auf der Geraden und in der x_2x_3-Ebene liegt.

4 Geben Sie zu den Geraden durch die Punkte A und B, A und C sowie B und C jeweils eine Parametergleichung an.

a) A(2|7), B(1|4), C(−2|5)
b) A(0|5|−4), B(6|3|1), C(9|−9|0)
c) A(8|−1|1), B(4|5|−2), C(1|1|1)
d) A(8|7|6), B(−2|−5|−1), C(0|−4|−3)

5 Geben Sie zwei verschiedene Parametergleichungen der Geraden g an, die durch die Punkte A und B geht.

a) A(7|−3|−5), B(2|0|3)
b) A(0|0|0), B(−6|13|25)
c) A(12|−19|9), B(7|−3|−2)
d) A(0|7|0), B(−7|0|−7)

6 Gegeben ist die Gerade g mit dem Stützvektor $\vec{p}$ und dem Richtungsvektor $\vec{u}$. Geben Sie jeweils eine Parametergleichung von g mit einem von $\vec{p}$ verschiedenen Stützvektor bzw. von $\vec{u}$ verschiedenen Richtungsvektor an.

a) $\vec{p} = \begin{pmatrix} 0 \\ 3 \\ -9 \end{pmatrix}$; $\vec{u} = \begin{pmatrix} 1 \\ 2 \\ 3 \end{pmatrix}$
b) $\vec{p} = \begin{pmatrix} 0 \\ 0 \\ 0 \end{pmatrix}$; $\vec{u} = \begin{pmatrix} 0 \\ 3 \\ 0 \end{pmatrix}$
c) $\vec{p} = \begin{pmatrix} 15 \\ 5 \\ 1 \end{pmatrix}$; $\vec{u} = \begin{pmatrix} 15 \\ 5 \\ 1 \end{pmatrix}$

7 Prüfen Sie, ob der Punkt X auf der Geraden g liegt.

a) X(1|1), $g: \vec{x} = \begin{pmatrix} 7 \\ 3 \end{pmatrix} + t \begin{pmatrix} -2 \\ 3 \end{pmatrix}$
b) X(−1|0), $g: \vec{x} = \begin{pmatrix} -1 \\ 5 \end{pmatrix} + t \begin{pmatrix} 0 \\ 5 \end{pmatrix}$

c) X(2|3|−1), $g: \vec{x} = \begin{pmatrix} 7 \\ 0 \\ 4 \end{pmatrix} + t \begin{pmatrix} 5 \\ -3 \\ 5 \end{pmatrix}$
d) X(2|−1|−1), $g: \vec{x} = \begin{pmatrix} 1 \\ 0 \\ 1 \end{pmatrix} + t \begin{pmatrix} 1 \\ 3 \\ 3 \end{pmatrix}$

8 Geben Sie eine Parametergleichung einer Geraden an, die durch den Punkt P geht und parallel zur Geraden h ist.

a) P(0|0); $h: \vec{x} = \begin{pmatrix} 0 \\ 2 \end{pmatrix} + t \cdot \begin{pmatrix} 4 \\ 1 \end{pmatrix}$
b) P(7|−5); $h: \vec{x} = t \cdot \begin{pmatrix} -4 \\ 13 \end{pmatrix}$

c) P(0|−1|2); $h: \vec{x} = \begin{pmatrix} 2 \\ -1 \\ 0 \end{pmatrix} + t \cdot \begin{pmatrix} -7 \\ 0 \\ 3 \end{pmatrix}$
d) P(−2|−7|1); $h: \vec{x} = \begin{pmatrix} -2 \\ 2 \\ -2 \end{pmatrix} + t \cdot \begin{pmatrix} -2 \\ -7 \\ 1 \end{pmatrix}$

9 Geben Sie eine Parametergleichung von den beiden Winkelhalbierenden zwischen der x_1-Achse und der x_2-Achse in einem ebenen Koordinatensystem (zwischen der x_1-Achse und der x_3-Achse in einem räumlichen Koordinatensystem) an.

10 Welche besonderen Geraden werden durch die Parametergleichungen beschrieben?

a) $g: \vec{x} = t \begin{pmatrix} 1 \\ 0 \\ 1 \end{pmatrix}$,
b) $g: \vec{x} = t \begin{pmatrix} 0 \\ 1 \\ 1 \end{pmatrix}$,
c) $g: \vec{x} = t \begin{pmatrix} 1 \\ 1 \\ 1 \end{pmatrix}$

11 Zeichnen Sie einen Würfel und bezeichnen Sie die Ecken mit ABCDEFGH (Fig. 1). Wählen Sie ein geeignetes Koordinatensystem und bestimmen Sie eine Parametergleichung der Geraden, die festgelegt ist durch die Punkte

a) A und C,   b) B und D,
c) E und G,   d) F und H,
e) A und G,   f) B und H.

Fig. 1

12 Geben Sie eine Parametergleichung derjenigen Geraden an, die durch die Raumdiagonale in Fig. 2 festgelegt ist.
Legen Sie hierzu ein geeignetes Koordinatensystem fest.

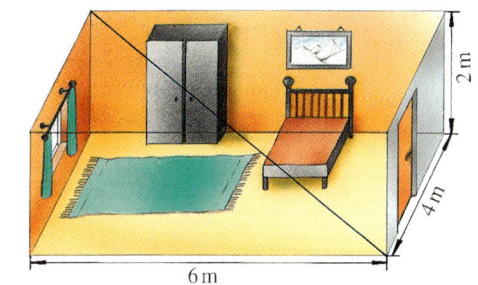

Fig. 2

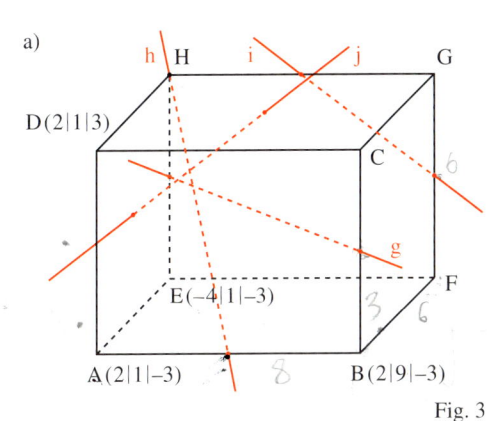

a) Fig. 3
b) Fig. 4

13 In Fig. 3 und Fig. 4 sind die rot eingezeichneten Punkte jeweils Mittelpunkte einer Seitenfläche bzw. einer Kante. Bestimmen Sie eine Parametergleichung für jede eingezeichnete Gerade in   a) Fig. 3,   b) Fig. 4.

14 Die Lösungsmenge einer Gleichung der Form $ax_1 + bx_2 = c$ ($a \neq 0$ oder $b \neq 0$) legt eine Gerade der Zeichenebene fest. Geben Sie eine Parametergleichung der Geraden g an, die beschrieben wird durch

a) $g: 2x_1 + x_2 = 1$,   b) $g: x_1 - x_2 = 3$,   c) $g: x_2 = 3$,
d) $g: 2x_1 + 5x_2 = 7$,   e) $g: 5x_1 - 3x_2 = 17$, f) $g: x_1 = 5$,
g) $g: x_1 + x_2 = 0$,   h) $g: x_1 = 0$ i) $g: -x_1 - x_2 = 3$.

In der Sekundarstufe I wurde die Gleichung $x_2 = m \cdot x_1 + b$ so geschrieben: $y = m \cdot x + b$.

15 Geben Sie eine Gleichung der Geraden g in der Form $ax_1 + bx_2 = c$ an.

a) $g: \vec{x} = \begin{pmatrix} 1 \\ 2 \end{pmatrix} + t \begin{pmatrix} 3 \\ 1 \end{pmatrix}$
b) $g: \vec{x} = \begin{pmatrix} 2 \\ 5 \end{pmatrix} + t \begin{pmatrix} -1 \\ 5 \end{pmatrix}$
c) $g: \vec{x} = \begin{pmatrix} 3 \\ 5 \end{pmatrix} + t \begin{pmatrix} 7 \\ 9 \end{pmatrix}$

16 Zeigen Sie am Beispiel von $g: \vec{x} = \begin{pmatrix} 3 \\ 2 \end{pmatrix} + t \begin{pmatrix} 4 \\ 1 \end{pmatrix}$, wie man aus einer Parametergleichung einer Geraden die Steigung und den x_2-Achsenabschnitt von g bestimmen kann.

75

2 Gegenseitige Lage von Geraden

1 Betrachtet werden die Geraden g und h sowie die Vektoren $\vec{a}$, $\vec{b}$ und $\vec{c}$ in Fig. 1.
a) Welche Aussage über $\vec{a}$, $\vec{b}$ und $\vec{c}$ kann man machen, wenn g und h zueinander parallel (nicht parallel) sind?
b) Können $\vec{a}$ und $\vec{b}$ linear unabhängig sein und zugleich g und h sich nicht schneiden? Begründen Sie Ihre Antwort.

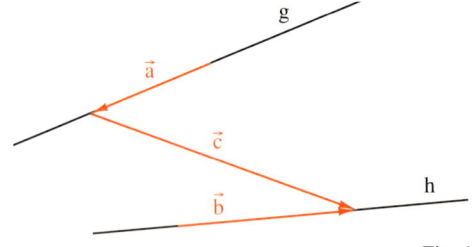

Fig. 1

Zwei in einer Ebene liegende Geraden fallen entweder zusammen oder sie sind zueinander parallel und verschieden oder sie schneiden sich. Bei zwei Geraden des Raumes kann auch der Fall eintreten, dass sie weder zueinander parallel sind noch gemeinsame Punkte besitzen. Solche Geraden heißen **zueinander windschief**.

Mögliche Lage von Geraden g: $\vec{x} = \vec{p} + r \cdot \vec{u}$ und h: $\vec{x} = \vec{q} + t \cdot \vec{v}$ im Raum:

g und h sind **identisch**	g und h sind **zueinander parallel** und voneinander verschieden	g und h **schneiden sich**	g und h sind **zueinander windschief**
Fig. 2	Fig. 3	Fig. 4	Fig. 5
$\vec{u}$ und $\vec{v}$ sind linear abhängig und		$\vec{u}$ und $\vec{v}$ sind linear unabhängig und	
$\vec{u}$ und $\vec{q} - \vec{p}$ sind linear abhängig	$\vec{u}$ und $\vec{q} - \vec{p}$ sind linear unabhängig	$\vec{u}$, $\vec{v}$ und $\vec{q} - \vec{p}$ sind linear abhängig	$\vec{u}$, $\vec{v}$ und $\vec{q} - \vec{p}$ sind linear unabhängig

Beachten Sie:
g und h schneiden sich genau dann, wenn in Fig. 4 die Pfeile von $\vec{u}$ und $\vec{v}$ nicht zueinander parallel sind und die Pfeile von $\vec{u}$, $\vec{v}$ und $\vec{q} - \vec{p}$ in einer Ebene liegen.
g und h sind zueinander windschief genau dann, wenn in Fig. 5 die Pfeile von $\vec{u}$ und $\vec{v}$ nicht zueinander parallel sind und die Pfeile von $\vec{u}$, $\vec{v}$ und $\vec{q} - \vec{p}$ nicht in einer Ebene liegen.

Gegenseitige Lage von Geraden

Die Anzahl der gemeinsamen Punkte von Geraden kann man algebraisch untersuchen:

Satz: Für die Geraden g: $\vec{x} = \vec{p} + r \cdot \vec{u}$ und h: $\vec{x} = \vec{q} + t \cdot \vec{v}$ gilt:
g und h **schneiden sich in einem Punkt**, wenn die Vektorgleichung
$\vec{p} + r \cdot \vec{u} = \vec{q} + t \cdot \vec{v}$ **genau eine** Lösung $(r_0; t_0)$ hat.
g und h sind **identisch**, wenn die Vektorgleichung
$\vec{p} + r \cdot \vec{u} = \vec{q} + t \cdot \vec{v}$ **unendlich viele** Lösungen hat.
g und h haben **keinen gemeinsamen Punkt**, wenn die Vektorgleichung
$\vec{p} + r \cdot \vec{u} = \vec{q} + t \cdot \vec{v}$ **keine** Lösung hat.

Anmerkungen:
1. Hat die Vektorgleichung $\vec{p} + r \cdot \vec{u} = \vec{q} + t \cdot \vec{v}$ genau eine Lösung $(r_0; t_0)$, so erhält man den Ortsvektor des Schnittpunktes, indem man r_0 für r in $\vec{p} + r \cdot \vec{u}$ einsetzt oder t_0 für t in $\vec{q} + t \cdot \vec{v}$ einsetzt.
2. Hat die Vektorgleichung $\vec{p} + r \cdot \vec{u} = \vec{q} + t \cdot \vec{v}$ keine Lösung, so sind g und h zueinander parallel, falls $\vec{u}$ und $\vec{v}$ linear abhängig sind; andernfalls sind sie zueinander windschief.

Beispiel: (gegenseitige Lage von Geraden)
Bestimmen Sie die gegenseitige Lage der Geraden g und h.

a) g: $\vec{x} = \begin{pmatrix} 1 \\ 2 \\ 3 \end{pmatrix} + r \cdot \begin{pmatrix} 2 \\ 4 \\ 1 \end{pmatrix}$, h: $\vec{x} = \begin{pmatrix} 3 \\ 6 \\ 4 \end{pmatrix} + t \cdot \begin{pmatrix} 4 \\ 8 \\ 2 \end{pmatrix}$

b) g: $\vec{x} = \begin{pmatrix} 7 \\ -2 \\ 2 \end{pmatrix} + r \cdot \begin{pmatrix} 2 \\ 3 \\ 1 \end{pmatrix}$, h: $\vec{x} = \begin{pmatrix} 4 \\ -6 \\ -1 \end{pmatrix} + t \cdot \begin{pmatrix} 1 \\ 1 \\ 2 \end{pmatrix}$

c) g: $\vec{x} = \begin{pmatrix} 3 \\ 6 \\ 4 \end{pmatrix} + r \cdot \begin{pmatrix} 4 \\ 8 \\ 2 \end{pmatrix}$, h: $\vec{x} = \begin{pmatrix} 1 \\ 0 \\ 3 \end{pmatrix} + t \cdot \begin{pmatrix} -4 \\ -6 \\ 2 \end{pmatrix}$

Bei der Aufgabe a) des Beispiels sieht man sofort, dass die Vektoren $\begin{pmatrix} 2 \\ 4 \\ 1 \end{pmatrix}$ und $\begin{pmatrix} 4 \\ 8 \\ 2 \end{pmatrix}$ sowie die Vektoren $\begin{pmatrix} 2 \\ 4 \\ 1 \end{pmatrix}$ und $\begin{pmatrix} 1 \\ 2 \\ 3 \end{pmatrix} - \begin{pmatrix} 3 \\ 6 \\ 4 \end{pmatrix}$ linear abhängig und deshalb g und h identisch sind.

Bei den Aufgaben b) und c) sind die Richtungsvektoren linear unabhängig. Überprüft man mithilfe eines Gleichungssystems, ob die Geraden windschief sind oder sich schneiden, so erhält man gegebenenfalls die Koordinaten des Schnittpunktes.

Lösung:

a) Der Vektorgleichung $\begin{pmatrix} 1 \\ 2 \\ 3 \end{pmatrix} + r \cdot \begin{pmatrix} 2 \\ 4 \\ 1 \end{pmatrix} = \begin{pmatrix} 3 \\ 6 \\ 4 \end{pmatrix} + t \cdot \begin{pmatrix} 4 \\ 8 \\ 2 \end{pmatrix}$ entspricht das LGS $\begin{cases} 1 + 2r = 3 + 4t \\ 2 + 4r = 6 + 8t \\ 3 + r = 4 + 2t \end{cases}$.

Dieses LGS hat unendlich viele Lösungen. Also sind g und h identisch.

b) Der Vektorgleichung $\begin{pmatrix} 7 \\ -2 \\ 2 \end{pmatrix} + r \cdot \begin{pmatrix} 2 \\ 3 \\ 1 \end{pmatrix} = \begin{pmatrix} 4 \\ -6 \\ -1 \end{pmatrix} + t \cdot \begin{pmatrix} 1 \\ 1 \\ 2 \end{pmatrix}$ entspricht das LGS $\begin{cases} 7 + 2r = 4 + t \\ -2 + 3r = -6 + t \\ 2 + r = -1 + 2t \end{cases}$.

Dieses LGS hat die einzige Lösung $(-1; 1)$. Also schneiden sich g und h.

Setzt man in $\begin{pmatrix} 7 \\ -2 \\ 2 \end{pmatrix} + r \cdot \begin{pmatrix} 2 \\ 3 \\ 1 \end{pmatrix}$ für r die Zahl -1 oder in $\begin{pmatrix} 4 \\ -6 \\ -1 \end{pmatrix} + t \cdot \begin{pmatrix} 1 \\ 1 \\ 2 \end{pmatrix}$ für t die Zahl 1 ein, so

erhält man den Vektor $\vec{s} = \begin{pmatrix} 5 \\ -5 \\ 1 \end{pmatrix}$. g und h schneiden sich somit im Punkt $S(5|-5|1)$.

c) Der Vektorgleichung $\begin{pmatrix} 3 \\ 6 \\ 4 \end{pmatrix} + r \cdot \begin{pmatrix} 4 \\ 8 \\ 2 \end{pmatrix} = \begin{pmatrix} 1 \\ 0 \\ 3 \end{pmatrix} + t \cdot \begin{pmatrix} -4 \\ -6 \\ 2 \end{pmatrix}$ entspricht das LGS $\begin{cases} 3 + 4r = 1 - 4t \\ 6 + 8r = -6t \\ 4 + 2r = 3 + 2t \end{cases}$.

Dieses LGS hat keine Lösung, also haben g und h keine gemeinsamen Punkte.
Da ferner die Richtungsvektoren von g und h linear unabhängig sind, sind g und h zueinander windschief.

77

Aufgaben

2 Berechnen Sie die Koordinaten des Schnittpunktes S der Geraden g und h.

a) $g: \vec{x} = \begin{pmatrix} 1 \\ 0 \end{pmatrix} + r \begin{pmatrix} 2 \\ 1 \end{pmatrix}$, $h: \vec{x} = \begin{pmatrix} 3 \\ 2 \end{pmatrix} + t \begin{pmatrix} 5 \\ 4 \end{pmatrix}$
b) $g: \vec{x} = \begin{pmatrix} 2 \\ 7 \end{pmatrix} + r \begin{pmatrix} 1 \\ 1 \end{pmatrix}$, $h: \vec{x} = \begin{pmatrix} 0 \\ 5 \end{pmatrix} + t \begin{pmatrix} -1 \\ 1 \end{pmatrix}$

c) $g: \vec{x} = \begin{pmatrix} 1 \\ 0 \\ 2 \end{pmatrix} + r \begin{pmatrix} 1 \\ -1 \\ 1 \end{pmatrix}$, $h: \vec{x} = \begin{pmatrix} 3 \\ -2 \\ 4 \end{pmatrix} + t \begin{pmatrix} 2 \\ 3 \\ 0 \end{pmatrix}$
d) $g: \vec{x} = \begin{pmatrix} 7 \\ 3 \\ 9 \end{pmatrix} + r \begin{pmatrix} 1 \\ 4 \\ 0 \end{pmatrix}$, $h: \vec{x} = \begin{pmatrix} 3 \\ -13 \\ 9 \end{pmatrix} + t \begin{pmatrix} 2 \\ 1 \\ 1 \end{pmatrix}$

3 Untersuchen Sie die gegenseitige Lage der Geraden g und h. Berechnen Sie gegebenenfalls die Koordinaten des Schnittpunktes S.

a) $g: \vec{x} = \begin{pmatrix} 1 \\ 2 \end{pmatrix} + t \begin{pmatrix} 4 \\ 2 \end{pmatrix}$, $h: \vec{x} = \begin{pmatrix} 0 \\ 5 \end{pmatrix} + t \begin{pmatrix} -2 \\ -1 \end{pmatrix}$
b) $g: \vec{x} = \begin{pmatrix} 3 \\ 4 \end{pmatrix} + t \begin{pmatrix} 1 \\ 2 \end{pmatrix}$, $h: \vec{x} = \begin{pmatrix} 0 \\ -2 \end{pmatrix} + t \begin{pmatrix} -2 \\ -4 \end{pmatrix}$

c) $g: \vec{x} = \begin{pmatrix} 7 \\ 3 \end{pmatrix} + t \begin{pmatrix} 1 \\ 0 \end{pmatrix}$, $h: \vec{x} = \begin{pmatrix} 2 \\ 5 \end{pmatrix} + t \begin{pmatrix} 1 \\ 1 \end{pmatrix}$
d) $g: \vec{x} = \begin{pmatrix} 1 \\ 3 \end{pmatrix} + t \begin{pmatrix} 3 \\ 6 \end{pmatrix}$, $h: \vec{x} = \begin{pmatrix} 2 \\ 5 \end{pmatrix} + t \begin{pmatrix} -5 \\ -10 \end{pmatrix}$

Wird bei zwei gegebenen Parametergleichungen der Parameter jeweils mit dem gleichen Buchstaben, z. B. „t", bezeichnet, dann muss er in einer Gleichung umbenannt werden, z. B. in „r".

4 Die Schnittpunkte der Geraden g, h, i sind die Eckpunkte eines Dreiecks ABC. Berechnen Sie die Koordinaten von A, B und C.

a) $g: \vec{x} = \begin{pmatrix} -7 \\ 7 \end{pmatrix} + r \begin{pmatrix} 3 \\ -2 \end{pmatrix}$, $h: \vec{x} = \begin{pmatrix} 4 \\ 7 \end{pmatrix} + s \begin{pmatrix} 1 \\ 3 \end{pmatrix}$, $i: \vec{x} = \begin{pmatrix} 5 \\ -1 \end{pmatrix} + t \begin{pmatrix} -2 \\ 5 \end{pmatrix}$

b) $g: \vec{x} = \begin{pmatrix} 0 \\ -1 \\ 2 \end{pmatrix} + r \begin{pmatrix} -2 \\ 2 \\ 1 \end{pmatrix}$, $h: \vec{x} = \begin{pmatrix} 3 \\ -1 \\ -2 \end{pmatrix} + s \begin{pmatrix} -2 \\ -4 \\ 6 \end{pmatrix}$, $i: \vec{x} = \begin{pmatrix} 5 \\ 3 \\ -8 \end{pmatrix} + t \begin{pmatrix} 11 \\ -2 \\ -13 \end{pmatrix}$

5 Untersuchen Sie die gegenseitige Lage der Geraden g und h. Berechnen Sie gegebenenfalls die Koordinaten des Schnittpunktes S.

a) $g: \vec{x} = \begin{pmatrix} 5 \\ 0 \\ 1 \end{pmatrix} + t \begin{pmatrix} 2 \\ 1 \\ -1 \end{pmatrix}$, $h: \vec{x} = \begin{pmatrix} 7 \\ 1 \\ 2 \end{pmatrix} + t \begin{pmatrix} -6 \\ -3 \\ 3 \end{pmatrix}$
b) $g: \vec{x} = \begin{pmatrix} 1 \\ 2 \\ 1 \end{pmatrix} + t \begin{pmatrix} 2 \\ 0 \\ 1 \end{pmatrix}$, $h: \vec{x} = \begin{pmatrix} 2 \\ 3 \\ 4 \end{pmatrix} + t \begin{pmatrix} 0 \\ 1 \\ -1 \end{pmatrix}$

c) $g: \vec{x} = \begin{pmatrix} 0 \\ 1 \\ 1 \end{pmatrix} + t \begin{pmatrix} 1 \\ 0 \\ 1 \end{pmatrix}$, $h: \vec{x} = \begin{pmatrix} 4 \\ 2 \\ 4 \end{pmatrix} + t \begin{pmatrix} 2 \\ 1 \\ 1 \end{pmatrix}$
d) $g: \vec{x} = \begin{pmatrix} 5 \\ 5 \\ 1 \end{pmatrix} + t \begin{pmatrix} 1 \\ 2 \\ 0 \end{pmatrix}$, $h: \vec{x} = \begin{pmatrix} -5 \\ -15 \\ 1 \end{pmatrix} + t \begin{pmatrix} -0{,}5 \\ 1 \\ 0 \end{pmatrix}$

6 Geben Sie eine Gleichung an für eine Gerade h, die die Gerade g schneidet, eine Gerade i, die zur Geraden g parallel ist, und eine Gerade j, die zur Geraden g windschief ist.

a) $g: \vec{x} = \begin{pmatrix} 1 \\ 0 \\ 0 \end{pmatrix} + t \begin{pmatrix} 7 \\ 3 \\ 1 \end{pmatrix}$
b) $g: \vec{x} = \begin{pmatrix} 2 \\ 2 \\ 1 \end{pmatrix} + t \begin{pmatrix} 1 \\ 2 \\ 0 \end{pmatrix}$
c) $g: \vec{x} = \begin{pmatrix} 2 \\ 3 \\ 6 \end{pmatrix} + t \begin{pmatrix} 1 \\ 0 \\ 5 \end{pmatrix}$

7 Untersuchen Sie, ob eine Seite des Dreiecks ABC mit $A(3|3|6)$, $B(2|7|6)$, $C(4|2|5)$ auf der Geraden $g: \vec{x} = \begin{pmatrix} 2 \\ 0 \\ 2 \end{pmatrix} + t \begin{pmatrix} -1 \\ 1 \\ 1 \end{pmatrix}$ liegt oder zu g parallel ist.

8 Geben Sie die Gleichungen für alle Geraden der Zeichenebene an, die
a) zur x_1-Achse parallel sind und den Abstand 2 von der x_1-Achse haben,
b) zur Winkelhalbierenden zwischen der x_1-Achse und der x_2-Achse parallel sind und den Abstand $\frac{1}{2}\sqrt{2}$ von dieser Winkelhalbierenden haben.

9 Geben Sie die Gleichungen von vier Geraden des Raumes an, die
a) zur x_2-Achse parallel sind und den Abstand 3 von der x_2-Achse haben,
b) zur Winkelhalbierenden zwischen der x_1-Achse und der x_3-Achse parallel sind und den Abstand 5 von dieser Winkelhalbierenden haben.

Fig. 1

Fig. 2

Fig. 3

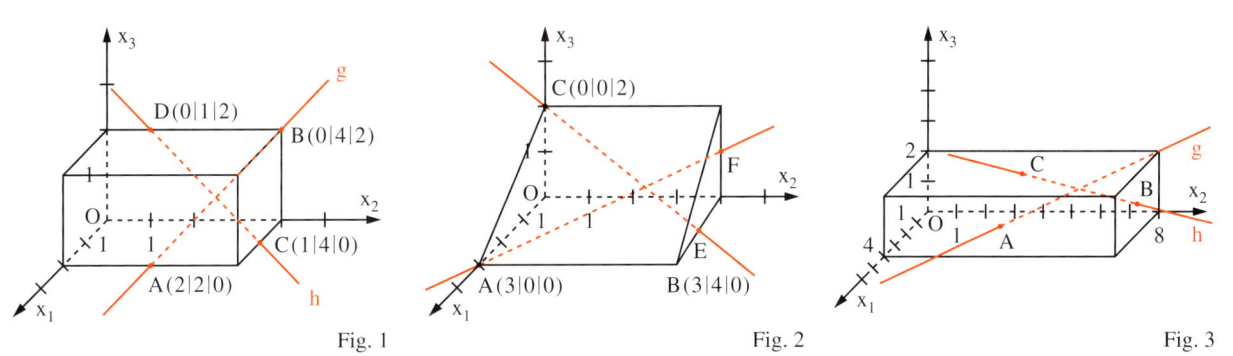

10 a) Prüfen Sie, ob die Geraden g und h in Fig. 1 sich schneiden.
b) In Fig. 2 sind die Punkte E und F Kantenmitten. Schneiden sich die Geraden g und h?

11 In Fig. 3 sind A, B und C die Diagonalenschnittpunkte der jeweiligen Seitenflächen des Quaders. Schneiden sich die Geraden g und h?

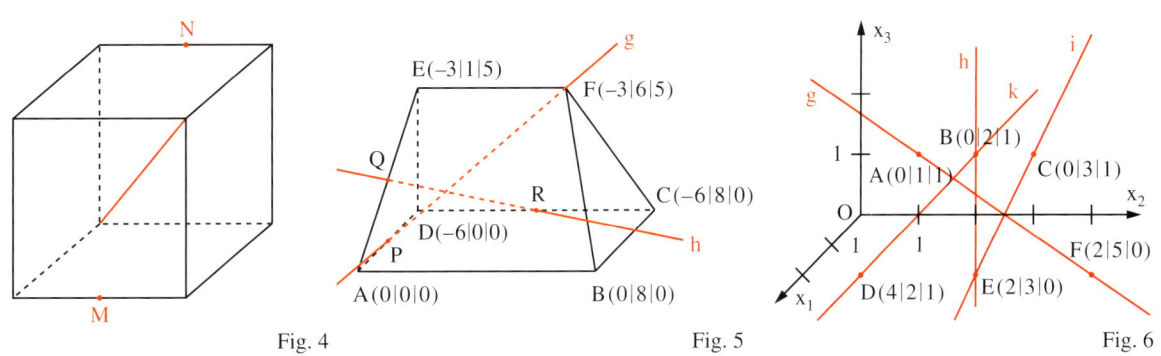

Fig. 4

Fig. 5

Fig. 6

12 In Fig. 4 sind die Punkte M und N die Mitten der jeweiligen Würfelkanten. Schneidet die eingezeichnete Raumdiagonale die Strecke $\overline{MN}$?

13 In Fig. 5 sind die Punkte P, Q und R die Mitten der jeweiligen Kanten. Schneiden sich die Geraden g und h?

14 Untersuchen Sie die gegenseitigen Lagen der Geraden g, h, i und k in Fig. 6.

15 Wie muss $t \in \mathbb{R}$ gewählt werden, damit sich g_t und h_t schneiden (windschief sind)?

a) $g_t: \vec{x} = \begin{pmatrix} -t \\ 1 \\ -2 \end{pmatrix} + r \begin{pmatrix} -1 \\ 4 \\ 2 \end{pmatrix}$, $h_t: \vec{x} = \begin{pmatrix} 2 \\ 6 \\ 4t \end{pmatrix} + s \begin{pmatrix} 1 \\ -1 \\ -2 \end{pmatrix}$ b) $g_t: \vec{x} = \begin{pmatrix} 3 \\ 4 \\ 2 \end{pmatrix} + r \begin{pmatrix} 3 \\ -6 \\ -3t \end{pmatrix}$, $h_t: \vec{x} = \begin{pmatrix} 1 \\ 5 \\ 4 \end{pmatrix} + s \begin{pmatrix} 2 \\ 2t \\ 4 \end{pmatrix}$

16 Gibt es für die Variablen a, b, c und d Zahlen, sodass $g: \vec{x} = \begin{pmatrix} 1 \\ a \\ 2 \end{pmatrix} + r \begin{pmatrix} b \\ 3 \\ 4 \end{pmatrix}$ und $h: \vec{x} = \begin{pmatrix} c \\ 0 \\ 3 \end{pmatrix} + s \begin{pmatrix} 3 \\ 1 \\ d \end{pmatrix}$

a) identisch sind,
c) sich schneiden,
b) zueinander parallel und verschieden sind,
d) zueinander windschief sind?

17 Die Eckpunkte einer dreiseitigen Pyramide sind O, P, Q, R. Zeigen Sie:
a) Die Geraden $g: \vec{x} = (\overrightarrow{OP} + \overrightarrow{OQ}) + r(\overrightarrow{OQ} - \overrightarrow{OR})$ und $h: \vec{x} = s(\overrightarrow{OQ} + \overrightarrow{OR})$ sind zueinander windschief.
b) Die Geraden $g: \vec{x} = (\overrightarrow{OP} + \overrightarrow{OQ}) + r(\overrightarrow{OQ} - \overrightarrow{OR})$ und $h: \vec{x} = s(\overrightarrow{OP} + \overrightarrow{OR})$ schneiden sich.

Gegenseitige Lage von Geraden

18 Gegeben sind zwei linear unabhängige Vektoren $\vec{a}, \vec{b}$. Bestimmen Sie die gegenseitige Lage der Geraden g und h, der Geraden g und i sowie der Geraden h und i. Geben Sie, falls sich die Geraden schneiden, den Ortsvektor des Schnittpunktes an.
g: $\vec{x} = \vec{a} + t(\vec{b} - \vec{a})$, h: $\vec{x} = \vec{a} + \vec{b} + t(\vec{a} - \frac{1}{2}\vec{b})$, i: $\vec{x} = \frac{1}{2}\vec{a} + \vec{b} + t(\vec{a} - \vec{b})$

19 Gegeben sind drei linear unabhängige Vektoren $\vec{a}, \vec{b}, \vec{c}$. Bestimmen Sie die gegenseitige Lage der Geraden g und h, der Geraden g und i sowie der Geraden h und i. Geben Sie, falls sich die Geraden schneiden, den Ortsvektor des Schnittpunktes an.
g: $\vec{x} = \vec{a} + \vec{b} + t(\vec{a} + \vec{b} + \vec{c})$, h: $\vec{x} = \vec{b} + t(\vec{a} - \frac{1}{2}\vec{b} - \frac{1}{2}\vec{c})$, i: $\vec{x} = \vec{a} - \vec{c} + t(\vec{b} + \vec{c})$

20 Die Gerade mit der Gleichung $\vec{x} = \vec{p} + t\vec{u}$ geht nicht durch den Ursprung O(0|0|0). Zeigen Sie, dass sich dann die Geraden g und h schneiden. Geben Sie den Ortsvektor des Schnittpunktes an.
a) g: $\vec{x} = \vec{p} + t\vec{u}$,   h: $\vec{x} = 2\vec{p} + \vec{u} + t(\vec{u} - \vec{p})$
b) g: $\vec{x} = \vec{p} + t(\vec{u} - 0{,}5\vec{p})$,   h: $\vec{x} = \vec{u} + t(2\vec{u} + \vec{p})$
c) g: $\vec{x} = \vec{p} - \vec{u} + t(2\vec{p} + \vec{u})$, h: $\vec{x} = 2\vec{p} + t(2\vec{u} - \vec{p})$
d) g: $\vec{x} = 0{,}6\vec{u} + \vec{p} + t(2\vec{p} - \vec{u})$, h: $\vec{x} = -2\vec{p} + t(\vec{u} + \vec{p})$

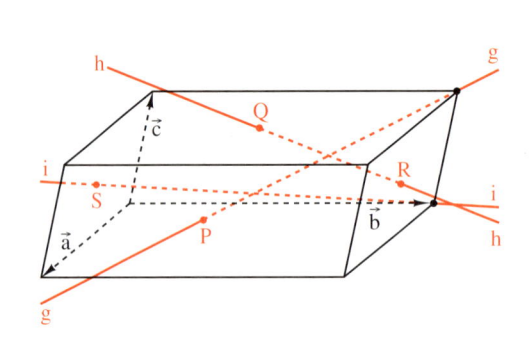

Fig. 1

Fig. 2

21 a) Fig. 1 zeigt einen Spat. Die Punkte P, Q, R, S sind Mittelpunkte von Seitenflächen. Bestimmen Sie die gegenseitige Lage der Geraden g und h, der Geraden g und i sowie der Geraden h und i. Geben Sie, falls sich die Geraden schneiden, jeweils den Ortsvektor des Schnittpunktes an.

b) Fig. 2 zeigt ein dreiseitiges Prisma. Die Punkte E, F und G sind Kantenmitten. Bestimmen Sie die gegenseitige Lage der Geraden g und h, der Geraden g und i sowie der Geraden h und i. Geben Sie, falls sich die Geraden schneiden, jeweils den Ortsvektor des Schnittpunktes an.

22 Fig. 3 zeigt einen Würfel.
Die Geraden g und h gehen durch Kantenmittelpunkte.
Die Gerade g_a geht durch die Punkte P(2|2|a) und Q(0|0|2).
Bestimmen Sie jeweils eine Zahl für a so, dass sich die Geraden g und g_a bzw. die Geraden h und g_a schneiden.
Berechnen Sie die Koordinaten der jeweiligen Schnittpunkte.

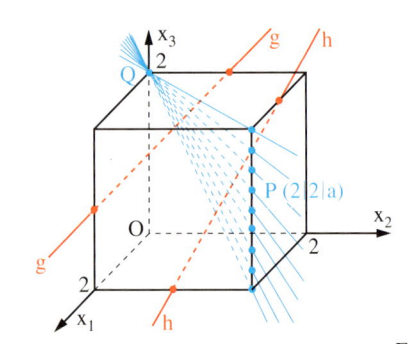

Fig. 3

3 Vektorielle Darstellung von Ebenen

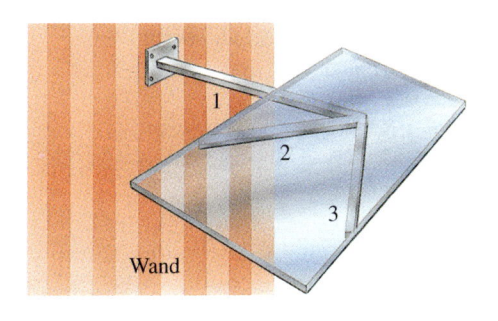

1 Eine Glasplatte dient im Kundenraum einer Bank als Schreibunterlage.
a) Welche Aufgabe hat die Stange 1, die direkt an der Wand befestigt ist?
b) Wie ändert sich die Lage der Scheibe, wenn man die Positionen der Stangen 2 und 3 verändert?
c) Kann man auf eine der Stangen verzichten?

Ebenso wie Geraden kann man auch Ebenen mithilfe von Vektoren beschreiben.
Hierbei betrachtet man ebenfalls die Ortsvektoren der Punkte der jeweiligen Ebene.

Beachten Sie:
*In Fig. 1 und Fig. 2 wird jeweils ein **Ausschnitt** einer Ebene angedeutet und nicht die gesamte Ebene.*

Fig. 1 verdeutlicht: Sind P, Q und R drei Punkte einer Ebene und liegen P, Q und R nicht auf einer gemeinsamen Geraden, so gilt für den Ortsvektor $\vec{x}$ eines beliebig gewählten Punktes X dieser Ebene $\vec{x} = \overrightarrow{OP} + r \cdot \overrightarrow{PQ} + s \cdot \overrightarrow{PR}$, $r, s \in \mathbb{R}$, denn:
Es ist $\vec{x} = \overrightarrow{OP} + \overrightarrow{PX}$. Da P, Q, R, X in einer Ebene liegen und gleichzeitig P, Q, R nicht auf einer gemeinsamen Geraden liegen, ist:
$\overrightarrow{PX} = r \cdot \overrightarrow{PQ} + s \cdot \overrightarrow{PR}$.
Bezeichnet man $\overrightarrow{PQ}$ mit $\vec{u}$ und $\overrightarrow{PR}$ mit $\vec{v}$, so erhält man $\vec{x} = \vec{p} + r \cdot \vec{u} + s \cdot \vec{v}$ ($r, s \in \mathbb{R}$).

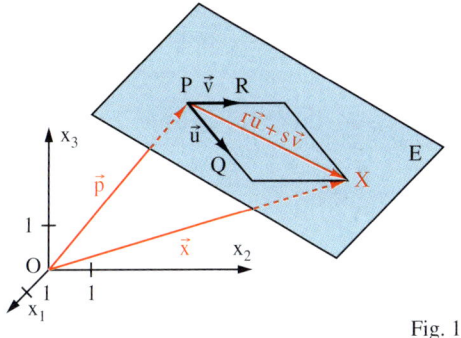

Fig. 1

Sind P, Q und R drei Punkte einer Ebene, die nicht auf einer gemeinsamen Geraden liegen, so sind die Vektoren $\overrightarrow{PQ}$ und $\overrightarrow{PR}$ mögliche Spannvektoren dieser Ebene.

Fig. 2 verdeutlicht: Sind zwei linear unabhängige Vektoren $\vec{u}$ und $\vec{v}$ sowie ein Vektor $\vec{p}$ gegeben, so gilt: Alle Punkte X mit den Ortsvektoren $\vec{x} = \vec{p} + r \cdot \vec{u} + s \cdot \vec{v}$ ($r, s \in \mathbb{R}$) liegen in einer Ebene, denn:
Jeweils drei Vektoren $r \cdot \vec{u} + s \cdot \vec{v}$ mit $r, s \in \mathbb{R}$ sind linear abhängig; d. h. die Spitzen der entsprechenden Pfeile mit dem Anfangspunkt P und P selbst müssen in einer gemeinsamen Ebene liegen.

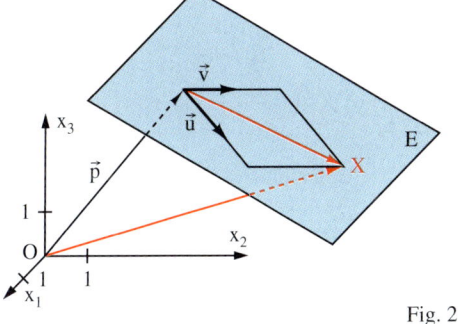

Ist ein Vektor Ortsvektor zu einem Ebenenpunkt, so kann er als Stützvektor dieser Ebene verwendet werden.

Fig. 2

Der Vektor $\vec{p}$ heißt **Stützvektor** von E, weil sein Pfeil von O nach P die Ebene E „in dem Punkt P stützt".
Die Vektoren $\vec{u}$ und $\vec{v}$ heißen **Spannvektoren** von E, weil sie die Ebene „aufspannen".

Satz: Jede Ebene lässt sich durch eine Gleichung der Form
$$\vec{x} = \vec{p} + r \cdot \vec{u} + s \cdot \vec{v} \quad (r, s \in \mathbb{R})$$
beschreiben. Hierbei ist $\vec{p}$ ein Stützvektor und die linear unabhängigen Vektoren $\vec{u}$ und $\vec{v}$ sind zwei Spannvektoren.

Vektorielle Darstellung von Ebenen

Statt Ebenengleichung in Parameterform sagt man auch kurz Parametergleichung.

Man nennt die Gleichung $\vec{x} = \vec{p} + r \cdot \vec{u} + s \cdot \vec{v}$ eine **Ebenengleichung in Parameterform** der entsprechenden Ebene E mit den Parametern r und s.
Man schreibt kurz $E: \vec{x} = \vec{p} + r \cdot \vec{u} + s \cdot \vec{v}$.

Beispiel 1: (Ebene zeichnen und Parametergleichung bestimmen)
Die Punkte $A(1|-1|1)$, $B(1,5|1|0)$ und $C(0|1|1)$ legen eine Ebene E fest.
a) Tragen Sie A, B und C in ein Koordinatensystem ein und kennzeichnen Sie einen Ausschnitt der Ebene E.
b) Geben Sie eine Parametergleichung der Ebene E an.
Lösung:
a) siehe Fig. 1.
b) Wählt man als Stützvektor den Ortsvektor von A und als Spannvektoren $\overrightarrow{AB}$ und $\overrightarrow{AC}$, so erhält man

Wählt man im Beispiel 1 b) als Stützvektor $\overrightarrow{OB}$ und als Spannvektoren $\overrightarrow{BA}$ und $\overrightarrow{BC}$, so erhält man
$\vec{x} = \begin{pmatrix} 1,5 \\ 1 \\ 0 \end{pmatrix} + r \cdot \begin{pmatrix} -0,5 \\ -2 \\ 1 \end{pmatrix} + s \cdot \begin{pmatrix} -1,5 \\ 0 \\ 1 \end{pmatrix}$

$E: \vec{x} = \begin{pmatrix} 1 \\ -1 \\ 1 \end{pmatrix} + r \cdot \begin{pmatrix} 0,5 \\ 2 \\ -1 \end{pmatrix} + s \cdot \begin{pmatrix} -1 \\ 2 \\ 0 \end{pmatrix}$.

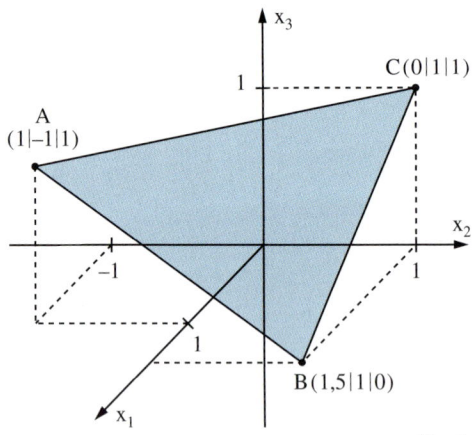

Fig. 1

Drei Punkte, die nicht auf einer gemeinsamen Geraden liegen, legen eine Ebene fest.

Deshalb:
Ein dreibeiniger Tisch wackelt nie!!

Beispiel 2: (Punktprobe)
Gegeben ist die Ebene $E: \vec{x} = \begin{pmatrix} 2 \\ 0 \\ 1 \end{pmatrix} + r \cdot \begin{pmatrix} 1 \\ 3 \\ 5 \end{pmatrix} + s \cdot \begin{pmatrix} 2 \\ -1 \\ 1 \end{pmatrix}$.

Überprüfen Sie, ob
a) der Punkt $A(7|5|-3)$,   b) der Punkt $B(7|1|8)$ in der Ebene E liegt.
Lösung:
a) Der Gleichung $\begin{pmatrix} 7 \\ 5 \\ -3 \end{pmatrix} = \begin{pmatrix} 2 \\ 0 \\ 1 \end{pmatrix} + r \cdot \begin{pmatrix} 1 \\ 3 \\ 5 \end{pmatrix} + s \cdot \begin{pmatrix} 2 \\ -1 \\ 1 \end{pmatrix}$ entspricht das LGS

$\begin{cases} 7 = 2 + r + 2s \\ 5 = 3r - s \\ -3 = 1 + 5r + s \end{cases}$, also $\begin{cases} r + 2s = 5 \\ -7s = -10 \\ -9s = -29 \end{cases}$, also $\begin{cases} r + 2s = 5 \\ -7s = -10 \\ 0 = 113 \end{cases}$ also $L = \{\}$.

Der Punkt A liegt nicht in der Ebene E.

b) Der Gleichung $\begin{pmatrix} 7 \\ 1 \\ 8 \end{pmatrix} = \begin{pmatrix} 2 \\ 0 \\ 1 \end{pmatrix} + r \cdot \begin{pmatrix} 1 \\ 3 \\ 5 \end{pmatrix} + s \cdot \begin{pmatrix} 2 \\ -1 \\ 1 \end{pmatrix}$ entspricht das LGS

$\begin{cases} 7 = 2 + r + 2s \\ 1 = 3r - s \\ 8 = 1 + 5r + s \end{cases}$, also $\begin{cases} r + 2s = 5 \\ -7s = -14 \\ -9s = -18 \end{cases}$, also $\begin{cases} r + 2s = 5 \\ s = 2 \\ s = 2 \end{cases}$, also $L = \{(1; 2)\}$.

Es gilt somit: $\begin{pmatrix} 7 \\ 1 \\ 8 \end{pmatrix} = \begin{pmatrix} 2 \\ 0 \\ 1 \end{pmatrix} + 1 \cdot \begin{pmatrix} 1 \\ 3 \\ 5 \end{pmatrix} + 2 \cdot \begin{pmatrix} 2 \\ -1 \\ 1 \end{pmatrix}$.

Der Punkt B liegt somit in der Ebene E.

Die Aufgabe von Beispiel 3 kann man auch so lösen: Man bestimmt zuerst eine Parametergleichung der Ebene durch die Punkte A, B, C und führt dann mit dem Punkt D die Punktprobe durch.

Beispiel 3: (Vier Punkte in einer Ebene)
Liegen die Punkte $A(1|1|1)$, $B(3|2|1)$, $C(-1|-1|-1)$, $D(1|0|1)$ in einer Ebene?
Lösung:
Die Vektoren $\overrightarrow{AB} = \begin{pmatrix} 2 \\ 1 \\ 0 \end{pmatrix}$, $\overrightarrow{AC} = \begin{pmatrix} -2 \\ -2 \\ -2 \end{pmatrix}$, $\overrightarrow{AD} = \begin{pmatrix} 0 \\ -1 \\ 0 \end{pmatrix}$ sind linear unabhängig. Die Punkte A, B, C, D liegen nicht in einer Ebene.

Aufgaben

2 Setzt man in $E: \vec{x} = \begin{pmatrix} 3 \\ 0 \\ 2 \end{pmatrix} + r \cdot \begin{pmatrix} 2 \\ 1 \\ 7 \end{pmatrix} + s \cdot \begin{pmatrix} 3 \\ 2 \\ 5 \end{pmatrix}$ die angegebenen Werte für r und s ein, so erhält man einen Ortsvektor, der zu einem Punkt P der Ebene E gehört. Bestimmen Sie die Koordinaten von P.

a) r = 0; s = 1   b) r = 1; s = –3   c) r = –2; s = 2   d) r = 5; s = 0
e) r = 0,5; s = –2   f) r = –3; s = 2,5   g) r = 0,5; s = 0,75   h) r = –0,2; s = 0,6

3 Formen Sie die Ebenengleichungen so um, dass die Spannvektoren nur ganzzahlige Koordinaten besitzen.

a) $E: \vec{x} = \begin{pmatrix} 2 \\ 3 \\ 0 \end{pmatrix} + r \cdot \begin{pmatrix} \frac{1}{2} \\ \frac{1}{3} \\ \frac{1}{4} \end{pmatrix} + s \cdot \begin{pmatrix} 2 \\ \frac{2}{5} \\ 0,3 \end{pmatrix}$ b) $E: \vec{x} = \begin{pmatrix} 2 \\ 5 \\ 1 \end{pmatrix} + r \cdot \begin{pmatrix} -\frac{1}{4} \\ \frac{1}{6} \\ \frac{1}{3} \end{pmatrix} + s \cdot \begin{pmatrix} 2 \\ 0 \\ \frac{1}{7} \end{pmatrix}$

c) $E: \vec{x} = \begin{pmatrix} 2 \\ -1 \\ 4 \end{pmatrix} + r \cdot \begin{pmatrix} 0,1 \\ 0,3 \\ 0,25 \end{pmatrix} + s \cdot \begin{pmatrix} -0,02 \\ 1,29 \\ 4,14 \end{pmatrix}$ d) $E: \vec{x} = \begin{pmatrix} 0 \\ 2 \\ 6 \end{pmatrix} + r \cdot \begin{pmatrix} 2,3 \\ 1,7 \\ -2,5 \end{pmatrix} + s \cdot \begin{pmatrix} 0,5 \\ 0,75 \\ 1 \end{pmatrix}$

4 Gegeben ist die Ebene $E: \vec{x} = \begin{pmatrix} 3 \\ 0 \\ 2 \end{pmatrix} + r \cdot \begin{pmatrix} 2 \\ 1 \\ 7 \end{pmatrix} + s \cdot \begin{pmatrix} 3 \\ 2 \\ 5 \end{pmatrix}$.

a) Liegen die Punkte A(8|3|14), B(1|1|0), C(4|0|11) in der Ebene E?
b) Bestimmen Sie für p eine Zahl so, dass der Punkt P in der Ebene E liegt.
(1) P(4|1|p)   (2) P(p|0|7)   (3) P(p|2|–2)   (4) P(0|p|p)

5 Die Punkte A(0|0|4), B(5|0|0) und C(0|4|0) legen eine Ebene E fest.
a) Tragen Sie A, B und C in ein Koordinatensystem ein und kennzeichnen Sie einen Ausschnitt der Ebene E.
b) Geben Sie eine Parametergleichung von E an.

6 Der sehr hohe Raum in der Figur wurde durch das dreieckige Segeltuch, das an den Stellen A, B und C befestigt wurde, wohnlicher gestaltet. Das Tuch ist so gespannt, dass seine Oberfläche als Ausschnitt einer Ebene angesehen werden kann.
Geben Sie eine Parametergleichung der Ebene E an, die durch die Befestigungspunkte des Segeltuches festgelegt wird. Legen Sie hierzu ein geeignetes Koordinatensystem fest.

7 Geben Sie zwei verschiedene Parametergleichungen der Ebene E an, die durch die Punkte A, B und C festgelegt ist.
a) A(2|0|3), B(1|–1|5), C(3|–2|0)   b) A(0|0|0), B(2|1|5), C(–3|1|–3)
c) A(1|1|1), B(2|2|2), C(–2|3|5)   d) A(2|5|7), B(7|5|2), C(1|2|3)

8 Untersuchen Sie, ob die Punkte A, B, C und D in einer gemeinsamen Ebene liegen.
a) A(0|1|–1), B(2|3|5), C(–1|3|–1), D(2|2|2)
b) A(3|0|2), B(5|1|9), C(6|2|7), D(8|3|14)
c) A(5|0|5), B(6|3|2), C(2|9|0), D(3|12|–3)
d) A(1|1|1), B(3|3|3), C(–2|5|1), D(3|4|–2)

Vektorielle Darstellung von Ebenen

9 Gegeben sind drei Punkte A, B und C, die nicht auf einer gemeinsamen Geraden liegen. $\vec{a}$, $\vec{b}$ und $\vec{c}$ sind die Ortsvektoren dieser Punkte. Bestimmen Sie mithilfe einer Zeichnung, welche Punkte der Ebene E: $\vec{x} = \vec{a} + r \cdot (\vec{b} - \vec{a}) + s \cdot (\vec{c} - \vec{a})$ festgelegt werden durch die Bedingung
a) $r + s = 1$,   b) $r - s = 0$,   c) $0 \leq r \leq 1$,   d) $0 \leq r \leq 1$ und $0 \leq s \leq 1$.

10 Gegeben sind drei Punkte A, B und C. Die Ortsvektoren $\vec{a}$, $\vec{b}$ und $\vec{c}$ dieser Punkte sind linear unabhängig. Geben Sie eine Bedingung für die Zahlen r, s und t an, damit der Punkt mit dem Ortsvektor $r \cdot \vec{a} + s \cdot \vec{b} + t \cdot \vec{c}$ in der durch A, B und C festgelegten Ebene liegt.

11 Gegeben sind drei Punkte A, B und C. Die Ortsvektoren dieser Punkte sind $\vec{a}$, $\vec{b}$ und $\vec{c}$. Beweisen Sie: $\vec{a}$, $\vec{b}$ und $\vec{c}$ sind genau dann linear abhängig, wenn die Punkte A, B und C auf einer Geraden liegen oder wenn der Ursprung O in der Ebene liegt, die durch die Punkte A, B und C festgelegt ist.

12 Eine Ebene kann nicht nur durch drei geeignete Punkte festgelegt werden, sondern auch durch einen Punkt und eine Gerade.
a) Welche Bedingung müssen der Punkt und die Gerade erfüllen, damit sie eindeutig eine Ebene festlegen? Begründen Sie Ihre Antwort.
b) Geben Sie die Koordinaten eines Punktes P und die Parametergleichung einer Geraden g an, die eindeutig eine Ebene E festlegen. Bestimmen Sie eine Parametergleichung von dieser Ebene E.

13 Eine Ebene E ist durch den Punkt P und die Gerade g eindeutig bestimmt. Geben Sie eine Parametergleichung der Ebene E an.

a) $g: \vec{x} = \begin{pmatrix} 1 \\ 0 \\ 1 \end{pmatrix} + t \begin{pmatrix} 2 \\ 1 \\ 3 \end{pmatrix}$; $P(5|-5|3)$ b) $g: \vec{x} = \begin{pmatrix} 2 \\ 0 \\ 1 \end{pmatrix} + t \begin{pmatrix} 3 \\ 1 \\ 5 \end{pmatrix}$; $P(2|7|11)$

c) $g: \vec{x} = \begin{pmatrix} 1 \\ 2 \\ 5 \end{pmatrix} + t \begin{pmatrix} -1 \\ 2 \\ 7 \end{pmatrix}$; $P(2|5|-3)$ d) $g: \vec{x} = \begin{pmatrix} 1 \\ 0 \\ 3 \end{pmatrix} + t \begin{pmatrix} 2 \\ 1 \\ 0 \end{pmatrix}$; $P(6|3|-1)$

14 a) Begründen Sie: Zwei sich schneidende Geraden sowie zwei verschiedene zueinander parallele Geraden legen jeweils eine Ebene fest.
b) Geben Sie Gleichungen von zwei sich schneidenden Geraden an. Diese Geraden legen eine Ebene fest. Bestimmen Sie eine Parametergleichung dieser Ebene.
c) Geben Sie Gleichungen von zwei verschiedenen zueinander parallelen Geraden an. Diese Geraden legen eine Ebene fest. Bestimmen Sie eine Parametergleichung dieser Ebene.

15 Prüfen Sie, ob die beiden Geraden g_1 und g_2 sich schneiden. Geben Sie, falls möglich, eine Parametergleichung der Ebene an, die eindeutig durch die Geraden g_1 und g_2 festgelegt wird.

a) $g_1: \vec{x} = \begin{pmatrix} 1 \\ 1 \\ 2 \end{pmatrix} + t \begin{pmatrix} 2 \\ 3 \\ 1 \end{pmatrix}$; $g_2: \vec{x} = \begin{pmatrix} 3 \\ 4 \\ 3 \end{pmatrix} + t \begin{pmatrix} 1 \\ 0 \\ 1 \end{pmatrix}$ b) $g_1: \vec{x} = \begin{pmatrix} 2 \\ 0 \\ 2 \end{pmatrix} + t \begin{pmatrix} 1 \\ 1 \\ 1 \end{pmatrix}$; $g_2: \vec{x} = \begin{pmatrix} 0 \\ -2 \\ 0 \end{pmatrix} + t \begin{pmatrix} 1 \\ 2 \\ 3 \end{pmatrix}$

c) $g_1: \vec{x} = \begin{pmatrix} 3 \\ 0 \\ 7 \end{pmatrix} + t \begin{pmatrix} 2 \\ 5 \\ 1 \end{pmatrix}$; $g_2: \vec{x} = \begin{pmatrix} 7 \\ 10 \\ 9 \end{pmatrix} + t \begin{pmatrix} 1 \\ 0 \\ 1 \end{pmatrix}$ d) $g_1: \vec{x} = \begin{pmatrix} 1 \\ 2 \\ 5 \end{pmatrix} + t \begin{pmatrix} 3 \\ 4 \\ 0 \end{pmatrix}$; $g_2: \vec{x} = \begin{pmatrix} 2 \\ 3 \\ 1 \end{pmatrix} + t \begin{pmatrix} 3 \\ 4 \\ 5 \end{pmatrix}$

e) $g_1: \vec{x} = \begin{pmatrix} 1 \\ a \\ 0 \end{pmatrix} + t \begin{pmatrix} a \\ 1 \\ 0 \end{pmatrix}$; $g_2: \vec{x} = \begin{pmatrix} 0 \\ 1 \\ a \end{pmatrix} + t \begin{pmatrix} a \\ 1 \\ 0 \end{pmatrix}$; $a \in \mathbb{R}$ f) $g_1: \vec{x} = t \begin{pmatrix} \sqrt{7} \\ 7 \\ \frac{1}{7} \end{pmatrix}$; $g_2: \vec{x} = t \begin{pmatrix} \pi \\ \sqrt{\pi} \\ 3 \end{pmatrix}$

16 Warum legen die Geraden g₁ und g₂ eindeutig eine Ebene fest? Bestimmen Sie eine Parametergleichung dieser Ebene.

a) $g_1: \vec{x} = \begin{pmatrix} 2 \\ 0 \\ 1 \end{pmatrix} + t\begin{pmatrix} 1 \\ 1 \\ 1 \end{pmatrix}$; $g_2: \vec{x} = \begin{pmatrix} 4 \\ 5 \\ 1 \end{pmatrix} + t\begin{pmatrix} 1 \\ 1 \\ 1 \end{pmatrix}$

b) $g_1: \vec{x} = \begin{pmatrix} 2 \\ 3 \\ 7 \end{pmatrix} + t\begin{pmatrix} 1 \\ 0 \\ 2 \end{pmatrix}$; $g_2: \vec{x} = \begin{pmatrix} 4 \\ 0 \\ 5 \end{pmatrix} + t\begin{pmatrix} 2 \\ 0 \\ 4 \end{pmatrix}$

17 Betrachtet werden die Gerade g, die durch P und Q festgelegt ist, und die Gerade h, die durch R und S festgelegt ist. Prüfen Sie, ob die beiden Geraden eindeutig eine Ebene E festlegen und bestimmen Sie gegebenenfalls eine Parametergleichung dieser Ebene E.

a) P(1|1|2), Q(3|4|3), R(2|0|2), S(4|8|4)
b) P(2|0|2), Q(3|1|3), R(0|−2|0), S(1|0|3)
c) P(3|0|7), Q(5|5|8), R(7|10|9), S(8|0|10)
d) P(1|2|5), Q(4|6|5), R(2|3|1), S(5|7|6)

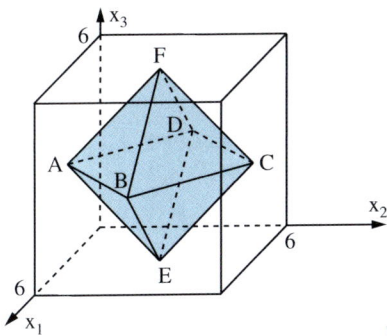

Fig. 1

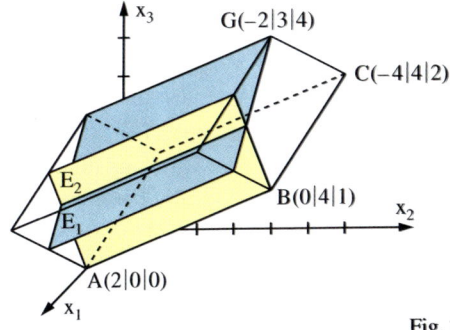

Fig. 2

18 In Fig. 1 ist einem Würfel ein Oktaeder einbeschrieben. Die Punkte A, B, C, D, E und F sind die Schnittpunkte der Diagonalen der Würfelseiten.
Bestimmen Sie eine Parametergleichung der Ebene, die festgelegt ist durch die Punkte
a) A, B und F,   b) B, C und F,   c) C, D und E,   d) A, D und E,   e) B, D und E,   f) A, B und C.

19 Die Ebenen E₁ und E₂ in Fig. 2 sind durch Ecken und Kantenmitten des Spats festgelegt. Geben Sie für jede der beiden Ebenen eine Parametergleichung an.

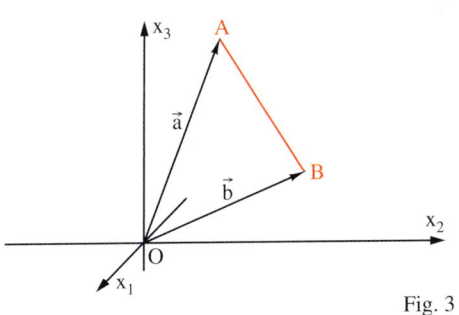

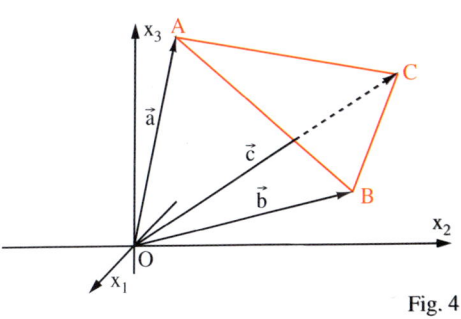

Fig. 3

Fig. 4

20 a) Gegeben ist ein Dreieck OAB. Die Ortsvektoren der Punkte A und B sind $\vec{a}$ und $\vec{b}$ (Fig. 3). Beschreiben Sie die Menge aller Punkte X mit den jeweiligen Ortsvektoren $\vec{x} = r \cdot \vec{a} + s \cdot \vec{b}$, wenn gilt:

(1) $0 \leq r$ und $0 \leq s$,   (2) $r + s \leq 1$,   (3) $0 \leq r \leq 1$ und $0 \leq s \leq 1$,
(4) $0 \leq r$ und $0 \leq s$ und $r + s \leq 1$,   (5) $r + s = 1$,   (6) $0 \leq r$ und $0 \leq s$ und $r + s = 1$.

b) Gegeben ist eine dreiseitige Pyramide OABC. Die Ortsvektoren der Punkte A, B, C sind $\vec{a}$, $\vec{b}$ und $\vec{c}$ (Fig. 4). Beschreiben Sie die Menge aller Punkte X mit den Ortsvektoren $\vec{x} = r \cdot \vec{a} + s \cdot \vec{b} + t \cdot \vec{c}$, für die gilt:

(1) $0 \leq r$, $0 \leq s$ und $0 \leq t$,   (2) $r + s + t \leq 1$,
(3) $r + s + t = 1$,   (4) $0 \leq r$, $0 \leq s$ und $0 \leq t$ und $r + s + t = 1$.

85

4 Koordinatengleichungen von Ebenen

1 a) Geben Sie eine Parametergleichung der Ebene E in Fig. 1 an.
b) Bestimmen Sie die Koordinaten von fünf Punkten der Ebene E.
c) Addieren Sie für jeden Punkt von b) seine Koordinaten. Was stellen Sie fest?
d) Der Parametergleichung aus a) entsprechen drei Gleichungen mit zwei Parametern. Bestimmen Sie daraus eine Gleichung, die x_1, x_2 und x_3 enthält, aber keinen Parameter.

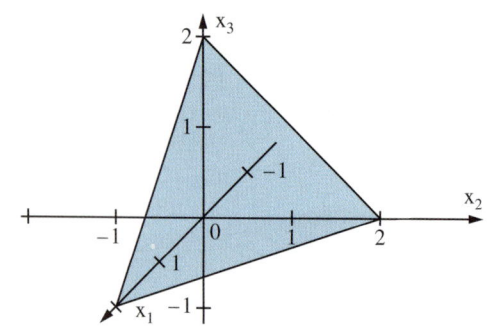

Fig. 1

Ebenso wie Geraden in der Zeichenebene kann man auch Ebenen im Raum durch eine Gleichung für die Koordinaten beschreiben.
Diese Form der Ebenendarstellung hat u. a. den Vorteil, dass man die Koordinaten der gemeinsamen Punkte der Ebene mit den Koordinatenachsen schnell bestimmen und so leicht einen Ausschnitt der jeweiligen Ebene skizzieren kann (Beispiel 2, Seite 90).

Ist eine Parametergleichung einer Ebene E gegeben, dann kann man eine Gleichung von E ohne Parameter bestimmen:
Man fasst die Parametergleichung als drei Gleichungen auf. So ergeben sich z. B. aus

$$E: \vec{x} = \begin{pmatrix} 1 \\ 1 \\ 1 \end{pmatrix} + r \cdot \begin{pmatrix} 2 \\ 1 \\ 0 \end{pmatrix} + s \cdot \begin{pmatrix} 3 \\ 0 \\ 0{,}5 \end{pmatrix} \quad \text{die Gleichungen} \quad \begin{array}{l} x_1 = 1 + 2r + 3s \\ x_2 = 1 + r \\ x_3 = 1 + 0{,}5s \end{array}.$$

Drückt man z. B. mithilfe der 2. und 3. Gleichung r und s durch x_2 und x_3 aus und setzt in die 1. Gleichung ein, so ergibt sich $x_1 - 2x_2 - 6x_3 = -7$.

Man sagt: $x_1 - 2x_2 - 6x_3 = -7$ ist eine **Koordinatengleichung** der Ebene E, denn: Ist P ein Punkt von E, so erfüllen seine Koordinaten die Gleichung und jede Lösung dieser Gleichung entspricht den Koordinaten eines Punktes von E.

Allgemein gilt der

> **Satz:** Jede Ebene E lässt sich durch eine Koordinatengleichung
> $$a x_1 + b x_2 + c x_3 = d$$
> beschreiben, bei der mindestens einer der drei Koeffizienten a, b, c ungleich 0 ist.

Kennt man eine Koordinatengleichung $a x_1 + b x_2 + c x_3 = d$ (mit z. B. $a \neq 0$) einer Ebene E, so kann man eine Parametergleichung dieser Ebene bestimmen.
Man löst hierzu die Koordinatengleichung z. B. nach x_1 auf, ergänzt sie um zwei weitere Gleichungen und stellt hieraus eine Parametergleichung von E auf:

Aus $\begin{array}{l} x_1 = \frac{d}{a} - \frac{b}{a}x_2 - \frac{c}{a}x_3 \\ x_2 = 0 + x_2 + 0 x_3 \\ x_3 = 0 + 0 x_2 + x_3 \end{array}$ ergibt sich $\begin{pmatrix} x_1 \\ x_2 \\ x_3 \end{pmatrix} = \begin{pmatrix} \frac{d}{a} - \frac{b}{a}x_2 - \frac{c}{a}x_3 \\ 0 + x_2 + 0 \\ 0 + x_3 \end{pmatrix}$ bzw. $\vec{x} = \begin{pmatrix} \frac{d}{a} \\ 0 \\ 0 \end{pmatrix} + r \begin{pmatrix} -\frac{b}{a} \\ 1 \\ 0 \end{pmatrix} + s \begin{pmatrix} -\frac{c}{a} \\ 0 \\ 1 \end{pmatrix}$,

wenn man $r = x_2$ und $s = x_3$ setzt.

Koordinatengleichungen von Ebenen

In Beispiel 1 kann man auch so vorgehen wie auf Seite 86:
Man drückt mithilfe von zwei der drei Gleichungen die Parameter r und s durch x_1, x_2 und x_3 aus und setzt sie anschließend in der anderen Gleichung ein.

Beispiel 1: (Von einer Parametergleichung zu einer Koordinatengleichung)

Bestimmen Sie eine Koordinatengleichung von $E: \vec{x} = \begin{pmatrix} 2 \\ 2 \\ 1 \end{pmatrix} + r \begin{pmatrix} 1 \\ -2 \\ 3 \end{pmatrix} + s \begin{pmatrix} 2 \\ 5 \\ 7 \end{pmatrix}$.

Lösung:

Aus $\vec{x} = \begin{pmatrix} 2 \\ 2 \\ 1 \end{pmatrix} + r \begin{pmatrix} 1 \\ -2 \\ 3 \end{pmatrix} + s \begin{pmatrix} 2 \\ 5 \\ 7 \end{pmatrix}$ erhält man $\begin{pmatrix} x_1 \\ x_2 \\ x_3 \end{pmatrix} = \begin{pmatrix} 2 + r + 2s \\ 2 - 2r + 5s \\ 1 + 3r + 7s \end{pmatrix}$, also $\begin{array}{l} x_1 = 2 + r + 2s \\ x_2 = 2 - 2r + 5s \\ x_3 = 1 + 3r + 7s \end{array}$.

Man formt so um, dass in einer Gleichung die Parameter wegfallen:

$\begin{cases} x_1 = 2 + r + 2s \\ x_2 = 2 - 2r + 5s \\ x_3 = 1 + 3r + 7s \end{cases}$, also $\begin{cases} x_1 = 2 + r + 2s \\ 2x_1 + x_2 = 6 + 9s \\ -3x_1 + x_3 = -5 + s \end{cases}$, also $\begin{cases} x_1 = 2 + r + 2s \\ 2x_1 + x_2 = 6 + 9s \\ 29x_1 + x_2 - 9x_3 = 51 \end{cases}$

Eine Koordinatengleichung der Ebene E ist $29x_1 + x_2 - 9x_3 = 51$.

In Beispiel 2 kann man auch zuerst drei Punkte A, B und C von E bestimmen: z.B. A(4|0|0), B(0|-12|0), C$\left(0|0|\frac{12}{7}\right)$ und dann mithilfe dieser Punkte eine Parametergleichung von E bestimmen.

Beispiel 2: (Von einer Koordinatengleichung zu einer Parametergleichung)

Bestimmen Sie eine Parametergleichung von $E: 3x_1 - x_2 + 7x_3 = 12$.

Lösung:

Man löst zuerst die Koordinatengleichung z.B. nach x_2 auf: $x_2 = -12 + 3x_1 + 7x_3$.

Man ergänzt die Gleichung zu: $\begin{array}{l} x_1 = 0 + x_1 + 0 \\ x_2 = -12 + 3x_1 + 7x_3 \\ x_3 = 0 + 0 + x_3 \end{array}$

Hieraus ergibt sich: $\begin{pmatrix} x_1 \\ x_2 \\ x_3 \end{pmatrix} = \begin{pmatrix} 0 \\ -12 \\ 0 \end{pmatrix} + x_1 \begin{pmatrix} 1 \\ 3 \\ 0 \end{pmatrix} + x_3 \begin{pmatrix} 0 \\ 7 \\ 1 \end{pmatrix}$

Eine Parametergleichung der Ebene E ist also: $\vec{x} = \begin{pmatrix} 0 \\ -12 \\ 0 \end{pmatrix} + r \begin{pmatrix} 1 \\ 3 \\ 0 \end{pmatrix} + s \begin{pmatrix} 0 \\ 7 \\ 1 \end{pmatrix}$.

In Beispiel 3 kann man auch zuerst eine Parametergleichung von E aufstellen und dann wie in Beispiel 1 aus dieser Parametergleichung eine Koordinatengleichung bestimmen.

Beispiel 3: (Koordinatengleichung aus drei Punkten bestimmen)

Die Punkte $A(1|1|0)$, $B(1|0|1)$ und $C(0|1|1)$ legen eine Ebene E fest. Bestimmen Sie eine Koordinatengleichung dieser Ebene E.

Lösung:

Eine Koordinatengleichung von E hat die Form $ax_1 + bx_2 + cx_3 = d$. Setzt man jeweils die Koordinaten der Punkte A, B und C in die Gleichung ein, dann erhält man das LGS:

$\begin{cases} a + b = d \\ a + c = d \\ b + c = d \end{cases}$. Aus dem LGS folgt: $2a = 2b = 2c = d$. Setzt man z.B. $d = 2$, so erhält man

$a = b = c = 1$. Eine Koordinatengleichung der Ebene E ist also: $x_1 + x_2 + x_3 = 2$.

Aufgaben

2 Bestimmen Sie eine Koordinatengleichung der Ebene E.

a) $E: \vec{x} = \begin{pmatrix} 1 \\ 2 \\ 0 \end{pmatrix} + r \begin{pmatrix} 1 \\ 0 \\ 1 \end{pmatrix} + s \begin{pmatrix} 1 \\ 2 \\ 3 \end{pmatrix}$
b) $E: \vec{x} = \begin{pmatrix} 4 \\ 9 \\ 1 \end{pmatrix} + r \begin{pmatrix} 1 \\ 2 \\ 0 \end{pmatrix} + s \begin{pmatrix} 1 \\ 0 \\ 3 \end{pmatrix}$

c) $E: \vec{x} = \begin{pmatrix} 4 \\ 5 \\ -1 \end{pmatrix} + r \begin{pmatrix} -1 \\ 0 \\ 1 \end{pmatrix} + s \begin{pmatrix} 0 \\ 0 \\ 1 \end{pmatrix}$
d) $E: \vec{x} = \begin{pmatrix} 2 \\ 5 \\ 1 \end{pmatrix} + r \begin{pmatrix} 1 \\ 1 \\ 1 \end{pmatrix} + s \begin{pmatrix} 1 \\ 0 \\ 2 \end{pmatrix}$

e) $E: \vec{x} = \begin{pmatrix} 2 \\ 2 \\ 4 \end{pmatrix} + r \begin{pmatrix} 3 \\ 2 \\ 9 \end{pmatrix} + s \begin{pmatrix} 0 \\ 1 \\ 0 \end{pmatrix}$
f) $E: \vec{x} = \begin{pmatrix} 17 \\ -1 \\ 5 \end{pmatrix} + r \begin{pmatrix} 5 \\ 6 \\ 1 \end{pmatrix} + s \begin{pmatrix} -1 \\ 1 \\ 2 \end{pmatrix}$

Koordinatengleichungen von Ebenen

3 Bestimmen Sie eine Parametergleichung der Ebene E.
a) E: $2x_1 - 3x_2 + x_3 = 6$
b) E: $5x_1 - 3x_2 + 6x_3 = 1$
c) E: $x_1 + x_2 + x_3 = 3$
d) E: $2x_1 + 3x_2 + 4x_3 = 5$
e) E: $2x_1 - x_2 = 25$
f) E: $3x_2 + x_3 = 7$
g) E: $x_1 = 9$
h) E: $2x_2 = 13$
i) E: $5x_3 = 11$
j) E: $x_1 - x_2 = 0$
k) E: $x_1 + 2x_2 + 3x_3 = 0$
l) E: $x_1 = 0$

4 Geben Sie eine Parametergleichung und eine Koordinatengleichung der Ebene E an, die die Punkte A, B und C enthält.
a) A(1|2|−1), B(6|−5|11), C(3|2|0)
b) A(9|3|−3), B(8|4|−9), C(11|13|−7)

*Spricht man in der Geometrie von **der Ebene**, so meint man damit die **Zeichenebene** bzw. die x_1x_2-Ebene.*

5 Bestimmen Sie eine Koordinatengleichung   a) der x_2x_3-Ebene,   b) der x_1x_3-Ebene.

6 Welche besondere Lage hat die Ebene
a) E: $x_1 = 0$,   b) E: $x_2 = 0$,   c) E: $x_3 = 0$,   d) E: $x_1 = 5$,   e) E: $x_2 = -3$,   f) E: $x_3 = 4$?

Sind in einer Koordinatengleichung einer Ebene $ax_1 + bx_2 + cx_3 = d$ die Zahlen a, b, c und d alle ungleich null, so kann man die Gleichung umformen zu $\frac{x_1}{u} + \frac{x_2}{v} + \frac{x_3}{w} = 1$. Welche geometrische Bedeutung haben die Zahlen u, v, w?

7 Bestimmen Sie eine Koordinatengleichung der Ebene E.
a)
b)

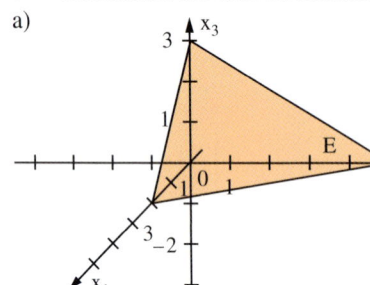

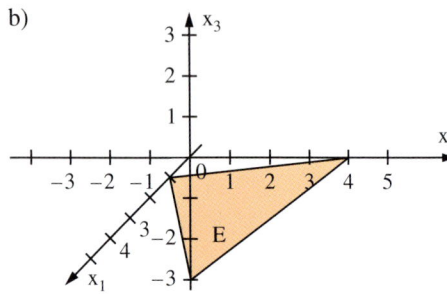

Fig. 1

Fig. 2

8 Der Punkt P(0|3|0) liegt in der zur x_3-Achse parallelen Ebene E von Fig. 3.
Der Punkt Q(0|0|2) liegt in der zur x_2-Achse parallelen Ebene E von Fig. 4.
Bestimmen Sie eine Koordinatengleichung für die Ebene E.
a)
b)

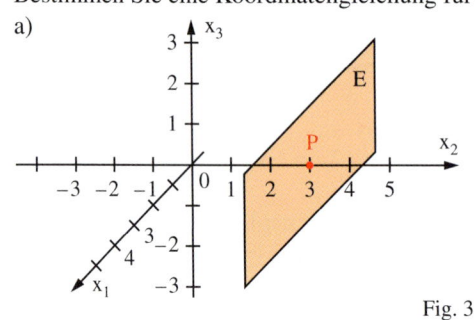

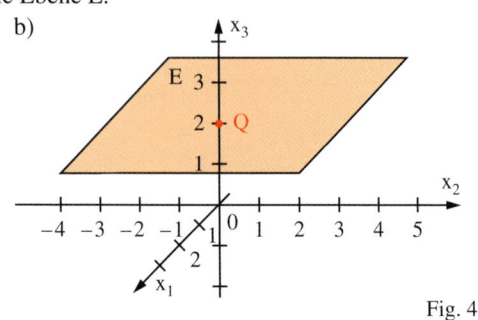

Fig. 3

Fig. 4

9 Bestimmen Sie eine Koordinatengleichung für die zur x_3-Achse parallelen Ebenen in Fig. 5 und 6.
a)
b)

Fig. 5

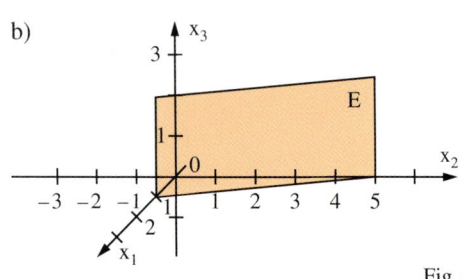

Fig. 6

5 Zeichnerische Darstellung von Geraden und Ebenen

1 a) Kann man ohne weitere Angaben über die Gerade g von Fig. 1 eine Gleichung von g angeben?
b) Wie viele Informationen sind mindestens nötig, um die genaue Lage der Geraden g angeben zu können?
c) Wie viele Informationen sind mindestens nötig, um die genaue Lage einer Ebene angeben zu können?

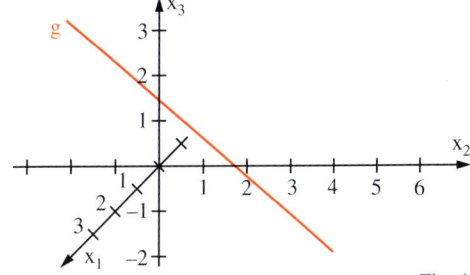

Fig. 1

Zeichnen einer Geraden:
Um eine Gerade zeichnerisch darzustellen, kann man zuerst die Schnittpunkte der Geraden mit den Koordinatenebenen einzeichnen. Diese Schnittpunkte nennt man **Spurpunkte**.
In Fig. 2 ist
– S_{12} der Spurpunkt von g mit der x_1x_2-Ebene
– S_{13} der Spurpunkt von g mit der x_1x_3-Ebene
– S_{23} der Spurpunkt von g mit der x_2x_3-Ebene.

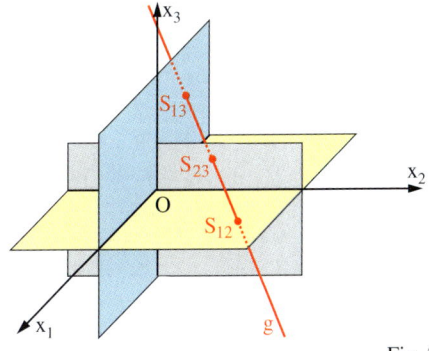

Beachten Sie:
Eine Zeichnung kann nur einen Ausschnitt einer Geraden bzw. einer Ebene darstellen.

Fig. 2

Bestimmung der Spurpunkte:
Der Spurpunkt S_{12} der Gerade $g: \vec{x} = \begin{pmatrix} 0 \\ 2 \\ 1 \end{pmatrix} + t \cdot \begin{pmatrix} 3 \\ 2 \\ -1 \end{pmatrix}$ in Fig. 2 hat die Koordinate $x_3 = 0$.

Hieraus folgt: $1 - t = 0$, also $t = 1$, und man erhält $S_{12}(3|4|0)$.
Analog bestimmt man die Spurpunkte $S_{13}(-3|0|2)$ und $S_{23}(0|2|1)$.

Zeichnen einer Ebene:
Um eine Ebene zeichnerisch darzustellen, kann man zuerst die Schnittgeraden der Ebene mit den Koordinatenebenen einzeichnen. Diese Schnittgeraden nennt man **Spurgeraden**. In Fig. 3 ist
– s_{12} die Spurgerade von E mit der x_1x_2-Ebene
– s_{13} die Spurgerade von E mit der x_1x_3-Ebene
– s_{23} die Spurgerade von E mit der x_2x_3-Ebene.

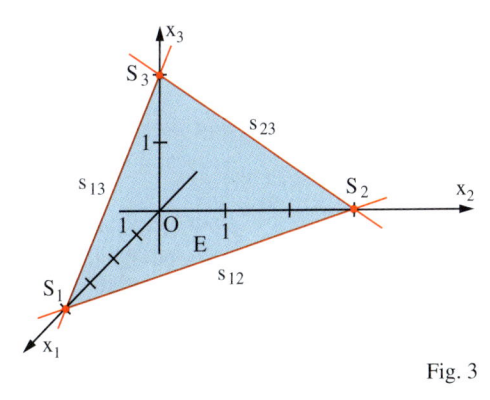

Um Spurgeraden einer Ebene zeichnerisch darzustellen, bestimmt man die Durchstoßpunkte der Koordinatenachsen mit der Ebene.
Diese Punkte nennt man auch Spurpunkte der Ebene.

Fig. 3

Bestimmung der Spurgeraden:
Die Spurgeraden s_{12} und s_{13} der Ebene $E: 3x_1 + 4x_2 + 6x_3 = 12$ in Fig. 3 schneiden sich im Punkt S_1. Dieser Punkt hat die Koordinaten $x_2 = x_3 = 0$. Man erhält somit $S_1(4|0|0)$.
Analog bestimmt man die Schnittpunkte $S_2(0|3|0)$ und $S_3(0|0|2)$.

89

Zeichnerische Darstellung von Geraden und Ebenen

Beispiel 1: (Spurpunkte bestimmen und Gerade bzw. Ebene zeichnen)
a) Zeichnen Sie die Gerade

$$g: \vec{x} = \begin{pmatrix} -1 \\ 2 \\ 3 \end{pmatrix} + t \cdot \begin{pmatrix} 1 \\ 2 \\ -1 \end{pmatrix}.$$

b) Zeichnen Sie die Ebene
E: $2x_1 + 4x_2 + 8x_3 = 16$.
Lösung:
a) Für die x_3-Koordinate des Spurpunktes S_{12} mit der x_1x_2-Ebene gilt: $x_3 = 0$.
Also ist $3 - t = 0$ d.h. $t = 3$.
Setzt man $t = 3$ in die Geradengleichung ein,

dann erhält man $\vec{x} = \begin{pmatrix} 2 \\ 8 \\ 0 \end{pmatrix}$ und somit den Spur-

punkt $S_{12}(2|8|0)$.
Analog erhält man die Spurpunkte
$S_{13}(-2|0|4)$ und $S_{23}(0|4|2)$ (Fig. 1).
b) Setzt man $x_2 = x_3 = 0$ ein, so erhält man:
$x_1 = 8$.
Der Punkt $S_1(8|0|0)$ ist somit der Schnittpunkt der Ebene mit der x_1-Achse.
Analog erhält man den Schnittpunkt
$S_2(0|4|0)$ der Ebene mit der x_2-Achse und den Schnittpunkt $S_3(0|0|2)$ der Ebene mit der x_3-Achse. (Fig. 2)

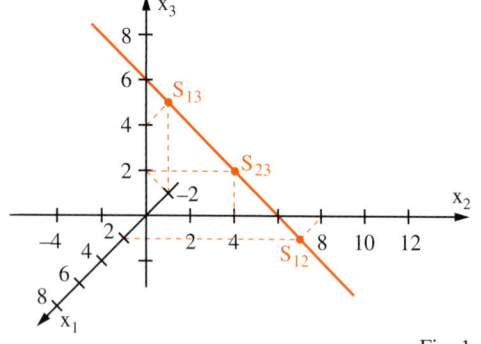

Fig. 1

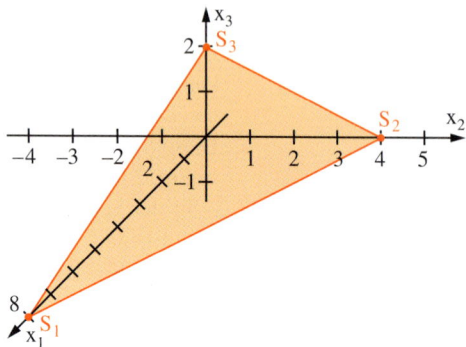

Fig. 2

Beispiel 2: (Schnittgeraden von Ebenen zeichnen)
Zeichnen Sie die Ebenen E: $x_1 + x_2 + 2x_3 = 4$ und E*: $6x_1 + 2x_2 + 3x_3 = 12$ sowie die Schnittgerade dieser Ebenen.
Lösung:
Die Ebene E hat die Spurpunkte $S_1(4|0|0)$, $S_2(0|4|0)$, $S_3(0|0|2)$.
Die Ebene E* hat die Spurpunkte $S_1^*(2|0|0)$, $S_2^*(0|6|0)$, $S_3^*(0|0|4)$.
In Fig. 3 ist die Ebene E blau und die Ebene E* grün eingetragen.
Die Spurgeraden durch die Punkte S_1 und S_3 sowie durch die Punkte S_1^* und S_3^* schneiden sich im Punkt P.
Die Spurgeraden durch die Punkte S_1 und S_2 sowie durch die Punkte S_1^* und S_2^* schneiden sich im Punkt Q.
Die Schnittgerade g der Ebenen E und E* ist somit durch die Punkte P und Q festgelegt.
Beachten Sie:
Der Punkt P liegt in der x_1x_3-Ebene. Der Punkt Q liegt in der x_1x_2-Ebene.

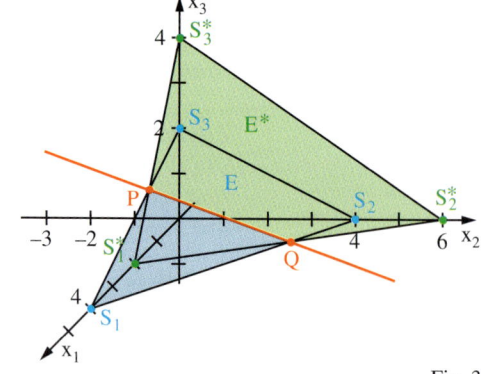

Fig. 3

Beispiel 3:
Welche Lage haben Ebenen, deren Gleichung die Form $ax_1 + bx_2 = d$ ($a \neq 0$, $b \neq 0$, $d \neq 0$) haben?
Lösung:
Solche Ebenen sind parallel zur x_3-Achse. (vgl. Fig. 4)

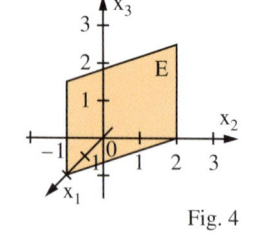

Fig. 4

Aufgaben

2 Die Gerade g geht durch die Punkte P und Q. Zeichnen Sie die Gerade g in ein Koordinatensystem ein.
a) P(3|1|3), Q(-2|5|2) b) P(1|0|4), Q(2|6|-2) c) P(-1|-1|-1), Q(3|4|2)
d) P(0|1|1), Q(4|-1|0) e) P(2|-1|3), Q(-1|0|4) f) P(4|3|2), Q(10|12|-2)

3 Zeichnen Sie die Ebene E.
a) E: $2x_1 + 3x_2 - x_3 = 6$ b) E: $-x_1 + 5x_2 + 2x_3 = 10$ c) E: $4x_1 - x_2 - x_3 = 4$
d) E: $\vec{x} = \begin{pmatrix} 1 \\ 2 \\ 3 \end{pmatrix} + r \cdot \begin{pmatrix} -1 \\ 2 \\ 0 \end{pmatrix} + s \cdot \begin{pmatrix} 1 \\ 0 \\ 3 \end{pmatrix}$
e) E: $\vec{x} = \begin{pmatrix} 18 \\ 8 \\ -6 \end{pmatrix} + r \cdot \begin{pmatrix} 15 \\ 8 \\ -6 \end{pmatrix} + s \cdot \begin{pmatrix} -9 \\ -4 \\ 4 \end{pmatrix}$

4 Gegeben ist die Ebene E: $4x_1 + x_2 = 8$ (E: $2x_1 - 3x_3 = 6$).
a) Wie kann man an der Ebenengleichung erkennen, dass zwei Spurgeraden zueinander parallel sind?
b) Zeichnen Sie die drei Spurgeraden und schraffieren Sie einen Ebenenausschnitt.

5 Gegeben ist die Ebene E: $3x_1 + 4x_2 + 6x_3 = 0$.
a) Begründen Sie: Die Spurgeraden gehen alle durch den Ursprung.
b) Zeichnen Sie die Spurgeraden. Geben Sie mithilfe von Parallelen zu den Spurgeraden einen Ebenenausschnitt an.

6 Zeichnen Sie die Ebene a) E: $4x_1 = 8$, b) E: $3x_3 = 9$, c) E: $2x_1 - 3x_2 = 6$.

7 Zeichnen Sie die Ebenen E_1 und E_2 und ihre Schnittgerade in ein Koordinatensystem wie in Fig. 1.
a) E_1: $x_1 + x_2 + x_3 = 4$, E_2: $15x_1 + 10x_2 + 6x_3 = 30$
b) E_1: $3x_1 + 2x_2 + x_3 = 6$, E_2: $x_1 + x_2 + 2x_3 = 4$
c) E_1: $3x_1 + 4x_2 + 6x_3 = 12$, E_2: $2x_1 + 5x_2 = 10$
d) E_1: $3x_1 + 5x_3 = 15$, E_2: $x_1 + x_2 + x_3 = 4$
e) E_1: $2x_1 + 5x_2 = 10$, E_2: $3x_1 + 4x_2 = 12$

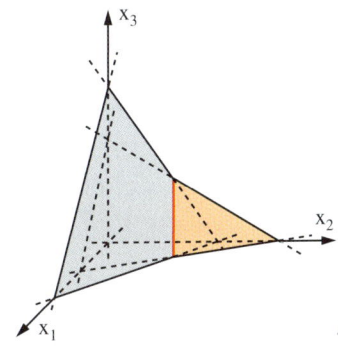

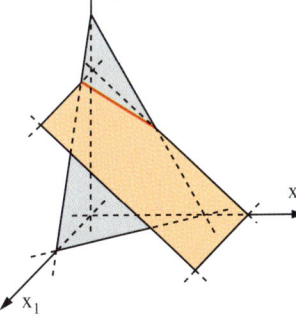

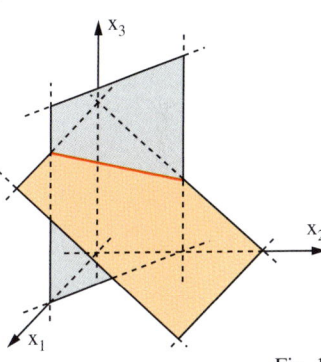

Fig. 1

8 Gegeben sind die Koordinatengleichungen von sechs Ebenen:
E_1: $x_1 = 0$; E_2: $x_1 = 5$; E_3: $x_2 + x_3 = 0$; E_4: $x_2 + x_3 = 8$; E_5: $x_1 + 5x_3 = 0$; E_6: $x_1 + 5x_3 = 20$.
Diese Ebenen begrenzen einen Spat.
a) Zeichnen Sie diesen Spat.
b) Bestimmen Sie drei Vektoren $\vec{a}, \vec{b}, \vec{c}$, die diesen Spat aufspannen.

6 Gegenseitige Lage einer Geraden und einer Ebene

1 Die Gerade g in Fig. 1 geht durch die Punkte P(−2|0|0) und Q(0|0|2).
a) Bestimmen Sie eine Parametergleichung der Geraden g.
b) Bestimmen Sie eine Gleichung der zur x_3-Achse parallelen Ebene E.
c) Bestimmen Sie die Koordinaten des Punktes S, in dem die Gerade g die Ebene E durchstößt.

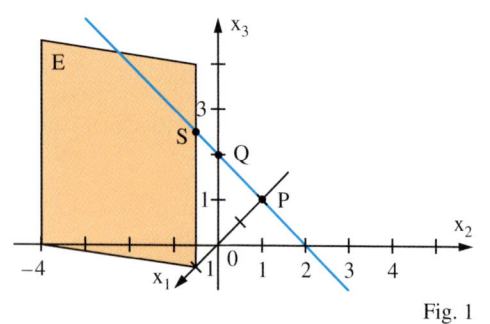

Fig. 1

Eine Gerade $g: \vec{x} = \vec{p} + t \cdot \vec{u}$ kann eine Ebene $E: \vec{x} = \vec{q} + r \cdot \vec{v} + s \cdot \vec{w}$ schneiden, parallel zur Ebene E sein oder ganz in der Ebene E liegen.

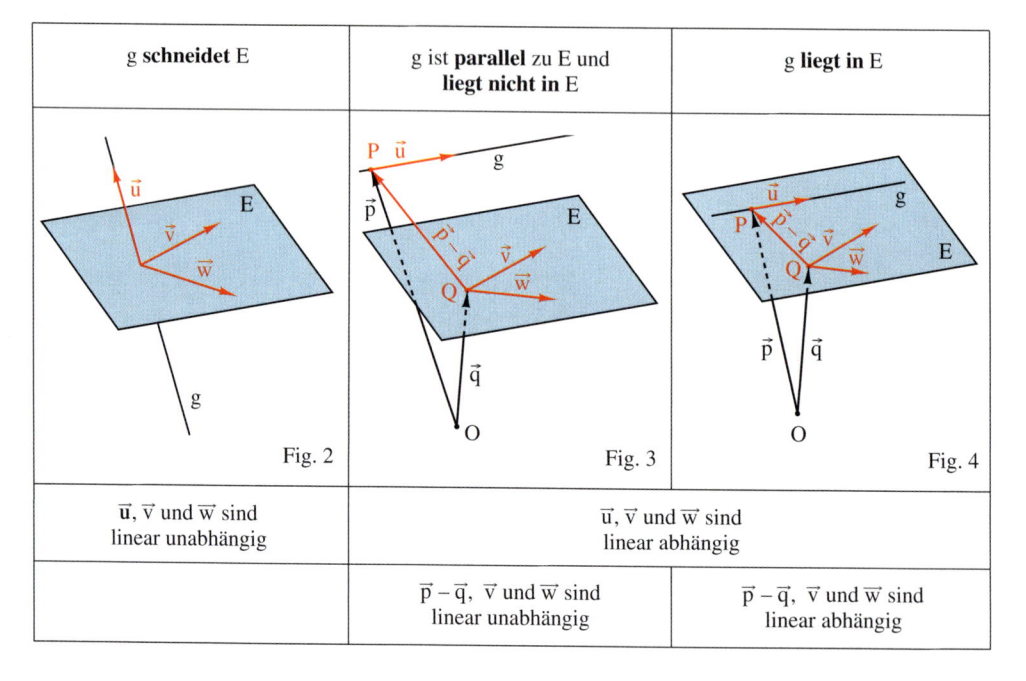

g **schneidet** E	g ist **parallel** zu E und **liegt nicht in** E	g **liegt in** E
Fig. 2	Fig. 3	Fig. 4
$\vec{u}$, $\vec{v}$ und $\vec{w}$ sind linear unabhängig	$\vec{u}$, $\vec{v}$ und $\vec{w}$ sind linear abhängig	
	$\vec{p} - \vec{q}$, $\vec{v}$ und $\vec{w}$ sind linear unabhängig	$\vec{p} - \vec{q}$, $\vec{v}$ und $\vec{w}$ sind linear abhängig

*Den Schnittpunkt einer Geraden und einer Ebene nennt man auch **Durchstoßpunkt**.*

Die Anzahl der gemeinsamen Punkte einer Geraden und einer Ebene kann man algebraisch untersuchen:

Satz: Für eine Gerade $g: \vec{x} = \vec{p} + t \cdot \vec{u}$ und eine Ebene $E: \vec{x} = \vec{q} + r \cdot \vec{v} + s \cdot \vec{w}$ gilt:
g und E **schneiden** sich in einem Punkt, wenn die Gleichung
 $\vec{p} + t \cdot \vec{u} = \vec{q} + r \cdot \vec{v} + s \cdot \vec{w}$ **genau eine** Lösung $(r_0; s_0; t_0)$ hat.
g ist **parallel** zu E und **liegt nicht in** E, wenn die Gleichung
 $\vec{p} + t \cdot \vec{u} = \vec{q} + r \cdot \vec{v} + s \cdot \vec{w}$ **keine** Lösung hat.
g **liegt in** E, wenn die Gleichung
 $\vec{p} + t \cdot \vec{u} = \vec{q} + r \cdot \vec{v} + s \cdot \vec{w}$ **unendlich viele** Lösungen hat.

Gegenseitige Lage einer Geraden und einer Ebene

Beispiel 1: (Bestimmung des Durchstoßpunktes; Ebenengleichung in Parameterform)

Die Gerade $g: \vec{x} = \begin{pmatrix} 2 \\ 2 \\ 1 \end{pmatrix} + t \begin{pmatrix} 1 \\ -1 \\ 1 \end{pmatrix}$ und die Ebene $E: \vec{x} = \begin{pmatrix} 1 \\ 1 \\ 5 \end{pmatrix} + r \begin{pmatrix} 2 \\ 0 \\ 1 \end{pmatrix} + s \begin{pmatrix} -1 \\ -1 \\ 3 \end{pmatrix}$ schneiden sich.

Bestimmen Sie den Durchstoßpunkt D.

Lösung:

Die Koordinaten des Durchstoßpunktes ergeben sich aus der Lösung der Gleichung

$\begin{pmatrix} 2 \\ 2 \\ 1 \end{pmatrix} + t \begin{pmatrix} 1 \\ -1 \\ 1 \end{pmatrix} = \begin{pmatrix} 1 \\ 1 \\ 5 \end{pmatrix} + r \begin{pmatrix} 2 \\ 0 \\ 1 \end{pmatrix} + s \begin{pmatrix} -1 \\ -1 \\ 3 \end{pmatrix}$ bzw. des LGS $\begin{cases} 2 + t = 1 + 2r - s \\ 2 - t = 1 \quad\quad - s \\ 1 + t = 5 + r + 3s \end{cases}$.

$\begin{cases} t - 2r + s = -1 \\ -t \quad\quad + s = -1 \\ t - r - 3s = 4 \end{cases}$, also $\begin{cases} t - 2r + s = -1 \\ -2r + 2s = -2 \\ r - 4s = 5 \end{cases}$, also $\begin{cases} t - 2r + s = -1 \\ -2r + 2s = -2 \\ \quad\quad -3s = 4 \end{cases}$.

Man erhält $t = -\frac{1}{3}$; $r = -\frac{1}{3}$; $s = -\frac{4}{3}$.

Setzt man $t = -\frac{1}{3}$ in die Parametergleichung der Geraden ein, so erhält man den Ortsvektor des Durchstoßpunktes und somit auch den Durchstoßpunkt $D\left(1\frac{2}{3} \mid 2\frac{1}{3} \mid \frac{2}{3}\right)$.

Beispiel 2: (Bestimmung des Durchstoßpunktes; Ebenengleichung in Koordinatenform)

Die Gerade $g: \vec{x} = \begin{pmatrix} 3 \\ 4 \\ 7 \end{pmatrix} + t \begin{pmatrix} 2 \\ 1 \\ -1 \end{pmatrix}$ und die Ebene $E: 2x_1 + 5x_2 - x_3 = 49$ schneiden sich.

Bestimmen Sie den Durchstoßpunkt D.

Lösung:

Der Gleichung $\vec{x} = \begin{pmatrix} 3 \\ 4 \\ 7 \end{pmatrix} + t \begin{pmatrix} 2 \\ 1 \\ -1 \end{pmatrix}$ entspricht $\begin{matrix} x_1 = 3 + 2t \\ x_2 = 4 + t \\ x_3 = 7 - t \end{matrix}$.

Setzt man x_1, x_2 und x_3 in die Koordinatengleichung ein, so erhält man die Gleichung:
$2(3 + 2t) + 5(4 + t) - (7 - t) = 49$,
hieraus folgt $10t + 19 = 49$, also $t = 3$.
Setzt man $t = 3$ in die Geradengleichung ein, so ergibt sich als Durchstoßpunkt $D(9 \mid 7 \mid 4)$.

Beispiel 3: (Bestimmung einer Geraden, die zu einer gegebenen Ebene parallel ist)

Die Ebene E ist durch die Punkte $A(1 \mid 0 \mid 2)$, $B(0 \mid 2 \mid 1)$ und $C(1 \mid 3 \mid 0)$ festgelegt.
Geben Sie eine Gleichung einer Geraden an, die zu E parallel ist und durch den Punkt $P(4 \mid 4 \mid 4)$ geht.

In Beispiel 3 liegt der Punkt P nicht in der Ebene E.
Also haben die Gerade g und die Ebene E keine gemeinsamen Punkte.

Lösung:

Eine Parametergleichung der Ebene $E: \vec{x} = \begin{pmatrix} 1 \\ 0 \\ 2 \end{pmatrix} + r \begin{pmatrix} 0-1 \\ 2-0 \\ 1-2 \end{pmatrix} + s \begin{pmatrix} 1-1 \\ 3-0 \\ 0-2 \end{pmatrix}$

d. h. $E: \vec{x} = \begin{pmatrix} 1 \\ 0 \\ 2 \end{pmatrix} + r \begin{pmatrix} -1 \\ 2 \\ -1 \end{pmatrix} + s \begin{pmatrix} 0 \\ 3 \\ -2 \end{pmatrix}$.

Der Richtungsvektor der Geraden g und die Spannvektoren der Ebene E müssen linear abhängig sein.

Als Richtungsvektor kann man einen der Spannvektoren nehmen, z. B.: $\begin{pmatrix} -1 \\ 2 \\ -1 \end{pmatrix}$.

Somit gilt: Die Gerade $g: \vec{x} = \begin{pmatrix} 4 \\ 4 \\ 4 \end{pmatrix} + t \begin{pmatrix} -1 \\ 2 \\ -1 \end{pmatrix}$ ist parallel zur Ebene E.

Aufgaben

2 Die Gerade g schneidet die Ebene E. Berechnen Sie die Koordinaten des Durchstoßpunktes.

a) $g: \vec{x} = \begin{pmatrix} 1 \\ 0 \\ 1 \end{pmatrix} + t \begin{pmatrix} 2 \\ 1 \\ 0 \end{pmatrix}$, $E: \vec{x} = \begin{pmatrix} 1 \\ 2 \\ 3 \end{pmatrix} + s \begin{pmatrix} 0 \\ 0 \\ 1 \end{pmatrix} + t \begin{pmatrix} 0 \\ 1 \\ 0 \end{pmatrix}$
b) $g: \vec{x} = t \begin{pmatrix} 2 \\ 5 \\ 7 \end{pmatrix}$, $E: \vec{x} = \begin{pmatrix} 0 \\ 0 \\ 5 \end{pmatrix} + s \begin{pmatrix} 1 \\ 1 \\ 0 \end{pmatrix} + t \begin{pmatrix} 0 \\ 0 \\ 1 \end{pmatrix}$

c) $g: \vec{x} = \begin{pmatrix} 2 \\ 3 \\ 2 \end{pmatrix} + t \begin{pmatrix} -1 \\ 1 \\ 1 \end{pmatrix}$, $E: \vec{x} = s \begin{pmatrix} 2 \\ 3 \\ 0 \end{pmatrix} + t \begin{pmatrix} -3 \\ 2 \\ 0 \end{pmatrix}$
d) $g: \vec{x} = \begin{pmatrix} 2 \\ 0 \\ 3 \end{pmatrix} + t \begin{pmatrix} 5 \\ 1 \\ 1 \end{pmatrix}$, $E: \vec{x} = \begin{pmatrix} 1 \\ 0 \\ 0 \end{pmatrix} + s \begin{pmatrix} 0 \\ 1 \\ 1 \end{pmatrix} + t \begin{pmatrix} 1 \\ 0 \\ 1 \end{pmatrix}$

3 Bestimmen Sie den Durchstoßpunkt, falls sich die Gerade $g: \vec{x} = \begin{pmatrix} 4 \\ 6 \\ 2 \end{pmatrix} + t \begin{pmatrix} 1 \\ 2 \\ 3 \end{pmatrix}$ und die Ebene E schneiden.

a) $E: 2x_1 + 4x_2 + 6x_3 = 16$
b) $E: 5x_2 - 7x_3 = 13$
c) $E: x_1 + x_2 - x_3 = 1$
d) $E: 2x_1 + x_2 + 3x_3 = 0$
e) $E: x_1 + x_2 - x_3 = 7$
f) $E: x_1 + x_2 - x_3 = 8$
g) $E: 3x_1 - x_3 = 10$
h) $E: 3x_1 - x_3 = 12$
i) $E: 4x_1 - 5x_2 = 11$

4 Bestimmen Sie den Durchstoßpunkt von der Geraden g und der Ebene $E: 3x_1 + 5x_2 - 2x_3 = 7$.

a) $g: \vec{x} = \begin{pmatrix} 5 \\ 1 \\ 1 \end{pmatrix} + t \begin{pmatrix} 1 \\ 0 \\ 1 \end{pmatrix}$
b) $g: \vec{x} = \begin{pmatrix} 1 \\ 0 \\ 9 \end{pmatrix} + t \begin{pmatrix} 1 \\ 3 \\ 5 \end{pmatrix}$
c) $g: \vec{x} = \begin{pmatrix} 7 \\ 1 \\ 1 \end{pmatrix} + t \begin{pmatrix} 2 \\ 2 \\ 1 \end{pmatrix}$

5 Bestimmen Sie, falls möglich, den Schnittpunkt der Geraden g mit der x_1x_2-Ebene (x_1x_3-Ebene; x_2x_3-Ebene) (Fig. 1).

a) $g: \vec{x} = \begin{pmatrix} 2 \\ 4 \\ 1 \end{pmatrix} + t \begin{pmatrix} -2 \\ 2 \\ 1 \end{pmatrix}$
b) $g: \vec{x} = \begin{pmatrix} 2 \\ 2 \\ 2 \end{pmatrix} + t \begin{pmatrix} 1 \\ 3 \\ 0 \end{pmatrix}$
c) $g: \vec{x} = \begin{pmatrix} 2 \\ 1 \\ 7 \end{pmatrix} + t \begin{pmatrix} -1 \\ 2 \\ 1 \end{pmatrix}$
d) $g: \vec{x} = \begin{pmatrix} 7 \\ 0 \\ 7 \end{pmatrix} + t \begin{pmatrix} 1 \\ 1 \\ 1 \end{pmatrix}$

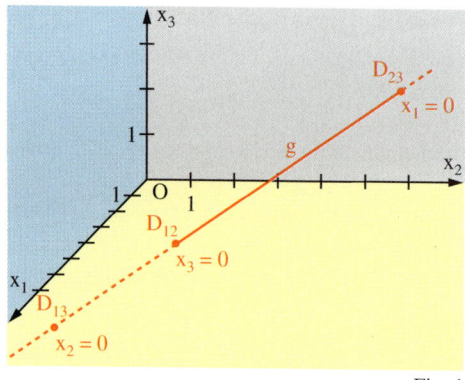

Fig. 1

Fig. 2

6 Bestimmen Sie die Schnittpunkte der Koordinatenachsen mit der Ebene E (Fig. 2).

a) $E: \vec{x} = \begin{pmatrix} 4 \\ 6 \\ 0 \end{pmatrix} + r \begin{pmatrix} 1 \\ 1 \\ 1 \end{pmatrix} + s \begin{pmatrix} 1 \\ 0 \\ 3 \end{pmatrix}$
b) $E: \vec{x} = \begin{pmatrix} 0 \\ 5 \\ 0 \end{pmatrix} + r \begin{pmatrix} 0 \\ 10 \\ -6 \end{pmatrix} + s \begin{pmatrix} 2 \\ 0 \\ -1 \end{pmatrix}$

c) $E: -9x_1 - 7x_2 + 11x_3 = -7$
d) $E: x_1 - 2x_2 - 5x_3 = 0$

7 Die Gerade g ist durch die Punkte P und Q festgelegt, die Ebene E durch die Punkte A, B und C. Bestimmen Sie den Durchstoßpunkt von g durch E.

a) P(1|0|1), Q(3|1|1); A(1|2|3), B(1|2|4), C(1|3|3)
b) P(0|0|0), Q(2|5|7); A(0|0|5), B(1|1|5), C(0|0|6)
c) P(2|3|2), Q(1|4|3); A(0|0|0), B(1|3|0), C(-3|2|0)
d) P(2|0|3), Q(7|1|4); A(1|0|1), B(1|1|2), C(2|0|2)

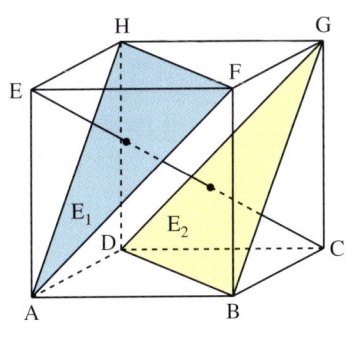

Gegenseitige Lage einer Geraden und einer Ebene

Fig. 1

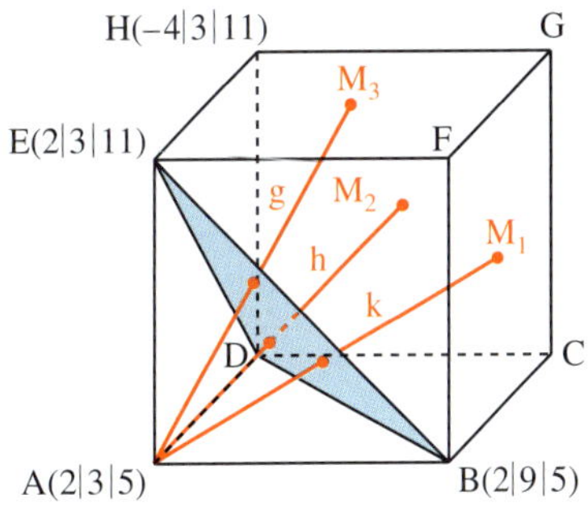

Fig. 2

8 Der Würfel in Fig. 1 hat die Eckpunkte A(0|0|0), B(0|8|0), C(−8|8|0), E(0|0|8). Die Ebene E_1 ist durch die Punkte A, F und H, die Ebene E_2 durch die Punkte B, D und G festgelegt. Bestimmen Sie die Schnittpunkte der Geraden durch C und E mit den Ebenen E_1 und E_2.

9 Die Punkte M_1, M_2 und M_3 sind die Mittelpunkte dreier Seitenflächen des Würfels in Fig. 2. Die Ebene E ist festgelegt durch die Punkte B, D und E. Bestimmen Sie den Durchstoßpunkt durch die Ebene E von der Geraden, die festgelegt ist durch die Punkte
a) A und M_1,   b) A und M_2,   c) A und M_3.

10 Eine Ebene E: $x_1 + x_2 + x_3 = d$ schneidet den Würfel wie in Fig. 3, falls 0 < d < 12. In Fig. 3 ist die Schnittfläche für den Fall d = 7 gekennzeichnet.
a) Zeichnen Sie den Würfel und kennzeichnen Sie die Schnittfläche, wenn
(1) d = 3,   (2) d = 5,   (3) d = 6,   (4) d = 8,   (5) d = 10,   (6) d = 11.
b) Welcher Zusammenhang besteht zwischen der Anzahl der Schnittpunkte der Ebene E mit den Würfelkanten und der Zahl d?

11 Zeichnen Sie den Quader von Fig. 4 und färben Sie den Teil der Ebene E, der innerhalb des Quaders liegt. Berechnen Sie zuerst die Koordinaten der Schnittpunkte der Kanten des Quaders mit der Ebene E.
a) E: $x_1 + x_2 + x_3 = 6$ b) E: $3x_1 + 2x_2 + x_3 = 9$ c) E: $4x_1 + 3x_2 = 8$

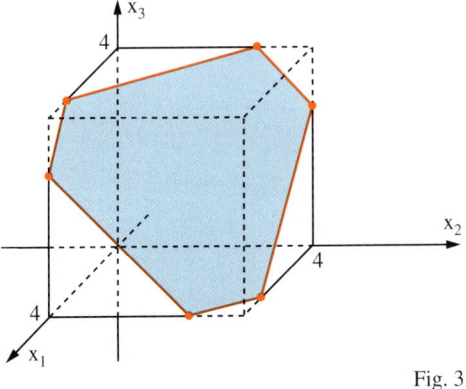

Fig. 3

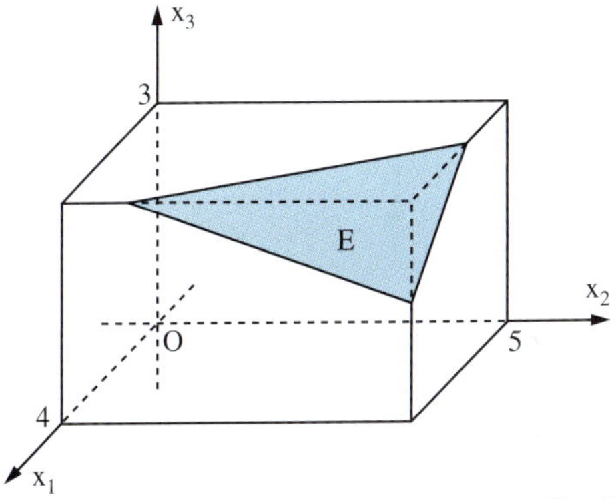

Fig. 4

12 Gegeben ist eine quadratische Pyramide mit den Eckpunkten A(0|0|0), B(8|0|0), C(8|8|0), D(0|8|0) und der Spitze S(4|4|12). Die Ebene, die durch die Punkte P(9|15|−3), Q(14|10|−2) und R(15|17|−5) festgelegt ist, schneidet die Pyramide.
Berechnen Sie die Koordinaten der Schnittpunkte der Ebene mit den Kanten der Pyramide. Fertigen Sie eine Zeichnung an.

95

13 Fig. 1 zeigt einen Pyramidenstumpf mit quadratischer Grundfläche.
a) Die Gerade durch die Punkte B und H schneidet das Trapez CDEF im Punkt S. Berechnen Sie die Koordinaten von S.
b) Die Punkte F und G legen eine Gerade fest. Die Parallele zu dieser Geraden durch den Punkt S schneidet die Trapeze ABFE und CDHG in den Punkten S_1 und S_2. Berechnen Sie die Koordinaten von S_1 und S_2.
c) Liegt der Punkt S auf der Geraden durch die Punkte E und C?
d) Liegen die Punkte S_1 und S_2 in der Ebene, die durch die Punkte C, E und H festgelegt ist?

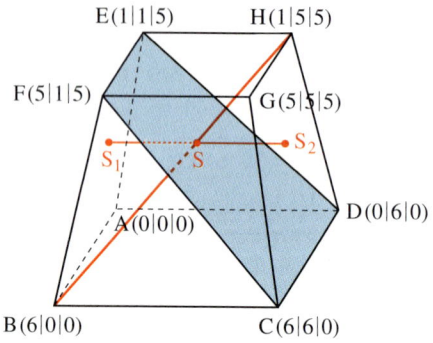

Fig. 1

Fig. 2

14 Zeichnen Sie die quadratische Pyramide von Fig. 2. Kennzeichnen Sie die Schnittfläche dieser Pyramide und der Ebene E.
a) E: $2x_1 - 3x_2 + x_3 = 3$ b) E: $-x_1 + 2x_2 + 3x_3 = 12$ c) E: $x_1 + 2x_2 = 2$
d) E ist festgelegt durch die Punkte P(0|0|4), Q(1|1|6) und R(1|3|4).
e) E ist festgelegt durch die Punkte P(1|2|3), Q(0|6|3) und R(−1|4|0).

Gegenseitige Lage von Gerade und Ebene

15 Gegeben ist die Ebene $E: \vec{x} = \begin{pmatrix} 3 \\ 4 \\ 7 \end{pmatrix} + r \begin{pmatrix} 1 \\ 0 \\ 1 \end{pmatrix} + s \begin{pmatrix} 4 \\ 7 \\ 2 \end{pmatrix}$. Geben Sie eine Gerade g an, die

a) E schneidet,   b) zur Ebene E parallel ist und nicht in E liegt,   c) in E liegt.

16 Bestimmen Sie a, b, c für $g: \vec{x} = \begin{pmatrix} a \\ 2 \\ -1 \end{pmatrix} + t \begin{pmatrix} 1 \\ b \\ 1 \end{pmatrix}$ und $E: \vec{x} = \begin{pmatrix} 2 \\ 2 \\ 2 \end{pmatrix} + r \begin{pmatrix} 1 \\ 1 \\ 0 \end{pmatrix} + s \begin{pmatrix} 1 \\ 2 \\ c \end{pmatrix}$ so, dass

a) die Gerade g parallel zur der Ebene E ist, aber nicht in E liegt,
b) die Gerade g in der Ebene E liegt,   c) die Gerade g die Ebene E schneidet.

17 Gegeben sind die Geraden
$g_a: \vec{x} = \begin{pmatrix} 2 \\ 7 \\ 3 \end{pmatrix} + t \cdot \begin{pmatrix} 4+2a \\ -1+5a \\ 1+3a \end{pmatrix}$ mit $a \in \mathbb{R}$ und

die Ebene E, die durch die Punkte P(1|0|2), Q(2|0|3) und R(0|2|2) festgelegt wird.
Die Schnittpunkte S_a dieser Geraden mit der Ebene E bilden eine Gerade h (Fig. 3).
a) Bestimmen Sie eine Gleichung der Geraden h.
b) Für welche a schneidet die Gerade g_a nicht die Ebene E?

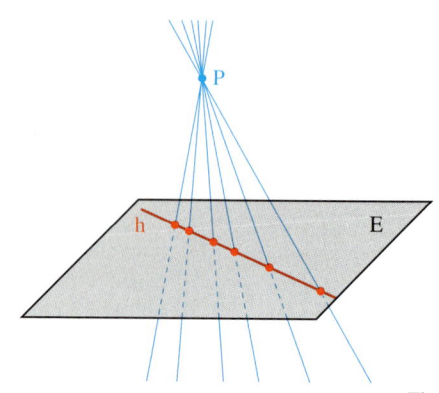

Fig. 3

96

7 Gegenseitige Lage von Ebenen

1 a) Bestimmen Sie eine Parametergleichung der Ebene E in Fig. 1.
b) Bestimmen Sie alle gemeinsamen Punkte der Ebene E und der x_1x_2-Ebene.
c) Bestimmen Sie alle gemeinsamen Punkte der Ebene E und der x_1x_3-Ebene.
d) Bestimmen Sie alle gemeinsamen Punkte der Ebene E und der x_2x_3-Ebene.

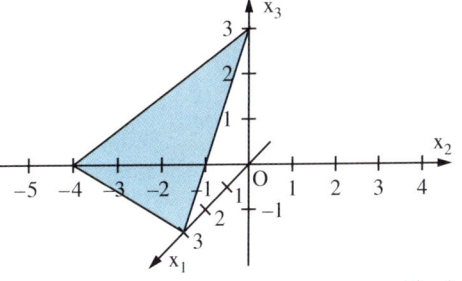

Fig. 1

Sind zwei Ebenengleichungen $E: \vec{x} = \vec{p} + r\vec{u} + s\vec{v}$ und $E^*: \vec{x^*} = \vec{p^*} + r^*\vec{u^*} + s^*\vec{v^*}$ gegeben, so kann man mithilfe der Vektoren $\vec{u}, \vec{v}, \vec{u^*}, \vec{v^*}$ und $\vec{p} - \vec{p^*}$ die gegenseitige Lage von E und E* feststellen.

E und E* **schneiden** sich	E und E* sind **zueinander parallel** und haben keine gemeinsamen Punkte	E und E* sind **identisch**
Fig. 2	Fig. 3	Fig. 4
$\vec{u}, \vec{v}, \vec{u^*}$ **oder** $\vec{u}, \vec{v}, \vec{v^*}$ sind linear unabhängig	$\vec{u}, \vec{v}, \vec{u^*}$ **und** $\vec{u}, \vec{v}, \vec{v^*}$ sind linear abhängig	
	$\vec{p} - \vec{p^*}, \vec{u}, \vec{v}$ sind linear unabhängig	$\vec{p} - \vec{p^*}, \vec{u}, \vec{v}$ sind linear abhängig

Ob sich zwei verschiedene Ebenen in einer Geraden schneiden oder ob sie parallel zueinander sind, kann man algebraisch untersuchen:

Satz: Für zwei **verschiedene** Ebenen $E: \vec{x} = \vec{p} + r\vec{u} + s\vec{v}$ und $E^*: \vec{x^*} = \vec{p^*} + r^*\vec{u^*} + s^*\vec{v^*}$ gilt:
E und E* **schneiden sich in einer Geraden**, wenn die Gleichung
$\vec{p} + r\vec{u} + s\vec{v} = \vec{p^*} + r^*\vec{u^*} + s^*\vec{v^*}$ **unendlich viele Lösungen** besitzt.
E und E* sind **zueinander parallel**, wenn die Gleichung
$\vec{p} + r\vec{u} + s\vec{v} = \vec{p^*} + r^*\vec{u^*} + s^*\vec{v^*}$ **keine** Lösung besitzt.

Gegenseitige Lage von Ebenen

Beispiel 1: (Schnittgeradenbestimmung; zwei Parametergleichungen)

Schneiden sich die Ebenen $E_1: \vec{x} = \begin{pmatrix} 1 \\ 3 \\ 2 \end{pmatrix} + r \begin{pmatrix} 1 \\ -2 \\ 0 \end{pmatrix} + s \begin{pmatrix} 3 \\ 1 \\ 4 \end{pmatrix}$ und $E_2: \vec{x} = \begin{pmatrix} -1 \\ 5 \\ 2 \end{pmatrix} + k \begin{pmatrix} 1 \\ 1 \\ 2 \end{pmatrix} + m \begin{pmatrix} -2 \\ 1 \\ 3 \end{pmatrix}$?

Bestimmen Sie gegebenenfalls die Schnittgerade.

Lösung:

Der Gleichung $\begin{pmatrix} 1 \\ 3 \\ 2 \end{pmatrix} + r \begin{pmatrix} 1 \\ -2 \\ 0 \end{pmatrix} + s \begin{pmatrix} 3 \\ 1 \\ 4 \end{pmatrix} = \begin{pmatrix} -1 \\ 5 \\ 2 \end{pmatrix} + k \begin{pmatrix} 1 \\ 1 \\ 2 \end{pmatrix} + m \begin{pmatrix} -2 \\ 1 \\ 3 \end{pmatrix}$ entspricht das LGS mit drei

Gleichungen und vier Variablen:

$$\begin{cases} 1 + r + 3s = -1 + k - 2m \\ 3 - 2r + s = 5 + k + m \\ 2 \phantom{{}-2r} + 4s = 2 + 2k + 3m \end{cases}, \text{ also } \begin{cases} r + 3s - k + 2m = -2 \\ -2r + s - k - m = 2 \\ 4s - 2k - 3m = 0 \end{cases}$$

und somit $\begin{cases} r + 3s - k + 2m = -2 \\ 7s - 3k + 3m = -2 \\ 4s - 2k - 3m = 0 \end{cases}$, also $\begin{cases} r + 3s - k + 2m = -2 \\ 7s - 3k + 3m = -2 \\ -2k - 33m = 8 \end{cases}$.

Aus der letzten Gleichung folgt: $k = -4 - \frac{33}{2}m$. Das LGS hat also unendlich viele Lösungen, d.h. die Ebenen schneiden sich.

Setzt man k in die Gleichung von E_2 ein, so erhält man eine Gleichung der Schnittgeraden:

$g: \vec{x} = \begin{pmatrix} -5 \\ 1 \\ -6 \end{pmatrix} + m \begin{pmatrix} 37 \\ 31 \\ 60 \end{pmatrix}$.

Beispiel 2: (Schnittgeradenbestimmung; zwei Koordinatengleichungen)

Bestimmen Sie die Schnittgerade der Ebenen $E_1: 3x_1 - 4x_2 + x_3 = 1$ und $E_2: 5x_1 + 2x_2 - 3x_3 = 6$.

Lösung:

Die beiden Gleichungen ergeben ein LGS mit zwei Gleichungen und drei Variablen:

$\begin{cases} 3x_1 - 4x_2 + x_3 = 1 \\ 5x_1 + 2x_2 - 3x_3 = 6 \end{cases}$, also $\begin{cases} 13x_1 - 5x_3 = 13 \\ 5x_1 + 2x_2 - 3x_3 = 6 \end{cases}$ (*).

Hinweis zu Beispiel 2:
Wer gerne mit Brüchen arbeitet, setzt in die Gleichung $13x_1 - 5x_3 = 13$ natürlich nicht $x_3 = 13t$ ein, sondern $x_3 = t$.

Setzt man in der Gleichung $13x_1 - 5x_3 = 13$ für $x_3 = 13t$ ein, so erhält man $x_1 = 1 + 5t$.
Setzt man $x_1 = 1 + 5t$ und $x_3 = 13t$ in die Gleichung (*) ein, so erhält man $x_2 = 0,5 + 7t$.

Insgesamt gilt: $\begin{matrix} x_1 = 1 + 5t \\ x_2 = 0,5 + 7t \\ x_3 = 13t \end{matrix}$. Gesuchte Schnittgerade: $g: \vec{x} = \begin{pmatrix} 1 \\ 0,5 \\ 0 \end{pmatrix} + t \begin{pmatrix} 5 \\ 7 \\ 13 \end{pmatrix}$.

Beispiel 3: (Schnittgeradenbestimmung; eine Koordinaten- und eine Parametergleichung)

Bestimmen Sie die Schnittgerade von $E_1: x_1 - x_2 + 3x_3 = 12$ und

$E_2: \vec{x} = \begin{pmatrix} 8 \\ 0 \\ 2 \end{pmatrix} + r \begin{pmatrix} -4 \\ 1 \\ 1 \end{pmatrix} + s \begin{pmatrix} 5 \\ 0 \\ -1 \end{pmatrix}$.

Lösung:

Der Parametergleichung von E_2 entsprechen die Gleichungen:
$x_1 = 8 - 4r + 5s$, $x_2 = r$ und $x_3 = 2 + r - s$.
Eingesetzt in $x_1 - x_2 + 3x_3 = 12$ ergibt: $(8 - 4r + 5s) - r + 3(2 + r - s) = 12$.
Hieraus folgt: $s = r - 1$.
Ersetzt man in der Gleichung von E_2 den Parameter s durch $r - 1$, so erhält man die Gleichung der Schnittgeraden $g: \vec{x} = \begin{pmatrix} 3 \\ 0 \\ 3 \end{pmatrix} + r \begin{pmatrix} 1 \\ 1 \\ 0 \end{pmatrix}$.

98

Gegenseitige Lage von Ebenen

Aufgaben

Schnittgerade zweier Ebenen

Kommen in zwei Parametergleichungen die gleichen Bezeichnungen für die Parameter vor, so muss man in einer Gleichung die Parameter umbenennen.

2 Bestimmen Sie die Schnittgerade der Ebenen E_1 und E_2.

a) $E_1: \vec{x} = \begin{pmatrix} 1 \\ 0 \\ 3 \end{pmatrix} + r \begin{pmatrix} 1 \\ 0 \\ 0 \end{pmatrix} + s \begin{pmatrix} 1 \\ 1 \\ 0 \end{pmatrix}$, $E_2: \vec{x} = \begin{pmatrix} 2 \\ 3 \\ 2 \end{pmatrix} + r \begin{pmatrix} 0 \\ 1 \\ 1 \end{pmatrix} + s \begin{pmatrix} 2 \\ 0 \\ 1 \end{pmatrix}$

b) $E_1: \vec{x} = r \begin{pmatrix} 1 \\ 2 \\ 3 \end{pmatrix} + s \begin{pmatrix} -1 \\ 1 \\ 0 \end{pmatrix}$, $E_2: \vec{x} = r \begin{pmatrix} 2 \\ 0 \\ 7 \end{pmatrix} + s \begin{pmatrix} 1 \\ -1 \\ 1 \end{pmatrix}$

c) $E_1: \vec{x} = \begin{pmatrix} 1 \\ 7 \\ 3 \end{pmatrix} + r \begin{pmatrix} 1 \\ -1 \\ 2 \end{pmatrix} + s \begin{pmatrix} 2 \\ -5 \\ 8 \end{pmatrix}$, $E_2: \vec{x} = \begin{pmatrix} 3 \\ 5 \\ 7 \end{pmatrix} + r \begin{pmatrix} 2 \\ 3 \\ 0 \end{pmatrix} + s \begin{pmatrix} 1 \\ 1 \\ 2 \end{pmatrix}$

d) $E_1: x_1 - x_2 + 2x_3 = 7$, $E_2: 6x_1 + x_2 - x_3 = -7$

e) $E_1: 3x_1 + 2x_2 - 2x_3 = -1$, $E_2: x_1 - 4x_2 - 2x_3 = 9$

f) $E_1: x_1 + 5x_3 = 8$, $E_2: x_1 + x_2 + x_3 = 1$

g) $E_1: 4x_2 = 5$, $E_2: 6x_1 + 5x_3 = 0$

3 Bestimmen Sie die Schnittgerade der Ebene E mit der Ebene $E_1: \vec{x} = \begin{pmatrix} 3 \\ 1 \\ 5 \end{pmatrix} + r \begin{pmatrix} 2 \\ -1 \\ 0 \end{pmatrix} + s \begin{pmatrix} -1 \\ 0 \\ 3 \end{pmatrix}$.

a) $E: 2x_1 - x_2 - x_3 = 1$ b) $E: 5x_1 + 2x_2 + x_3 = -6$ c) $E: 4x_2 + 5x_3 = 20$

d) $E: 3x_1 - x_2 - 5x_3 = -10$ e) $E: 2x_1 + 5x_2 + x_3 = 3$ f) $E: 3x_1 + 9x_2 + 6x_3 = 10$

4 Bestimmen Sie die Spurgeraden der Ebene E.

a) $E: \vec{x} = \begin{pmatrix} 4 \\ 5 \\ 0 \end{pmatrix} + s \begin{pmatrix} 1 \\ 3 \\ 5 \end{pmatrix} + t \begin{pmatrix} 1 \\ -1 \\ 1 \end{pmatrix}$

b) $E: \vec{x} = \begin{pmatrix} -8 \\ -4 \\ -4 \end{pmatrix} + s \begin{pmatrix} 4 \\ -3 \\ 1 \end{pmatrix} + t \begin{pmatrix} 4 \\ 1 \\ -1 \end{pmatrix}$

c) $E: \vec{x} = \begin{pmatrix} -2 \\ 3 \\ -4 \end{pmatrix} + s \begin{pmatrix} 6 \\ 3 \\ -4 \end{pmatrix} + t \begin{pmatrix} 2 \\ 1 \\ 4 \end{pmatrix}$

d) $E: \vec{x} = \begin{pmatrix} 1 \\ 0 \\ 8 \end{pmatrix} + s \begin{pmatrix} 2 \\ 1 \\ 1 \end{pmatrix} + t \begin{pmatrix} 10 \\ -6 \\ 5 \end{pmatrix}$

e) $E: 2x_1 - 3x_2 + 5x_3 = 60$ f) $E: x_1 + x_2 + x_3 = 12$

g) $E: 4x_1 - 5x_2 + x_3 = 8$ h) $E: 6x_1 - 7x_2 + 8x_3 = 16$

i) $E: x_1 - x_2 = 5$ j) $E: x_2 + 2x_3 = 7$

5 Geben Sie Gleichungen zweier sich schneidender Ebenen E_1 und E_2 an, deren Schnittgerade die Gerade g ist.

a) $g: \vec{x} = \begin{pmatrix} 1 \\ 0 \\ 1 \end{pmatrix} + t \begin{pmatrix} 0 \\ 1 \\ 0 \end{pmatrix}$

b) $g: \vec{x} = \begin{pmatrix} 1 \\ 2 \\ 3 \end{pmatrix} + t \begin{pmatrix} 3 \\ 2 \\ 1 \end{pmatrix}$

c) $g: \vec{x} = \begin{pmatrix} -2 \\ 7 \\ -12 \end{pmatrix} + t \begin{pmatrix} 5 \\ -4 \\ 5 \end{pmatrix}$

d) $g: \vec{x} = t \begin{pmatrix} 0 \\ 0 \\ 1 \end{pmatrix}$

e) $g: \vec{x} = t \begin{pmatrix} 3 \\ 2 \\ 1 \end{pmatrix}$

f) $g: \vec{x} = t \begin{pmatrix} a \\ -a \\ 0 \end{pmatrix}$ mit $a \in \mathbb{R}$, $a \neq 0$

6 Gegeben sind $E_1: \vec{x} = \begin{pmatrix} 1 \\ 2 \\ a \end{pmatrix} + r \begin{pmatrix} 1 \\ -1 \\ 1 \end{pmatrix} + s \begin{pmatrix} b \\ c \\ 2 \end{pmatrix}$ und $E_2: \vec{x} = \begin{pmatrix} 2 \\ 1 \\ 1 \end{pmatrix} + r \begin{pmatrix} 4 \\ 1 \\ 2 \end{pmatrix} + s \begin{pmatrix} d \\ 1 \\ -1 \end{pmatrix}$.

Wie müssen die reellen Zahlen a, b, c und d gewählt werden, damit sich die beiden Ebenen E_1 und E_2 schneiden?

99

Gegenseitige Lage von Ebenen

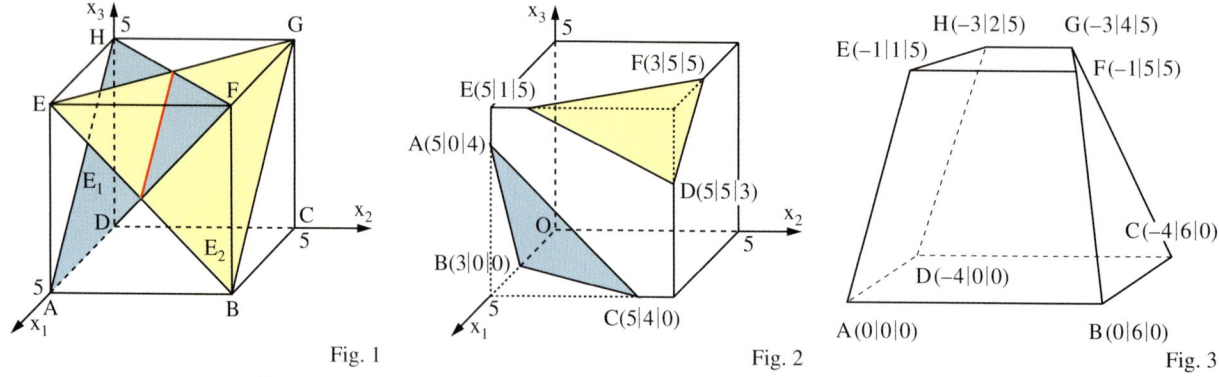

Fig. 1   Fig. 2   Fig. 3

7 a) Bestimmen Sie die Schnittgerade der beiden Ebenen E_1 und E_2 in Fig. 1.
b) Fig. 2 zeigt einen Würfel mit zwei abgeschnittenen Ecken. Die Schnittflächen legen zwei Ebenen fest. Bestimmen Sie die Schnittgerade dieser beiden Ebenen.
c) Zeigen Sie, dass in Fig. 3 die Punkte A, B, E, F und C, D, G, H jeweils in einer Ebene liegen, und bestimmen Sie die Schnittgerade dieser Ebenen.
d) Bestimmen Sie die Schnittgeraden der Ebenen, die in Fig. 3 durch die Punkte A, F, H und B, E, G festgelegt werden.

Lage zweier Ebenen

8 Schneiden sich die beiden Ebenen E_1 und E_2? Bestimmen Sie gegebenenfalls die Schnittgerade.

a) $E_1: \vec{x} = \begin{pmatrix} 2 \\ 5 \\ 3 \end{pmatrix} + r \begin{pmatrix} 1 \\ 0 \\ 1 \end{pmatrix} + s \begin{pmatrix} 0 \\ 1 \\ 0 \end{pmatrix}$, $\quad E_2: \vec{x} = \begin{pmatrix} 4 \\ 0 \\ 0 \end{pmatrix} + r \begin{pmatrix} 1 \\ 1 \\ 1 \end{pmatrix} + s \begin{pmatrix} 1 \\ 3 \\ 1 \end{pmatrix}$

b) $E_1: \vec{x} = \begin{pmatrix} -1 \\ 0 \\ 0 \end{pmatrix} + r \begin{pmatrix} 1 \\ 3 \\ 1 \end{pmatrix} + s \begin{pmatrix} 0 \\ 2 \\ 1 \end{pmatrix}$, $\quad E_2: \vec{x} = \begin{pmatrix} 1 \\ 4 \\ 1 \end{pmatrix} + r \begin{pmatrix} 1 \\ 1 \\ 0 \end{pmatrix} + s \begin{pmatrix} 2 \\ 8 \\ 3 \end{pmatrix}$

c) $E_1: \vec{x} = \begin{pmatrix} 5 \\ 0 \\ 5 \end{pmatrix} + r \begin{pmatrix} 1 \\ 2 \\ 4 \end{pmatrix} + s \begin{pmatrix} 3 \\ 1 \\ 0 \end{pmatrix}$, $\quad E_2: \vec{x} = \begin{pmatrix} 4 \\ -2 \\ 1 \end{pmatrix} + r \begin{pmatrix} 1 \\ 1 \\ -1 \end{pmatrix} + s \begin{pmatrix} 6 \\ -1 \\ -2 \end{pmatrix}$

9 Geben Sie eine Parametergleichung der Ebene an, die zur Ebene E parallel ist und in der der Punkt P liegt.

a) $E: \vec{x} = \begin{pmatrix} 2 \\ 0 \\ 5 \end{pmatrix} + r \begin{pmatrix} 1 \\ 1 \\ 0 \end{pmatrix} + s \begin{pmatrix} 1 \\ 2 \\ 1 \end{pmatrix}$, $P(3|4|-1)$ $\qquad$ b) $E: \vec{x} = \begin{pmatrix} 1 \\ 9 \\ 1 \end{pmatrix} + r \begin{pmatrix} 2 \\ 1 \\ 2 \end{pmatrix} + s \begin{pmatrix} -1 \\ 1 \\ 3 \end{pmatrix}$, $P(0|4|-7)$

10 Bestimmen Sie a, b und c so, dass die Ebenen E_1 und E_2 (1) sich schneiden
(2) zueinander parallel sind und keine gemeinsamen Punkte haben
(3) identisch sind.

a) $E_1: \vec{x} = \begin{pmatrix} a \\ 3 \\ 1 \end{pmatrix} + r \begin{pmatrix} 1 \\ 0 \\ 1 \end{pmatrix} + s \begin{pmatrix} 1 \\ 2 \\ 0 \end{pmatrix}$, $\quad E_2: \vec{x} = \begin{pmatrix} 2 \\ 1 \\ 5 \end{pmatrix} + r \begin{pmatrix} b \\ 1 \\ 1 \end{pmatrix} + s \begin{pmatrix} c \\ 2 \\ 1 \end{pmatrix}$

b) $E_1: \vec{x} = \begin{pmatrix} 1 \\ a \\ 0 \end{pmatrix} + r \begin{pmatrix} 2 \\ b \\ 1 \end{pmatrix} + s \begin{pmatrix} 3 \\ 1 \\ c \end{pmatrix}$, $\quad E_2: \vec{x} = \begin{pmatrix} 3 \\ 4 \\ 1 \end{pmatrix} + r \begin{pmatrix} 6 \\ 7 \\ 1 \end{pmatrix} + s \begin{pmatrix} -1 \\ 0 \\ 2 \end{pmatrix}$

c) $E_1: 2x_1 + 3x_2 + 2x_3 = 7$, $\qquad E_2: ax_1 + bx_2 - x_3 = c$
d) $E_1: ax_1 + 5x_2 - 7x_3 = 0$, $\qquad E_2: 2x_1 + bx_2 + cx_3 = 1$

Gegenseitige Lage von Ebenen

Lage und Schnitt dreier Ebenen

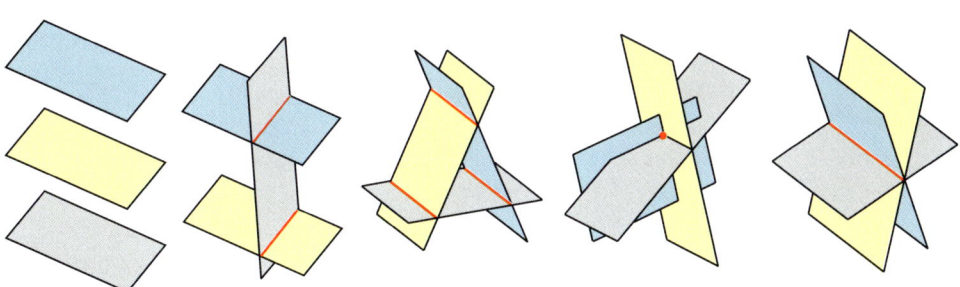

Fig. 1

11 Fig. 1 verdeutlicht die möglichen Lagen dreier Ebenen zueinander. Geben Sie für jeden Fall Parametergleichungen dreier Ebenen an.

Hinweis zu Aufgabe 12: Berechnen Sie zuerst die Schnittgerade zweier Ebenen und dann den Durchstoßpunkt dieser Geraden durch die dritte Ebene.

12 Die drei Ebenen E_1, E_2 und E_3 schneiden sich in einem Punkt. Berechnen Sie die Koordinaten dieses Punktes.

$E_1: \vec{x} = \begin{pmatrix} 4 \\ 8 \\ 4 \end{pmatrix} + r \begin{pmatrix} 2 \\ 1 \\ 3 \end{pmatrix} + s \begin{pmatrix} 1 \\ 1 \\ 0 \end{pmatrix}$, $E_2: \vec{x} = \begin{pmatrix} 4 \\ 9 \\ 9 \end{pmatrix} + r \begin{pmatrix} 1 \\ 2 \\ 5 \end{pmatrix} + s \begin{pmatrix} 0 \\ 1 \\ 1 \end{pmatrix}$, $E_3: \vec{x} = \begin{pmatrix} 2 \\ 4 \\ 3 \end{pmatrix} + r \begin{pmatrix} 1 \\ 1 \\ 1 \end{pmatrix} + s \begin{pmatrix} 2 \\ -1 \\ 4 \end{pmatrix}$

13 Gegeben sind $E_1: \vec{x} = \begin{pmatrix} 5 \\ 0 \\ 0 \end{pmatrix} + r \begin{pmatrix} 1 \\ 1 \\ 1 \end{pmatrix} + s \begin{pmatrix} 1 \\ 0 \\ 6 \end{pmatrix}$ und $E_2: \vec{x} = \begin{pmatrix} 6 \\ 4 \\ -4 \end{pmatrix} + r \begin{pmatrix} 1 \\ 0 \\ 1 \end{pmatrix} + s \begin{pmatrix} 0 \\ 1 \\ 5 \end{pmatrix}$.

a) Bestimmen Sie eine von den Ebenen E_1 und E_2 verschiedene Ebene E_3, in der die Schnittgerade von E_1 und E_2 liegt.
b) Bestimmen Sie eine Ebene E_3 so, dass E_1, E_2 und E_3 genau einen gemeinsamen Punkt besitzen.
c) Bestimmen Sie eine Ebene E_3 so, dass E_1, E_2 und E_3 keinen gemeinsamen Punkt besitzen.

Darstellung einer Geraden durch zwei Koordinatengleichungen

Eine Gerade im Raum kann nicht durch eine einzige Koordinatengleichung festgelegt werden.

14 Gegeben ist die Gerade $g: \vec{x} = \begin{pmatrix} 1 \\ 0 \\ 3 \end{pmatrix} + t \begin{pmatrix} 3 \\ -1 \\ 4 \end{pmatrix}$.

a) Bestimmen Sie aus der Gleichung $\begin{pmatrix} x_1 \\ x_2 \\ x_3 \end{pmatrix} = \begin{pmatrix} 1 \\ 0 \\ 3 \end{pmatrix} + t \begin{pmatrix} 3 \\ -1 \\ 4 \end{pmatrix}$ eine mögliche Gleichung ohne den Parameter t.

b) Bilden alle Punkte, deren Koordinaten die parameterfreie Gleichung von a) erfüllen, eine Gerade? Begründen Sie Ihre Antwort.

15 Warum legen die beiden Gleichungen eine Gerade fest? Berechnen Sie eine Parametergleichung dieser Geraden.
a) $x_1 + x_2 - x_3 = 1$; $2x_1 - x_2 + 3x_3 = 0$
b) $x_1 - x_2 = 7$; $x_3 = 0$

16 Die Geraden g_1 und g_2 werden durch zwei Koordinatengleichungen festgelegt. Bestimmen Sie die gegenseitige Lage von g_1 und g_2.

a) $g_1: \begin{cases} x_1 + x_2 - x_3 = 1 \\ 2x_1 - x_2 + 3x_3 = 0 \end{cases}$
$g_2: \begin{cases} 2x_1 + x_2 + 5x_3 = 7 \\ x_1 - x_2 + 3x_3 = 2 \end{cases}$

b) $g_1: \begin{cases} x_1 - x_3 = 7 \\ 2x_1 + 3x_2 + 2x_3 = 1 \end{cases}$
$g_2: \begin{cases} x_1 + x_2 + x_3 = 1 \\ 2x_1 + 2x_2 + x_3 = 4 \end{cases}$

c) $g_1: \begin{cases} 2x_1 + 3x_2 + 4x_3 = 5 \\ 4x_1 + 3x_2 + 2x_3 = 1 \end{cases}$
$g_2: \begin{cases} x_1 + x_2 + x_3 = 1 \\ 2x_1 - x_3 = -4 \end{cases}$

101

8 Teilverhältnisse

1 a) Bestimmen Sie für Fig. 1 das Verhältnis der Streckenlängen $\overline{AT}:\overline{TB}$ und das Verhältnis der Streckenlängen $\overline{AR}:\overline{RB}$.
b) Stellen Sie den Vektor $\vec{TB}$ als Vielfaches des Vektors $\vec{AT}$ und den Vektor $\vec{RB}$ als Vielfaches des Vektors $\vec{AR}$ dar.
Welche Information, die man nicht durch die Teilverhältnisse erhält, liefert die Vektordarstellung?

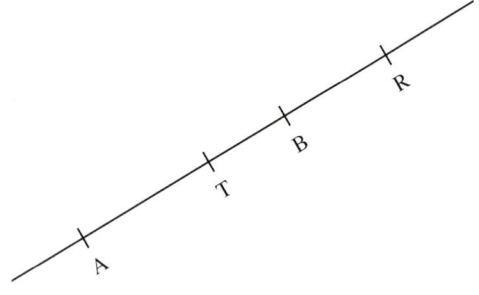

Fig. 1

Liegt ein Punkt T innerhalb einer Strecke $\overline{AB}$ (Fig. 2), so sagt man:
T ist ein **innerer Teilpunkt**, der die Strecke $\overline{AB}$ im Verhältnis $\overline{AT}:\overline{TB}$ teilt.
Für dieses Teilverhältnis $t = \overline{AT}:\overline{TB}$ gilt: $\vec{AT} = t \cdot \vec{TB}$.
In Fig. 2 ist $\vec{AT} = 2 \cdot \vec{TB}$. Das Teilverhältnis beträgt $2:1$.

Diese Überlegungen lassen sich auf diejenigen Fälle übertragen, bei denen T auf einer Geraden durch zwei Punkte A und B, aber außerhalb der Strecke $\overline{AB}$ liegt.

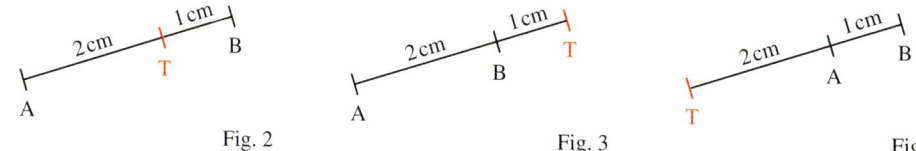

Fig. 2 Fig. 3 Fig. 4

In Fig. 3 und Fig. 4 nennt man T einen **äußeren Teilpunkt** der Strecke $\overline{AB}$.
In Fig. 3 gilt: $\vec{AT} = (-3) \cdot \vec{TB}$. Man sagt: Das Teilverhältnis beträgt $(-3):1$.
In Fig. 4 gilt: $\vec{AT} = \left(-\frac{2}{3}\right) \cdot \vec{TB}$. Man sagt: Das Teilverhältnis beträgt $(-2):3$.

Beachten Sie:
Ist $t > 0$, dann ist T ein innerer Teilpunkt der Strecke $\overline{AB}$.
Ist $t < 0$, dann ist T ein äußerer Teilpunkt der Strecke $\overline{AB}$.

Definition: Ist T ein Punkt der Geraden durch die Punkte A und B und gilt $\vec{AT} = t \cdot \vec{TB}$, dann nennt man die Zahl t **Teilverhältnis** des Punktes T bezüglich der Strecke $\overline{AB}$.

Sind die Endpunkte einer Strecke $\overline{AB}$ sowie ein Teilverhältnis t gegeben, so kann man die Koordinaten des Teilpunktes T berechnen.
Hierzu benötigt man den

Warum kann es kein Teilverhältnis mit $t = -1$ geben?

Satz: Ist T ein Punkt einer Geraden durch zwei Punkte A und B, dann gilt:
Aus $\vec{AT} = t \cdot \vec{TB}$ folgt $\vec{AT} = \frac{t}{1+t} \vec{AB}$ ($t \neq -1$).

Beweis:
Ist $\vec{AT} = t \cdot \vec{TB}$ mit $t \neq -1$, so gilt:
$\vec{AB} = \vec{AT} + \vec{TB} = t \cdot \vec{TB} + \vec{TB} = (1+t)\vec{TB}$, d.h. $(1+t)\vec{TB} = \vec{AB}$.
Also ist $\vec{TB} = \frac{1}{1+t}\vec{AB}$ und somit $\vec{AT} = t \cdot \vec{TB} = \frac{t}{1+t}\vec{AB}$.

Beispiel 1: (Teilverhältnis bestimmen)
In welchem Verhältnis teilt in Fig. 1
a) B die Strecke $\overline{AE}$, b) E die Strecke $\overline{BD}$, c) A die Strecke $\overline{BD}$?

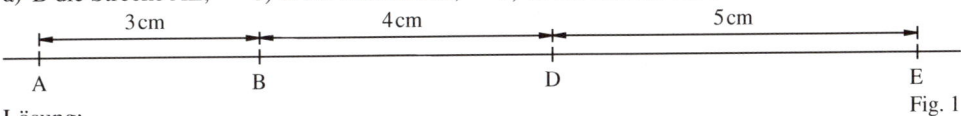

Lösung:
a) $\overrightarrow{AB} = 3\,\text{cm}$, $\overrightarrow{BE} = 9\,\text{cm}$; also ist $\overrightarrow{AB} = \frac{1}{3}\overrightarrow{BE}$; das gesuchte Teilverhältnis ist 1:3.
b) $\overrightarrow{BE} = 9\,\text{cm}$, $\overrightarrow{ED} = 5\,\text{cm}$; also ist $\overrightarrow{BE} = -\frac{9}{5}\overrightarrow{ED}$; das gesuchte Teilverhältnis ist $(-9):5$.
c) $\overrightarrow{BA} = 3\,\text{cm}$, $\overrightarrow{AD} = 7\,\text{cm}$; also ist $\overrightarrow{BA} = -\frac{3}{7}\overrightarrow{AD}$; das gesuchte Teilverhältnis ist $(-3):7$.

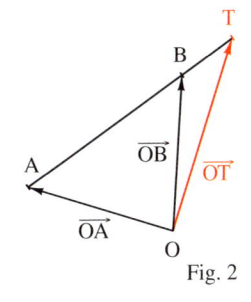

Beispiel 2: (Teilpunkt bestimmen)
Gegeben sind die Punkte A(2|3|9) und B(12|8|6). Der Punkt T teilt die Strecke $\overline{AB}$ im Verhältnis $(-3):1$. Bestimmen Sie die Koordinaten von T.

Lösung:
Den Koordinaten des Punktes T entsprechen die Koordinaten seines Ortsvektors $\overrightarrow{OT}$.
Es gilt: $\overrightarrow{OT} = \overrightarrow{OA} + \overrightarrow{AT}$. Ferner ist $\overrightarrow{AT} = (-3)\cdot\overrightarrow{TB}$, das heißt $\overrightarrow{AT} = \frac{-3}{1+(-3)}\overrightarrow{AB} = \frac{3}{2}\overrightarrow{AB}$.
Insgesamt ist also:

$$\overrightarrow{OT} = \overrightarrow{OA} + \frac{3}{2}\overrightarrow{AB} = \overrightarrow{OA} + \frac{3}{2}(\overrightarrow{OB} - \overrightarrow{OA}) = \begin{pmatrix}2\\3\\9\end{pmatrix} + \frac{3}{2}\left(\begin{pmatrix}12\\8\\6\end{pmatrix} - \begin{pmatrix}2\\3\\9\end{pmatrix}\right) = \begin{pmatrix}17\\10{,}5\\4{,}5\end{pmatrix}.$$

Gesuchter Teilpunkt: $T(17|10{,}5|4{,}5)$.

Aufgaben

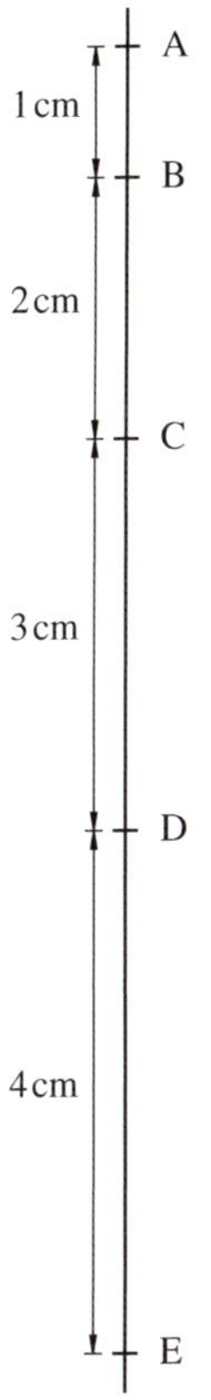

2 In welchem Verhältnis teilt in Fig. 3
a) B die Strecke $\overline{AC}$, b) A die Strecke $\overline{BC}$, c) D die Strecke $\overline{AC}$, d) C die Strecke $\overline{DE}$?

3 In Fig. 4 sind die Geraden durch A und B sowie durch C und D zueinander parallel. In welchem Verhältnis teilt
a) A die Strecke $\overline{SD}$, falls $\overrightarrow{DC} = 2\overrightarrow{AB}$,
b) D die Strecke $\overline{AS}$, falls $\overrightarrow{DC} = 3\overrightarrow{AB}$,
c) S die Strecke $\overline{BD}$, falls $\overrightarrow{DC} = 1{,}5\overrightarrow{AB}$?

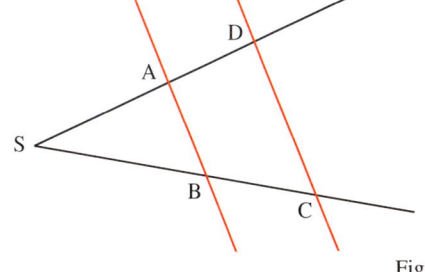

4 Der Punkt T liegt auf der Geraden durch A und B. In welchem Verhältnis teilt T die Strecke $\overline{AB}$?
a) A(1|1|1), T(2|4|5), B(5|13|17)   b) A(−1|0|2), T(7|10|−6), B(3|5|−2)
c) A(4|4|1), T(−2|−8|1), B(3|2|1)   d) A(1|0|0), T(4|0|2), B(31|0|20)
e) A(−1|−2|−3), T(−1|1|1), B(−1|4|5)   f) A(−12|1|4), T(15|1|4), B(2|1|4)

5 Der Punkt T teilt die Strecke $\overline{AB}$ im Verhältnis t. Bestimmen Sie die Koordinaten von T.
a) A(1|2|−3), B(5|4|7), $t = \frac{1}{3}$ b) A(2|−1|0), B(3|8|−5), $t = 0{,}2$
c) A(8|5|9), B(−3|7|−5), $t = 0{,}75$ d) A(8|5|−1), B(−3|−4|−6), $t = 1{,}2$
e) A(6|7|8), B(−3|−5|−7), $t = −2{,}5$ f) A(0|1|−10), B(8|1|0), $t = −0{,}1$

6 Der Punkt T liegt auf der Geraden durch die Punkte A und B mit A(2|2|2), B(10|−5|4). In welchem Verhältnis teilt T die Strecke $\overline{AB}$? Berechnen Sie die fehlenden Koordinaten des Punktes T.   a) $T(3|t_2|t_3)$ b) $T(t_1|1|t_3)$ c) $T(t_1|t_2|3)$ d) $T(-1|t_2|t_3)$ e) $T(t_1|6|t_3)$

103

Teilverhältnisse

7 Der Punkt T liegt auf der Geraden durch die Punkte A und B und es gilt:
$\vec{AT} = t \cdot \vec{TB}$ und $\vec{AT} = r \cdot \vec{AB}$.
a) Bestimmen Sie t für (1) r = 0,5, (2) r = 2,5, (3) r = −3, (4) r = 0,9, (5) r = −0,1.
b) Bestimmen Sie r für (1) t = 0,5, (2) t = $-\frac{1}{3}$, (3) t = 1,5, (4) t = 5, (5) t = 20.

8 Bestimmen Sie die Koordinaten des Schwerpunktes des Dreiecks ABC, ohne den Schnittpunkt zweier Geraden zu berechnen.
a) A(2|−1|0), B(1|6|15), C(3|10|0)   b) A(7|3|−1), B(5|5|5), C(−1|16|13)

9 Die Ebene in Fig. 1 teilt den Raum in zwei Teilräume auf. Prüfen Sie, ob die Punkte A und B in verschiedenen Teilräumen liegen.
a) A(1|2|3), B(3|6|5),   E: $3x_1 - x_2 + 5x_3 = 22$
b) A(0|−4|5), B(1|1|10), E: $5x_1 + 5x_2 + 5x_3 = 16$
c) A(3|−4|5), B(6|3|7),   E: $6x_1 + x_2 - 6x_3 = 10$
d) A(7|1|−4), B(3|4|0),   E: $x_1 + x_2 + x_3 = 4$
e) A(1|1|2), B(5|2|11),   E: $2x_1 + x_2 - x_3 = 3$
f) A(3|4|5), B(5|4|3),   E: $x_1 + x_3 = 0$
g) A(6|−9|15), B(2|7|3), E: $3x_1 - 2x_2 - x_3 = 13$
h) A(1|−1|1), B(8|−9|1), E: $2x_1 + 2x_2 + x_3 = 5$

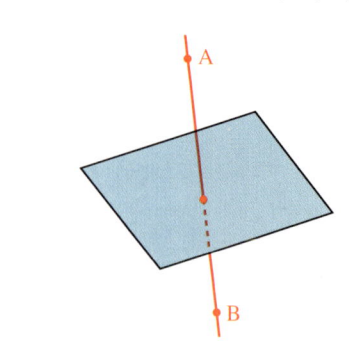

Fig. 1

10 Die Ebenen E_1, E_2 und E_3 in Fig. 2 gehen durch Ecken bzw. Kantenmitten des Würfels. Die Punkte C und D sind Kantenmitten. Die Punkte P und Q sind die Mitten der „linken" bzw. „oberen" Seitenfläche. Die Strecken $\overline{AB}$, $\overline{CD}$ und $\overline{PQ}$ schneiden die Ebenen E_1, E_2 und E_3. In welchen Verhältnissen werden diese Strecken von den jeweiligen Schnittpunkten geteilt?

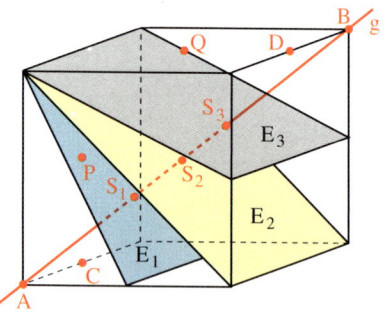

Fig. 2

Oft hilft eine Skizze!

11 Die Punkte O(0|0|0), A(0|6|0), B(−4|5|0) und C(−2|3|12) sind die Ecken einer dreiseitigen Pyramide. Der Punkt D teilt die Strecke $\overline{OC}$ im Verhältnis 1:5. Der Punkt E teilt die Strecke $\overline{AC}$ im Verhältnis 2:1. Der Punkt F teilt die Strecke $\overline{BC}$ im Verhältnis 1:1. Die Ebene E_1 ist durch die Punkte D, E und F festgelegt. Die Ebene E_2 ist durch die Punkte O, A und B festgelegt. Bestimmen Sie eine Gleichung der Schnittgeraden von E_1 und E_2.

12 In Fig. 3 schneiden sich die Geraden
$g_1: \vec{x} = \begin{pmatrix} 2 \\ 5 \end{pmatrix} + t\begin{pmatrix} 2 \\ -1 \end{pmatrix}$, $g_2: \vec{x} = \begin{pmatrix} 2 \\ 5 \end{pmatrix} + t\begin{pmatrix} 4 \\ 1 \end{pmatrix}$ und

$g_3: \vec{x} = \begin{pmatrix} 2 \\ 5 \end{pmatrix} + t\begin{pmatrix} 1 \\ 1 \end{pmatrix}$ im Punkt S. Die rot eingezeichnete Gerade h: $\vec{x} = \begin{pmatrix} 6 \\ 6 \end{pmatrix} + t\begin{pmatrix} u \\ v \end{pmatrix}$ schneidet

die Geraden g_1, g_2 und g_3 in den Punkten P_1, P_2 und P_3.
a) In welchem Verhältnis teilt der Punkt P_2 die Strecke $\overline{P_1P_3}$, falls u = 1 und v = 2?
b) Bestimmen Sie einen Richtungsvektor von h so, dass P_2 die Strecke $\overline{P_1P_3}$ im Verhältnis 2:1 teilt.

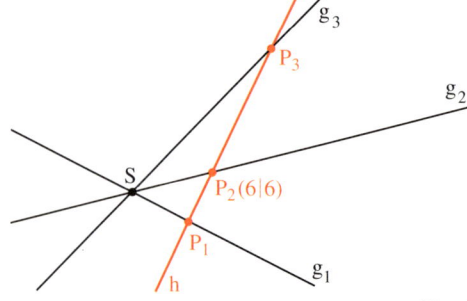

Fig. 3

9 Beweise zu Sätzen mit Teilverhältnissen

Zum Vorgehen beim Beweisen vergleichen Sie auch Seite 55.

Viele geometrische Aussagen, bei denen Teilverhältnisse eine Rolle spielen, lassen sich oft mithilfe des Vektorkalküls beweisen.
Hierbei kann man in vier Schritten vorgehen:
1. Schritt: Man veranschaulicht die Zusammenhänge mithilfe einer Zeichnung.
2. Schritt: Man gibt die Voraussetzung mithilfe von Vektoren an.
3. Schritt: Man gibt die Behauptung mithilfe von Vektoren an.
4. Schritt: Man leitet aus der Voraussetzung die Behauptung her.

Beispiel:
Betrachtet werden ein Quader, eine Ebene, die durch die Mittelpunkte benachbarter Kantenmitten festgelegt ist, sowie die Raumdiagonale, die diese Ebene schneidet.
Beweisen Sie: Der Schnittpunkt der Ebene mit der Raumdiagonalen teilt die Raumdiagonale im Verhältnis 5:1.
Lösung:

1. Schritt:
Im Beweis werden die Bezeichnungen von Fig. 1 verwendet:
Fig. 1 zeigt einen Quader. Die Punkte M_1, M_2 und M_3 sind die Mittelpunkte benachbarter Kanten des Quaders.
Die Punkte M_1, M_2 und M_3 legen eine Ebene E fest.
Die Raumdiagonale $\overrightarrow{OA}$ schneidet die Ebene E im Punkt T.

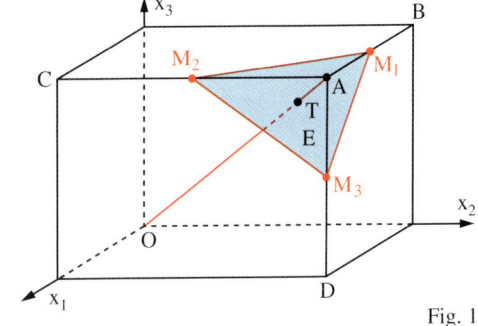

Fig. 1

2. Schritt: **Voraussetzung:**
Die Ebene E ist festgelegt durch M_1, M_2 und M_3, also gilt E: $\vec{x} = \overrightarrow{OM_1} + r\overrightarrow{M_1M_2} + s\overrightarrow{M_1M_3}$.
Da $\overrightarrow{OM_1} = \overrightarrow{OA} + \overrightarrow{AM_1}$, gilt $\vec{x} = \overrightarrow{OA} + \overrightarrow{AM_1} + r\overrightarrow{M_1M_2} + s\overrightarrow{M_1M_3}$.
Hierbei ist $\overrightarrow{AM_1} = \frac{1}{2}\overrightarrow{AB}$, $\overrightarrow{M_1M_2} = \frac{1}{2}\overrightarrow{AC} - \frac{1}{2}\overrightarrow{AB}$, $\overrightarrow{M_1M_3} = \frac{1}{2}\overrightarrow{AD} - \frac{1}{2}\overrightarrow{AB}$ und
$\overrightarrow{OA} = -\overrightarrow{AB} - \overrightarrow{AC} - \overrightarrow{AD}$.
Für die Gerade g durch die Punkte O und A gilt also g: $\vec{x} = t\overrightarrow{OA}$.

3. Schritt: **Behauptung:**
Der Punkt T teilt die Strecke $\overrightarrow{OA}$ im Verhältnis 5:1, also $\overrightarrow{OT} = \frac{5}{6}\overrightarrow{OA}$.

4. Schritt: **Herleitung der Behauptung aus der Voraussetzung:**
T ist der gemeinsame Punkt der Ebene E und der Diagonalen $\overrightarrow{OA}$.
Man setzt deshalb die rechten Seiten der Gleichungen der Gerade durch O und A und der Ebene E gleich:
$t\overrightarrow{OA} = \overrightarrow{OA} + \overrightarrow{AM_1} + r\overrightarrow{M_1M_2} + s\overrightarrow{M_1M_3}$,
also gilt $t(-\overrightarrow{AB} - \overrightarrow{AC} - \overrightarrow{AD}) = -\overrightarrow{AB} - \overrightarrow{AC} - \overrightarrow{AD} + \frac{1}{2}\overrightarrow{AB} + r(\frac{1}{2}\overrightarrow{AC} - \frac{1}{2}\overrightarrow{AB}) + s(\frac{1}{2}\overrightarrow{AD} - \frac{1}{2}\overrightarrow{AB})$
und somit $(-t + 1 - \frac{1}{2} + \frac{1}{2}r + \frac{1}{2}s)\overrightarrow{AB} + (-t + 1 - \frac{1}{2}r)\overrightarrow{AC} + (-t + 1 - \frac{1}{2}s)\overrightarrow{AD} = \vec{o}$.
Da die Vektoren $\overrightarrow{AB}$, $\overrightarrow{AC}$ und $\overrightarrow{AD}$ linear unabhängig sind, gilt:
$-t + 1 - \frac{1}{2} + \frac{1}{2}r + \frac{1}{2}s = 0$, $-t + 1 - \frac{1}{2}r = 0$ und $-t + 1 - \frac{1}{2}s = 0$.

Man erhält somit das LGS: $\begin{cases} t - \frac{1}{2}r - \frac{1}{2}s = \frac{1}{2} \\ t + \frac{1}{2}r \phantom{- \frac{1}{2}s} = 1 \\ t \phantom{+ \frac{1}{2}r} + \frac{1}{2}s = 1 \end{cases}$, hieraus folgt: $r = \frac{1}{3}$, $s = \frac{1}{3}$, $t = \frac{5}{6}$.

Also gilt: $\overrightarrow{OT} = \frac{5}{6}\overrightarrow{OA}$, und somit gilt: T teilt die Strecke $\overrightarrow{OA}$ im Verhältnis 5:1.

Beweise zu Sätzen mit Teilverhältnissen

Fig. 1

Fig. 2

Fig. 3

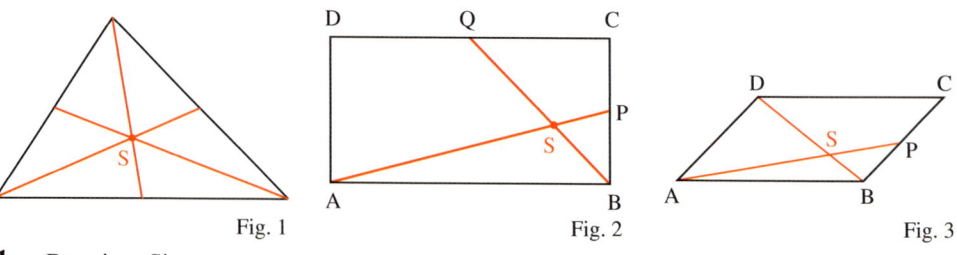

1 Beweisen Sie:
In jedem Dreieck schneiden sich die Seitenhalbierenden in einem Punkt S. Dieser Punkt S teilt jede der Seitenhalbierenden im Verhältnis 2:1 (Fig. 1).

Für welche Vierecke gilt die Aussage von Aufgabe 2 ebenfalls?

2 Fig. 2 zeigt ein Rechteck ABCD. Der Punkt P ist der Mittelpunkt der Strecke $\overline{BC}$. Der Punkt Q ist der Mittelpunkt der Strecke $\overline{CD}$. Der Punkt S ist der Schnittpunkt der Strecken $\overline{AP}$ und $\overline{BQ}$.
Beweisen Sie:
Der Punkt S teilt die Strecke $\overline{AP}$ im Verhältnis 4:1 und die Strecke $\overline{BQ}$ im Verhältnis 2:3.

3 Betrachtet wird ein Parallelogramm ABCD wie in Fig. 3. Der Punkt P teilt die Strecke $\overline{BC}$ im Verhältnis 1:n, mit $n \in \mathbb{N}$, $n > 0$. S ist der Schnittpunkt der Strecke $\overline{AP}$ und der Diagonalen $\overline{BD}$.
Beweisen Sie:
Der Punkt S teilt die Strecke $\overline{BD}$ im Verhältnis 1:(n + 1).

Fig. 4

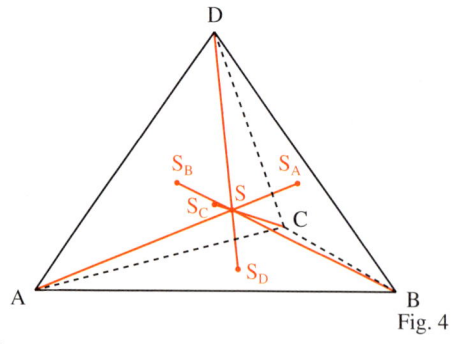

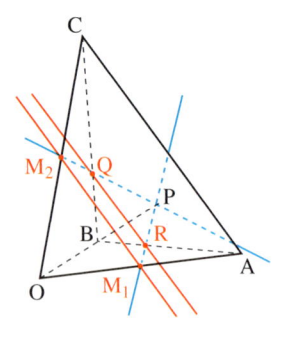

Fig. 5

4 Bei einem Tetraeder (Fig. 4) bezeichnet man eine Verbindungsstrecke einer Ecke mit dem Schnittpunkt der Seitenhalbierenden des gegenüberliegenden Dreiecks als Raumschwerlinie.
Beweisen Sie:
a) Der Schnittpunkt S zweier Raumschwerlinien eines Tetraeders teilt jede der beiden Raumschwerlinien im Verhältnis 3:1.
b) Die vier Raumschwerlinien eines Tetraeders schneiden sich in einem Punkt S.

5 Betrachtet wird eine dreiseitige Pyramide wie in Fig. 5. Die Punkte M_1 und M_2 sind Kantenmittelpunkte. Der Punkt P liegt auf der Verlängerung der Kante $\overline{OB}$.
Der Punkt B teilt die Strecke $\overline{OP}$ im Verhältnis 2:1.
Die Gerade durch die Punkte B und C schneidet die Gerade durch die Punkte M_2 und P im Punkt Q. Die Gerade durch die Punkte A und B schneidet die Gerade durch die Punkte M_1 und P im Punkt R.
Beweisen Sie:
Die Gerade durch die Punkte Q und R und die Gerade durch die Punkte M_1 und M_2 sind zueinander parallel.

6 Betrachtet wird der Quader in Fig. 1 des Beispiels von Seite 105. Die Punkte M_1, M_2 und M_3 teilen die Strecken $\overline{AB}$, $\overline{AC}$ und $\overline{AD}$ jeweils im Verhältnis $n:m$ mit $m, n \in \mathbb{N}$ und $m, n > 0$. Der Punkt T ist der Schnittpunkt der Raumdiagonalen $\overline{OA}$ mit der Ebene, die durch die Punkte M_1, M_2 und M_3 festgelegt ist.
Beweisen Sie: Der Punkt T teilt die Strecke $\overline{OA}$ im Verhältnis $(3m + 2n):n$.

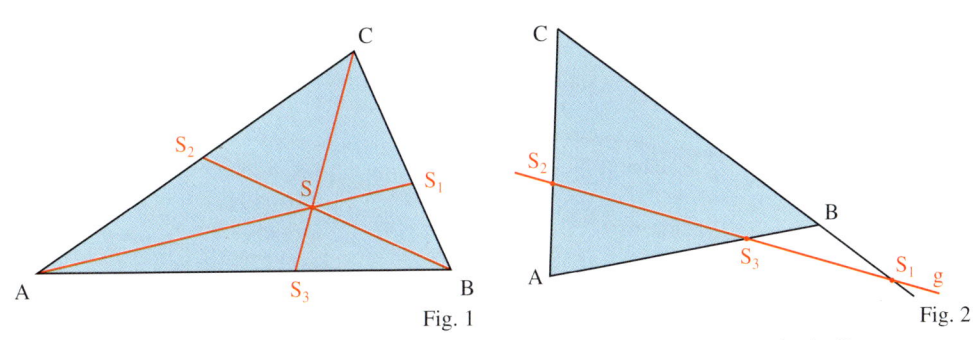

Fig. 1

Fig. 2

Die Aussage von Aufgabe 7 ist bekannt als Satz von Ceva. Giovanni Ceva (1648–1734) war ein italienischer Mathematiker.

7 Gegeben ist ein Dreieck ABC und ein Punkt S, der im Innern dieses Dreiecks liegt. Die Gerade durch A und S schneidet die Seite $\overline{BC}$ im Punkt S_1, die Gerade durch B und S die Seite $\overline{AC}$ im Punkt S_2 und die Gerade durch C und S die Seite $\overline{AB}$ im Punkt S_3 (Fig. 1). S_1 teilt die Strecke $\overline{BC}$ im Verhältnis t_1, S_2 die Strecke $\overline{CA}$ im Verhältnis t_2 und S_3 die Strecke $\overline{AB}$ im Verhältnis t_3.
Beweisen Sie: $t_1 \cdot t_2 \cdot t_3 = 1$.
(Hinweis: Drücken Sie $\overrightarrow{SS_1}$, $\overrightarrow{SS_2}$ und $\overrightarrow{SS_3}$ durch $\vec{a} = \overrightarrow{SA}$, $\vec{b} = \overrightarrow{SB}$ und $\vec{c} = \overrightarrow{SC}$ aus. Beachten Sie, dass $\overrightarrow{SS_1}$ und $\vec{a}$, $\overrightarrow{SS_2}$ und $\vec{b}$ sowie $\overrightarrow{SS_3}$ und $\vec{c}$ jeweils linear abhängig sind.)

Die Aussage von Aufgabe 8 ist bekannt als Satz von Menelaos. Menelaos von Alexandria lebte um 100 n. Chr.

8 Gegeben sind ein Dreieck ABC und eine Gerade g. Die Gerade g schneidet die Gerade durch B und C im Punkt S_1, die Gerade durch A und C im Punkt S_2 und die Gerade durch A und B im Punkt S_3 (Fig. 2). S_1 teilt die Strecke $\overline{BC}$ im Verhältnis t_1, S_2 die Strecke $\overline{CA}$ im Verhältnis t_2 und S_3 die Strecke $\overline{AB}$ im Verhältnis t_3.
Beweisen Sie: $t_1 \cdot t_2 \cdot t_3 = -1$.
(Hinweis: Drücken Sie $\overrightarrow{AS_1}$, $\overrightarrow{AS_2}$ und $\overrightarrow{AS_3}$ durch $\vec{b} = \overrightarrow{AB}$ und $\vec{c} = \overrightarrow{AC}$ aus. Beachten Sie, dass $\overrightarrow{S_1 S_2}$ und $\overrightarrow{S_2 S_3}$ linear abhängig sind.)

Die Aussage von Aufgabe 9 ist die Umkehrung des Satzes von Ceva.

9 Betrachtet wird Fig. 1. Der Punkt S_1 teilt die Strecke $\overline{BC}$ im Verhältnis t_1, der Punkt S_2 die Strecke $\overline{CA}$ im Verhältnis t_2 und der Punkt S_3 die Strecke $\overline{AB}$ im Verhältnis t_3. Es gilt $t_1 \cdot t_2 \cdot t_3 = 1$.
Beweisen Sie:
Die Gerade durch die Punkte A und S_1, die Gerade durch die Punkte B und S_2 sowie die Gerade durch die Punkte C und S_3 besitzen einen gemeinsamen Punkt S.
(Hinweis: Bezeichnen Sie den Schnittpunkt der Geraden durch die Punkte A und S_1 mit der Geraden durch die Punkte B und S_2 mit S sowie den Schnittpunkt der Geraden durch die Punkte A und B mit der Geraden durch die Punkte C und S mit S*. Zeigen Sie mithilfe des Satzes von Ceva, dass gilt: $S^* = S_3$.)

Die Aussage von Aufgabe 10 ist die Umkehrung des Satzes von Menelaos.

10 Betrachtet wird Fig. 2. Die Punkte S_1, S_2 und S_3 liegen wie in Fig. 2 dargestellt auf den Geraden, die durch die Seiten des Dreiecks ABC gegeben sind. Der Punkt S_1 teilt die Strecke $\overline{BC}$ im Verhältnis t_1, der Punkt S_2 die Strecke $\overline{CA}$ im Verhältnis t_2 und der Punkt S_3 die Strecke $\overline{AB}$ im Verhältnis t_3. Es gilt $t_1 \cdot t_2 \cdot t_3 = -1$.
Beweisen Sie: Die Punkte S_1, S_2 und S_3 liegen auf einer Geraden.
(Hinweis: Drücken Sie die Vektoren $\overrightarrow{AS_1}$, $\overrightarrow{AS_2}$ und $\overrightarrow{AS_3}$ durch $\vec{b} = \overrightarrow{AB}$ und $\vec{c} = \overrightarrow{AC}$ aus und zeigen Sie, dass $\overrightarrow{S_1 S_2}$ und $\overrightarrow{S_2 S_3}$ linear abhängig sind.)

10 Vermischte Aufgaben

1 Überprüfen Sie, ob die Punkte A, B und C auf einer gemeinsamen Geraden liegen.
a) $A(2|1|0)$, $B(5|5|-1)$, $C(-4|-7|2)$ b) $A(1|-2|5)$, $B(8|-7|3)$, $C(7|11|4)$
c) $A(6|-1|13)$, $B(-2|7|5)$, $C(9|-4|16)$ d) $A(20|11|2)$, $B(-10|-4|2)$, $C(14|8|2)$
e) $A(11|10|1)$, $B(10|7|-8)$, $C(0|-23|-98)$ f) $A(2|17|-8)$, $B(-5|17|13)$, $C(1|17|-3)$
g) $A(1|1|1)$, $B(1|2|3)$, $C(3|3|3)$ h) $A(2|0|0)$, $B(0|3|0)$, $C(0|0|4)$

2 Überprüfen Sie, ob die Punkte A, B, C und D in einer gemeinsamen Ebene liegen.
a) $A(8|1|-3)$, $B(7|5|9)$, $C(-11|4|3)$, $D(6|-1|0)$
b) $A(2|1|0)$, $B(8|7|-3)$, $C(5|5|-1)$, $D(-4|-7|2)$
c) $A(3|-4|1)$, $B(6|7|-13)$, $C(-9|8|1)$, $D(5|-10|5)$
d) $A(-2|5|6)$, $B(1|2|3)$, $C(-1|4|5)$, $D(0|3|4)$
e) $A(2|4|7)$, $B(-3|-5|6)$, $C(6|12|0)$, $D(13|25|8)$
f) $A(8|-7|4)$, $B(9|5|-1)$, $C(0|0|6)$, $D(-1|-2|-4)$

3 Untersuchen Sie die gegenseitige Lage der Geraden g und h.
Berechnen Sie gegebenenfalls die Koordinaten des Schnittpunkts.
Geben Sie falls g und h eindeutig eine Ebene festlegen, eine Parametergleichung und eine Koordinatengleichung dieser Ebene an.

a) $g: \vec{x} = \begin{pmatrix} 1 \\ 3 \\ 4 \end{pmatrix} + t \begin{pmatrix} 2 \\ 0 \\ 5 \end{pmatrix}$, $h: \vec{x} = \begin{pmatrix} 3 \\ 3 \\ 9 \end{pmatrix} + t \begin{pmatrix} 2 \\ 4 \\ 1 \end{pmatrix}$ b) $g: \vec{x} = \begin{pmatrix} 2 \\ 5 \\ 7 \end{pmatrix} + t \begin{pmatrix} 2 \\ 1 \\ -4 \end{pmatrix}$, $h: \vec{x} = \begin{pmatrix} 1 \\ 5 \\ 1 \end{pmatrix} + t \begin{pmatrix} -4 \\ -2 \\ 8 \end{pmatrix}$

c) $g: \vec{x} = \begin{pmatrix} 5 \\ 6 \\ 8 \end{pmatrix} + t \begin{pmatrix} -1 \\ 1 \\ 1 \end{pmatrix}$, $h: \vec{x} = \begin{pmatrix} 4 \\ 5 \\ 7 \end{pmatrix} + t \begin{pmatrix} 1 \\ 2 \\ 3 \end{pmatrix}$ d) $g: \vec{x} = \begin{pmatrix} 4 \\ 5 \\ -3 \end{pmatrix} + t \begin{pmatrix} -1 \\ 2 \\ -3 \end{pmatrix}$, $h: \vec{x} = \begin{pmatrix} 6 \\ 1 \\ 3 \end{pmatrix} + t \begin{pmatrix} 1 \\ 0 \\ 5 \end{pmatrix}$

e) $g: \vec{x} = \begin{pmatrix} 2 \\ 3 \\ 4 \end{pmatrix} + t \begin{pmatrix} 10 \\ 15 \\ -20 \end{pmatrix}$, $h: \vec{x} = \begin{pmatrix} 16 \\ 1 \\ -7 \end{pmatrix} + t \begin{pmatrix} -2 \\ -3 \\ 4 \end{pmatrix}$ f) $g: \vec{x} = \begin{pmatrix} 3 \\ 1 \\ 5 \end{pmatrix} + t \begin{pmatrix} 2 \\ -1 \\ 1 \end{pmatrix}$, $h: \vec{x} = \begin{pmatrix} 7 \\ -1 \\ 7 \end{pmatrix} + t \begin{pmatrix} 5 \\ 0 \\ 3 \end{pmatrix}$

g) $g: \begin{cases} 2x_1 - 3x_2 + 5x_3 = 11 \\ 4x_1 - x_2 + 10x_3 = 7 \end{cases}$ h) $g: \begin{cases} x_1 + x_2 - 2x_3 = 0 \\ x_1 + 10x_2 + 10x_3 = 21 \end{cases}$ i) $g: \begin{cases} 3x_1 - x_2 + x_3 = 13 \\ 3x_1 - x_2 - x_3 = 17 \end{cases}$

$h: \begin{cases} x_1 - x_3 = 5 \\ x_2 + x_3 = 3 \end{cases}$ $h: \begin{cases} x_1 + 2x_2 + 2x_3 = 5 \\ x_2 + 2x_3 = 3 \end{cases}$ $h: \begin{cases} 2x_1 - 3x_2 - 5x_3 = 0 \\ 6x_1 + x_2 + x_3 = 16 \end{cases}$

4 Untersuchen Sie die gegenseitige Lage der Ebenen E_1 und E_2. Bestimmen Sie gegebenenfalls eine Gleichung der Schnittgeraden.

a) $E_1: \vec{x} = \begin{pmatrix} 3 \\ 3 \\ 3 \end{pmatrix} + r \begin{pmatrix} -5 \\ 5 \\ 1 \end{pmatrix} + s \begin{pmatrix} 2 \\ 4 \\ 9 \end{pmatrix}$, $E_2: \vec{x} = \begin{pmatrix} -9 \\ 9 \\ -4 \end{pmatrix} + r \begin{pmatrix} 4 \\ -4 \\ 5 \end{pmatrix} + s \begin{pmatrix} 1 \\ 1 \\ 1 \end{pmatrix}$

b) $E_1: x_1 - 2x_2 - x_3 = 5$, $E_2: \vec{x} = \begin{pmatrix} 3 \\ 8 \\ 8 \end{pmatrix} + r \begin{pmatrix} 5 \\ 1 \\ 3 \end{pmatrix} + s \begin{pmatrix} 1 \\ 0 \\ 1 \end{pmatrix}$

5 Bestimmen Sie $a, b, c \in \mathbb{R}$ in $g: \vec{x} = \begin{pmatrix} 1 \\ 2 \\ 3 \end{pmatrix} - r \begin{pmatrix} 7 \\ a \\ b \end{pmatrix}$, $E: \vec{x} = \begin{pmatrix} c \\ 1 \\ 0 \end{pmatrix} + s \begin{pmatrix} 1 \\ 3 \\ 5 \end{pmatrix} + t \begin{pmatrix} -1 \\ 9 \\ 3 \end{pmatrix}$ so, dass gilt:

a) g liegt in E,   b) g ist parallel zu E, liegt aber nicht in E,   c) g schneidet E.

6 Bestimmen Sie a, b, c ∈ ℝ in $E_1: \vec{x} = \begin{pmatrix} a \\ 2 \\ 3 \end{pmatrix} + r\begin{pmatrix} 5 \\ b \\ 1 \end{pmatrix} + s\begin{pmatrix} 1 \\ 2 \\ c \end{pmatrix}$, $E_2: \vec{x} = \begin{pmatrix} 2 \\ 1 \\ 1 \end{pmatrix} + r\begin{pmatrix} 5 \\ 1 \\ 1 \end{pmatrix} + s\begin{pmatrix} 1 \\ 0 \\ 2 \end{pmatrix}$
so, dass gilt:
a) $E_1 = E_2$, b) E_1 ist parallel zu E_2, aber $E_1 \neq E_2$, c) E_1 schneidet E_2.

7 Bestimmen Sie die Spurgeraden der Ebene E. Tragen Sie diese Geraden in ein räumliches Koordinatensystem ein und kennzeichnen Sie alle Punkte von E, deren Koordinaten sämtlich größer null sind.

a) $E: \vec{x} = \begin{pmatrix} 2 \\ 3 \\ 6 \end{pmatrix} + r\begin{pmatrix} 1 \\ 1 \\ 0 \end{pmatrix} + s\begin{pmatrix} 0 \\ 2 \\ 3 \end{pmatrix}$
b) $E: \vec{x} = \begin{pmatrix} -1 \\ -3 \\ 5 \end{pmatrix} + r\begin{pmatrix} 1 \\ 1 \\ 2 \end{pmatrix} + s\begin{pmatrix} 3 \\ 4 \\ 0 \end{pmatrix}$

c) $E: 2x_1 + 3x_2 + 5x_3 = 10$
d) $E: -x_1 + 3x_2 + 5x_3 = 7$

8 Die Ebenen E_1 und E_2 schneiden sich.
Bestimmen Sie eine Parametergleichung dieser Schnittgeraden.
a) $E_1: x_1 + x_2 + 4x_3 = 8$, $E_2: 2x_1 + 3x_2 + 4x_3 = 12$
b) $E_1: 5x_1 + 6x_2 - 10x_3 = 30$, $E_2: x_1 + 3x_2 + 3x_3 = 6$
c) $E_1: \vec{x} = \begin{pmatrix} 2 \\ 0 \\ 0 \end{pmatrix} + r\begin{pmatrix} 2 \\ -3 \\ 0 \end{pmatrix} + s\begin{pmatrix} 2 \\ 0 \\ -1 \end{pmatrix}$, $E_2: \vec{x} = \begin{pmatrix} 0 \\ 0 \\ 2 \end{pmatrix} + r\begin{pmatrix} -1 \\ 0 \\ 2 \end{pmatrix} + s\begin{pmatrix} 0 \\ -2 \\ 2 \end{pmatrix}$

9 Betrachtet werden die Punkte $O(0|0|0)$, $A(1|0|0)$, $B(0|1|0)$ und $C(0|0|1)$ sowie die Punkte $P(t|0|t)$ und $Q(1-2t|t|t)$ mit $t \in \mathbb{R}$.
a) Schneiden sich die Geraden durch B und P sowie durch O und Q, wenn man $t = \frac{1}{2}$ wählt?
b) Gibt es ein $t \in \mathbb{R}$, sodass die Richtungsvektoren der Geraden durch B und P sowie die Gerade durch O und Q linear abhängig sind?
c) Wie muss t gewählt werden, damit die Geraden durch B und P sowie die Gerade durch O und Q sich schneiden? Berechnen Sie die Koordinaten des Schnittpunktes S. Die Gerade durch die Punkte C und S schneidet die Ebene, in der die Punkte O, A und B liegen, in einem Punkt R. Berechnen Sie die Koordinaten von R.
d) Wie muss t gewählt werden, damit der Punkt $U(t|t|t)$ in der gleichen Ebene liegt wie die Punkte A, B und C?
e) Wie muss t gewählt werden, damit die Geraden durch B und P sowie die Gerade durch O und $U(t|t|t)$ sich schneiden? Berechnen Sie die Koordinaten dieses Schnittpunktes T.
f) Zeigen Sie, dass R der Schwerpunkt des Dreiecks OAB ist.
g) Zeigen Sie: Wählt man t so, dass der Punkt $U(t|t|t)$ in der gleichen Ebene liegt wie die Punkte A, B und C, dann ist U der Schwerpunkt des Dreiecks ABC.
h) In welchem Verhältnis teilt der Punkt S die Strecke $\overline{CR}$?
i) In welchem Verhältnis teilt der Punkt T die Strecke $\overline{OU}$?

10 In Fig. 1 ist D der Mittelpunkt der Seitenhalbierenden $\overline{CM_c}$.
E ist der Schnittpunkt der Geraden durch A und D mit der Geraden durch B und C.
Zeigen Sie:
Der Punkt D teilt die Strecke $\overline{AE}$ im Verhältnis 3:1 und der Punkt E teilt die Strecke $\overline{BC}$ im Verhältnis 2:1.

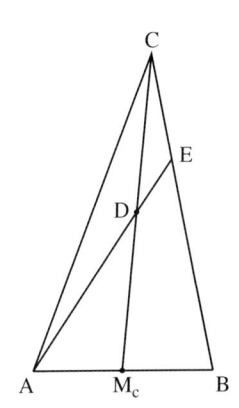

Fig. 1

109

Vermischte Aufgaben

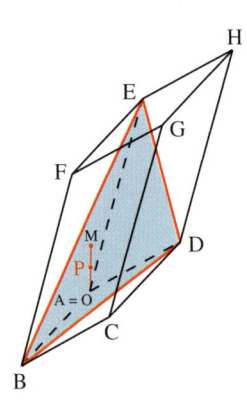

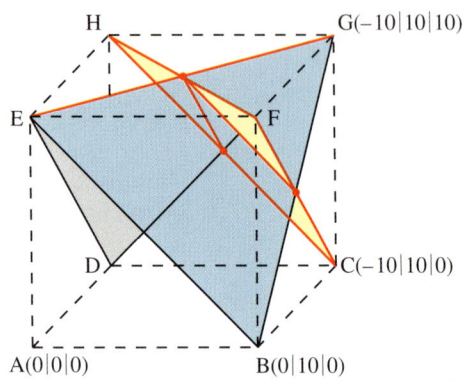

Fig. 1

Fig. 2

11 Der Spat in Fig. 1 wird durch die Vektoren $\overrightarrow{AB} = \begin{pmatrix} 5 \\ 0 \\ 0 \end{pmatrix}$, $\overrightarrow{AD} = \begin{pmatrix} -3 \\ 1 \\ 0 \end{pmatrix}$ und $\overrightarrow{AE} = \begin{pmatrix} -1 \\ 1 \\ 4 \end{pmatrix}$ aufgespannt.

a) M ist der Mittelpunkt des Parallelogramms BCGF. Berechnen Sie die Koordinaten des Durchstoßpunktes
(1) der Strecke $\overline{AM}$ durch das Dreieck BDE,
(2) der Strecke $\overline{DM}$ durch das Dreieck ACH,
(3) der Strecke $\overline{EM}$ durch das Dreieck AFH,
(4) der Strecke $\overline{HM}$ durch das Dreieck DEG.

b) Bestimmen Sie eine Koordinatengleichung der Ebene
(1) durch die Punkte B, F und H in Fig. 1,
(2) durch die Punkte A, C und G in Fig. 1,
(3) durch die Punkte D, E und G in Fig. 1,
(4) durch die Punkte A, B und H in Fig. 2,
(5) durch die Punkte D, E und G in Fig. 2,
(6) durch die Punkte A, C und G in Fig. 2.

12 In Fig. 2 legen die Punkte B, E und G die Ebene E_1 fest, die Punkte C, F und H die Ebene E_2 sowie die Punkte D, E und G die Ebene E_3.

a) Bestimmen Sie jeweils eine Gleichung der Schnittgeraden von E_1 und E_2, von E_2 und E_3 sowie von E_1 und E_3.

b) Die Ebenen E_1, E_2 und E_3 schneiden sich in einem einzigen Punkt S. Berechnen Sie die Koordinaten von S.

13 a) Zeichnen Sie einen Würfel ABCDEFGH wie in Fig. 2. Tragen Sie in diesen Würfel die Dreiecke ACF, BDE und AFH ein.

b) Kennzeichnen Sie die Strecken, in denen sich die Dreiecke schneiden, und bestimmen Sie jeweils eine Gleichung derjenigen Geraden, auf denen die Schnittstrecken liegen.

c) Der Würfel ist durchsichtig. Die Dreiecke sind nicht durchsichtig. Schraffieren Sie die sichtbaren Teile.

14 Überprüfen Sie, ob die Ebenen E_1, E_2 und E_3 einen einzigen gemeinsamen Punkt S besitzen. Berechnen Sie gegebenenfalls die Koordinaten des Punktes S.

a) $E_1: x_1 = 0$, $E_2: x_2 = 0$, $E_3: x_3 = 0$

b) $E_1: x_1 + x_2 = 1$, $E_2: x_2 - x_3 = 2$, $E_3: x_1 - x_3 = 3$

c) $E_1: 2x_1 - x_2 + x_3 = -8$, $E_2: 5x_1 - 4x_2 + x_3 = 0$, $E_3: 4x_1 - 2x_2 + x_3 = 5$

d) $E_1: 3x_1 - x_2 - x_3 = 0$, $E_2: 3x_1 + 4x_2 + 5x_3 = 6$, $E_3: \overline{x} = \begin{pmatrix} 1 \\ 5 \\ 0 \end{pmatrix} + r\begin{pmatrix} 0 \\ -1 \\ 1 \end{pmatrix} + s\begin{pmatrix} 1 \\ 3 \\ 0 \end{pmatrix}$

e) $E_1: x_1 + x_2 + 2x_3 = 16$, $E_2: \overline{x} = \begin{pmatrix} -1 \\ 3 \\ 3 \end{pmatrix} + r\begin{pmatrix} 1 \\ 1 \\ 1 \end{pmatrix} + s\begin{pmatrix} 5 \\ 3 \\ 1 \end{pmatrix}$, $E_3: \overline{x} = r\begin{pmatrix} 5 \\ 6 \\ 1 \end{pmatrix} + s\begin{pmatrix} 1 \\ 0 \\ 1 \end{pmatrix}$

Vermischte Aufgaben

15 In Fig. 1 ist S der Schnittpunkt der Seitenhalbierenden, der so genannte Schwerpunkt.
a) Drücken Sie die Vektoren $\vec{SA}$, $\vec{SB}$, $\vec{SC}$ mithilfe von $\vec{AB}$, $\vec{BC}$ und $\vec{AC}$ aus. Beweisen Sie damit, dass gilt: $\vec{SA} + \vec{SB} + \vec{SC} = \vec{o}$.
b) Zeigen Sie: Für jeden Punkt P der Ebene gilt $\vec{PA} + \vec{PB} + \vec{PC} = 3\vec{PS}$.
c) Zeichnen Sie ein Dreieck ABC und wählen Sie einen Punkt P. Zeichnen Sie einen Pfeil zum Vektor $\vec{PA} + \vec{PB} + \vec{PC}$. Bestimmen Sie damit den Schwerpunkt S.
d) Wie sollte man in c) den Punkt P wählen, damit die Bestimmung des Schwerpunktes besonders einfach wird?

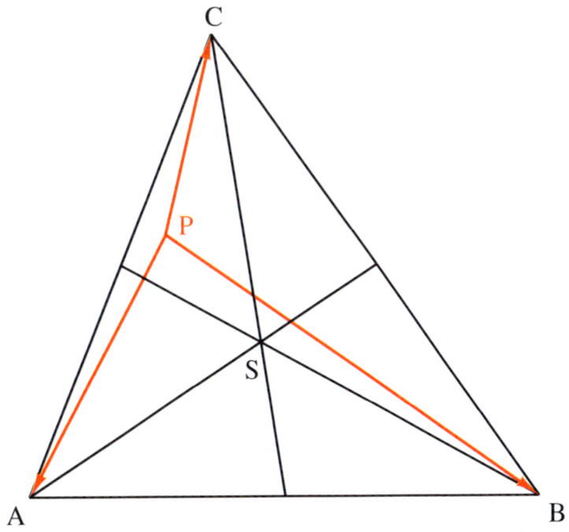

Fig. 1

16 In Fig. 2 teilt der Punkt E die Dreiecksseite AB im Verhältnis m:1, $m \in \mathbb{N}$.
Der Punkt S teilt die Strecke $\overline{CE}$ im Verhältnis n:1, $n \in \mathbb{N}$.
Die Gerade durch die Punkte A und S schneidet die Dreiecksseite $\overline{BC}$ im Punkt F.
a) In welchem Verhältnis teilt der Punkt F die Dreiecksseite $\overline{BC}$?
b) In welchem Verhältnis teilt der Punkt S die Strecke $\overline{AF}$?

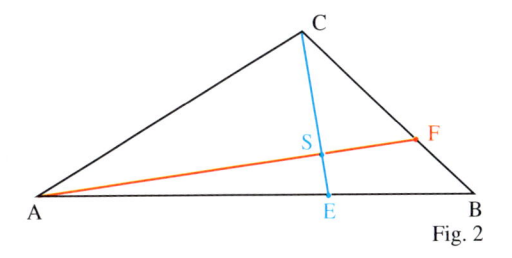

Fig. 2

17 In Fig. 3 teilt der Punkt C' die Strecke $\overline{AB}$ im Verhältnis 1:2.
Der Punkt A' teilt die Strecke $\overline{AC}$ im Verhältnis 2:1.
Der Punkt B' teilt die Strecke $\overline{CA}$ im Verhältnis 1:3.
a) Berechnen Sie das Teilverhältnis, in dem der Punkt X die Strecke $\overline{AA'}$ teilt.
b) Berechnen Sie das Teilverhältnis, in dem der Punkt Y die Strecke $\overline{AA'}$ teilt.

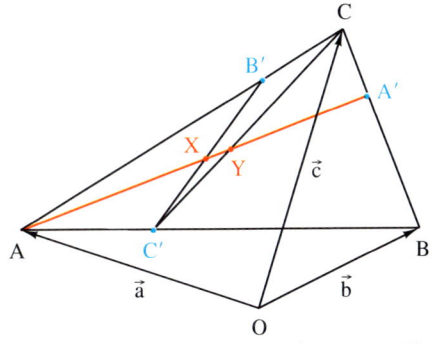

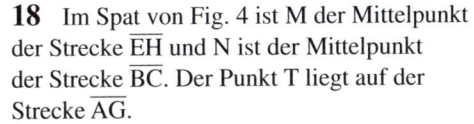

Fig. 3

18 Im Spat von Fig. 4 ist M der Mittelpunkt der Strecke $\overline{EH}$ und N ist der Mittelpunkt der Strecke $\overline{BC}$. Der Punkt T liegt auf der Strecke $\overline{AG}$.
Die Gerade g geht durch M und T.
Die Ebene L geht durch A, B und C.
a) Zeigen Sie:
Der Schnittpunkt S von g und L liegt auf der Geraden durch die Punkte A und N.
b) Der Punkt T teilt die Strecke $\overline{AG}$ im Verhältnis t, d. h. $\vec{AT} = t \cdot \vec{TG}$.
In welchem Verhältnis teilt der Punkt T die Strecke $\overline{MS}$?
In welchem Verhältnis teilt der Punkt S die Strecke $\overline{AN}$?

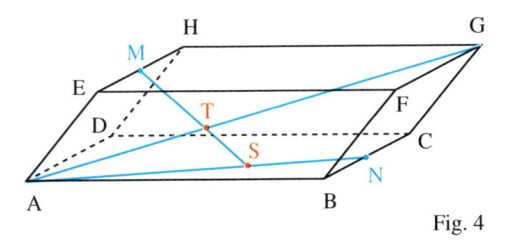

Fig. 4

111

Mathematische Exkursionen

Katzenaugen

Bei Katzenaugen denkt man oft an reflektierende Teile am Fahrrad, am Auto, an Straßenleitpfosten. Diese Rückstrahler (so heißen die Katzenaugen in der Technik) haben eine Eigenschaft, die auch auf die Augen vieler Tiere (eben auch der Katzen) zutrifft: Sie reflektieren einfallendes Licht in einer Art, dass man meinen könnte, sie leuchten selbst.

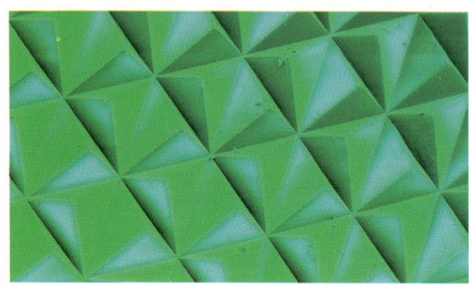

Wenn man z. B. ein Fahrradrücklicht von innen genau betrachtet, dann sieht man, dass lauter kleine Würfel scheinbar auf einer Ecke stehend eng zusammengepackt sind. Jeder dieser kleinen optischen Bausteine reflektiert das einfallende Licht, alle zusammen lassen die gesamte Fläche des Rückstrahlers leuchten.

Jedes dieser Teile eines Würfels wirkt wie ein Winkelspiegel. Dieser besteht aus drei Spiegeln, die wie eine Ecke eines Würfels zusammenstehen. (In der Physiksammlung ist evtl. ein solcher Winkelspiegel zu finden.)

Wenn nun ein Lichtstrahl auf den Rückstrahler bzw. auf einen solchen Winkelspiegel fällt, so passiert Folgendes:

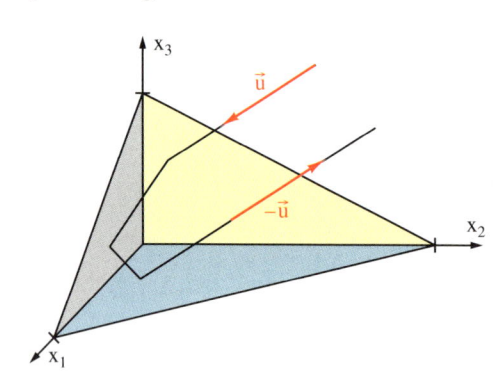

Der Lichtstrahl mit Richtungsvektor $\vec{u} = \begin{pmatrix} u_1 \\ u_2 \\ u_3 \end{pmatrix}$ wird durch die Reflexion an z. B. der x_2x_3-Ebene so reflektiert, dass der Richtungsvektor das Vorzeichen der x_1-Koordinate, also u_1, „wechselt".

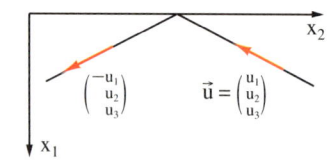

Blick von „oben" auf die x_1x_2-Ebene bei Spiegelung an der x_2x_3-Ebene.

Bei der Reflexion an der x_1x_3-Ebene wechselt entsprechend u_2 das Vorzeichen. Schließlich wechselt bei der dritten Reflexion an der x_1x_2-Ebene u_3 das Vorzeichen. Damit ist der Richtungsvektor des austretenden Lichtstrahls gerade $\begin{pmatrix} -u_1 \\ -u_2 \\ -u_3 \end{pmatrix} = -\vec{u}$.

Erfolgen die Reflexionen in einer anderen Reihenfolge, so ergibt sich dieselbe Richtungsumkehr. Das reflektierte Licht verlässt damit das Katzenauge genau in Richtung zurück zur Lichtquelle, auch dann, wenn das einfallende Licht schräg (aber nicht zu schräg) auf das Katzenauge fällt.

Im Jahr 1969 brachten die Astronauten von Apollo 11 ein aus 100 kleinen Winkelspiegeln bestehendes „Katzenauge" auf den Mond. Ein von der Erde ausgesandtes Laserlicht wurde damit reflektiert und genau zu seinem Ausgangspunkt zurückgesandt.
Aus der Laufzeit des Lichts konnte die Entfernung Erde–Mond sehr genau bestimmt werden.

Mathematische Exkursionen

Vektor-Grafik – das Geheimnis von Computer-Zeichenprogrammen

Ein Fernsehbild besteht aus vielen kleinen Punkten. Dies gilt ebenso für das Monitor-Bild oder den Ausdruck eines Computers. Die Anzahl dieser Punkte gibt man als „Auflösung" in dpi („dots per inch") an. Z. B. bedeuten 600 dpi also 600 Punkte pro inch. Ein so gedrucktes Bild von 10 cm × 10 cm besteht damit aus rund 5 Millionen kleinen Punkten.

Erfasst man mit einem Scanner ein Bild, so wird dieses vom Computer als „Bitmap-Grafik" gespeichert, d. h. Punkt für Punkt. Will man eine solche Bitmap-Grafik ändern, so muss man die einzelnen Punkte ändern.

Im Gegensatz dazu benutzen Computer-Zeichenprogramme die Idee des Vektors, es wird eine „Vektor-Grafik" erstellt. Hier werden nicht die einzelnen Punkte gespeichert, sondern z. B. Strecken durch Vektoren beschrieben. Die für den Monitor oder Drucker benötigten Punkte werden dann vom Computer berechnet.

Gegenüber Bitmap-Grafiken haben Vektor-Grafiken viele Vorteile:
– Vektor-Grafiken sind völlig flexibel, sie lassen sich ohne Qualitätsverlust verkleinern oder vergrößern, sogar durch bloßes Ziehen beliebig verformen.
– Vektor-Grafiken setzen sich aus einzelnen Objekten wie Strecken oder Kreisbögen zusammen. Jedes Objekt kann einzeln bewegt, kopiert oder verändert werden (und zwar sowohl in der Form als auch in der Farbe).
– Vektor-Grafiken benötigen wesentlich weniger Speicherplatz als Bitmap-Grafiken und können dadurch auch schneller angezeigt oder gedruckt werden.

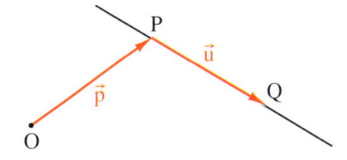

Die Gerade durch P und Q wird durch die Gleichung $\vec{x} = \vec{p} + t \cdot \vec{u}$ beschrieben. Für Parameterwerte t mit $0 \leq t \leq 1$ erhält man genau die Ortsvektoren der Punkte der Strecke $\overline{PQ}$. Durch $\vec{x} = \vec{p} + t \cdot \vec{u}$ und $0 \leq t \leq 1$ wird die Strecke $\overline{PQ}$ beschrieben.

Wird bei einer Vektor-Grafik eine Strecke auf diese Weise festgelegt, so benötigt man nur den Punkt P (und damit seinen Ortsvektor $\vec{p}$) und den Vektor $\overrightarrow{PQ}$. Durch P (bzw. $\vec{p}$) und die Vektoren $\vec{u}, \vec{v}, \vec{w}, \ldots$ kann man entsprechend ganze Streckenzüge festlegen.

Wählt man die Länge der Teilstrecken, also den Betrag der Vektoren, genügend klein, so kann man auch Kreise, Kurven u. ä. angenähert erzeugen.

1 Zeichnen Sie die durch P(5|5) und die Vektorkette $\vec{u} = \begin{pmatrix} -2 \\ -4 \end{pmatrix}$, $\vec{v} = \begin{pmatrix} 4 \\ 4 \end{pmatrix}$, $\vec{w} = \begin{pmatrix} -4 \\ 4 \end{pmatrix}$, $\vec{z} = \begin{pmatrix} 2 \\ -4 \end{pmatrix}$ beschriebene Figur.

2 Beschreiben Sie vektoriell
a) den Buchstaben K,
b) das Spiegelbild des Buchstabens K an der x_1-Achse (x_2-Achse),
c) die Quadrate der Figur,
d) die Quadrate dieser Figur in doppelter Größe.

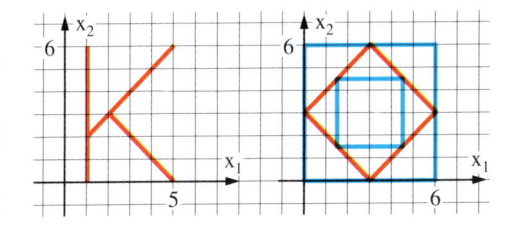

113

Rückblick

Geradengleichung

g: $\vec{x} = \vec{p} + t \cdot \vec{u}$ ($t \in \mathbb{R}$)

$\vec{p}$ ist ein Stützvektor; $\vec{u}$ ($\vec{u} \neq \vec{o}$) ist ein Richtungsvektor.

Ebenengleichungen

Parameterform: E: $\vec{x} = \vec{p} + r \cdot \vec{u} + s \cdot \vec{v}$ ($r, s \in \mathbb{R}$)

$\vec{p}$ ist ein Stützvektor, die linear unabhängigen Vektoren $\vec{u}$ und $\vec{v}$ ($\vec{u} \neq \vec{o}$; $\vec{v} \neq \vec{o}$) sind zwei Spannvektoren.

Koordinatengleichung: E: $a x_1 + b x_2 + c x_3 = d$.

Hierbei sind die Koeffizienten a, b und c nicht alle null.

Gegenseitige Lage von Geraden

Für zwei Geraden g: $\vec{x} = \vec{p} + r \cdot \vec{u}$ und h: $\vec{x} = \vec{q} + t \cdot \vec{v}$ gilt

Fall 1: Sind $\vec{u}$ und $\vec{v}$ linear abhängig, dann ist entweder g = h oder g und h sind parallel und haben keine gemeinsamen Punkte. Es ist g = h, wenn der Punkt P mit dem Ortsvektor $\vec{p}$ auch auf h liegt.

Fall 2: Sind $\vec{u}$ und $\vec{v}$ linear unabhängig, dann schneiden sich g und h oder sie sind windschief. g und h schneiden sich, wenn die Gleichung $\vec{p} + r \cdot \vec{u} = \vec{q} + t \cdot \vec{v}$ genau eine Lösung (r_0; t_0) hat.

Gegenseitige Lage einer Geraden und einer Ebene

So kann man ermitteln, ob eine Gerade g: $\vec{x} = \vec{p} + t \cdot \vec{u}$ eine Ebene E: $\vec{x} = \vec{q} + r \cdot \vec{v} + s \cdot \vec{w}$ schneidet, parallel zu ihr ist und keine gemeinsamen Punkte mit ihr hat oder ganz in ihr liegt:

a) Sind $\vec{u}$, $\vec{v}$ und $\vec{w}$ linear abhängig, dann sind g und E zueinander parallel. Liegt zusätzlich der Punkt Q mit dem Ortsvektor $\vec{q}$ auf g, dann liegt die Gerade g ganz in der Ebene E.

b) Sind $\vec{u}$, $\vec{v}$ und $\vec{w}$ linear unabhängig, dann schneidet die Gerade g die Ebene E. Die Koordinaten des Schnittpunktes erhält man mithilfe der Lösung der Gleichung $\vec{p} + t \cdot \vec{u} = \vec{q} + r \cdot \vec{v} + s \cdot \vec{w}$.

Gegenseitige Lage von Ebenen

Für zwei verschiedene Ebenen E: $\vec{x} = \vec{p} + r \cdot \vec{u} + s \cdot \vec{v}$ und E*: $\vec{x^*} = \vec{p^*} + r^* \vec{u^*} + s^* \vec{v^*}$ gilt:

Wenn die Gleichung $\vec{p} + r \cdot \vec{u} + s \cdot \vec{v} = \vec{p^*} + r^* \vec{u^*} + s^* \vec{v^*}$

– unendlich viele Lösungen besitzt, dann schneiden sich E und E* in einer Geraden.

– keine Lösung besitzt, dann sind E und E* zueinander parallel.

Teilverhältnisse

Ist T ein Punkt einer Geraden durch zwei Punkte A und B mit $\overrightarrow{AT} = t \cdot \overrightarrow{TB}$, dann nennt man die Zahl t Teilverhältnis des Punktes T bezüglich der Strecke $\overline{AB}$.

Ist t > 0, dann liegt T innerhalb der Strecke $\overline{AB}$.

Ist t < 0, dann liegt T außerhalb der Strecke $\overline{AB}$.

Es ist stets t ≠ –1.

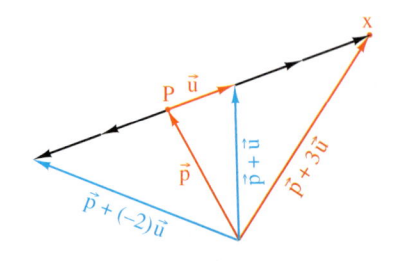

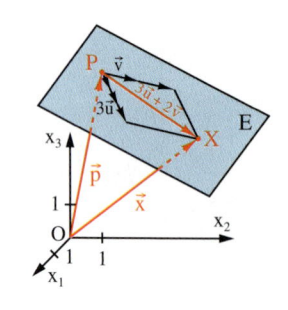

Für die beiden Geraden g und h mit

g: $\vec{x} = \begin{pmatrix} 7 \\ -2 \\ 2 \end{pmatrix} + r \cdot \begin{pmatrix} 2 \\ 3 \\ 2 \end{pmatrix}$, h: $\vec{x} = \begin{pmatrix} 4 \\ -6 \\ -2 \end{pmatrix} + t \cdot \begin{pmatrix} 1 \\ 1 \\ 2 \end{pmatrix}$

gilt:

Ihre Richtungsvektoren $\begin{pmatrix} 2 \\ 3 \\ 2 \end{pmatrix}$ und $\begin{pmatrix} 1 \\ 1 \\ 2 \end{pmatrix}$ sind linear unabhängig.

Das LGS $\begin{cases} 7 + 2r = 4 + t \\ -2 + 3r = -6 + t \\ 2 + 2r = -2 + 2t \end{cases}$ hat die Lösung (–1; 1). g und h schneiden sich somit in dem Punkt S(5|–5|0).

Bestimmung der Schnittgeraden der Ebenen E_1: $2x_1 - 2x_2 + x_3 = 9$ und E_2: $\vec{x} = \begin{pmatrix} 4 \\ 5 \\ 0 \end{pmatrix} + s \begin{pmatrix} 1 \\ 3 \\ 5 \end{pmatrix} + r \begin{pmatrix} 1 \\ -1 \\ 1 \end{pmatrix}$

Aus der Gleichung von E_2 ergibt sich: $x_1 = 4 + s + r$, $x_2 = 5 + 3s - r$ und $x_3 = 5s + r$.

Setzt man dies in $2x_1 - 2x_2 + x_3 = 9$ ein, so erhält man

$2(4 + s + r) - 2(5 + 3s - r) + (5s + r) = 9$

und somit $s = -5r + 11$.

Ersetzt man in der Gleichung von E_2 s durch $-5r + 11$, so erhält man die Gleichung der Schnittgeraden

g: $\vec{x} = \begin{pmatrix} 15 \\ 38 \\ 55 \end{pmatrix} - r \begin{pmatrix} 4 \\ 16 \\ 24 \end{pmatrix}$.

Aufgaben zum Üben und Wiederholen

1 Untersuchen Sie die gegenseitige Lage der Geraden g und h.

a) g: $\vec{x} = \begin{pmatrix} 1 \\ 0 \\ 3 \end{pmatrix} + r \begin{pmatrix} 3 \\ 4 \\ 0 \end{pmatrix}$, h: $\vec{x} = \begin{pmatrix} 5 \\ 6 \\ 1 \end{pmatrix} + s \begin{pmatrix} -1 \\ 1 \\ 1 \end{pmatrix}$
b) g: $\vec{x} = \begin{pmatrix} 7 \\ 1 \\ 0 \end{pmatrix} + r \begin{pmatrix} 2 \\ -4 \\ 6 \end{pmatrix}$, h: $\vec{x} = \begin{pmatrix} 8 \\ -1 \\ 3 \end{pmatrix} + s \begin{pmatrix} -1 \\ 2 \\ -3 \end{pmatrix}$

c) g: $\vec{x} = \begin{pmatrix} 1 \\ 3 \\ 4 \end{pmatrix} + r \begin{pmatrix} 2 \\ 0 \\ 5 \end{pmatrix}$, h: $\vec{x} = \begin{pmatrix} 3 \\ 3 \\ 9 \end{pmatrix} + s \begin{pmatrix} 2 \\ 4 \\ 1 \end{pmatrix}$
d) g: $\vec{x} = \begin{pmatrix} 2 \\ 5 \\ 7 \end{pmatrix} + r \begin{pmatrix} 2 \\ 1 \\ -4 \end{pmatrix}$, h: $\vec{x} = \begin{pmatrix} 1 \\ 5 \\ 1 \end{pmatrix} + s \begin{pmatrix} -4 \\ -2 \\ 8 \end{pmatrix}$

2 Untersuchen Sie die gegenseitige Lage der Ebenen E_1 und E_2. Bestimmen Sie gegebenenfalls eine Gleichung der Schnittgeraden.

a) $E_1: \vec{x} = \begin{pmatrix} 4 \\ 1 \\ 1 \end{pmatrix} + r_1 \begin{pmatrix} 1 \\ 0 \\ 5 \end{pmatrix} + s_1 \begin{pmatrix} -2 \\ 3 \\ 7 \end{pmatrix}$, $E_2: \vec{x} = \begin{pmatrix} -8 \\ 13 \\ 9 \end{pmatrix} + r_2 \begin{pmatrix} -8 \\ 1 \\ 5 \end{pmatrix} + s_2 \begin{pmatrix} 2 \\ 1 \\ -4 \end{pmatrix}$

b) $E_1: \vec{x} = \begin{pmatrix} 1 \\ 0 \\ 1 \end{pmatrix} + r_1 \begin{pmatrix} 1 \\ 2 \\ 3 \end{pmatrix} + s_1 \begin{pmatrix} 4 \\ -1 \\ 0 \end{pmatrix}$, $E_2: \vec{x} = \begin{pmatrix} 11 \\ -5 \\ -3 \end{pmatrix} + r_2 \begin{pmatrix} 2 \\ 1 \\ 2 \end{pmatrix} - s_2 \begin{pmatrix} 10 \\ 11 \\ 18 \end{pmatrix}$

c) $E_1: 4x_1 + 6x_2 - 11x_3 = 0$, $\quad E_2: x_1 - x_2 - x_3 = 0$

d) $E_1: \vec{x} = \begin{pmatrix} 3 \\ 4 \\ 7 \end{pmatrix} + r \begin{pmatrix} 1 \\ -2 \\ 1 \end{pmatrix} + s \begin{pmatrix} 7 \\ 4 \\ 0 \end{pmatrix}$, $\quad E_2: x_1 - 3x_2 - 9x_3 = -70$

3 Untersuchen Sie die gegenseitige Lage der Gerade g und der Ebene E. Bestimmen Sie gegebenenfalls den Durchstoßpunkt.

a) g: $\vec{x} = \begin{pmatrix} 4 \\ 0 \\ 8 \end{pmatrix} + r \begin{pmatrix} 1 \\ 3 \\ 0 \end{pmatrix}$, $\quad E: \vec{x} = \begin{pmatrix} 1 \\ 2 \\ -1 \end{pmatrix} + s \begin{pmatrix} 2 \\ 3 \\ 1 \end{pmatrix} + t \begin{pmatrix} 1 \\ 4 \\ -3 \end{pmatrix}$

b) g: $\vec{x} = \begin{pmatrix} 4 \\ 4 \\ -7 \end{pmatrix} + r \begin{pmatrix} 5 \\ 1 \\ -1 \end{pmatrix}$, $\quad E: 4x_1 + 3x_2 - 5x_3 = 7$

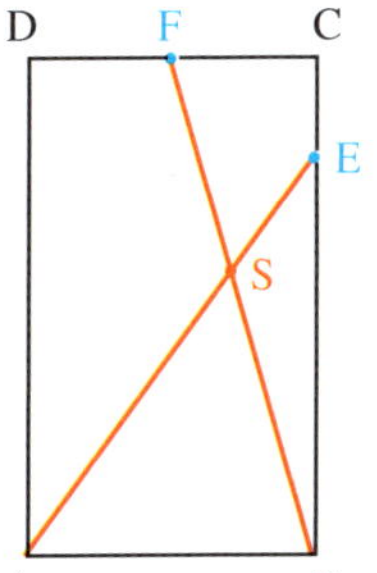

4 Bestimmen Sie eine Koordinatengleichung der Ebene E.

a) $E: \vec{x} = \begin{pmatrix} 7 \\ 6 \\ -2 \end{pmatrix} + r \begin{pmatrix} 1 \\ 0 \\ 2 \end{pmatrix} + s \begin{pmatrix} -1 \\ 1 \\ 4 \end{pmatrix}$
b) $E: \vec{x} = \begin{pmatrix} -1 \\ 2 \\ 5 \end{pmatrix} - r \begin{pmatrix} 7 \\ 8 \\ 1 \end{pmatrix} + s \begin{pmatrix} 1 \\ 8 \\ 7 \end{pmatrix}$
c) $E: \vec{x} = \begin{pmatrix} 4 \\ 4 \\ 5 \end{pmatrix} + r \begin{pmatrix} 3 \\ 2 \\ 3 \end{pmatrix} + s \begin{pmatrix} 9 \\ 8 \\ 0 \end{pmatrix}$

5 Bestimmen Sie eine Parametergleichung der Ebene E.

a) $E: 2x_1 + 5x_2 - 6x_3 = 13$
b) $E: x_1 - 7x_2 + 15x_3 = 9$
c) $E: 4x_1 + 7x_2 - 5x_3 = 16$
d) $E: 2x_1 - 5x_3 = 0$
e) $E: 3x_2 + 5x_3 = 6$
f) $E: x_1 - x_2 = 1$

6 In Fig. 1 teilt der Punkt E die Rechtecksseite $\overline{BC}$ im Verhältnis 4 : 1. Der Punkt F ist Mittelpunkt der Seite $\overline{CD}$. In welchem Verhältnis teilt der Punkt S die Strecke $\overline{AE}$ ($\overline{BF}$)?

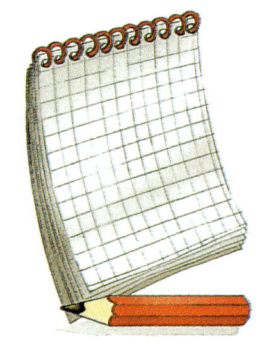

7 In Fig. 2 sind die Strecken $\overline{AB}$ und $\overline{CD}$ zueinander parallel und es gilt:
$\overrightarrow{AB} = n \cdot \overrightarrow{CD}$.
Beweisen Sie vektoriell (ohne Verwendung des Strahlensatzes bzw. der Eigenschaften von zentrischen Streckungen):
Der Schnittpunkt S der Strecken $\overline{AC}$ und $\overline{BD}$ teilt sowohl die Strecke $\overline{AC}$ als auch die Strecke $\overline{BD}$ im Verhältnis n : 1.

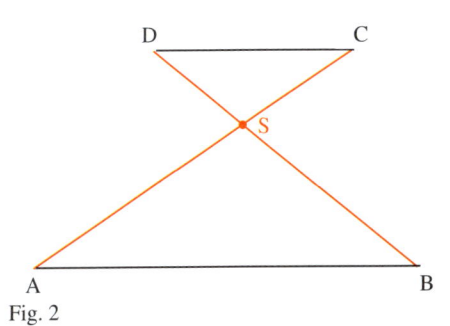

Fig. 1

Fig. 2

Die Lösungen zu den Aufgaben dieser Seite finden Sie auf Seite 253.

IV Längen, Abstände, Winkel

1 Betrag eines Vektors, Länge einer Strecke

1 a) Durch eine Verschiebung wird der Punkt P(3|1) auf den Punkt Q(7|6) abgebildet. Berechnen Sie die Länge des Verschiebungspfeils.

b) Berechnen Sie zu $\vec{a} = \begin{pmatrix} 12 \\ 5 \end{pmatrix}$ die Länge der zugehörigen Verschiebungspfeile.

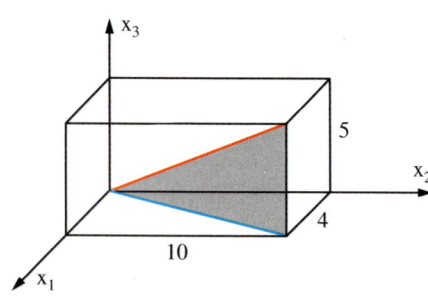

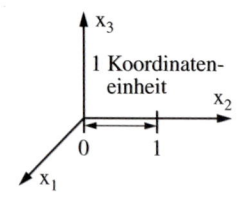

2 Berechnen Sie zu Fig. 1 die Länge der Diagonalen des Quaders.

Fig. 1

Als Einheit für die Längenmessung dient stets die Koordinateneinheit. So gemessene Längen werden ohne Einheiten geschrieben.

Bisher wurden mithilfe von Vektoren Geraden und Ebenen sowie Teilverhältnisse beschrieben. In diesem Kapitel wird der Zusammenhang von Vektoren mit der Länge einer Strecke und der Größe eines Winkels betrachtet.
Der Länge einer Strecke entspricht der „Betrag" eines Vektors.

Definition: Unter dem **Betrag eines Vektors** $\vec{a}$ versteht man die Länge der zu $\vec{a}$ gehörenden Pfeile. Der Betrag von $\vec{a}$ wird mit $|\vec{a}|$ bezeichnet.

Für den Betrag von Vektoren $\vec{a}$, $\vec{b}$ gilt:
(1) $|\vec{a}| \geq 0$, insbesondere $|\vec{o}| = 0$,
(2) $|r \cdot \vec{a}| = |r| \cdot |\vec{a}|$ für alle $r \in \mathbb{R}$,
(3) $|\vec{a} + \vec{b}| \leq |\vec{a}| + |\vec{b}|$
(Dreiecksungleichung, vgl. Fig. 2).

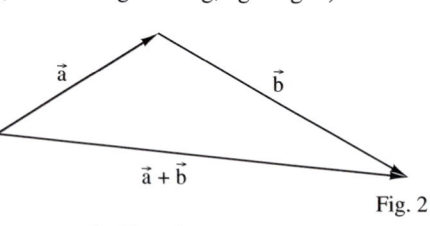

Dreiecksungleichung:

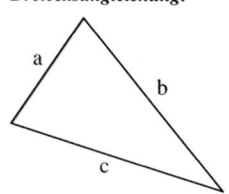

In einem Dreieck ist die Summe zweier Seitenlängen stets größer als die Länge der dritten Seite. Z. B.:
$a + b \geq c$.

Fig. 2 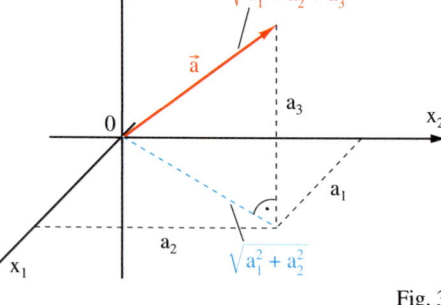   Fig. 3

Kennt man die Koordinaten des Vektors $\vec{a}$, so kann man seinen Betrag mithilfe des Satzes von Pythagoras berechnen (vgl. Fig. 3).

Satz: Für $\vec{a} = \begin{pmatrix} a_1 \\ a_2 \end{pmatrix}$ gilt: $|\vec{a}| = \sqrt{a_1^2 + a_2^2}$.

Für $\vec{a} = \begin{pmatrix} a_1 \\ a_2 \\ a_3 \end{pmatrix}$ gilt: $|\vec{a}| = \sqrt{a_1^2 + a_2^2 + a_3^2}$.

Einen Vektor mit dem Betrag 1 nennt man **Einheitsvektor**.
Ist $\vec{a} \neq \vec{o}$, so bezeichnet man mit $\vec{a_0}$ den Einheitsvektor, der die gleiche Richtung wie $\vec{a}$ hat.
Man nennt $\vec{a_0}$ auch den Einheitsvektor zu $\vec{a}$. Für $\vec{a} \neq \vec{o}$ gilt: $\vec{a_0} = \frac{1}{|\vec{a}|} \cdot \vec{a}$.

Betrag eines Vektors, Länge einer Strecke

Beispiel 1: (Betrag eines Vektors, Berechnung des Einheitsvektors)

Bestimmen Sie für $\vec{a} = \begin{pmatrix} 12 \\ -4 \\ 3 \end{pmatrix}$ den Betrag $|\vec{a}|$ und den Einheitsvektor $\vec{a_0}$.

Lösung:

Berechnung des Betrages: $|\vec{a}| = \sqrt{12^2 + (-4)^2 + 3^2} = \sqrt{169} = 13$.

Einheitsvektor zu $\vec{a}$: $\quad \vec{a_0} = \frac{1}{13}\vec{a} = \frac{1}{13}\begin{pmatrix} 12 \\ -4 \\ 3 \end{pmatrix} = \begin{pmatrix} \frac{12}{13} \\ -\frac{4}{13} \\ \frac{3}{13} \end{pmatrix}$.

Beispiel 2: (Abstand zweier Punkte)

Bestimmen Sie den Abstand der Punkte $P(-6|-2|3)$ und $Q(9|-2|11)$.

Lösung:

Der Abstand von P und Q ist gleich der Länge der Strecke $\overline{PQ}$ bzw. dem Betrag des Vektors $\overrightarrow{PQ}$:

$\overrightarrow{PQ} = \overrightarrow{OQ} - \overrightarrow{OP} = \begin{pmatrix} 9 \\ -2 \\ 11 \end{pmatrix} - \begin{pmatrix} -6 \\ -2 \\ 3 \end{pmatrix} = \begin{pmatrix} 15 \\ 0 \\ 8 \end{pmatrix}$.

Daraus ergibt sich: $|\overrightarrow{PQ}| = \sqrt{225 + 0 + 64} = 17$ (Koordinateneinheiten).

Aufgaben

3 Berechnen Sie die Beträge der Vektoren. Bestimmen Sie auch jeweils den zugehörigen Einheitsvektor.

$\vec{a} = \begin{pmatrix} 1 \\ 0 \\ 2 \end{pmatrix}$, $\vec{b} = \begin{pmatrix} 3 \\ -2 \\ 1 \end{pmatrix}$, $\vec{c} = \begin{pmatrix} 0 \\ -1 \\ 0 \end{pmatrix}$, $\vec{d} = \begin{pmatrix} 0{,}2 \\ 0{,}2 \\ 0{,}1 \end{pmatrix}$, $\vec{e} = \begin{pmatrix} \sqrt{2} \\ \sqrt{3} \\ \sqrt{5} \end{pmatrix}$, $\vec{f} = \frac{1}{4}\begin{pmatrix} 3 \\ 1 \\ 4 \end{pmatrix}$, $\vec{g} = 0{,}1\begin{pmatrix} 4 \\ 3 \\ 0 \end{pmatrix}$

4 Bestimmen Sie zu $\vec{p} = \begin{pmatrix} 1 \\ 0 \\ -1 \end{pmatrix}$ und $\vec{q} = \begin{pmatrix} 2 \\ -1 \\ 3 \end{pmatrix}$ die Beträge von

a) $\vec{p} + \vec{q}$, \quad b) $3\vec{p} + \vec{q}$, \quad c) $\vec{p} - 2\vec{q}$, \quad d) $-\vec{p} + \frac{1}{2}\vec{q}$.

5 In welchen Fällen gilt für Vektoren $\vec{a}, \vec{b}$ die Gleichung $|\vec{a} + \vec{b}| = |\vec{a}| + |\vec{b}|$?

6 Untersuchen Sie, ob das Dreieck ABC gleichschenklig ist.

a) $A(1|-2|2)$, $B(3|2|1)$, $C(3|0|3)$ \qquad b) $A(7|0|-1)$, $B(5|-3|-1)$, $C(4|0|1)$

7 Berechnen Sie die Längen der drei Seitenhalbierenden des Dreiecks ABC mit

a) $A(4|2|-1)$, $B(10|-8|9)$, $C(4|0|1)$, \qquad b) $A(1|2|-1)$, $B(-1|10|15)$, $C(9|6|-5)$.

Wie groß ist damit der Abstand des Schwerpunktes von den Ecken A, B bzw. C?

8 Bestimmen Sie die fehlende Koordinate p_3 so, dass der Punkt $P(5|0|p_3)$ vom Punkt $Q(4|-2|5)$ den Abstand 3 hat.

9 Welcher Gleichung müssen die Koordinaten des Punktes $X(x_1|x_2|x_3)$ genügen, damit der Punkt X vom Punkt $M(4|1|-1)$ den Abstand 5 hat?

Geben Sie drei mögliche Lösungen dieser Gleichung an.

10 Gegeben ist die Gerade g durch $A(2|-3|1)$ und $B(10|5|15)$. Bestimmen Sie die Koordinaten aller Punkte der Geraden g, die von A den Abstand 9 haben.

2 Skalarprodukt von Vektoren, Größe von Winkeln

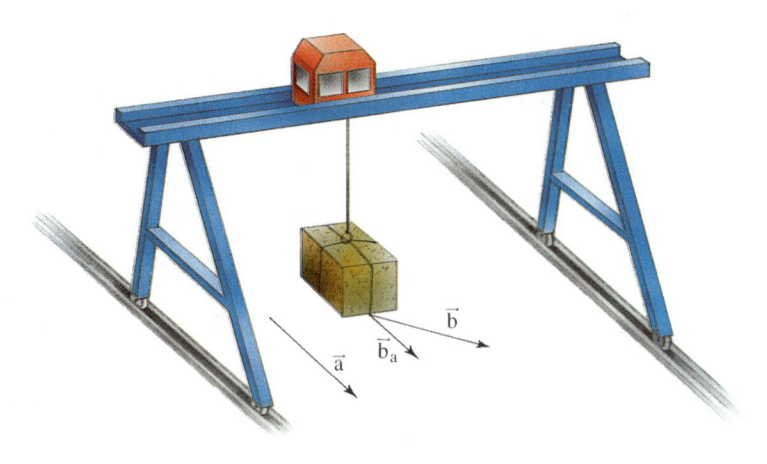

1 Mit dem Brückenkran soll eine Last entsprechend dem Vektor $\vec{b}$ verschoben werden. Dazu muss man die Kranbrücke um einen Vektor $\vec{b_a}$ in Richtung des Vektors $\vec{a}$ verschieben. Gleichzeitig wird die Laufkatze, an der die Last hängt, senkrecht dazu bewegt.
a) Die Last soll um 5 m verschoben werden in einem Winkel von $\varphi = 30°$ zur Richtung von $\vec{a}$. Berechnen Sie die Länge des Vektors $\vec{b_a}$, um den die Kranbrücke verschoben wird.
b) Wie hängt $|\vec{b_a}|$ von φ und $\vec{b}$ ab?

Unter dem **Winkel φ zwischen den Vektoren $\vec{a}$ und $\vec{b}$** versteht man den kleineren der Winkel zwischen einem Pfeil von $\vec{a}$ und einem Pfeil von $\vec{b}$ mit gleichem Anfangspunkt (Fig. 1).

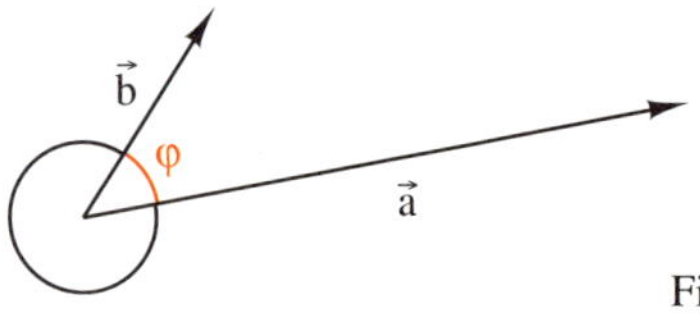

Fig. 1

In Fig. 2 ist $\vec{b_a}$ die **Projektion** von $\vec{b}$ auf $\vec{a}$ und $\vec{a_b}$ die Projektion von $\vec{a}$ auf $\vec{b}$.
Für diese Projektionen gilt im Fall $0 < \varphi < 90°$:
$|\vec{b_a}| = |\vec{b}| \cdot \cos(\varphi)$ und $|\vec{a_b}| = |\vec{a}| \cdot \cos(\varphi)$,
woraus sich ergibt:
$|\vec{a}| \cdot |\vec{b_a}| = |\vec{a}| \cdot |\vec{b}| \cdot \cos(\varphi) = |\vec{a_b}| \cdot |\vec{b}|$.
Diese Gleichung beschreibt ein Produkt, das von den Vektoren $\vec{a}$ und $\vec{b}$ sowie von ihrem Zwischenwinkel φ abhängt.

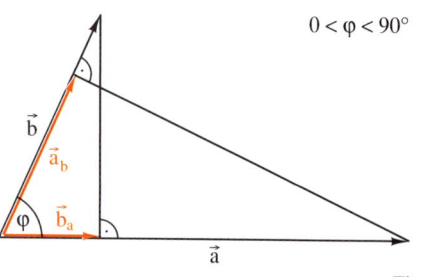

$0 < \varphi < 90°$

Fig. 2

Für die in diesem Kapitel auftretenden Fragestellungen wird sich das Produkt $|\vec{a}| \cdot |\vec{b}| \cdot \cos(\varphi)$ als nützlich erweisen.

*Die Bezeichnung **Skalarprodukt** erinnert daran, dass dieses Produkt der Vektoren kein Vektor, sondern ein „Skalar" (d. h. eine „Maßzahl"), also hier eine reelle Zahl, ist.*

Definition: Ist φ der Winkel zwischen den Vektoren $\vec{a}$ und $\vec{b}$, so heißt $\vec{a} \cdot \vec{b} = |\vec{a}| \cdot |\vec{b}| \cdot \cos(\varphi)$ das **Skalarprodukt** von $\vec{a}$ und $\vec{b}$.

Für $0° \leq \varphi < 90°$ ist das Skalarprodukt positiv, da die Beträge von Vektoren und $\cos(\varphi)$ positiv sind.
Für $90° < \varphi \leq 180°$ ist das Skalarprodukt negativ, da in diesem Bereich $\cos(\varphi)$ negativ ist.

Sonderfälle:
$\varphi = 0°$, die Vektoren $\vec{a}$ und $\vec{b}$ haben gleiche Richtungen: $\quad \vec{a} \cdot \vec{b} = |\vec{a}| \cdot |\vec{b}|$;
speziell gilt: $\vec{a} \cdot \vec{a} = |\vec{a}|^2$ und damit: $\quad |\vec{a}| = \sqrt{\vec{a} \cdot \vec{a}}$.
$\varphi = 180°$, die Vektoren $\vec{a}$ und $\vec{b}$ haben entgegengesetzte Richtungen: $\vec{a} \cdot \vec{b} = -|\vec{a}| \cdot |\vec{b}|$.

Skalarprodukt von Vektoren, Größe von Winkeln

orthos (griech.): richtig, recht (vgl. auch Orthographie) gonia (griech.): Ecke Orthogonal bedeutet wörtlich „rechteckig", wird aber in der Mathematik als Synonym für senkrecht verwendet.

Zwei Vektoren $\vec{a}, \vec{b}$ ($\neq \vec{o}$) heißen zueinander **orthogonal** (senkrecht), wenn ihre zugehörigen Pfeile mit gleichem Anfangspunkt ebenfalls zueinander orthogonal (d. h. senkrecht) sind. In Zeichen: $\vec{a} \perp \vec{b}$.

Für zueinander orthogonale Vektoren gilt:

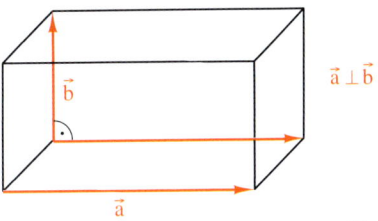

Fig. 1

cos (90°) = 0!

Satz: Für $\vec{a}, \vec{b}$ mit $\vec{a} \neq \vec{o}$, $\vec{b} \neq \vec{o}$ gilt: $\vec{a} \perp \vec{b}$ genau dann, wenn $\vec{a} \cdot \vec{b} = 0$.

Sind die Vektoren $\vec{a}$ und $\vec{b}$ durch ihre **Koordinaten** gegeben, so kann man das Skalarprodukt auch durch die Koordinaten von $\vec{a}$ und $\vec{b}$ ausdrücken.

Die Seitenlängen des Dreiecks OAB in Fig. 2 betragen $|\vec{a}|, |\vec{b}|$ und $|\vec{a} - \vec{b}|$. Damit kann man den Kosinussatz in der Form schreiben:
$|\vec{a} - \vec{b}|^2 = |\vec{a}|^2 + |\vec{b}|^2 - 2 \cdot |\vec{a}| \cdot |\vec{b}| \cos(\varphi)$.
Mit der Definition des Skalarproduktes folgt daraus für $\vec{a} = \begin{pmatrix} a_1 \\ a_2 \\ a_3 \end{pmatrix}$ und $\vec{b} = \begin{pmatrix} b_1 \\ b_2 \\ b_3 \end{pmatrix}$:

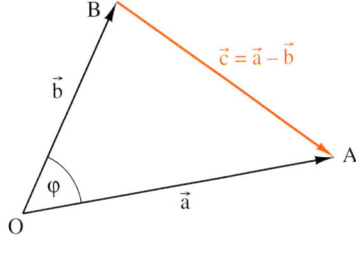

Bei Vektoren in der Ebene entfallen natürlich a_3 und b_3.

$\vec{a} \cdot \vec{b} = |\vec{a}| \cdot |\vec{b}| \cdot \cos(\varphi) = \frac{1}{2}(|\vec{a}|^2 + |\vec{b}|^2 - |\vec{a} - \vec{b}|^2)$ (Kosinussatz)

$= \frac{1}{2}\{[a_1^2 + a_2^2 + a_3^2] + [b_1^2 + b_2^2 + b_3^2] - [(a_1 - b_1)^2 + (a_2 - b_2)^2 + (a_3 - b_3)^2]\}$

$= \frac{1}{2}(2a_1b_1 + 2a_2b_2 + 2a_3b_3)$

$= a_1b_1 + a_2b_2 + a_3b_3$.

Fig. 2

Die Koordinatenform des Skalarproduktes wurde aus der „geometrischen Form", der Definition des Skalarproduktes, abgeleitet. Umgekehrt kann man die geometrische Form auch aus der Koordinatenform ableiten.

Koordinatenform des Skalarproduktes:
$\vec{a} \cdot \vec{b} = \begin{pmatrix} a_1 \\ a_2 \end{pmatrix} \cdot \begin{pmatrix} b_1 \\ b_2 \end{pmatrix} = a_1b_1 + a_2b_2$;   bzw. $\vec{a} \cdot \vec{b} = \begin{pmatrix} a_1 \\ a_2 \\ a_3 \end{pmatrix} \cdot \begin{pmatrix} b_1 \\ b_2 \\ b_3 \end{pmatrix} = a_1b_1 + a_2b_2 + a_3b_3$.

Die Koordinatenform des Skalarproduktes ermöglicht nun, die Größe des Winkels φ zwischen zwei Vektoren aus ihren Koordinaten zu berechnen.
Sind von $\vec{a}$ und $\vec{b}$ die Koordinaten gegeben, so folgt aus $\vec{a} \cdot \vec{b} = |\vec{a}| \cdot |\vec{b}| \cos(\varphi)$ und der Koordinatenform des Skalarproduktes die

Formel zur Berechnung des Winkels zwischen Vektoren $\vec{a}$ und $\vec{b}$:

$\cos(\varphi) = \dfrac{a_1b_1 + a_2b_2}{\sqrt{a_1^2 + a_2^2} \cdot \sqrt{b_1^2 + b_2^2}}$ bzw. $\cos(\varphi) = \dfrac{a_1b_1 + a_2b_2 + a_3b_3}{\sqrt{a_1^2 + a_2^2 + a_3^2} \cdot \sqrt{b_1^2 + b_2^2 + b_3^2}}$

Beispiel 1: (Bestimmung des Skalarproduktes mithilfe von Projektionen)
Bestimmen Sie $\vec{c} \cdot \vec{b}$ zu Fig. 3. Interpretieren Sie das Ergebnis als einen Flächeninhalt.
Lösung:
$\vec{c} \cdot \vec{b} = |\vec{c}| \cdot |\vec{b_c}|$. Dies ist der vom Kathetensatz her bekannte Flächeninhalt des Rechtecks aus Hypotenuse und Hypotenusenabschnitt.

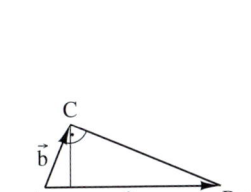

Fig. 3

Skalarprodukt von Vektoren, Größe von Winkeln

Beispiel 2: (Nachweis der Orthogonalität von Vektoren)
Das Parallelogramm OACB in Fig. 1 wird von den Vektoren $\vec{a}$ und $\vec{b}$ „aufgespannt".
Es ist bekannt, dass $(\vec{a} + \vec{b}) \cdot (\vec{a} - \vec{b}) = 0$ ist. Welche Eigenschaft des Vierecks wird dadurch beschrieben?
Lösung:
In Fig. 1 sind $\overrightarrow{OC}$ und $\overrightarrow{BA}$ die Diagonalen des Vierecks. Es gilt $\overrightarrow{OC} = \vec{a} + \vec{b}$ und $\overrightarrow{BA} = \vec{a} - \vec{b}$.
Wegen $(\vec{a} + \vec{b}) \cdot (\vec{a} - \vec{b}) = 0$ sind $\overrightarrow{OC}$ und $\overrightarrow{BA}$ und damit die Diagonalen des Vierecks OACB zueinander orthogonal (senkrecht).

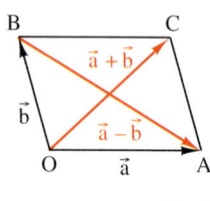

Fig. 1

Beispiel 3: (Winkelberechnung)
Berechnen Sie für die Pyramide OABS in Fig. 2 die Größe des Winkels φ.
Lösung:
Der Winkel φ wird eingeschlossen von den Kanten $\overline{SA}$ und $\overline{SB}$.

Aus $\overrightarrow{SA} = \begin{pmatrix} 2 \\ 2 \\ -6 \end{pmatrix}$ und $\overrightarrow{SB} = \begin{pmatrix} -2 \\ 3 \\ -6 \end{pmatrix}$ folgt

$\cos(\varphi) = \frac{2 \cdot (-2) + 2 \cdot 3 + (-6) \cdot (-6)}{\sqrt{4+4+36} \cdot \sqrt{4+9+36}} \approx 0{,}8184$

und somit $\varphi \approx 35{,}1°$.

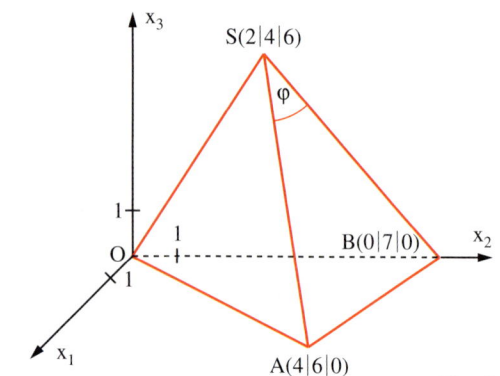

Fig. 2

Beispiel 4: (Bestimmung zueinander orthogonaler Vektoren)

Bestimmen Sie alle Vektoren, die zu $\vec{a} = \begin{pmatrix} 3 \\ 2 \\ 4 \end{pmatrix}$ und auch zu $\vec{b} = \begin{pmatrix} 6 \\ 5 \\ 4 \end{pmatrix}$ orthogonal sind.

Lösung:

Ist $\vec{x} = \begin{pmatrix} x_1 \\ x_2 \\ x_3 \end{pmatrix}$ zu $\vec{a}$ und zu $\vec{b}$ orthogonal, so gilt: $\begin{cases} \vec{a} \cdot \vec{x} = 3x_1 + 2x_2 + 4x_3 = 0 \\ \vec{b} \cdot \vec{x} = 6x_1 + 5x_2 + 4x_3 = 0 \end{cases}$

Umwandlung dieses LGS in Stufenform: $\begin{cases} 3x_1 + 2x_2 + 4x_3 = 0 \\ x_2 - 4x_3 = 0 \end{cases}$

Fig. 3

Damit sind alle Vektoren mit der gleichen bzw. entgegengesetzten Richtung wie $\begin{pmatrix} -4 \\ 4 \\ 1 \end{pmatrix}$ zu $\vec{a}$ und zu $\vec{b}$ orthogonal.

Wählt man $x_3 = t$ als Parameter, so erhält man als Lösungsmenge $L = \{(-4t;\, 4t;\, t) \mid t \in \mathbb{R}\}$.

Für die gesuchten Vektoren gilt damit $\vec{x} = \begin{pmatrix} -4t \\ 4t \\ t \end{pmatrix} = t \cdot \begin{pmatrix} -4 \\ 4 \\ 1 \end{pmatrix}$ $(t \in \mathbb{R})$.

Aufgaben

2 Berechnen Sie die Skalarprodukte $\vec{a} \cdot \vec{b}$ und $\vec{a} \cdot (-\vec{b})$ für
a) $|\vec{a}| = 3{,}5;\ |\vec{b}| = 4;\ \varphi = 55°$,
b) $|\vec{a}| = 8;\ |\vec{b}| = 4{,}2;\ \varphi = 145°$,
c) $|\vec{a}| = 4{,}5;\ |\vec{b}| = 2 \cdot \sqrt{2};\ \varphi = 45°$,
d) $|\vec{a}| = 5{,}5;\ |\vec{b}| = 6;\ \varphi = 120°$.

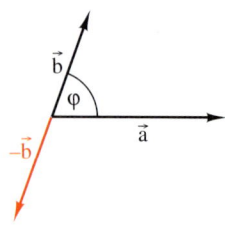

Fig. 5

3 Berechnen Sie für das regelmäßige Sechseck PQRSTU in Fig. 4:
a) $\vec{a} \cdot \vec{b},\ \vec{a} \cdot \vec{g},\ \vec{b} \cdot \vec{g},\ \vec{f} \cdot \vec{g}$,
b) $\vec{c} \cdot \vec{d},\ \vec{a} \cdot \vec{f},\ \vec{e} \cdot \vec{a},\ \vec{c} \cdot \vec{f}$.

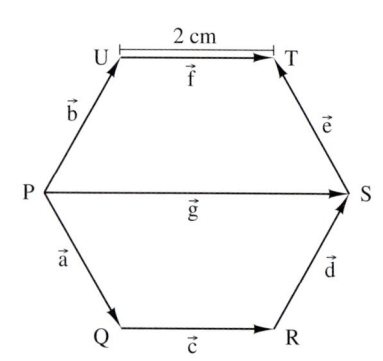

Fig. 4

120

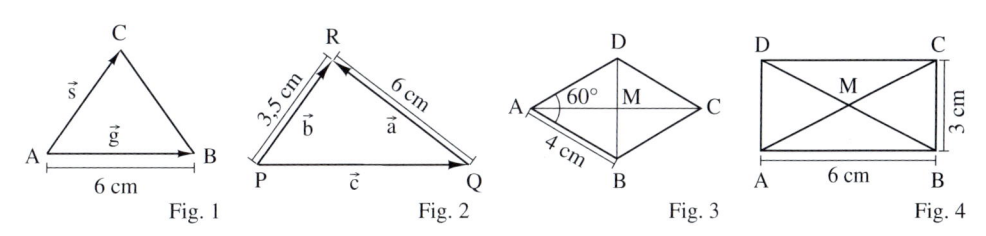

Denken Sie an geeignete Projektionen.

4 a) Bestimmen Sie $\vec{g} \cdot \vec{s}$ für das gleichschenklige Dreieck ABC in Fig. 1.
b) Bestimmen Sie $\vec{a} \cdot \vec{b}$, $\vec{a} \cdot \vec{c}$ und $\vec{b} \cdot \vec{c}$ für das rechtwinklige Dreieck PQR in Fig. 2.

5 Bestimmen Sie $\overrightarrow{AB} \cdot \overrightarrow{AD}$, $\overrightarrow{AB} \cdot \overrightarrow{AM}$, $\overrightarrow{AB} \cdot \overrightarrow{BC}$, $\overrightarrow{AB} \cdot \overrightarrow{CD}$, $\overrightarrow{AC} \cdot \overrightarrow{BC}$, $\overrightarrow{AM} \cdot \overrightarrow{BC}$ für
a) die Raute in Fig. 3, b) das Rechteck in Fig. 4.

6 Berechnen Sie für die Vektoren $\vec{a} = \begin{pmatrix} 1 \\ 2 \\ -1 \end{pmatrix}$, $\vec{b} = \begin{pmatrix} -2 \\ 1 \\ 3 \end{pmatrix}$, $\vec{c} = \begin{pmatrix} 2 \\ 1 \\ 1 \end{pmatrix}$:

a) $\vec{a} \cdot \vec{b}$, b) $\vec{a} \cdot \vec{c}$, c) $\vec{b} \cdot \vec{c}$, d) $\vec{a} \cdot (\vec{b} + \vec{c})$,
e) $\vec{b} \cdot (\vec{a} + \vec{c})$, f) $\vec{c} \cdot (\vec{a} + \vec{b})$, g) $\vec{a} \cdot (\vec{b} - \vec{c})$, h) $(\vec{a} + \vec{b}) \cdot (\vec{b} - \vec{c})$.

Winkelberechnungen

7 Berechnen Sie die Größe des Winkels zwischen den Vektoren $\vec{a}$ und $\vec{b}$.

a) $\vec{a} = \begin{pmatrix} 2 \\ -3 \end{pmatrix}$, $\vec{b} = \begin{pmatrix} 5 \\ 7 \end{pmatrix}$ b) $\vec{a} = \begin{pmatrix} 2 \\ -4 \end{pmatrix}$, $\vec{b} = \begin{pmatrix} 2 \\ 1 \end{pmatrix}$ c) $\vec{a} = \begin{pmatrix} 4 \\ 9 \end{pmatrix}$, $\vec{b} = \begin{pmatrix} -3 \\ 5 \end{pmatrix}$

d) $\vec{a} = \begin{pmatrix} 1 \\ 3 \\ 1 \end{pmatrix}$, $\vec{b} = \begin{pmatrix} 5 \\ 0 \\ 3 \end{pmatrix}$ e) $\vec{a} = \begin{pmatrix} 1 \\ 3 \\ 5 \end{pmatrix}$, $\vec{b} = \begin{pmatrix} 5 \\ 3 \\ 1 \end{pmatrix}$ f) $\vec{a} = \begin{pmatrix} -11 \\ 4 \\ 1 \end{pmatrix}$, $\vec{b} = \begin{pmatrix} 1 \\ 2 \\ 3 \end{pmatrix}$

8 Berechnen Sie die Längen der Seiten und die Größen der Winkel im Dreieck ABC.
a) A(2|1); B(5|-1); C(4|3)
b) A(8|1); B(17|-5); C(10|9)

9 Berechnen Sie zu Fig. 5 die Längen der Seiten und die Größen der Winkel
a) des Dreiecks ABC,
b) des Dreiecks EDF.

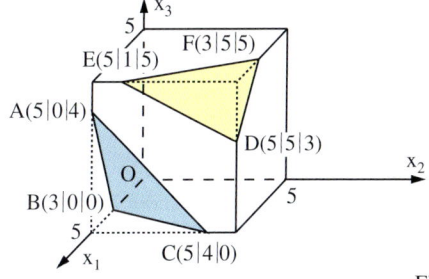

10 Die Ebene E schneidet die 1., 2. und 3. Achse in A, B bzw. C (Fig. 6). Berechnen Sie die Längen der Seiten und die Größen der Winkel des Dreiecks ABC für
a) E: $3x_1 + 5x_2 + 4x_3 = 30$,
b) E: $\vec{x} = \begin{pmatrix} 12 \\ 15 \\ 14 \end{pmatrix} + r \begin{pmatrix} 4 \\ -3 \\ 0 \end{pmatrix} + s \begin{pmatrix} -4 \\ 0 \\ 7 \end{pmatrix}$.

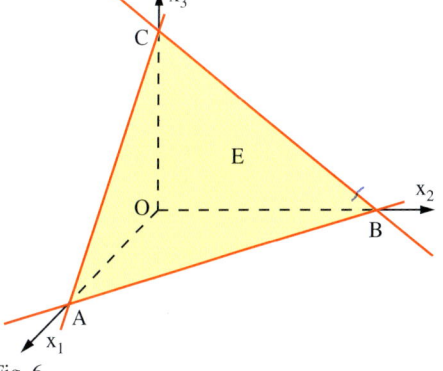

11 Ein Viereck hat die Eckpunkte O(0|0|0), P(2|3|5), Q(5|5|6), R(1|4|9).
Berechnen Sie die Längen der Seiten und die Größen der Innenwinkel des Vierecks.

Skalarprodukt von Vektoren, Größe von Winkeln

12 a) Zeichnen Sie die Punkte A(2|−2|−2), B(−2|5,5|−2), C(−6|2|4) und D(1|−2|1) in ein Koordinatensystem. Verbinden Sie der Reihe nach die Punkte A, B, C, D, A.
b) Berechnen Sie die Größen der Winkel ∢BAD, ∢CBA, ∢DCB, ∢CDA und davon die Winkelsumme. Was fällt Ihnen auf? Geben Sie dazu eine Erklärung an.

13 a) Bestimmen Sie anhand von Fig. 1 die Größe des Winkels α zwischen der Flächendiagonalen $\overrightarrow{CB}$ und der Raumdiagonalen $\overrightarrow{CA}$.
b) Wie groß ist der Winkel β zwischen den Raumdiagonalen $\overrightarrow{CA}$ und $\overrightarrow{OB}$?

Eine Skizze ist hier ☞ hilfreich!

14 Ein Quader hat als Grundfläche ein Rechteck ABCD mit den Seitenlängen 8 cm und 5 cm. Die Höhe des Quaders beträgt 3 cm. Sei M der Schnittpunkt der Raumdiagonalen. Berechnen Sie ∢AMB und ∢BMC.

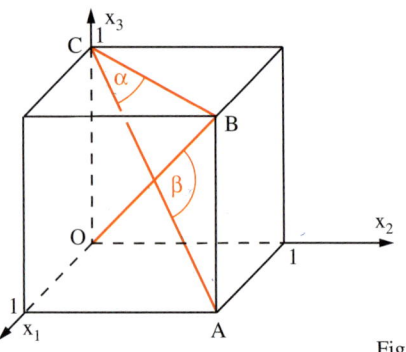

Fig. 1

15 Skizzieren Sie in einem Koordinatensystem eine gerade quadratische Pyramide, bei der die Länge der Grundkanten gleich der Höhe der Pyramide ist. Wählen Sie dazu eine günstige Lage im Koordinatensystem.
Berechnen Sie die Größe des Winkels zwischen
a) zwei benachbarten Seitenkanten,
b) zwei gegenüberliegenden Seitenkanten,
c) einer Seitenkante und einer Grundkante.

16 Fig. 2 zeigt die Anordnung der Balken eines Daches. Zur Längsaussteifung werden schräg liegende Bretter angebracht, die rot angezeichneten Windrispen.
a) Wählen Sie ein geeignetes Koordinatensystem und beschreiben Sie jeweils die Lage eines Sparren und einer Windrispe durch einen passenden Vektor.
b) Berechnen Sie die Länge der Windrispe und die Größe des Winkels zwischen Windrispe und Sparren.

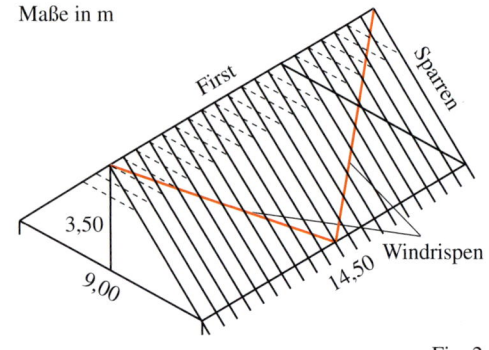

Maße in m

Fig. 2

Skalarprodukt und Orthogonalität

17 Beschreiben Sie mithilfe eines geeigneten Skalarproduktes, dass
a) das Dreieck ABC bei C rechtwinklig ist,
b) das Dreieck ABC bei A rechtwinklig ist,
c) das Viereck ABCD ein Rechteck ist,
d) das Viereck ABCD ein Quadrat ist.

18 Drücken Sie die Diagonalen des Vierecks ABCD mit A(−2|−2), B(0|3), C(3|3) und D(3|0) durch Vektoren aus. Sind sie zueinander orthogonal?

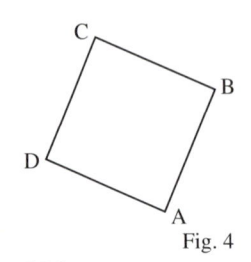

19 Zeichnen Sie eine Figur, sodass gilt:
a) $\overrightarrow{PQ} \cdot \overrightarrow{QR} = 0$, b) $\overrightarrow{PQ} \cdot \overrightarrow{PR} = 0$, c) $(\overrightarrow{AC} - \overrightarrow{AB}) \cdot \overrightarrow{AB} = 0$, d) $(\overrightarrow{AC} - \overrightarrow{AB}) \cdot (\overrightarrow{AC} - \overrightarrow{AD}) = 0$.

20 Zeigen Sie, dass es zu den Punkten A(−2|2|3), B(2|10|4) und D(5|−2|7) einen Punkt C gibt, sodass das Viereck ABCD ein Quadrat ist. Bestimmen Sie die Koordinaten von C.

Fig. 3

Fig. 4

21 Prüfen Sie, welche der Vektoren zueinander orthogonal sind.

$\vec{a} = \begin{pmatrix} 1 \\ 1 \\ \sqrt{2} \end{pmatrix}$, $\vec{b} = \begin{pmatrix} 1 \\ 1 \\ \sqrt{3} \end{pmatrix}$, $\vec{c} = \begin{pmatrix} 1 \\ 1 \\ -\sqrt{2} \end{pmatrix}$, $\vec{d} = \begin{pmatrix} \sqrt{2} \\ -\sqrt{2} \\ 0 \end{pmatrix}$, $\vec{e} = \begin{pmatrix} -1 \\ -2 \\ \sqrt{3} \end{pmatrix}$

22 Bestimmen Sie die fehlende Koordinate so, dass $\vec{a} \perp \vec{b}$.

a) $\vec{a} = \begin{pmatrix} 2 \\ 3 \end{pmatrix}$, $\vec{b} = \begin{pmatrix} b_1 \\ -4 \end{pmatrix}$
b) $\vec{a} = \begin{pmatrix} 1 \\ a_2 \\ 3 \end{pmatrix}$, $\vec{b} = \begin{pmatrix} 2 \\ -1 \\ 1 \end{pmatrix}$
c) $\vec{a} = \begin{pmatrix} -1 \\ 4 \\ 2 \end{pmatrix}$, $\vec{b} = \begin{pmatrix} 3 \\ 0 \\ b_3 \end{pmatrix}$

23 Bestimmen Sie alle Vektoren, die zu $\vec{a}$ und zu $\vec{b}$ orthogonal sind.

a) $\vec{a} = \begin{pmatrix} 1 \\ 2 \\ 3 \end{pmatrix}$, $\vec{b} = \begin{pmatrix} 2 \\ 0 \\ 3 \end{pmatrix}$
b) $\vec{a} = \begin{pmatrix} 2 \\ 3 \\ -1 \end{pmatrix}$, $\vec{b} = \begin{pmatrix} 5 \\ -1 \\ -2 \end{pmatrix}$
c) $\vec{a} = \begin{pmatrix} 1 \\ 2 \\ 5 \end{pmatrix}$, $\vec{b} = \begin{pmatrix} 4 \\ -1 \\ 5 \end{pmatrix}$

24 Bestimmen Sie die fehlenden Koordinaten so, dass die Vektoren $\vec{a}$, $\vec{b}$ und $\vec{c}$ paarweise zueinander orthogonal sind.

a) $\vec{a} = \begin{pmatrix} 1 \\ 0 \\ 2 \end{pmatrix}$, $\vec{b} = \begin{pmatrix} 3 \\ b_2 \\ b_3 \end{pmatrix}$, $\vec{c} = \begin{pmatrix} c_1 \\ 1 \\ 4 \end{pmatrix}$
b) $\vec{a} = \begin{pmatrix} 1 \\ 1 \\ 1 \end{pmatrix}$, $\vec{b} = \begin{pmatrix} b_1 \\ b_2 \\ 1 \end{pmatrix}$, $\vec{c} = \begin{pmatrix} c_1 \\ 2 \\ -5 \end{pmatrix}$

25 a) Bestimmen Sie zu $\vec{a} = \begin{pmatrix} 1 \\ 2 \\ -5 \end{pmatrix}$ zwei Vektoren $\vec{b}$ und $\vec{c}$ so, dass die drei Vektoren $\vec{a}$, $\vec{b}$, $\vec{c}$ paarweise zueinander orthogonal sind. Bilden $\vec{a}$, $\vec{b}$, $\vec{c}$ eine Basis des $\mathbb{R}^3$?

b) Bestimmen Sie zu den Vektoren $\vec{a}$, $\vec{b}$, $\vec{c}$ Einheitsvektoren gleicher Richtung.

26 Bestimmen Sie Gleichungen zweier verschiedener Geraden h_1 und h_2 so, dass die Geraden h_1 und h_2 orthogonal zur Geraden g sind und durch den Punkt P(2|0|1) gehen.

a) g: $\vec{x} = \begin{pmatrix} 3 \\ -1 \\ 7 \end{pmatrix} + t \begin{pmatrix} 2 \\ -2 \\ 1 \end{pmatrix}$
b) g: $\vec{x} = \begin{pmatrix} -5 \\ 8 \\ 1 \end{pmatrix} + t \begin{pmatrix} 7 \\ 2 \\ -5 \end{pmatrix}$

27 Gegeben ist ein Dreieck ABC mit A(−4|8), B(5|−4) und C(7|10). Bestimmen Sie eine Gleichung der Mittelsenkrechten von $\overline{BC}$ und eine Gleichung der Mittelsenkrechten von $\overline{AB}$. Berechnen Sie daraus den Umkreismittelpunkt des Dreiecks ABC.

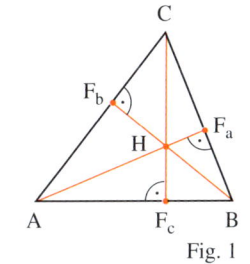

28 Gegeben ist ein Dreieck ABC mit $A(4|2|-\frac{1}{2})$, $B(9|2|3\frac{1}{4})$, $C(6|9\frac{1}{2}|1)$.

a) Bestimmen Sie die Fußpunkte F_a, F_b, F_c der drei Höhen (Fig. 1).
Anleitung: Es ist $\overrightarrow{AF_c} = r \cdot \overrightarrow{AB}$, wobei r aus $(\overrightarrow{AC} - r \cdot \overrightarrow{AB}) \cdot \overrightarrow{AB} = 0$ bestimmt werden kann.

b) Berechnen Sie die Koordinaten des Höhenschnittpunktes H.

Fig. 1

29 Auf einer ebenen Wiese ist ein rechtwinkliges Dreieck ABC mit dem rechten Winkel bei B abgesteckt. In der Ecke A wird ein Pfahl lotrecht eingeschlagen. Von der Spitze S des Pfahls werden dann Seile zu B und C gespannt (Fig. 2).
Zeigen Sie, dass man zwischen die Seile eine Zeltplane in Form eines rechtwinkligen Dreiecks so spannen kann, dass eine Kante der Plane den Boden berührt. (Sie brauchen hierzu kein Koordinatensystem!)

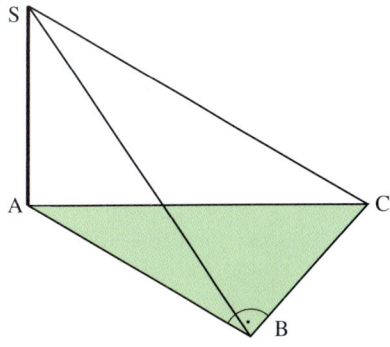

Fig. 2

3 Eigenschaften der Skalarmultiplikation

1 a) In Fig. 1 ist $\vec{a} \cdot \vec{c} = |\vec{a_c}| \cdot |\vec{c}|$.
Drücken Sie entsprechend $\vec{b} \cdot \vec{c}$ aus.
Vergleichen Sie $\vec{a} \cdot \vec{c} + \vec{b} \cdot \vec{c}$ mit $(\vec{a} + \vec{b}) \cdot \vec{c}$.
b) Welchen Einfluss hat die Multiplikation eines Vektors $\vec{p}$ mit einer positiven reellen Zahl r auf ein Skalarprodukt $\vec{p} \cdot \vec{q}$?

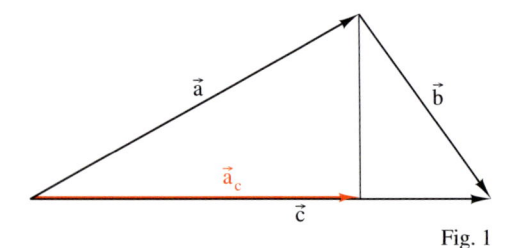

Fig. 1

Für die Multiplikation reeller Zahlen gelten eine Reihe von Gesetzen, u. a. das Kommutativgesetz, das Assoziativgesetz und bezüglich der Addition das Distributivgesetz.
Für die Skalarmultiplikation gelten jedoch nicht alle diese Gesetze. So ist im Allgemeinen
$$(\vec{a} \cdot \vec{b}) \cdot \vec{c} \neq \vec{a} \cdot (\vec{b} \cdot \vec{c}),$$
denn $(\vec{a} \cdot \vec{b}) \cdot \vec{c} = r \cdot \vec{c}$ und $\vec{a} \cdot (\vec{b} \cdot \vec{c}) = \vec{a} \cdot s = s \cdot \vec{a}$ für geeignete r, s aus $\mathbb{R}$.
Es gilt jedoch:

Für reelle Zahlen gilt: Aus $a \cdot c = b \cdot c$ und $c \neq 0$ folgt $a = b$. Gilt eine entsprechende Eigenschaft auch für Vektoren?

Satz: Für die Skalarmultiplikation von Vektoren $\vec{a}, \vec{b}, \vec{c}$ gilt:
(1) $\vec{a} \cdot \vec{b} = \vec{b} \cdot \vec{a}$ (Kommutativgesetz)
(2) $r\vec{a} \cdot \vec{b} = r(\vec{a} \cdot \vec{b})$, für jede reelle Zahl r
(3) $(\vec{a} + \vec{b}) \cdot \vec{c} = \vec{a} \cdot \vec{c} + \vec{b} \cdot \vec{c}$ (Distributivgesetz)
(4) $\vec{a} \cdot \vec{a} \geq 0$; $\vec{a} \cdot \vec{a} = 0$ nur für $\vec{a} = \vec{o}$

Für $\vec{a} \cdot \vec{a}$ schreibt man auch kurz $\vec{a}^2$.

Zum Beweis des Satzes:
(1) $\vec{a} \cdot \vec{b} = |\vec{a}| \cdot |\vec{b}| \cdot \cos(\varphi) = |\vec{b}| \cdot |\vec{a}| \cdot \cos(\varphi) = \vec{b} \cdot \vec{a}$.
(2) Es ist zu unterscheiden zwischen $r \geq 0$ und $r < 0$:
Für $r \geq 0$ gilt: $r\vec{a} \cdot \vec{b} = |r\vec{a}| \cdot |\vec{b}| \cdot \cos(\varphi) = r|\vec{a}| \cdot |\vec{b}| \cdot \cos(\varphi) = r(\vec{a} \cdot \vec{b})$.
Für $r < 0$ gilt: $r\vec{a} \cdot \vec{b} = |r\vec{a}| \cdot |\vec{b}| \cdot \cos(180° - \varphi)$ (vgl. Fig. 2)
$= (-r) \cdot |\vec{a}| \cdot |\vec{b}| \cdot (-\cos(\varphi))$ (für $r < 0$ ist $|r| = -r$)
$= r(\vec{a} \cdot \vec{b})$.

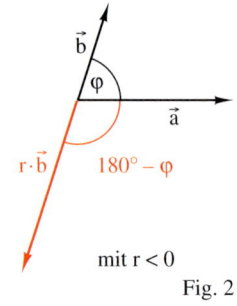

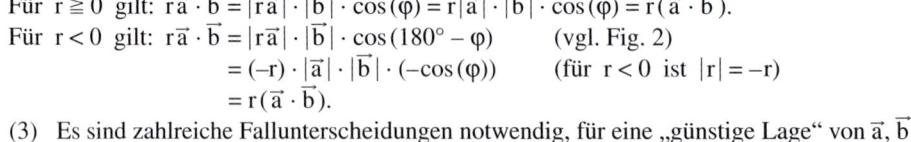

Fig. 2 mit $r < 0$

(3) Es sind zahlreiche Fallunterscheidungen notwendig, für eine „günstige Lage" von $\vec{a}, \vec{b}$ und $\vec{c}$: vgl. Aufgabe 1. Hier ist es wesentlich einfacher, den Beweis mithilfe der Koordinatenform des Skalarproduktes zu führen: vgl. Aufgabe 2.
(4) $\vec{a} \cdot \vec{a} = |\vec{a}| \cdot |\vec{a}| \cos(0°) = (|\vec{a}|)^2 \geq 0$, denn $|\vec{a}|$ ist eine reelle Zahl.
Da der Nullvektor der einzige Vektor mit der Länge 0 ist, gilt nur für ihn $\vec{a} \cdot \vec{a} = 0$.

Beispiel 1: (Skalarprodukt von Summen)
Für die Vektoren $\vec{p}, \vec{q}$ gilt: $\vec{p}^2 = \vec{q}^2 = 1$ und $\vec{p} \cdot \vec{q} = 0$.
Berechnen Sie $(2\vec{p} + 3\vec{q}) \cdot (3\vec{p} + \vec{q})$.
Lösung:
$(2\vec{p} + 3\vec{q}) \cdot (3\vec{p} + \vec{q}) = 2\vec{p} \cdot 3\vec{p} + 2\vec{p} \cdot \vec{q} + 3\vec{q} \cdot 3\vec{p} + 3\vec{q} \cdot \vec{q}$
$= 6\vec{p}^2 + 2(\vec{p} \cdot \vec{q}) + 3(\vec{q} \cdot \vec{p}) + 3\vec{q}^2$
$= 6 \cdot 1 + 2 \cdot 0 + 3 \cdot 0 + 3 \cdot 1$
$= 9$.

Bei den Rechnungen im Beispiel 1 werden die Eigenschaften (1), (2) und (3) der Skalarmultiplikation verwendet.

Eigenschaften der Skalarmultiplikation

*Beispiel 2 zeigt, wie man einen Vektor, der zu $\vec{b}$ orthogonal ist, als passende Linearkombination von Vektoren $\vec{a}$ und $\vec{b}$ erhält. Diese Idee erweist sich z. B. bei der Bestimmung von Höhen eines Dreiecks als nützlich.
Vgl. Aufgabe 10.*

Beispiel 2:

Gegeben sind $\vec{a} = \begin{pmatrix} 2 \\ 16 \\ -9 \end{pmatrix}$ und $\vec{b} = \begin{pmatrix} -1 \\ 5 \\ 2 \end{pmatrix}$.

Bestimmen Sie eine Zahl r so, dass $\vec{a} - r\vec{b}$ orthogonal zu $\vec{b}$ ist.

Lösung:
$\vec{a} - r\vec{b}$ soll orthogonal zu $\vec{b}$ sein, d. h. $\quad (\vec{a} - r\vec{b}) \cdot \vec{b} = 0$.
Klammern auflösen: $\quad \vec{a} \cdot \vec{b} - r \cdot \vec{b}^2 = 0$
Einsetzen von $\quad \vec{a} \cdot \vec{b} = 2 \cdot (-1) + 16 \cdot 5 + (-9) \cdot 2 = 60$
und $\quad \vec{b}^2 = (-1)^2 + 5^2 + 2^2 = 30$
ergibt: $\quad 60 - r \cdot 30 = 0$, also $r = 2$.
Damit ist $\vec{a} - 2\vec{b}$ orthogonal zu $\vec{b}$.

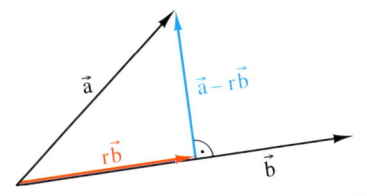

Fig. 1

Aufgaben

„Erst Term vereinfachen, dann ausrechnen."

2 Überprüfen Sie das Distributivgesetz mithilfe der Koordinatenform des Skalarproduktes.

3 Geben Sie Vektoren $\vec{a}, \vec{b}, \vec{c}\ (\neq \vec{o})$ an, für die gilt: $\vec{a} \cdot \vec{c} = \vec{b} \cdot \vec{c}$, aber $\vec{a} \neq \vec{b}$.

4 Begründen Sie mithilfe der Rechenregeln für die Skalarmultiplikation.
a) $\vec{a} \cdot (r \cdot \vec{b}) = r \cdot (\vec{a} \cdot \vec{b})$ (Benutzen Sie zweimal das Kommutativgesetz)
b) $(\vec{a} - \vec{b}) \cdot \vec{c} = \vec{a} \cdot \vec{c} - \vec{b} \cdot \vec{c}$ (Setzen Sie $\vec{a} - \vec{b} = \vec{a} + (-1) \cdot \vec{b}$)

5 Begründen Sie die „binomischen Formeln" für die Skalarmultiplikation.
a) $(\vec{a} + \vec{b})^2 = \vec{a}^2 + 2\vec{a} \cdot \vec{b} + \vec{b}^2$ b) $(\vec{a} + \vec{b}) \cdot (\vec{a} - \vec{b}) = \vec{a}^2 - \vec{b}^2$

6 Lösen Sie die Klammern auf.
a) $(3\vec{a} - 5\vec{b}) \cdot (2\vec{a} + 7\vec{b})$ b) $(3\vec{e}) \cdot \vec{f} + \vec{f} \cdot (2\vec{e}) - 4(\vec{e} \cdot \vec{f})$
c) $(3\vec{u} - 2\vec{v}) \cdot (\vec{u} + 2\vec{v}) - 7(\vec{u} \cdot \vec{v})$ d) $(2\vec{a} + 3\vec{b} - \vec{c}) \cdot (\vec{a} - \vec{b})$
e) $(\vec{x} + \vec{y})^2 - (\vec{x} - \vec{y})^2$ f) $(\vec{g} + 3\vec{h})^2 - \vec{g} \cdot (\vec{g} + 6\vec{h})$

7 Für die Vektoren $\vec{u}, \vec{v}$ gelte $\vec{u}^2 = \vec{v}^2 = 1$ und $\vec{u} \cdot \vec{v} = 0$. Berechnen Sie
a) $\vec{u} \cdot (\vec{u} + \vec{v})$, b) $(\vec{u} + \vec{v}) \cdot (\vec{u} - \vec{v})$, c) $(3\vec{u} + 4\vec{v}) \cdot (7\vec{u} - 2\vec{v})$.

8 Beweisen Sie:
a) Aus $\vec{a} \perp \vec{b}$ folgt $r\vec{a} \perp s\vec{b}$ für alle reellen Zahlen r und s.
b) Aus $\vec{a} \perp \vec{b}$ und $\vec{a} \perp \vec{c}$ folgt $\vec{a} \perp (r\vec{b} + s\vec{c})$ für alle reellen Zahlen r und s.
c) Aus $\vec{a} \perp \vec{b}$ und $\vec{c} \perp \vec{d}$ folgt $\vec{a} \cdot (r\vec{b} + \vec{d}) = (\vec{a} + s\vec{c}) \cdot \vec{d}$ für alle $r, s \in \mathbb{R}$.

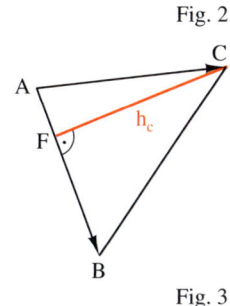

Fig. 2

9 Bestimmen Sie eine Zahl r so, dass $\vec{a} - r\vec{b}$ orthogonal zu $\vec{b}$ ist.
a) $\vec{a} = \begin{pmatrix} -7 \\ 1 \end{pmatrix}$, $\vec{b} = \begin{pmatrix} 3 \\ 1 \end{pmatrix}$ b) $\vec{a} = \begin{pmatrix} 1 \\ 3 \\ 2 \end{pmatrix}$, $\vec{b} = \begin{pmatrix} -1 \\ 3 \\ 2 \end{pmatrix}$ c) $\vec{a} = \begin{pmatrix} 1 \\ -2 \\ 3 \end{pmatrix}$, $\vec{b} = \begin{pmatrix} 2 \\ 3 \\ 6 \end{pmatrix}$

10 Gegeben ist ein Dreieck ABC mit $A(-4|8)$, $B(5|-4)$ und $C(7|10)$.
Bestimmen Sie den Fußpunkt F der Höhe h_c.
Anleitung: Setzen Sie $\overrightarrow{AF} = r \cdot \overrightarrow{AB}$ (Fig. 3) und bestimmen Sie r so, dass $\overrightarrow{FC} = \overrightarrow{AC} - r \cdot \overrightarrow{AB}$ orthogonal zu $\overrightarrow{AB}$ ist.

Fig. 3

125

4 Beweise mithilfe des Skalarproduktes

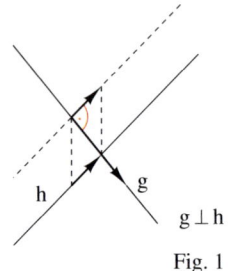

Unter zueinander **orthogonalen Geraden** oder Strecken versteht man solche Geraden bzw. Strecken, deren Richtungsvektoren zueinander orthogonal sind. Damit können auch Geraden, die sich im Raum nicht schneiden, zueinander orthogonal sein (Fig. 1).

Mithilfe des Skalarproduktes lassen sich viele Sätze der Geometrie, bei denen die Orthogonalität von Geraden oder Strecken eine Rolle spielt, algebraisch beweisen. Die bisher verwendeten Schritte für einen Beweis mithilfe von Vektoren erweisen sich auch hier als günstig.

g ⊥ h
Fig. 1

Beispiel 1: (Beweis der Orthogonalität von Strecken bzw. Vektoren)
Beweisen Sie den Satz:
In einem Quader mit quadratischer Grundfläche ist jede Raumdiagonale orthogonal zu der Diagonalen der Grundfläche, die mit der Raumdiagonalen keinen gemeinsamen Punkt hat.
Lösung:

Zur Erinnerung:

1. Schritt:
Veranschaulichung durch eine Zeichnung.

2. Schritt:
Beschreibung der Voraussetzung mittels geeigneter Vektoren.

3. Schritt:
Beschreibung der Behauptung mittels Vektoren.

4. Schritt:
Aufstellung von Beziehungen zwischen den Vektoren der Behauptung und den Vektoren der Voraussetzung. Ableitung der Behauptung aus der Voraussetzung unter Verwendung der im 4. Schritt aufgestellten Beziehungen.

(1) Fig. 2, 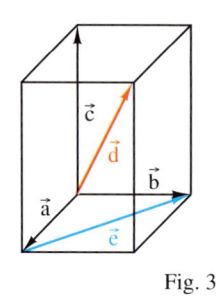 Fig. 3

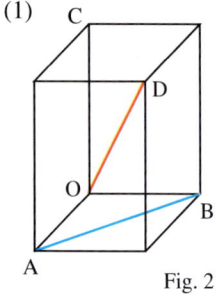

(2) Voraussetzung:
Der Körper ist ein Quader.
Dies bedeutet insbesondere
$\overline{OA} \perp \overline{OB}$, $\overline{OA} \perp \overline{OC}$, $\overline{OB} \perp \overline{OC}$, also
$\vec{a} \cdot \vec{b} = 0$, $\vec{a} \cdot \vec{c} = 0$, $\vec{b} \cdot \vec{c} = 0$.
Die Grundfläche ist ein Quadrat, dies bedeutet
$|\vec{a}| = |\vec{b}|$.

(3) Behauptung:
Die Diagonalen sind zueinander orthogonal:
$\overline{OD} \perp \overline{AB}$, also $\vec{d} \cdot \vec{e} = 0$.

(4) Für die Diagonalenvektoren gilt: $\vec{d} = \vec{a} + \vec{b} + \vec{c}$ und $\vec{e} = \vec{b} - \vec{a}$
Für $\vec{d} \cdot \vec{e}$ gilt damit $\vec{d} \cdot \vec{e} = (\vec{a} + \vec{b} + \vec{c}) \cdot (\vec{b} - \vec{a})$
$= \vec{a} \cdot \vec{b} - \vec{a}^2 + \vec{b}^2 - \vec{b} \cdot \vec{a} + \vec{c} \cdot \vec{b} - \vec{c} \cdot \vec{a}$
$= 0 - \vec{a}^2 + \vec{b}^2 - 0 + 0 - 0 = 0$, da $|\vec{a}| = |\vec{b}|$.

Aus $\vec{d} \cdot \vec{e} = 0$ folgt:
Die Raumdiagonale $\overline{OD}$ ist orthogonal zur Diagonalen $\overline{AB}$ der Grundfläche.

Beispiel 2: (Ein Satz über Flächeninhalte von Quadraten bzw. Rechtecken)
Beweisen Sie den **Höhensatz**:
Für jedes rechtwinklige Dreieck gilt: Das Quadrat über der Höhe ist flächengleich zum Rechteck aus den beiden Hypotenusenabschnitten: $h^2 = p \cdot q$ (Fig. 4).
Lösung:

(1) Fig. 4, Fig. 5

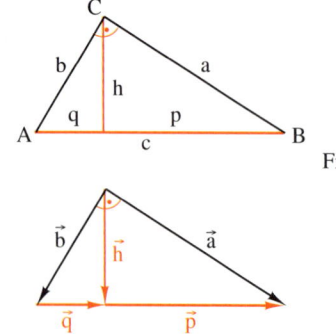

(2) Voraussetzungen:
Das Dreieck ABC ist rechtwinklig. Damit ist
$\vec{a} \cdot \vec{b} = 0$.
h ist Höhe auf c, insbesondere ist h orthogonal zu p und q. Damit ist
$\vec{h} \cdot \vec{p} = 0$ und $\vec{h} \cdot \vec{q} = 0$.

(3) Behauptung: $h^2 = p \cdot q$.
Es ist $h = |\vec{h}|$, $p = |\vec{p}|$, $q = |\vec{q}|$.
Damit kann die Behauptung geschrieben werden als:
$|\vec{h}|^2 = |\vec{p}| \cdot |\vec{q}|$.

126

(4) Zwischen $\vec{p}, \vec{q}$ und $\vec{h}$ sowie $\vec{a}$ und $\vec{b}$ gilt: $\qquad \vec{a} = \vec{h} + \vec{p}, \ \vec{b} = \vec{h} - \vec{q}$.
Daraus folgt:
$$\vec{a} \cdot \vec{b} = (\vec{h} + \vec{p}) \cdot (\vec{h} - \vec{q})$$
$$= \vec{h}^2 - \vec{h} \cdot \vec{q} + \vec{p} \cdot \vec{h} - \vec{p} \cdot \vec{q}$$
Mit (2) ergibt sich: $\qquad 0 = \vec{h}^2 - 0 + 0 - \vec{p} \cdot \vec{q}$,
also $\qquad \vec{h}^2 = \vec{p} \cdot \vec{q}$.
Wegen $\vec{p} \cdot \vec{q} = |\vec{p}| \cdot |\vec{q}| \cdot \cos(0°) = |\vec{p}| \cdot |\vec{q}|$ folgt daraus $\quad |\vec{h}|^2 = |\vec{p}| \cdot |\vec{q}|$.
Dies entpricht der Behauptung $h^2 = p \cdot q$ des Höhensatzes.

Beispiel 3: (Zur „Kunst" der Wahl der Vektoren)
Beweisen Sie:
Wenn ein Viereck zwei Paare gleich langer benachbarter Seiten hat, dann sind die Diagonalen zueinander orthogonal.

In einem Viereck kann man in sinnvoller Weise zu den vier Seiten und zwei Diagonalen sechs Vektoren betrachten. Aber bereits drei Vektoren legen die vier Ecken und damit das Viereck fest. Es kommt darauf an, diese drei Vektoren geschickt zu wählen.

Die 1. Möglichkeit erweist sich als hier günstiger, da die Vektoren das Viereck „von A aus aufspannen".

Lösung: 1. Möglichkeit
(1)

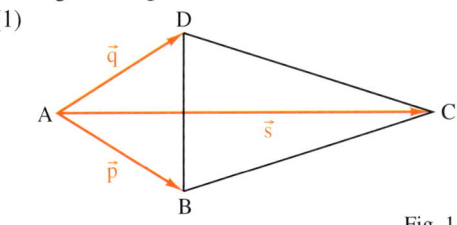

Fig. 1

2. Möglichkeit
(1)

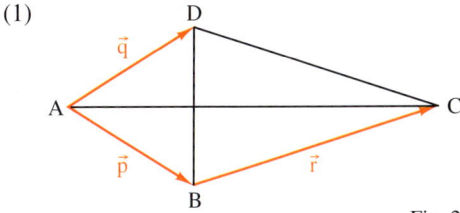

Fig. 2

(2) Voraussetzung: $\overline{AB} = \overline{AD}$; $\overline{BC} = \overline{DC}$.
D.h. $|\overline{AB}| = |\overline{AD}|$; $|\overline{BC}| = |\overline{DC}|$,
bzw. $|\vec{p}| = |\vec{q}|$; $|\vec{s} - \vec{p}| = |\vec{s} - \vec{q}|$
(3) Behauptung: $\overline{BD} \perp \overline{AC}$.
D.h. $\overrightarrow{BD} \cdot \overrightarrow{AC} = 0$, bzw. $(\vec{q} - \vec{p}) \cdot \vec{s} = 0$.
(4) Aus (2) folgt
$$(\vec{s} - \vec{p})^2 = (\vec{s} - \vec{q})^2$$
$$\vec{s}^2 - 2 \cdot \vec{s} \cdot \vec{p} + \vec{p}^2 = \vec{s}^2 - 2 \cdot \vec{s} \cdot \vec{q} + \vec{q}^2$$
Da $\vec{p}^2 = \vec{q}^2$, folgt
$$-2 \cdot \vec{s} \cdot \vec{p} = -2 \cdot \vec{s} \cdot \vec{q},$$
und daraus
$$\vec{s} \cdot (\vec{q} - \vec{p}) = 0.$$
Also sind die Diagonalen zueinander orthogonal.

(2) Voraussetzung: $\overline{AB} = \overline{AD}$; $\overline{BC} = \overline{DC}$.
D.h. $|\overline{AB}| = |\overline{AD}|$; $|\overline{BC}| = |\overline{DC}|$,
bzw. $|\vec{p}| = |\vec{q}|$; $|\vec{r}| = |-\vec{q} + \vec{p} + \vec{r}|$
(3) Behauptung: $\overline{BD} \perp \overline{AC}$.
D.h. $\overrightarrow{BD} \cdot \overrightarrow{AC} = 0$, bzw. $(\vec{q} - \vec{p}) \cdot (\vec{p} + \vec{r}) = 0$.
(4) Aus (2) folgt $\vec{r}^2 = (-\vec{q} + \vec{p} + \vec{r})^2$
$$\vec{r}^2 = \vec{q}^2 + \vec{p}^2 + \vec{r}^2 - 2 \cdot \vec{q} \cdot \vec{p} - 2 \cdot \vec{q} \cdot \vec{r} + 2 \cdot \vec{p} \cdot \vec{r}$$
Da $\vec{p}^2 = \vec{q}^2$, folgt
$$0 = 2\vec{p}^2 - 2 \cdot \vec{q} \cdot \vec{p} - 2 \cdot \vec{q} \cdot \vec{r} + 2 \cdot \vec{p} \cdot \vec{r}.$$
Im Hinblick auf das Beweisziel (3) wird daraus
$$\vec{q} \cdot \vec{p} + \vec{q} \cdot \vec{r} - \vec{p}^2 - \vec{p} \cdot \vec{r} = 0,$$
und somit $(\vec{q} - \vec{p}) \cdot (\vec{p} + \vec{r}) = 0$.
Also sind die Diagonalen zueinander orthogonal.

Aufgaben

1 Gegeben sind zwei aneinander liegende gleich große Quadrate mit der Kantenlänge a (Fig. 3). Der Punkt P ist Mittelpunkt der Quadratseite.
Beweisen Sie, dass die Strecken $\overline{PQ}$ und $\overline{PR}$ von Fig. 3 zueinander orthogonal sind.

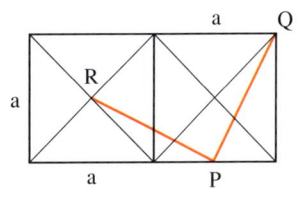

Fig. 3

2 Eine Raute ist ein Parallelogramm mit gleich langen Seiten. Beweisen Sie mithilfe des Skalarproduktes:
a) In einer Raute sind die Diagonalen zueinander orthogonal.
b) Sind die Diagonalen eines Parallelogramms zueinander orthogonal, dann ist es eine Raute.

Beweise mithilfe des Skalarproduktes

3 Beweisen Sie mithilfe des Skalarproduktes:
a) In einem Rechteck sind die Diagonalen gleich lang.
b) Ein Parallelogramm mit gleich langen Diagonalen ist ein Rechteck.
c) Im gleichschenkligen Dreieck sind die Seitenhalbierende der Grundseite und die Grundseite selbst zueinander orthogonal.

4 a) Formulieren Sie den Kathetensatz mithilfe geeigneter Vektoren.
b) Beweisen Sie den Kathetensatz mithilfe des Skalarproduktes.

5 Für jedes Parallelogramm gilt:
Die Quadrate über den vier Seiten haben zusammen den gleichen Flächeninhalt wie die beiden Quadrate über den Diagonalen (Fig. 1).
Beweisen Sie diesen Satz, indem Sie die Diagonalenvektoren $\vec{e}$ und $\vec{f}$ durch $\vec{a}$ und $\vec{b}$ ausdrücken und $\vec{e}^2 + \vec{f}^2$ berechnen.

6 Beweisen Sie folgende Verallgemeinerung des Satzes von Aufgabe 5:
In jedem Spat (Fig. 2) sind die Quadrate über den vier Raumdiagonalen zusammen flächengleich zu den Quadraten über den 12 Kanten.

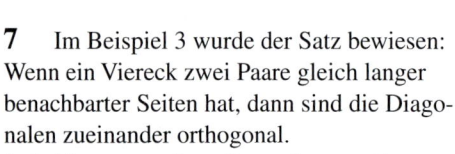

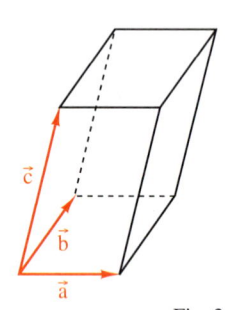

Fig. 2

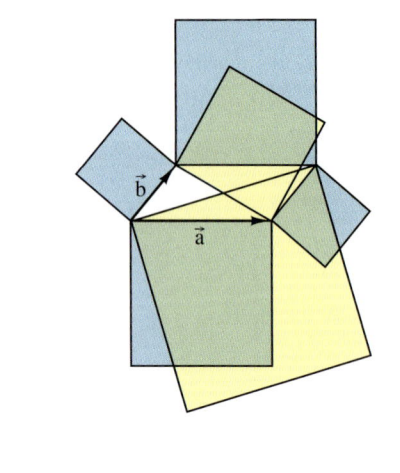

Fig. 1

7 Im Beispiel 3 wurde der Satz bewiesen:
Wenn ein Viereck zwei Paare gleich langer benachbarter Seiten hat, dann sind die Diagonalen zueinander orthogonal.
Dabei kommt es darauf an, wie man die „erzeugenden" Vektoren wählt. Eine dritte Möglichkeit zeigt Fig. 3. Beweisen Sie den Satz mithilfe dieser Vektoren.

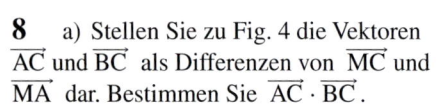

Der Satz gilt auch für „Vierecke im Raum". Der Punkt O muss deshalb nicht der Diagonalenschnittpunkt sein.

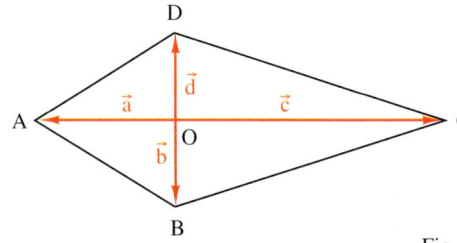

Fig. 3

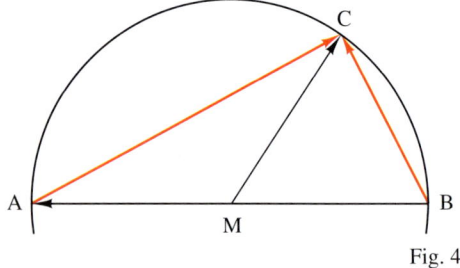

8 a) Stellen Sie zu Fig. 4 die Vektoren $\overrightarrow{AC}$ und $\overrightarrow{BC}$ als Differenzen von $\overrightarrow{MC}$ und $\overrightarrow{MA}$ dar. Bestimmen Sie $\overrightarrow{AC} \cdot \overrightarrow{BC}$.
b) Beweisen Sie mithilfe von a) den Satz des Thales und seine Umkehrung:
(1) Liegt im Dreieck ABC der Punkt C auf dem Kreis mit dem Durchmesser $\overline{AB}$, dann ist $\sphericalangle ACB = 90°$.
(2) Hat das Dreieck ABC bei C einen rechten Winkel, dann liegt C auf dem Kreis mit dem Durchmesser $\overline{AB}$.
c) Begründen Sie: Für Punkte A und B im Raum gilt:
Alle Punkte C mit $\overline{CA} \perp \overline{CB}$ haben gleichen Abstand vom Mittelpunkt M der Strecke $\overline{AB}$ (sie liegen somit auf einer Kugel mit dem Mittelpunkt M).

Fig. 4

9 Der Vektor $\vec{a}$ bildet mit den Achsen des Koordinatensystems und damit mit den Vektoren $\vec{e}_1, \vec{e}_2, \vec{e}_3$ der Standardbasis des $\mathbb{R}^3$ die Winkel $\alpha_1, \alpha_2, \alpha_3$ (Fig. 5)
Beweisen Sie: $\cos^2(\alpha_1) + \cos^2(\alpha_2) + \cos^2(\alpha_3) = 1$.

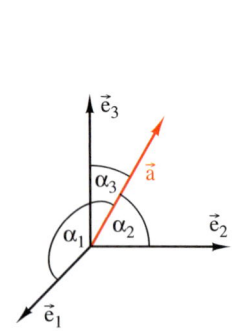

Fig. 5

128

10 Die Vektoren $\vec{a}, \vec{b}, \vec{c}$ spannen einen Quader auf (Fig. 1).
a) Bestimmen Sie für den Fall, dass der Quader ein Würfel ist, den Winkel zwischen den Raumdiagonalen.
b) Untersuchen Sie, unter welcher Bedingung für die Vektoren $\vec{a}, \vec{b}, \vec{c}$ die Diagonalen $\overline{AG}$ und $\overline{BH}$ zueinander orthogonal sind.
c) Gibt es einen Quader, in dem je zwei Raumdiagonalen zueinander orthogonal sind?

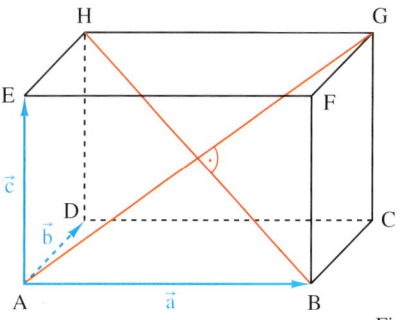

Fig. 1

11 Eine dreiseitige Pyramide wird von den Vektoren $\vec{a}, \vec{b}, \vec{c}$ aufgespannt.
a) Drücken Sie die übrigen Kantenvektoren von Fig. 2 durch $\vec{a}, \vec{b}, \vec{c}$ aus, beachten Sie dabei die angegebene Orientierung. Zeigen Sie, dass die Summe der Skalarprodukte gegenüberliegender Kantenvektoren gleich null ist.
b) Beweisen Sie mithilfe von a): Sind bei einer dreiseitigen Pyramide zwei Paare von Gegenkanten jeweils zueinander orthogonal, so ist auch das dritte Paar von Gegenkanten zueinander orthogonal.

12 In einem Tetraeder sind alle Kanten gleich lang und alle von den Kanten eingeschlossenen Winkel gleich groß. Beweisen Sie, dass je zwei gegenüberliegende Kanten zueinander orthogonal sind.

Fig. 2

13 Gegeben sind zwei sich schneidende Geraden g und h. Dann kann man zu den Winkeln, die von g und h gebildet werden, zwei Winkelhalbierende w_1 und w_2 betrachten.
a) In Fig. 3 sind $\vec{u}$ und $\vec{v}$ Richtungsvektoren der Geraden g bzw. h, ferner $\vec{u_0}, \vec{v_0}$ die zu $\vec{u}, \vec{v}$ gehörenden Einheitsvektoren. Begründen Sie, dass $\vec{u_0} + \vec{v_0}$ und $\vec{u_0} - \vec{v_0}$ Richtungsvektoren der Winkelhalbierenden w_1 und w_2 sind, indem Sie z. B. das von $\vec{u_0}$ und $\vec{v_0}$ aufgespannte Parallelogramm betrachten.
b) Zeigen Sie mit a): Die beiden Winkelhalbierenden w_1 und w_2 sind zueinander orthogonal.

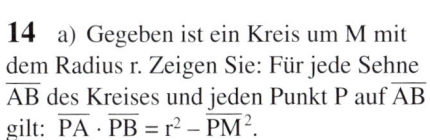

Fig. 3

14 a) Gegeben ist ein Kreis um M mit dem Radius r. Zeigen Sie: Für jede Sehne $\overline{AB}$ des Kreises und jeden Punkt P auf $\overline{AB}$ gilt: $\overrightarrow{PA} \cdot \overrightarrow{PB} = r^2 - \overrightarrow{PM}^2$.
Anleitung: Drücken Sie $\vec{a}$ und $\vec{b}$ durch $\vec{m}, \vec{r}$ und $\vec{c}$ aus und berechnen Sie $\vec{a} \cdot \vec{b}$ (Fig. 4). Nutzen Sie $\vec{a} \cdot \vec{c} = 0$ aus (Satz des THALES).
b) Beweisen Sie mit a) den Sehnensatz: Schneiden sich zwei Sehnen $\overline{AB}$ und $\overline{A'B'}$ eines Kreises in einem Punkt P, so gilt: $\overline{AP} \cdot \overline{PB} = \overline{A'P} \cdot \overline{PB'}$ (Fig. 5).

Fig. 4   Fig. 5

15 Errichtet man über den vier Seiten eines Parallelogramms je ein Quadrat, so bilden deren Mittelpunkte die Ecken eines Quadrats.
Beweisen Sie diesen Satz, indem Sie an Fig. 6 zeigen: $\vec{x} \perp \vec{y}$ und $|\vec{x}| = |\vec{y}|$.

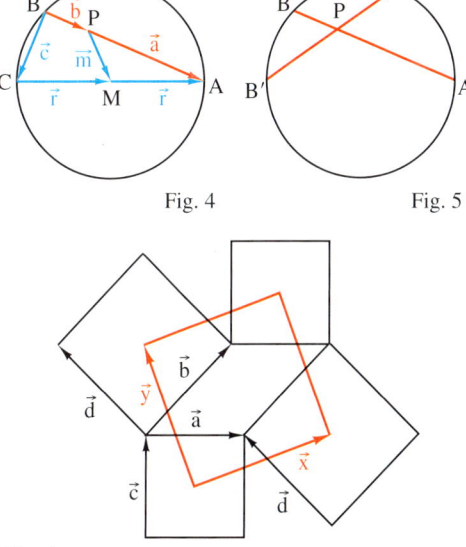

Fig. 6

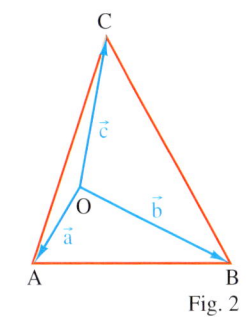

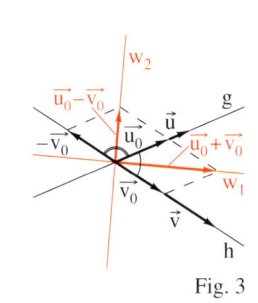

5 Verallgemeinerung des Skalarproduktes

1 Sonnenlicht fällt schräg durch ein vergittertes Fenster (Fig. 1).
a) Wie liegen die Gitterstäbe des Fensters zueinander
 – im Fenster selbst,
 – im Schattenbild?
b) Im Gitter befindet sich ein Kreis als Verzierung. Beschreiben Sie die Form seines Schattens.

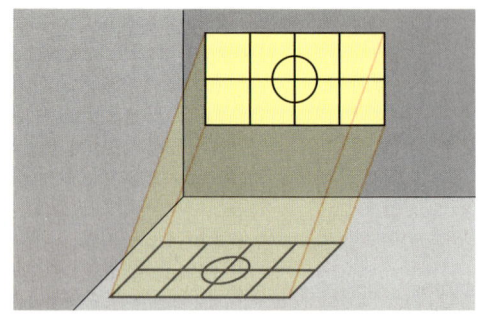

Fig. 1

Im kartesischen Koordinatensystem mit der Standardbasis $\vec{e_1}, \vec{e_2}$ sind zwei Vektoren $\vec{u} = \begin{pmatrix} u_1 \\ u_2 \end{pmatrix}$ und $\vec{v} = \begin{pmatrix} v_1 \\ v_2 \end{pmatrix}$, z. B. $\vec{u} = \begin{pmatrix} 2 \\ 1 \end{pmatrix}$, $\vec{v} = \begin{pmatrix} -\frac{1}{2} \\ 1 \end{pmatrix}$, genau dann zueinander orthogonal, wenn ihr Skalarprodukt null ist: $\vec{u} \cdot \vec{v} = u_1 v_1 + u_2 v_2 = 0$. (Fig. 2)

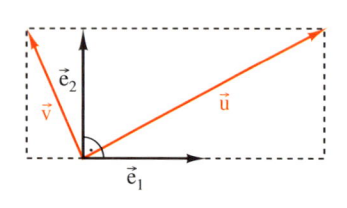

Fig. 2 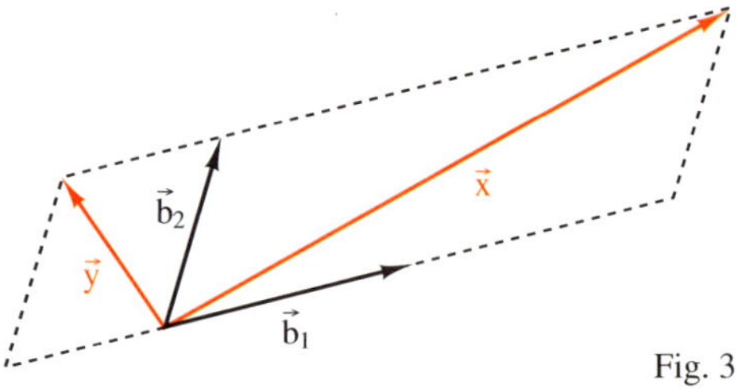   Fig. 3

Betrachtet man nun bezüglich einer (allgemeinen) Basis $\vec{b_1}, \vec{b_2}$ Vektoren $\vec{x} = u_1 \vec{b_1} + u_2 \vec{b_2}$ und $\vec{y} = v_1 \vec{b_1} + v_2 \vec{b_2}$ (z. B. $\vec{x} = 2\vec{b_1} + \vec{b_2}$, $\vec{y} = -\frac{1}{2}\vec{b_1} + \vec{b_2}$), so gilt (Fig. 3):
$u_1 v_1 + u_2 v_2 = 0$ (im Beispiel $2 \cdot \left(-\frac{1}{2}\right) + 1 \cdot 1 = 0$) bedeutet keinesfalls, dass $\vec{x}$ und $\vec{y}$ zueinander orthogonal im Sinn von 90° sind. Man bezeichnet jedoch $\vec{x}$ und $\vec{y}$ als **orthogonal bezüglich der Basis $\vec{b_1}, \vec{b_2}$**.

So wie man die Orthogonalität verallgemeinern kann, ist es entsprechend möglich, das Skalarprodukt zu verallgemeinern:
Gilt $\vec{x} = u_1 \vec{b_1} + u_2 \vec{b_2}$ und $\vec{y} = v_1 \vec{b_1} + v_2 \vec{b_2}$ bezüglich einer Basis $\vec{b_1}, \vec{b_2}$, so fasst man
$\vec{x} * \vec{y} = u_1 v_1 + u_2 v_2$ als ein neues Produkt auf.
Ist bezüglich der Standardbasis $\vec{x} = \begin{pmatrix} x_1 \\ x_2 \end{pmatrix}$, $\vec{y} = \begin{pmatrix} y_1 \\ y_2 \end{pmatrix}$, so ergibt sich (vgl. nächste Seite)
$\vec{x} * \vec{y} = a_{11} x_1 y_1 + a_{12} x_1 y_2 + a_{21} x_2 y_1 + a_{22} x_2 y_2$ mit $a_{11} > 0$, $a_{22} > 0$, $a_{12} = a_{21}$, $a_{11} a_{22} - a_{12}^2 > 0$.
Daher definiert man als **verallgemeinertes Skalarprodukt** von $\vec{x} = \begin{pmatrix} x_1 \\ x_2 \end{pmatrix}$, $\vec{y} = \begin{pmatrix} y_1 \\ y_2 \end{pmatrix}$:
$$\vec{x} * \vec{y} = a_{11} x_1 y_1 + a_{12} x_1 y_2 + a_{21} x_2 y_1 + a_{22} x_2 y_2,$$
wenn gilt $a_{11} > 0$, $a_{22} > 0$, $a_{12} = a_{21}$ und $a_{11} a_{22} - a_{12}^2 > 0$.
Das bisher betrachtete Skalarprodukt $\vec{x} \cdot \vec{y} = x_1 y_1 + x_2 y_2$ ergibt sich aus dem verallgemeinerten Skalarprodukt als Spezialfall mit $a_{11} = a_{22} = 1$ und $a_{12} = a_{21} = 0$. Man nennt es zur Unterscheidung von anderen Skalarprodukten das **Standardskalarprodukt**.
Wenn im Folgenden nichts Näheres über ein Skalarprodukt gesagt wird, ist stets das Standardskalarprodukt gemeint.

Die Bezeichnung „verallgemeinertes Skalarprodukt" ist auch deshalb gerechtfertigt, weil $\vec{x} * \vec{y}$ alle vier algebraischen Eigenschaften des Skalarproduktes von Seite 124 erfüllt.

So erhält man aus $\vec{x} * \vec{y} = u_1v_1 + u_2v_2$ den Term für das verallgemeinerte Skalarprodukt:
Ist $\vec{b_1}, \vec{b_2}$ eine Basis, so kann man die Standardbasis $\vec{e_1}, \vec{e_2}$ als Linearkombination von $\vec{b_1}, \vec{b_2}$ darstellen: $\vec{e_1} = p_1\vec{b_1} + p_2\vec{b_2}$; $\vec{e_2} = q_1\vec{b_1} + q_2\vec{b_2}$. Dann ist
$\vec{x} = x_1(p_1\vec{b_1} + p_2\vec{b_2}) + x_2(q_1\vec{b_1} + q_2\vec{b_2}) = (x_1p_1 + x_2q_1)\vec{b_1} + (x_1p_2 + x_2q_2)\vec{b_2} = u_1\vec{b_1} + u_2\vec{b_2}$
und entsprechend
$\vec{y} = y_1(p_1\vec{b_1} + p_2\vec{b_2}) + y_2(q_1\vec{b_1} + q_2\vec{b_2}) = (y_1p_1 + y_2q_1)\vec{b_1} + (y_1p_2 + y_2q_2)\vec{b_2} = v_1\vec{b_1} + v_2\vec{b_2}$.
Daraus ergibt sich
$\vec{x} * \vec{y} = u_1v_1 + u_2v_2 = (x_1p_1 + x_2q_1)(y_1p_1 + y_2q_1) + (x_1p_2 + x_2q_2)(y_1p_2 + y_2q_2)$
$= (p_1^2 + p_2^2)x_1y_1 + (p_1q_1 + p_2q_2)x_1y_2 + (p_1q_1 + p_2q_2)x_2y_1 + (q_1^2 + q_2^2)x_2y_2$
$= a_{11}x_1y_1 + a_{12}x_1y_2 + a_{21}x_2y_1 + a_{22}x_2y_2$
mit $a_{11} = p_1^2 + p_2^2 > 0$, $a_{22} = q_1^2 + q_2^2 > 0$, $a_{12} = a_{21} = p_1q_1 + p_2q_2$ und
$a_{11}a_{22} - a_{12}^2 = (p_1^2 + p_2^2)(q_1^2 + q_2^2) - (p_1q_1 + p_2q_2)^2 = (p_1q_2 - p_2q_1)^2 > 0$.

Beispiel 1: (Orthogonalität bezüglich einer Basis $\vec{b_1}, \vec{b_2}$)
Gegeben ist eine Basis $\vec{b_1}, \vec{b_2}$.
a) Welche der Geraden e, f, g, h von Fig. 1 sind zueinander orthogonal bezogen auf die Basis $\vec{b_1}, \vec{b_2}$?
b) Was kann man über den Vektor $\overrightarrow{OA}$ bezüglich der Basis $\vec{b_1}, \vec{b_2}$ sagen?
Lösung:
a) $e \perp f$, $f \perp g$, $g \perp h$, $h \perp e$, denn je zwei dieser Geraden haben $\vec{b_1}$ bzw. $\vec{b_2}$ als mögliche Richtungsvektoren.
b) $\overrightarrow{OA}$ hat bezüglich der Basis $\vec{b_1}, \vec{b_2}$ die „Länge" 1, denn A liegt auf dem durch die Basis $\vec{b_1}, \vec{b_2}$ „verzerrten" Kreis.

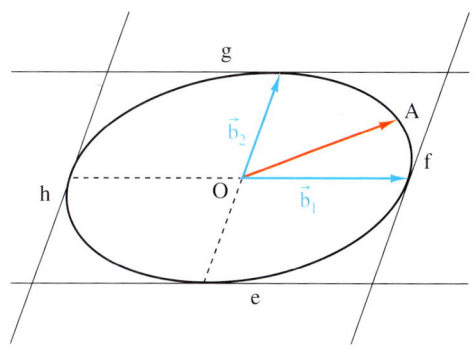

Fig. 1

Beispiel 2: (Verallgemeinertes Skalarprodukt)
a) Warum wird durch $\vec{x} * \vec{y} = x_1y_1 + 2x_1y_2 + 2x_2y_1 + x_2y_2$ für $\vec{x} = \begin{pmatrix} x_1 \\ x_2 \end{pmatrix}$, $\vec{y} = \begin{pmatrix} y_1 \\ y_2 \end{pmatrix}$ kein verallgemeinertes Skalarprodukt definiert?
b) Welche der Eigenschaften des Skalarproduktes von Seite 124 ist nicht erfüllt?
Lösung:
a) Die Bedingung $a_{11}a_{22} - a_{12}^2 > 0$ ist nicht erfüllt, denn $1 \cdot 1 - 2^2 < 0$.
b) Die Eigenschaft (4) ist nicht erfüllt, denn z. B. gilt
$\begin{pmatrix} 1 \\ -1 \end{pmatrix}^2 = 1 \cdot 1 + 2 \cdot 1 \cdot (-1) + 2 \cdot (-1) \cdot 1 + (-1) \cdot (-1) = -2 < 0$.

Aufgaben

2 Wird durch die folgenden Gleichungen ein verallgemeinertes Skalarprodukt definiert?
a) $\vec{x} * \vec{y} = x_1y_1 - x_1y_2 + x_2y_1 + x_2y_2$
b) $\vec{x} * \vec{y} = x_1y_1 + x_1y_2 + x_2y_1 + x_2y_2$
c) $\vec{x} * \vec{y} = 2x_1y_1 - x_1y_2 - x_2y_1 + 5x_2y_2$
d) $\vec{x} * \vec{y} = 8x_1y_1 + 10x_1y_2 + 10x_2y_1 + 12x_2y_2$

3 a) Gegeben ist die Basis $\vec{b_1} = \frac{1}{3}\begin{pmatrix} 2 \\ -1 \end{pmatrix}$, $\vec{b_2} = \frac{1}{2}\begin{pmatrix} -1 \\ 1 \end{pmatrix}$. Drücken Sie die Standardbasis $\vec{e_1}, \vec{e_2}$ durch $\vec{b_1}, \vec{b_2}$ aus. Bestimmen Sie das sich ergebende verallgemeinerte Skalarprodukt.
b) Untersuchen Sie, welche der Vektoren bzgl. der Basis $\vec{b_1}, \vec{b_2}$ zueinander orthogonal sind:
$\vec{u} = \begin{pmatrix} 5 \\ 2 \end{pmatrix}$, $\vec{v} = \begin{pmatrix} -2 \\ 5 \end{pmatrix}$, $\vec{w} = \begin{pmatrix} 15 \\ -11 \end{pmatrix}$.

6 Normalenform der Ebenengleichung

1 a) Beschreiben Sie die Lage der Waagschalen zueinander, die Lage der rot gezeichneten Haltestangen zueinander und die Lage der Haltestangen zu den Waagschalen.
b) Wie können sich die Haltestangen bewegen? Was bedeutet das für die Waagschalen?

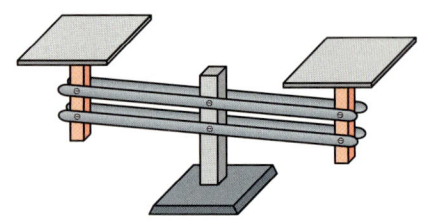

Fig. 1

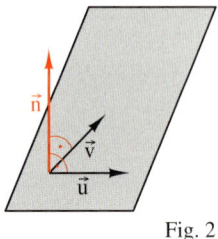

Eine Ebene im Raum kann man vektoriell durch einen Stützvektor $\vec{p}$ und zwei Spannvektoren $\vec{u}$, $\vec{v}$ beschreiben. Eine weitere Möglichkeit, eine Ebene im Raum zu beschreiben, erhält man mithilfe eines Vektors, der orthogonal zu den Spannvektoren $\vec{u}$ und $\vec{v}$ ist.
Einen Vektor $\vec{n}$ nennt man einen **Normalenvektor** der Ebene E, wenn er orthogonal zu zwei gegebenen (linear unabhängigen) Spannvektoren von E ist.
Damit ist $\vec{n}$ orthogonal zu allen Vektoren $\overrightarrow{PQ}$ mit den Punkten P und Q der Ebene E. Denn aus $\overrightarrow{PQ} = r\vec{u} + s\vec{v}$ folgt: $\overrightarrow{PQ} \cdot \vec{n} = (r\vec{u} + s\vec{v}) \cdot \vec{n} = r\vec{u} \cdot \vec{n} + s\vec{v} \cdot \vec{n} = 0 + 0 = 0$.

Fig. 2

normalis (lat.): rechtwinklig

Ist $\vec{n}$ ein Normalenvektor der Ebene E mit
$\vec{x} = \vec{p} + r\vec{u} + s\vec{v}$,
so liegt ein Punkt X genau dann in E, wenn für den Ortsvektor $\vec{x} = \overrightarrow{OX}$ gilt:
$\vec{x} - \vec{p}$ ist orthogonal zu $\vec{n}$.
Daher ist auch $(\vec{x} - \vec{p}) \cdot \vec{n} = 0$ eine Gleichung der Ebene E.
Da n ein Normalenvektor ist, spricht man von einer Ebenengleichung in **Normalenform**.

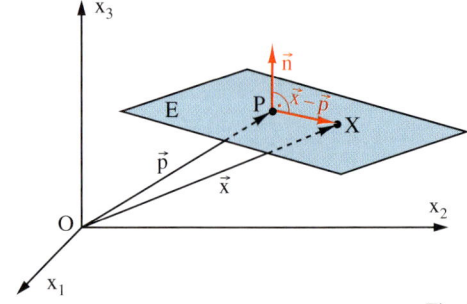

Fig. 3

Im Gegensatz zur bisherigen Ebenengleichung enthält die Gleichung in Normalenform keine Parameter, sie wird daher auch als „parameterfreie Ebenengleichung" bezeichnet.

Satz 1: Eine Ebene E mit dem Stützvektor $\vec{p}$ und dem Normalenvektor $\vec{n}$ wird beschrieben durch die Gleichung $(\vec{x} - \vec{p}) \cdot \vec{n} = 0$ (Normalenform der Ebenengleichung).

Die Koordinatengleichung $a_1 x_1 + a_2 x_2 + a_3 x_3 = b$ einer Ebene E kann man auch in der Form $\begin{pmatrix} x_1 \\ x_2 \\ x_3 \end{pmatrix} \cdot \begin{pmatrix} a_1 \\ a_2 \\ a_3 \end{pmatrix} = b$ schreiben, d.h. als $\vec{x} \cdot \vec{n} = b$ mit $\vec{x} = \begin{pmatrix} x_1 \\ x_2 \\ x_3 \end{pmatrix}$; $\vec{n} = \begin{pmatrix} a_1 \\ a_2 \\ a_3 \end{pmatrix}$.
Zu $\vec{n}$ und b kann man einen Vektor $\vec{p}$ finden, sodass $\vec{p} \cdot \vec{n} = b$ (vgl. Beispiel 2).
Aus $\vec{x} \cdot \vec{n} = \vec{p} \cdot \vec{n}$ folgt $(\vec{x} - \vec{p}) \cdot \vec{n} = 0$, also ist $\vec{n}$ ein Normalenvektor der Ebene E.

Satz 2: Ist $a_1 x_1 + a_2 x_2 + a_3 x_3 = b$ eine Koordinatengleichung der Ebene E, so ist der Vektor mit den Koordinaten a_1, a_2, a_3 ein Normalenvektor von E.

Aus Satz 2 ergibt sich insbesondere: Unterscheiden sich die Koordinatengleichungen zweier Ebenen nur in der Konstanten b, so sind die Ebenen zueinander parallel.

Normalenform der Ebenengleichung

Beispiel 1: (Von der Normalenform der Ebenengleichung zur Koordinatengleichung)

Eine Ebene durch $P(4|1|3)$ hat den Normalenvektor $\vec{n} = \begin{pmatrix} 2 \\ -1 \\ 5 \end{pmatrix}$.

a) Geben Sie eine Gleichung der Ebene in Normalenform an.
b) Bestimmen Sie aus der Normalenform eine Koordinatengleichung der Ebene.

Lösung:

a) Einsetzen von $\vec{p} = \overrightarrow{OP}$ und $\vec{n}$ in $(\vec{x} - \vec{p}) \cdot \vec{n} = 0$ ergibt:

Ebenengleichung in Normalenform: $\left[\vec{x} - \begin{pmatrix} 4 \\ 1 \\ 3 \end{pmatrix} \right] \cdot \begin{pmatrix} 2 \\ -1 \\ 5 \end{pmatrix} = 0$.

b) Einsetzen von $\vec{x} = \begin{pmatrix} x_1 \\ x_2 \\ x_3 \end{pmatrix}$ in $\left[\vec{x} - \begin{pmatrix} 4 \\ 1 \\ 3 \end{pmatrix} \right] \cdot \begin{pmatrix} 2 \\ -1 \\ 5 \end{pmatrix} = 0$ ergibt $\begin{pmatrix} x_1 \\ x_2 \\ x_3 \end{pmatrix} \cdot \begin{pmatrix} 2 \\ -1 \\ 5 \end{pmatrix} = \begin{pmatrix} 4 \\ 1 \\ 3 \end{pmatrix} \cdot \begin{pmatrix} 2 \\ -1 \\ 5 \end{pmatrix}$.

Ausrechnen der Skalarprodukte ergibt die Koordinatengleichung: $2x_1 - x_2 + 5x_3 = 22$.

Beispiel 2: (Von der Koordinatengleichung zur Normalenform)

Bestimmen Sie für die Ebene mit der Koordinatengleichung $2x_1 + 5x_2 + 3x_3 = 12$ eine Ebenengleichung in Normalenform.

Lösung:

Bestimmung eines Stützvektors $\vec{p}$:

es ist geschickt, zwei Koordinaten als 0 zu wählen, z. B. x_2 und x_3. Die fehlende Koordinate ergibt sich durch Einsetzen in die Koordinatengleichung.

Aus $x_2 = x_3 = 0$ folgt $2x_1 + 5 \cdot 0 + 3 \cdot 0 = 12$, also $x_1 = 6$. Damit ist $\vec{p} = \begin{pmatrix} 6 \\ 0 \\ 0 \end{pmatrix}$.

Die Koeffizienten 2, 5 und 3 der Koordinatengleichung $2x_1 + 5x_2 + 3x_3 = 12$ sind die Koordinaten eines Normalenvektors: $\vec{n} = \begin{pmatrix} 2 \\ 5 \\ 3 \end{pmatrix}$.

Daraus ergibt sich als eine Normalenform der Ebenengleichung: $\left[\vec{x} - \begin{pmatrix} 6 \\ 0 \\ 0 \end{pmatrix} \right] \cdot \begin{pmatrix} 2 \\ 5 \\ 3 \end{pmatrix} = 0$.

Beispiel 3: (Von der Parameterform zur Normalenform)

Bestimmen Sie für die Ebene E: $\vec{x} = \begin{pmatrix} 5 \\ 2 \\ 3 \end{pmatrix} + r \begin{pmatrix} 1 \\ 0 \\ 2 \end{pmatrix} + s \begin{pmatrix} 0 \\ -5 \\ 8 \end{pmatrix}$ eine Gleichung in Normalenform.

Lösung:

Jeder Normalenvektor $\vec{n}$ muss zu den Richtungsvektoren orthogonal sein, also muss für

$\vec{n} = \begin{pmatrix} n_1 \\ n_2 \\ n_3 \end{pmatrix}$ gelten: $\begin{pmatrix} 1 \\ 0 \\ 2 \end{pmatrix} \cdot \begin{pmatrix} n_1 \\ n_2 \\ n_3 \end{pmatrix} = 0$ und $\begin{pmatrix} 0 \\ -5 \\ 8 \end{pmatrix} \cdot \begin{pmatrix} n_1 \\ n_2 \\ n_3 \end{pmatrix} = 0$.

Ausrechnen der Skalarprodukte ergibt das LGS

$\begin{cases} n_1 + 2n_3 = 0 \\ -5n_2 + 8n_3 = 0 \end{cases}$, das sich umformen lässt in $\begin{cases} n_1 = -2n_3 \\ n_2 = \frac{8}{5} n_3 \end{cases}$.

Setzt man $n_3 = 5$, so ergibt sich eine ganzzahlige Lösung mit $n_2 = 8$ und $n_1 = -10$.

Damit erhält man als einen Normalenvektor $\vec{n} = \begin{pmatrix} -10 \\ 8 \\ 5 \end{pmatrix}$

und als eine Normalenform der Ebenengleichung $\left[\vec{x} - \begin{pmatrix} 5 \\ 2 \\ 3 \end{pmatrix} \right] \cdot \begin{pmatrix} -10 \\ 8 \\ 5 \end{pmatrix} = 0$.

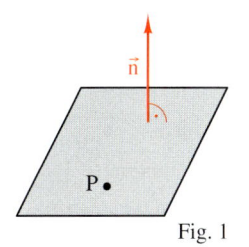

Fig. 1
Ein Punkt und ein Normalenvektor legen bereits eine Ebene fest.

Ist in der Koordinatengleichung der Koeffizient von x_1 gleich 0 und der Koeffizient von x_3 ungleich 0, so setzt man $x_1 = x_2 = 0$.

Um einen „schönen" Normalenvektor zu erhalten, wählt man n_3 so, dass auch n_2 und n_1 ganzzahlig werden.

Den benötigten Stützvektor $\vec{p}$ kann man direkt der gegebenen Ebenengleichung entnehmen.

133

Normalenform der Ebenengleichung

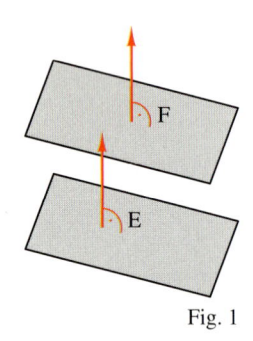

Beispiel 4: (Parallelebene durch einen gegebenen Punkt)
Gegeben ist eine Ebene E mit der Gleichung $x_1 - 2x_2 + x_3 = 1$ und der Punkt $P(2|-1|4)$.
Gesucht ist eine zu E parallele Ebene F, die durch P geht.
Bestimmen Sie eine Gleichung dieser Ebene F.
Lösung:

Fig. 1

1. Möglichkeit
Die Ebenen E und F sollen zueinander parallel sein. Damit ist $\vec{n} = \begin{pmatrix} 1 \\ -2 \\ 1 \end{pmatrix}$ ein Normalenvektor von E und von F.
Da der Punkt $P(2|-1|4)$ in F liegen soll, ist
$\vec{p} = \begin{pmatrix} 2 \\ -1 \\ 4 \end{pmatrix}$ ein möglicher Stützvektor.
Damit ist $\left[\vec{x} - \begin{pmatrix} 2 \\ -1 \\ 4 \end{pmatrix}\right] \cdot \begin{pmatrix} 1 \\ -2 \\ 1 \end{pmatrix} = 0$
eine Gleichung der Ebene F.

2. Möglichkeit
Die Ebenen E und F sollen zueinander parallel sein. Damit haben sie gleiche Normalenvektoren. Also hat F eine Koordinatengleichung der Form $x_1 - 2x_2 + x_3 = b$.
Da der Punkt $P(2|-1|4)$ in F liegen soll, erfüllen seine Koordinaten die Gleichung von F.
Aus $2 - 2 \cdot (-1) + 4 = b$ folgt: $b = 8$.
Also ist
$$x_1 - 2x_2 + x_3 = 8$$
eine Gleichung der Ebene F.

Aufgaben

2 Die Ebene E geht durch den Punkt P und hat den Normalenvektor $\vec{n}$.
Stellen Sie eine Gleichung der Ebene E in Normalenform auf. Bestimmen Sie daraus eine Koordinatengleichung von E.

a) $P(-1|2|1);\ \vec{n} = \begin{pmatrix} 3 \\ -2 \\ 7 \end{pmatrix}$
b) $P(9|1|-2);\ \vec{n} = \begin{pmatrix} 0 \\ 8 \\ 3 \end{pmatrix}$
c) $P(0|0|0);\ \vec{n} = \begin{pmatrix} 7 \\ -7 \\ 3 \end{pmatrix}$

3 Eine Ebene E geht durch den Punkt $P(2|-5|7)$ und hat den Normalenvektor $\begin{pmatrix} 2 \\ 1 \\ -2 \end{pmatrix}$.
Prüfen Sie, ob die folgenden Punkte in der Ebene E liegen.

a) $A(2|7|1)$ b) $B(0|-1|7)$ c) $C(3|-1|10)$ d) $D(4|6|-2)$

4 Bestimmen Sie für die Ebene E eine Gleichung in Normalenform.

a) $E: 2x_1 + 3x_2 + 5x_3 = 10$ b) $E: x_1 - x_2 + x_3 = 1$ c) $E: 4x_1 + 3x_2 = 17$
d) $E: 4x_2 - 5x_3 = 11$ e) $E: x_1 + x_2 + x_3 = 100$ f) $E: x_2 = -5$

5 Bestimmen Sie eine Gleichung der Ebene E in Normalenform und daraus eine Gleichung in Koordinatenform.

a) $E: \vec{x} = \begin{pmatrix} 2 \\ 1 \\ 2 \end{pmatrix} + r\begin{pmatrix} 1 \\ 3 \\ 0 \end{pmatrix} + s\begin{pmatrix} -2 \\ 1 \\ 3 \end{pmatrix}$
b) $E: \vec{x} = \begin{pmatrix} 6 \\ 9 \\ 1 \end{pmatrix} + r\begin{pmatrix} 4 \\ 1 \\ -4 \end{pmatrix} + s\begin{pmatrix} 1 \\ -2 \\ -4 \end{pmatrix}$
c) $E: \vec{x} = r\begin{pmatrix} 2 \\ 1 \\ 2 \end{pmatrix} + s\begin{pmatrix} 1 \\ 1 \\ 5 \end{pmatrix}$

d) $E: \vec{x} = \begin{pmatrix} 13 \\ 11 \\ 12 \end{pmatrix} + r\begin{pmatrix} 1 \\ 1 \\ 1 \end{pmatrix} + s\begin{pmatrix} 6 \\ 5 \\ 3 \end{pmatrix}$
e) $E: \vec{x} = \begin{pmatrix} 1 \\ 0 \\ 8 \end{pmatrix} + r\begin{pmatrix} -1 \\ 1 \\ -2 \end{pmatrix} + s\begin{pmatrix} 4 \\ 7 \\ 11 \end{pmatrix}$
f) $E: \vec{x} = r\begin{pmatrix} 5 \\ 7 \\ 1 \end{pmatrix} + s\begin{pmatrix} 1 \\ 2 \\ 4 \end{pmatrix}$

6 Bestimmen Sie eine Koordinatengleichung der Ebene E und daraus eine Gleichung in Parameterform.

a) $E: \left[\vec{x} - \begin{pmatrix} -1 \\ 2 \\ 4 \end{pmatrix}\right] \cdot \begin{pmatrix} 1 \\ 1 \\ 1 \end{pmatrix} = 0$
b) $E: \left[\vec{x} - \begin{pmatrix} -1 \\ -2 \\ -3 \end{pmatrix}\right] \cdot \begin{pmatrix} 3 \\ 5 \\ 0 \end{pmatrix} = 0$
c) $E: \left[\vec{x} - \begin{pmatrix} 2 \\ 4 \\ -3 \end{pmatrix}\right] \cdot \begin{pmatrix} 1 \\ -1 \\ 1 \end{pmatrix} = 0$

Normalenform der Ebenengleichung

7 Gegeben sind die Gleichungen von zwei sich schneidenden Geraden. Beide Geraden liegen damit in einer Ebene. Bestimmen Sie für diese Ebene eine Gleichung in Normalenform.

a) $\vec{x} = \begin{pmatrix} 2 \\ 0 \\ 3 \end{pmatrix} + t\begin{pmatrix} 4 \\ 1 \\ 0 \end{pmatrix}$, $\vec{x} = \begin{pmatrix} 2 \\ 0 \\ 3 \end{pmatrix} + t\begin{pmatrix} 7 \\ 1 \\ 1 \end{pmatrix}$
b) $\vec{x} = \begin{pmatrix} 2 \\ 5 \\ 1 \end{pmatrix} + t\begin{pmatrix} 9 \\ 5 \\ 7 \end{pmatrix}$, $\vec{x} = \begin{pmatrix} 2 \\ 5 \\ 1 \end{pmatrix} + t\begin{pmatrix} 8 \\ -2 \\ 3 \end{pmatrix}$

c) $\vec{x} = \begin{pmatrix} 5 \\ 6 \\ -1 \end{pmatrix} + t\begin{pmatrix} 1 \\ 5 \\ -2 \end{pmatrix}$, $\vec{x} = \begin{pmatrix} 2 \\ -9 \\ 5 \end{pmatrix} + t\begin{pmatrix} 1 \\ 3 \\ 1 \end{pmatrix}$
d) $\vec{x} = \begin{pmatrix} -2 \\ 2 \\ 7 \end{pmatrix} + t\begin{pmatrix} 1 \\ 2 \\ 3 \end{pmatrix}$, $\vec{x} = \begin{pmatrix} 1 \\ 1 \\ 2 \end{pmatrix} + t\begin{pmatrix} -3 \\ 1 \\ 5 \end{pmatrix}$

8 Geben Sie für jede der drei Koordinatenebenen eine Gleichung in Normalenform an.

Tipp zu Aufgabe 9:
Verwandeln Sie die Ebenengleichungen in eine geeignete andere Form.

9 Bestimmen Sie eine Gleichung der Schnittgeraden der Ebenen E und F.

a) E: $\left[\vec{x} - \begin{pmatrix} 1 \\ 0 \\ 1 \end{pmatrix}\right] \cdot \begin{pmatrix} -1 \\ 2 \\ 3 \end{pmatrix} = 0$
b) E: $\left[\vec{x} - \begin{pmatrix} 1 \\ -1 \\ 2 \end{pmatrix}\right] \cdot \begin{pmatrix} 2 \\ 0 \\ -1 \end{pmatrix} = 0$
c) E: $\left[\vec{x} - \begin{pmatrix} 4 \\ 2 \\ 1 \end{pmatrix}\right] \cdot \begin{pmatrix} -1 \\ 2 \\ 1 \end{pmatrix} = 0$

F: $\left[\vec{x} - \begin{pmatrix} 2 \\ 0 \\ -1 \end{pmatrix}\right] \cdot \begin{pmatrix} 1 \\ 1 \\ 1 \end{pmatrix} = 0$
F: $\left[\vec{x} - \begin{pmatrix} 2 \\ 3 \\ 0 \end{pmatrix}\right] \cdot \begin{pmatrix} 1 \\ 1 \\ 0 \end{pmatrix} = 0$
F: $3x_1 - x_2 + x_3 = 1$

10 a) Untersuchen Sie, welche der Ebenen E_1, E_2, E_3, E_4 zueinander parallel sind:
$E_1: 2x_1 - x_2 + 3x_3 = 10$; $\qquad E_2: 3x_1 + 5x_2 + 3x_3 = 1$;
$E_3: -4x_1 + 2x_2 - 3x_3 = -19$; $\qquad E_4: -3x_1 - 5x_2 - 3x_3 = -1$.
b) Geben Sie eine Koordinatengleichung einer Ebene F an, sodass F parallel zu E_1 (zu E_2) ist und durch den Punkt P(2|3|7) geht.

11 Untersuchen Sie, ob die Gerade g zur Ebene E parallel ist.

a) g: $\vec{x} = \begin{pmatrix} 1 \\ 0 \\ 2 \end{pmatrix} + t\begin{pmatrix} -2 \\ 1 \\ 1 \end{pmatrix}$; E: $x_1 + x_2 + x_3 = 1$
b) g: $\vec{x} = t\begin{pmatrix} 1 \\ -2 \\ 3 \end{pmatrix}$; E: $x_1 + 3x_2 + 2x_3 = 4$

12 Gegeben ist die Koordinatengleichung einer Ebene E. Bestimmen Sie zu E einen Normalenvektor $\vec{n}$, der zugleich ein Stützvektor von E ist.
Geben Sie auch die zugehörigen Ebenengleichung in Normalenform an.

a) E: $3x_1 - x_2 + 5x_3 = 105$
b) E: $x_1 - 3x_2 - 2x_3 = 7$

13 Bestimmen Sie zwei zueinander orthogonale Einheitsvektoren $\vec{e}$ und $\vec{f}$, die

a) die Ebene E: $\left[\vec{x} - \begin{pmatrix} 3 \\ 5 \\ 3 \end{pmatrix}\right] \cdot \begin{pmatrix} 2 \\ 1 \\ 2 \end{pmatrix} = 0$,
b) die Ebene E: $\vec{x} \cdot \begin{pmatrix} 4 \\ 0 \\ -3 \end{pmatrix} = 0$ aufspannen.

14 Bestimmen Sie die Schnittpunkte der Ebene E mit den Koordinatenachsen und die Schnittgeraden mit den Koordinatenebenen. Skizzieren Sie die Ebene in einem Koordinatensystem.

a) E: $\left[\vec{x} - \begin{pmatrix} 1 \\ 2 \\ -1 \end{pmatrix}\right] \cdot \begin{pmatrix} 1 \\ 1 \\ 0 \end{pmatrix} = 0$
b) E: $\left[\vec{x} - \begin{pmatrix} 3 \\ 1 \\ 5 \end{pmatrix}\right] \cdot \begin{pmatrix} 2 \\ -3 \\ 1 \end{pmatrix} = 0$

15 Gegeben ist für jede reelle Zahl k eine Ebene E_k. Alle diese Ebenen schneiden sich in einer Geraden g. Bestimmen Sie eine Gleichung dieser Geraden.

a) $E_k: \left[\vec{x} - \begin{pmatrix} 1 \\ 2 \\ -1 \end{pmatrix}\right] \cdot \begin{pmatrix} 2k \\ 4 \\ 3-k \end{pmatrix} = 0$
b) $E_k: \left[\vec{x} - \begin{pmatrix} 2 \\ 0 \\ -2 \end{pmatrix}\right] \cdot \begin{pmatrix} k-5 \\ k \\ 1 \end{pmatrix} = 0$

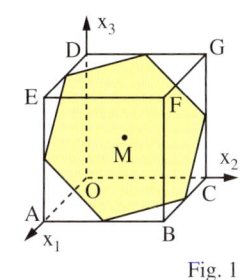

16 Betrachten Sie die Ebene durch den Mittelpunkt M des Würfels in Fig. 1, die orthogonal zur Diagonalen $\overline{OF}$ ist. Stellen Sie eine Gleichung dieser Ebene in Normalenform auf.
Beweisen Sie, dass die Ebene die Kanten des Würfels, die sie schneidet, jeweils halbiert.

Fig. 1

135

7 Orthogonalität von Geraden und Ebenen

1 a) Zwei Stellwände sollen „senkrecht zueinander" aufgestellt werden. Wie kann man dies mit einem Geodreieck überprüfen? Wie muss man es dazu halten?
b) Wie müssen eine Gerade g auf der einen Stellwand und eine Gerade h auf der anderen Stellwand liegen, damit man aus ihrer Orthogonalität auf die Orthogonalität der Stellwände schließen kann?
c) Was bedeutet die Orthogonalität von Ebenen für ihre Normalenvektoren?

Die Orthogonalität von Geraden und Ebenen lässt sich mithilfe geeigneter Vektoren beschreiben.

*Eine Gerade, die orthogonal zu einer Ebene E ist, nennt man auch eine **Normale** von E.*

Definition: Zwei Geraden heißen zueinander orthogonal, wenn ihre Richtungsvektoren zueinander orthogonal sind.
Eine **Gerade** und eine **Ebene** heißen zueinander orthogonal, wenn ein Richtungsvektor der Geraden zu den Spannvektoren der Ebene orthogonal ist.

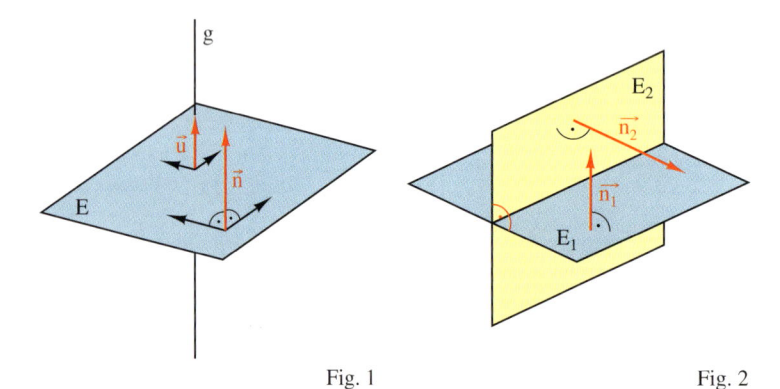

Eine Gerade g ist auch dann zu einer Ebene E orthogonal, wenn gilt: Ein Richtungsvektor von g und ein Normalenvektor von E haben die gleiche oder entgegengesetzte Richtung, d. h. Richtungsvektor und Normalenvektor sind Vielfache voneinander (Fig. 1).

Schneiden sich **zwei Ebenen** E_1 und E_2 in einer Geraden s, so heißen sie zueinander orthogonal, wenn für eine in E_1 liegende Gerade g_1 mit $g_1 \perp s$ und eine in E_2 liegende Gerade g_2 mit $g_2 \perp s$ gilt: $g_1 \perp g_2$.

Fig. 1   Fig. 2

Dies ist stets der Fall, wenn die Normalenvektoren von E und F zueinander orthogonal sind (Fig. 2). Diese Eigenschaft lässt sich leichter als die in der Definition prüfen.

Satz: Zwei Ebenen sind zueinander orthogonal, wenn ihre Normalenvektoren zueinander orthogonal sind.

Zur Erinnerung:
*Bei einer **Achsenspiegelung** an einer Achse a wird jedem Punkt P so ein Bildpunkt P' zugeordnet, dass gilt:*
1. $\overline{PP'}$ ist orthogonal zu a,
2. der Schnittpunkt von $\overline{PP'}$ mit a ist der Mittelpunkt von $\overline{PP'}$.

Die Idee der Achsenspiegelung lässt sich auf den Raum übertragen:
Bei der **Ebenenspiegelung** an einer Ebene E wird jedem Punkt P so ein Bildpunkt P' zugeordnet, dass gilt:
1. Die Gerade durch P und seinem Bildpunkt P' ist orthogonal zu E,
2. Der Schnittpunkt F dieser Geraden mit der Ebene E ist Mittelpunkt der Strecke $\overline{PP'}$.

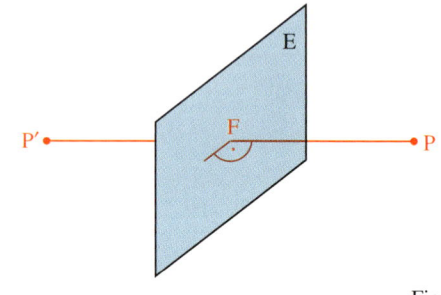

Fig. 3

Orthogonalität von Geraden und Ebenen

Beispiel 1: (Zueinander orthogonale Ebenen)
Untersuchen Sie, ob die Ebenen mit den Gleichungen $2x_1 + x_2 - 4x_3 = 7$ und $3x_1 - x_2 + x_3 = 4$ zueinander orthogonal sind.
Lösung:
Die Koeffizienten der Gleichungen sind jeweils die Koordinaten eines Normalenvektors.

Das Skalarprodukt dieser Normalenvektoren $\begin{pmatrix} 2 \\ 1 \\ -4 \end{pmatrix} \cdot \begin{pmatrix} 3 \\ -1 \\ 1 \end{pmatrix} = 2 \cdot 3 + 1 \cdot (-1) - 4 \cdot 1 = 1$

ist nicht 0. Die Normalenvektoren und damit die Ebenen sind nicht zueinander orthogonal.

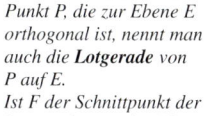

*Eine Gerade g durch den Punkt P, die zur Ebene E orthogonal ist, nennt man auch die **Lotgerade** von P auf E.*
*Ist F der Schnittpunkt der Lotgeraden mit der Ebene E, so nennt man die Strecke $\overline{PF}$ das **Lot** von P auf E und den Punkt F den **Fußpunkt des Lotes**.*

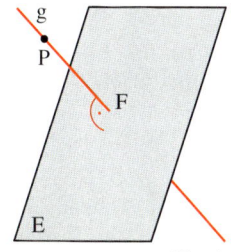

Beispiel 2: (Gerade, die zu einer gegebenen Ebene orthogonal ist; Ebenenspiegelung)
Gegeben sind die Ebene E: $\vec{x} = \begin{pmatrix} 7 \\ 5 \\ 2 \end{pmatrix} + r \begin{pmatrix} -1 \\ 3 \\ -6 \end{pmatrix} + s \begin{pmatrix} 0 \\ -1 \\ 2 \end{pmatrix}$ und der Punkt P(6|9|4).

Bestimmen Sie
a) die Gerade g, die durch P geht und orthogonal zu E ist,
b) den Schnittpunkt F der Geraden g mit der Ebene E,
c) den Bildpunkt P' von P bei Spiegelung an der Ebene E.
Lösung:
a) Die Gerade g soll orthogonal zur Ebene E sein, also ist jeder Normalenvektor $\vec{n}$ von E ein Richtungsvektor von g. Da $\vec{n}$ orthogonal zu den Spannvektoren $\vec{u}, \vec{v}$ der Ebene ist, gilt:

$\vec{u} \cdot \vec{n} = \begin{pmatrix} -1 \\ 3 \\ -6 \end{pmatrix} \cdot \begin{pmatrix} n_1 \\ n_2 \\ n_3 \end{pmatrix} = 0$ und $\vec{v} \cdot \vec{n} = \begin{pmatrix} 0 \\ -1 \\ 2 \end{pmatrix} \cdot \begin{pmatrix} n_1 \\ n_2 \\ n_3 \end{pmatrix} = 0$.

Durch Ausrechnen dieser Skalarprodukte erhält man das LGS: $\begin{cases} -n_1 + 3n_2 - 6n_3 = 0 \\ -n_2 + 2n_3 = 0 \end{cases}$.

Setzt man $n_3 = 1$, so ergibt sich eine ganzzahlige Lösung mit $n_1 = 0$; $n_2 = 2$; $n_3 = 1$.

Mit $\vec{n} = \begin{pmatrix} 0 \\ 2 \\ 1 \end{pmatrix}$ und $\vec{p} = \overrightarrow{OP} = \begin{pmatrix} 6 \\ 9 \\ 4 \end{pmatrix}$ hat die Gerade g die Gleichung $\vec{x} = \begin{pmatrix} 6 \\ 9 \\ 4 \end{pmatrix} + t \begin{pmatrix} 0 \\ 2 \\ 1 \end{pmatrix}$.

b) Den gemeinsamen Punkt F von E und g erhält man durch Gleichsetzen der Gleichungen von E und von g:

$\begin{pmatrix} 7 \\ 5 \\ 2 \end{pmatrix} + r \begin{pmatrix} -1 \\ 3 \\ -6 \end{pmatrix} + s \begin{pmatrix} 0 \\ -1 \\ 2 \end{pmatrix} = \begin{pmatrix} 6 \\ 9 \\ 4 \end{pmatrix} + t \begin{pmatrix} 0 \\ 2 \\ 1 \end{pmatrix}$.

Der Vergleich der Koordinaten führt zu dem LGS: $\begin{cases} -r = -1 \\ 3r - s - 2t = 4 \\ -6r + 2s - t = 2 \end{cases}$.

Bringt man das LGS in Stufenform, so erhält man als 3. Gleichung $-5t = 10$.
Damit ist $t = -2$.
Einsetzen in die Geradengleichung ergibt für den Ortsvektor von F:

$\vec{f} = \begin{pmatrix} 6 \\ 9 \\ 4 \end{pmatrix} + (-2) \begin{pmatrix} 0 \\ 2 \\ 1 \end{pmatrix} = \begin{pmatrix} 6 \\ 5 \\ 2 \end{pmatrix}$. Der gesuchte Punkt ist somit F(6|5|2).

c) Der Bildpunkt P' von P bei der Spiegelung an der Ebene E liegt auf der Lotgeraden durch P zur Ebene E. Dabei ist der Lotfußpunkt F Mittelpunkt der Strecke $\overline{PP'}$.
Für die Koordinaten x_1, x_2, x_3 von P' gilt daher mit P(6|9|4) und F(6|5|2)

$\frac{x_1 + 6}{2} = 6;$ $\quad \frac{x_2 + 9}{2} = 5;$ $\quad \frac{x_3 + 4}{2} = 2,$

woraus folgt $\quad x_1 = 6;$ $\quad x_2 = 1;$ $\quad x_3 = 0.$

Der Bildpunkt von P ist damit P'(6|1|0).

Fig. 1

137

Orthogonalität von Geraden und Ebenen

Beispiel 3: (Gerade, die zu einer gegebenen Geraden orthogonal ist)

Gegeben ist eine Gerade g: $\vec{x} = \begin{pmatrix} 5 \\ 4 \\ 6 \end{pmatrix} + t \begin{pmatrix} 2 \\ -1 \\ 4 \end{pmatrix}$ und der Punkt P(2|3|2).

Bestimmen Sie einen Punkt Q auf g so, dass die Gerade h durch P und Q orthogonal zur Geraden g ist.

Lösung:
Die Gerade h durch die Punkte P und Q soll orthogonal zur Geraden g sein. Sie liegt damit in der Ebene E, die orthogonal zu g ist und in der der Punkt P liegt (Fig. 1).

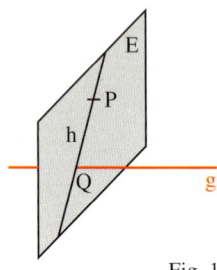

Fig. 1

1. Schritt: Bestimmung einer Gleichung von E:
Da der Richtungsvektor der Geraden g Normalenvektor der Ebene E ist, gilt für die Koordinatengleichung von E: $2x_1 - x_2 + 4x_3 = b$.
Da der Punkt P in der Ebene E liegt, erfüllen seine Koordinaten die Gleichung von E:
$2 \cdot 2 - 3 + 4 \cdot 2 = b$, also b = 9. Damit lautet die Koordinatengleichung $2x_1 - x_2 + 4x_3 = 9$.
2. Schritt: Den gesuchten Punkt Q erhält man als Schnittpunkt von E und g.
Der Gleichung der Geraden g entnimmt man: $x_1 = 5 + 2t$; $x_2 = 4 - t$; $x_3 = 6 + 4t$.
Einsetzen in die Gleichung von E ergibt $2(5 + 2t) - (4 - t) + 4(6 + 4t) = 9$.
Hieraus folgt t = −1.
Einsetzen von t = −1 in die Geradengleichung führt zu Q(3|5|2).

Aufgaben

Lage von Ebenen zueinander

2 Welche der folgenden Ebenen sind zueinander orthogonal, welche zueinander parallel?

E_1: $\left[\vec{x} - \begin{pmatrix} 1 \\ 1 \\ 2 \end{pmatrix}\right] \cdot \begin{pmatrix} 9 \\ 0 \\ 7 \end{pmatrix} = 0$ E_2: $\left[\vec{x} - \begin{pmatrix} 7 \\ 4 \\ 11 \end{pmatrix}\right] \cdot \begin{pmatrix} 0 \\ 13 \\ 0 \end{pmatrix} = 0$ E_3: $\left[\vec{x} - \begin{pmatrix} 4 \\ 5 \\ 7 \end{pmatrix}\right] \cdot \begin{pmatrix} 2 \\ 1 \\ 4 \end{pmatrix} = 0$

E_4: $\left[\vec{x} - \begin{pmatrix} 1 \\ 1 \\ 1 \end{pmatrix}\right] \cdot \begin{pmatrix} 2 \\ 0 \\ -1 \end{pmatrix} = 0$ E_5: $\left[\vec{x} - \begin{pmatrix} 5 \\ 6 \\ 7 \end{pmatrix}\right] \cdot \begin{pmatrix} 4 \\ 2 \\ 8 \end{pmatrix} = 0$ E_6: $\left[\vec{x} - \begin{pmatrix} 5 \\ 5 \\ 5 \end{pmatrix}\right] \cdot \begin{pmatrix} 0 \\ 1 \\ 0 \end{pmatrix} = 0$

3 Untersuchen Sie, ob die Ebenen E_1 und E_2 zueinander orthogonal sind.

a) E_1: $\vec{x} = \begin{pmatrix} 3 \\ 4 \\ 5 \end{pmatrix} + r \begin{pmatrix} 1 \\ 0 \\ 1 \end{pmatrix} + s \begin{pmatrix} 3 \\ 4 \\ 7 \end{pmatrix}$ b) E_1: $\vec{x} = \begin{pmatrix} 3 \\ 0 \\ 9 \end{pmatrix} + r \begin{pmatrix} 1 \\ 1 \\ 0 \end{pmatrix} + s \begin{pmatrix} 3 \\ 1 \\ 2 \end{pmatrix}$ c) E_1: $-x_1 + 2x_2 - x_3 = 3$

E_2: $\vec{x} = \begin{pmatrix} 1 \\ 2 \\ 3 \end{pmatrix} + r \begin{pmatrix} 0 \\ 1 \\ 0 \end{pmatrix} + s \begin{pmatrix} 1 \\ 1 \\ 1 \end{pmatrix}$ E_2: $7x_1 + 4x_2 + 3x_3 = 9$ E_2: $9x_1 - x_2 - 11x_3 = 4$

4 Die Ebenen E_1 und E_2 sollen zueinander orthogonal sein. Bestimmen Sie den Parameter a in der Gleichung von E_2 so, dass dies der Fall ist.

a) E_1: $2x_1 - 5x_2 + x_3 = 7$ b) E_1: $3x_1 + 7x_2 - 2x_3 = 3$ c) E_1: $4x_1 + ax_2 - 3x_3 = 12$
   E_2: $3x_1 + x_2 + ax_3 = 10$ E_2: $ax_1 + 5x_2 + 10x_3 = 1$ E_2: $2x_1 - x_2 + ax_3 = 3$

Tipp zu Aufgabe 5:
Überlegen Sie, was Sie einfacher bestimmen können: zwei Spannvektoren von F oder einen Normalenvektor von F.

5 Gegeben sind zwei Punkte A und B sowie eine Ebene E. Bestimmen Sie eine Gleichung einer Ebene F, für die gilt:
F ist orthogonal zur Ebene E und geht durch die Punkte A und B.

a) A(2|−1|7); B(0|3|9); E: $2x_1 + 2x_2 + x_3 = 7$
b) A(1|3|4); B(2|3|2); E: $3x_1 - x_2 + 2x_3 = 16$

138

6 Bestimmen Sie einen Vektor $\vec{u}$ so, dass die Ebene mit den Spannvektoren $\vec{u}$ und $\begin{pmatrix} 2 \\ 3 \\ 1 \end{pmatrix}$ orthogonal zur Ebene mit den Spannvektoren $\begin{pmatrix} 1 \\ -5 \\ 9 \end{pmatrix}$ und $\begin{pmatrix} 3 \\ 0 \\ 2 \end{pmatrix}$ ist.

7 Gegeben ist die quadratische Pyramide von Fig. 1.
a) Eine Ebene E geht durch die Mittelpunkte der Kanten $\overline{SB}$ und $\overline{SC}$ und ist orthogonal zur Seitenfläche BCS. Bestimmen Sie eine Gleichung für E.
b) Eine zweite Ebene F geht durch die Mittelpunkte der Kanten $\overline{SA}$ und $\overline{SB}$ und ist orthogonal zur Seitenfläche ABS. Bestimmen Sie eine Gleichung für F.
c) Bestimmen Sie eine Gleichung für die Schnittgerade von E und F.

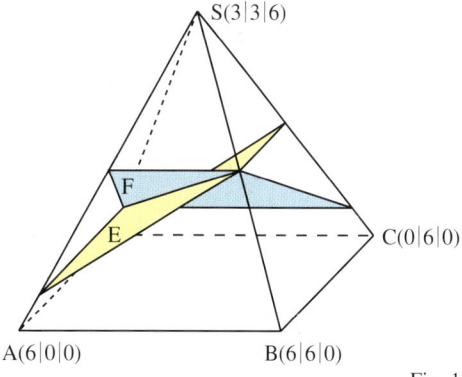

Fig. 1

8 Die Ebene F durch den Punkt P(3|−1|4) ist orthogonal zu den Ebenen E_1 und E_2. Bestimmen Sie eine Gleichung von F.

a) $E_1: \vec{x} = \begin{pmatrix} 3 \\ -1 \\ 4 \end{pmatrix} + r \begin{pmatrix} 4 \\ 2 \\ -1 \end{pmatrix} + s \begin{pmatrix} 7 \\ 1 \\ 0 \end{pmatrix}$

$E_2: \vec{x} = \begin{pmatrix} 3 \\ -1 \\ 4 \end{pmatrix} + u \begin{pmatrix} 7 \\ 1 \\ 0 \end{pmatrix} + v \begin{pmatrix} 1 \\ 1 \\ 7 \end{pmatrix}$

b) $E_1: 2x_1 - x_2 + 3x_3 = 19$
$E_2: 2x_1 + x_2 - x_3 = 1$

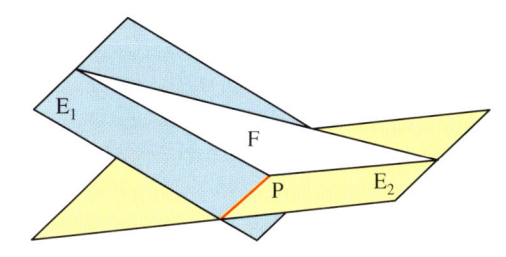

Fig. 2

9 Eine Ebene E ist orthogonal zur x_1x_2-Ebene und zur x_1x_3-Ebene und geht durch den Punkt A(1|1|1). Bestimmen Sie eine Gleichung von E.

*Die Menge E_k der Ebenen von Aufgabe 10 nennt man auch eine **Ebenenschar**.*

10 Für jede reelle Zahl k ist eine Ebene $E_k: 3kx_1 + 5x_2 - 4kx_3 = 10$ gegeben.
a) Untersuchen Sie, ob es in der Ebenenschar E_k Ebenen gibt, die zur x_1x_2-Ebene, zur x_1x_3-Ebene oder zur x_2x_3-Ebene orthogonal sind. Bestimmen Sie ggf. den Parameter k.
b) Prüfen Sie, ob es in E_k Ebenen gibt, die zueinander orthogonal sind. Falls ja, welcher Zusammenhang besteht dann zwischen den Parametern dieser Ebenen?

11 a) Zeigen Sie, dass die Pyramide in Fig. 3 ein gleichseitiges Dreieck als Grundfläche hat. Begründen Sie, dass $M(\frac{a}{6}\sqrt{3}|\frac{a}{2}|0)$ der Schnittpunkt der Seitenhalbierenden des Dreiecks ABC ist.
b) $S(\frac{a}{6}\sqrt{3}|\frac{a}{2}|h)$ ist die Spitze der Pyramide. Für welche Höhe h in Abhängigkeit von a sind die Seitenflächen der Pyramide zueinander orthogonal?

Zur Erinnerung:
*Eine Pyramide nennt man **regelmäßig**, wenn ihre Grundfläche ein regelmäßiges Vieleck ist und wenn die Gerade durch den Mittelpunkt der Grundfläche und der Spitze der Pyramide orthogonal zur Grundfläche ist.*

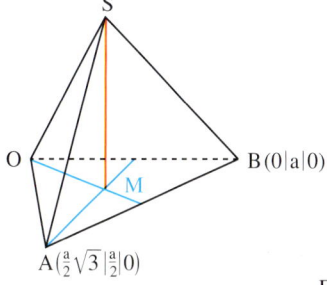

Fig. 3

12 Zeigen Sie, dass bei einer regelmäßigen Pyramide mit quadratischer Grundfläche benachbarte Seitenflächen niemals zueinander orthogonal sind.

139

Orthogonalität von Geraden und Ebenen

Orthogonalität zwischen einer Geraden und einer Ebene

13 Zu welcher der Ebenen aus Aufgabe 2 ist die Gerade g orthogonal?

a) $g: \vec{x} = \begin{pmatrix} -2 \\ 0 \\ 1 \end{pmatrix} + t \begin{pmatrix} 0 \\ 5 \\ 0 \end{pmatrix}$
b) $g: \vec{x} = \begin{pmatrix} 2 \\ 4 \\ 6 \end{pmatrix} + t \begin{pmatrix} 6 \\ 3 \\ 12 \end{pmatrix}$

14 Eine Ebene E geht durch den Punkt P(7|3|−1) und ist zu einer Geraden mit dem Richtungsvektor $\vec{u}$ orthogonal. Geben Sie eine Gleichung von E in Parameterform an.

a) $\vec{u} = \begin{pmatrix} 1 \\ -1 \\ 2 \end{pmatrix}$
b) $\vec{u} = \begin{pmatrix} 1 \\ 0 \\ 1 \end{pmatrix}$
c) $\vec{u} = \begin{pmatrix} 1 \\ 2 \\ 3 \end{pmatrix}$
d) $\vec{u} = \begin{pmatrix} 1 \\ -1 \\ -1 \end{pmatrix}$

15 Eine Gerade g durch A(2|3|−1) ist orthogonal zur Ebene E. Bestimmen Sie eine Gleichung von g.

a) $E: \vec{x} = \begin{pmatrix} 2 \\ 3 \\ 0 \end{pmatrix} + r \begin{pmatrix} 1 \\ 2 \\ 1 \end{pmatrix} + s \begin{pmatrix} 3 \\ 0 \\ 5 \end{pmatrix}$
b) $E: \vec{x} = \begin{pmatrix} -1 \\ 5 \\ 7 \end{pmatrix} + r \begin{pmatrix} 1 \\ 1 \\ 1 \end{pmatrix} + s \begin{pmatrix} -3 \\ 5 \\ 7 \end{pmatrix}$

16 In einer Ecke zwischen Haus und Garage muss das Fallrohr der Regenrinne im Erdreich erneuert werden. Dazu wird eine Grube ausgehoben und eine rechteckige Spanplatte als Wetterschutz darüber gestellt (Fig. 1).
Zur Stabilisierung soll im Diagonalenschnittpunkt M des Rechtecks der Spanplatte eine zur Platte orthogonale Stütze montiert werden. Wo ist ihr anderes Ende am Haus zu befestigen?
Anleitung: Stellen Sie eine Gleichung der Geraden g durch M auf, für die gilt: g ist orthogonal zur Ebene durch die Punkte A, B, C und D.

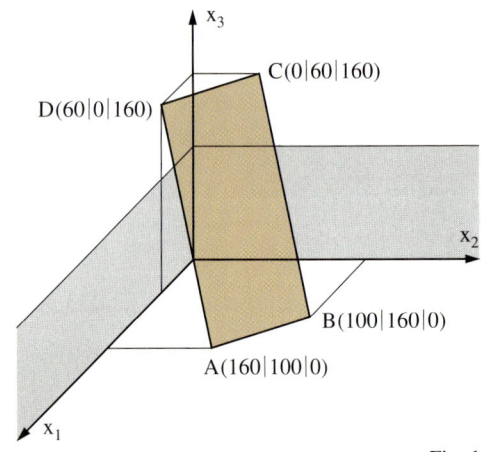

Fig. 1

17 Gegeben sind die Punkte A(3|0|0), B(7|−4|2) und D(−1|−2|4).
a) Zeigen Sie, dass A, B, D Ecken eines Quadrats ABCD sein können.
Bestimmen Sie dann die Koordinaten des fehlenden Punktes C.
b) Das Quadrat ABCD legt eine Ebene E fest. Stellen Sie eine Gleichung dieser Ebene E in Koordinatenform und in Normalenform auf.
c) Das Quadrat ABCD ist die Grundfläche einer regelmäßigen Pyramide. Der Fußpunkt der Pyramidenhöhe liegt damit im Diagonalenschnittpunkt des Quadrats (Fig. 2).
Die Spitze S dieser Pyramide liegt in der $x_2 x_3$-Ebene. Bestimmen Sie die Koordinaten von S.
d) Berechnen Sie das Volumen der Pyramide.

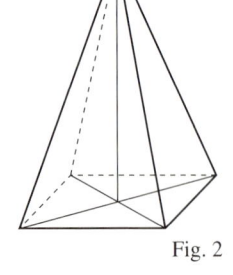

Fig. 2

18 Für jede reelle Zahl k ist eine Ebene $E_k: (2k-1)x_1 + x_2 + k x_3 = 1$ gegeben.
a) Zeigen Sie, dass keine der Ebenen E_k zur x_1-Achse, zur x_2-Achse oder zur x_3-Achse orthogonal ist.
b) Bestimmen Sie die Ebene E_k, die zur x_1-Achse parallel ist, und die Ebene E_k, die zur x_3-Achse parallel ist. Gibt es eine Ebene E_k, die zur x_2-Achse parallel ist?
c) Die Ebenen E_0 und E_1 schneiden sich in einer Geraden g. Bestimmen Sie eine Gleichung dieser Geraden. Zeigen Sie, dass die Gerade g in allen Ebenen E_k liegt.

Ebenenspiegelungen

19 a) Gegeben sind der Punkt $P(4|-1|3)$ und die Ebene $E: 3x_1 - 2x_2 + x_3 = 3$.
Der Punkt P wird an der Ebene E gespiegelt. Bestimmen Sie den Bildpunkt P'.
b) Gegeben sind die Punkte $A(1|-3|2)$ und $B(-3|11|0)$. Durch Spiegelung an einer Ebene E wird A auf B abgebildet. Bestimmen Sie eine Gleichung dieser Ebene E.

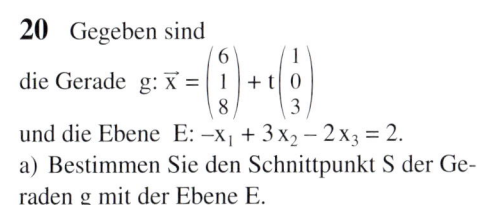

20 Gegeben sind
die Gerade $g: \vec{x} = \begin{pmatrix} 6 \\ 1 \\ 8 \end{pmatrix} + t \begin{pmatrix} 1 \\ 0 \\ 3 \end{pmatrix}$
und die Ebene $E: -x_1 + 3x_2 - 2x_3 = 2$.
a) Bestimmen Sie den Schnittpunkt S der Geraden g mit der Ebene E.
b) Wählen Sie beliebig einen Punkt P ($\neq$ S) auf g. P wird an der Ebene E gespiegelt. Bestimmen Sie den Bildpunkt P'.
c) Bestimmen Sie eine Gleichung der Bildgeraden g' bei Spiegelung von g an E (Fig. 1).

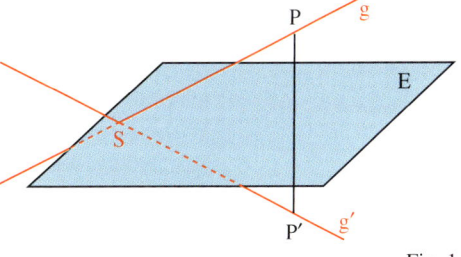

Fig. 1

21 Gegeben sind die Gerade $g: \vec{x} = \begin{pmatrix} 4 \\ 5 \\ -10 \end{pmatrix} + t \begin{pmatrix} 4 \\ -2 \\ 0 \end{pmatrix}$ und die Ebene $E: x_1 + 2x_2 - 5x_3 = 4$.

a) Zeigen Sie, dass die Gerade g und die Ebene E zueinander parallel sind.
b) Wählen Sie einen Punkt der Geraden g und bestimmen Sie den Bildpunkt P' bei Spiegelung an der Ebene E.
Bestimmen Sie daraus eine Gleichung der Bildgeraden bei Spiegelung der Geraden g an E.

Zueinander orthogonale Geraden im Raum

22 Gegeben sind ein Punkt P und eine Gerade g. Bestimmen Sie den Punkt Q auf g so, dass die Gerade h durch P und Q orthogonal zu g ist.
Geben Sie auch eine Gleichung für h an.

a) $P(-4|0|3)$, $g: \vec{x} = \begin{pmatrix} 2 \\ 1 \\ 3 \end{pmatrix} + t \begin{pmatrix} 1 \\ 1 \\ -1 \end{pmatrix}$
b) $P(6|-2|0)$, $g: \vec{x} = \begin{pmatrix} 4 \\ 2 \\ 3 \end{pmatrix} + t \begin{pmatrix} 0 \\ 1 \\ 2 \end{pmatrix}$

23 Gegeben sind die Gerade $g: \vec{x} = \begin{pmatrix} 4 \\ 1 \\ 1 \end{pmatrix} + t \begin{pmatrix} 0 \\ 2 \\ 1 \end{pmatrix}$ und die Punkte $A(6|0|-2)$ und $B(4|3|5)$.
Bestimmen Sie auf g einen Punkt C so, dass das Dreieck ABC bei C einen rechten Winkel hat.

In der Ebene gilt: Wenn $g \perp h$ und $h \perp k$, dann ist $g \parallel k$.
Gilt dies auch im Raum? Kann evtl. sogar $g \perp k$ sein?

24 Gegeben sind die zueinander windschiefen Geraden g und h.
Bestimmen Sie einen Richtungsvektor $\vec{u}$ der Geraden k, die zu g und zu h orthogonal ist.
Bestimmen Sie dann die Schnittpunkte A und B der Geraden k mit g bzw. h.

a) $g: \vec{x} = \begin{pmatrix} 1 \\ 8 \\ -9 \end{pmatrix} + t \begin{pmatrix} 0 \\ 2 \\ -1 \end{pmatrix}$, $h: \vec{x} = \begin{pmatrix} -2 \\ 1 \\ 5 \end{pmatrix} + t \begin{pmatrix} 4 \\ 1 \\ -1 \end{pmatrix}$

b) $g: \vec{x} = \begin{pmatrix} 7 \\ -3 \\ -3 \end{pmatrix} + t \begin{pmatrix} 3 \\ -2 \\ -2 \end{pmatrix}$, $h: \vec{x} = \begin{pmatrix} 0 \\ -8 \\ 5 \end{pmatrix} + t \begin{pmatrix} 3 \\ 6 \\ 2 \end{pmatrix}$

Anleitung:
Setzen Sie $\vec{AB} = r \cdot \vec{u}$ und benutzen Sie, dass A auf g und B auf h liegt, ihre Koordinaten also die Gleichungen von g bzw. h erfüllen.

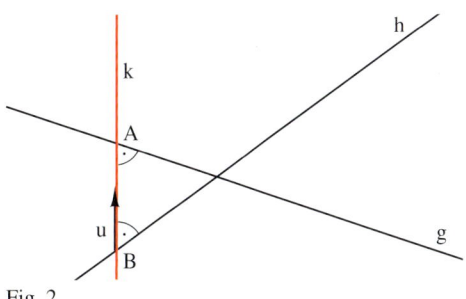

Fig. 2

141

8 Abstand eines Punktes von einer Ebene

1 Die Grundfläche ABCD der Pyramide in Fig. 1 liegt in der Ebene E.
a) Welche der Strecken in Fig. 1 entspricht der Höhe der Pyramide?
Beschreiben Sie die Lage dieser Strecke.
b) Zur Berechnung des Volumens der Pyramide benötigt man die Höhe als Abstand. Wie misst man diesen Abstand?
Wie hängt er mit der in a) bestimmten Strecke zusammen?

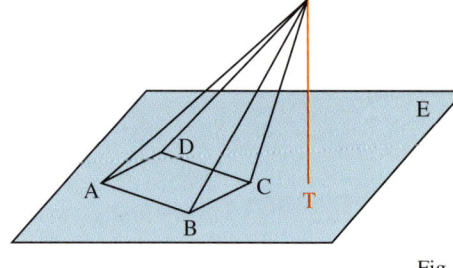

Fig. 1

Unter dem **Abstand** d eines Punktes P von einer Ebene E versteht man die Länge d des Lotes von P auf die Ebene, d. h. die Länge d der Strecke vom Punkt P zum Lotfußpunkt F (Fig. 2).

Den Abstand eines Punktes P von einer Ebene E kann man entsprechend in drei Schritten berechnen:
1. Schritt: Aufstellen einer Gleichung der zu E orthogonalen Geraden durch P, der so genannten Lotgeraden,
2. Schritt: Berechnung der Koordinaten des Schnittpunktes F der Lotgeraden mit der Ebene E,
3. Schritt: Berechnung des Abstandes als Betrag des Vektors $\overrightarrow{PF}$.

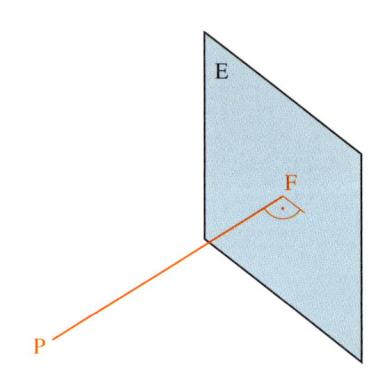

Fig. 2

Beispiel 1: (Lotfußpunkt und Abstand bestimmen)
Gegeben sind der Punkt $P(2|0|1)$ und die Ebene $E: x_1 + 8x_2 - 4x_3 = 25$.
Von P aus wird auf die Ebene E ein Lot gefällt. Bestimmen Sie
a) eine Gleichung der Lotgeraden g,
b) die Koordinaten des Lotfußpunktes F,
c) den Abstand des Punktes P von der Ebene E.
Lösung:
a) Jeder Normalenvektor der Ebene E ist ein Richtungsvektor der Lotgeraden g. Der Ebenengleichung entnimmt man $\vec{n} = \begin{pmatrix} 1 \\ 8 \\ -4 \end{pmatrix}$. Also ist $g: \vec{x} = \begin{pmatrix} 2 \\ 0 \\ 1 \end{pmatrix} + t \cdot \begin{pmatrix} 1 \\ 8 \\ -4 \end{pmatrix}$.

b) Der Geradengleichung von g entnimmt man: $x_1 = 2 + t$; $x_2 = 8t$; $x_3 = 1 - 4t$.
Einsetzen in die Ebenengleichung: $2 + t + 8 \cdot 8t - 4 \cdot (1 - 4t) = 25$
Lösen der Gleichung ergibt: $81t - 2 = 25$
$t = \frac{1}{3}$

Einsetzen in die Geradengleichung ergibt den Lotfußpunkt $F\left(\frac{7}{3} \Big| \frac{8}{3} \Big| -\frac{1}{3}\right)$.

c) Der Abstand der Punkte P und F ist gleich dem Betrag des Vektors $\overrightarrow{PF}$:
$|\overrightarrow{PF}| = \sqrt{\left(\frac{7}{3} - 2\right)^2 + \left(\frac{8}{3}\right)^2 + \left(-\frac{1}{3} - 1\right)^2} = \sqrt{\left(\frac{1}{3}\right)^2 + \left(\frac{8}{3}\right)^2 + \left(-\frac{4}{3}\right)^2} = \frac{1}{3}\sqrt{81} = 3$.

Der Abstand des Punktes P von der Ebene E ist somit 3.

Abstand eines Punktes von einer Ebene

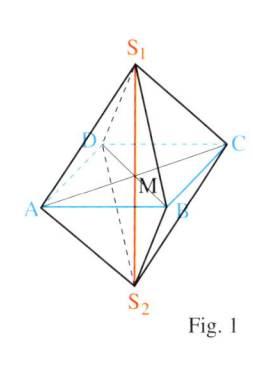

Beispiel 2: (Punkt mit gegebenem Abstand bestimmen)
Die Punkte A(3|5|−1), B(7|1|−3), C(5|−3|1) und D(1|1|3) liegen in einer Ebene E und bilden die Ecken eines Quadrats. Es gibt zwei gerade Pyramiden mit ABCD als Grundfläche und der Höhe 6. Berechnen Sie die Koordinaten der zugehörigen Spitzen.
Lösung:
Aus den Koordinaten von drei der Punkte A, B, C und D erhält man E: $2x_1 + x_2 + 2x_3 = 9$.

Die Ebene E hat als einen Normalenvektor $\vec{n} = \begin{pmatrix} 2 \\ 1 \\ 2 \end{pmatrix}$.

Der Mittelpunkt M von $\overline{AC}$ bzw. $\overline{BD}$ (und damit der Fußpunkt der Höhe) ist M(4|1|0). Die Höhe 6 bedeutet: S hat von der Ebene E bzw. dem Punkt M den Abstand 6.
Man findet die Spitze S, indem man von M aus 6-mal bzw. −6-mal den Normalenvektor $\frac{1}{|\vec{n}|} \cdot \vec{n}$ der Länge 1 „anträgt":

Fig. 1 $\overrightarrow{OS_1} = \overrightarrow{OM} + 6 \cdot \frac{1}{|\vec{n}|} \cdot \vec{n} = \begin{pmatrix} 4 \\ 1 \\ 0 \end{pmatrix} + 6 \cdot \frac{1}{3} \begin{pmatrix} 2 \\ 1 \\ 2 \end{pmatrix} = \begin{pmatrix} 4 \\ 1 \\ 0 \end{pmatrix} + \begin{pmatrix} 4 \\ 2 \\ 4 \end{pmatrix} = \begin{pmatrix} 8 \\ 3 \\ 4 \end{pmatrix}$, bzw. $\overrightarrow{OS_2} = \begin{pmatrix} 4 \\ 1 \\ 0 \end{pmatrix} - \begin{pmatrix} 4 \\ 2 \\ 4 \end{pmatrix} = \begin{pmatrix} 0 \\ -1 \\ -4 \end{pmatrix}$,

woraus als mögliche Spitzen folgen: $S_1(8|3|4)$; $S_2(0|-1|-4)$.

Aufgaben

2 Gegeben sind ein Punkt P und eine Ebene E. Bestimmen Sie den Fußpunkt des Lotes vom Punkt P auf die Ebene E. Berechnen Sie den Abstand von P zur Ebene E.
a) P(3|−1|7) und E: $3x_2 + 4x_3 = 0$
b) P(−2|0|3) und E: $12x_1 + 6x_2 − 4x_3 = 13$

3 Gegeben sind die Ebene E: $x_1 + 3x_2 − 2x_3 = 0$ und die Punkte A(0|2|0) und B(5|−1|−2).
a) Zeigen Sie, dass die Gerade durch A und B parallel zur Ebene E ist.
b) Bestimmen Sie den Abstand der Punkte der Geraden durch A und B zur Ebene E.

Wer bei Aufgabe 4 mehr als eine Differenz berechnet, ist selber schuld!

4 Bestimmen Sie den Abstand des Punktes P(5|15|9) von der Ebene E durch die Punkte A(2|2|0), B(−2|2|6) und C(3|2|5).

5 Gegeben sind die Punkte A(3|3|2), B(5|3|0), C(3|5|0) und O(0|0|0).
a) Zeigen Sie, dass das Dreieck ABC gleichseitig ist. Berechnen Sie seinen Flächeninhalt.
b) O ist die Spitze einer Pyramide mit der Grundfläche ABC. Bestimmen Sie den Fußpunkt F der Pyramidenhöhe. Berechnen Sie den Abstand der Punkte O und F.
c) Berechnen Sie das Volumen der Pyramide.

6 Gegeben ist die Ebene E: $10x_1 + 2x_2 − 11x_3 = 4$ und der in E liegende Punkt Q(3|−2|2).
a) Stellen Sie eine Gleichung der Geraden g durch den Punkt Q auf, die orthogonal zur Ebene E ist.
b) Bestimmen Sie alle Punkte P der Geraden g, die von der Ebene E den Abstand 3 haben.

7 Bestimmen Sie alle Punkte der x_3-Achse, die von der Ebene E: $4x_1 − x_2 + 8x_3 = 7$ den Abstand 9 haben.

8 Gegeben sind die Ebene E: $x_1 − 2x_2 + 2x_3 = 8$ und der Punkt A(−2|1|−3).
a) Bestimmen Sie den Fußpunkt des Lotes vom Punkt A auf die Ebene E.
b) Welcher Punkt B (≠ A) der Lotgeraden hat denselben Abstand von der Ebene E wie der Punkt A? Bestimmen Sie seine Koordinaten. Müssen Sie dazu den Abstand berechnen?

143

9 Die HESSE'sche Normalenform

1 Gegeben ist eine Ebene E und ein Normalenvektor $\vec{n_0}$ von E mit $|\vec{n_0}| = 1$. Die Punkte A, B, C liegen auf einer Geraden, die parallel zu E ist.
Berechnen und vergleichen Sie:
$\vec{n_0} \cdot \vec{PA}$, $\vec{n_0} \cdot \vec{PB}$ und $\vec{n_0} \cdot \vec{PC}$.
Welche geometrische Bedeutung haben diese Skalarprodukte für die Punkte A, B und C?

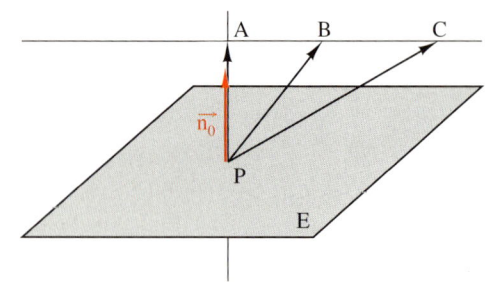

Fig. 1

Der Abstand eines Punktes R von einer Ebene E ist gleich der Länge des Lotes von R auf E. Man kann diesen Abstand auch berechnen, ohne den Lotfußpunkt zu bestimmen.

In Fig. 2 gilt für den Abstand des Punktes R von der Ebene E: $d = |(\vec{r} - \vec{p}) \cdot \vec{n_0}|$.
Denn:
Ist n_0 ein Normalenvektor mit $|\vec{n_0}| = 1$ und liegt R zu $\vec{n_0}$ wie in Fig. 2, dann ist
$\vec{PR} \cdot \vec{n_0} = |\vec{PR}| \cdot 1 \cdot \cos(\delta) = d$.
Mit $\vec{PR} = \vec{OR} - \vec{OP} = \vec{r} - \vec{p}$ ist somit
$d = (\vec{r} - \vec{p}) \cdot \vec{n_0}$.
Liegt R auf der anderen Seite der Ebene E, so ist $\vec{PR} \cdot \vec{n_0}$ negativ. Es ergibt sich
$d = -\vec{PR} \cdot \vec{n_0} = -(\vec{r} - \vec{p}) \cdot \vec{n_0}$.

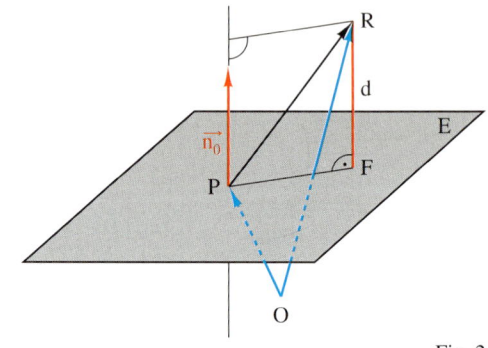

Fig. 2

Der Term $(\vec{r} - \vec{p}) \cdot \vec{n_0}$ entspricht dem Term in der Normalenform der Ebenengleichung $(\vec{x} - \vec{p}) \cdot \vec{n} = 0$, wenn man $\vec{x}$ durch $\vec{r}$ und $\vec{n}$ durch $\vec{n_0}$ ersetzt. Dies führt zu einer speziellen Form der Ebenengleichung in Normalenform:
Ist $\vec{n_0}$ ein „Normalen-Einheitsvektor", d. h. ein Normalenvektor mit dem Betrag 1, so nennt man die Ebenengleichung $(\vec{x} - \vec{p}) \cdot \vec{n_0} = 0$ die **HESSE'sche Normalenform**.

LUDWIG OTTO HESSE (1811–1874), deutscher Mathematiker. 1861 erschien sein viel beachtetes Buch „Vorlesungen über analytische Geometrie des Raumes".

Satz 1: Ist $(\vec{x} - \vec{p}) \cdot \vec{n_0} = 0$ die HESSE'sche Normalenform einer Gleichung der Ebene E, so gilt für den Abstand d eines Punktes R mit dem Ortsvektor $\vec{r}$ von der Ebene E:
$$d = |(\vec{r} - \vec{p}) \cdot \vec{n_0}|.$$

In der Koordinatengleichung $a_1 x_1 + a_2 x_2 + a_3 x_3 = b$ einer Ebene bilden die Koeffizienten a_1, a_2, a_3 die Koordinaten eines Normalenvektors $\vec{n}$. Dividiert man die Koordinatengleichung durch den Betrag von $\vec{n} = \begin{pmatrix} a_1 \\ a_2 \\ a_3 \end{pmatrix}$, so erhält man die

Koordinatendarstellung der HESSE'schen Normalenform: $\dfrac{a_1 x_1 + a_2 x_2 + a_3 x_3 - b}{\sqrt{a_1^2 + a_2^2 + a_3^2}} = 0$.

Entsprechend dem ersten Satz gilt:

Die HESSE'sche Normalenform

Satz 2: Ist $a_1 x_1 + a_2 x_2 + a_3 x_3 = b$ eine Koordinatengleichung der Ebene E, so gilt für den Abstand d eines Punktes $R(r_1 | r_2 | r_3)$ von der Ebene E:
$$d = \left| \frac{a_1 r_1 + a_2 r_2 + a_3 r_3 - b}{\sqrt{a_1^2 + a_1^2 + a_3^2}} \right|$$

Beispiel 1: (Abstandsberechnung, Ebenengleichung in Normalenform)

Bestimmen Sie den Abstand des Punktes $R(9|4|-3)$ von der Ebene $E: \left[\vec{x} - \begin{pmatrix} 1 \\ -3 \\ 1 \end{pmatrix} \right] \cdot \begin{pmatrix} 1 \\ 2 \\ 2 \end{pmatrix} = 0$.

Lösung:

Man kann auch erst die Normalenform in die Koordinatengleichung umwandeln und dann wie im Beispiel 2 vorgehen.

1. Schritt: Umwandlung der Normalenform in die HESSE'sche Normalenform.

Mit $|\vec{n}| = \left| \begin{pmatrix} 1 \\ 2 \\ 2 \end{pmatrix} \right| = \sqrt{1^2 + 2^2 + 2^2} = 3$ ist $\vec{n_0} = \frac{1}{3} \begin{pmatrix} 1 \\ 2 \\ 2 \end{pmatrix}$, also lautet die

Hesse'sche Normalenform $\left[\vec{x} - \begin{pmatrix} 1 \\ -3 \\ 1 \end{pmatrix} \right] \cdot \frac{1}{3} \begin{pmatrix} 1 \\ 2 \\ 2 \end{pmatrix} = 0$.

2. Schritt: Berechnung des Abstandes mithilfe des 1. Satzes.

$d = \left| \left[\begin{pmatrix} 9 \\ 4 \\ -3 \end{pmatrix} - \begin{pmatrix} 1 \\ -3 \\ 1 \end{pmatrix} \right] \cdot \frac{1}{3} \begin{pmatrix} 1 \\ 2 \\ 2 \end{pmatrix} \right| = \frac{1}{3} \left| \begin{pmatrix} 8 \\ 7 \\ -4 \end{pmatrix} \cdot \begin{pmatrix} 1 \\ 2 \\ 2 \end{pmatrix} \right| = \frac{14}{3}$.

Beispiel 2: (Abstandsberechnung, Ebenengleichung in Koordinatenform)

Bestimmen Sie den Abstand des Punktes $R(1|6|2)$ von der Ebene E mit der Koordinatengleichung $x_1 - 2 x_2 + 4 x_3 = 1$.

Lösung:

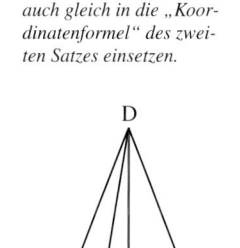

Hier kann man natürlich auch gleich in die „Koordinatenformel" des zweiten Satzes einsetzen.

1. Schritt: Umwandlung der Koordinatengleichung in die HESSE'sche Normalenform.

Mit $\sqrt{1^2 + (-2)^2 + 4^2} = \sqrt{21}$ ist die HESSE'sche Normalenform $\frac{x_1 - 2 x_2 + 4 x_3 - 1}{\sqrt{21}} = 0$.

2. Schritt: Berechnung des Abstandes mithilfe des 2. Satzes.

$d = \left| \frac{1 - 2 \cdot 6 + 4 \cdot 2 - 1}{\sqrt{21}} \right| = \left| \frac{-4}{\sqrt{21}} \right| = \frac{4}{\sqrt{21}} = \frac{4}{21} \sqrt{21} \approx 0{,}87$.

Beispiel 3: (Anwendung: Berechnung der Höhe einer Pyramide)

Berechnen Sie für eine dreiseitige Pyramide mit der Grundfläche ABC und der Spitze D die Höhe für $A(4|0|0)$; $B(4|5|1)$; $C(0|0|1)$ und $D(-1|4|3)$.

Lösung:

Fig. 1

1. Schritt: Aufstellung einer Koordinatengleichung der Ebene E durch A, B, C.

Einsetzen der Koordinaten von A, B, C in die Gleichung $a_1 x_1 + a_2 x_2 + a_3 x_3 = b$ ergibt das

LGS: $\begin{cases} 4 a_1 = b \\ 4 a_1 + 5 a_2 + a_3 = b \\ a_3 = b \end{cases}$, umgeformt in $\begin{cases} 4 a_1 = b \\ 5 a_2 = -b \\ a_3 = b \end{cases}$ (II – I – III)

Für $b = 20$ erhält man eine ganzzahlige Lösung mit $a_1 = 5$; $a_2 = -4$ und $a_3 = 20$.

Damit ist $5 x_1 - 4 x_2 + 20 x_3 = 20$ eine Koordinatengleichung von E.

2. Schritt: Umwandlung der Koordinatengleichung in die HESSE'sche Normalenform.

Mit $\sqrt{5^2 + (-4)^2 + 20^2} = \sqrt{441} = 21$ ist die HESSE'sche Normalenform $\frac{5 x_1 - 4 x_2 + 20 x_3 - 20}{21} = 0$.

3. Schritt: Berechnung der Höhe h mithilfe des zweiten Satzes.

$h = \left| \frac{5 \cdot (-1) - 4 \cdot 4 + 20 \cdot 3 - 20}{21} \right| = \frac{19}{21}$.

145

Die HESSE'sche Normalenform

Aufgaben

2 Berechnen Sie die Abstände der Punkte A, B und C von der Ebene E.

a) A(2|0|2), B(2|1|−8), C(5|5|5), $\quad E: \left[\vec{x} - \begin{pmatrix} 3 \\ 5 \\ -1 \end{pmatrix}\right] \cdot \begin{pmatrix} 2 \\ -1 \\ 2 \end{pmatrix} = 0$

b) A(2|−1|2), B(2|10|−6), C(4|6|8), $\quad E: \left[\vec{x} - \begin{pmatrix} 5 \\ 1 \\ 0 \end{pmatrix}\right] \cdot \begin{pmatrix} 4 \\ -4 \\ 2 \end{pmatrix} = 0$

c) A(1|1|−2), B(5|1|0), C(1|3|3), $\quad E: 2x_1 - 10x_2 + 11x_3 = 0$

d) A(2|3|1), B(5|6|3), C(0|0|0), $\quad E: 6x_1 + 17x_2 - 6x_3 = 19$

e) A(4|−1|−1), B(−1|2|−4), C(7|3|4), $\quad E: \vec{x} = \begin{pmatrix} 2 \\ -1 \\ -4 \end{pmatrix} + r\begin{pmatrix} 3 \\ 4 \\ -6 \end{pmatrix} + s\begin{pmatrix} 1 \\ -1 \\ 0 \end{pmatrix}$

f) A(0|0|1), B(5|−7|−8), C(9|19|22), $\quad E: \vec{x} = \begin{pmatrix} 2 \\ 0 \\ 2 \end{pmatrix} + r\begin{pmatrix} 1 \\ 1 \\ 2 \end{pmatrix} + s\begin{pmatrix} 2 \\ 3 \\ 5 \end{pmatrix}$

3 Berechnen Sie die Abstände der Punkte A, B und C von der Ebene durch die Punkte P, Q und R.

a) A(3|3|−4), B(−4|−8|−18), C(1|0|19), $\quad$ P(2|0|4), Q(6|7|1), R(−2|3|7)

b) A(4|4|−4), B(5|−8|−1), C(0|0|10), $\quad$ P(1|2|6), Q(3|3|4), R(4|5|6)

4 Fig. 1 zeigt eine Werkstatthalle mit einem Pultdach. Die Koordinaten der angegebenen Ecken entsprechen ihren Abständen in m.

Die Abluft wird durch ein lotrechtes Edelstahlrohr aus der Halle geführt, sein Endpunkt ist R(10|10|8).

a) Berechnen Sie den Abstand des Luftauslasses von der Dachfläche. Ist der Sicherheitsabstand von 1,50 m eingehalten?

b) Berechnen Sie auch die Länge des Edelstahlrohres, das über die Dachfläche hinausragt.

Der Sicherheitsabstand, der bei Abluftrohren einzuhalten ist, hängt auch von der Temperatur und der Schadstoffbelastung der Abluft ab.

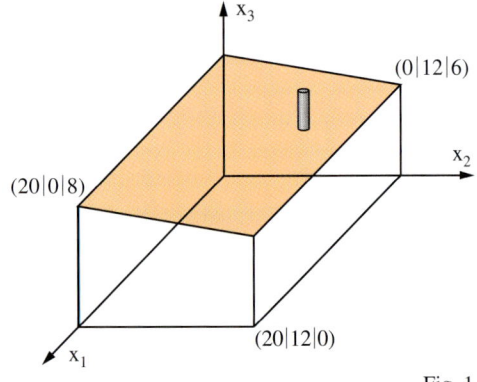

Fig. 1

5 Zeigen Sie, dass die Ebenen E und F zueinander parallel sind. Berechnen Sie ihren Abstand.

*Sind zwei Ebenen E und F zueinander parallel, so haben alle Punkte A von E denselben Abstand zu F, und dieser Abstand ist auch gleich dem Abstand aller Punkte B von F zur Ebene E. Diesen gemeinsamen Abstand nennt man den **Abstand der Ebenen** E und F.*

a) $E: \left[\vec{x} - \begin{pmatrix} 2 \\ 3 \\ 1 \end{pmatrix}\right] \cdot \begin{pmatrix} 1 \\ -1 \\ 1 \end{pmatrix} = 0 \quad\quad F: \left[\vec{x} - \begin{pmatrix} 6 \\ -5 \\ 0 \end{pmatrix}\right] \cdot \begin{pmatrix} -2 \\ 2 \\ -2 \end{pmatrix} = 0$

b) $E: \left[\vec{x} - \begin{pmatrix} 2 \\ 3 \\ 4 \end{pmatrix}\right] \cdot \begin{pmatrix} 1 \\ 1 \\ 2 \end{pmatrix} = 0 \quad\quad F: \left[\vec{x} - \begin{pmatrix} 3 \\ 7 \\ 1 \end{pmatrix}\right] \cdot \begin{pmatrix} 1 \\ 1 \\ 2 \end{pmatrix} = 0$

c) $E: 4x_1 + 3x_2 - 12x_3 = 25 \quad\quad F: -4x_1 - 3x_2 + 12x_3 = 14$

d) $E: 4x_1 - 2x_2 + 4x_3 = 9 \quad\quad F: -6x_1 + 3x_2 - 6x_3 = 4{,}5$

e) $E: \vec{x} = \begin{pmatrix} 2 \\ 5 \\ -1 \end{pmatrix} + r\begin{pmatrix} 7 \\ 6 \\ -4 \end{pmatrix} + s\begin{pmatrix} 2 \\ -1 \\ 0 \end{pmatrix} \quad\quad F: \vec{x} = \begin{pmatrix} 1 \\ -3 \\ 0 \end{pmatrix} + r\begin{pmatrix} 9 \\ 5 \\ -4 \end{pmatrix} + s\begin{pmatrix} 1 \\ -10 \\ 4 \end{pmatrix}$

f) $E: \vec{x} = \begin{pmatrix} 2 \\ 3 \\ 5 \end{pmatrix} + r\begin{pmatrix} 1 \\ 1 \\ 0 \end{pmatrix} + s\begin{pmatrix} 0 \\ 1 \\ 2 \end{pmatrix} \quad\quad F: \vec{x} = \begin{pmatrix} 1 \\ 3 \\ 7 \end{pmatrix} + r\begin{pmatrix} 1 \\ 2 \\ 2 \end{pmatrix} + s\begin{pmatrix} 2 \\ 5 \\ 6 \end{pmatrix}$

6 Gegeben sind die Punkte A(12|0|0), B(12|8|6), C(2|8|6), D(2|0|0) und S(7|16|−13).
a) Zeigen Sie, dass das Viereck ABCD ein Quadrat ist.
b) Berechnen Sie das Volumen der quadratischen Pyramide mit den Ecken A, B, C, D und S.
c) Bestimmen Sie den Fußpunkt F der Pyramidenhöhe. Berechnen Sie den Abstand der Punkte S und F. Kontrollieren Sie damit den in b) berechneten Abstand.

7 Gegeben ist der Punkt S(8|14|8) und die Ebene $E: \left[\overline{x} - \begin{pmatrix} -3 \\ 3,5 \\ 7 \end{pmatrix}\right] \cdot \begin{pmatrix} 4 \\ 7 \\ 4 \end{pmatrix} = 0$.

a) Bestimmen Sie den Fußpunkt M des Lotes von S auf die Ebene E.
b) Zeigen Sie, dass R(2|7,5|−5) ein Punkt der Ebene E ist, und berechnen Sie den Abstand r von R zu M.
c) Berechnen Sie die Länge der Strecke $\overline{MS}$ auf zwei Arten: einmal direkt aus den Koordinaten von M und S und zur Kontrolle mit der HESSE'schen Normalenform.
d) Berechnen Sie das Volumen des Kegels, der durch Rotation der Strecke $\overline{RS}$ um das Lot von S auf E entsteht.

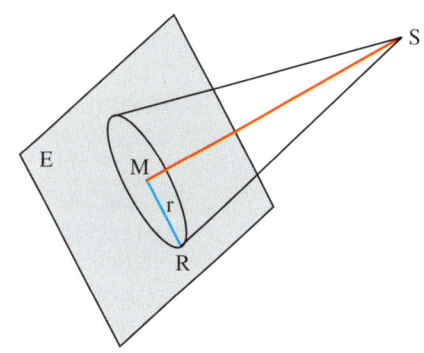

Fig. 1

8 Gegeben ist die Ebene $E: 3x_1 + 2x_2 + 4x_3 = 12$.
Die Spurpunkte S_1, S_2 und S_3 der Ebene E bilden zusammen mit dem Ursprung O die Ecken einer Pyramide. Berechnen Sie das Volumen dieser Pyramide möglichst geschickt. Benötigen Sie dazu die HESSE'sche Normalenform?

9 Für jede reelle Zahl k ist eine Ebene $E_k: 2x_1 + x_2 - 2x_3 = k$ gegeben.
a) Welche der Ebenen E_k haben vom Punkt P(1|0|−2) den Abstand 12?
b) Der Abstand des Punktes P von der Ebene E_k soll d sein. Welcher Zusammenhang besteht zwischen der reellen Zahl k und dem Abstand d?

10 Wie viele Ebenen durch die Punkte A(2|3|4) und B(6|5|16) gibt es, die zum Ursprung den Abstand 2 haben? Bestimmen Sie für jede Ebene eine Gleichung.

11 Gegeben sind die Gerade $g: \overline{x} = \begin{pmatrix} 0 \\ 1 \\ 0 \end{pmatrix} + t \begin{pmatrix} 2 \\ 3 \\ 1 \end{pmatrix}$ und die Ebene $E: x_1 + 2x_2 - 2x_3 = 6$.

a) Zeigen Sie, dass die Gerade g und die Ebene E einen Schnittpunkt haben, ohne diesen gleich zu berechnen.
b) Bestimmen Sie den Abstand eines Punktes X auf g von der Ebene E in Abhängigkeit vom Parameter t. Für welchen Wert von t ist d = 0? Bestimmen Sie daraus den Schnittpunkt von g mit E.
c) Berechnen Sie wie bisher den Schnittpunkt der Geraden g und der Ebene E.
Vergleichen Sie mit dem Ergebnis von b).

12 Gegeben sind die Ebene $E: x_1 + 2x_2 - x_3 = 6$ und die Menge aller Punkte $P(p_1|p_2|p_3)$ mit $p_1 = 2r + 3s$; $p_2 = r - 2s$; $p_3 = 4r - s$ für alle $r, s \in \mathbb{R}$.
Zeigen Sie, dass alle Punkte P von der Ebene E den gleichen Abstand haben
a) mithilfe der HESSE'schen Normalenform,
b) durch geometrische Überlegungen ohne Verwendung der HESSE'schen Normalenform.

147

Die HESSE'sche Normalenform

Beachten Sie:
Einige Aufgaben dieser Seite führen auf Betragsgleichungen mit 2 Lösungen.
So folgt z. B. aus
$|x + 2| = 5$
zunächst
$x + 2 = 5$ *und*
$x + 2 = -5$.

13 Bestimmen Sie die Koordinate a_2 des Punktes $A(3|a_2|0)$ so, dass A den Abstand 5 von der Ebene E hat.

a) E: $2x_1 + x_2 - 2x_3 = 4$

b) E: $\left[\vec{x} - \begin{pmatrix} 9 \\ -2 \\ 4 \end{pmatrix}\right] \cdot \begin{pmatrix} 0 \\ 4 \\ -3 \end{pmatrix} = 0$

14 Bestimmen Sie alle Punkte R auf der x_1-Achse (der x_3-Achse), die von den Ebenen
E: $2x_1 + 2x_2 - x_3 = 6$ und F: $6x_1 + 9x_2 + 2x_3 = -22$ den gleichen Abstand haben.

15 Die Menge aller Punkte, die zu einer Ebene E einen festen Abstand haben, bilden zwei zu E parallele Ebenen F_1 und F_2. Bestimmen Sie Gleichungen der Ebenen F_1 und F_2 so, dass F_1 und F_2 von E: $4x_1 + 12x_2 - 3x_3 = 8$ den Abstand 2 haben.
Anleitung: Wählen Sie einen „günstigen" Punkt, z.B. einen Punkt auf der x_1-Achse. Bestimmen Sie dann seine Koordinaten so, dass sein Abstand von der Ebene E gerade 2 beträgt (zwei Lösungen). Die gesuchten Ebenen gehen durch diese Punkte und sind parallel zu E.

16 Ein 2,60 m langes und 1,00 m breites Brett liegt schräg an einer Wand. Die Befestigung ist 1,00 m hoch. Wie viel cm darf der Durchmesser eines Balls höchstens betragen, damit der Ball noch unter das Brett passt?
Anleitung: Bestimmen Sie die Koordinaten des Mittelpunktes M der Kugel. Setzen Sie den Abstand von M zur „Brettebene" E gleich r.

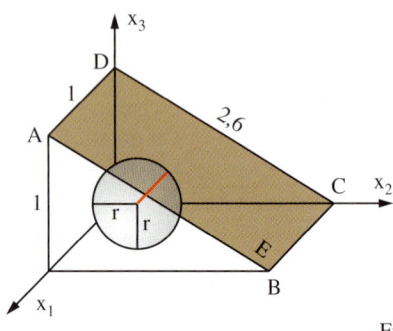

Fig. 1

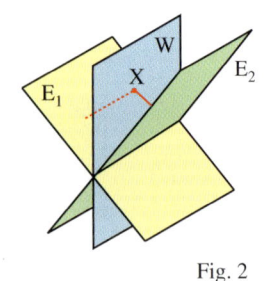

17 Gegeben sind die Ebenen E_1 und E_2 durch ihre Gleichungen in HESSE'scher Normalenform: $E_1: (\vec{x} - \vec{p}) \cdot \vec{m_0} = 0$; $E_2: (\vec{x} - \vec{q}) \cdot \vec{n_0} = 0$.
a) Begründen Sie: Die Punkte, die zu E_1 und E_2 den gleichen Abstand haben, liegen auf den „winkelhalbierenden" Ebenen
$W_1: (\vec{x} - \vec{p}) \cdot \vec{m_0} - (\vec{x} - \vec{q}) \cdot \vec{n_0} = 0$, $W_2: (\vec{x} - \vec{p}) \cdot \vec{m_0} + (\vec{x} - \vec{q}) \cdot \vec{n_0} = 0$.
b) Bestimmen Sie Gleichungen der winkelhalbierenden Ebenen zu

(1) $E_1: \left[\vec{x} - \begin{pmatrix} 1 \\ 2 \\ 1 \end{pmatrix}\right] \cdot \begin{pmatrix} -4 \\ 4 \\ 2 \end{pmatrix} = 0$,

$E_2: \left[\vec{x} - \begin{pmatrix} 2 \\ 1 \\ -3 \end{pmatrix}\right] \cdot \begin{pmatrix} 4 \\ -8 \\ -1 \end{pmatrix} = 0$,

(2) $E_1: \vec{x} = \begin{pmatrix} 1 \\ -2 \\ -1 \end{pmatrix} + r\begin{pmatrix} 6 \\ 1 \\ 4 \end{pmatrix} + s\begin{pmatrix} 3 \\ 4 \\ 4 \end{pmatrix}$,

$E_2: \vec{x} = \begin{pmatrix} 1 \\ 1 \\ 3 \end{pmatrix} + r\begin{pmatrix} 4 \\ 1 \\ 1 \end{pmatrix} + s\begin{pmatrix} 0 \\ 1 \\ 2 \end{pmatrix}$.

Fig. 2

18 Gegeben sind die Ebenen E: $4x_2 + 3x_3 = 15$ und F: $6x_1 - 2x_2 + 3x_3 = 15$. Die Menge aller Punkte, die von E den Abstand 3 und von F den Abstand 6 haben, liegen auf vier Geraden. Bestimmen Sie Parametergleichungen dieser vier Geraden.

19 Gegeben sind der Punkt $A(2|0|10)$ und die Ebene E: $2x_1 + 3x_2 + 6x_3 = 15$.
a) Berechnen Sie den Abstand d des Punktes A von der Ebene E.
b) A wird an der Ebene E gespiegelt. Bestimmen Sie die Koordinaten des Bildpunktes A'.
c) Welcher der Punkte A, A' liegt auf derselben Seite von E wie der Ursprung?
d) Beweisen Sie:
Liegen die Punkte A und B spiegelbildlich zur Ebene E: $(\vec{x} - \vec{p}) \cdot \vec{n_0} = 0$, dann gilt für ihre Ortsvektoren $\vec{a}, \vec{b}$: $\vec{b} = \vec{a} - 2d \cdot \vec{n_0}$ mit $d = (\vec{a} - \vec{p}) \cdot \vec{n_0}$.

10 Abstand eines Punktes von einer Geraden

1 Für Bäume in Hausgärten gelten Mindestabstände zu den Grundstücksgrenzen. Bestimmen Sie zu Fig. 1 den Abstand der Mitte des Baumstammes vom Zaun.

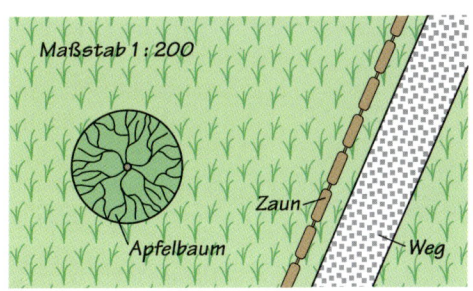

2 Wie viele Geraden im Raum gibt es, die durch einen gegebenen Punkt R gehen und zu einer gegebenen Gerade g orthogonal sind? Beschreiben Sie die Lage dieser Geraden.

Deshalb klappt es mit der Normalen nicht im Raum:

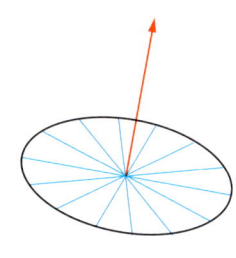

Fig. 1

Abstand Punkt–Gerade in der Ebene:
In der Ebene bestimmen ein Punkt einer Geraden g und eine Normale von g die Lage dieser Geraden g. Deshalb ist es möglich, für Geraden in der Ebene (aber nicht im Raum) eine Gleichung in Normalenform anzugeben.
Fig. 2 verdeutlicht:
$$(\vec{x} - \vec{p}) \cdot \vec{n} = 0$$
stellt eine Normalenform einer Gleichung einer Geraden in der Ebene dar.
Mit dem Normalen-Einheitsvektor $\vec{n_0}$ und $\overrightarrow{OR} = \vec{r}$ gilt dann wie beim Abstand Punkt–Ebene für den Abstand d von R zu g:
$$d = |(\vec{r} - \vec{p}) \cdot \vec{n_0}|.$$

Für eine Gerade mit der Gleichung $a_1 x_1 + a_2 x_2 = b$ gilt entsprechend:
$$d = \left| \frac{a_1 r_1 + a_2 r_2 - b}{\sqrt{a_1^2 + a_2^2}} \right|.$$

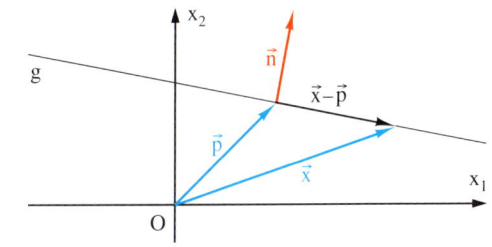

Fig. 2

Abstand Punkt–Gerade im Raum:
Den Abstand eines Punktes R von einer Geraden g ist (auch im Raum) gleich dem Betrag des Vektors $\overrightarrow{RF}$, wobei F der Fußpunkt des Lotes von R auf g ist.
F kann man auf zwei Arten bestimmen:
– mithilfe der zu g orthogonalen Ebene E durch R (Fig. 3) oder
– algebraisch durch die Bedingung, dass F auf g liegt und $\overrightarrow{RF}$ orthogonal zu g ist.

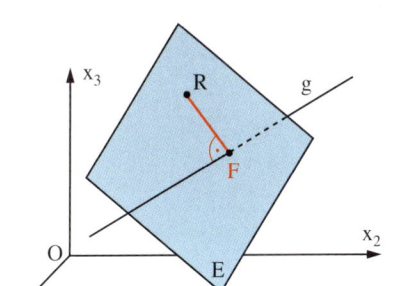

Fig. 3

Beispiel 1: (Abstand Punkt–Gerade in der Ebene)
Berechnen Sie den Abstand des Punktes $R(2|-3)$ von der Geraden g.

a) $g: \left[\vec{x} - \begin{pmatrix} 4 \\ 1 \end{pmatrix}\right] \cdot \begin{pmatrix} 1 \\ 0 \end{pmatrix} = 0$
b) $g: 3x_1 + 4x_2 = 11$

Lösung:
a) Wegen $\left\| \begin{pmatrix} 1 \\ 0 \end{pmatrix} \right\| = 1$ hat die Geradengleichung bereits die HESSE'sche Normalenform.
Einsetzen von $\begin{pmatrix} 2 \\ -3 \end{pmatrix}$ ergibt: $d = \left| \left[\begin{pmatrix} 2 \\ -3 \end{pmatrix} - \begin{pmatrix} 4 \\ 1 \end{pmatrix} \right] \cdot \begin{pmatrix} 1 \\ 0 \end{pmatrix} \right| = |-2 \cdot 1 + (-4) \cdot 0| = 2.$

b) Umwandlung der Geradengleichung in die HESSE'sche Normalenform:
Mit $\sqrt{3^2 + 4^2} = 5$ ist die HESSE'sche Normalenform $\frac{3x_1 + 4x_2 - 11}{5} = 0$.
Einsetzen der Koordinaten von R ergibt: $d = \left| \frac{3 \cdot 2 + 4 \cdot (-3) - 11}{5} \right| = \left| \frac{-17}{5} \right| = \frac{17}{5}.$

149

Abstand eines Punktes von einer Geraden

Beispiel 2: (Abstand Punkt–Gerade im Raum)

Berechnen Sie den Abstand des Punktes R(2|−3|5) von der Geraden $g: \vec{x} = \begin{pmatrix} 4 \\ 3 \\ 3 \end{pmatrix} + t \begin{pmatrix} 2 \\ 1 \\ -1 \end{pmatrix}$.

Lösung:

1. Schritt: Bestimmung des Fußpunktes F des Lotes vom Punkt R auf die Gerade g.

1. Möglichkeit	2. Möglichkeit
Aus dem Richtungsvektor von g ergibt sich als Gleichung für die zu g orthogonale Ebene E: $2x_1 + x_2 - x_3 = b$. R(2|−3|5) liegt in E, also müssen seine Koordinaten die Gleichung $2x_1 + x_2 - x_3 = b$ erfüllen: $2 \cdot 2 + (-3) - 5 = b$. Daraus folgt b = −4. Zur Berechnung des Fußpunktes F entnimmt man der gegebenen Geradengleichung: $x_1 = 4 + 2t; x_2 = 3 + t; x_3 = 3 - t$. Einsetzen in die Ebenengleichung: $2(4 + 2t) + (3 + t) - (3 - t) = -4$. Lösen der Gleichung ergibt: $t = -2$.	Der Fußpunkt F des Lotes vom Punkt R auf die Gerade g liegt auf g. Seine Koordinaten erfüllen daher die Geradengleichung. Damit gilt: $F(4 + 2t \| 3 + t \| 3 - t)$. Die Gerade g und damit ihr Richtungsvektor ist orthogonal zum Lotvektor $\overrightarrow{RF}$, ihr Skalarprodukt ist also 0: $\begin{pmatrix} 2 \\ 1 \\ -1 \end{pmatrix} \cdot \begin{pmatrix} 4+2t-2 \\ 3+t-(-3) \\ 3-t-5 \end{pmatrix} = \begin{pmatrix} 2 \\ 1 \\ -1 \end{pmatrix} \cdot \begin{pmatrix} 2t+2 \\ t+6 \\ -t-2 \end{pmatrix} = 0$. Damit ist $2 \cdot (2t+2) + 1 \cdot (t+6) + (-1) \cdot (-t-2) = 0$. Lösen der Gleichung ergibt: $t = -2$.

Einsetzen von t = −2 in die Geradengleichung führt zu: F(0|1|5).

2. Schritt: Berechnung des Abstandes des Punktes R von g als Betrag des Vektors $\overrightarrow{RF}$.

$d = |\overrightarrow{RF}| = \sqrt{(0-2)^2 + (1+3)^2 + (5-5)^2} = \sqrt{20} = 2 \cdot \sqrt{5}$.

Aufgaben

Geraden in der Ebene

3 Berechnen Sie den Abstand des Punktes P von der Geraden g.

a) $P(-1|5)$, $g: \left[\vec{x} - \begin{pmatrix} 1 \\ 2 \end{pmatrix}\right] \cdot \begin{pmatrix} -5 \\ 12 \end{pmatrix} = 0$ \qquad b) $P(7|9)$, $g: \vec{x} = \begin{pmatrix} 9 \\ -5 \end{pmatrix} + t \begin{pmatrix} -4 \\ 3 \end{pmatrix}$

c) $P(-1|9)$, $g: 8x_1 - 15x_2 = -7$ \qquad d) $P(6|11)$, $g: 3x_1 + 4x_2 = 7$

4 Berechnen Sie den Flächeninhalt des Dreiecks ABC.

a) A(1|2), B(8|−1), C(6|5) \qquad b) A(7|7), B(11|9), C(3|8)

5 Die Schnittpunkte der Geraden $g: 3x_1 - 4x_2 = 0$; $h: x_1 + 2x_2 = 0$ und $k: 14x_1 - 2x_2 = 75$ bilden die Ecken eines Dreiecks.
Berechnen Sie die Längen der drei Höhen dieses Dreiecks.

6 Gegeben sind die Geraden $g: 3x_1 - 4x_2 + 10 = 0$ und $h: 3x_1 - 4x_2 + 20 = 0$.
a) Begründen Sie, dass g und h zueinander parallel sind. Berechnen Sie ihren Abstand.
b) Bestimmen Sie eine Gleichung der Geraden, auf der alle Punkte liegen, die zu g und h den gleichen Abstand haben.

7 a) Gegeben sind die Punkte A(−1|−1) und B(3|−4). Bestimmen Sie alle Punkte C auf der x_1-Achse so, dass das Dreieck ABC den Flächeninhalt 12,5 hat.
b) Bestimmen Sie alle Punkte P auf der x_2-Achse, die von den Geraden
$g: \vec{x} = \begin{pmatrix} 0 \\ 6 \end{pmatrix} + t \begin{pmatrix} 3 \\ 4 \end{pmatrix}$ und $h: \vec{x} = \begin{pmatrix} 9 \\ 6 \end{pmatrix} + t \begin{pmatrix} 15 \\ 8 \end{pmatrix}$ den gleichen Abstand haben.

Geraden im Raum

8 Berechnen Sie den Abstand des Punktes R von der Geraden g.

a) $R(6|7|-3)$, $g: \vec{x} = \begin{pmatrix} 2 \\ 1 \\ 4 \end{pmatrix} + t \begin{pmatrix} 3 \\ 0 \\ -2 \end{pmatrix}$
b) $R(-2|-6|1)$, $g: \vec{x} = \begin{pmatrix} 5 \\ 9 \\ 1 \end{pmatrix} + t \begin{pmatrix} 3 \\ 2 \\ 2 \end{pmatrix}$

c) $R(9|11|6)$, $g: \vec{x} = \begin{pmatrix} -1 \\ 1 \\ -7 \end{pmatrix} + t \begin{pmatrix} 2 \\ -1 \\ 2 \end{pmatrix}$
d) $R(9|4|9)$, $g: \vec{x} = \begin{pmatrix} 4 \\ -9 \\ -2 \end{pmatrix} + t \begin{pmatrix} 3 \\ -4 \\ 1 \end{pmatrix}$

9 Berechnen Sie den Flächeninhalt des Dreiecks ABC.
a) $A(1|1|1)$, $B(7|4|7)$, $C(5|6|-1)$
b) $A(1|-6|0)$, $B(5|-8|4)$, $C(5|7|7)$
c) $A(4|-2|1)$, $B(-2|7|7)$, $C(6|6|8)$
d) $A(2|1|0)$, $B(1|1|0)$, $C(5|1|1)$

10 $A(-7|-5|2)$, $B(1|9|-6)$, $C(5|-2|-1)$ und $D(-2|0|9)$ sind Ecken einer dreiseitigen Pyramide. Berechnen Sie den Inhalt der Grundfläche ABC und das Volumen der Pyramide.

11 Berechnen Sie den Abstand der zueinander parallelen Geraden mit den Gleichungen

a) $\vec{x} = \begin{pmatrix} -5 \\ 6 \\ 8 \end{pmatrix} + t \begin{pmatrix} 1 \\ 0 \\ -2 \end{pmatrix}$, $\vec{x} = \begin{pmatrix} 6 \\ 4 \\ 1 \end{pmatrix} + t \begin{pmatrix} -1 \\ 0 \\ 2 \end{pmatrix}$,
b) $\vec{x} = \begin{pmatrix} 5 \\ 8 \\ -7 \end{pmatrix} + t \begin{pmatrix} -3 \\ 4 \\ 4 \end{pmatrix}$, $\vec{x} = \begin{pmatrix} 6 \\ -1 \\ 13 \end{pmatrix} + t \begin{pmatrix} 3 \\ -4 \\ -4 \end{pmatrix}$.

12 Bestimmen Sie die Gerade k, die in der gleichen Ebene wie die Geraden g und h liegt und deren Punkte von g und h den gleichen Abstand haben.

a) $g: \vec{x} = \begin{pmatrix} 2 \\ 6 \\ 8 \end{pmatrix} + t \begin{pmatrix} -4 \\ 3 \\ -2 \end{pmatrix}$, $h: \vec{x} = t \begin{pmatrix} -4 \\ 3 \\ -2 \end{pmatrix}$
b) $g: \vec{x} = \begin{pmatrix} 5 \\ 0 \\ 2 \end{pmatrix} + t \begin{pmatrix} 1 \\ -1 \\ -2 \end{pmatrix}$, $h: \vec{x} = \begin{pmatrix} -5 \\ 6 \\ 8 \end{pmatrix} + t \begin{pmatrix} -1 \\ 1 \\ 2 \end{pmatrix}$

13 Die Gerade g durch $A(5|7|9)$ hat den Richtungsvektor $\vec{u} = \begin{pmatrix} 12 \\ 4 \\ 3 \end{pmatrix}$.

a) Bestimmen Sie den Fußpunkt F des Lotes von $R(-7|-3|14)$ auf die Gerade g.
Berechnen Sie den Flächeninhalt des Dreiecks ARF.
b) Die Strecke $\overline{AR}$ rotiert um die Gerade g. Berechnen Sie das Volumen des so gebildeten Kegels.

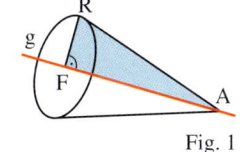

Fig. 1

14 Bezogen auf ein Koordinatensystem befindet sich ein Flugzeug im Steigflug längs der Geraden $g: \vec{x} = \begin{pmatrix} 1 \\ 1 \\ 0 \end{pmatrix} + t \begin{pmatrix} 2 \\ 3 \\ 1 \end{pmatrix}$ (1 Koordinateneinheit = 1 km).

In der Nähe befindet sich ein Berg mit einer Kirche. Berechnen Sie den minimalen Abstand des Flugzeugs von der Kirchturmspitze im Punkt $S(1|2|0,08)$.

15 Gegeben sind die Gerade $g: \vec{x} = \begin{pmatrix} 2 \\ 1 \\ -1 \end{pmatrix} + t \begin{pmatrix} 4 \\ -3 \\ 5 \end{pmatrix}$ und der Punkt $P(0|0|p_3)$.

Bestimmen Sie den Abstand des Punktes P von der Geraden g in Abhängigkeit von p_3.
Für welchen Wert von p_3 ist der Abstand am geringsten?

16 Gegeben ist die Gerade $g: \vec{x} = \begin{pmatrix} 0 \\ 11 \\ 3 \end{pmatrix} + t \begin{pmatrix} 0 \\ 1 \\ 1 \end{pmatrix}$.

a) Bestimmen Sie alle Punkte der x_1-Achse, die von der Geraden g den Abstand 9 haben.
b) Bestimmen Sie ohne Rechnung den Punkt der x_1-Achse mit dem geringsten Abstand von der Geraden g. Begründen Sie Ihre Antwort.

11 Abstand windschiefer Geraden

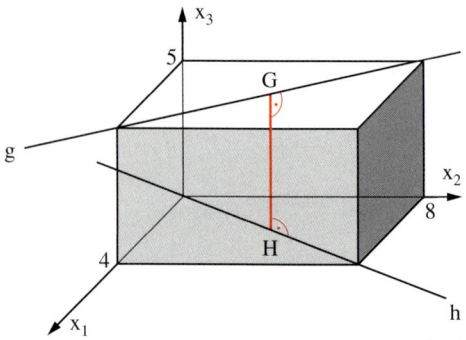

Fig. 1

1 Die Durchfahrtshöhe zwischen der Straße und der Bahnstrecke soll bestimmt werden. Dazu misst man die Länge einer geeigneten Strecke. Wie muss diese Strecke zur Straße, wie zum Bahngleis liegen?

2 a) Wie liegen in Fig. 1 die Geraden g und h zueinander? Wie liegt die Strecke $\overline{GH}$ zu den Geraden g und h? Geben Sie auch die Länge dieser Strecke an.
b) Vergleichen Sie die Abstände
(1) von Grund- und Deckfläche des Quaders in Fig. 1,
(2) von der Geraden g zur Grundfläche des Quaders,
(3) von der Geraden g zur Geraden h.
Wie groß sind diese Abstände?

Unter dem **Abstand** zweier windschiefer Geraden g und h versteht man die kleinste Entfernung zwischen den Punkten von g und den Punkten von h. Dieser Abstand ist gleich der Länge des gemeinsamen Lotes der beiden Geraden.

Diesen Abstand findet man so (Fig. 2): Zu den windschiefen Geraden g und h gibt es zueinander parallele Ebenen E_g und E_h durch g bzw. h. Der Abstand von E_g und E_h ist gleich dem Abstand von g und h.

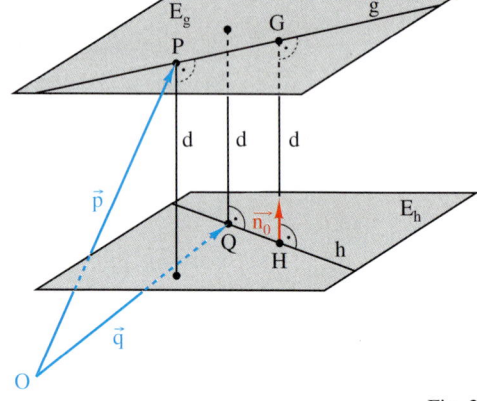

Fig. 2

In Fig. 2 ist der Abstand von g und h auch gleich dem Abstand des Punktes Q von der Ebene E_g. Für den Abstand von Q zu E_g gilt: $d = |(\vec{q} - \vec{p}) \cdot \vec{n_0}|$, wobei $\vec{q}$ und $\vec{p}$ Ortsvektoren von Q bzw. P sind und $\vec{n_0}$ ein gemeinsamer Normalen-Einheitsvektor von E_g und E_h.

Satz: Sind g und h windschiefe Geraden im Raum mit g: $\vec{x} = \vec{p} + t\vec{u}$ und h: $\vec{x} = \vec{q} + t\vec{v}$ und ist $\vec{n_0}$ ein Einheitsvektor mit $\vec{n_0} \perp \vec{u}$ und $\vec{n_0} \perp \vec{v}$, dann haben g und h den Abstand:
$$d = |(\vec{q} - \vec{p}) \cdot \vec{n_0}|.$$

Abstand windschiefer Geraden

Beispiel: (Abstandsberechnung)

Berechnen Sie den Abstand der Geraden $g: \vec{x} = \begin{pmatrix} 6 \\ 1 \\ -4 \end{pmatrix} + t \begin{pmatrix} 4 \\ 1 \\ -6 \end{pmatrix}$ und $h: \vec{x} = \begin{pmatrix} 4 \\ 0 \\ 3 \end{pmatrix} + t \begin{pmatrix} 0 \\ -1 \\ 3 \end{pmatrix}$.

Lösung:

Es ist günstig, n_3 so zu wählen, dass sich für n_1 und n_2 ganzzahlige Werte ergeben.

Ist $\vec{n} = \begin{pmatrix} n_1 \\ n_2 \\ n_3 \end{pmatrix}$ zu $\begin{pmatrix} 4 \\ 1 \\ -6 \end{pmatrix}$ und zu $\begin{pmatrix} 0 \\ -1 \\ 3 \end{pmatrix}$ orthogonal, so gilt: $\begin{cases} 4n_1 + n_2 - 6n_3 = 0 \\ -n_2 + 3n_3 = 0 \end{cases}$.

Setzt man $n_3 = 4$, so erhält man eine ganzzahlige Lösung des LGS mit $n_2 = 12$ und $n_1 = 3$.

Aus $\vec{n} = \begin{pmatrix} 3 \\ 12 \\ 4 \end{pmatrix}$ ergibt sich $|\vec{n}| = \sqrt{3^2 + 12^2 + 4^2} = 13$ und daraus $\vec{n_0} = \frac{1}{13}\begin{pmatrix} 3 \\ 12 \\ 4 \end{pmatrix}$.

Damit ist der Abstand von g und h:

$d = \left| \left[\begin{pmatrix} 4 \\ 0 \\ 3 \end{pmatrix} - \begin{pmatrix} 6 \\ 1 \\ -4 \end{pmatrix} \right] \cdot \frac{1}{13} \begin{pmatrix} 3 \\ 12 \\ 4 \end{pmatrix} \right| = \left| \frac{(-2) \cdot 3 + (-1) \cdot 12 + 7 \cdot 4}{13} \right| = \frac{10}{13}$.

Aufgaben

3 Berechnen Sie den Abstand zwischen den Geraden mit den Gleichungen

a) $\vec{x} = \begin{pmatrix} 7 \\ 7 \\ 4 \end{pmatrix} + t \begin{pmatrix} 1 \\ -2 \\ 6 \end{pmatrix}$, $\vec{x} = \begin{pmatrix} -3 \\ 0 \\ 5 \end{pmatrix} + t \begin{pmatrix} 1 \\ 0 \\ -3 \end{pmatrix}$,

b) $\vec{x} = \begin{pmatrix} 1 \\ 1 \\ 1 \end{pmatrix} + t \begin{pmatrix} -3 \\ 0 \\ 2 \end{pmatrix}$, $\vec{x} = \begin{pmatrix} 6 \\ 6 \\ 18 \end{pmatrix} + t \begin{pmatrix} 3 \\ -4 \\ 1 \end{pmatrix}$,

c) $\vec{x} = \begin{pmatrix} 2 \\ 5 \\ 5 \end{pmatrix} + t \begin{pmatrix} 1 \\ 1 \\ 3 \end{pmatrix}$, $\vec{x} = t \begin{pmatrix} -1 \\ -1 \\ -3 \end{pmatrix}$,

d) $\vec{x} = \begin{pmatrix} 0 \\ 1 \\ 2 \end{pmatrix} + t \begin{pmatrix} 0 \\ 1 \\ 1 \end{pmatrix}$, $\vec{x} = \begin{pmatrix} 7 \\ 7 \\ 0 \end{pmatrix} + t \begin{pmatrix} 4 \\ -5 \\ 2 \end{pmatrix}$.

4 a) Die Geraden mit den Gleichungen $\vec{x} = \begin{pmatrix} 5 \\ 11 \\ 17 \end{pmatrix} + t \begin{pmatrix} 1 \\ 2 \\ 0 \end{pmatrix}$ und $\vec{x} = \begin{pmatrix} 7 \\ 12 \\ 23 \end{pmatrix} + t \begin{pmatrix} 9 \\ 11 \\ 0 \end{pmatrix}$ sind beide parallel zu einer Koordinatenebene. Erläutern Sie, wie man den Gleichungen direkt entnehmen kann, dass der Abstand der Geraden 6 beträgt.

b) Bestimmen Sie entsprechend den Abstand der Geraden mit den Gleichungen

$\vec{x} = \begin{pmatrix} -14 \\ 7 \\ 112 \end{pmatrix} + t \begin{pmatrix} 23 \\ 0 \\ 47 \end{pmatrix}$ und $\vec{x} = \begin{pmatrix} 113 \\ 27 \\ -45 \end{pmatrix} + t \begin{pmatrix} 17 \\ 0 \\ 37 \end{pmatrix}$ $\left(\vec{x} = \begin{pmatrix} 3 \\ 7 \\ 5 \end{pmatrix} + t \begin{pmatrix} 1 \\ 0 \\ 0 \end{pmatrix} \text{ und } \vec{x} = \begin{pmatrix} 2 \\ 1 \\ 9 \end{pmatrix} + t \begin{pmatrix} 0 \\ 1 \\ 0 \end{pmatrix} \right)$.

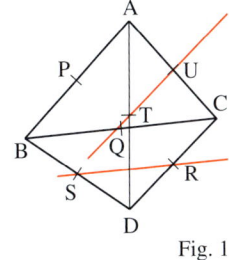

5 Gegeben ist eine Pyramide mit den Ecken $A(-9|3|-3)$, $B(-3|-6|0)$, $C(-7|5|5)$ und $D(4|8|0)$. P, Q, R, S, T, U sind jeweils die Kantenmitten der Pyramide (Fig. 1). Berechnen Sie

a) den Abstand der Geraden durch A und C zur Geraden durch B und D,

b) den Abstand des Punktes A zur Ebene durch B, C und D,

c) den Abstand der Geraden durch T und U zur Geraden durch R und S.

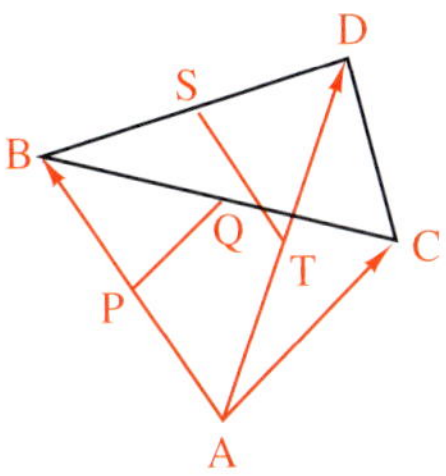

Fig. 1

6 Gegeben ist eine Pyramide mit den Ecken $A(1|-2|-7)$, $B(-8|-2|5)$, $C(17|-2|5)$ und $D(1|6|-7)$ und den Kantenmitten P, Q, S, T wie in Fig. 2.

a) Welche besondere Beziehung besteht zwischen den Vektoren $\overrightarrow{AB}$, $\overrightarrow{AC}$ und $\overrightarrow{AD}$?

b) Bestimmen Sie den Abstand von D zur Ebene durch die Punkte A, B und C.

c) Berechnen Sie den Flächeninhalt des Dreiecks ABC und das Volumen der Pyramide.

d) Berechnen Sie den Abstand der Geraden durch P und Q zur Geraden durch S und T.

e) Vergleichen Sie das Ergebnis von d) mit dem Ergebnis von b).
Begründen Sie Ihre Beobachtung.

Fig. 2

153

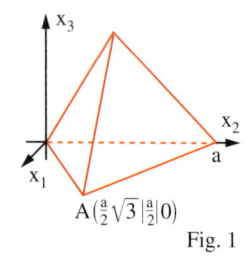

Abstand windschiefer Geraden

7 Zeichnen Sie ein Schrägbild eines Würfels mit der Kantenlänge a, der Grundfläche ABCD und der Raumdiagonalen $\overline{AG}$. Berechnen Sie den Abstand dieser Raumdiagonalen $\overline{AG}$ von der Flächendiagonalen $\overline{BD}$. Wählen Sie dazu das Koordinatensystem geschickt.

$A(\frac{a}{2}\sqrt{3} | \frac{a}{2} | 0)$
Fig. 1

8 Ein Tetraeder ist eine dreiseitige Pyramide, deren Kanten alle die gleiche Länge a haben. Bestimmen Sie den Abstand gegenüberliegender Kanten.

9 Ein Oktaeder ist eine quadratische Doppelpyramide, deren Kanten alle die gleiche Länge a haben. Bestimmen Sie den Abstand zueinander windschiefer Kanten.

10 Gegeben sind die Gerade

$g: \vec{x} = \begin{pmatrix} -5 \\ -2 \\ 6 \end{pmatrix} + t \begin{pmatrix} 2 \\ 1 \\ -2 \end{pmatrix}$ und für jede reelle Zahl a

eine Gerade $h_a: \vec{x} = \begin{pmatrix} 0 \\ -3 \\ 0 \end{pmatrix} + t \begin{pmatrix} -2 \\ 1 \\ a \end{pmatrix}$.

a) Die Geraden h_a liegen alle in einer Ebene E (Fig. 2). Geben Sie eine Parametergleichung dieser Ebene E an.
b) Die Geraden h_a gehen alle durch den Punkt P(0|–3|0). Berechnen Sie den Abstand von P zur Geraden g.
c) Bestimmen Sie den Abstand der Geraden h_a von der Geraden g in Abhängigkeit von a.
d) Für welche reelle Zahl a schneidet die Gerade h_a die Gerade g? Berechnen Sie auch die Koordinaten des Schnittpunktes.

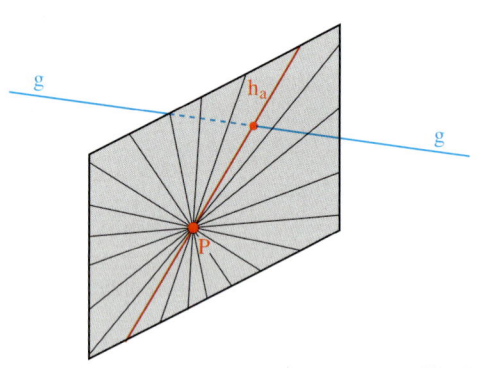

Fig. 2

Tipp zu Aufgabe 11b):
$\overline{HG}$ *und der Richtungsvektor von h spannen eine Ebene E auf, die g in G schneidet.*

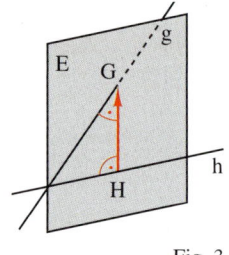

Fig. 3

11 Gegeben sind die Geraden $g: \vec{x} = \begin{pmatrix} 3 \\ 0 \\ -2 \end{pmatrix} + t \begin{pmatrix} -2 \\ 2 \\ 1 \end{pmatrix}$ und $h: \vec{x} = \begin{pmatrix} 8 \\ 6 \\ -7 \end{pmatrix} + t \begin{pmatrix} 2 \\ -1 \\ 0 \end{pmatrix}$.

a) Zeigen Sie, dass g und h windschief sind und bestimmen Sie den Abstand dieser Geraden.
b) Bestimmen Sie die Fußpunkte G auf g und H auf h des gemeinsamen Lotes von g und h.
c) Berechnen Sie mit Ihrem Ergebnis von b) die Länge von $\overline{GH}$. Vergleichen Sie mit a).

12 Das „alte Dach" in Fig. 4 benötigt zur Verstärkung einen Stützbalken zwischen der „Windrispe" $\overline{BD}$ und der Grundkante $\overline{OA}$. Er soll zu $\overline{BD}$ und $\overline{OA}$ orthogonal sein.
a) Bestimmen Sie die beiden Fußpunkte dieses gemeinsamen Lotes von $\overline{BD}$ und $\overline{OA}$.
b) Berechnen Sie aus a) die Länge des benötigten Stützbalkens. Kontrollieren Sie Ihr Ergebnis, indem Sie diese Länge direkt ausrechnen.

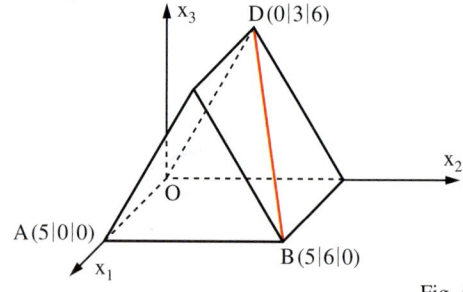

Fig. 4

13 Der Punkt A(4|1|6) liegt auf keiner der zueinander windschiefen Geraden

$g: \vec{x} = \begin{pmatrix} 2 \\ 1 \\ 5 \end{pmatrix} + t \begin{pmatrix} 1 \\ 0 \\ -1 \end{pmatrix}$, $h: \vec{x} = \begin{pmatrix} 2 \\ 3 \\ 3 \end{pmatrix} + t \begin{pmatrix} 1 \\ 2 \\ 1 \end{pmatrix}$.

Bestimmen Sie eine Gleichung einer Geraden k durch A, die g und h schneidet (Fig. 5).

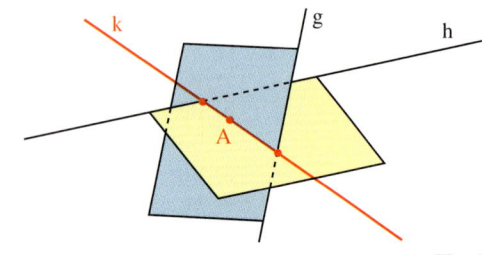

Fig. 5

154

12 Schnittwinkel

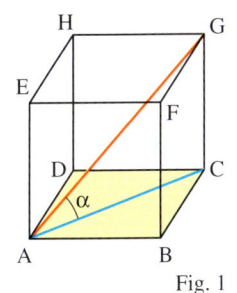

1 Die Raumdiagonalen eines Würfels schneiden sich in einem gemeinsamen Punkt. Berechnen Sie mithilfe eines geeigneten Skalarproduktes die Größe des Winkels zwischen zwei der Raumdiagonalen.

2 Die Raumdiagonale $\overline{AG}$ des Würfels bildet mit der Grundfläche ABCD einen Winkel α.
a) Welcher Zusammenhang besteht zwischen α und dem Winkel zwischen $\overrightarrow{AG}$ und $\overrightarrow{AE}$?
b) Berechnen Sie die Größe von α.

3 a) Fig. 2 zeigt einen Würfel mit einer Schnittebene. Alle Kanten, die die Ebene trifft, werden von ihr halbiert. Schätzen Sie, wie groß der Winkel zwischen dieser Ebene und der Grundfläche ABCD sein könnte. Versuchen Sie, Argumente für Ihre Antwort zu finden.
b) Bestimmen Sie geeignete Normalenvektoren dieser Ebene und der Grundfläche. Berechnen Sie die Größe ihres Zwischenwinkels. Wie hängt dieser mit dem Winkel zwischen den Ebenen zusammen?

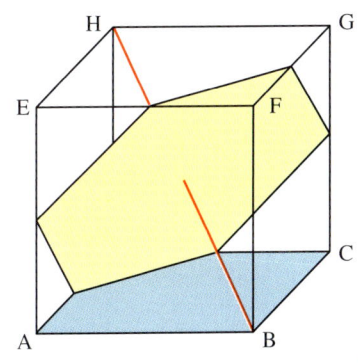

Fig. 1

Zu Aufgabe 3a) können Sie auch ein Kantenmodell des Würfels aus z. B. Draht, Holzzahnstochern oder Trinkhalmen basteln und mit einem Blatt Papier die Ebene markieren.

Fig. 2

Schneiden sich zwei Geraden g und h, so entstehen vier Winkel, je zwei der Größe ∢(g, h) = α und je zwei der Größe ∢(h, g) = 180° − α (Fig. 3). Im Folgenden wird unter dem **Schnittwinkel zweier Geraden** der Winkel verstanden, der kleiner oder gleich 90° ist.

Aus dem Skalarprodukt der Richtungsvektoren $\vec{u} \cdot \vec{v} = |\vec{u}| \cdot |\vec{v}| \cos(\alpha)$ ergibt sich:

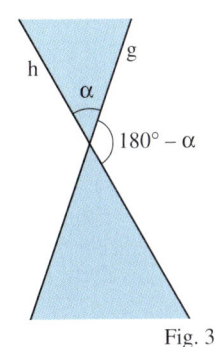

Fig. 3

Beachten Sie:
Die Betragsstriche im Zähler der Formel sichern, dass $\cos(\alpha) \geq 0$ und damit $0° \leq \alpha \leq 90°$ ist.

Satz 1: Schneiden sich die Geraden $g: \vec{x} = \vec{p} + t\vec{u}$ und $h: \vec{x} = \vec{q} + t\vec{v}$, dann gilt für ihren Schnittwinkel α: $\quad \cos(\alpha) = \dfrac{|\vec{u} \cdot \vec{v}|}{|\vec{u}| \cdot |\vec{v}|}$.

Betrachtet werden eine Gerade g und eine Ebene E, die sich schneiden. Ist g nicht orthogonal zu E, dann gibt es genau eine zu E orthogonale Ebene F durch g. Unter dem **Schnittwinkel zwischen der Geraden g und der Ebene E** versteht man dann den Schnittwinkel der Geraden g und s (Fig. 4).

In Fig. 4 ist die Ebene F orthogonal zur Ebene E. Die Pfeile des Normalenvektors $\vec{n}$ von E und der Richtungsvektoren $\vec{u}$ und $\vec{v}$ der Geraden g bzw. s liegen alle in der Ebene F. Da $\vec{n} \perp \vec{v}$, gilt für den Winkel zwischen $\vec{u}$ und $\vec{n}$:
$$\cos(90° - \alpha) = \frac{|\vec{u} \cdot \vec{n}|}{|\vec{u}| \cdot |\vec{n}|}$$
Mit $\cos(90° - \alpha) = \sin(\alpha)$ ist:
$$\sin(\alpha) = \frac{|\vec{u} \cdot \vec{n}|}{|\vec{u}| \cdot |\vec{n}|}.$$

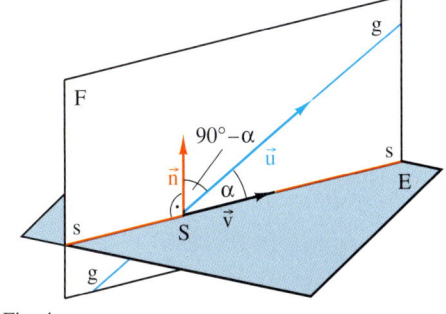

Fig. 4

155

Schnittwinkel

Dieser Satz gilt auch dann, wenn g ⊥ E.
Rechnen Sie nach!

Satz 2: Schneiden sich die Gerade $g: \vec{x} = \vec{p} + t\vec{u}$ und die Ebene $E: (\vec{x} - \vec{q}) \cdot \vec{n} = 0$, dann gilt für ihren Schnittwinkel α ($\leq 90°$):

$$\sin(\alpha) = \frac{|\vec{u} \cdot \vec{n}|}{|\vec{u}| \cdot |\vec{n}|}.$$

Betrachtet werden zwei Ebenen E_1 und E_2, die sich in einer Geraden s schneiden. Zu dieser Geraden s gibt es eine orthogonale Ebene F. Unter dem **Schnittwinkel der Ebenen** E_1 und E_2 versteht man dann den Schnittwinkel α der Schnittgeraden s_1 und s_2 von E_1 bzw. E_2 mit F (Fig. 1).

Fig. 2 zeigt diese Ebene F mit den Schnittgeraden s_1 und s_2 und dem Schnittwinkel α der Ebenen E_1 und E_2. Dieser Winkel ist gleich dem Winkel zwischen $\vec{n_1}$ und $\vec{n_2}$, den Normalenvektoren der Ebenen E_1 und E_2.

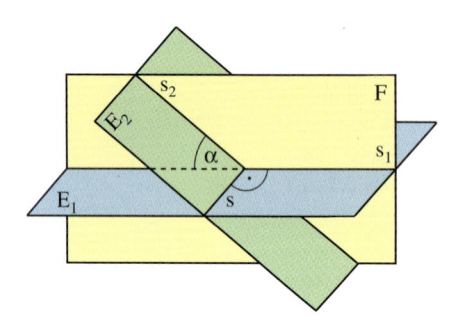

Fig. 1   Fig. 2

Satz 3: Schneiden sich zwei Ebenen mit den Normalenvektoren $\vec{n_1}$ und $\vec{n_2}$, dann gilt für ihren Schnittwinkel α ($\leq 90°$):

$$\cos(\alpha) = \frac{|\vec{n_1} \cdot \vec{n_2}|}{|\vec{n_1}| \cdot |\vec{n_2}|}.$$

Beispiel 1: (Schnittwinkel zweier Geraden)

Zeigen Sie, dass die Geraden $g: \vec{x} = \begin{pmatrix} 2 \\ 1 \\ -1 \end{pmatrix} + r \begin{pmatrix} 1 \\ 3 \\ 2 \end{pmatrix}$ und $h: \vec{x} = \begin{pmatrix} 5 \\ 3 \\ 0 \end{pmatrix} + s \begin{pmatrix} -2 \\ 1 \\ 1 \end{pmatrix}$ einen Schnittpunkt haben. Berechnen Sie dann den Schnittwinkel von g und h.

Lösung:
Berechnung des Schnittpunktes:
Gleichsetzen der Geradengleichungen ergibt das lineare Gleichungssystem:

$$\begin{cases} 2 + r = 5 - 2s \\ 1 + 3r = 3 + s \\ -1 + 2r = s \end{cases} \text{bzw.} \begin{cases} r + 2s = 3 \\ 3r - s = 2 \\ 2r - s = 1. \end{cases}$$

Beachten Sie:
Die Formel für den Schnittwinkel von Geraden führt auch dann zu einem „Ergebnis", wenn gar kein Schnittpunkt und damit kein Schnittwinkel existiert.

Aus der Lösung $s = 1$ (und $r = 1$) ergibt sich der Schnittpunkt $P(3|4|1)$.
Berechnung des Schnittwinkels:

$$\cos(\alpha) = \frac{|\vec{u} \cdot \vec{v}|}{|\vec{u}| \cdot |\vec{v}|} = \frac{|1 \cdot (-2) + 3 \cdot 1 + 2 \cdot 1|}{\sqrt{1^2 + 3^2 + 2^2} \cdot \sqrt{(-2)^2 + 1^2 + 1^2}} = \frac{3}{\sqrt{14} \cdot \sqrt{6}} = \frac{3}{2\sqrt{21}} = \frac{1}{14}\sqrt{21} \approx 0{,}3273.$$

und somit $\alpha \approx 70{,}9°$.

156

Schnittwinkel

Bemerkung:
Ergibt sich beim Einsetzen in die Formel für den Schnittwinkel zwischen Gerade und Ebene $\sin(\alpha) = 0$ und damit $\alpha = 0°$, so ist g parallel zu E. In diesem Fall hat g mit E keinen Punkt gemeinsam oder g liegt ganz in E.

Beispiel 2: (Schnittwinkel einer Geraden mit einer Ebene)

Berechnen Sie den Schnittwinkel zwischen der Geraden $g: \vec{x} = \begin{pmatrix} 3 \\ 0 \\ 1 \end{pmatrix} + t \begin{pmatrix} 1 \\ -1 \\ 2 \end{pmatrix}$

und der Ebene $E: 7x_1 - x_2 + 5x_3 = 24$.

Lösung:

Der Ebenengleichung kann man den Normalenvektor $\vec{n} = \begin{pmatrix} 7 \\ -1 \\ 5 \end{pmatrix}$ entnehmen. Damit ist

$\sin(\alpha) = \dfrac{|\vec{u} \cdot \vec{n}|}{|\vec{u}| \cdot |\vec{n}|} = \dfrac{|1 \cdot 7 + (-1) \cdot (-1) + 2 \cdot 5|}{\sqrt{1^2 + (-1)^2 + 2^2} \cdot \sqrt{7^2 + (-1)^2 + 5^2}} = \dfrac{18}{\sqrt{6} \cdot \sqrt{75}} = \dfrac{6}{5\sqrt{2}} = \dfrac{3}{5}\sqrt{2} \approx 0{,}8485$, also $\alpha \approx 58{,}1°$.

Bemerkung:
Auch für den Schnittwinkel zweier Ebenen gilt: Ergibt sich beim Einsetzen in die Formel $\cos(\alpha) = 1$ und damit $\alpha = 0°$, so sind die Ebenen zueinander parallel.

Beispiel 3: (Schnittwinkel zweier Ebenen)

Berechnen Sie den Schnittwinkel zwischen den Ebenen
$E_1: 2x_1 + x_2 - x_3 = 12$ und $E_2: -3x_1 + x_2 + x_3 = 7$.

Lösung:

Den Gleichungen entnimmt man die Normalenvektoren $\vec{n_1} = \begin{pmatrix} 2 \\ 1 \\ -1 \end{pmatrix}$ und $\vec{n_2} = \begin{pmatrix} -3 \\ 1 \\ 1 \end{pmatrix}$. Damit ist

$\cos(\alpha) = \dfrac{|\vec{n_1} \cdot \vec{n_2}|}{|\vec{n_1}| \cdot |\vec{n_2}|} = \dfrac{|2 \cdot (-3) + 1 \cdot 1 + (-1) \cdot 1|}{\sqrt{2^2 + 1^2 + (-1)^2} \cdot \sqrt{(-3)^2 + 1^2 + 1^2}} = \dfrac{6}{\sqrt{6} \cdot \sqrt{11}} = \dfrac{1}{11}\sqrt{66} \approx 0{,}7385$, also $\alpha \approx 42{,}4°$.

Aufgaben

Schnittwinkel zweier Geraden

4 Zeigen Sie, dass sich die Geraden mit den gegebenen Gleichungen im Raum schneiden, berechnen Sie dazu ihren Schnittpunkt. Berechnen Sie dann ihren Schnittwinkel.

a) $\vec{x} = \begin{pmatrix} 1 \\ 1 \\ 0 \end{pmatrix} + r \begin{pmatrix} 1 \\ 0 \\ 3 \end{pmatrix}$, $\vec{x} = \begin{pmatrix} 2 \\ 2 \\ 3 \end{pmatrix} + s \begin{pmatrix} 1 \\ -1 \\ 3 \end{pmatrix}$

b) $\vec{x} = \begin{pmatrix} 2 \\ 0 \\ 7 \end{pmatrix} + r \begin{pmatrix} 1 \\ 1 \\ 1 \end{pmatrix}$, $\vec{x} = \begin{pmatrix} 0 \\ 4 \\ -5 \end{pmatrix} + s \begin{pmatrix} 5 \\ 2 \\ 10 \end{pmatrix}$

c) $\vec{x} = \begin{pmatrix} 2 \\ 7 \\ 11 \end{pmatrix} + r \begin{pmatrix} 3 \\ 9 \\ -1 \end{pmatrix}$, $\vec{x} = \begin{pmatrix} 0 \\ 6 \\ -5 \end{pmatrix} + s \begin{pmatrix} 1 \\ 2 \\ 3 \end{pmatrix}$

d) $\vec{x} = r \begin{pmatrix} 4 \\ 5 \\ 6 \end{pmatrix}$, $\vec{x} = \begin{pmatrix} 6 \\ 4 \\ 7 \end{pmatrix} + s \begin{pmatrix} -2 \\ 1 \\ -1 \end{pmatrix}$

Zu Aufgabe 5:
In der Ebene haben zwei Geraden stets einen Schnittpunkt oder sind zueinander parallel. Man kann daher sofort die Formel für den Schnittwinkel benutzen. Im Fall der Parallelität ergibt sich $\alpha = 0°$.

5 Die durch die folgenden Gleichungen gegebenen Geraden liegen in der Ebene. Berechnen Sie ihren Schnittwinkel.

a) $\vec{x} = \begin{pmatrix} 2 \\ 1 \end{pmatrix} + r \begin{pmatrix} 1 \\ -1 \end{pmatrix}$, $\vec{x} = \begin{pmatrix} 5 \\ 0 \end{pmatrix} + s \begin{pmatrix} 3 \\ 2 \end{pmatrix}$

b) $\left[\vec{x} - \begin{pmatrix} 2 \\ 5 \end{pmatrix}\right] \cdot \begin{pmatrix} 2 \\ -1 \end{pmatrix} = 0$, $\left[\vec{x} - \begin{pmatrix} 3 \\ 7 \end{pmatrix}\right] \cdot \begin{pmatrix} 4 \\ 1 \end{pmatrix} = 0$

c) $\left[\vec{x} - \begin{pmatrix} 0 \\ 1 \end{pmatrix}\right] \cdot \begin{pmatrix} -2 \\ 5 \end{pmatrix} = 0$, $\vec{x} = \begin{pmatrix} 8 \\ 6 \end{pmatrix} + r \begin{pmatrix} 7 \\ -1 \end{pmatrix}$

d) $\vec{x} = \begin{pmatrix} -6 \\ 5 \end{pmatrix} + r \begin{pmatrix} 1 \\ 1 \end{pmatrix}$, $\vec{x} \cdot \begin{pmatrix} -1 \\ 2 \end{pmatrix} - 5 = 0$

6 In Fig. 1 sind A, B, C, D, E, F die Mittelpunkte der Flächen des Quaders.
Berechnen Sie die Winkel zwischen den Kanten:

a) $\overline{AB}$ und $\overline{BC}$ b) $\overline{BC}$ und $\overline{CD}$
c) $\overline{AE}$ und $\overline{EB}$ d) $\overline{EB}$ und $\overline{BF}$
e) $\overline{EC}$ und $\overline{CF}$ f) $\overline{EC}$ und $\overline{CD}$

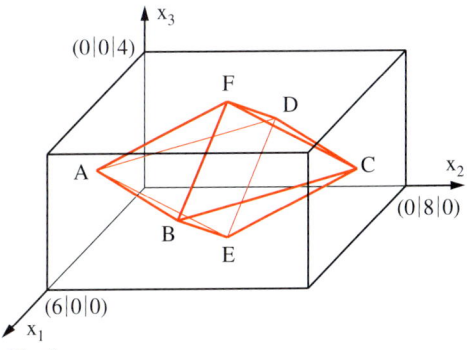

Fig. 1

157

Schnittwinkel

Schnittwinkel einer Geraden mit einer Ebene

7 Berechnen Sie den Schnittwinkel der Geraden $g: \vec{x} = \begin{pmatrix} 1 \\ 4 \\ 9 \end{pmatrix} + t \begin{pmatrix} 1 \\ 2 \\ 1 \end{pmatrix}$ mit der Ebene E.

a) $E: 3x_1 + 5x_2 - 2x_3 = 7$ b) $E: x_1 + 2x_2 + x_3 = 5$ c) $E: 2x_1 - 3x_2 + 4x_3 = 12$

8 In welchem Punkt und unter welchem Winkel schneidet die Gerade g die Ebene E?

a) $g: \vec{x} = t \begin{pmatrix} 4 \\ 3 \\ -1 \end{pmatrix}$, $E: 5x_1 + x_2 + x_3 = 22$ b) $g: \vec{x} = \begin{pmatrix} 2 \\ 4 \\ -9 \end{pmatrix} + t \begin{pmatrix} 1 \\ 4 \\ -2 \end{pmatrix}$, $E: x_1 + 5x_2 + 7x_3 = -27$

c) $g: \vec{x} = \begin{pmatrix} 6 \\ 0 \\ 0 \end{pmatrix} + t \begin{pmatrix} 1 \\ -1 \\ 1 \end{pmatrix}$, $E: 2x_1 + x_2 + x_3 = 0$ d) $g: \vec{x} = \begin{pmatrix} 9 \\ -5 \\ 2 \end{pmatrix} + t \begin{pmatrix} 6 \\ 1 \\ 3 \end{pmatrix}$, $E: 6x_1 + x_2 + 3x_3 = 9$

e) $g: \vec{x} = \begin{pmatrix} 3 \\ 6 \\ 9 \end{pmatrix} + t \begin{pmatrix} -1 \\ 2 \\ 0 \end{pmatrix}$, $E: \left[\vec{x} - \begin{pmatrix} 8 \\ 0 \\ 1 \end{pmatrix}\right] \cdot \begin{pmatrix} 4 \\ 5 \\ 1 \end{pmatrix} = 0$ f) $g: \vec{x} = \begin{pmatrix} 1 \\ 1 \\ 1 \end{pmatrix} + t \begin{pmatrix} 4 \\ 5 \\ 1 \end{pmatrix}$, $E: \vec{x} = \begin{pmatrix} 4 \\ 0 \\ 1 \end{pmatrix} + r \begin{pmatrix} 7 \\ 1 \\ 0 \end{pmatrix} + s \begin{pmatrix} 1 \\ 2 \\ 3 \end{pmatrix}$

9 Bestimmen Sie für die dreiseitige Pyramide von Fig. 1 die Winkel
a) zwischen den Kanten $\overline{AD}$, $\overline{BD}$, $\overline{CD}$ und der Dreiecksfläche ABC,
b) zwischen den Kanten $\overline{AC}$, $\overline{BC}$, $\overline{CD}$ und der Dreiecksfläche ABD.

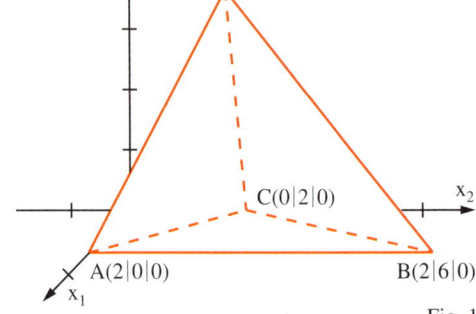

Zur Erinnerung:
Ein Tetraeder ist eine dreiseitige Pyramide, bei der alle Kanten gleich lang sind.

10 Gegeben ist ein Tetraeder mit den Ecken A, B, C, D.
Unter welchem Winkel ist die Kante $\overline{AD}$ zur Fläche ABC geneigt?

Fig. 1 (Tetraeder mit D(1|2|4), C(0|2|0), A(2|0|0), B(2|6|0))

11 Untersuchen Sie durch Berechnung des Schnittwinkels, ob die Gerade g zur Ebene E parallel ist und gegebenenfalls, ob g in E liegt.

a) $g: \vec{x} = \begin{pmatrix} 1 \\ 1 \\ 2 \end{pmatrix} + t \begin{pmatrix} 1 \\ 2 \\ 3 \end{pmatrix}$, $E: x_1 - 2x_2 + x_3 = 1$ b) $g: \vec{x} = \begin{pmatrix} 2 \\ 3 \\ 1 \end{pmatrix} + t \begin{pmatrix} 1 \\ 9 \\ 3 \end{pmatrix}$, $E: 3x_1 - x_2 + 2x_3 = 2$

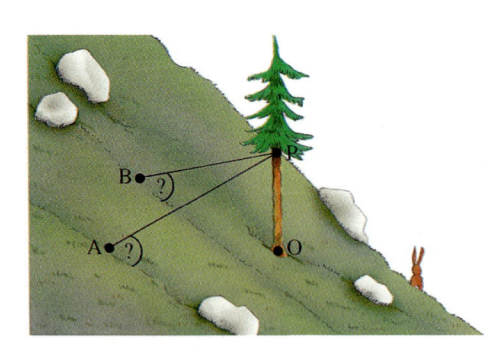

12 Eine sturmgefährdete Fichte an einem gleichmäßig geneigten Hang soll mit Seilen in den Punkten A und B befestigt werden. Mit einem passenden Koordinatensystem (1 Einheit = 1 m) steht die Fichte im Ursprung O und es ist A(3|−4|2) und B(−5|−2|1). Die Seile werden in einer Höhe von 5 m an der Fichte befestigt. Berechnen Sie die Winkel, die die Seile mit der Hangebene bilden.

13 Gegeben sind die Ebenen $E_k: x_1 + (k-1)x_2 + (k+1)x_3 = 5$ (mit $k \in \mathbb{R}$) und die Gerade g durch die Punkte A(−4|5|4) und B(−3|7|2).
Für welche reelle Zahl k schneiden sich die Ebene E_k und die Gerade g in einem Winkel
a) von 30°,   b) von 45°,   c) von 60°?

158

Schnittwinkel zweier Ebenen

14 Berechnen Sie den Schnittwinkel zwischen den Ebenen E_1 und E_2.

a) $E_1: \left[\vec{x} - \begin{pmatrix} 1 \\ 2 \\ 0 \end{pmatrix}\right] \cdot \begin{pmatrix} 5 \\ 0 \\ 1 \end{pmatrix} = 0$, $E_2: \left[\vec{x} - \begin{pmatrix} 2 \\ 3 \\ 7 \end{pmatrix}\right] \cdot \begin{pmatrix} 6 \\ 1 \\ 0 \end{pmatrix} = 0$

b) $E_1: x_1 + x_2 + x_3 = 10$, $E_2: x_1 - x_2 + 7x_3 = 0$

c) $E_1: 3x_1 + 5x_2 = 0$, $E_2: 2x_1 - 3x_2 - 3x_3 = 13$

15 Bestimmen Sie Normalenvektoren der gegebenen Ebenen E_1 und E_2. Berechnen Sie den Schnittwinkel zwischen den Ebenen.

a) $E_1: 6x_1 - 7x_2 + 2x_3 = 13$, $E_2: \vec{x} = \begin{pmatrix} 2 \\ 1 \\ 9 \end{pmatrix} + r\begin{pmatrix} 3 \\ 1 \\ 2 \end{pmatrix} + s\begin{pmatrix} 2 \\ -1 \\ 0 \end{pmatrix}$

b) $E_1: \vec{x} = \begin{pmatrix} 2 \\ 4 \\ 9 \end{pmatrix} + r\begin{pmatrix} 5 \\ 1 \\ 0 \end{pmatrix} + s\begin{pmatrix} 6 \\ 2 \\ 1 \end{pmatrix}$, $E_2: \vec{x} = \begin{pmatrix} 7 \\ 11 \\ 1 \end{pmatrix} + r\begin{pmatrix} 1 \\ 0 \\ 1 \end{pmatrix} + s\begin{pmatrix} 6 \\ 1 \\ 5 \end{pmatrix}$

16 Bestimmen Sie für die dreiseitige Pyramide von Fig. 1 der vorherigen Seite die Winkel zwischen je zwei der vier Flächen der Pyramide.

17 Berechnen Sie für die Ebene E die Winkel $\alpha_1, \alpha_2, \alpha_3$, die sie mit den Koordinatenebenen einschließt, sowie die Winkel $\beta_1, \beta_2, \beta_3$, unter denen sie von den Koordinatenachsen geschnitten wird.

a) $E: 2x_1 - x_2 + 5x_3 = 1$ b) $E: 4x_1 + 3x_2 + 2x_3 = 5$ c) $E: 2x_1 + 5x_2 = 7$

18 Eine Ebene $E: a_1x_1 + a_2x_2 + a_3x_3 = b$ soll durch den Ursprung gehen und mit den drei Koordinatenebenen jeweils den gleichen Winkel einschließen.
Bestimmen Sie die Koeffizienten a_1, a_2 und a_3 sowie b. Berechnen Sie auch den Winkel.

Beachten Sie:
Die Winkel zwischen den Flächen geometrischer Körper müssen nicht unbedingt gleich dem Schnittwinkel der Ebenen sein. So ergibt die Formel für den Schnittwinkel der Ebenen stets einen spitzen Winkel. Der Winkel zwischen zwei Flächen kann aber auch der Nebenwinkel dieses Schnittwinkels sein.

19 Bestimmen Sie alle Ebenen, die mit der Ebene $E: 3x_1 + 4x_3 = 0$ die Punkte $A(0|0|0)$ und $B(4|0|-3)$ gemeinsam haben und E unter einem Winkel von 30° schneiden.

20 a) Verbindet man die Mittelpunkte der Flächen eines Würfels, so erhält man ein Oktaeder (Fig. 1). Begründen Sie ohne Rechnung, dass die Flächen des Oktaeders gleichseitige Dreiecke sind.
b) Betrachten Sie zwei der Dreiecksflächen des Oktaeders,
(1) die eine gemeinsame Kante haben,   (2) die nur einen gemeinsamen Punkt haben.
Berechnen Sie jeweils den Winkel zwischen den Ebenen durch diese beiden Flächen.

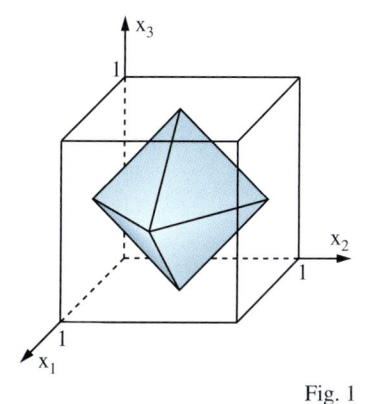

21 a) Verbindet man die Mittelpunkte der Kanten eines Würfels, so erhält man ein Kuboktaeder (Fig. 2). Begründen Sie ohne Rechnung, dass die Flächen des Kuboktaeders gleichseitige Dreiecke und Quadrate sind.
b) Betrachten Sie
(1) eine Dreiecksfläche und ein Quadrat mit gemeinsamer Kante,
(2) zwei der Dreiecksflächen mit einem gemeinsamen Punkt.
Berechnen Sie jeweils den Winkel zwischen den Ebenen durch diese beiden Flächen.

Fig. 1   Fig. 2

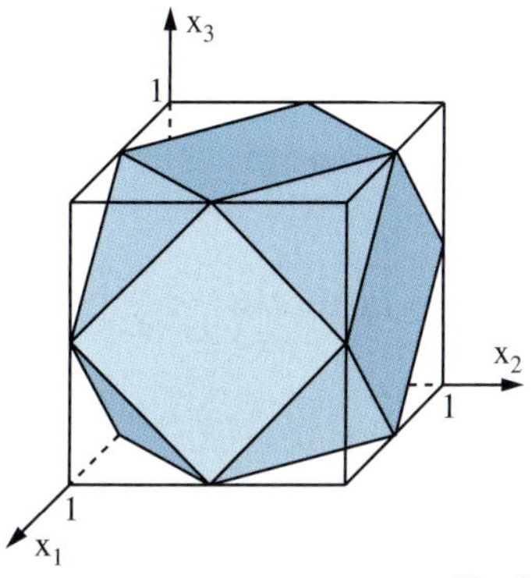

13 Das Vektorprodukt

1 a) Das Parallelogramm OACB wird von den Vektoren $\vec{a} = \begin{pmatrix} 3 \\ 6 \\ 6 \end{pmatrix}$ und $\vec{b} = \begin{pmatrix} 5 \\ -2 \\ 4 \end{pmatrix}$ aufgespannt. Berechnen Sie seinen Flächeninhalt.

b) Bestimmen Sie alle zu $\vec{a}$ und $\vec{b}$ orthogonalen Vektoren $\vec{n}$, deren Betrag gleich dem Flächeninhalt des Parallelogramms OACB ist.

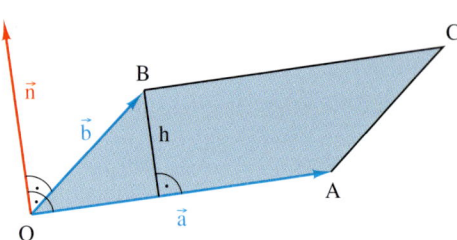

Fig. 1

Beim Skalarprodukt wird zwei Vektoren der Ebene oder des Raumes durch $\vec{a} \cdot \vec{b} = |\vec{a}| \cdot |\vec{b}| \cos(\varphi)$ eine reelle Zahl zugeordnet. **Im Raum** kann man darüber hinaus ein **Vektorprodukt** $\vec{a} \times \vec{b} = \vec{c}$ definieren, das zwei Vektoren $\vec{a}, \vec{b}$ einen Vektor $\vec{c}$ zuordnet. Man wählt dabei als Richtung von $\vec{c}$ die eines Normalenvektors der von $\vec{a}$ und $\vec{b}$ aufgespannten Ebene.

Die Koordinaten x_1, x_2, x_3 eines Vektors $\vec{c}$, der orthogonal zu $\vec{a}$ und $\vec{b}$ ist, müssen das LGS

$\begin{cases} a_1 x_1 + a_2 x_2 + a_3 x_3 = 0 \\ b_1 x_1 + b_2 x_2 + b_3 x_3 = 0 \end{cases}$ erfüllen. Eine mögliche Lösung dieses LGS ist

$(a_2 b_3 - a_3 b_2;\ a_3 b_1 - a_1 b_3;\ a_1 b_2 - a_2 b_1)$, woraus sich $\vec{c} = \begin{pmatrix} a_2 b_3 - a_3 b_2 \\ a_3 b_1 - a_1 b_3 \\ a_1 b_2 - a_2 b_1 \end{pmatrix}$ ergibt.

Beachten Sie:
Das Vektorprodukt ist nur für Vektoren im $\mathbb{R}^3$ definiert.

Definition: Für Vektoren $\vec{a} = \begin{pmatrix} a_1 \\ a_2 \\ a_3 \end{pmatrix}$, $\vec{b} = \begin{pmatrix} b_1 \\ b_2 \\ b_3 \end{pmatrix}$ heißt $\vec{a} \times \vec{b} = \begin{pmatrix} a_2 b_3 - a_3 b_2 \\ a_3 b_1 - a_1 b_3 \\ a_1 b_2 - a_2 b_1 \end{pmatrix}$ (lies: „$\vec{a}$ Kreuz $\vec{b}$") das **Vektorprodukt** von $\vec{a}$ und $\vec{b}$.

Sind $\vec{a}$ und $\vec{b}$ linear abhängig, z. B. $\vec{b} = r \cdot \vec{a}$, dann ist

$\vec{a} \times \vec{b} = \vec{a} \times r\vec{a} = \begin{pmatrix} a_2 r a_3 - a_3 r a_2 \\ a_3 r a_1 - a_1 r a_3 \\ a_1 r a_2 - a_2 r a_1 \end{pmatrix} = \begin{pmatrix} 0 \\ 0 \\ 0 \end{pmatrix} = \vec{o}$.

Ferner gilt für das Vektorprodukt:

*Dreht man den Korkenzieher in Richtung von $\vec{a}$ nach $\vec{b}$ (also rechts herum), so bewegt er sich (im Korken) in Richtung von $\vec{a} \times \vec{b}$. Man sagt dazu: Die Vektoren bilden ein **Rechtssystem**.*
Auch die x_1-, x_2- und x_3-Achse des Koordinatensystems bilden ein solches Rechtssystem.

Satz 1: Für Vektoren $\vec{a}$ und $\vec{b}$ und $\vec{c} = \vec{a} \times \vec{b}$ im $\mathbb{R}^3$ gilt:
(1) $\vec{c}$ ist orthogonal zu $\vec{a}$ und zu $\vec{b}$.
(2) $\vec{a}, \vec{b}$ und $\vec{c}$ bilden ein „Rechtssystem".
(3) Der Betrag von $\vec{c}$ ist gleich dem Flächeninhalt des von $\vec{a}$ und $\vec{b}$ aufgespannten Parallelogramms:
$|\vec{c}| = |\vec{a} \times \vec{b}| = |\vec{a}| \cdot |\vec{b}| \cdot \sin(\varphi)$.

Fig. 2

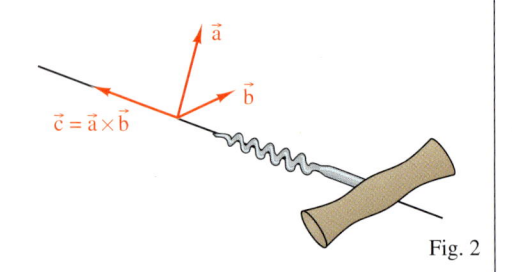

Der Beweis von (1) erfolgt durch Nachrechnen (vgl. Aufgabe 11).

Das Vektorprodukt

Zum Beweis von (2) legt man das Koordinatensystem so, dass die x_1-Achse die Richtung von $\vec{a}$ hat und die x_1x_2-Ebene mit der von $\vec{a}$ und $\vec{b}$ aufgespannten Ebene zusammenfällt.

Damit ist $\vec{a} \times \vec{b} = \begin{pmatrix} a_1 \\ 0 \\ 0 \end{pmatrix} \times \begin{pmatrix} b_1 \\ b_2 \\ 0 \end{pmatrix} = \begin{pmatrix} 0 \\ 0 \\ a_1 b_2 \end{pmatrix}$. Mit $a_1 > 0$ und $b_2 > 0$ ist $a_1 b_2 > 0$, also hat $\vec{a} \times \vec{b}$ die Richtung der x_3-Achse. $\vec{a}, \vec{b}$ und $\vec{a} \times \vec{b}$ bilden somit ein Rechtssystem.

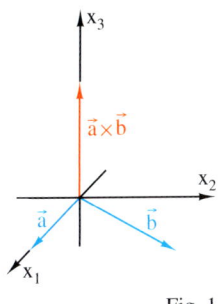

Fig. 1

Beweis von (3): Für $\vec{a}$ und $\vec{b}$ gilt
$$\begin{aligned}(\vec{a} \times \vec{b})^2 &= (a_2 b_3 - a_3 b_2)^2 + (a_3 b_1 - a_1 b_3)^2 + (a_1 b_2 - a_2 b_1)^2 \\ &= a_2^2 b_3^2 + a_3^2 b_2^2 + a_1^2 b_3^2 + a_3^2 b_1^2 + a_1^2 b_2^2 + a_2^2 b_1^2 - 2(a_2 a_3 b_2 b_3 + a_1 a_3 b_1 b_3 + a_1 a_2 b_1 b_2) \\ &= (a_1^2 + a_2^2 + a_3^2)(b_1^2 + b_2^2 + b_3^2) - (a_1 b_1 + a_2 b_2 + a_3 b_3)^2 \\ &= |\vec{a}|^2 \cdot |\vec{b}|^2 - (\vec{a} \cdot \vec{b})^2 \\ &= |\vec{a}|^2 \cdot |\vec{b}|^2 - |\vec{a}|^2 \cdot |\vec{b}|^2 \cdot \cos^2(\varphi) \\ &= |\vec{a}|^2 \cdot |\vec{b}|^2 \cdot (1 - \cos^2(\varphi)) \\ &= |\vec{a}|^2 \cdot |\vec{b}|^2 \cdot \sin^2(\varphi).\end{aligned}$$

Wegen $0° \leq \varphi \leq 180°$ ist $\sin(\varphi) \geq 0$, also folgt
$|\vec{a} \times \vec{b}| = |\vec{a}| \cdot |\vec{b}| \cdot \sin(\varphi)$.

Fig. 2 entnimmt man, dass $|\vec{a} \times \vec{b}|$ zugleich der Flächeninhalt des von $\vec{a}$ und $\vec{b}$ aufgespannten Parallelogramms ist.

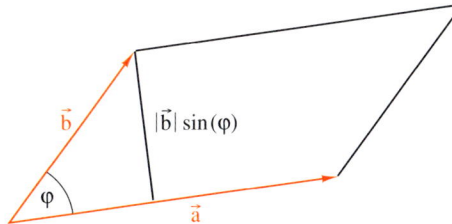

Fig. 2

Die Eigenschaft (3) ermöglicht auch, das Volumen V eines Spats zu berechnen:
Für den Flächeninhalt A der Grundfläche des Spats in Fig. 3 gilt:
$A = |\vec{a} \times \vec{b}|$.
Für die Höhe h des Prismas gilt:
$h = |\vec{c}| \cdot \cos(\beta)$. Damit ist
$V = A \cdot h = |\vec{a} \times \vec{b}| \cdot |\vec{c}| \cdot \cos(\beta)$.
Dieser Term ist aber zugleich das Skalarprodukt von $\vec{a} \times \vec{b}$ mit $\vec{c}$.

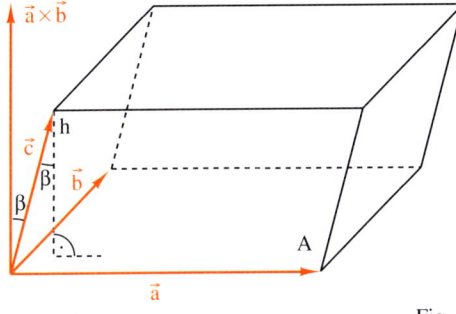

Fig. 3

*Der Term $|(\vec{a} \times \vec{b}) \cdot \vec{c}|$ wird auch als **Spatprodukt** bezeichnet.*

Satz 2: Der von den Vektoren $\vec{a}, \vec{b}, \vec{c}$ aufgespannte Spat hat das Volumen
$$V = |(\vec{a} \times \vec{b}) \cdot \vec{c}|.$$

Beispiel 1: (Bestimmung eines Normalenvektors und eines Flächeninhalts)
Gegeben ist eine Ebene E durch die Punkte $A(2|5|-1)$, $B(3|7|2)$ und $C(9|6|3)$.
a) Bestimmen Sie mithilfe eines Vektorproduktes einen Normalenvektor der Ebene E.
b) Berechnen Sie den Flächeninhalt des Dreiecks ABC mithilfe des Vektorproduktes.
Lösung:
a) Jedes Vektorprodukt von zwei Spannvektoren der Ebene ergibt einen Normalenvektor:

Will man aus einer Ebenengleichung in Parameterform eine in Koordinatenform bestimmen, so kann man mithilfe des Vektorproduktes schnell einen Normalenvektor finden.

z. B. $\vec{n} = \overrightarrow{AB} \times \overrightarrow{AC} = \begin{pmatrix} 1 \\ 2 \\ 3 \end{pmatrix} \times \begin{pmatrix} 7 \\ 1 \\ 4 \end{pmatrix} = \begin{pmatrix} 2 \cdot 4 - 3 \cdot 1 \\ 3 \cdot 7 - 1 \cdot 4 \\ 1 \cdot 1 - 2 \cdot 7 \end{pmatrix} = \begin{pmatrix} 5 \\ 17 \\ -13 \end{pmatrix}$.

b) Der Flächeninhalt des Dreiecks ist die Hälfte des von den Vektoren $\overrightarrow{AB}$ und $\overrightarrow{AC}$ aufgespannten Parallelogramms.
Flächeninhalt des Dreiecks: $A = \frac{1}{2} |\overrightarrow{AB} \times \overrightarrow{AC}| = \frac{1}{2}\sqrt{5^2 + 17^2 + 13^2} = \frac{1}{2}\sqrt{483} \approx 10{,}99$

161

Das Vektorprodukt

Beispiel 2: (Volumenbestimmung)

Gegeben sind die Vektoren $\vec{a} = \begin{pmatrix} 2 \\ 3 \\ 5 \end{pmatrix}$, $\vec{b} = \begin{pmatrix} 2 \\ -1 \\ 7 \end{pmatrix}$ und $\vec{c} = \begin{pmatrix} 3 \\ 9 \\ 2 \end{pmatrix}$.

a) Berechnen Sie das Volumen der von $\vec{a}, \vec{b}$ und $\vec{c}$ aufgespannten dreiseitigen Pyramide.
b) Sind die Vektoren $\vec{a}, \vec{b}, \vec{c}$ linear unabhängig?

Lösung:

a) Die dreieckige Grundfläche der Pyramide ist die Hälfte des von $\vec{a}$ und $\vec{b}$ aufgespannten Parallelogramms. Damit ist das Pyramidenvolumen $\frac{1}{6}$ des Volumens des Spats.

Für das Volumen der Pyramide gilt daher:

$$V = \tfrac{1}{6}|(\vec{a} \times \vec{b}) \cdot \vec{c}| = \tfrac{1}{6}\left|\left(\begin{pmatrix} 2 \\ 3 \\ 5 \end{pmatrix} \times \begin{pmatrix} 2 \\ -1 \\ 7 \end{pmatrix}\right) \cdot \begin{pmatrix} 3 \\ 9 \\ 2 \end{pmatrix}\right| = \tfrac{1}{6}\left|\begin{pmatrix} 26 \\ -4 \\ -8 \end{pmatrix} \cdot \begin{pmatrix} 3 \\ 9 \\ 2 \end{pmatrix}\right| = \tfrac{1}{6} \cdot 26 = \tfrac{13}{3}.$$

b) Da das Volumen des Spats nicht 0 ist, sind die Vektoren $\vec{a}, \vec{b}, \vec{c}$ linear unabhängig.

Aufgaben

2 Berechnen Sie für $\vec{a} = \begin{pmatrix} 2 \\ 1 \\ 5 \end{pmatrix}$, $\vec{b} = \begin{pmatrix} 3 \\ 2 \\ 1 \end{pmatrix}$ und $\vec{c} = \begin{pmatrix} -1 \\ 5 \\ 0 \end{pmatrix}$ die Vektoren

a) $\vec{a} \times \vec{b}$, $\vec{b} \times \vec{c}$ und $\vec{c} \times \vec{a}$,
b) $\vec{a} \times (\vec{b} \times \vec{c})$ und $(\vec{a} \times \vec{b}) \times \vec{c}$.

3 Berechnen Sie den Flächeninhalt des Dreiecks ABC.
a) A(4|7|5), B(0|5|9), C(8|7|3)
b) A(−1|0|5), B(2|2|2), C(2|2|0)

4 Berechnen Sie das Volumen einer Pyramide mit den Ecken
a) A(0|0|0), B(1|7|3), C(2|−3|4), D(6|1|10),
b) A(1|−2|12), B(11|3|5), C(3|5|8), D(19|4|4).

5 Untersuchen Sie mithilfe des Vektorproduktes auf lineare Unabhängigkeit.

a) $\begin{pmatrix} -1 \\ 5 \\ 6 \end{pmatrix}, \begin{pmatrix} 8 \\ 2 \\ 1 \end{pmatrix}, \begin{pmatrix} -2 \\ 0 \\ 5 \end{pmatrix}$
b) $\begin{pmatrix} 7 \\ 3 \\ 8 \end{pmatrix}, \begin{pmatrix} -5 \\ 6 \\ 9 \end{pmatrix}, \begin{pmatrix} 17 \\ -9 \\ -10 \end{pmatrix}$
c) $\begin{pmatrix} 1 \\ 7 \\ 1 \end{pmatrix}, \begin{pmatrix} -8 \\ 8 \\ 18 \end{pmatrix}, \begin{pmatrix} 7 \\ 2 \\ 2 \end{pmatrix}$

In der Physik kann das Vektorprodukt an mehreren Stellen benutzt werden. Ein Beispiel ist die Lorentzkraft:

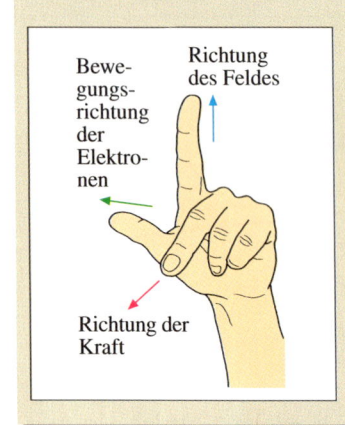

Bewegt sich ein Elektron quer zu einem Magnetfeld, so wirkt auf es die so genannte Lorentzkraft. Ihre Richtung wird in der Physik durch die „Drei-Finger-Regel" der linken Hand beschrieben. Mathematisch steckt das Vektorprodukt dahinter. Beschreibt man die Richtung der Feldlinien durch einen Vektor $\vec{b}$, die Bewegungsrichtung durch einen Vektor $\vec{v}$, so hat die Lorentzkraft die Richtung von $\vec{b} \times \vec{v}$.

6 Gegeben ist eine dreiseitige Pyramide mit den Ecken A(3|−6|1), B(−2|−2|13), C(6|−2|5) und der Spitze S(−6|12|1).

a) Bestimmen Sie einen Normalenvektor der Ebene durch A, B, C.
b) Berechnen Sie den Inhalt der Grundfläche ABC.
c) Berechnen Sie das Volumen der Pyramide.
d) Bestimmen Sie aus b) und c) die Höhe der Pyramide.

7 Gegeben sind der Punkt P(4|7|−2) und die Ebenen E: $x_1 − 2x_2 + x_3 = 2$,
F: $3x_1 + x_2 − x_3 = 5$.
Eine Gerade g durch den Punkt P ist parallel zu E und zu F. Bestimmen Sie mithilfe eines Vektorproduktes eine Gleichung von g.

Zur Eigenschaft (4):

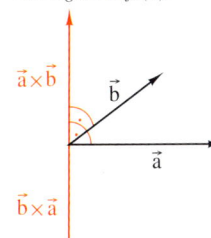

8 Beweisen Sie die folgenden weiteren Eigenschaften des Vektorproduktes durch Nachrechnen:
(4) $\vec{b} \times \vec{a} = -\vec{a} \times \vec{b}$ für alle $\vec{a}, \vec{b} \in \mathbb{R}^3$,
(5) $\vec{a} \times (\vec{b} + \vec{c}) = (\vec{a} \times \vec{b}) + (\vec{a} \times \vec{c})$ für alle $\vec{a}, \vec{b}, \vec{c} \in \mathbb{R}^3$,
(6) $\vec{a} \times (r\vec{b}) = r(\vec{a} \times \vec{b})$ für alle $\vec{a}, \vec{b} \in \mathbb{R}^3$ und $r \in \mathbb{R}$.

9 Gilt für das Vektorprodukt das Assoziativgesetz? Berechnen Sie $(\vec{a} \times \vec{b}) \times \vec{c}$ und $\vec{a} \times (\vec{b} \times \vec{c})$ für $\vec{a} = \begin{pmatrix} 1 \\ 0 \\ 2 \end{pmatrix}$; $\vec{b} = \begin{pmatrix} 3 \\ 1 \\ 0 \end{pmatrix}$; $\vec{c} = \begin{pmatrix} 1 \\ -1 \\ 2 \end{pmatrix}$.

10 Beweisen Sie:
$\vec{a} \cdot (\vec{b} \times \vec{c}) = (\vec{a} \times \vec{b}) \cdot \vec{c}$ für alle $\vec{a}, \vec{b}, \vec{c} \in \mathbb{R}^3$.

11 a) Zeigen Sie, dass $(\vec{a} \times \vec{b}) \cdot \vec{a} = 0$ und $(\vec{a} \times \vec{b}) \cdot \vec{b} = 0$ für alle $\vec{a}, \vec{b} \in \mathbb{R}^3$ gilt. Was haben Sie damit bewiesen?
b) Bestimmen Sie $(\vec{a} \times \vec{b}) \cdot (3\vec{a} + 2\vec{b})$; $(-\vec{a} \times \vec{b}) \cdot (\vec{b} - 5\vec{a})$.
c) Beweisen Sie:
Ist $\vec{d} = \vec{c} + r \cdot \vec{a} + s \cdot \vec{b}$, so gilt $(\vec{a} \times \vec{b}) \cdot \vec{c} = (\vec{a} \times \vec{b}) \cdot \vec{d}$.

12 Drei Seiten vorher wurde gezeigt, dass für linear abhängige Vektoren $\vec{a}, \vec{b}$ des $\mathbb{R}^3$ gilt: $\vec{a} \times \vec{b} = \vec{o}$. Beweisen Sie jetzt die Umkehrung:
Wenn $\vec{a} \times \vec{b} = \vec{o}$, dann sind $\vec{a}, \vec{b}$ linear abhängig.

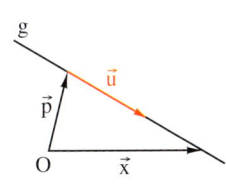

13 a) Zeigen Sie mithilfe des in Aufgabe 12 untersuchten Zusammenhangs:
(1) Gegeben ist eine Gerade $g: \vec{x} = \vec{p} + t\vec{u}$:
Aus $\vec{x} = \vec{p} + t\vec{u}$ folgt $\vec{u} \times (\vec{x} - \vec{p}) = \vec{o}$.
(2) Jede Gleichung der Form $\vec{u} \times (\vec{x} - \vec{p}) = \vec{o}$ mit $\vec{u} \neq \vec{o}$ beschreibt eine Gerade mit dem Richtungsvektor $\vec{u}$ und dem Stützvektor $\vec{p}$.
b) Geben Sie eine Gleichung der Geraden $g: \begin{pmatrix} 1 \\ 3 \\ -1 \end{pmatrix} \times \vec{x} = \vec{o}$ in Parameterform an.

14 a) Begründen Sie, dass $(\vec{u} \times \vec{v}) \cdot (\vec{x} - \vec{p}) = 0$ eine Gleichung der Ebene mit dem Stützvektor $\vec{p}$ und den Spannvektoren $\vec{u}, \vec{v}$ beschreibt.
b) Geben Sie eine Koordinatengleichung der Ebene $E: \left(\begin{pmatrix} 2 \\ 0 \\ -3 \end{pmatrix} \times \begin{pmatrix} 3 \\ -5 \\ 2 \end{pmatrix} \right) \cdot \left(\vec{x} - \begin{pmatrix} 4 \\ -1 \\ 0 \end{pmatrix} \right) = 0$ an.

15 Im Kapitel I, Seite 18, haben Sie Determinanten kennen gelernt. Es besteht ein Zusammenhang zwischen Dreierdeterminanten und dem Spatprodukt $(\vec{a} \times \vec{b}) \cdot \vec{c}$.
a) Zeigen Sie, dass gilt:
$\begin{vmatrix} a_1 & b_1 & c_1 \\ a_2 & b_2 & c_2 \\ a_3 & b_3 & c_3 \end{vmatrix} = \left(\begin{pmatrix} a_1 \\ a_2 \\ a_3 \end{pmatrix} \times \begin{pmatrix} b_1 \\ b_2 \\ b_3 \end{pmatrix} \right) \cdot \begin{pmatrix} c_1 \\ c_2 \\ c_3 \end{pmatrix}$.
b) Berechnen Sie das Volumen der Pyramide von Beispiel 2 mithilfe einer Determinante.

16 Beweisen oder widerlegen Sie:
a) Der Flächeninhalt eines Parallelogramms, das von zwei Vektoren mit ganzzahligen Koordinaten aufgespannt wird, ist ganzzahlig.
b) Das Volumen eines Spats, der von drei Vektoren mit ganzzahligen Koordinaten aufgespannt wird, ist ganzzahlig.

163

14 Vermischte Aufgaben

1 Skizzieren Sie das Dreieck ABC in einem Koordinatensystem. Berechnen Sie die Längen der Seiten und die Größe der Winkel des Dreiecks.
a) A(1|1|1), B(6,5|2|5), C(4|8|2) b) A(4,5|1|4), B(10,5|2|0), C(9|5|−2)

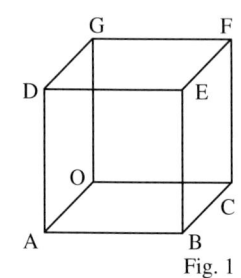

2 Zeichnen Sie in ein Koordinatensystem einen Würfel OABCDEFG mit O(0|0|0) und der Kantenlänge 6.
Tragen Sie das Dreieck ACG ein. Berechnen Sie die Längen der Seiten und die Größen der Winkel des Dreiecks.

Fig. 1

3 Bestimmen Sie die Koordinaten p_1, p_2 von $P(p_1|p_2|5)$ so, dass für $A(2|-1|3)$ und $B(-4|6|8)$ gilt: $|\overrightarrow{PA}| = 7$ und $|\overrightarrow{PB}| = 5$.

4 Bestimmen Sie alle reellen Zahlen a so, dass $\left|\begin{pmatrix} a \\ 2a \\ a-1 \end{pmatrix}\right| = 7$.

5 Bestimmen Sie Zahlen r und s so, dass $\vec{a} - r\vec{b} - s\vec{c}$ orthogonal zu $\vec{b}$ und zu $\vec{c}$ ist.
a) $\vec{a} = \begin{pmatrix} -9 \\ 11 \\ 2 \end{pmatrix}$, $\vec{b} = \begin{pmatrix} -4 \\ 0 \\ 1 \end{pmatrix}$, $\vec{c} = \begin{pmatrix} -1 \\ 1 \\ -2 \end{pmatrix}$ b) $\vec{a} = \begin{pmatrix} 9 \\ 11 \\ 3 \end{pmatrix}$, $\vec{b} = \begin{pmatrix} 1 \\ 1 \\ -1 \end{pmatrix}$, $\vec{c} = \begin{pmatrix} 3 \\ -4 \\ -2 \end{pmatrix}$

6 Bestimmen Sie alle Vektoren $\vec{x}$, die zu $\vec{a}$ und zu $\vec{b}$ orthogonal sind.
a) $\vec{a} = \begin{pmatrix} 1 \\ 1 \\ 0 \end{pmatrix}$, $\vec{b} = \begin{pmatrix} 3 \\ -4 \\ 5 \end{pmatrix}$ b) $\vec{a} = \begin{pmatrix} -2 \\ 1 \\ 1 \end{pmatrix}$, $\vec{b} = \begin{pmatrix} 7 \\ 0 \\ 3 \end{pmatrix}$ c) $\vec{a} = \begin{pmatrix} 2 \\ 3 \\ 4 \end{pmatrix}$, $\vec{b} = \begin{pmatrix} 4 \\ 1 \\ -1 \end{pmatrix}$

7 Bestimmen Sie alle Vektoren, die mit $\begin{pmatrix} 1 \\ 1 \\ 0 \end{pmatrix}$ einen Winkel von 60° und mit $\begin{pmatrix} 1 \\ -1 \\ -1 \end{pmatrix}$ einen Winkel von 90° bilden.

8 Von zwei Vektoren $\vec{a}, \vec{b}$ ist bekannt: $|\vec{a}| = |\vec{b}| = 1$ und $\vec{a} \perp \vec{b}$.
Bestimmen Sie eine reelle Zahl r so, dass gilt:
a) $(\vec{a} + 2\vec{b}) \perp (4\vec{a} + r\vec{b})$; b) $(3\vec{a} - r\vec{b}) \perp (4\vec{a} + 5\vec{b})$;
c) $\vec{a} + 2\vec{b}$ und $\vec{a} + r\vec{b}$ schließen einen Winkel von 45° ein.

9 Von zwei Vektoren $\vec{a}, \vec{b}$ ist bekannt:
$|\vec{a}| = 4$, $(\vec{a} - 2\vec{b}) \perp (\vec{a} + \vec{b})$ und $|\vec{a} - 2\vec{b}| = 2|\vec{a} + \vec{b}|$.
Berechnen Sie $|\vec{b}|$, $\vec{a} \cdot \vec{b}$ und den von $\vec{a}$ und $\vec{b}$ eingeschlossenen Winkel.

10 Berechnen Sie den Abstand der Punkte P, Q und R von der Ebene E.
a) P(3|−1|5), Q(2|9|7), R(0|0|0), E: $7x_1 - 6x_2 + 6x_3 = 2$
b) P(7|0|7), Q(1|1|1), R(2|7|−9), E: $\vec{x} = \begin{pmatrix} 2 \\ 3 \\ 1 \end{pmatrix} + r\begin{pmatrix} 5 \\ 1 \\ 2 \end{pmatrix} + s\begin{pmatrix} 3 \\ 1 \\ 0 \end{pmatrix}$

11 Bestimmen Sie die Koordinaten des Fußpunktes des Lotes von Punkt P auf die Ebene E.
a) P(5|2|7), E: $2x_1 + x_2 + 3x_3 = 5$ b) P(4|5|6), E: $\vec{x} = \begin{pmatrix} 11 \\ 12 \\ 1 \end{pmatrix} + r\begin{pmatrix} 1 \\ 0 \\ 0 \end{pmatrix} + s\begin{pmatrix} 0 \\ 1 \\ -1 \end{pmatrix}$

164

12 Die Gerade g durch P ist orthogonal zur Ebene E. Bestimmen Sie den Schnittpunkt Q der Geraden g mit der Ebene E und den Bildpunkt P' von P bei Spiegelung an der Ebene E.
a) $P(-3|4|0)$; $E: 3x_1 - 2x_2 + x_3 = 11$
b) $P(11|9|-3)$; $E: x_1 + 5x_2 - 2x_3 = 2$

13 Gegeben sind zwei Punkte A und B. Eine Ebene E hat $\overrightarrow{AB}$ als einen Normalenvektor und geht durch den Mittelpunkt der Strecke $\overline{AB}$. Bestimmen Sie eine Gleichung für die Ebene E.
a) $A(0|0|0)$; $B(6|3|-4)$
b) $A(3|-1|7)$; $B(7|3|-7)$

14 a) Durch Spiegelung an einer Ebene E wird der Punkt $P(6|0|3)$ auf den Punkt $P'(-10|4|3)$ abgebildet. Stellen Sie eine Gleichung der Ebene E auf.
b) Der Punkt $Q(-16|-3|5)$ wird an der Ebene E gespiegelt. Berechnen Sie die Koordinaten des Bildpunktes Q'.

15 Zeigen Sie, dass die Gerade g parallel zur Ebene E ist. Berechnen Sie ihren Abstand von E.
a) $g: \vec{x} = \begin{pmatrix}1\\1\\1\end{pmatrix} + t\begin{pmatrix}5\\-4\\2\end{pmatrix}$; $E: 8x_1 + 8x_2 - 4x_3 = 9$
b) $g: \vec{x} = \begin{pmatrix}1\\3\\3\end{pmatrix} + t\begin{pmatrix}-1\\2\\-1\end{pmatrix}$; $E: \vec{x} = \begin{pmatrix}4\\1\\2\end{pmatrix} + r\begin{pmatrix}3\\-2\\-1\end{pmatrix} + s\begin{pmatrix}0\\1\\-1\end{pmatrix}$

16 Gegeben sind eine Ebene
$E: x_1 - x_2 + 6x_3 = 2$ und eine Gerade
$g: \vec{x} = \begin{pmatrix}3\\1\\2\end{pmatrix} + t\begin{pmatrix}2\\0\\-1\end{pmatrix}$.

a) Gesucht ist die zu E orthogonale Ebene F, in der die Gerade g liegt.
Durch welche Vektoren wird die Ebene F aufgespannt? Geben Sie eine Gleichung der Ebene in Parameterform an.
Wandeln Sie diese in eine Koordinatengleichung um.
b) Berechnen Sie den Schnittpunkt S der Geraden g mit der Ebene E.
c) Die Gerade h ist orthogonal zu g und liegt in E. Geben Sie eine Gleichung für h an.

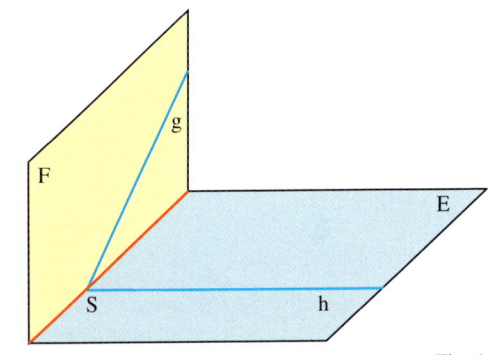

Fig. 1

17 Die Ebene $E_1: 2x_1 - x_2 + 2x_3 = 7$ schneidet die Ebene $E_2: 5x_1 + 3x_2 + x_3 = 1$ in einer Geraden g. Bestimmen Sie eine Gleichung der Ebene F, für die gilt:
Die Ebene F schneidet die Ebenen E_1 und E_2 ebenfalls in der Geraden g und
a) F ist orthogonal zu E_1,
b) F ist orthogonal zu E_2,
c) F geht durch $P(5|-3|4)$.

18 Eine Pyramide hat als Grundfläche ein Dreieck ABC und die Spitze D. Die Gerade h geht durch D und ist orthogonal zur Grundfläche.
Bestimmen Sie für $A(5|0|0)$, $B(2|5|1)$, $C(-2|2|2)$ und $D(7|4|10)$
a) eine Gleichung der Geraden h,
b) den Fußpunkt F von h,
c) die Höhe der Pyramide.

19 Gegeben sind die Punkte $A(0|0|0)$, $B(15|21|3)$, $C(37|5|5)$, $D(22|-16|2)$.
a) Zeigen Sie, dass die Punkte A, B, C und D in einer Ebene liegen. Untersuchen Sie, ob A, B, C, D die Ecken einer Raute (eines Rechtecks, eines Quadrats) bilden.
b) Stellen Sie eine Koordinatengleichung der Ebene durch die Punkte A, B, C, D auf.
c) Das Viereck ABCD ist die Grundfläche einer Pyramide, deren Höhe durch den Diagonalenschnittpunkt des Vierecks geht. Stellen Sie eine Geradengleichung der Höhe auf.
d) Die Spitze S der Pyramide liegt in der x_1x_3-Ebene. Bestimmen Sie die Koordinaten von S.

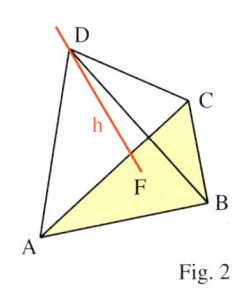

Fig. 2

Vermischte Aufgaben

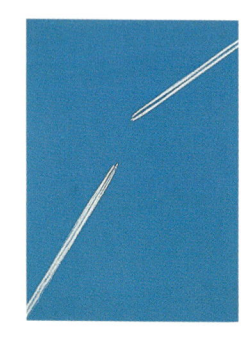

20 Bezogen auf ein Koordinatensystem mit einem Flughafen im Ursprung verlaufen die Bahnen zweier Flugzeuge auf den Geraden

$g: \vec{x} = \begin{pmatrix} 0 \\ 5 \\ 1 \end{pmatrix} + t \begin{pmatrix} 1 \\ 2 \\ 2 \end{pmatrix}$ und $h: \vec{x} = \begin{pmatrix} 4 \\ 9 \\ 3 \end{pmatrix} + t \begin{pmatrix} 1 \\ 1 \\ 0 \end{pmatrix}$ (1 Koordinateneinheit = 1 km).

Berechnen Sie, wie nah sich die Flugzeuge im ungünstigsten Fall kommen können.

21 a) Berechnen Sie den Abstand der Geraden

$g: \vec{x} = \begin{pmatrix} 1 \\ 3 \\ 0 \end{pmatrix} + t \begin{pmatrix} 1 \\ 1 \\ 0 \end{pmatrix}$ und $h: \vec{x} = \begin{pmatrix} 5 \\ 1 \\ 5 \end{pmatrix} + t \begin{pmatrix} 1 \\ 0 \\ 1 \end{pmatrix}$.

b) Berechnen Sie jeweils die Größe des Winkels zwischen den Geraden g und h und der

Ebene $E: 7x_1 - 6x_2 + 6x_3 = 2$ $\left(\text{der Ebene } F: \vec{x} = \begin{pmatrix} 4 \\ 1 \\ 2 \end{pmatrix} + r \begin{pmatrix} 3 \\ -2 \\ -1 \end{pmatrix} + s \begin{pmatrix} 0 \\ 1 \\ -1 \end{pmatrix}\right)$.

22 Gegeben sind die Punkte $P(1|1|2)$, $Q(2|6|3)$, $R(1|-4|-1)$, die Gerade g durch P und Q, die Gerade h durch Q und R sowie die Ebenen $E: x_1 + x_2 + x_3 = 10$, $F: x_1 - x_2 + 5x_3 = 0$.
Berechnen Sie die Winkel zwischen
a) g und h,   b) g und E,   c) h und F,   d) E und F.

23 Gegeben ist die Ebene E mit den Spurpunkten $A(10|0|0)$, $B(0|15|0)$, $C(0|0|6)$.
a) Stellen Sie eine Gleichung der Ebene E auf.
b) Berechnen Sie jeweils die Winkel zwischen der Ebene E und den drei Koordinatenachsen.
c) Berechnen Sie jeweils die Winkel zwischen der Ebene E und der x_1x_2-Ebene, der x_1x_3-Ebene sowie der x_2x_3-Ebene.

24 Zu jeder reellen Zahl a sind zwei Geraden gegeben:

$g_a: \vec{x} = \begin{pmatrix} 0 \\ 0 \\ 7 \end{pmatrix} + t \begin{pmatrix} a \\ 4 \\ -8 \end{pmatrix}$ und $h_a: \vec{x} = \begin{pmatrix} 0 \\ 0 \\ 7 \end{pmatrix} + t \begin{pmatrix} -2 \\ a \\ 2 \end{pmatrix}$.

a) Berechnen Sie den Winkel zwischen den Geraden g_0 und h_0 sowie zwischen g_1 und h_1.
b) Für welche reelle Zahl a sind die Geraden g_a und h_a zueinander orthogonal?
c) Gibt es eine reelle Zahl a, sodass die Geraden g_a und h_a zueinander parallel sind?

25 Gegeben sind die Punkte $A(5|4|1)$, $B(0|4|1)$ und $C(0|1|5)$.
a) Zeigen Sie, dass A, B und C Ecken eines gleichschenklig-rechtwinkligen Dreiecks sind.
b) Bestimmen Sie einen Punkt D so, dass die Punkte A, B, C, D Ecken eines Quadrats sind.
c) Das Quadrat ABCD ist die Grundfläche einer regelmäßigen quadratischen Pyramide mit der Höhe $h = 6$. Bestimmen Sie die Koordinaten der beiden möglichen Pyramidenspitzen S_1 und S_2.
d) Zeichnen Sie die Pyramiden als Schrägbild in einem Koordinatensystem.
e) Berechnen Sie den Winkel, den die Seitenflächen der Pyramide mit der Grundfläche bilden. Berechnen Sie auch den Winkel zwischen zwei benachbarten Seitenflächen.

Legen Sie die Pyramide möglichst geschickt in das Koordinatensystem.

26 Gegeben ist eine regelmäßige quadratische Pyramide, deren Höhe h das r-fache der Grundkante a ist.
a) Skizzieren Sie eine solche Pyramide in einem Koordinatensystem. Stellen Sie in Abhängigkeit von a und r Gleichungen der Ebenen auf, in der die Seitenflächen liegen.
b) Bestimmen Sie r so, dass der Winkel zwischen benachbarten Seitenflächen 60° beträgt.
c) Warum ist ein Winkel von 90° zwischen den Seitenflächen nicht möglich?

Vermischte Aufgaben

Beweise

27 Gegeben sind zwei Punkte A und B mit den Ortsvektoren $\vec{a}, \vec{b}$. Beweisen Sie:
a) In der Ebene ist
$2(\vec{a} - \vec{b}) \cdot \vec{x} = \vec{a}^2 - \vec{b}^2$
eine Gleichung der Mittelsenkrechten der Strecke AB (Fig. 1).
b) Im Raum ist
$2(\vec{a} - \vec{b}) \cdot \vec{x} = \vec{a}^2 - \vec{b}^2$
eine Gleichung der zu AB orthogonalen Ebene durch den Mittelpunkt von AB.

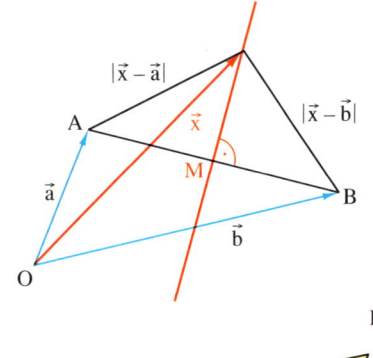

Fig. 1

Tipp zu Aufgabe 28:
Es ist $h = |\vec{b}| \cdot \sin(\alpha)$ und es gilt
$\sin^2(\alpha) = 1 - \cos^2(\alpha)$.

28 Gegeben ist ein Parallelogramm PQRS mit den Vektoren $\vec{a} = \overrightarrow{PQ}$ und $\vec{b} = \overrightarrow{PS}$ (Fig. 2).
a) Beweisen Sie: Für den Flächeninhalt A des Parallelogramms gilt:

$A = \sqrt{\vec{a}^2 \vec{b}^2 - (\vec{a} \cdot \vec{b})^2}$.

b) Berechnen Sie den Flächeninhalt des Parallelogramms PQRS für P(1|−2|5), Q(3|7|2) und S(1|5|1).

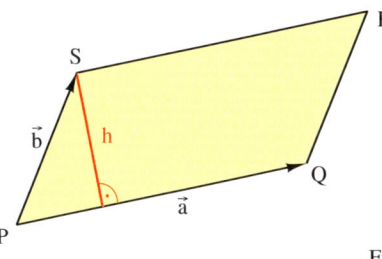

Fig. 2

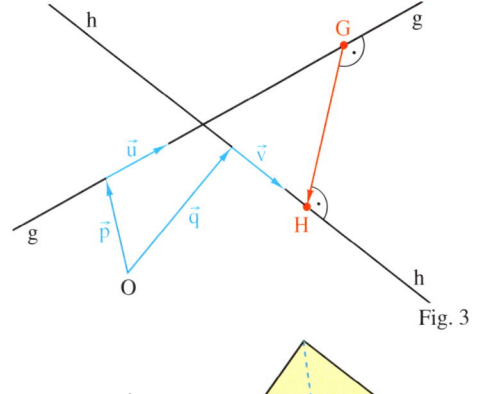

29 Die Formel für den Abstand d zweier Geraden g und h kann man auch so erhalten: Aus g: $\vec{x} = \vec{p} + r\vec{u}$ und h: $\vec{x} = \vec{q} + s\vec{v}$ folgt mit Fig. 3:
$\overrightarrow{GH} = (\vec{q} + s_0 \vec{v}) - (\vec{p} + r_0 \vec{u})$ für geeignete Zahlen r_0 und s_0. Damit gilt auch
$\overrightarrow{GH} \cdot \overrightarrow{GH} = ((\vec{q} + s_0 \vec{v}) - (\vec{p} + r_0 \vec{u})) \cdot \overrightarrow{GH}$.
Vereinfachen Sie diese Gleichung und bestimmen Sie daraus den Abstand d der Geraden g und h.

Fig. 3

Tipp zu Aufgabe 30:
Wählen Sie zu Fig. 4 ein x_1-x_2-Koordinatensystem so, dass C im Ursprung und A und B auf den Achsen liegen. Dann können Sie leicht die Koordinaten von P, Q und R angeben.

30 Fig. 4 zeigt eine „PYTHAGORAS-Figur": ein rechtwinkliges Dreieck ABC mit Quadraten über den Seiten.
Beweisen Sie vektoriell:
a) Die Punkte P, C und Q liegen auf einer Geraden.
b) Die Strecken $\overline{PQ}$ und $\overline{CR}$ sind gleich lang.
c) Die Gerade durch P und Q und die Gerade durch C und R sind zueinander orthogonal.

Fig. 4

31 Beweisen Sie:
a) Sind $\alpha_1, \alpha_2, \alpha_3$ die Winkel zwischen einer Ebene E und jeweils einer Koordinatenebene, so gilt: $\cos^2(\alpha_1) + \cos^2(\alpha_2) + \cos^2(\alpha_3) = 1$.
b) Sind $\beta_1, \beta_2, \beta_3$ die Winkel zwischen einer Ebene E und jeweils einer Koordinatenachse, so gilt: $\sin^2(\beta_1) + \sin^2(\beta_2) + \sin^2(\beta_3) = 1$.

Vermischte Aufgaben

Komplexere Aufgaben

32 Fig. 1 zeigt einen Würfel mit der Kantenlänge 4 und eine ihn schneidende Ebene E.
a) Stellen Sie eine Koordinatengleichung für die Ebene E auf.
b) Berechnen Sie die Winkel zwischen der Ebene E und den Koordinatenebenen.
c) Unter welchen Winkeln schneiden die Koordinatenachsen die Ebene E?
d) Berechnen Sie die Innenwinkel des Schnittvierecks ABCD.
e) Berechnen Sie den Flächeninhalt des Vierecks ABCD. Zerlegen Sie es dazu in die Dreiecke ABD und CDB. Wählen Sie jeweils $\overline{BD}$ als Grundseite.

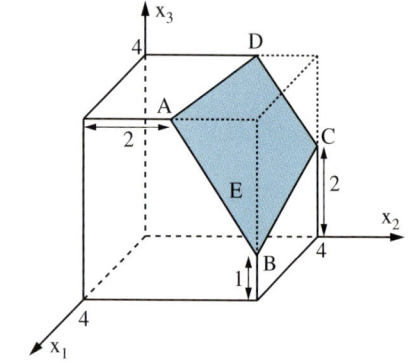

Fig. 1

33 Fig. 2 zeigt einen Denkmalssockel.
a) Beschreiben Sie die geometrische Form dieses Sockels.
b) Bestimmen Sie die Höhen der Seitenflächen. Berechnen Sie den Inhalt der Mantelfläche.
c) Berechnen Sie den Winkel zwischen jeweils zwei Seitenflächen (zwischen den Seitenflächen und der Deckfläche).

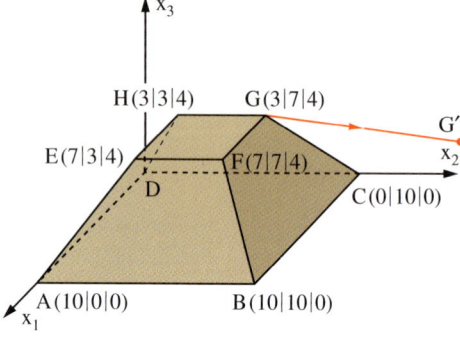

Fig. 2

d) Sonnenlicht fällt aus der Richtung des Vektors $\begin{pmatrix} -2 \\ 3 \\ -2 \end{pmatrix}$ auf den Sockel. Bestimmen Sie die „Schattenpunkte" F′ und G′ der Ecken F bzw. G in der x_1x_2-Ebene. Welche Form hat das Viereck BCG′F′?
e) Welche Form hat der gesamte Schatten des Körpers? Beschreiben Sie die Figur. Bestimmen Sie dazu auch deren Seitenlängen und Winkel.
f) Berechnen Sie den Winkel zwischen den Sonnenstrahlen und der x_1x_2-Ebene.

34 Gegeben sind die Punkte P(−5|1|−3) und Q_a(−2|2a|a−2) mit $a \in \mathbb{R}$ sowie die Ebene E: $2x_1 − x_2 + 2x_3 = 1$.
a) Die zu E orthogonale Gerade durch P schneidet E in P_0. Der Punkt P′ liegt spiegelbildlich zu P bezüglich E (Fig. 3). Berechnen Sie die Koordinaten von P_0 und P′.
b) Zeigen Sie, dass die Punkte Q_a auf der Geraden g: $\vec{x} = \begin{pmatrix} -2 \\ 4 \\ 0 \end{pmatrix} + t \begin{pmatrix} 0 \\ 2 \\ 1 \end{pmatrix}$ liegen.
Welchen Abstand haben die Punkte Q_a von E? Welche Lage hat g bezüglich E?

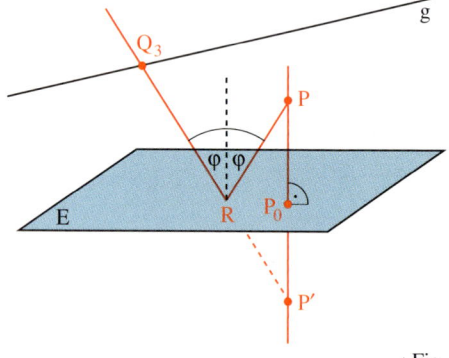

Fig. 3

c) Ein von P ausgehender Lichtstrahl wird in einem Punkt R der Ebene E so reflektiert, dass er durch Q_3 geht. Bestimmen Sie die Koordinaten von R, eine Gleichung der Geraden durch Q_3 und R und den Winkel φ zwischen PR und dem Lot von E in R.
d) Wie lang ist die Strecke $\overline{PQ_a}$? Bestimmen Sie a so, dass die Länge von $\overline{PQ_a}$ minimal ist.

168

Mathematische Exkursionen

Pythagoreische Quadrupel

Zur Erinnerung:

*Im antiken Ägypten wurden mithilfe von Knotenschnüren rechtwinklige Dreiecke abgesteckt. Die Seitenlängen 3, 4, 5 ergeben wegen $3^2 + 4^2 = 5^2$ nach der Umkehrung des Satzes des Pythagoras ein rechtwinkliges Dreieck. Solche ganzzahligen Lösungen der Gleichung $a^2 + b^2 = c^2$ nennt man **pythagoreische Zahlentripel**. Zu positiven ganzen Zahlen m, n mit m > n liefern $m^2 - n^2$, $2mn$ und $m^2 + n^2$ solche Zahlentripel.*

Aus der Normalform einer Ebenengleichung erhält man die HESSE'sche Normalform, indem man den Normalenvektor durch seinen Betrag dividiert. Dabei ist es oft von Vorteil, wenn dieser Betrag eine ganze Zahl ist (vgl. die Beispiele 1 und 3 von Seite 145).

In dieser Exkursion soll der Frage nachgegangen werden, wie man Vektoren im $\mathbb{R}^3$ mit den ganzzahligen Koordinaten x, y, z und ganzzahligem Betrag w finden kann.

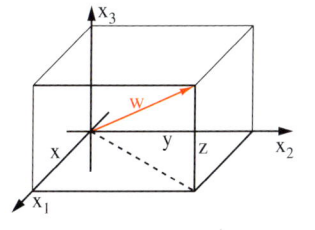

Zwischen den Koordinaten x, y, z eines Vektors und seinem Betrag w besteht der Zusammenhang $x^2 + y^2 + z^2 = w^2$. Ganzzahlige Lösungen der Gleichung $x^2 + y^2 + z^2 = w^2$ nennt man auch **pythagoreische Quadrupel**.

Satz: Alle ganzzahligen, positiven Lösungen der Gleichung
(*) $x^2 + y^2 + z^2 = w^2$
mit geraden Zahlen y und z erhält man durch die Formeln
$x = \frac{a^2 + b^2 - c^2}{c}$, $y = 2a$, $z = 2b$ und $w = \frac{a^2 + b^2 + c^2}{c}$.

Dabei sind a, b beliebige positive ganze Zahlen und c eine positive ganze Zahl, für die gilt: c ist ein Teiler von $a^2 + b^2$ und $c^2 < a^2 + b^2$.

Die Bedingung „c ist ein Teiler von $a^2 + b^2$ und $c^2 < a^2 + b^2$" sichert, dass die Formeln positive ganze Zahlen x, y, z, w liefern.

Man kann ferner zeigen, dass von x, y, z mindestens zwei gerade sein müssen, z. B. y und z.

Beweis des Satzes:
Nach Voraussetzung sind y, z gerade, man kann also schreiben
(1) $y = 2a$, $z = 2b$
mit ganzen Zahlen a, b. Aus (*) folgt w > x, man kann also w = x + u mit u > 0 setzen.
Einsetzen in (*) ergibt
$x^2 + 4a^2 + 4b^2 = (x + u)^2$, woraus folgt
$u^2 = 4a^2 + 4b^2 - 2xu$.

Die rechte Seite dieser Gleichung ist eine Summe gerader Zahlen, also ist auch u^2 und damit u gerade, also ist u = 2c mit ganzer Zahl c.

Einsetzen in die letzte Gleichung ergibt $4c^2 = 4a^2 + 4b^2 - 4xc$, woraus folgt
(2) $x = \frac{a^2 + b^2 - c^2}{c}$.
Aus w = x + u folgt w = x + 2c. Einsetzen von (2) ergibt:
(3) $w = \frac{a^2 + b^2 + c^2}{c}$.

Es verbleibt zu zeigen, dass die Formeln in (1), (2) und (3) auch Lösungen der Gleichung $x^2 + y^2 + z^2 = w^2$ liefern. Dies zeigt die Probe:

$\left(\frac{a^2 + b^2 - c^2}{c}\right)^2 + 4a^2 + 4b^2 = \frac{a^4 + b^4 + c^4 + 2a^2b^2 - 2a^2c^2 - 2b^2c^2}{c^2} + \frac{4a^2c^2}{c^2} + \frac{4b^2c^2}{c^2}$

$= \frac{a^4 + b^4 + c^4 + 2a^2b^2 + 2a^2c^2 + 2b^2c^2}{c^2} = \left(\frac{a^2 + b^2 + c^2}{c}\right)^2$

(Rechnen Sie den letzten Schritt zur Kontrolle rückwärts).

Aufgabe: a) Welche Lösungen liefern a = 2, b = 1 (a = 3, b = 2)?
b) Bestimmen Sie alle pythagoreischen Quadrupel mit a = 4.

Die ersten ganzzahligen und teilerfremden Lösungen von $x^2 + y^2 + z^2 = w^2$

a	b	a^2+b^2	c	x	y	z	w
1	1	2	1	1	2	2	3
2	2	8	1	7	4	4	9
3	1	10	1	9	6	2	11
3	1	10	2	3	6	2	7
3	3	18	1	17	6	6	19
3	3	18	2	7	6	6	11

169

Mathematische Exkursionen

Aus der Geschichte der Vektorrechnung

Darstellung von Kräften durch Pfeile

Eine erste Urform der Idee des Vektors findet man schon in der Antike bei ARISTOTELES (384–322 v. Chr.): Er untersuchte den Zusammenhang zwischen Bewegungen und Kräften und benutzte dabei bereits ein Kräfteparallelogramm.

Die Entwicklung der Mechanik zu Beginn der Neuzeit wäre ohne die Idee des Kräfteparallelogramms undenkbar gewesen. So wird es unter anderem auch von GALILEO GALILEI (1564–1642) und ISAAC NEWTON (1643–1727) verwendet.

Algebraisierung der Geometrie durch ein Koordinatensystem

Die Beschreibung von Punkten der Ebene durch Zahlen bzw. Zahlenpaare findet sich in gewissen Vorformen schon in der Antike, aber RENÉ DESCARTES (1596–1650) kommt das eigentliche Verdienst zu, geometrische Objekte als Gesamtheit von Punkten aufzufassen, ihnen Zahlen zuzuordnen und diese dann durch Gleichungen zu beschreiben (vgl. Seite 66).

DESCARTES und mit ihm PIERRE FERMAT (1601–1665) gelten als Schöpfer der analytischen Geometrie. Sie beschrieben Geraden der Ebene durch lineare Gleichungen und untersuchten umgekehrt unter anderem quadratische Gleichungen, die sie auf Kreise und Kegelschnitte führten.

Komplexe Zahlen und ihre Darstellung als Vektoren

DESCARTES befasste sich auch allgemein mit dem Lösen von Gleichungen und unterschied dabei zwischen reellen und „imaginären" Wurzeln. (Mit Wurzeln wurden die Lösungen von Gleichungen bezeichnet.)

„So z. B. kann man sich bei der Gleichung $x^3 - 6x^2 + 13x - 10 = 0$ zwar drei Wurzeln vorstellen, aber es gibt nur eine, die wirklich reell ist, nämlich 2, während die beiden anderen, obgleich man sie nach der angegebenen Methode vermehren oder vermindern, multiplizieren oder dividieren kann, stets imaginär bleiben."

Da $x^3 - 6x^2 + 13x - 10 = (x - 2)(x^2 - 4x + 5)$, hat also nach DESCARTES die quadratische Gleichung $x^2 - 4x + 5 = 0$ zwei „imaginäre" Lösungen $x_1 = 2 + \sqrt{-1}$ und $x_2 = 2 - \sqrt{-1}$, mit denen man wie mit reellen Zahlen rechnen kann.

Diese Zahlen waren aber nicht reell, sondern eben nur „imaginär", also „eingebildet".

Viele spätere Mathematiker hielten diese Zahlen für unmöglich, obwohl man mit ihnen wie mit reellen Zahlen rechnete. Erst dem norwegischen Feldmesser CASPAR WESSEL (1745–1818) gelang eine konstruktive Begründung der imaginären Zahlen, indem er sie als Punkte der Ebene auffasste.

CARL FRIEDRICH GAUSS (1777–1855) entwickelte diese Idee weiter. Er schrieb für $\sqrt{-1}$ den Buchstaben i.
Zahlen der Form
$a + bi = a + b\sqrt{-1}$
nannte er komplexe Zahlen.
Zur Lösung geometrischer Probleme stellte er sie in der „komplexen" Zahlenebene dar. Diese Idee war der Post eine Briefmarke wert.

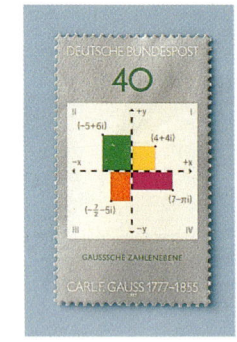

Von den komplexen Zahlen zu den Quaternionen

Der irische Mathematiker WILLIAM ROWAN HAMILTON (1805–1865) beschrieb die komplexen Zahlen als Paare und addierte diese Paare wie Vektoren. Er zeigte, dass die komplexen Zahlen die gleichen algebraischen Eigenschaften bezüglich der Addition und Multiplikation wie die reellen Zahlen haben.

Er versuchte dann, die Idee der komplexen Zahlen auf den Raum zu übertragen. Er betrachtete dazu Tripel (a, b, c) und addierte auch diese wie Vektoren. Er versuchte vergeblich, eine Multiplikation wie bei den reellen bzw. komplexen Zahlen zu finden. Dies gelang ihm nur durch Hinzunahme einer vierten Zahl. Aus heutiger Sicht betrachtete er den $\mathbb{R}^4$.

Das Ausgangstripel nannte er seit 1845 einen „vector", die neuen Objekte „Quaternionen". HAMILTON untersuchte intensiv die algebraischen Eigenschaften der Quaternionen und propagierte zugleich ihre Nützlichkeit für die Geometrie und Physik, was sich später als nicht zutreffend erwies.

Aus heutiger Sicht liegt die Bedeutung der Quaternionen darin, dass sie einen Zahlbereich bilden, dessen Multiplikation nicht kommutativ ist.

Mathematische Exkursionen

HERMANN GRASSMANN, der Begründer der modernen Vektorrechnung

Als eigentlicher Vater der Vektorrechnung gilt HERMANN GÜNTHER GRASSMANN, Lehrer an einem Gymnasium in Stettin. Die Grundideen der heutigen Vektorrechnung findet sich in seiner 1840 verfassten Prüfungsarbeit (!) für das Lehrerexamen mit dem Titel: „Theorie der Ebbe und Flut". Eine Überarbeitung und ausführlichere Darstellung des mathematischen Teils der Arbeit erschien 1844 als „Die lineare Ausdehnungslehre, ein neuer Zweig der Mathematik", ein Buch, das unter Mathematikern der damaligen Zeit fast keinerlei Beachtung fand. FELIX KLEIN (1849–1925) stellte später fest, das Buch sei „äußerst schwer zugänglich, ja fast unlesbar". Erst ab 1870 folgte langsam die Anerkennung.

Der Vektorbegriff bei GRASSMANN

Ausgangspunkt der Arbeit „Theorie der Ebbe und Flut" ist die Addition von Kräften. Dies überträgt GRASSMANN auf gerichtete Strecken, d. h. er unterscheidet zwischen AB und BA. Mit Pfeilen beschreibt er die „geometrische Addition".
In der „Ausdehnungslehre" geht GRASSMANN stärker algebraisch vor. Er betrachtet dabei erstmals Verallgemeinerungen über die Ebene und den Raum hinaus. Ausgangspunkt sind „Ausdehnungsgrößen erster Stufe". Er meint damit gerichtete Strecken. Eine „einfache Bewegung" (gemeint ist eine Verschiebung) ergibt aus dem Gebilde erster Stufe eines zweiter Stufe. Entsprechend macht eine „einfache Bewegung" ein Gebilde zweiter Stufe zu einem dritter Stufe usw. Aus heutiger Sicht konstruiert er so den $\mathbb{R}^2$, $\mathbb{R}^3$, ..., $\mathbb{R}^n$.
Mit diesen Gebilden rechnet dann GRASSMANN vergleichbar wie mit unseren heutigen Vektoren. So wird z. B. der Begriff der linearen Abhängigkeit erstmals eingeführt.

HERMANN GÜNTHER GRASSMANN (1809–1877),
geboren in Stettin als Sohn eines Mathematiklehrers, studierte Theologie und Philologie (aber nicht Mathematik) und wurde 1831 Lehrer für alte Sprachen, Geschichte und Religion in Stettin.
1840 erwarb er durch eine wissenschaftliche Prüfungsarbeit auch die Lehrberechtigung für das Fach Mathematik.

Grassmann befasste sich nicht nur mit der Mathematik, was ihm kaum Anerkennung einbrachte, sondern sehr erfolgreich mit Studien zur Sprachgeschichte und alten religiösen Liedern. Kurz vor seinem Tod wurde ihm 1876 die Ehrendoktorwürde der Universität Tübingen in Anerkennung seiner mathematischen und philologischen Leistungen verliehen.

Er untersucht zahlreiche algebraische Eigenschaften der Addition und wendet dies auf geometrische Fragen wie Schnittpunkt- oder Teilpunktbestimmungen an. In einer zweiten Auflage der „Ausdehnungslehre" von 1862 stellt GRASSMANN sogar Vektoren als Linearkombination einer Basis mit n Elementen dar.
Mit diesen Ideen hat sich GRASSMANN weit von den Versuchen HAMILTONS entfernt, einen neuen Zahlbereich zu konstruieren. Er hat wesentlich abstraktere Strukturen entwickelt, die der Gedankenwelt der heutigen Mathematik entsprechen.

GRASSMANNS Versuche zur Vektormultiplikation

Wie HAMILTON versuchte auch GRASSMANN, eine Multiplikation von Vektoren zu finden. Schon in seiner Examensarbeit betrachtet er ein „lineäres Produkt", es entspricht dem heutigen Skalarprodukt. In der „Ausdehnungslehre" gibt GRASSMANN zahlreiche weitere Möglichkeiten von Multiplikationen an, die er auch mithilfe der Basisvektoren definiert.
Von besonderem Interesse ist sein „geometrisches Produkt", zwei Vektoren im Raum wird der „orientierte" Flächeninhalt des von ihnen aufgespannten Parallelogramms zugeordnet. Dies entspricht dem heutigen Vektorprodukt (vgl. Seite 160).

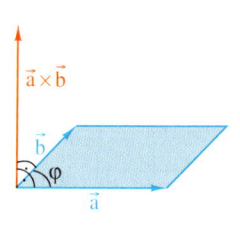

Ausblick

Die Vektorrechnung und ihre als „lineare Algebra" bezeichnete Weiterentwicklung ist heute weder aus der Mathematik noch aus den Natur- und Sozialwissenschaften wegzudenken.
So können z. B. Bewegungen und Kräfte durch Vektoren beschrieben werden; Modellbildungen zu Vorgängen in der Wirtschaft (z. B. bei der Beschreibung mehrstufiger Prozesse, vgl. Kap. VI) benutzen Verfahren der linearen Algebra.

Rückblick

Betrag eines Vektors $\vec{a}$: Länge der zu $\vec{a}$ gehörenden Pfeile.

Für $\vec{a} = \begin{pmatrix} a_1 \\ a_2 \\ a_3 \end{pmatrix}$ gilt: $|\vec{a}| = \sqrt{a_1^2 + a_2^2 + a_3^2}$.

Ein Vektor mit dem Betrag 1 heißt **Einheitsvektor**: $\vec{a_0} = \frac{\vec{a}}{|\vec{a}|}$.

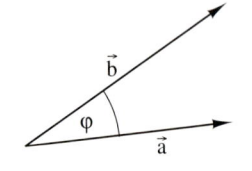

Skalarprodukt:
Geometrische Form: $\vec{a} \cdot \vec{b} = |\vec{a}| \cdot |\vec{b}| \cdot \cos(\varphi)$

Koordinatenform: $\begin{pmatrix} a_1 \\ a_2 \\ a_3 \end{pmatrix} \cdot \begin{pmatrix} b_1 \\ b_2 \\ b_3 \end{pmatrix} = a_1 b_1 + a_2 b_2 + a_3 b_3$

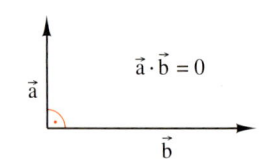

Normalenform einer Ebenengleichung:
 E: $(\vec{x} - \vec{p}) \cdot \vec{n} = 0$.
Dabei ist $\vec{p}$ ein Stützvektor und $\vec{n}$ ein Normalenvektor von E.
Sonderfall: Ist $\vec{n} = \vec{n_0}$ ein Einheitsvektor, so spricht man von der
HESSE'schen Normalenform.

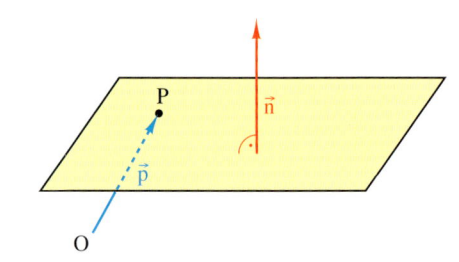

Koordinatengleichung einer Ebene:
 E: $a_1 x_1 + a_2 x_2 + a_3 x_3 = b$
Dabei ist $\begin{pmatrix} a_1 \\ a_2 \\ a_3 \end{pmatrix}$ ein Normalenvektor von E.

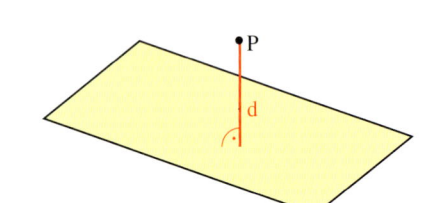

Abstände im Raum:

1. Abstand **Punkt–Ebene**:
Unter dem Abstand versteht man die Länge des Lotes vom Punkt auf die Ebene E. Ist E: $(\vec{x} - \vec{p}) \cdot \vec{n_0} = 0$ (HESSE'sche Normalenform), so gilt für den Abstand d eines Punktes R mit $\overrightarrow{OR} = \vec{r}$ von der Ebene:
 $d = |(\vec{r} - \vec{p}) \cdot \vec{n_0}|$.
Ist E: $a_1 x_1 + a_2 x_2 + a_3 x_3 = b$, so gilt für den Abstand d eines Punktes
R $(r_1 | r_2 | r_3)$ von der Ebene: $d = \left| \frac{a_1 r_1 + a_2 r_2 + a_3 r_3 - b}{\sqrt{a_1^2 + a_2^2 + a_3^2}} \right|$.

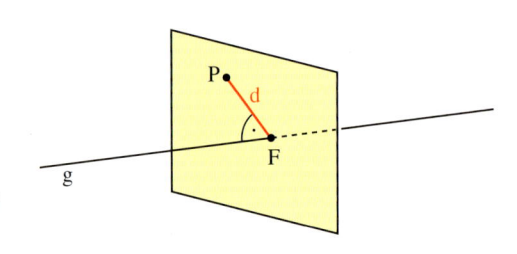

2. Abstand **Punkt–Gerade**:
Unter dem Abstand versteht man die Länge des Lotes vom Punkt P auf die Gerade g. Zuerst bestimmt man den Fußpunkt F dieses Lotes. Der Abstand ist dann der Betrag des Vektors $\overrightarrow{PF}$.

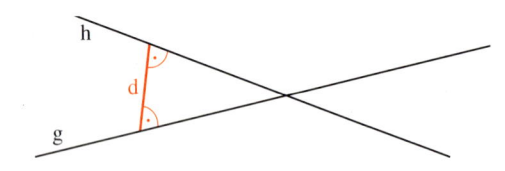

3. Abstand **Gerade–Gerade**:
Unter dem Abstand versteht man die Länge des gemeinsamen Lotes. Sind g und h windschiefe Geraden im Raum mit g: $\vec{x} = \vec{p} + t\vec{u}$ und h: $\vec{x} = \vec{q} + t\vec{v}$ und ist $\vec{n_0}$ ein Einheitsvektor mit $\vec{n_0} \perp \vec{u}$ und $\vec{n_0} \perp \vec{v}$, dann haben g und h den Abstand: $d = |(\vec{q} - \vec{p}) \cdot \vec{n_0}|$.

Schnittwinkel

zweier Geraden mit den Richtungsvektoren $\vec{u}$ und $\vec{v}$	zweier Ebenen mit den Normalenvektoren $\vec{n_1}$ und $\vec{n_2}$	einer Geraden und einer Ebene mit Richtungsvektor $\vec{u}$ und Normalenvektor $\vec{n}$.
$\cos(\alpha) = \frac{|\vec{u} \cdot \vec{v}|}{|\vec{u}| \cdot |\vec{v}|}$	$\cos(\alpha) = \frac{|\vec{n_1} \cdot \vec{n_2}|}{|\vec{n_1}| \cdot |\vec{n_2}|}$	$\sin(\alpha) = \frac{|\vec{u} \cdot \vec{n}|}{|\vec{u}| \cdot |\vec{n}|}$

Aufgaben zum Üben und Wiederholen

1 a) Eine Ebene E geht durch den Punkt P(6|8|2) und hat $\vec{n} = \begin{pmatrix} 1 \\ 3 \\ -5 \end{pmatrix}$ als einen Normalenvektor. Bestimmen Sie für E eine Ebenengleichung in Normalenform und eine Koordinatengleichung.
b) Bestimmen Sie den Abstand d des Punktes A(6|3|6) von der Ebene E.

2 Gegeben ist eine Gerade g: $\vec{x} = \begin{pmatrix} 1 \\ 1 \\ 1 \end{pmatrix} + t \begin{pmatrix} 1 \\ 0 \\ 1 \end{pmatrix}$.

a) Bestimmen Sie eine Gleichung der Geraden h, die orthogonal zur Geraden g ist und durch den Punkt P(1|1|1) geht.
b) Bestimmen Sie eine Gleichung der Ebene E, die orthogonal zur Geraden g ist und durch den Punkt Q(2|8|0) geht.

3 Berechnen Sie:
a) den Abstand des Punktes R(−2|3|5) von der Ebene E: $2x_1 - x_2 + 2x_3 = 0$,
b) den Abstand des Ursprungs O von der Geraden g: $\vec{x} = \begin{pmatrix} 9 \\ 3 \\ -2 \end{pmatrix} + t \begin{pmatrix} 1 \\ -1 \\ 0 \end{pmatrix}$,
c) den Abstand der Geraden g: $\vec{x} = \begin{pmatrix} 1 \\ 9 \\ 8 \end{pmatrix} + t \begin{pmatrix} 1 \\ -2 \\ 2 \end{pmatrix}$ von der Geraden h: $\vec{x} = \begin{pmatrix} -2 \\ -2 \\ -3 \end{pmatrix} + t \begin{pmatrix} 6 \\ -1 \\ 2 \end{pmatrix}$.

4 Gegeben sind die Punkte A(1|−2|−7), B(17|−2|5), C(−8|−2|5) und D(1|6|7).
a) Berechnen Sie den Flächeninhalt des Dreiecks ABC.
b) Bestimmen Sie den Abstand des Punktes D von der Ebene durch A, B, C.
c) Berechnen Sie das Volumen der dreiseitigen Pyramide mit den Ecken A, B, C, D.

5 Zu jeder reellen Zahl k ist eine Ebene E_k: $2kx_1 - x_2 - kx_3 = 26$ gegeben, ferner eine Gerade g durch die Punkte A(−12|4|9) und B(−10|−4|15).
Für welche Zahl k ist die Gerade g parallel zur Ebene E_k? Bestimmen Sie für dieses k den Abstand zwischen der Geraden g und der Ebene E_k.

6 Gegeben ist eine quadratische Pyramide mit den Ecken A(−3|−3|0), B(3|−3|0), C(3|3|0), D(−3|3|0) und der Spitze S(0|0|9) sowie die Ebene E: $3x_2 + 4x_3 = 21$.
a) Berechnen Sie die Koordinaten der Schnittpunkte der Pyramidenkanten mit der Ebene E.
b) Zeichnen Sie die Pyramide mit der Schnittfläche als Schrägbild in einem Koordinatensystem. Beschreiben Sie die Form der Schnittfläche.
c) Berechnen Sie den Flächeninhalt der Schnittfläche.
d) Berechnen Sie den Abstand der Spitze S von der Ebene E.
e) Bestimmen Sie das Volumen der Pyramide und der beiden Teilkörper, in die die Pyramide durch die Ebene E zerteilt wurde.

7 Was bedeutet geometrisch $|\vec{a} \cdot \vec{b}| = |\vec{a}| \cdot |\vec{b}|$?

8 Beweisen Sie:
Bei jedem Quader haben die Quadrate über drei von einer Ecke ausgehenden Kanten zusammen den gleichen Flächeninhalt wie das Quadrat über der Raumdiagonalen.

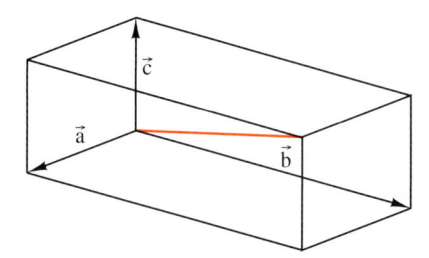

Fig. 1

Die Lösungen zu den Aufgaben dieser Seite finden Sie auf Seite 253.

V Geometrische Abbildungen und Matrizen

1 Geometrische Abbildungen und Abbildungsgleichungen

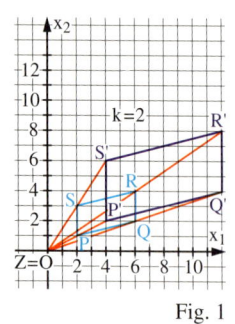

1 Bei einer zentrischen Streckung wird von einem Punkt, dem Zentrum, aus gestreckt (Fig. 1). Entsprechend kann man auch von einer Geraden aus strecken (Fig. 2).
a) Bestimmen Sie den Bildpunkt T' von T(5|4), wenn die Achse a die x_1-Achse und der Streckfaktor k = 2 ist.
b) Geben Sie die Koordinaten des Bildpunktes X' eines Punktes X($x_1|x_2$) allgemein an.
c) Welche Punkte werden bei dieser Streckung auf sich abgebildet?

Fig. 1

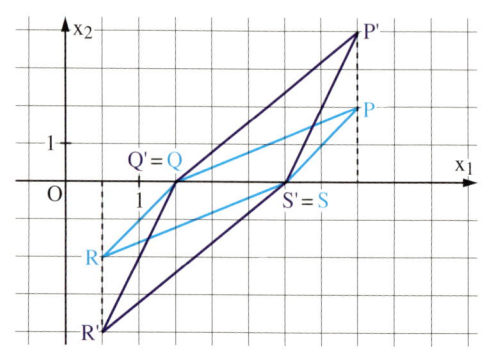

Fig. 2

Kongruenz- und Ähnlichkeitsabbildungen ordnen jedem Punkt P($x_1|x_2$) einen Bildpunkt P'($x_1'|x_2'$) zu. Solche Abbildungen nennt man **geometrische Abbildungen**. Den Zusammenhang zwischen den Koordinaten von Punkt und Bildpunkt kann man häufig durch Abbildungsgleichungen beschreiben.

In einigen speziellen Fällen kann man die Abbildungsgleichungen aus der Zeichnung fast „ablesen" (Fig. 3–5).

Verschiebung $\begin{pmatrix} 5 \\ 2 \end{pmatrix}$

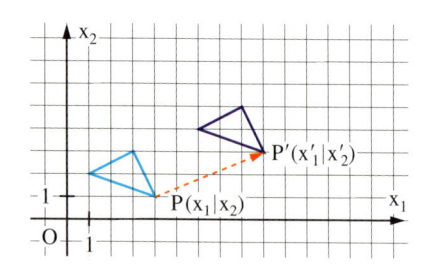

Spiegelung an der x_1-Achse

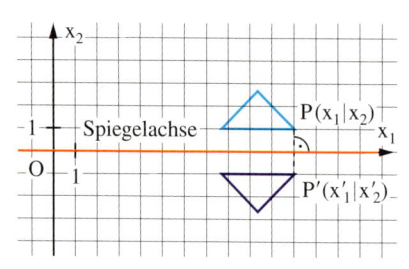

Zentrische Streckung von O aus mit dem Streckfaktor 3

Abbildungsgleichungen: $\begin{cases} x_1' = x_1 + 5 \\ x_2' = x_2 + 2 \end{cases}$

Abbildungsgleichungen: $\begin{cases} x_1' = x_1 \\ x_2' = -x_2 \end{cases}$

Abbildungsgleichungen: $\begin{cases} x_1' = 3x_1 \\ x_2' = 3x_2 \end{cases}$

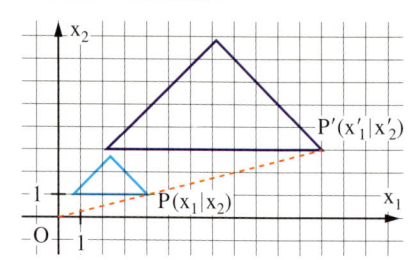

Fig. 3–5

Alle geometrischen Abbildungen, die Geraden auf Geraden abbilden, kann man durch Abbildungsgleichungen beschreiben. Die Scherung ist ein weiteres Beispiel.

Scherung mit einer Achse a

Eine Scherung ist festgelegt durch eine Achse a und einen „Scherungswinkel" α. Es gilt die Abbildungsvorschrift:
(1) Liegt P auf a, so ist P' = P.
(2) Liegt P nicht auf der Achse a, so gilt für P' (Fig. 6):
    (a) PP' ist parallel zu a.
    (b) Ist A der Fußpunkt des Lotes von P auf die Achse a, so ist ∢P'AP = α, dem festen Scherungswinkel.

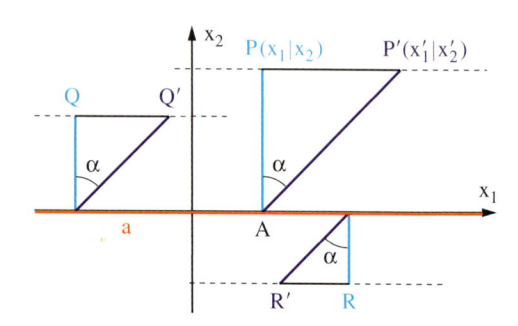

Fig. 6

Ist die x_1-Achse die Scherungsachse a, so bedeutet die Bedingung „PP' ist parallel zu a":
$x_2' = x_2$. Aus $\alpha = \sphericalangle P'AP$ folgt: $\frac{x_1' - x_1}{x_2} = \tan(\alpha)$. Setzt man $t = \tan(\alpha)$, so ergeben sich die
Abbildungsgleichungen: $\begin{cases} x_1' = x_1 + t\,x_2 \\ x_2' = x_2 \end{cases}$.

Bei einer Scherung wird jeder Punkt der Achse auf sich selbst abgebildet. Punkte, die bei einer geometrischen Abbildung auf sich selbst abgebildet werden, nennt man **Fixpunkte** der Abbildung. Eine Gerade, die aus Fixpunkten einer Abbildung besteht, nennt man eine **Fixpunktgerade**.

Bei einer Scherung wird jeder Punkt einer zur Achse parallelen Geraden auf einen (anderen) Punkt dieser Geraden abgebildet. Man sagt: Die Gerade wird auf sich selbst abgebildet, und man nennt eine solche Gerade eine **Fixgerade**.

Beispiel 1: (Berechnen von Bildpunkten und Bildgeraden)

Eine geometrische Abbildung ist durch die Abbildungsgleichungen $\begin{cases} x_1' = 2x_1 - x_2 \\ x_2' = 3x_1 + 4x_2 \end{cases}$ gegeben.

a) Berechnen Sie die Koordinaten des Bildpunktes von A(5|7).

b) Bestimmen Sie das Bild der Geraden $g: \vec{x} = \begin{pmatrix} 1 \\ 2 \end{pmatrix} + t \begin{pmatrix} -3 \\ 1 \end{pmatrix}$ rechnerisch.

Lösung:

a) Man muss die Koordinaten von A in die „rechten Seiten" der Abbildungsgleichungen einsetzen und erhält so die Koordinaten a_1' und a_2' des Bildpunktes A' von A.
Also $a_1' = 2 \cdot 5 - 7 = 3$ und $a_2' = 3 \cdot 5 + 4 \cdot 7 = 43$. Also A'(3|43).

b) Ein Punkt P auf g hat die Koordinaten $p_1 = 1 - 3t$ und $p_2 = 2 + t$.
Der Bildpunkt P' hat die Koordinaten
$p_1' = 2p_1 - p_2 = 2(1 - 3t) - (2 + t) = -7t$ und
$p_2' = 3p_1 + 4p_2 = 3(1 - 3t) + 4(2 + t) = 11 - 5t$.

Also $g': \vec{x'} = \begin{pmatrix} 0 \\ 11 \end{pmatrix} + t \begin{pmatrix} -7 \\ -5 \end{pmatrix}$.

Die in Beispiel 2 angegebene Abbildung ist eine Abbildung, die nicht jede Gerade auf eine Gerade abbildet. Die Bilder von zur x_1-Achse parallelen Geraden sind Parabeln.

Beispiel 2: (Fixpunkte und Fixgeraden)

Gegeben ist die durch die Abbildungsgleichungen $\begin{cases} x_1' = x_1 \\ x_2' = x_1^2 + x_2 \end{cases}$ definierte Abbildung.

a) Bestimmen Sie die Fixpunkte der Abbildung.
b) Zeigen Sie, dass alle zur x_2-Achse parallelen Geraden Fixgeraden sind.
c) Zeigen Sie: Es gibt keine weiteren Fixgeraden.

Lösung:

a) Ein Punkt $P(x_1|x_2)$ ist Fixpunkt, wenn er gleich seinem Bildpunkt $P'(x_1'|x_2')$ ist. Für einen Fixpunkt muss also gelten $x_1' = x_1$ und $x_2' = x_2$.
Aus $x_2' = x_1^2 + x_2$ folgt damit: $x_1^2 = 0$, also $x_1 = 0$.
Alle Punkte der x_2-Achse sind Fixpunkte; die x_2-Achse ist also Fixpunktgerade.

b) Eine Parameterdarstellung einer zur x_2-Achse parallelen Geraden g ist
$g: \vec{x} = \begin{pmatrix} a \\ 0 \end{pmatrix} + t \begin{pmatrix} 0 \\ b \end{pmatrix}$. $\begin{cases} x_1' = x_1 \\ x_2' = x_1^2 + x_2 \end{cases}$ ergibt als Bildgerade $g': \vec{x'} = \begin{pmatrix} a \\ a^2 \end{pmatrix} + t \begin{pmatrix} 0 \\ b \end{pmatrix}$.

Der Punkt $(a|a^2)$ hat die x_1-Koordinate a, liegt also auf g. Die Richtungsvektoren von g und g' stimmen überein, also $g = g'$ und damit ist g eine Fixgerade.

c) Eine weitere Fixgerade würde die x_2-Achse in einem Fixpunkt P(0|p) und die zur x_2-Achse parallele Gerade durch (1|0) in einem Punkt Q(1|q) schneiden; sie hätte also die Steigung $q - p$.
Die Bildgerade müsste durch die Punkte P und Q'(1|1 + q) verlaufen; sie hätte also die Steigung $(1 + q) - p = 1 + (q - p)$ und ist damit von $q - p$ verschieden.

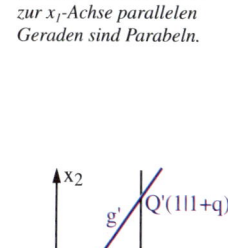

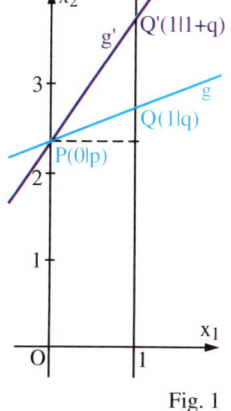

Fig. 1

175

Geometrische Abbildungen und Abbildungsgleichungen

Aufgaben

2 Berechnen Sie die Bildpunkte von $A(-3|5)$, $B(2|11)$, $C(4|6)$ bei der

a) Verschiebung $\begin{pmatrix} -2 \\ 7 \end{pmatrix}$,

b) Spiegelung an der x_2-Achse,

c) Drehung um O um $180°$,

d) Drehung um O um $135°$,

e) zentrischen Streckung von O aus mit dem Streckfaktor 5,

f) Spiegelung an der Winkelhalbierenden zwischen der x_1- und der x_2-Achse.

3 Eine Scherung mit der x_1-Achse als Scherungsachse bildet $P(2|3)$ auf $P'(5|3)$ ab.
a) Konstruieren Sie die Bildpunkte von $Q(4|5)$, $R(-2|8)$ und $S(3|-4)$.
b) Stellen Sie die Abbildungsgleichungen der Scherung auf. Kontrollieren Sie das Ergebnis aus a) durch Rechnung.

4 Bestimmen Sie die Abbildungsgleichungen einer Scherung an der x_2-Achse mit dem Scherungswinkel $45°$.

5 Eine Scherung mit der x_2-Achse als Scherungsachse bildet $P(2|0)$ auf $P'(2|5)$ ab.
a) Konstruieren Sie die Bildpunkte von $Q(3|-2)$ und $R(-3|0)$.
b) Stellen Sie die Abbildungsgleichungen der Scherung auf. Kontrollieren Sie das Ergebnis aus a) durch Rechnung.

6 Gegeben ist eine geometrische Abbildung mit den Gleichungen
$\begin{cases} x_1' = x_1 + r x_2 \\ x_2' = x_2 \end{cases}$ $(r \neq 0)$.

a) Begründen Sie, dass es sich um eine Scherung mit der x_1-Achse als Achse a handelt. Zeigen Sie dazu:
– die x_1-Achse ist eine Fixpunktgerade,
– für jeden Punkt $P(p_1|p_2)$ mit $p_2 \neq 0$ ist die Größe des Winkels $\sphericalangle P'AP$ mit $A(p_1|0)$ unabhängig von den Koordinaten von P.

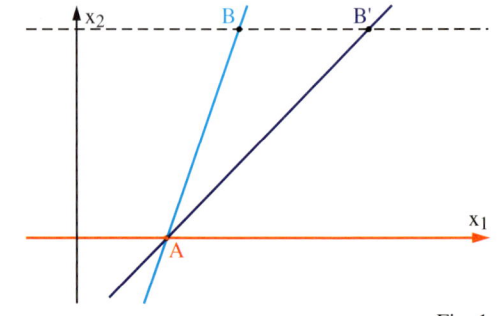

Fig. 1

b) Zeigen Sie: Liegt ein Punkt P auf der Geraden durch $A(a_1|0)$ und $B(b_1|b_2)$, dann liegt sein Bildpunkt P' auf der Geraden durch $A' = A$ und B' (Fig. 1).

7 Durch die Abbildungsgleichungen ist eine Abbildung definiert. Bestimmen Sie die Fixpunkte und Fixgeraden der Abbildung mit den Gleichungen

a) $\begin{cases} x_1' = x_2 \\ x_2' = x_1 + x_2 \end{cases}$

b) $\begin{cases} x_1' = 2x_1 + x_2 \\ x_2' = x_1 \end{cases}$

c) $\begin{cases} x_1' = 4x_2 \\ x_2' = 9x_1 \end{cases}$

8 Eine Abbildung ist durch die Gleichungen $\begin{cases} x_1' = \frac{1}{1+x_1^2} \\ x_2' = \phantom{\frac{1}{1+x_1^2}} x_2 \end{cases}$ definiert.

a) Welche Punkte der Ebene sind bei dieser Abbildung Bildpunkte?
b) Begründen Sie, dass eine zur x_2-Achse parallele Gerade auf eine zur x_2-Achse parallele Gerade abgebildet wird.
c) Begründen Sie, dass es eine zur x_2-Achse parallele Fixpunktgerade gibt.
d) Bestimmen Sie das Bild einer zur x_1-Achse parallelen Geraden.
e) Skizzieren Sie das Bild der Winkelhalbierenden zwischen der x_1- und der x_2-Achse, indem Sie die Bildpunkte von mindestens 10 Punkten in ein Koordinatensystem zeichnen.

*Die in Aufgabe 8e entstehende Kurve wurde in einem anderen Zusammenhang zuerst intensiv von der Mathematikerin MARIA AGNESI untersucht. Sie wird daher als AGNESI-Kurve bezeichnet.
MARIA AGNESI (1718–1799) wurde 1750 zur Professorin für Mathematik an die Universität Bologna berufen. Sie war, soweit heute bekannt, die erste Frau, die als Professorin Vorlesungen zur Mathematik an einer Universität hielt.*

2 Affine Abbildungen

1 a) Durch welche Abbildung α wird das Dreieck ABC auf das Dreieck A'B'C' abgebildet?
b) Welche Abbildung bildet das Dreieck A'B'C' auf das Dreieck ABC ab?
c) Bestimmen Sie das Bild der Geraden AB.
d) Auf welchen Punkt wird der Mittelpunkt der Strecke $\overline{AB}$ abgebildet?
e) Können sich die Bilder zweier zueinander paralleler Geraden schneiden?

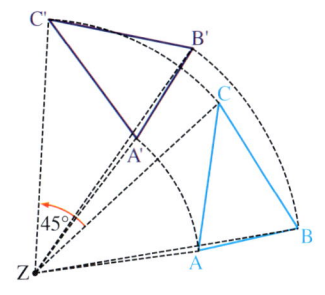

Fig. 1

Viele der geometrischen Abbildunge, die Sie kennen, haben folgende Eigenschaften:
Sie sind **geradentreu**, d.h. sie bilden Geraden auf Geraden ab.
Sie sind **umkehrbar**, d.h. zu jedem Bildpunkt gibt es genau einen Punkt als Urbild.
Sie sind **parallelentreu**, d.h. sie bilden zueinander parallele Geraden auf zueinander parallele Geraden ab.
Sie sind **teilverhältnistreu**, d.h.: Wenn ein Punkt T eine Strecke $\overline{AB}$ im Verhältnis t teilt, so teilt auch sein Bildpunkt T' die Bildstrecke $\overline{A'B'}$ im Verhältnis t.

Geradentreue umkehrbare Abbildungen sind auch parallelentreu und teilverhältnistreu (vgl. Satz 1). Daher legt man fest:

„Affinität" bedeutet so viel wie Nähe, Verwandtschaft: Betrachten Sie dazu Fig. 2: Das Bild eines Parallelogramms ist wieder ein Parallelogramm. Kongruenzabbildungen und Ähnlichkeitsabbildungen sind Beispiele für affine Abbildungen.

> **Definition:** Eine geradentreue und umkehrbare geometrische Abbildung der Ebene auf sich nennt man eine **affine Abbildung** oder **Affinität**.

Aus der Umkehrbarkeit einer geradentreuen Abbildung folgt ihre Parallelentreue. Hätten nämlich die Bilder zweier (verschiedener) paralleler Geraden einen Schnittpunkt, dann hätte dieser Schnittpunkt zwei Urbilder.

Aufgrund der Parallelentreue bildet jede affine Abbildung Parallelogramme auf Parallelogramme ab. Damit wird der Mittelpunkt einer Strecke $\overline{AB}$ auf den Mittelpunkt der Bildstrecke $\overline{A'B'}$ abgebildet (Fig. 2). Man kann (mithilfe einer Intervallschachtelung) hieraus folgern, dass eine affine Abbildung teilverhältnistreu ist.

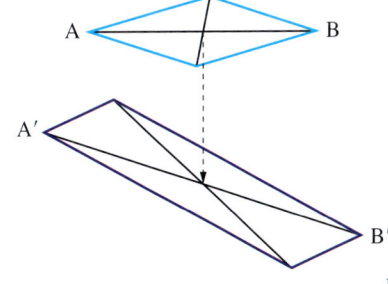

Fig. 2

> **Satz 1:** Affine Abbildungen sind parallelentreu und teilverhältnistreu.

Zentrische Streckungen sind Beispiele für affine Abbildungen, die nicht längentreu sind.
Scherungen sind Beispiele für affine Abbildungen, die nicht winkeltreu sind.

Affine Abbildungen

Um eine affine Abbildung zu beschreiben, genügt es, von einem Dreieck ABC das Bilddreieck A′B′C′ anzugeben, und zwar so, dass A auf A′, B auf B′ und C auf C′ abgebildet wird, denn es gilt

Satz 2: Jede affine Abbildung ist festgelegt durch die Angabe von drei Punkten A, B, C und ihren Bildpunkten A′, B′, C′. Dabei dürfen allerdings die Punkte A, B, C und die Punkte A′, B′, C′ nicht auf einer Geraden liegen.

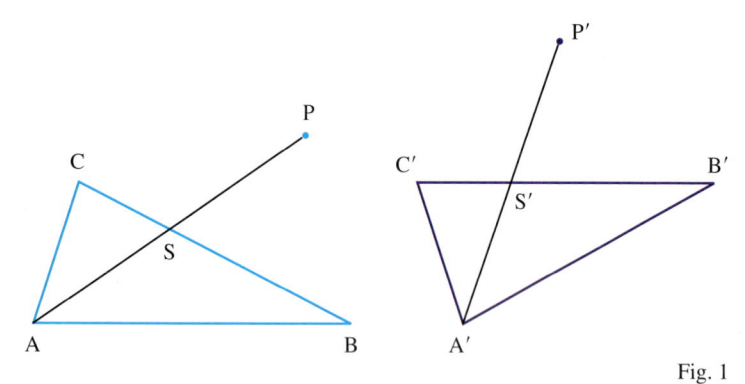

Beweis von Satz 2:
Voraussetzung: Eine affine Abbildung bildet die Ecken A, B, C eines Dreiecks auf A′, B′ bzw. C′ ab.
Behauptung: Die Abbildung ist damit festgelegt, d. h. für jeden Punkt P ist der Bildpunkt P′ bestimmt.
Beweis: Man wählt eine Ecke des Dreiecks, z. B. A, so, dass die Gerade durch A und P die Gerade durch B und C schneidet (Fig. 1). Der Schnittpunkt S teilt die Strecke $\overline{BC}$ in einem Verhältnis s.

Fig. 1

Die affine Abbildung ist teilverhältnistreu. Der Bildpunkt S′ teilt die Bildstrecke $\overline{B'C'}$ ebenfalls im Verhältnis s. Der Punkt P teilt die Strecke $\overline{AS}$ im Verhältnis t. Damit ist der Punkt, der $\overline{A'S'}$ im Verhältnis t teilt, der Bildpunkt P′.

Beispiel: (Konstruktion von Bildpunkten)
Eine affine Abbildung α bildet das Dreieck ABC mit A(1|1), B(10|1), C(4|5) auf das Dreieck A′B′C′ mit A′ = A, B′ = B und C′(7|7) ab.
Konstruieren Sie die Bildpunkte von D(6|2) und E(6|5) und begründen Sie jeweils Ihre Konstruktion.
Lösung:

Strategie zur Konstruktion eines Bildpunktes eines Punktes P:
Man betrachtet zwei Geraden durch P, deren Bildgeraden man bestimmen kann. Der Schnittpunkt der Bildgeraden ist der gesuchte Bildpunkt.

Die Punkte A und B sind Fixpunkte; α ist geradentreu und teilverhältnistreu; also ist die Gerade AB eine Fixpunktgerade.
Die Gerade g_1 = CD schneidet die Gerade AB in einem Fixpunkt S. Der Punkt C wird auf C′ abgebildet, also ist die Bildgerade g_1' = SC′.
α ist parallelentreu, deshalb wird die Parallele g_2 zu AC durch D, die AB im Fixpunkt T schneidet, auf eine Parallele g_2' zu AC′ durch T abgebildet. Der Schnittpunkt von g_1' und g_2' ist D′.
h_1 = CE ist parallel zu AB, also wird h_1 auf die Parallele h_1' zu AB durch C′ abgebildet.
Die Parallele h_2 zu AC durch E, die AB im Fixpunkt R schneidet, wird auf die Parallele h_2' zu AC′ durch R abgebildet. Der Schnittpunkt von h_1' und h_2' ist E′.

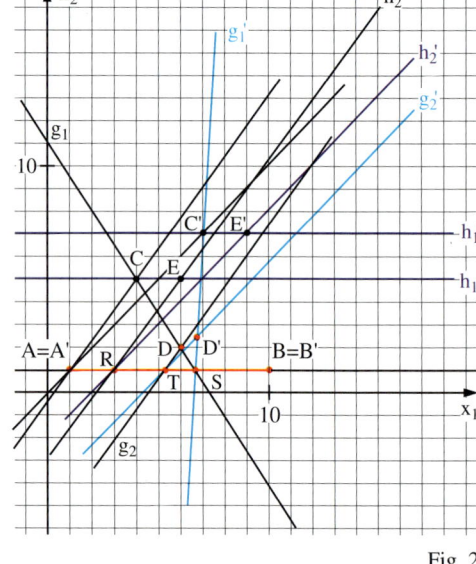

Fig. 2

Aufgaben

2 Was lässt sich bei einer nicht näher bekannten affinen Abbildung über die Bildfigur der folgenden Figur sagen?
a) Quadrat b) Rechteck
c) Raute d) Parallelogramm
e) Trapez f) Drachen
g) gleichseitiges Dreieck

3 Warum gibt es keine affine Abbildung, die eines der Sechsecke von Fig. 1 auf das andere abbildet?

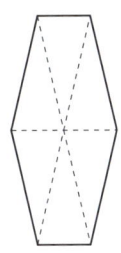

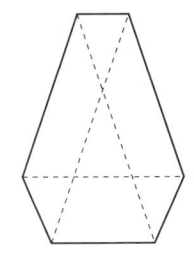

Fig. 1

4 Den folgenden Figuren liegt jeweils eine affine Abbildung zugrunde. Bestimmen Sie die gesuchten Punkte und Geraden. Begründen Sie Ihre Antworten.

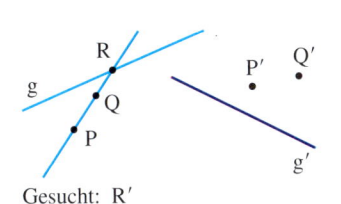

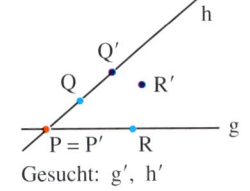

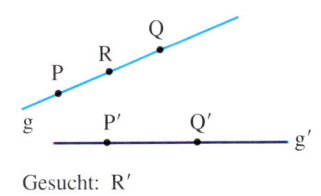

Gesucht: R′   Gesucht: g′, h′   Gesucht: R′

Fig. 2

5 a) Begründen Sie: Eine affine Abbildung bildet den Schwerpunkt eines Dreiecks auf den Schwerpunkt des Bilddreiecks ab.
b) Bildet eine affine Abbildung den Umkreismittelpunkt eines Dreiecks auf den Umkreismittelpunkt des Bilddreiecks ab?

6 Bei einer affinen Abbildung wird jeder Punkt der x_1-Achse auf sich abgebildet und $P(2|3)$ auf $P'(4|7)$. Konstruieren Sie
a) das Bild der Geraden durch $A(8|0)$ und P b) das Bild der Geraden durch P und P′
c) den Bildpunkt Q′ von $Q(4|2)$ d) die Bildpunkte von $R(0|4)$ und $S(6|-2)$
Begründen Sie jeweils Ihre Konstruktion.

7 Ersetzen Sie in Aufgabe 6 den Punkt P′ durch $P'(7|3)$. Führen Sie damit die in Aufgabe 6 verlangten Konstruktionen durch und begründen Sie diese

8 Eine affine Abbildung α bildet $O(0|0)$ auf $O'(2|1)$, $E_1(1|0)$ auf $E_1'(4|2)$ und $E_2(0|1)$ auf $E_2'(3|3)$ ab. Konstruieren Sie das Bild
a) der Punkte $P(1|1)$, $Q\left(\frac{1}{2}|1\right)$ und $R\left(\frac{3}{2}|\frac{3}{2}\right)$, b) der Geraden OQ und E_2P,
c) des Schnittpunktes S von OQ und E_2P, d) der Punkte $T_1\left(\frac{3}{2}|3\right)$ und $T_2(2|4)$,
e) der Punkte $X\left(2|\frac{5}{2}\right)$ und $Y\left(\frac{3}{2}|2\right)$.

9 Eine Abbildung α bildet $P(2|4)$ auf $P'(5|6)$, $Q(6|10)$ auf $Q'(7|12)$, $R(1|5)$ auf $R'(4|5)$ und $S(9|7)$ auf $S'(3|4)$ ab.
Begründen Sie, dass es sich nicht um eine affine Abbildung handeln kann.

3 Darstellung affiner Abbildungen mithilfe von Matrizen

1 Eine affine Abbildung bildet O auf O'(1|2), $E_1(1|0)$ auf $E_1'(3|1)$ und $E_2(0|1)$ auf $E_2'(5|3)$ ab. Bestimmen Sie die Koordinaten der Bildpunkte von
a) A(2|0);   b) B(1|1);   c) C(4|5).

Bei einer affinen Abbildung lassen sich die Koordinaten von Bildpunkten einfach berechnen, denn:
Eine affine Abbildung ist parallelentreu, daher wird das (in Fig. 1) blaue Koordinatengitter in ein Parallelogrammgitter (in Fig. 1 lila) abgebildet.
Eine affine Abbildung ist teilverhältnistreu, daher wird der Punkt X mit dem Ortsvektor
$\vec{x} = x_1 \begin{pmatrix} 1 \\ 0 \end{pmatrix} + x_2 \begin{pmatrix} 0 \\ 1 \end{pmatrix}$ auf den Punkt X' mit dem Ortsvektor

$$\vec{x'} = \overrightarrow{OO'} + x_1 \overrightarrow{O'E_1'} + x_2 \overrightarrow{O'E_2'}$$

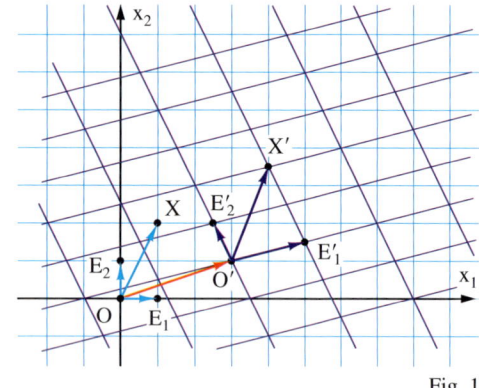

Fig. 1

abgebildet. Mit $\overrightarrow{O'E_1'} = \vec{a} = \begin{pmatrix} a_1 \\ a_2 \end{pmatrix}$; $\overrightarrow{O'E_2'} = \vec{b} = \begin{pmatrix} b_1 \\ b_2 \end{pmatrix}$ und $\overrightarrow{OO'} = \vec{c} = \begin{pmatrix} c_1 \\ c_2 \end{pmatrix}$ erhält man die

Koordinatendarstellung einer affinen Abbildung $\begin{cases} x_1' = a_1 x_1 + b_1 x_2 + c_1 \\ x_2' = a_2 x_1 + b_2 x_2 + c_2 \end{cases}$.

Eine andere Darstellung erhält man, wenn man die Zahlen a_1, a_2, b_1, b_2 in einer Matrix
$A = \begin{pmatrix} a_1 & b_1 \\ a_2 & b_2 \end{pmatrix}$ zusammenfasst. Man definiert für einen Vektor $\vec{x} = \begin{pmatrix} x_1 \\ x_2 \end{pmatrix}$ das

Produkt der Matrix A mit dem Vektor $\vec{x}$ durch $A \cdot \vec{x} = \begin{pmatrix} a_1 & b_1 \\ a_2 & b_2 \end{pmatrix} \cdot \begin{pmatrix} x_1 \\ x_2 \end{pmatrix} = \begin{pmatrix} a_1 x_1 + b_1 x_2 \\ a_2 x_1 + b_2 x_2 \end{pmatrix}$.

Betrachtet man die Zeilen der Matrix A als Vektoren, so ist die k-te Komponente des „Produktvektors" das Skalarprodukt aus der k-ten Zeile der Matrix und dem Vektor.
Mit diesen Vereinbarungen erhält man die

Matrixdarstellung einer affinen Abbildung:

Jede affine Abbildung α ist durch eine Matrix $A = \begin{pmatrix} a_1 & b_1 \\ a_2 & b_2 \end{pmatrix}$ und einen Vektor $\vec{c} = \begin{pmatrix} c_1 \\ c_2 \end{pmatrix}$ festgelegt.

Für einen Punkt X mit dem Ortsvektor $\vec{x} = \begin{pmatrix} x_1 \\ x_2 \end{pmatrix}$ und seinen Bildpunkt X' mit dem Ortsvektor $\vec{x'} = \begin{pmatrix} x_1' \\ x_2' \end{pmatrix}$ gilt:

$\vec{x'} = A \cdot \vec{x} + \vec{c}$ bzw. $\begin{pmatrix} x_1' \\ x_2' \end{pmatrix} = \begin{pmatrix} a_1 & b_1 \\ a_2 & b_2 \end{pmatrix} \cdot \begin{pmatrix} x_1 \\ x_2 \end{pmatrix} + \begin{pmatrix} c_1 \\ c_2 \end{pmatrix}$,

bzw. $\begin{cases} x_1' = a_1 x_1 + b_1 x_2 + c_1 \\ x_2' = a_2 x_1 + b_2 x_2 + c_2 \end{cases}$.

Man schreibt kurz:
$\alpha: \vec{x'} = A \cdot \vec{x} + \vec{c}$

Darstellung affiner Abbildungen mithilfe von Matrizen

Beachten Sie:

a) Es gilt $\vec{a} = \begin{pmatrix} a_1 \\ a_2 \end{pmatrix} = \overrightarrow{O'E_1'}$, $\vec{b} = \begin{pmatrix} b_1 \\ b_2 \end{pmatrix} = \overrightarrow{O'E_2'}$ und $\vec{c} = \overrightarrow{OO'}$. Die Vektoren $\vec{a}$ und $\vec{b}$ bilden die „Spaltenvektoren" der Matrix A. Also kann man aus der Matrixdarstellung sofort die Bilder des Ursprungs O und der Punkte $E_1(1|0)$ und $E_2(0|1)$ berechnen. Umgekehrt erhält man die Matrix A und den Vektor $\vec{c}$ aus den Bildern von O, E_1 und E_2.

b) Ist $\vec{c} = \vec{o}$, so stimmen die Spalten der Matrix A mit den Ortsvektoren der Bilder von $E_1(1|0)$ und $E_2(0|1)$ überein.

Im Fall $\vec{c} = \vec{o}$ sagt man auch kurz: Die Spalten der Matrix A sind die „Bilder" der Einheitsvektoren.

Betrachtet wird eine affine Abbildung α mit dem Fixpunkt O und der zugehörigen Matrix A. Wenn für den Ortsvektor $\vec{r}$ eines Punktes R gilt: $\vec{r} = a\vec{p} + b\vec{q}$, dann gilt für den Ortsvektor $\vec{r'}$ des Bildpunktes R': $\vec{r'} = a(A \cdot \vec{p}) + b(A \cdot \vec{q})$.
Dies folgt aus dem

> **Satz:** Gegeben ist eine Matrix A und ein Vektor $\vec{x} = a\vec{v} + b\vec{w}$. Dann gilt:
> $A \cdot \vec{x} = A \cdot (a\vec{v} + b\vec{w}) = a(A \cdot \vec{v}) + b(A \cdot \vec{w})$.

Beweis:
Man berechnet $A \cdot (a\vec{v} + b\vec{w})$ für $A = \begin{pmatrix} a_1 & b_1 \\ a_2 & b_2 \end{pmatrix}$, $\vec{v} = \begin{pmatrix} v_1 \\ v_2 \end{pmatrix}$ und $\vec{w} = \begin{pmatrix} w_1 \\ w_2 \end{pmatrix}$:

$A \cdot (a\vec{v} + b\vec{w}) = \begin{pmatrix} a_1 & b_1 \\ a_2 & b_2 \end{pmatrix} \cdot \left(a\begin{pmatrix} v_1 \\ v_2 \end{pmatrix} + b\begin{pmatrix} w_1 \\ w_2 \end{pmatrix} \right)$

$= \begin{pmatrix} a_1 & b_1 \\ a_2 & b_2 \end{pmatrix} \cdot \begin{pmatrix} av_1 + bw_1 \\ av_2 + bw_2 \end{pmatrix} = \begin{pmatrix} a_1(av_1 + bw_1) + b_1(av_2 + bw_2) \\ a_2(av_1 + bw_1) + b_2(av_2 + bw_2) \end{pmatrix}$

$= \begin{pmatrix} a(a_1v_1 + b_1v_2) + b(a_1w_1 + b_1w_2) \\ a(a_2v_1 + b_2v_2) + b(a_2w_1 + b_2w_2) \end{pmatrix} = a\begin{pmatrix} a_1 & b_1 \\ a_2 & b_2 \end{pmatrix} \cdot \begin{pmatrix} v_1 \\ v_2 \end{pmatrix} + b\begin{pmatrix} a_1 & b_1 \\ a_2 & b_2 \end{pmatrix} \cdot \begin{pmatrix} w_1 \\ w_2 \end{pmatrix}$

$= a(A \cdot \vec{v}) + b(A \cdot \vec{w})$.

Das Bild einer Geraden unter einer affinen Abbildung $\alpha: \vec{x'} = A \cdot \vec{x} + \vec{c}$ kann man rechnerisch so bestimmen:
Für das Bild g' der Geraden $g: \vec{x} = \vec{p} + r\vec{v}$ gilt nach dem obigen Satz:
$g': \vec{x} = A \cdot \vec{p} + r(A \cdot \vec{v}) + \vec{c}$.

Beispiel 1: (Berechnen von Bildpunkten und Bildgeraden)
Gegeben ist die affine Abbildung $\alpha: \vec{x'} = \begin{pmatrix} 1 & 3 \\ 6 & -4 \end{pmatrix} \cdot \vec{x} + \begin{pmatrix} -5 \\ 8 \end{pmatrix}$.

a) Berechnen Sie die Koordinaten des Bildes des Punktes $P(3|4)$.

b) Bestimmen Sie eine Gleichung der Bildgeraden g' von $g: \vec{x} = \begin{pmatrix} 5 \\ -3 \end{pmatrix} + r\begin{pmatrix} 2 \\ 1 \end{pmatrix}$.

Lösung:
a) Für den Ortsvektor $\vec{p'}$ des Bildes P' von P gilt:
$\vec{p'} = \begin{pmatrix} 1 & 3 \\ 6 & -4 \end{pmatrix} \cdot \begin{pmatrix} 3 \\ 4 \end{pmatrix} + \begin{pmatrix} -5 \\ 8 \end{pmatrix} = \begin{pmatrix} 1 \cdot 3 + 3 \cdot 4 \\ 6 \cdot 3 - 4 \cdot 4 \end{pmatrix} + \begin{pmatrix} -5 \\ 8 \end{pmatrix} = \begin{pmatrix} 15 \\ 2 \end{pmatrix} + \begin{pmatrix} -5 \\ 8 \end{pmatrix} = \begin{pmatrix} 10 \\ 10 \end{pmatrix}$.
Also $P'(10|10)$.

b) Für die Bildgerade g' von g und $A = \begin{pmatrix} 1 & 3 \\ 6 & -4 \end{pmatrix}$ gilt:

$g': \vec{x} = A \cdot \begin{pmatrix} 5 \\ -3 \end{pmatrix} + r\left(A \cdot \begin{pmatrix} 2 \\ 1 \end{pmatrix}\right) + \begin{pmatrix} -5 \\ 8 \end{pmatrix} = \begin{pmatrix} 1 & 3 \\ 6 & -4 \end{pmatrix} \cdot \begin{pmatrix} 5 \\ -3 \end{pmatrix} + r \cdot \begin{pmatrix} 1 & 3 \\ 6 & -4 \end{pmatrix} \cdot \begin{pmatrix} 2 \\ 1 \end{pmatrix} + \begin{pmatrix} -5 \\ 8 \end{pmatrix}$

$= \begin{pmatrix} 1 \cdot 5 + 3 \cdot (-3) \\ 6 \cdot 5 + (-4) \cdot (-3) \end{pmatrix} + r \cdot \begin{pmatrix} 1 \cdot 2 + 3 \cdot 1 \\ 6 \cdot 2 + (-4) \cdot 1 \end{pmatrix} + \begin{pmatrix} -5 \\ 8 \end{pmatrix} = \begin{pmatrix} -4 \\ 42 \end{pmatrix} + r\begin{pmatrix} 5 \\ 8 \end{pmatrix} + \begin{pmatrix} -5 \\ 8 \end{pmatrix} = \begin{pmatrix} -9 \\ 50 \end{pmatrix} + r \cdot \begin{pmatrix} 5 \\ 8 \end{pmatrix}$

Beispiel 2: (Matrixdarstellung einer affinen Abbildung)
Bestimmen Sie jeweils die Matrixdarstellung der affinen Abbildung α:
a) α bildet $O(0|0)$ auf $O'(2|6)$, $E_1(1|0)$ auf $E_1'(8|3)$ und $E_2(0|1)$ auf $E_2'(-2|7)$ ab.
b) α bildet O auf O, $P\left(-\frac{5}{2}\Big|\frac{3}{2}\right)$ auf $P'(0|2)$ und $Q(2|-1)$ auf $Q'(2|1)$ ab.

Lösung:
a) Es gilt $\overrightarrow{OO'} = \begin{pmatrix} 2 \\ 6 \end{pmatrix}$, $\overrightarrow{O'E_1'} = \overrightarrow{e_1'} - \overrightarrow{o'} = \begin{pmatrix} 6 \\ -3 \end{pmatrix}$ und $\overrightarrow{O'E_2'} = \overrightarrow{e_2'} - \overrightarrow{o'} = \begin{pmatrix} -4 \\ 1 \end{pmatrix}$.

Also α: $\overrightarrow{x'} = \begin{pmatrix} 6 & -4 \\ -3 & 1 \end{pmatrix} \cdot \overrightarrow{x} + \begin{pmatrix} 2 \\ 6 \end{pmatrix}$.

b) Es müssen die Bilder von $E_1(1|0)$ und $E_2(0|1)$ bestimmt werden. Dazu stellt man die zugehörigen Ortsvektoren $\overrightarrow{e_1}$ und $\overrightarrow{e_2}$ als Linearkombination der Ortsvektoren $\overrightarrow{p}$ und $\overrightarrow{q}$ der Punkte P und Q dar.

Der Ansatz $\overrightarrow{e_1} = a\overrightarrow{p} + b\overrightarrow{q}$ liefert das Gleichungssystem $\begin{cases} 1 = -\frac{5}{2}a + 2b \\ 0 = \frac{3}{2}a - b \end{cases}$.

Hieraus folgt $a = 2$ und $b = 3$. Aus $\overrightarrow{e_2} = c\overrightarrow{p} + d\overrightarrow{q}$ folgt $c = 4$ und $d = 5$.

Es gilt also α: $\overrightarrow{e_1'} = 2\overrightarrow{p'} + 3\overrightarrow{q'} = \begin{pmatrix} 0 \\ 4 \end{pmatrix} + \begin{pmatrix} 6 \\ 3 \end{pmatrix} = \begin{pmatrix} 6 \\ 7 \end{pmatrix}$ und α: $\overrightarrow{e_2'} = 4\overrightarrow{p} + 5\overrightarrow{p} = \begin{pmatrix} 10 \\ 13 \end{pmatrix}$.

Die Matrixdarstellung ist daher α: $\overrightarrow{x'} = \begin{pmatrix} 6 & 10 \\ 7 & 13 \end{pmatrix} \cdot \overrightarrow{x}$.

Aufgaben

2 Eine affine Abbildung α bildet $O(0|0)$ auf $O'(-1|2)$, $E_1(1|0)$ auf $E_1'(1|1)$ und $E_2(0|1)$ auf $E_2'(0|3)$ ab.
a) Zeichnen Sie das Gitter, auf welches das Gitter des kartesischen Koordinatensystems abgebildet wird.
b) Bestimmen Sie (an Ihrer Zeichnung) die Bildpunkte von $A(2|1)$, $B(-3|2)$, $C(1|-3)$, $D(2|2)$, $E(3|0)$ und $F(0|2)$ unter α.

3 Bestimmen Sie die Eckpunkte A', B', C' des Bilddreiecks von ABC bei der angegebenen affinen Abbildung. Zeichnen Sie die Dreiecke ABC und A'B'C'.

a) $A(2|4)$, $B(-2|5)$, $C(3|7)$; α: $\overrightarrow{x'} = \begin{pmatrix} 2 & 5 \\ 7 & 9 \end{pmatrix} \cdot \overrightarrow{x} + \begin{pmatrix} 11 \\ 13 \end{pmatrix}$

b) $A(-2|6)$, $B(3|3)$, $C(5|-3)$; α: $\overrightarrow{x'} = \begin{pmatrix} -5 & 3 \\ 2 & -2 \end{pmatrix} \cdot \overrightarrow{x} + \begin{pmatrix} 3 \\ 7 \end{pmatrix}$

c) $A(1|1)$, $B(7|1)$, $C(3|4)$; α: $\overrightarrow{x'} = \begin{pmatrix} 1 & 2 \\ 0 & 1 \end{pmatrix} \cdot \overrightarrow{x} + \begin{pmatrix} 1 \\ -1 \end{pmatrix}$

4 Bestimmen Sie das Bild der Geraden g unter der affinen Abbildung α.

a) g: $\overrightarrow{x} = \begin{pmatrix} 1 \\ 2 \end{pmatrix} + r\begin{pmatrix} -2 \\ 3 \end{pmatrix}$; α: $\overrightarrow{x'} = \begin{pmatrix} 2 & 1 \\ -5 & 3 \end{pmatrix} \cdot \overrightarrow{x}$

b) g: $\overrightarrow{x} = \begin{pmatrix} -4 \\ 5 \end{pmatrix} + r\begin{pmatrix} 1 \\ 1 \end{pmatrix}$; α: $\overrightarrow{x'} = \begin{pmatrix} 1 & 2 \\ 0 & 1 \end{pmatrix} \cdot \overrightarrow{x} + \begin{pmatrix} 2 \\ 1 \end{pmatrix}$

c) g: $\overrightarrow{x} = \begin{pmatrix} 7 \\ 3 \end{pmatrix} + r\begin{pmatrix} -2 \\ 3 \end{pmatrix}$; α: $\overrightarrow{x'} = \begin{pmatrix} 2 & -1 \\ 5 & 7 \end{pmatrix} \cdot \overrightarrow{x} + \begin{pmatrix} 2 \\ 0 \end{pmatrix}$

d) g ist die Gerade durch $P(-2|-1)$ und $Q(1|4)$; α: $\overrightarrow{x'} = \begin{pmatrix} 1 & -2 \\ 3 & 4 \end{pmatrix} \cdot \overrightarrow{x} + \begin{pmatrix} 1 \\ -2 \end{pmatrix}$

e) g ist die Gerade durch $P(3|1)$ und $Q(-7|6)$; α: $\overrightarrow{x'} = \begin{pmatrix} 2 & 1 \\ -1 & -2 \end{pmatrix} \cdot \overrightarrow{x} + \begin{pmatrix} 1 \\ 1 \end{pmatrix}$

Darstellung affiner Abbildungen mithilfe von Matrizen

5 Bestimmen Sie jeweils rechnerisch das Bild der Geraden g unter der Abbildung
$\alpha: \vec{x'} = \begin{pmatrix} 1 & -2 \\ 3 & 4 \end{pmatrix} \cdot \vec{x} + \begin{pmatrix} 1 \\ -2 \end{pmatrix}$.

a) g ist die x_1-Achse
b) g ist die x_2-Achse
c) g: $x_1 = x_2$
d) g ist die Gerade durch $P(2|1)$ und $Q(5|2)$

6 Eine affine Abbildung bildet $O(0|0)$ auf $O'(2|1)$, $E_1(1|0)$ auf $E_1'(4|2)$ und $E_2(0|1)$ auf $E_2'(3|3)$ ab. Stellen Sie die Abbildungsgleichungen auf, geben Sie diese auch in Matrixdarstellung an und bestimmen Sie die Bildpunkte von $P(1|1)$, $Q(0,1|1)$ und $R(1,5|1,5)$.

7 Eine affine Abbildung α bildet $O(0|0)$ auf $O(0|0)$, $P(2|4)$ auf $P'(4|2)$ und $Q(-2|5)$ auf $Q'(-3|6)$ ab.
a) Bestimmen Sie eine Matrixdarstellung für α.
b) Berechnen Sie die Eckpunkte A', B', C', D' des Bildes des Rechtecks ABCD mit $A(1|0)$, $B(5|0)$, $C(5|4)$ und $D(1|4)$. Zeichnen Sie das Rechteck ABCD und das Bildviereck in ein Koordinatensystem.

8 Bei einer affinen Abbildung wird jeder Punkt der x_1-Achse auf sich abgebildet und $P(1|4)$ auf $P'(4|1)$.
Bestimmen Sie eine Matrixdarstellung für diese Abbildung.

9 Bestimmen Sie eine Matrixdarstellung für die Scherung α.
a) Scherungsachse ist die Winkelhalbierende zwischen der x_1- und der x_2-Achse. $A(4|0)$ wird auf $A'(6|2)$ abgebildet.
b) Scherungsachse ist die Gerade $g: \vec{x} = \begin{pmatrix} 2 \\ 0 \end{pmatrix} + r\begin{pmatrix} -1 \\ 1 \end{pmatrix}$. Der Punkt $A(0|4)$ wird auf den Punkt $A'(1|3)$ abgebildet.
c) Scherungsachse ist die Gerade $g: \vec{x} = r\begin{pmatrix} 2 \\ 1 \end{pmatrix}$. Das Bild des Punktes $A(0|3)$ hat die x_1-Koordinate 4.

10 Eine affine Abbildung α hat den Fixpunkt O. Bestimmen Sie jeweils die Matrixdarstellung von α und das Bild des Dreiecks OBC mit $O(0|0)$, $B(5|0)$ und $C(0|5)$. Zeichnen Sie das Dreieck und das Bilddreieck jeweils in ein geeignetes Koordinatensystem.
a) α bildet $P(1|1)$ auf $P'(1|0)$ und $Q(0|1)$ auf $Q'(-1|1)$ ab.
b) Die Gerade $g: x_1 = x_2$ ist Fixpunktgerade von α und der Punkt $P(0|1)$ wird auf $P'(0|2)$ abgebildet.
c) Die x_1-Gerade ist Fixpunktgerade und der Punkt $P(0|1)$ wird auf $P'(2|1)$ abgebildet.
d) Jeder Punkt $P(p_1|-p_1)$ der Geraden $g: \vec{x} = r \cdot \begin{pmatrix} 1 \\ -1 \end{pmatrix}$ wird auf $P'(2p_1|-2p_1)$ abgebildet.

Die Gerade $h: \vec{x} = s \cdot \begin{pmatrix} 1 \\ 2 \end{pmatrix}$ ist Fixpunktgerade.

11 a) Welche Punkte werden durch die Abbildungsvorschrift $\alpha: \vec{x'} = \begin{pmatrix} 1 & 2 \\ 2 & 4 \end{pmatrix} \vec{x}$ auf den Ursprung abgebildet?

b) Begründen Sie: Wenn eine durch eine Abbildungsvorschrift $\alpha: \vec{x'} = \begin{pmatrix} a & b \\ c & d \end{pmatrix} \vec{x}$ gegebene Abbildung zwei verschiedene Punkte auf den gleichen Punkt abbildet, dann bildet sie mindestens einen vom Ursprung verschiedenen Punkt auf den Ursprung ab.

c) Für welche Werte von a ist die durch $\alpha: \vec{x'} = \begin{pmatrix} 2 & 1 \\ 3 & a \end{pmatrix} \cdot \vec{x}$ definierte Abbildung eine affine Abbildung?

Tipp zu Aufgabe 11b):
Betrachten Sie die Differenz der Ortsvektoren der beiden Punkte, die auf den gleichen Punkt abgebildet werden.

4 Matrixdarstellungen spezieller Kongruenz- und Ähnlichkeitsabbildungen

1 a) Begründen Sie: Bei einer Drehung um 45° mit dem Ursprung als Drehzentrum wird der Punkt $E_1(1|0)$ auf den Punkt $E_1'\left(\frac{1}{2}\sqrt{2}\,\big|\,\frac{1}{2}\sqrt{2}\right)$ und der Punkt $E_2(0|1)$ auf den Punkt $E_2'\left(-\frac{1}{2}\sqrt{2}\,\big|\,\frac{1}{2}\sqrt{2}\right)$ abgebildet.

b) Bestimmen Sie die Matrixdarstellung einer Drehung mit dem Ursprung als Drehzentrum und dem Drehwinkel 45°, 135° und 60°.

Zur Bestimmung der Matrixdarstellung einer affinen Abbildung benötigt man nur die Koordinaten der Bildpunkte der Punkte $O(0|0)$, $E_1(1|0)$ und $E_2(0|1)$. Diese lassen sich für Verschiebungen, zentrische Streckungen von O aus, Drehungen um O und Spiegelungen an Ursprungsgeraden leicht bestimmen.

Zur Erinnerung:
Für jeden Winkel α gilt:
$sin(270° + α) =$
$sin(360° + (α − 90°))$
$= sin(α − 90°)$
$= −sin(90° − α)$
$= −cos(α)$
und
$cos(270° + α)$
$= cos(90° − α)$
$= sin(α)$

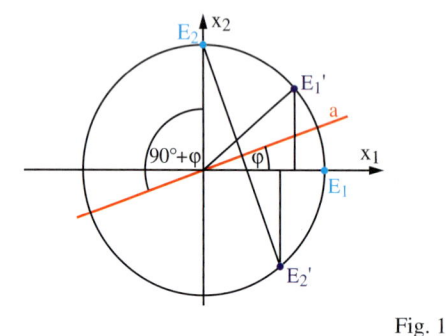

Fig. 1

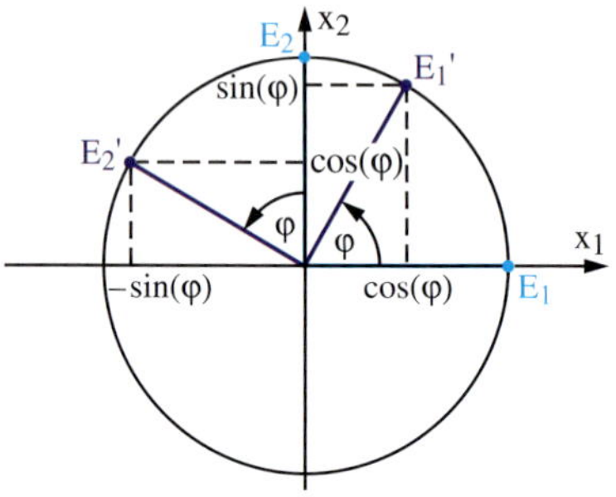

Fig. 2

Fig. 1 verdeutlicht: Bei einer Spiegelung an einer Ursprungsgeraden, die mit der x-Achse den Winkel φ einschließt, wird der Punkt $E_1(1|0)$ auf den Punkt $E_1'(\cos(2φ)|\sin(2φ))$ und der Punkt $E_2(0|1)$ auf den Punkt $E_2'(\sin(2φ)|-\cos(2φ))$ abgebildet.

Fig. 2 verdeutlicht:
Bei einer Drehung um den Ursprung um den Winkel φ wird der Punkt $E_1(1|0)$ auf den Punkt $E_1'(\cos(φ)|\sin(φ))$ und der Punkt $E_2(0|1)$ auf den Punkt $E_2'(-\sin(φ)|\cos(φ))$ abgebildet.

Bei einer zentrischen Streckung von $O(0|0)$ aus mit dem Streckfaktor k wird der Punkt $E_1(1|0)$ auf $E_1'(k|0)$ und der Punkt $E_2(0|1)$ auf $E_2'(0|k)$ abgebildet.

Diese Überlegungen liefern die folgenden Matrixdarstellungen:
Ist X ein Punkt mit dem Ortsvektor $\vec{x}$, dann gilt für den Ortsvektor $\vec{x'}$ des Bildpunktes X' bei einer

Verschiebung um einen Vektor $\vec{v}$
$\vec{x'} = \vec{x} + \vec{v}$

zentrischen Streckung von $O(0|0)$ aus mit dem Streckfaktor k:
$\vec{x'} = \begin{pmatrix} k & 0 \\ 0 & k \end{pmatrix} \cdot \vec{x}$

Drehung um den Ursprung um einen Winkel φ:
$\vec{x'} = \begin{pmatrix} \cos(φ) & -\sin(φ) \\ \sin(φ) & \cos(φ) \end{pmatrix} \cdot \vec{x}$

Spiegelung an einer Ursprungsgeraden a, die mit der x_1-Achse einen Winkel φ einschließt:
$\vec{x'} = \begin{pmatrix} \cos(2φ) & \sin(2φ) \\ \sin(2φ) & -\cos(2φ) \end{pmatrix} \cdot \vec{x}$

Matrixdarstellungen spezieller Kongruenz- und Ähnlichkeitsabbildungen

Beispiel: (Matrixdarstellung einer Spiegelung)
Bestimmen Sie die Matrixdarstellung einer Spiegelung α an der Geraden $g: x_2 = 2x_1$.
Lösung:
Die Matrixdarstellung für die Spiegelung ist: $\vec{x'} = \begin{pmatrix} \cos(2\varphi) & \sin(2\varphi) \\ \sin(2\varphi) & -\cos(2\varphi) \end{pmatrix} \cdot \vec{x}$. Hierbei ist φ der Winkel zwischen der x_1-Achse und der Spiegelachse.
Die Steigung der Spiegelachse ist 2, daher gilt $\tan(\varphi) = 2$. Also gilt $\frac{\sin(\varphi)}{\cos(\varphi)} = 2$ und somit $\sin(\varphi) = 2\cos(\varphi)$.
Aus $\sin^2(\varphi) + \cos^2(\varphi) = 1$ folgt: $5\cos^2(\varphi) = 1$. φ liegt zwischen $0°$ und $90°$; daher liegen $\cos(\varphi)$ und $\sin(\varphi)$ zwischen 0 und 1. Es gilt also $\cos(\varphi) = \sqrt{\frac{1}{5}}$ und $\sin(\varphi) = \sqrt{\frac{4}{5}}$.
Man erhält: $\cos(2\varphi) = \cos^2(\varphi) - \sin^2(\varphi) = -\frac{3}{5}$ und $\sin(2\varphi) = 2\sin(\varphi)\cos(\varphi) = \frac{4}{5}$.
Die Matrixdarstellung ist also $\alpha: \vec{x'} = \begin{pmatrix} -\frac{3}{5} & \frac{4}{5} \\ \frac{4}{5} & \frac{3}{5} \end{pmatrix} \cdot \vec{x}$.

Aufgaben

2 Bestimmen Sie für das Dreieck ABC mit $A(-3|5)$, $B(2|11)$, $C(4|6)$ die Eckpunkte des Bilddreiecks rechnerisch und zeichnen Sie beide Dreiecke in ein Koordinatensystem bei der
a) Verschiebung um $\begin{pmatrix} -2 \\ 7 \end{pmatrix}$;
b) Drehung um O um $30°$;
c) Spiegelung an der Geraden $g: \vec{x} = r\begin{pmatrix} 1 \\ -3 \end{pmatrix}$;
d) zentrischen Streckung von O aus um den Streckfaktor $-\frac{1}{2}$.

3 Konstruieren Sie jeweils das Bild des Dreiecks ABC mit $A(1|2)$, $B(5|3)$, $C(3|5)$ bei einer Spiegelung an der Achse a und überprüfen Sie Ihre Ergebnisse durch Bestimmung der Bildpunkte, wenn gilt:
a) a ist die x_1-Achse,
b) a ist die x_2-Achse,
c) a ist die Gerade $g: x_2 = -x_1$,
d) a ist die Gerade mit $x_2 = 3x_1$.

4 a) Gegeben ist die Matrixdarstellung $\vec{x'} = \begin{pmatrix} \frac{12}{13} & -\frac{5}{13} \\ \frac{5}{13} & \frac{12}{13} \end{pmatrix} \cdot \vec{x}$ einer affinen Abbildung.

Weisen Sie nach, dass es sich bei der Abbildung um eine Drehung handelt, und bestimmen Sie den Drehwinkel rechnerisch. Überprüfen Sie Ihr Ergebnis an einer Zeichnung.
b) Gegeben ist ein 2×2-Matrix A. Zeigen Sie: Eine Abbildung $\alpha: \vec{x'} = A \cdot \vec{x}$ stellt genau dann eine Drehung um den Ursprung dar, wenn gilt:
$A = \begin{pmatrix} a & b \\ -b & a \end{pmatrix}$ für geeignete Zahlen a, b und $a^2 + b^2 = 1$.

5 a) Gegeben ist die Matrixdarstellung $\vec{x'} = \begin{pmatrix} -\frac{12}{13} & \frac{5}{13} \\ \frac{5}{13} & \frac{12}{13} \end{pmatrix} \cdot \vec{x}$ einer affinen Abbildung.

Weisen Sie nach, dass es sich bei der Abbildung um eine Spiegelung an einer Ursprungsgeraden handelt, und bestimmen Sie die Spiegelachse rechnerisch. Überprüfen Sie Ihr Ergebnis an einer Zeichnung.
b) Gegeben ist eine 2×2-Matrix A. Zeigen Sie: Eine Abbildung $\alpha: \vec{x'} = A \cdot \vec{x}$ stellt genau dann eine Spiegelung an einer Ursprungsgeraden dar, wenn gilt:
$A = \begin{pmatrix} a & b \\ b & -a \end{pmatrix}$ für geeignete Zahlen a, b und $a^2 + b^2 = 1$.

5 Verketten von affinen Abbildungen, Multiplikation von Matrizen

1 a) Der Punkt P wurde zuerst an der Geraden g gespiegelt, dann wurde sein Bildpunkt P' an der Geraden h auf den Punkt P'' gespiegelt. Weisen Sie durch Rechnung nach, dass eine Punktspiegelung um den Schnittpunkt der beiden Geraden den Punkt P ebenfalls auf P'' abbildet.
b) Untersuchen Sie auch den Fall, dass ein Punkt nacheinander an zwei zueinander parallelen Spiegelachsen gespiegelt wird. Durch welche Abbildung kann man diese zwei Spiegelungen ersetzen?

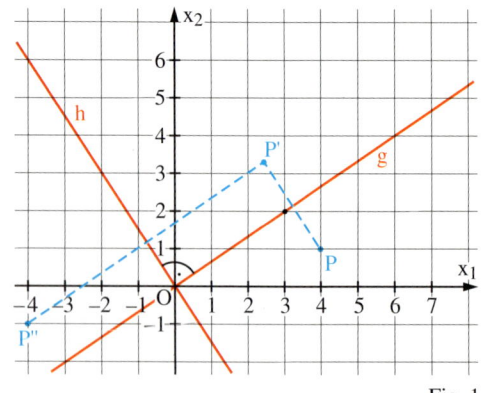

Fig. 1

Das Hintereinanderausführen von Abbildungen nennt man auch **Verketten**. Die Verkettung zweier affiner Abbildungen ist wieder eine affine Abbildung, denn Geradentreue und Umkehrbarkeit bleiben beim Verketten erhalten.

Die Matrixdarstellung einer verketteten Abbildung lässt sich berechnen, wenn man die Matrixdarstellungen der zu verkettenden Abbildungen kennt, denn:

Aus $\alpha: \vec{x''} = A \cdot \vec{x'} + \vec{c_\alpha} = \begin{pmatrix} a_1 & b_1 \\ a_2 & b_2 \end{pmatrix} \cdot \vec{x'} + \vec{c_\alpha}$ und $\beta: \vec{x'} = B \cdot \vec{x} + \vec{c_\beta} = \begin{pmatrix} u_1 & v_1 \\ u_2 & v_2 \end{pmatrix} \cdot \vec{x} + \vec{c_\beta}$ folgt

$\vec{x''} = A \cdot (B \cdot \vec{x} + \vec{c_\beta}) + \vec{c_\alpha} = A \cdot (B \cdot \vec{x}) + A \cdot \vec{c_\beta} + \vec{c_\alpha}$.

Für $A \cdot (B \cdot \vec{x})$ ergibt sich:

$A \cdot (B \cdot \vec{x}) = A \cdot \begin{pmatrix} u_1 x_1 + v_1 x_2 \\ u_2 x_1 + v_2 x_2 \end{pmatrix} = \begin{pmatrix} a_1(u_1 x_1 + v_1 x_2) + b_1(u_2 x_1 + v_2 x_2) \\ a_2(u_1 x_1 + v_1 x_2) + b_2(u_2 x_1 + v_2 x_2) \end{pmatrix}$

$= \begin{pmatrix} (a_1 u_1 + b_1 u_2) x_1 + (a_1 v_1 + b_1 v_2) x_2 \\ (a_2 u_1 + b_2 u_2) x_1 + (a_2 v_1 + b_2 v_2) x_2 \end{pmatrix} = \begin{pmatrix} a_1 u_1 + b_1 u_2 & a_1 v_1 + b_1 v_2 \\ a_2 u_1 + b_2 u_2 & a_2 v_1 + b_2 v_2 \end{pmatrix} \begin{pmatrix} x_1 \\ x_2 \end{pmatrix}$

Die Matrix der Verkettung nennt man das Produkt der Matrizen A und B.
Unter dem **Produkt $A \cdot B$ der Matrizen**
$A = \begin{pmatrix} a_1 & b_1 \\ a_2 & b_2 \end{pmatrix}$ und $B = \begin{pmatrix} u_1 & v_1 \\ u_2 & v_2 \end{pmatrix}$ versteht man also
die Matrix $A \cdot B = \begin{pmatrix} a_1 u_1 + b_1 u_2 & a_1 v_1 + b_1 v_2 \\ a_2 u_1 + b_2 u_2 & a_2 v_1 + b_2 v_2 \end{pmatrix}$.

Mithilfe des Matrizenproduktes kann man also die Abbildungsgleichung der Verkettung affiner Abbildungen (mit dem Fixpunkt O) allgemein angeben:

Merkregel zum Matrizenprodukt:
In der Produktmatrix $A \cdot B$ steht in der i-ten Zeile und j-ten Spalte das Skalarprodukt der i-ten Zeilen von A und der j-ten Spalte von B.

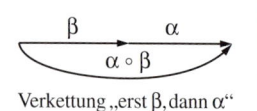

	$B = \begin{pmatrix} u_1 & v_1 \\ u_2 & v_2 \end{pmatrix}$
$A = \begin{pmatrix} a_1 & b_1 \\ a_2 & b_2 \end{pmatrix}$	$\begin{pmatrix} a_1 u_1 + b_1 u_2 & a_1 v_1 + b_1 v_2 \\ a_2 u_1 + b_2 u_2 & a_2 v_1 + b_2 v_2 \end{pmatrix}$

Verkettung „erst β, dann α"

Satz: Sind durch $\alpha: \vec{x'} = A \cdot \vec{x}$ und $\beta: \vec{x'} = B \cdot \vec{x}$ zwei affine Abbildungen gegeben, so gilt für ihre Verkettung $\alpha \circ \beta$ in der Reihenfolge „erst β, dann α":
$$\vec{x'} = A \cdot B \cdot \vec{x}.$$

Beachten Sie:
Das Verketten von affinen Abbildungen bzw. das Multiplizieren von Matrizen ist **nicht kommutativ** (d.h. für zwei Matrizen A und B gilt nicht immer $A \cdot B = B \cdot A$). Dagegen ist das Verketten von Abbildungen assoziativ (d.h. für drei Matrizen A, B, C gilt: $A \cdot (B \cdot C) = (A \cdot B) \cdot C$).

Dies ist ein Beispiel dafür, dass das Verketten von Abbildungen bzw. die Multiplikation von Matrizen nicht kommutativ ist.

Beispiel: (Matrixdarstellung einer Verkettung)
Gegeben sind die Drehung α um 30° mit dem Ursprung als Drehzentrum und die Scherung β mit der x_1-Achse als Scherungsachse und dem Scherungswinkel 45°.
Geben Sie die Matrixdarstellung für die verkettete Abbildung an.
a) $\gamma_1 = \beta \circ \alpha$ (erst α, dann β)   b) $\gamma_2 = \alpha \circ \beta$ (erst β, dann α)

Lösung:
Zu α gehört die Abbildungsmatrix $A = \begin{pmatrix} \frac{1}{2}\sqrt{3} & -\frac{1}{2} \\ \frac{1}{2} & \frac{1}{2}\sqrt{3} \end{pmatrix}$, zu β die Matrix $B = \begin{pmatrix} 1 & 1 \\ 0 & 1 \end{pmatrix}$.

a) $B \cdot A = \begin{pmatrix} 1 \cdot \frac{1}{2}\sqrt{3} + 1 \cdot \frac{1}{2} & 1 \cdot (-\frac{1}{2}) + 1 \cdot \frac{1}{2}\sqrt{3} \\ 0 \cdot \frac{1}{2}\sqrt{3} + 1 \cdot \frac{1}{2} & 0 \cdot (-\frac{1}{2}) + 1 \cdot \frac{1}{2}\sqrt{3} \end{pmatrix} = \begin{pmatrix} \frac{1}{2}(\sqrt{3} + 1) & \frac{1}{2}(-1 + \sqrt{3}) \\ \frac{1}{2} & \frac{1}{2}\sqrt{3} \end{pmatrix}$

Also gilt $\gamma_1: \vec{x'} = \begin{pmatrix} \frac{1}{2}(\sqrt{3} + 1) & \frac{1}{2}(-1 + \sqrt{3}) \\ \frac{1}{2} & \frac{1}{2}\sqrt{3} \end{pmatrix} \cdot \vec{x}$

b) Mit dem Matrixprodukt $A \cdot B$ erhält man $\gamma_2: \vec{x'} = \begin{pmatrix} \frac{1}{2}\sqrt{3} & \frac{1}{2}(\sqrt{3} - 1) \\ \frac{1}{2} & \frac{1}{2}(\sqrt{3} + 1) \end{pmatrix} \cdot \vec{x}$.

Aufgaben

2 Berechnen Sie die Matrizenprodukte $A \cdot B$ und $B \cdot A$.

a) $A = \begin{pmatrix} 6 & -1 \\ 3 & 7 \end{pmatrix}$, $B = \begin{pmatrix} -2 & 5 \\ 4 & 1 \end{pmatrix}$ b) $A = \begin{pmatrix} \frac{5}{2} & 1 \\ -1 & \frac{3}{2} \end{pmatrix}$, $B = \begin{pmatrix} 2 & -4 \\ 1 & 6 \end{pmatrix}$

3 Bestimmen Sie die Matrixdarstellungen der Verkettungen „erst α, dann β" und „erst β, dann α".

a) $\alpha: \vec{x'} = \begin{pmatrix} 1 & 3 \\ 0 & 4 \end{pmatrix} \cdot \vec{x}$; $\beta: \vec{x'} = \begin{pmatrix} 0 & -1 \\ -1 & 0 \end{pmatrix} \cdot \vec{x}$ b) $\alpha: \vec{x'} = \begin{pmatrix} 0 & 1 \\ 2 & 1 \end{pmatrix} \cdot \vec{x}$; $\beta: \vec{x'} = \begin{pmatrix} 2 & 0 \\ 0 & -1 \end{pmatrix} \cdot \vec{x}$

4 Bestimmen Sie jeweils eine Matrixdarstellung der Abbildungen. Berechnen Sie dann auch die Matrixdarstellung für die zusammengesetzte Abbildung. Beschreiben Sie diese Abbildung geometrisch.

a) Erst um $O(0|0)$ um 45° drehen, dann an $g: \vec{x} = r\begin{pmatrix} 1 \\ -1 \end{pmatrix}$ spiegeln.

b) Erst Streckung von O aus um den Faktor 2, dann Spiegelung an der x_2-Achse.

c) Erst Spiegelung an der x_1-Achse, dann Scherung mit der x_1-Achse als Scherungsachse und dem Scherungswinkel $\alpha = 45°$.

5 Eine affine Abbildung ist festgelegt durch die Bildpunkte der Ecken eines Dreiecks ABC.
Erläutern Sie an Fig. 1, dass man jede affine Abbildung in eine Verschiebung und eine affine Abbildung mit einem Fixpunkt zerlegen kann.

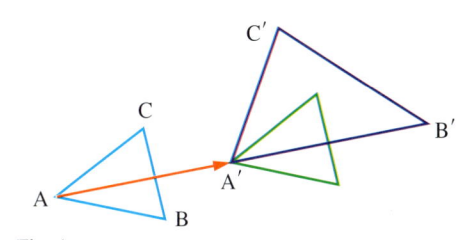

Fig. 1

6 Umkehrabbildungen – Determinanten von Abbildungen

1 Gegeben sind die Punkte $O(0|0)$, $E_1(1|0)$, $E_2(0|1)$, $P(4|1)$ und $Q(2|5)$.
a) Geben Sie eine Matrixdarstellung für die affine Abbildung α mit $O' = O$, $E_1' = P$ und $E_2' = Q$ an.
b) Geben Sie eine Matrixdarstellung für die affine Abbildung β mit $O' = O$, $P' = E_1$ und $Q' = E_2$ an.
c) Welcher Zusammenhang besteht zwischen den Abbildungen α und β?

Eine affine Abbildung α ist umkehrbar. Ordnet α dem Punkt P den Punkt P' zu, dann ordnet die **Umkehrabbildung** α^{-1} dem Punkt P' den Punkt P zu.

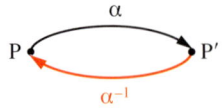

Fig. 1

> **Satz 1:** Die Umkehrabbildung α^{-1} einer affinen Abbildung α ist eine affine Abbildung.

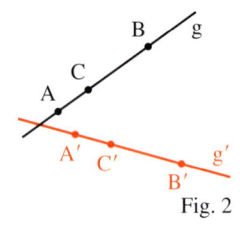

Beweis:
Es ist zu zeigen, dass α^{-1} geradentreu ist.
Dazu überlegt man: Wenn g' eine Gerade durch die Punkte A' und B' ist und C' ein weiterer Punkt auf der Gerade g' ist, dann liegt das Urbild von C', also das Bild von C' unter α^{-1} auf der Geraden AB, denn:
α ist geraden- und teilverhältnistreu. Also bildet α denjenigen Punkt C auf der Geraden AB, der die Strecke $\overline{AB}$ im gleichen Verhältnis teilt wie C' die Strecke $\overline{A'B'}$, auf C' ab.

Fig. 2

Ist α eine durch $\alpha: \vec{x'} = A \cdot \vec{x}$ mit $A = \begin{pmatrix} a_1 & b_1 \\ a_2 & b_2 \end{pmatrix}$ definierte affine Abbildung mit dem Fixpunkt O, dann ist auch die Umkehrabbildung α^{-1} eine affine Abbildung mit dem Fixpunkt O.
Es gibt also eine Matrix, die man mit A^{-1} bezeichnet, so dass gilt: $\alpha^{-1}: \vec{x'} = A^{-1} \cdot \vec{x}$.

Entsprechend kann man die Koeffizienten $\overline{b_1}$ und $\overline{b_2}$ berechnen.

Um die Koeffizienten der Matrix $A^{-1} = \begin{pmatrix} \overline{a_1} & \overline{b_1} \\ \overline{a_2} & \overline{b_2} \end{pmatrix}$ zu berechnen, kann man so vorgehen:

Es muss gelten: $\alpha^{-1} \begin{pmatrix} 1 \\ 0 \end{pmatrix} = \begin{pmatrix} \overline{a_1} \\ \overline{a_2} \end{pmatrix} \Leftrightarrow \alpha \begin{pmatrix} \overline{a_1} \\ \overline{a_2} \end{pmatrix} = \begin{pmatrix} 1 \\ 0 \end{pmatrix} \Leftrightarrow \begin{cases} a_1 \cdot \overline{a_1} + b_1 \cdot \overline{a_2} = 1 \\ a_2 \cdot \overline{a_1} + b_2 \cdot \overline{a_2} = 0 \end{cases}$

Da α umkehrbar ist, ist dieses Gleichungssystem eindeutig lösbar und man kann die Lösungen mithilfe der CRAMER'schen Regel (s. S. 18) bestimmen. Man nennt die hierbei auftretende Determinante $D = \begin{vmatrix} a_1 & b_1 \\ a_2 & b_2 \end{vmatrix}$ auch die **Determinante der Abbildung α** oder auch die Determinante der Matrix A. Man erhält so:

*Gibt es zu einer Matrix A eine inverse Matrix, so sagt man: A ist **invertierbar**.*

> **Satz 2:** Eine Abbildung $\alpha: \vec{x'} = A \cdot \vec{x}$ mit $A = \begin{pmatrix} a_1 & b_1 \\ a_2 & b_2 \end{pmatrix}$ ist genau dann umkehrbar, wenn die Determinante $D = a_1 \cdot b_2 - a_2 \cdot b_1$ von Null verschieden ist.
> Zur Umkehrabbildung α^{-1} gehört dann
> **die zu A inverse Matrix** $A^{-1} = \begin{pmatrix} \frac{b_2}{D} & -\frac{b_1}{D} \\ \frac{-a_2}{D} & \frac{a_1}{D} \end{pmatrix} = \frac{1}{D} \begin{pmatrix} b_2 & -b_1 \\ -a_2 & a_1 \end{pmatrix}$.

Umkehrabbildungen – Determinanten von Abbildungen

*Sind zwei affine Abbildungen α und β gegeben, so schreibt man für die durch die Verkettung „erst β, dann α" definierte Abbildung γ (vgl. S. 186)
γ = α ∘ β.*

Bemerkungen:
a) Wenn $\alpha: \vec{x'} = A \cdot \vec{x} + \vec{c}$ eine affine Abbildung ist, dann ist $\alpha_1: \vec{x'} = A \cdot \vec{x}$ auch eine affine Abbildung; die Matrix A ist also invertierbar.
$\alpha^{-1}: \vec{x'} = A^{-1} \cdot \vec{x} - A^{-1} \cdot \vec{c}$ ist dann eine Matrixdarstellung für die Umkehrabbildung.
b) Bezeichnet man mit id die „identische Abbildung", d. h. die Abbildung, die jeden Punkt P auf sich selbst abbildet, so gilt für jede affine Abbildung α:
(1) α ∘ id = α und id ∘ α = α   (2) α ∘ α⁻¹ = α⁻¹ ∘ α = id
Aus diesen Eigenschaften lässt sich folgern, dass es zu je zwei affinen Abbildungen α und β stets genau eine Lösung γ der Gleichung α ∘ γ = β gibt:
Eine Lösung ist auf jeden Fall γ = α⁻¹ ∘ β.
Gilt α ∘ γ₁ = β und α ∘ γ₂ = β, so folgt α⁻¹ ∘ (α ∘ γ₁) = α⁻¹ ∘ (α ∘ γ₂) und damit γ₁ = γ₂.
Ebenso lässt sich zeigen, dass γ = β ∘ α⁻¹ die einzige Lösung der Gleichung γ ∘ α = β ist.

Fig. 1

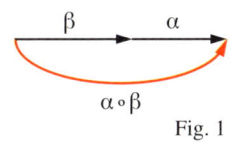

Man nennt eine Menge M zusammen mit einer Verknüpfung ∗, die jedem Paar (a, b) von Elementen a und b aus M ein Element c = a ∗ b zuordnet, eine **Gruppe**, wenn folgende Bedingungen erfüllt sind:

(1) Es gilt das Assoziativgesetz, d. h. (a ∗ b) ∗ c = a ∗ (b ∗ c) für alle a, b, c aus M.

(2) Es gibt ein „neutrales" Element e, d. h. es gibt ein e aus M, so dass a ∗ e = e ∗ a für alle a aus M.

(3) Zu jedem a aus M gibt es ein „inverses" Element a⁻¹ aus M, für das gilt: a ∗ a⁻¹ = a⁻¹ ∗ a = e.

Die affinen Abbildungen bilden also mit der Verkettung ∘ als Verknüpfung eine Gruppe. Ebenso bilden die Kongruenzabbildungen, die Ähnlichkeitsabbildungen, die zentrischen Streckungen mit gleichem Zentrum und die Drehungen mit gleichem Zentrum jeweils zusammen mit der Verkettung als Verknüpfung eine Gruppe.

Die Spiegelungen bilden hingegen mit der Verkettung als Verknüpfung keine Gruppe, denn die Verkettung zweier Spiegelungen ist nicht wieder eine Spiegelung.

Die Determinante einer affinen Abbildung hat eine geometrische Bedeutung:
Fig. 2 verdeutlicht, dass für den Flächeninhalt A des von den Vektoren $\vec{a}$ und $\vec{b}$ aufgespannten Parallelogramms gilt:
$A = |\vec{a}| |\vec{b}| |\sin(\varphi)|$, wenn φ der Winkel zwischen $\vec{a}$ und $\vec{b}$ ist. Man erhält:

$$A^2 = \vec{a}^2 \cdot \vec{b}^2 \sin^2(\varphi)$$
$$= \vec{a}^2 \cdot \vec{b}^2 (1 - \cos^2(\varphi))$$
$$= \vec{a}^2 \cdot \vec{b}^2 \left(1 - \left(\frac{\vec{a} \cdot \vec{b}}{|\vec{a}||\vec{b}|}\right)^2\right)$$
$$= \vec{a}^2 \cdot \vec{b}^2 - (\vec{a} \cdot \vec{b})^2$$
$$= (a_1^2 + a_2^2)(b_1^2 + b_2^2) - (a_1 b_1 + a_2 b_2)^2$$
$$= (a_1 b_2 - a_2 b_1)^2$$

Also: $A = |a_1 b_2 - a_2 b_1|$.

Fig. 2

Hieraus ergibt sich:

*Aus Satz 3 folgt, dass der Betrag der Determinante einer affinen Abbildung das Verhältnis der Flächeninhalte von Figur und Bildfigur angibt.
Ist der Betrag der Determinante 1, dann ist die affine Abbildung **flächeninhaltstreu**.*

Satz 3: Ist A eine 2 × 2-Matrix, dann ist der Betrag der Determinante von A gleich dem Flächeninhalt des von den Spaltenvektoren von A aufgespannten Parallelogramms.

Umkehrabbildungen – Determinanten von Abbildungen

Beispiel 1: (Matrixdarstellung der Umkehrabbildung)
Gegeben ist die affine Abbildung $\alpha: \overrightarrow{x'} = A \cdot \overrightarrow{x} + \overrightarrow{c}$ mit $A = \begin{pmatrix} 3 & 2 \\ 5 & 4 \end{pmatrix}$ und $\overrightarrow{c} = \begin{pmatrix} -2 \\ 6 \end{pmatrix}$.
Bestimmen Sie die Matrixdarstellung der Umkehrabbildung α^{-1}.
Lösung:
Die Matrixdarstellung der Umkehrabbildung α^{-1} ist $\alpha^{-1}: \overrightarrow{x'} = A^{-1} \cdot \overrightarrow{x} - A^{-1} \cdot \overrightarrow{c}$,
wobei A^{-1} die zu A inverse Matrix ist.
Für die Determinante von A gilt: $D = 3 \cdot 4 - 5 \cdot 2 = 2$.
Man erhält: $A^{-1} = \begin{pmatrix} \frac{4}{2} & \frac{-2}{2} \\ \frac{-5}{2} & \frac{3}{2} \end{pmatrix} = \frac{1}{2} \begin{pmatrix} 4 & -2 \\ -5 & 3 \end{pmatrix}$.
Also $\alpha^{-1}: \overrightarrow{x'} = \frac{1}{2} \begin{pmatrix} 4 & -2 \\ -5 & 3 \end{pmatrix} \cdot \overrightarrow{x} - \frac{1}{2} \begin{pmatrix} 4 & -2 \\ -5 & 3 \end{pmatrix} \cdot \begin{pmatrix} -2 \\ 6 \end{pmatrix} = \frac{1}{2} \begin{pmatrix} 4 & -2 \\ -5 & 3 \end{pmatrix} \cdot \overrightarrow{x} + \begin{pmatrix} 10 \\ -14 \end{pmatrix}$.

Beachten Sie:
In Beispiel 2 gilt $\gamma_1 \neq \gamma_2$.

Beispiel 2: (Lösen einer „Matrizengleichung")
Die affine Abbildung α ist die Spiegelung an der ersten Winkelhalbierenden; die Abbildung β die Drehung um O um 30°.
Bestimmen Sie Matrixdarstellungen für affine Abbildungen γ_1 und γ_2, so dass gilt:
$\alpha \circ \gamma_1 = \beta$ und $\gamma_2 \circ \alpha = \beta$.
Lösung:
Wenn A die Matrix zu α, B die Matrix zu β, C_1 die Matrix zu γ_1 und C_2 die Matrix zu γ_2 ist, dann muss gelten: $C_1 = A^{-1} B$ und $C_2 = B A^{-1}$.
Mit $A = \begin{pmatrix} 0 & 1 \\ 1 & 0 \end{pmatrix}$ und $B = \begin{pmatrix} \frac{1}{2}\sqrt{3} & -\frac{1}{2} \\ \frac{1}{2} & \frac{1}{2}\sqrt{3} \end{pmatrix}$ ergibt sich $C_1 = \begin{pmatrix} \frac{1}{2} & \frac{1}{2}\sqrt{3} \\ \frac{1}{2}\sqrt{3} & -\frac{1}{2} \end{pmatrix}$ und $C_2 = \begin{pmatrix} -\frac{1}{2} & \frac{1}{2}\sqrt{3} \\ \frac{1}{2}\sqrt{3} & \frac{1}{2} \end{pmatrix}$.

Die Vektoren $\overrightarrow{PQ}$ und $\overrightarrow{PR}$ kann man als Ortsvektoren der Bilder der Punkte $E_1(1|0)$ und $E_2(0|1)$ bei einer affinen Abbildung auffassen.

Beispiel 3: (Flächenberechnung)
Berechnen Sie den Flächeninhalt A des Dreiecks PQR in Fig. 1.
Lösung:
Der Flächeninhalt des Dreiecks ist halb so groß wie der Flächeninhalt des durch die Vektoren $\overrightarrow{q} - \overrightarrow{p}$ und $\overrightarrow{r} - \overrightarrow{p}$ aufgespannten Parallelogramms. Es gilt also:
$A = \frac{1}{2} \left\| \begin{matrix} 4 & 2 \\ 1 & 3 \end{matrix} \right\| = \frac{1}{2} |4 \cdot 3 - 2 \cdot 1| = 5$.

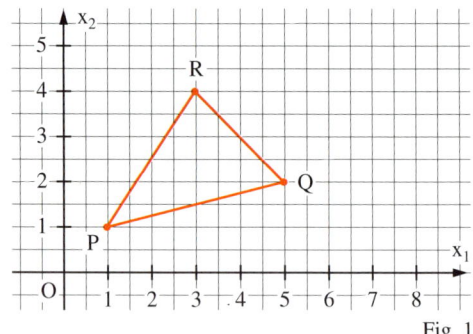

Fig. 1

Aufgaben

2 Berechnen Sie die zu A inverse Matrix.

a) $A = \begin{pmatrix} 1 & 1 \\ 0 & 1 \end{pmatrix}$
b) $A = \begin{pmatrix} 2 & 0 \\ 3 & 5 \end{pmatrix}$
c) $A = \begin{pmatrix} 1 & 5 \\ 5 & 1 \end{pmatrix}$
d) $A = \begin{pmatrix} 11 & 3 \\ 4 & 7 \end{pmatrix}$

3 Bestimmen Sie die Matrixdarstellung von α^{-1}.

a) $\alpha: \overrightarrow{x'} = \begin{pmatrix} 1 & 3 \\ -1 & 2 \end{pmatrix} \cdot \overrightarrow{x}$
b) $\alpha: \overrightarrow{x'} = \frac{1}{7} \begin{pmatrix} 3 & 1 \\ -1 & 2 \end{pmatrix} \cdot \overrightarrow{x}$
c) $\alpha: \overrightarrow{x'} = \begin{pmatrix} 0 & 3 \\ 1 & 1 \end{pmatrix} \cdot \overrightarrow{x}$

4 Bestimmen Sie die Matrixdarstellung von α^{-1}.

a) $\alpha: \overrightarrow{x'} = \begin{pmatrix} 2 & 1 \\ 6 & 4 \end{pmatrix} \cdot \overrightarrow{x} + \begin{pmatrix} -1 \\ 2 \end{pmatrix}$
b) $\alpha: \overrightarrow{x'} = \begin{pmatrix} 0 & 1 \\ -1 & 4 \end{pmatrix} \cdot \overrightarrow{x} + \begin{pmatrix} -1 \\ 4 \end{pmatrix}$
c) $\alpha: \overrightarrow{x'} = \begin{pmatrix} 4 & 3 \\ \frac{1}{3} & 1 \end{pmatrix} \cdot \overrightarrow{x} + \begin{pmatrix} 2 \\ 0 \end{pmatrix}$

5 Es sind gegeben $\alpha: \vec{x'} = \begin{pmatrix} 2 & 1 \\ 1 & 3 \end{pmatrix} \cdot \vec{x}$ und $\beta: \vec{x'} = \begin{pmatrix} 1 & -1 \\ 2 & 8 \end{pmatrix} \cdot \vec{x}$.

Bestimmen Sie die Matrixdarstellungen für
a) α^{-1} b) β^{-1} c) $(\alpha \circ \beta)^{-1}$ d) $(\beta \circ \alpha)^{-1}$ e) $\alpha^{-1} \circ \beta^{-1}$ f) $\beta^{-1} \circ \alpha^{-1}$

6 Begründen Sie: Für zwei affine Abbildungen α und β gilt: $(\alpha \circ \beta)^{-1} = \beta^{-1} \circ \alpha^{-1}$.

7 Bestimmen Sie das Bild g′ der Geraden g und das Urbild der Geraden h′ bei der affinen Abbildung $\alpha: \vec{x'} = \begin{pmatrix} 2 & -5 \\ -1 & 3 \end{pmatrix} \cdot \vec{x} + \begin{pmatrix} 1 \\ 1 \end{pmatrix}$.

a) g: $2x_1 + 7x_2 - 4 = 0$; h′: $\vec{x} = \begin{pmatrix} 1 \\ 0 \end{pmatrix} + t\begin{pmatrix} 2 \\ 3 \end{pmatrix}$ b) g: $\vec{x} = \begin{pmatrix} 2 \\ -1 \end{pmatrix} + t\begin{pmatrix} -3 \\ 2 \end{pmatrix}$; h′: $2x_1 - x_2 + 3 = 0$

8 a) Bestimmen Sie die Matrixdarstellung für die Umkehrabbildung einer Scherung α mit der Scherungsachse a: $x_1 + x_2 = 0$, die $A(0|2)$ auf $A'(3|-1)$ abbildet.
b) Begründen Sie: Die Umkehrabbildung einer Scherung ist eine Scherung.
c) Begründen Sie ohne Rechnung: Der Betrag der Determinante einer Scherung ist 1.

9 Bestimmen Sie für $\alpha: \vec{x'} = \begin{pmatrix} 2 & 6 \\ 1 & 4 \end{pmatrix} \cdot \vec{x}$ und $\beta: \vec{x'} = \begin{pmatrix} 1 & -1 \\ 2 & 8 \end{pmatrix} \cdot \vec{x}$ die Matrixdarstellung der affinen Abbildung γ, so dass gilt:
a) $\alpha \circ \gamma = \beta$ b) $\beta \circ \gamma = \alpha$ c) $\gamma \circ \alpha = \beta$ d) $\gamma \circ \beta = \alpha$
e) $\alpha \circ \gamma \circ \alpha = \beta$ f) $\alpha \circ \gamma \circ \beta = \beta$ g) $\alpha \circ \beta \circ \gamma = \alpha$ h) $\alpha^{-1} \circ \gamma \circ \beta = \alpha$

Aufgabe 10 in Kurzform:
$det(A \cdot B) = det(A) \cdot det(B)$

10 Beweisen Sie, dass die Determinante des Produktes zweier Matrizen gleich dem Produkt der Determinanten der beiden Matrizen ist.

11 Begründen Sie:

Tipp zu den Aufgaben 11b und 11c:
Benutzen Sie das Ergebnis von Aufgabe 10 und nutzen Sie Gruppeneigenschaften aus.

a) Die Determinante einer Drehung ist 1 und die Determinante einer Spiegelung ist -1.
b) Wenn α eine Drehung, β eine Spiegelung und $\alpha \circ \gamma = \beta$, dann ist γ eine Spiegelung.
c) Wenn α eine Spiegelung, β eine Drehung und $\alpha \circ \gamma = \beta$, dann ist γ eine Spiegelung.

12 Bestimmen Sie die Flächeninhalte der Figuren.

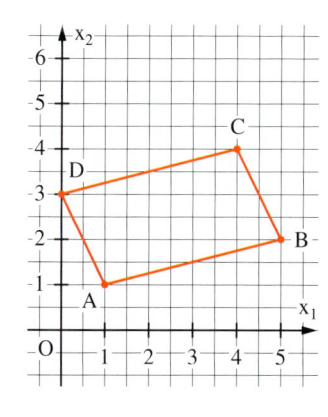

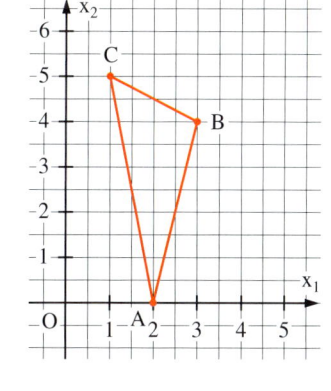

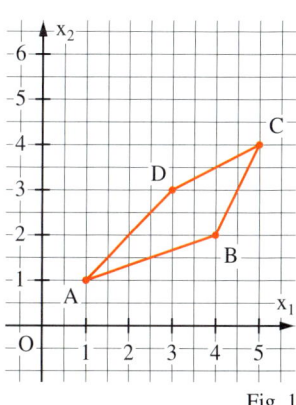

Fig. 1

13 Die affine Abbildung $\alpha: \vec{x'} = \begin{pmatrix} 1 & -1 \\ 2 & 3 \end{pmatrix} \cdot \vec{x}$ bildet das Rechteck ABCD mit $A(3|1)$, $B(7|3)$, $C(6|5)$, $D(2|3)$ auf ein Parallelogramm ab. Berechnen Sie den Flächeninhalt des Parallelogramms.

7 Eigenwerte und Eigenvektoren

1 Bestimmen Sie für die affine Abbildung $\alpha: \vec{x}' = \begin{pmatrix} 1 & 1 \\ 0 & 1 \end{pmatrix} \cdot \vec{x}$ alle Fixgeraden durch den Ursprung.

Fixgeraden spielen bei der Untersuchung von affinen Abbildungen eine wichtige Rolle. Hier werden jetzt affine Abbildungen mit dem Fixpunkt O auf Fixgeraden untersucht.

Gegeben sind eine affine Abbildung $\alpha: \vec{x}' = A \cdot \vec{x}$ mit $A = \begin{pmatrix} a_1 & b_1 \\ a_2 & b_2 \end{pmatrix}$
und eine Ursprungsgerade $g: \vec{x} = t\vec{u}$ mit $\vec{u} = \begin{pmatrix} u_1 \\ u_2 \end{pmatrix} \neq \vec{o}$.

Dann ist $A \cdot \vec{u}$ ein Richtungsvektor für die Bildgerade g'. Ist g Fixgerade, so muss $A \cdot \vec{u}$ ein Vielfaches von $\vec{u}$ sein. In diesem Fall gibt es also eine reelle Zahl λ, so dass
$A \cdot \vec{u} = \lambda \vec{u}$ bzw. $A \cdot \vec{u} - \lambda \vec{u} = \vec{o}$.

Das ist gleichbedeutend mit $\begin{pmatrix} a_1 - \lambda & b_1 \\ a_2 & b_2 - \lambda \end{pmatrix} \cdot \vec{u} = \vec{o}$ bzw. $\begin{cases} (a_1 - \lambda)u_1 + b_1 u_2 = 0 \\ a_2 u_1 + (b_2 - \lambda) u_2 = 0 \end{cases}$.

Dieses Gleichungssystem hat genau dann eine von $(0|0)$ verschiedene Lösung, wenn
$\begin{vmatrix} a_1 - \lambda & b_1 \\ a_2 & b_2 - \lambda \end{vmatrix} = 0$.

Die Abbildung α besitzt also genau dann eine Fixgerade durch O, wenn es eine reelle Zahl λ gibt, mit $\begin{vmatrix} a_1 - \lambda & b_1 \\ a_2 & b_2 - \lambda \end{vmatrix} = 0$.

*Ist $g: \vec{x} = \vec{p} + t\vec{u}$ mit $\vec{p} \neq \vec{o}$ Fixgerade einer affinen Abbildung $\alpha: \vec{x}' = A \cdot \vec{x}$, so muss auch $\vec{u}$ ein Eigenvektor von α sein. In diesem Fall sind sogar alle zu g parallelen Geraden Fixgeraden von α: Es gibt nämlich eine reelle Zahl t_0, für die gilt: $\vec{p}' = A \cdot \vec{p} = \vec{p} + t_0 \vec{u}$, weil g Fixgerade ist und deswegen P' auch auf g liegen muss.
Zu jeder zu g parallelen Gerade h gibt es eine Zahl r, so dass gilt:
$h: \vec{x} = r\vec{p} + t\vec{u}$.
Aus $A \cdot (r\vec{p} + t\vec{u})$
$= rA \cdot \vec{p} + tA \cdot \vec{u}$
$= r(\vec{p} + t_0 \vec{u}) + tA \cdot \vec{u}$
$= r\vec{p} + rt_0 \vec{u} + tA\vec{u}$
folgt, dass auch h Fixgerade ist.*

Definition: Gegeben ist eine Abbildung $\alpha: \vec{x}' = A \cdot \vec{x}$ mit $A = \begin{pmatrix} a_1 & b_1 \\ a_2 & b_2 \end{pmatrix}$.

Die Gleichung $\begin{vmatrix} a_1 - \lambda & b_1 \\ a_2 & b_2 - \lambda \end{vmatrix} = 0$ bzw. $\lambda^2 - (a_1 + b_2)\lambda + (a_1 b_2 - a_2 b_1) = 0$ heißt

charakteristische Gleichung von α.
Die Lösungen dieser Gleichung nennt man **Eigenwerte** von α.
Ist λ_0 ein Eigenwert von α und ist $\vec{u} \neq \vec{o}$ ein Vektor mit $A \cdot \vec{u} = \lambda_0 \cdot \vec{u}$, dann nennt man $\vec{u}$ einen **Eigenvektor** von α zum Eigenwert λ_0.

Die Eigenvektoren einer affinen Abbildung mit Fixpunkt O legen die Richtungen aller Fixgeraden fest.

Sind $\vec{u}$ und $\vec{v}$ Eigenvektoren einer Abbildung α mit der Matrix A zum Eigenwert λ, dann gilt dies auch für $\vec{u} + \vec{v}$ und $r\vec{u}$ ($r \neq 0$),
denn:
$A(\vec{u} + \vec{v}) = A \cdot \vec{u} + A \cdot \vec{v} = \lambda \vec{u} + \lambda \vec{v} = \lambda(\vec{u} + \vec{v})$
und $A(r\vec{u}) = r(A \cdot \vec{u}) = r(\lambda \vec{u}) = \lambda(r\vec{u})$.
Die Menge der Eigenvektoren einer Abbildung α zu einem Eigenwert λ besteht also entweder aus allen von $\vec{o}$ verschiedenen Vielfachen eines Vektors $\vec{u} \neq \vec{o}$ oder aus allen Vektoren der Ebene.

Die charakteristische Gleichung einer affinen Abbildung ist eine quadratische Gleichung. Quadratische Gleichungen haben keine, eine oder zwei Lösungen. Die Lösungen der charakteristischen Gleichung sind die Eigenwerte. Die Abbildung kann also höchstens zwei verschiedene Eigenwerte besitzen. Dass es affine Abbildungen ohne, mit einem oder mit zwei Eigenwerten gibt, zeigen die Beispiele.

Beispiel: (Untersuchen von Abbildungen auf Fixgeraden durch den Ursprung)
Bestimmen Sie jeweils alle Fixgeraden durch den Ursprung der Abbildung $\alpha: \vec{x'} = A \cdot \vec{x}$.

a) $A = \begin{pmatrix} 1 & 1 \\ 2 & 0 \end{pmatrix}$
b) $A = \begin{pmatrix} 3 & 2 \\ -2 & 7 \end{pmatrix}$
c) $A = \begin{pmatrix} 4 & 0 \\ 0 & 4 \end{pmatrix}$
d) $A = \begin{pmatrix} 1 & -1 \\ 1 & 1 \end{pmatrix}$

Lösung:
a) Die charakteristische Gleichung ist $(1 - \lambda)(-\lambda) - 2 = 0 \Leftrightarrow \lambda^2 - \lambda - 2 = 0$. Sie hat die Lösungen $\lambda_1 = 2$ und $\lambda_2 = -1$.

Für einen Eigenvektor $\vec{u} = \begin{pmatrix} u_1 \\ u_2 \end{pmatrix}$ zum Eigenwert λ muss gelten: $\begin{cases} u_1 + u_2 = \lambda u_1 \\ 2u_1 = \lambda u_2 \end{cases}$

Zu $\lambda_1 = 2$: $\begin{cases} u_1 + u_2 = 2u_1 \\ 2u_1 = 2u_2 \end{cases}$; also $\vec{u} = t \begin{pmatrix} 1 \\ 1 \end{pmatrix}$.

Zu $\lambda_2 = -1$: $\begin{cases} u_1 + u_2 = -u_1 \\ 2u_1 = -u_2 \end{cases}$; also $\vec{u} = s \begin{pmatrix} 1 \\ -2 \end{pmatrix}$.

Die beiden Geraden $g: \vec{x} = t \begin{pmatrix} 1 \\ 1 \end{pmatrix}$ und $h: \vec{x} = s \begin{pmatrix} 1 \\ -2 \end{pmatrix}$ sind die einzigen Fixgeraden durch den Ursprung.

b) Die charakteristische Gleichung ist $\lambda^2 - 10\lambda + 25 = 0$. Die einzige Lösung ist $\lambda = 5$.
Das Gleichungssystem $\begin{cases} -2u_1 + 2u_2 = 0 \\ -2u_1 + 2u_2 = 0 \end{cases}$ hat die Lösungen $t \begin{pmatrix} 1 \\ 1 \end{pmatrix}$. Die Gerade $g: \vec{x} = t \begin{pmatrix} 1 \\ 1 \end{pmatrix}$ ist die einzige Fixgerade durch den Ursprung.

c) Die charakteristische Gleichung ist $(\lambda - 4)^2 = 0$. Sie hat die Lösung $\lambda = 4$. Also ist der einzige Eigenwert 4.
Alle Vektoren der Ebene sind Eigenvektoren. Also sind alle Ursprungsgeraden Fixgeraden.

d) Die charakteristische Gleichung ist $\lambda^2 - 2\lambda + 2 = 0$. Diese Gleichung hat keine Lösung, es gibt also keinen Eigenwert und damit auch keine Fixgerade.

Aufgaben

2 Bestimmen Sie jeweils alle Fixgeraden durch den Ursprung der Abbildung α.

a) $\alpha: \vec{x'} = \begin{pmatrix} 1 & -1 \\ 3 & 5 \end{pmatrix} \cdot \vec{x}$
b) $\alpha: \vec{x'} = \begin{pmatrix} -1 & 1 \\ -1 & -4 \end{pmatrix} \cdot \vec{x}$
c) $\alpha: \vec{x'} = \begin{pmatrix} 1 & 1 \\ 1 & -1 \end{pmatrix} \cdot \vec{x}$

3 Bestimmen Sie die Eigenwerte und Eigenvektoren der affinen Abbildung:
a) Spiegelung an der x_1-Achse,
b) Spiegelung an $a: x_2 = x_1$,
c) Drehung um O um 90°,
d) Zentrische Streckung von O aus mit Streckfaktor $k = 2$,
e) Scherung mit der Achse $a: x_2 = 0$, der Punkt $P(0|3)$ wird auf $P'(4|3)$ abgebildet.

4 Für jedes $t \in \mathbb{R}$ ist durch $\alpha_t: \vec{x'} = \begin{pmatrix} -\frac{1}{3} & t \\ -2 & 1 \end{pmatrix} \cdot \vec{x}$ eine affine Abbildung definiert.

a) Untersuchen Sie die Anzahl der Eigenwerte in Abhängigkeit von t.
b) Für welchen Wert von t hat α_t den Eigenwert -1?
c) Gibt es einen Wert für t, so dass α_t eine Spiegelung ist?

5 Zeigen Sie:
a) Hat die affine Abbildung α den Eigenwert λ, dann hat die Umkehrabbildung α^{-1} den Eigenwert λ^{-1}.
b) Haben die Abbildungen α und β den Eigenvektor $\vec{v}$, dann haben auch die Abbildungen $\alpha \circ \beta$ und $\beta \circ \alpha$ den Eigenvektor $\vec{v}$.

8 Achsenaffinitäten

1 a) Bestimmen Sie die Matrixdarstellung für die affine Abbildung α, die das Dreieck OFP auf das Dreieck OFP' abbildet.
b) Berechnen Sie die Koordinaten der Bildpunkte der Eckpunkte des Dreiecks ABC.
c) Bestimmen Sie alle Fixpunktgeraden und alle Fixgeraden der Abbildung α.

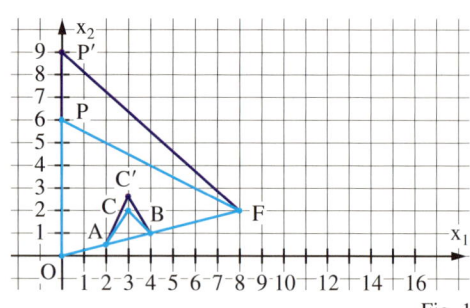

Fig. 1

Eine Scherung oder eine Spiegelung hat z. B. eine Fixpunktgerade, die man auch als Achse bezeichnet. Eine affine Abbildung mit einer Fixpunktgeraden a nennt man eine **Achsenaffinität**. Die Gerade a nennt man die **Achse der Abbildung**.

Eine Achsenaffinität mit dem Ursprung als Fixpunkt hat einen Eigenwert 1. Eine affine Abbildung mit dem Ursprung als Fixpunkt und einem Eigenwert 1 ist eine Achsenaffinität.

Es gibt noch weitere Achsenaffinitäten:
Eine **Parallelstreckung** mit der Achse a, der Richtungsgeraden g und dem Streckfaktor k ist eine affine Abbildung, für die gilt:
(1) a ist Fixpunktgerade.
(2) Für einen Punkt P und seinen Bildpunkt P' gilt: PP' ist parallel zu g.
(3) Ist A der Schnittpunkt von PP' mit α, so ist $\frac{\overline{AP'}}{\overline{AP}} = k$.

Spiegelungen sind spezielle Parallelstreckungen mit dem Streckfaktor −1.

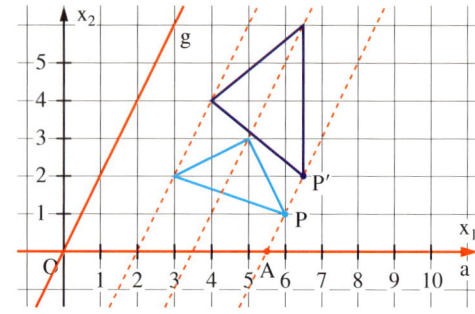

Fig. 2

In den Aufgaben 5 und 6 wird gezeigt, dass gilt:

Satz: Jede Achsenaffinität ist entweder eine Scherung oder eine Parallelstreckung.

Eine affine Abbildung α: $\vec{x'} = A \cdot \vec{x}$ hat genau dann eine Achse durch O, wenn mindestens ein Eigenwert 1 ist, denn für einen zugehörigen Eigenvektor $\vec{u}$ gilt: $A \cdot \vec{u} = \vec{u}$.
Hat α einen Eigenwert 1 und einen weiteren von 1 verschiedenen Eigenwert, so ist α eine Parallelstreckung.

Beispiel: (Untersuchen einer Achsenaffinität)
Gegeben ist die affine Abbildung α mit α: $\vec{x'} = \begin{pmatrix} 0 & 1 \\ -2 & 3 \end{pmatrix} \cdot \vec{x}$.

Zeigen Sie, dass α eine Achsenaffinität ist und untersuchen Sie, ob es sich um eine Parallelstreckung oder eine Scherung handelt.
Lösung:
α hat die Eigenwerte 1 und 2 mit den zugehörigen Eigenvektoren $\begin{pmatrix} 1 \\ 1 \end{pmatrix}$ bzw. $\begin{pmatrix} 1 \\ 2 \end{pmatrix}$. α ist also eine Parallelstreckung mit der Achse a: $\vec{x'} = t \begin{pmatrix} 1 \\ 1 \end{pmatrix}$ in Richtung der Geraden g: $\vec{x} = s \begin{pmatrix} 1 \\ 2 \end{pmatrix}$.
Der Streckfaktor ist 2.

Aufgaben

2 Gegeben ist die affine Abbildung $\alpha: \vec{x'} = \begin{pmatrix} 1{,}5 & -1 \\ -0{,}5 & 2 \end{pmatrix} \cdot \vec{x}$.

a) Zeigen Sie, dass α eine Achsenaffinität ist.
b) Untersuchen Sie, ob diese Achsenaffinität eine Parallelstreckung oder eine Scherung ist.

3 Eine Achsenaffinität hat die Achse $a: x_2 = -x_1$. Das Bild von $P(0|3)$ ist $P'(5|3)$.
a) Um was für eine Achsenaffinität handelt es sich?
b) Geben Sie eine Matrixdarstellung für die Abbildung an.

4 Begründen Sie:
a) Die Umkehrabbildung einer Parallelstreckung ist eine Parallelstreckung.
b) Die Determinante einer Parallelstreckung ist gleich dem Streckfaktor.

5 Fig. 1 verdeutlicht eine Achsenaffinität, die jeden Punkt P auf einen Punkt P' abbildet, der auf einer zur Achse parallelen Geraden liegt.
a) Erklären Sie, wie man bei Vorgabe der Achse a, eines Punktes P und seines Bildpunktes P' den Bildpunkt eines weiteren Punktes Q konstruiert.
b) Begründen Sie, dass es sich um eine Scherung handeln muss. Zeigen Sie dazu, dass die eingezeichneten Winkel gleich groß sind.

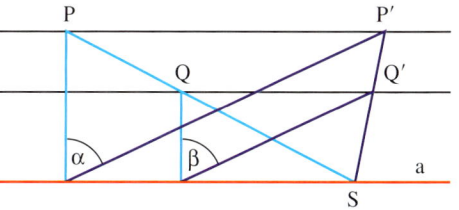

6 Fig. 2 verdeutlicht eine Achsenaffinität, bei der es einen Punkt P gibt, so dass die Gerade PP' die Achse in einem Punkt A schneidet.
a) Begründen Sie, dass für einen Punkt R auf der Geraden PP' gelten muss:
$\dfrac{\overline{AP}}{\overline{AP'}} = \dfrac{\overline{AR}}{\overline{AR'}}$.
b) Erklären Sie, wie man bei Vorgabe der Achse a, eines Punktes P und seines Bildpunktes P' den Bildpunkt eines Punktes Q konstruiert.
c) Begründen Sie, dass es sich um eine Parallelstreckung handeln muss. Zeigen Sie dazu, dass gilt: $\dfrac{\overline{BQ}}{\overline{BQ'}} = \dfrac{\overline{AP}}{\overline{AP'}}$.

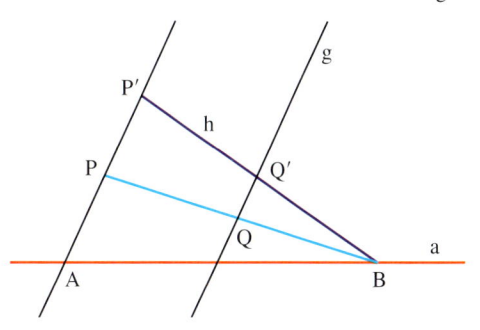

7 Die Gerade $a: x_1 + x_2 = 0$ ist Fixpunktgerade einer Achsenaffinität α, die den Punkt $P(5|4)$ auf $P'(7|2)$ abbildet.
a) Konstruieren Sie das Bild des Dreiecks ABC mit $A(1|-1)$, $B(3|1)$ und $C(2|4)$.
b) Kontrollieren Sie das Ergebnis von a) durch Rechnung.

8 Die Gerade $a: x_1 - x_2 + 2 = 0$ ist Fixpunktgerade einer Achsenaffinität, die den Punkt $P(6|2)$ auf $P'(5|3)$ abbildet.
a) Konstruieren Sie das Bild des Dreiecks ABC mit $A(1|1)$, $B(3|5)$ und $C(0|4)$.
b) Kontrollieren Sie das Ergebnis von a) durch Rechnung.

9 Geometrische Klassifikation affiner Abbildungen mit dem Fixpunkt O

1 Zeigen Sie, dass die Verkettung zweier Parallelstreckungen mit dem Fixpunkt O, die verschiedene Streckfaktoren haben, eine affine Abbildung mit zwei Eigenwerten ist.

Um affine Abbildungen $\alpha: \vec{x'} = A \cdot \vec{x}$ zu klassifizieren, unterscheidet man die Abbildungen nach der Anzahl der Eigenwerte und der Menge der Eigenvektoren. Dabei hilft

Satz 1: Hat die affine Abbildung $\alpha: \vec{x'} = A \cdot \vec{x}$ zwei verschiedene Eigenwerte, dann sind die Eigenvektoren zu verschiedenen Eigenwerten linear unabhängig.

Beweis: Gegeben sind eine affine Abbildung α mit den Eigenwerten λ_1 und λ_2 und die zugehörigen Eigenvektoren $\vec{u_1}$ und $\vec{u_2}$. Wenn $\vec{u_1}$ und $\vec{u_2}$ linear abhängig sind, dann gibt es eine reelle Zahl r mit $\vec{u_2} = r\vec{u_1}$. Hieraus ergibt sich:
$A \cdot \vec{u_2} = A \cdot (r\vec{u_1}) = r(A \cdot \vec{u_1}) = r\lambda_1 \vec{u_1} = \lambda_1 (r\vec{u_1}) = \lambda_1 \vec{u_2}$.
Da $\vec{u_2}$ Eigenvektor zum Eigenwert λ_2 ist, gilt aber auch $A \cdot \vec{u_2} = \lambda_2 \cdot \vec{u_2}$, also $\lambda_1 \vec{u_2} = \lambda_2 \vec{u_2}$.
Wegen $\vec{u_2} \neq \vec{o}$ ist dies aber nur für $\lambda_1 = \lambda_2$ möglich.

Affine Abbildung mit zwei Eigenwerten und dem Fixpunkt O

Die Fixgeraden einer EULER-Affinität müssen Ursprungsgeraden sein, denn jede zu einer nicht durch den Ursprung verlaufenden parallelen Gerade wäre Fixgerade (vgl. Bemerkung auf dem Rand von S. 192). Die Eigenwerte einer EULER-Affinität müssen verschieden sein, sonst wäre jede Ursprungsgerade Fixgerade.

Eine affine Abbildung mit dem Fixpunkt O und zwei (verschiedenen) Eigenwerten besitzt zwei Fixgeraden durch O.
Ist einer der Eigenwerte 1, so handelt es sich bei der Abbildung um eine Parallelstreckung. Ist keiner der beiden Eigenwerte 1, so sind die in Richtung der Eigenvektoren verlaufenden Ursprungsgeraden die einzigen Fixgeraden der Abbildung. Jede andere Fixgerade müsste nämlich eine dieser beiden Geraden in einem Fixpunkt schneiden.

Definition: Eine affine Abbildung mit dem Fixpunkt O und genau zwei Fixgeraden heißt **EULER-Affinität**.

Die EULER-Affinität $\alpha: \vec{x'} = \begin{pmatrix} 1 & 1 \\ 2 & 0 \end{pmatrix} \cdot \vec{x}$ hat die Eigenwerte $\lambda_1 = 2$ und $\lambda_2 = -1$ mit den zugehörigen Eigenvektoren $\vec{u_1} = \begin{pmatrix} 1 \\ 1 \end{pmatrix}$ und $\vec{u_2} = \begin{pmatrix} 1 \\ -2 \end{pmatrix}$.

Fig. 1 verdeutlicht, wie sie sich als Verkettung zweier Parallelstreckungen darstellen lässt: Zuerst wird an der Achse $g_1: \vec{x} = t\vec{u_1}$ in Richtung von $\vec{u_2}$ um den Faktor λ_2 gestreckt, dann an der Achse $g_2: \vec{x} = t\vec{u_2}$ in Richtung von $\vec{u_1}$ um den Faktor λ_1.

Die Reihenfolge, in der man die Parallelstreckungen verkettet, spielt keine Rolle.

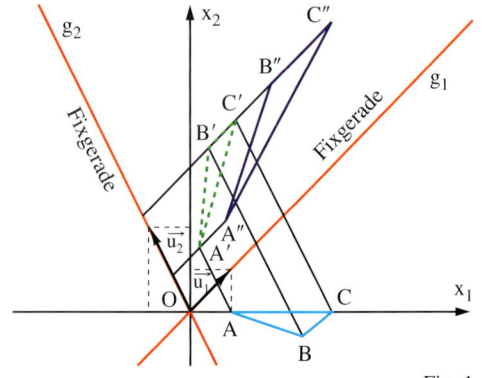

Fig. 1

Allgemein gilt

> **Satz 2:** Jede EULER-Affinität lässt sich als Verkettung zweier Parallelstreckungen darstellen. Die Achsen dieser Parallelstreckungen sind die Fixgeraden der EULER-Affinität.

Affine Abbildungen mit dem Fixpunkt O und genau einem Eigenwert

Gegeben ist eine affine Abbildung α mit genau einem Eigenwert λ.
Fall 1: Alle Vektoren der Ebene sind Eigenvektoren.
Dann gibt es eine Basis $\{\vec{u_1}, \vec{u_2}\}$ aus Eigenvektoren zum Eigenwert λ. Ein Punkt mit dem Ortsvektor $\vec{x} = r_1\vec{u_1} + r_2\vec{u_2}$ wird abgebildet auf den Punkt mit dem Ortsvektor
$\vec{x}' = \lambda r_1\vec{u_1} + \lambda r_2\vec{u_2} = \lambda\vec{x}$.
Es liegt also eine zentrische Streckung von O aus mit dem Streckfaktor λ vor.

Fig. 1

Fall 2: Alle Eigenvektoren sind Vielfache eines Vektors $\vec{u} \neq \vec{o}$.
Die Gerade $g: \vec{x} = t\vec{u}$ ist damit Fixgerade von α.

Ist der Eigenwert 1, liegt eine Achsenaffinität vor. Es muss sich um eine Scherung handeln, denn eine Parallelstreckung hat zwei Eigenwerte.

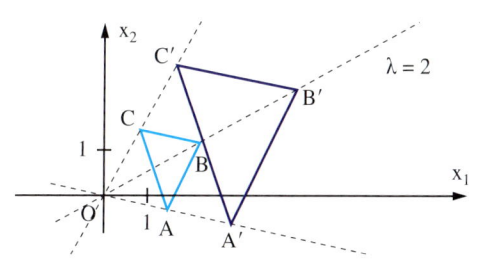

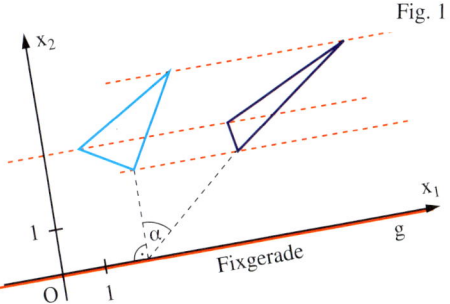

Fig. 2

Ist der Eigenwert λ von 1 verschieden, so betrachtet man die zentrische Streckung σ mit Zentrum O und dem Streckfaktor λ.
α lässt sich darstellen als $\alpha = \gamma \circ \sigma$.
Ein Eigenvektor von α ist dann Eigenvektor von γ zum Eigenwert 1. γ ist also eine Achsenaffinität.
Ein Eigenvektor von γ ist auch Eigenvektor von α. Also hat γ nur den Eigenwert 1 und die Eigenvektoren von γ sind alle Vielfache von $\vec{u}$.
γ ist also eine Scherung mit der Geraden g als Scherungsachse.

Ist $\alpha = \gamma \circ \sigma$ eine Streckscherung mit einer zentrischen Streckung σ und einer Scherung γ, so nennt man die Scherungsachse und den Scherungswinkel von γ auch Scherungsachse und Scherungswinkel von α.

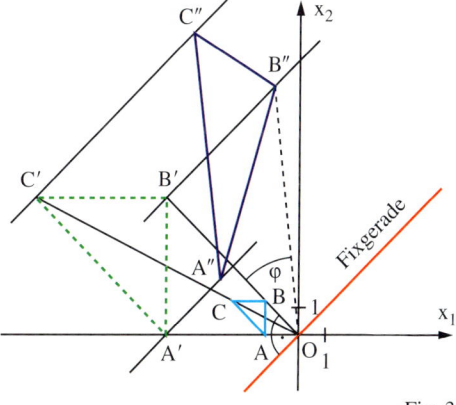

Fig. 3

> **Definition:** Die Verkettung einer zentrischen Streckung mit einer Scherung nennt man eine **Streckscherung**.

Die Reihenfolge der Verkettung bei einer Streckscherung spielt keine Rolle.

197

Geometrische Klassifikation affiner Abbildungen mit dem Fixpunkt O

Affine Abbildungen mit dem Fixpunkt O ohne Eigenwerte

> **Definition:** Eine affine Abbildung mit dem Fixpunkt O, die keine Fixgeraden besitzt, nennt man eine **Affindrehung**.

Die Darstellung einer Affindrehung als Verkettung einer Drehung mit einer affinen Abbildung, die mindestens einen Eigenwert besitzt, ist nicht eindeutig (vgl. Aufg. 6).

Es gibt z. B. Verkettungen von Scherungen und Drehungen, die EULER-Affinitäten sind (vgl. Aufg. 7). Nicht jede Verkettung einer Drehung mit einer affinen Abbildung mit mindestens einem Eigenwert ist also eine Affindrehung.

Gegeben ist eine Affindrehung α.
Man betrachtet eine Ursprungsgerade g und das Bild g'.
g' kann nicht mit g übereinstimmen, da α keine Fixgeraden besitzt.
Es gibt also eine Drehung δ um O, die die Gerade g auf die Gerade g' abbildet.
α lässt sich also darstellen als α = γ ∘ δ.
γ bildet damit die Gerade g' auf sich ab, also ist g' eine Fixgerade von γ durch O.
γ hat also mindestens einen Eigenwert.

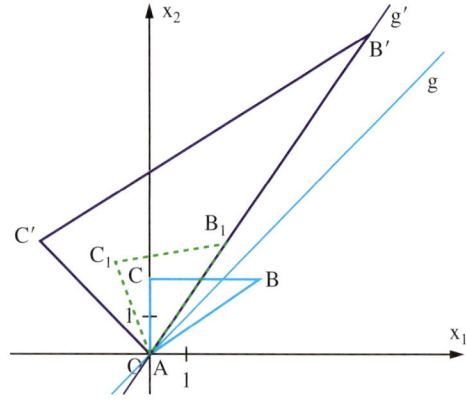

Fig. 1

Eine Affindrehung lässt sich also als Verkettung einer Drehung mit einer Abbildung, die mindestens einen Eigenwert hat, darstellen.

> **Satz 3:** Eine affine Abbildung mit dem Fixpunkt O ist
> (1) eine Parallelstreckung (im Sonderfall eine Spiegelung) oder
> (2) eine Streckscherung
>   (im Sonderfall eine Scherung oder zentrische Streckung) oder
> (3) eine EULER-Affinität oder
> (4) eine Affindrehung (im Sonderfall eine Drehstreckung oder Drehung).

Jede affine Abbildung lässt sich in eine Verschiebung und eine affine Abbildung mit einem Fixpunkt P zerlegen. Durch eine geeignete Wahl des Koordinatensystems kann man erreichen, dass dieser Fixpunkt P der Ursprung ist. So erhält man die

Übersicht der Typen affiner Abbildungen mit mindestens einem Fixpunkt

	Kein Eigenwert	Ein Eigenwert	Zwei Eigenwerte
	Keine Fixgeraden	Alle Fixgeraden haben dieselbe Richtung oder gehen durch einen Punkt	Fixgeraden in genau zwei Richtungen
Affine Abbildungen	Affindrehung	Streckscherung (Sonderfall: Scherung)	EULER-Affinität oder Parallelstreckung
Sonderfall Ähnlichkeitsabbildung	Drehstreckung	Zentrische Streckung	
Sonderfall Kongruenzabbildung	Drehung	Punktspiegelung (Halbdrehung)	Achsenspiegelung

Geometrische Klassifikation affiner Abbildungen mit dem Fixpunkt O

Beispiel 1: (Bestimmung des Abbildungstyps)
Gegeben ist die Abbildung $\alpha: \vec{x'} = A \cdot \vec{x}$. Bestimmen Sie, um welchen Abbildungstyp es sich jeweils handelt.

a) $A = \begin{pmatrix} -5 & 3 \\ -18 & 10 \end{pmatrix}$ b) $A = \begin{pmatrix} -2 & 8 \\ -2 & 6 \end{pmatrix}$ c) $A = \begin{pmatrix} 1 & 2 \\ -1 & 1 \end{pmatrix}$ d) $A = \begin{pmatrix} -3 & 6 \\ -1 & 4 \end{pmatrix}$

Lösung:
a) Die charakteristische Gleichung ist $\lambda^2 - 5\lambda + 4 = 0$ mit den Lösungen $\lambda_1 = 1$ und $\lambda_2 = 4$. Die Abbildung hat zwei verschiedene Eigenwerte, von denen einer 1 ist. Es handelt sich also um eine Parallelstreckung.
b) Die charakteristische Gleichung ist $\lambda^2 - 4\lambda + 4 = 0$ mit der einzigen Lösung $\lambda = 2$. Es handelt sich also um eine Streckscherung mit dem Streckungsfaktor 2.
c) Die charakteristische Gleichung ist $\lambda^2 - 2\lambda + 3 = 0$. Diese Gleichung hat keine Lösung. Es handelt sich also um eine Affindrehung.
d) Die charakteristische Gleichung ist $\lambda^2 - \lambda - 6 = 0$ mit den Lösungen $\lambda_1 = 3$ und $\lambda_2 = -2$. Beide Eigenwerte sind von 1 verschieden; also handelt es sich um eine EULER-Affinität.

Beispiel 2: (Bestimmung der Achse und des Scherungswinkels bei einer Streckscherung)
Durch $\alpha: \vec{x'} = A \cdot \vec{x}$ mit $A = \begin{pmatrix} 1 & 9 \\ -1 & 7 \end{pmatrix}$ ist eine Streckscherung definiert.
Bestimmen Sie die Scherungsachse und den Scherungswinkel.
Lösung:
Die charakteristische Gleichung ist $\lambda^2 - 8\lambda + 16 = 0$ mit der einzigen Lösung $\lambda = 4$. Der Streckfaktor ist also 4. Es gilt $\alpha = \gamma \circ \sigma$; dabei ist σ die zentrische Streckung mit Zentrum O und dem Streckfaktor 4 und $\gamma: \vec{x'} = \begin{pmatrix} \frac{1}{4} & \frac{9}{4} \\ -\frac{1}{4} & \frac{7}{4} \end{pmatrix} \cdot \vec{x}$ eine Scherung.

Die Richtung der Achse von γ ist durch einen Eigenvektor von α gegeben. Ein Eigenvektor zum Eigenwert 4 ist $\begin{pmatrix} 3 \\ 1 \end{pmatrix}$. Also gilt für die Scherungsachse $a: \vec{x} = t \begin{pmatrix} 3 \\ 1 \end{pmatrix}$.

Man betrachtet nun einen Punkt B', z.B. B'(–1|3), dessen Ortsvektor senkrecht auf dem Richtungsvektor der Achse steht, sowie das Bild $B''(\frac{13}{2}|\frac{11}{2})$ von B' unter γ. Für den Scherungswinkel φ gilt dann (vgl. Fig. 1) $\tan(\varphi) = \frac{\overline{B'B''}}{\overline{OB'}} = \frac{\frac{5}{2}\sqrt{10}}{\sqrt{10}} = \frac{5}{2}$. Also ist $\varphi \approx 68{,}2°$.

Fig. 1

Beispiel 3: (Untersuchung einer Affindrehung)
Durch $\alpha: \vec{x'} = \begin{pmatrix} 1 & 5 \\ -1 & -3 \end{pmatrix} \cdot \vec{x}$ ist eine Affindrehung definiert.
Bestimmen Sie eine Drehung $\delta: \vec{x'} = D \cdot \vec{x}$ und eine Abbildung $\gamma: \vec{x'} = C \cdot \vec{x}$ mit mindestens einer Fixgeraden, so dass $\alpha = \gamma \circ \delta$. Bestimmen Sie auch den Abbildungstyp von γ.
Lösung:
Die x_1-Achse wird durch α auf die Gerade $g: \vec{x} = t \begin{pmatrix} 1 \\ -1 \end{pmatrix}$ abgebildet.
Wählt man als Drehung δ die Drehung um O, die die x_1-Achse auf g abbildet, so ergibt sich für den Drehwinkel φ: $\cos(\varphi) = \frac{1}{\overline{OE_1'}} = \frac{1}{\sqrt{2}}$ und $\sin(\varphi) = -\frac{1}{\sqrt{2}}$.

Fig. 2

Es ergibt sich $D = \begin{pmatrix} \frac{1}{\sqrt{2}} & \frac{1}{\sqrt{2}} \\ -\frac{1}{\sqrt{2}} & \frac{1}{\sqrt{2}} \end{pmatrix}$ und $C = \begin{pmatrix} 1 & 5 \\ -1 & 3 \end{pmatrix} \cdot \begin{pmatrix} \frac{1}{\sqrt{2}} & \frac{1}{\sqrt{2}} \\ -\frac{1}{\sqrt{2}} & \frac{1}{\sqrt{2}} \end{pmatrix}^{-1} = \begin{pmatrix} 3\sqrt{2} & 2\sqrt{2} \\ -2\sqrt{2} & -\sqrt{2} \end{pmatrix}$.

Die charakteristische Gleichung von γ ist $\lambda^2 - 2\sqrt{2}\lambda + 2 = 0$ mit der einzigen Lösung $\lambda = \sqrt{2}$. γ ist also eine Streckscherung mit der Achse g und dem Streckfaktor $\sqrt{2}$.

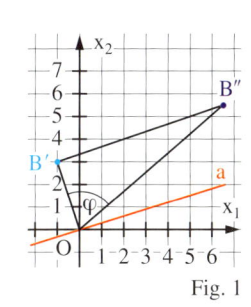

199

Aufgaben

2 Gegeben ist die affine Abbildung $\alpha: \vec{x'} = A \cdot \vec{x}$. Bestimmen Sie, um welchen Abbildungstyp es sich jeweils handelt.

a) $A = \begin{pmatrix} 1 & 2 \\ 0 & 3 \end{pmatrix}$ b) $A = \begin{pmatrix} 1 & 2 \\ 0 & 1 \end{pmatrix}$ c) $A = \begin{pmatrix} 1 & 2 \\ -1 & 1 \end{pmatrix}$ d) $A = \begin{pmatrix} 1 & 2 \\ 1 & 1 \end{pmatrix}$

3 Weisen Sie nach, dass $\alpha: \vec{x'} = A \cdot \vec{x}$ eine EULER-Affinität ist. Konstruieren Sie das Bild des Dreiecks PQR. Stellen Sie dazu α als Verkettung zweier Parallelstreckungen dar. Kontrollieren sie Ihr Ergebnis durch Rechnung.

a) $A = \begin{pmatrix} 1 & 0{,}5 \\ 1 & 1{,}5 \end{pmatrix}$; P(2|2), Q(3|0), R(6|3) b) $A = \begin{pmatrix} 2 & 1 \\ 4 & -3 \end{pmatrix}$; P(1|1), Q(5|1), R(3|3)

4 Weisen Sie nach, dass $\alpha: \vec{x'} = A \cdot \vec{x}$ eine Streckscherung ist. Berechnen Sie den Bildpunkt von P und konstruieren Sie dann den Bildpunkt von Q. Stellen Sie dazu α als Verkettung einer zentrischen Streckung und einer Scherung dar. Kontrollieren Sie Ihr Ergebnis durch Rechnung.

a) $A = \begin{pmatrix} 2 & 2 \\ 0 & 3 \end{pmatrix}$; P(1|1), Q(2|4) b) $A = \begin{pmatrix} 1 & -4 \\ 4 & -7 \end{pmatrix}$; P(1|0), Q(3|0)

5 Weisen Sie nach, dass $\alpha: \vec{x'} = A \cdot \vec{x}$ eine Streckscherung ist. Bestimmen Sie jeweils den Streckfaktor, die Scherungsachse und den Scherungswinkel.

a) $A = \begin{pmatrix} 1 & 1 \\ -1 & 3 \end{pmatrix}$ b) $A = \begin{pmatrix} 4 & 2 \\ -2 & 0 \end{pmatrix}$ c) $A = \begin{pmatrix} 18 & 3 \\ -96 & -5 \end{pmatrix}$

6 Zeigen Sie, dass die affine Abbildung $\alpha: \vec{x'} = A \cdot \vec{x}$ eine Affindrehung ist. Bestimmen Sie eine Drehung δ mit dem Drehzentrum O und eine affine Abbildung γ mit mindestens einer Fixgeraden, so dass $\alpha = \gamma \circ \delta$. Bestimmen Sie auch den Abbildungstyp von γ.

a) $A = \begin{pmatrix} 2 & 1 \\ -5 & 5 \end{pmatrix}$ b) $A = \begin{pmatrix} 1 & -4 \\ 3 & 2 \end{pmatrix}$ c) $A = \begin{pmatrix} -2 & -2 \\ 3 & 1 \end{pmatrix}$

7 Für $t \in \mathbb{R}$, $t \neq 2$, ist die Abbildung α_t durch $\alpha_t: \vec{x'} = \frac{1}{2-t} \begin{pmatrix} -2t+2 & 1 \\ -4t & 4 \end{pmatrix} \cdot \vec{x}$ definiert.

a) Untersuchen Sie, für welche Werte von t es sich um eine EULER-Affinität handelt.
b) Zeigen Sie: Alle Abbildungen α_t haben eine gemeinsame Fixgerade.

8 Gegeben ist die Abbildung $\alpha: \vec{x'} = \begin{pmatrix} 0 & -\frac{\sqrt{2}}{2} \\ \sqrt{2} & \frac{\sqrt{2}}{2} \end{pmatrix} \vec{x}$. Bestimmen Sie den Abbildungstyp von γ, wenn man α darstellt als $\alpha = \gamma \circ \delta$ mit $\delta: \vec{x'} = D \cdot \vec{x}$ und

a) $D = \begin{pmatrix} 0 & -1 \\ 1 & 0 \end{pmatrix}$ b) $D = \begin{pmatrix} \frac{\sqrt{2}}{2} & \frac{\sqrt{2}}{2} \\ -\frac{\sqrt{2}}{2} & \frac{\sqrt{2}}{2} \end{pmatrix}$ c) $D = \begin{pmatrix} -\frac{\sqrt{2}}{10} & -\frac{7\sqrt{2}}{10} \\ \frac{7\sqrt{2}}{10} & \frac{\sqrt{2}}{10} \end{pmatrix}$

9 Gegeben sind $\alpha: \vec{x'} = \begin{pmatrix} 1 & 1 \\ 0 & 1 \end{pmatrix} \cdot \vec{x}$, $\beta: \vec{x'} = \begin{pmatrix} 1 & 0 \\ 0 & \frac{1}{4} \end{pmatrix} \cdot \vec{x}$ und $\delta: \vec{x'} = \begin{pmatrix} \frac{4}{5} & -\frac{3}{5} \\ \frac{3}{5} & \frac{4}{5} \end{pmatrix} \cdot \vec{x}$.

Bestimmen Sie den Abbildungstyp von
a) α b) β c) γ d) $\alpha \circ \delta$ e) $\delta \circ \alpha$ f) $\beta \circ \delta$ g) $\delta \circ \beta$

10 Beweisen Sie: Ist $\alpha: \vec{x'} = A \cdot \vec{x}$ eine EULER-Affinität, dann ist die Determinate von A gleich dem Produkt ihrer Eigenwerte.

10 Normalformen für affine Abbildungen mit dem Fixpunkt O

Die Matrix A ist eine stochastische Matrix (vgl. S. 227).

1 Gegeben ist die affine Abbildung
$\alpha: \vec{x'} = A \cdot \vec{x}$ mit $A = \begin{pmatrix} 0{,}8 & 0{,}1 \\ 0{,}2 & 0{,}9 \end{pmatrix}$.

Die in Fig. 1 rot eingezeichneten Punkte $P_0, P_1, \ldots, P_5$ sind die Punkte mit den Ortsvektoren $\vec{p_0} = \begin{pmatrix} 0{,}8 \\ 0{,}2 \end{pmatrix}$ und $\vec{p_i} = A^i \vec{p_0}$ für $i > 0$.

Die grünen Punkte entstehen entsprechend aus $Q_0(0{,}1 \mid 0{,}9)$; die schwarzen aus $R_0(0{,}3 \mid 0{,}7)$.

Stellen Sie Vermutungen auf und beweisen Sie Ihre Vermutungen.

Fig. 1

Die Abbildung $\alpha: \vec{x'} = \begin{pmatrix} 1 & 0{,}5 \\ 1 & 1{,}5 \end{pmatrix} \cdot \vec{x}$ hat die Eigenwerte $\lambda_1 = 0{,}5$ und $\lambda_2 = 2$ mit den zugehörigen Eigenvektoren $\vec{u_1} = \begin{pmatrix} 1 \\ -1 \end{pmatrix}$ und $\vec{u_2} = \begin{pmatrix} 1 \\ 2 \end{pmatrix}$. Ein Punkt X mit dem Ortsvektor $\vec{x} = x_1^* \vec{u_1} + x_2^* \vec{u_2}$ wird auf den Punkt X′ mit dem Ortsvektor

$\vec{x'} = A(x_1^* \vec{u_1} + x_2^* \vec{u_2}) = x_1^*(A\vec{u_1}) + x_2^*(A\vec{u_2})$
$= x_1^* \lambda_1 \vec{u_1} + x_2^* \lambda_2 \vec{u_2} = \lambda_1 x_1^* \vec{u_1} + \lambda_2 x_2^* \vec{u_2}$

abgebildet.

Man nennt die „neue" Matrixdarstellung auch die Matrixdarstellung bezüglich der Basis $\{\vec{u_1}, \vec{u_2}\}$.

Im von $\vec{u_1}$ und $\vec{u_2}$ aufgespannten Koordinatensystem hat α daher die Matrixdarstellung
$\alpha: \vec{x'} = \begin{pmatrix} \lambda_1 & 0 \\ 0 & \lambda_2 \end{pmatrix} \cdot \vec{x}$.

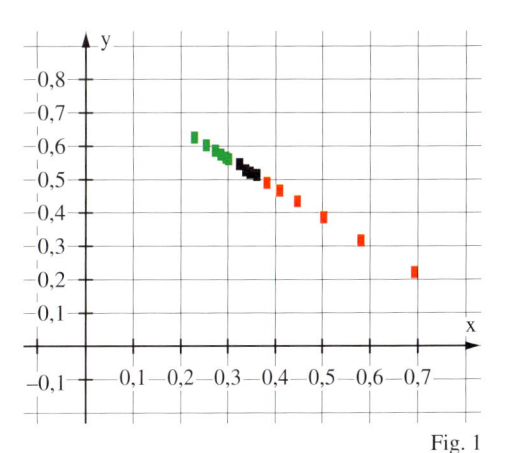

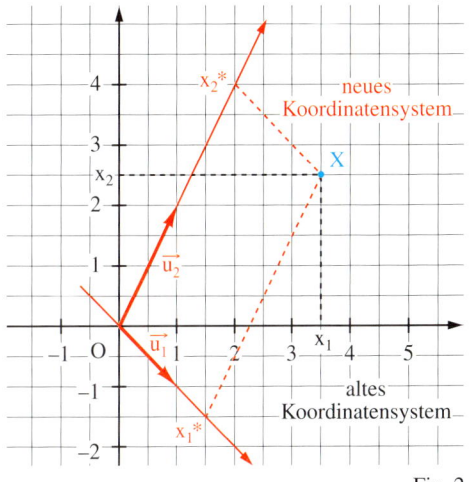

Fig. 2

Der folgende Satz sagt, dass es immer möglich ist, ein Koordinatensystem so zu finden, dass die Matrixdarstellung einer affinen Abbildung besonders übersichtlich ist:

Der Satz wird hier nicht bewiesen. Beispiel 1 zeigt, wie man in den beiden ersten Fällen eine entsprechende Basis finden kann. In Aufgabe 3 wird der Fall III in verallgemeinerter Form behandelt.

> **Satz:** Gegeben ist eine Abbildung $\alpha: \vec{x'} = A \cdot \vec{x}$. Dann gibt es eine Basis, bezüglich der α eine der folgenden Matrixdarstellungen hat:
>
> Fall I: $\alpha: \vec{x'} = \begin{pmatrix} \lambda_1 & 0 \\ 0 & \lambda_2 \end{pmatrix} \cdot \vec{x}$, wenn α zwei verschiedene Eigenwerte λ_1 und λ_2 hat.
>
> Fall II: $\alpha: \vec{x'} = \begin{pmatrix} \lambda & 0 \\ 0 & \lambda \end{pmatrix} \cdot \vec{x}$ oder $\alpha: \vec{x'} = \begin{pmatrix} \lambda & 1 \\ 0 & \lambda \end{pmatrix} \cdot \vec{x}$, wenn α genau einen Eigenwert λ hat.
>
> Fall III: $\alpha: \vec{x'} = r \begin{pmatrix} \cos(\varphi) & -\sin(\varphi) \\ \sin(\varphi) & \cos(\varphi) \end{pmatrix} \cdot \vec{x}$ für geeignete Zahlen r, φ, wenn α keinen Eigenwert hat.

Die in dem Satz angegebene Darstellung einer affinen Abbildung nennt man eine **Normalform**.

201

Bemerkung: Für Matrizen in Normalform lassen sich insbesondere leicht Potenzen berechnen, denn es gilt

$$\begin{pmatrix} \lambda & 0 \\ 0 & \lambda \end{pmatrix}^n = \begin{pmatrix} \lambda^n & 0 \\ 0 & \lambda^n \end{pmatrix}; \quad \begin{pmatrix} \lambda & 1 \\ 0 & \lambda \end{pmatrix}^n = \begin{pmatrix} \lambda^n & n\lambda^{n-1} \\ 0 & \lambda^n \end{pmatrix}; \quad \begin{pmatrix} \cos(\varphi) & -\sin(\varphi) \\ \sin(\varphi) & \cos(\varphi) \end{pmatrix}^n = \begin{pmatrix} \cos(n\varphi) & -\sin(n\varphi) \\ \sin(n\varphi) & \cos(n\varphi) \end{pmatrix}.$$

Beispiel 1: (Normalform bestimmen)
Bestimmen Sie eine Normalform der Abbildung α und geben Sie eine zugehörige Basis an.
a) $\alpha: \vec{x'} = \begin{pmatrix} 1 & 4 \\ 5 & 2 \end{pmatrix} \cdot \vec{x}$
b) $\alpha: \vec{x'} = \begin{pmatrix} 2 & 4 \\ -1 & 6 \end{pmatrix} \cdot \vec{x}$

Lösung:
a) Die charakteristische Gleichung ist $(1-\lambda)(2-\lambda) - 20 = 0$. Man erhält die zwei verschiedenen Eigenwerte $\lambda_1 = -3$ und $\lambda_2 = 6$ und damit eine Normalform $\alpha: \vec{x'} = \begin{pmatrix} -3 & 0 \\ 0 & 6 \end{pmatrix} \cdot \vec{x}$.

Eine zugehörige Basis besteht aus Eigenvektoren zu den beiden Eigenwerten. Man erhält als zugehörige Basis z. B. $\left\{ \begin{pmatrix} 1 \\ -1 \end{pmatrix}, \begin{pmatrix} 4 \\ 5 \end{pmatrix} \right\}$.

b) 4 ist der einzige Eigenwert. Die zugehörigen Eigenvektoren sind alle Vielfachen von $\begin{pmatrix} 2 \\ 1 \end{pmatrix}$.
Damit ist $\alpha: \vec{x'} = \begin{pmatrix} 4 & 1 \\ 0 & 4 \end{pmatrix} \cdot \vec{x}$ eine Normalform.

Als ersten Vektor $\vec{v}$ einer zugehörigen Basis wählt man einen Eigenvektor, also z.B. $\vec{v} = \begin{pmatrix} 2 \\ 1 \end{pmatrix}$.

Für den zweiten Vektor $\vec{w} = \begin{pmatrix} x_1 \\ x_2 \end{pmatrix}$ muss dann gelten $A \cdot \vec{w} = 4\vec{v} + \vec{w}$.

Dieser Ansatz liefert das Gleichungssystem $\begin{cases} x_1 + 4x_2 = 8 \\ -x_1 + 5x_2 = 4 \end{cases}$.

Man erhält $\vec{w} = \begin{pmatrix} \frac{8}{3} \\ \frac{4}{3} \end{pmatrix}$.

Beispiel 2: (Bild eines Punktes unter einer Matrixpotenz)
Gegeben ist die Matrix $A = \begin{pmatrix} 1 & 4 \\ 5 & 2 \end{pmatrix}$ und $\vec{p} = \begin{pmatrix} 8 \\ 19 \end{pmatrix}$. Berechnen Sie $A^{17} \vec{p}$.

In Beispiel 1 a) wurden bereits die Eigenwerte und Eigenvektoren bestimmt.

Lösung:
Man stellt $\vec{p}$ als Linearkombination der Eigenvektoren der durch A definierten Abbildung dar und erhält: $\begin{pmatrix} 8 \\ 19 \end{pmatrix} = -4 \begin{pmatrix} 1 \\ -1 \end{pmatrix} + 3 \begin{pmatrix} 4 \\ 5 \end{pmatrix}$.

Da -3 und 6 die Eigenwerte von A und $\begin{pmatrix} 1 \\ -1 \end{pmatrix}$ bzw. $\begin{pmatrix} 4 \\ 5 \end{pmatrix}$ die Eigenvektoren sind, gilt
$A \begin{pmatrix} 1 \\ -1 \end{pmatrix} = (-3) \begin{pmatrix} 1 \\ -1 \end{pmatrix}$ bzw. $A \begin{pmatrix} 4 \\ 5 \end{pmatrix} = 6 \begin{pmatrix} 4 \\ 5 \end{pmatrix}$.

Daraus folgt $A^{17} \begin{pmatrix} 1 \\ -1 \end{pmatrix} = (-3)^{17} \begin{pmatrix} 1 \\ -1 \end{pmatrix}$ und $A^{17} \begin{pmatrix} 4 \\ 5 \end{pmatrix} = 6^{17} \begin{pmatrix} 4 \\ 5 \end{pmatrix}$ und damit

$A^{17} \begin{pmatrix} 8 \\ 19 \end{pmatrix} = -4 A^{17} \begin{pmatrix} 1 \\ -1 \end{pmatrix} + 3 A^{17} \begin{pmatrix} 4 \\ 5 \end{pmatrix} = (-4)(-3)^{17} \begin{pmatrix} 1 \\ -1 \end{pmatrix} + 3 \cdot 6^{17} \begin{pmatrix} 4 \\ 5 \end{pmatrix} = \begin{pmatrix} (-4)(-3)^{17} + 12 \cdot 6^{17} \\ 4(-3)^{17} + 15 \cdot 6^{17} \end{pmatrix}$.

Aufgaben

2 Die Abbildung α besitzt mindestens einen Eigenwert. Bestimmen Sie eine Normalform mit zugehöriger Basis.

a) $\alpha: \vec{x'} = \begin{pmatrix} -1 & 2 \\ -3 & 4 \end{pmatrix} \cdot \vec{x}$
b) $\alpha: \vec{x'} = \begin{pmatrix} 1 & 2 \\ -2 & 5 \end{pmatrix} \cdot \vec{x}$
c) $\alpha: \vec{x'} = \begin{pmatrix} 2 & -4 \\ 4 & -6 \end{pmatrix} \cdot \vec{x}$

d) $\alpha: \vec{x'} = \begin{pmatrix} 4 & 11 \\ -2 & -9 \end{pmatrix} \cdot \vec{x}$
e) $\alpha: \vec{x'} = \begin{pmatrix} -3 & 1 \\ 91 & 3 \end{pmatrix} \cdot \vec{x}$
f) $\alpha: \vec{x'} = \begin{pmatrix} 2 & -1 \\ 9 & 8 \end{pmatrix} \cdot \vec{x}$

Die Matrix von α hat die Determinante 1. Für diesen Fall lässt sich das Vorgehen von Aufgabe 3 allgemein verwenden. Ist jedoch die Determinante D ungleich 1, so muss man vorher $\frac{1}{D}$ als Faktor r ausklammern.

3 Gegeben ist eine Abbildung $\alpha: \vec{x'} = \frac{1}{\sqrt{42}} \begin{pmatrix} 4 & -2 \\ 9 & 6 \end{pmatrix} \cdot \vec{x} = \begin{pmatrix} a_1 & b_1 \\ a_2 & b_2 \end{pmatrix} \cdot \vec{x}$.

a) Zeigen Sie, dass α keinen Eigenwert besitzt.
b) Zeigen Sie:
Wählt man φ so, dass $\cos(\varphi) = \frac{a_1 + b_2}{2} = \frac{5}{\sqrt{42}}$ und $\sin(\varphi) = \sqrt{1 - \cos^2(\varphi)} = \frac{\sqrt{17}}{\sqrt{42}}$,

so gibt es einen Vektor $\vec{w}$, so dass α bezüglich der Basis $\left\{ \begin{pmatrix} 1 \\ 0 \end{pmatrix}, \vec{w} \right\}$ die Matrixdarstellung
$\alpha: \vec{x'} = \begin{pmatrix} \cos(\varphi) & -\sin(\varphi) \\ \sin(\varphi) & \cos(\varphi) \end{pmatrix} \cdot \vec{x}$ hat.

4 Die Abbildung $\alpha: \vec{x'} = A \cdot \vec{x}$ besitzt mindestens einen Eigenwert. Bestimmen Sie $A^k \vec{p}$.
a) $\alpha: \vec{x'} = \begin{pmatrix} 8 & -4 \\ 5 & -1 \end{pmatrix} \cdot \vec{x}$; $\vec{p} = \begin{pmatrix} 1 \\ 1 \end{pmatrix}$; k = 10
b) $\alpha: \vec{x'} = \begin{pmatrix} 0{,}7 & 0{,}4 \\ 0{,}3 & 0{,}6 \end{pmatrix} \cdot \vec{x}$; $\vec{p} = \begin{pmatrix} 0{,}5 \\ 0{,}5 \end{pmatrix}$; k = 10

5 Fig. 1 zeigt zwei Punkte P_1 und P_2 und ihre Bilder P_1' und P_2' bei einer affinen Abbildung α.
a) Begründen Sie, dass α eine Streckscherung ist.
b) Geben Sie die Matrixdarstellung von α bezüglich der Basis $\{\vec{v_1}, \vec{v_2}\}$ an.
c) Geben Sie eine Normalform mit zugehöriger Basis für α an.
d) Geben Sie die Matrixdarstellung von α bezüglich der Basis $\{\vec{v_1}, 3\vec{v_2}\}$ an.

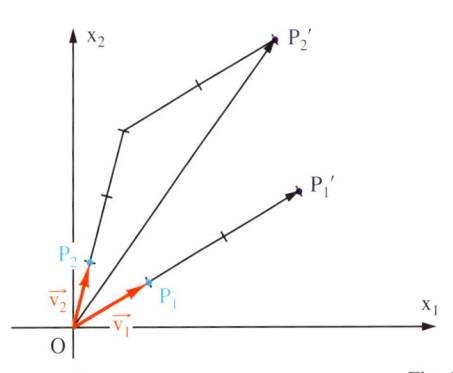

Fig. 1

Aufgabe 6 ist ein Spezialfall des Satzes über stochastische Matrizen von S. 227.

6 Gegeben sind zwei reelle Zahlen p, q mit 0 < p, q < 1 und die Abbildung
$\alpha: \vec{x'} = A \cdot \vec{x}$ mit $A = \begin{pmatrix} p & q \\ 1-p & 1-q \end{pmatrix} \cdot \vec{x}$.

a) Weisen Sie nach, dass α eine EULER-Affinität ist.
b) Geben Sie eine Normalform und eine zugehörige Basis an.
c) Begründen Sie:
Für jeden Vektor $\vec{v}$ nähert sich $A^k \vec{v}$ mit wachsendem k beliebig genau einem Eigenvektor zum Eigenwert 1 von α.

7 Gegeben ist eine Matrix A. Fig. 2 zeigt das Dreieck OE_1E_2 mit $O(0|0)$, $E_1(1|0)$ und $E_2(0|1)$ und seine Bilder bei den Abbildungen $\alpha_1, \alpha_2, \ldots, \alpha_5$.
Dabei ist $\alpha_k: \vec{x'} = A^k \cdot \vec{x}$.
Die Bilder von E_1 sind mit P_1 bis P_5 und die von E_2 mit Q_1 bis Q_5 bezeichnet.
a) Bestimmen Sie A^3 und eine Normalform für α_3 mit zugehöriger Basis.
b) Bestimmen Sie A^{12}.
c) α_1 hat bezüglich der Basis $\left\{ \begin{pmatrix} 1 \\ 0 \end{pmatrix}, \begin{pmatrix} 1 \\ 2 \end{pmatrix} \right\}$ die Normalform $\begin{pmatrix} \frac{\sqrt{3}}{2} & -\frac{1}{2} \\ \frac{1}{2} & \frac{\sqrt{3}}{2} \end{pmatrix}$.
Bestimmen Sie A.

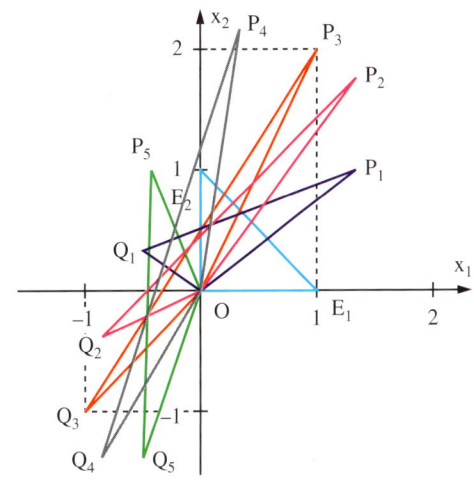

Fig. 2

203

11 Parallelprojektionen

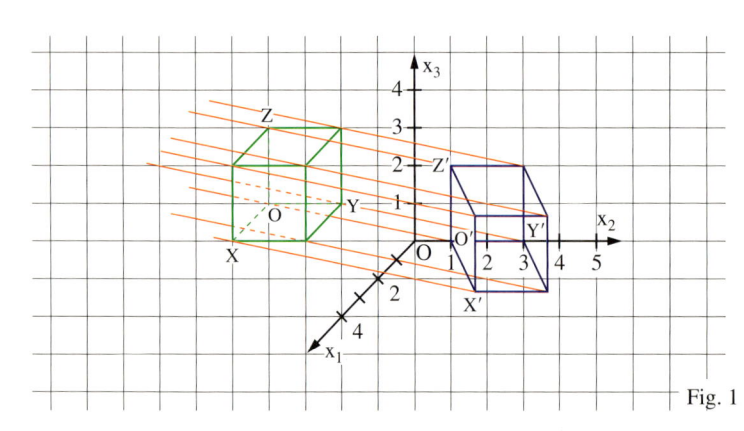

1 Fig. 1 zeigt das Schattenbild eines Kantenmodells eines Würfels mit den Eckpunkten O(6|−1|4), X(8|−1|4), Y(6|1|4) und Z(6|−1|6) in der x_2x_3-Ebene.
Berechnen Sie die Koordinaten der Schattenpunkte, wenn paralleles Licht in Richtung $\vec{v} = \begin{pmatrix} -3 \\ 1 \\ -2 \end{pmatrix}$ einfällt. Geben Sie Abbildungsgleichungen an, die für jeden Punkt P des Raumes den Schnittpunkt der Geraden durch P in Richtung $\vec{v}$ mit der x_2x_3-Ebene liefern.

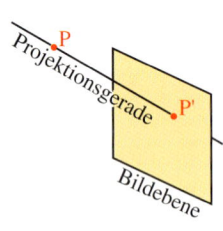

Fig. 1

Eine **Projektion** ist eine Abbildung des Raumes in eine Ebene E, die so genannte **Projektionsebene**. Die Gerade zwischen einem Punkt und seinem Bildpunkt bei einer Projektion nennt man eine **Projektionsgerade**.
Wenn bei einer Projektion alle Projektionsgeraden zueinander parallel sind, spricht man von einer **Parallelprojektion**. Ist $\vec{v}$ ein Richtungsvektor einer Projektionsgeraden bei einer Parallelprojektion, so wird jedem Punkt P des Raumes der Schnittpunkt der Geraden mit dem Richtungsvektor $\vec{v}$ durch P und der Ebene E als Bildpunkt zugeordnet.

Fig. 2

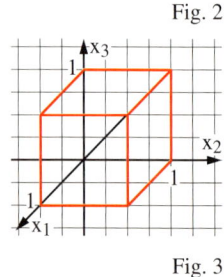

Fig. 3 zeigt das Bild des Einheitswürfels unter einer Parallelprojektion in die x_2x_3-Ebene mit der durch den Vektor $\vec{v} = \begin{pmatrix} 1 \\ \frac{\sqrt{2}}{4} \\ \frac{\sqrt{2}}{4} \end{pmatrix}$ gegebenen Projektionsrichtung. Das Bild E_1' des Punktes $E_1(1|0|0)$ erhält man durch Lösen der Gleichung $\begin{pmatrix} 1 \\ 0 \\ 0 \end{pmatrix} + t\vec{v} = \begin{pmatrix} 0 \\ x_2 \\ x_3 \end{pmatrix}$. Man erhält $t = -1$, $x_2 = x_3 = -\frac{\sqrt{2}}{4}$;

also $E_1'\left(0\left|-\frac{\sqrt{2}}{4}\right|-\frac{\sqrt{2}}{4}\right)$. Die Punkte $E_2(0|1|0)$ und $E_3(0|0|1)$ werden auf sich selbst abgebildet.
Das Bild eines Punktes P mit $\vec{p} = p_1\vec{e_1} + p_2\vec{e_2} + p_3\vec{e_3}$ erhält man nun, indem man die Gleichung $\vec{p} + t\vec{v} = x_2\vec{e_2} + x_3\vec{e_3}$ löst. Man erhält $t = -p_1$, $x_2 = p_2 - p_1\frac{\sqrt{2}}{4}$, $x_3 = p_3 - p_1\frac{\sqrt{2}}{4}$.

Fig. 3

Für den Bildpunkt P' gilt also
$\vec{p'} = \left(p_2 - p_1\frac{\sqrt{2}}{4}\right)\vec{e_2} + \left(p_3 - p_1\frac{\sqrt{2}}{4}\right)\vec{e_3} = p_1\left(-\frac{\sqrt{2}}{4}\vec{e_2} - \frac{\sqrt{2}}{4}\vec{e_3}\right) + p_2\vec{e_2} + p_3\vec{e_3} = p_1\vec{e_1'} + p_2\vec{e_2'} + p_3\vec{e_3'}$.

*Diese häufig bei räumlichen Darstellungen (auch in diesem Buch) benutzte Projektion nennt man eine **Kavalierprojektion**.*

Hieraus folgt, dass sich die Projektion durch die Matrix $P = \begin{pmatrix} 0 & 0 & 0 \\ -\frac{\sqrt{2}}{4} & 1 & 0 \\ -\frac{\sqrt{2}}{4} & 0 & 1 \end{pmatrix}$ beschreiben lässt.

Diese Feststellung lässt sich verallgemeinern. Es gilt der

Satz: Eine Parallelprojektion in eine Ebene E durch den Ursprung O lässt sich durch eine 3×3-Matrix A beschreiben. Die Spalten der Matrix sind die Ortsvektoren der Bilder der Punkte $E_1(1|0|0)$, $E_2(0|1|0)$ und $E_3(0|0|1)$.

Parallelprojektionen

Dem praktischen Zeichnen liegt eine axonometrische Abbildung zugrunde, wie z. B. das folgende Zitat aus einem älteren Buch über darstellende Geometrie zeigt.
„Zeichenregel für Kavalierprojektion:
Alle Breiten und Höhen werden in wahrer Größe, alle Tiefen unter 45° nach hinten fliehend um die Hälfte verkürzt gezeichnet."

Ein Satz des Mathematikers POHLKE besagt, dass man jedes Bild eines räumlichen Gegenstandes, das man durch eine axonometrische Abbildung erhalten kann, auch durch eine Parallelprojektion erhalten kann.

Statt Abbildungen des Raumes in sich zu betrachten, kann man Abbildungen des Raumes in die Ebene betrachten, um räumliche Darstellungen zu erhalten. Man gibt dann häufig die Bilder der Punkte $E_1(1|0|0)$, $E_2(0|1|0)$ und $E_3(0|0|1)$ vor und verlangt, dass sich die Abbildung mithilfe einer 2×3-Matrix beschreiben lässt. Eine solche Abbildung nennt man eine **axonometrische Abbildung**.

Beim technischen Zeichnen benutzt man häufig folgende Darstellung:
$E_1(1|0|0)$ wird auf $F_1\left(\frac{1}{2}\cos(41{,}5°)\,\big|\,\frac{1}{2}\sin(41{,}5°)\right)$,
$E_2(0|1|0)$ auf $F_2(\cos(173°)|\sin(173°))$ und
$E_3(0|0|1)$ auf $F_3(0|1)$ abgebildet.
Als zugehörige Abbildungsmatrix A ergibt sich also $A = \begin{pmatrix} \frac{1}{2}\cos(41{,}5°) & \cos(173°) & 0 \\ \frac{1}{2}\sin(41{,}5°) & \sin(173°) & 1 \end{pmatrix}$.

Die Strecke $\overline{OE_1}$ erscheint also unter einem Winkel von 41,5° zur x_1-Achse um den Faktor 0,5 verkürzt; die Strecke $\overline{OE_2}$ unter einem Winkel von 173° zur x_1-Achse unverkürzt, und die Strecke $\overline{OE_3}$ wird unverkürzt auf die x_2-Achse abgebildet.

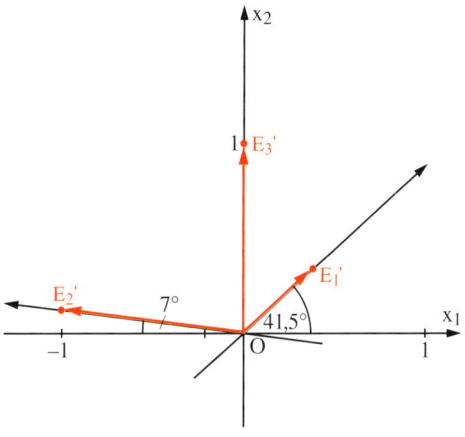

Fig. 1

Beispiel 1: (Projektionsebene und Projektionsrichtung sind gegeben)
Betrachtet wird eine Parallelprojektion in die x_2x_3-Ebene mit der durch $\vec{v} = \begin{pmatrix} -1 \\ -0{,}5 \\ -0{,}4 \end{pmatrix}$ gegebenen Projektionsrichtung.
a) Bestimmen Sie die Projektionsmatrix P.
b) Bestimmen Sie die Matrix A für eine axonometrische Darstellung.
c) Der Einheitswürfel mit den Ecken $O(0|0|0)$, $E_1(1|0|0)$, $E_2(0|1|0)$ und $E_3(0|0|1)$ wird abgebildet. Zeichnen Sie das Bild.
Lösung:
a) Die Bilder der Punkte $E_2(0|1|0)$ und $E_3(0|0|1)$ liegen fest. Es muss das Bild von $E_1(1|0|0)$ als Schnittpunkt der Geraden $g: \vec{x} = \vec{e_1} + t\vec{v}$ mit der x_2x_3-Ebene bestimmt werden. Der Ansatz
$\begin{pmatrix} 1 \\ 0 \\ 0 \end{pmatrix} + t\begin{pmatrix} -1 \\ -0{,}5 \\ -0{,}4 \end{pmatrix} = \begin{pmatrix} 0 \\ x_2 \\ x_3 \end{pmatrix}$ liefert:
$t = 1$, $x_2 = -0{,}5$ und $x_3 = -0{,}4$.
Man erhält: $P = \begin{pmatrix} 0 & 0 & 0 \\ -0{,}5 & 1 & 0 \\ -0{,}4 & 0 & 1 \end{pmatrix}$.

b) Als Matrix A ergibt sich $A = \begin{pmatrix} -0{,}5 & 1 & 0 \\ -0{,}4 & 0 & 1 \end{pmatrix}$.
c) Um das Bild zeichnen zu können, benötigt man z. B. noch das Bild des Punktes $H(1|1|0)$. Man berechnet
$\begin{pmatrix} -0{,}5 & 1 & 0 \\ -0{,}4 & 0 & 1 \end{pmatrix} \cdot \begin{pmatrix} 1 \\ 1 \\ 0 \end{pmatrix} = \begin{pmatrix} 0{,}5 \\ -0{,}4 \end{pmatrix}$.

Die fehlenden Bildpunkte erhält man, indem man die Bildpunkte von E_1, E_2 und H in die Zeichenebene um $\begin{pmatrix} 0 \\ 1 \end{pmatrix}$ verschiebt.

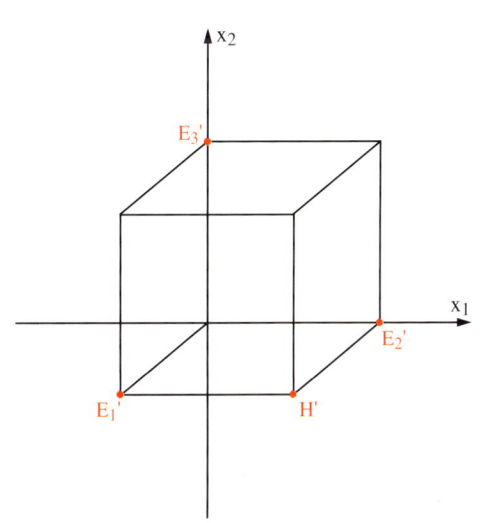

Fig. 2

205

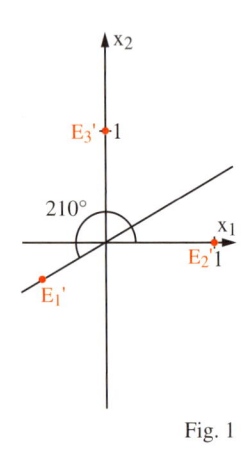

Parallelprojektionen

Beispiel 2: (Bestimmung von Projektionsmatrix und Projektionsrichtung; Bildebene und Bild der x₁-Achse sind vorgegeben)
Bei einer Parallelprojektion in die x_2x_3-Ebene erscheint die x_1-Achse unter einem Winkel von 210° zur x_2-Achse und um den Faktor $\frac{2}{3}$ verkürzt.
a) Bestimmen Sie eine Projektionsmatrix P.
b) Bestimmen Sie die Projektionsrichtung.
Lösung:
a) Der Punkt $E_1(1|0|0)$ wird auf $E_1'\left(0\left|\frac{2}{3}\cos(210°)\right|\frac{2}{3}\sin(210°)\right) = \left(0\left|-\frac{\sqrt{3}}{3}\right|-\frac{1}{3}\right)$ abgebildet; die Punkte $E_2(0|1|0)$ und $E_3(0|0|1)$ werden auf sich selbst abgebildet. Für die Projektionsmatrix P erhält man somit: $P = \begin{pmatrix} 0 & 0 & 0 \\ -\frac{\sqrt{3}}{3} & 1 & 0 \\ -\frac{1}{3} & 0 & 1 \end{pmatrix}$.

Fig. 1

b) Eine Gerade in Projektionsrichtung durch den Ursprung wird auf den Ursprung abgebildet; ihr Richtungsvektor muss also auf $\vec{o}$ abgebildet werden. Der Ansatz $P \cdot \vec{v} = \vec{o}$ mit $\vec{v} = \begin{pmatrix} v_1 \\ v_2 \\ v_3 \end{pmatrix}$ führt zu dem Gleichungssystem $\begin{cases} 0 = 0 \\ -\frac{\sqrt{3}}{3}v_1 + v_2 = 0 \\ -\frac{1}{3}v_1 + v_3 = 0 \end{cases}$. Eine Lösung ist $\vec{v} = \begin{pmatrix} 1 \\ \frac{\sqrt{3}}{3} \\ \frac{1}{3} \end{pmatrix}$.

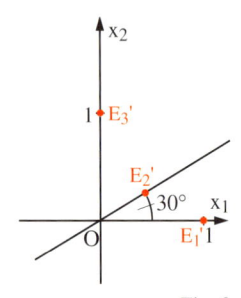

Beispiel 3: (Bestimmung der Abbildungsmatrix für eine axonometrische Darstellung)
Fig. 2 zeigt die Bilder der Punkte $E_1(1|0|0)$, $E_2(0|1|0)$ und $E_3(0|0|1)$ bei einer axonometrischen Abbildung. $\overline{OE_1'}$ und $\overline{OE_3'}$ haben die Länge 1, $\overline{OE_2'}$ hat die Länge 0,5.
Bestimmen Sie die Projektionsmatrix.
Lösung:
Es ist $E_1'(1|0)$, $E_3'(0|1)$ und $E_2'\left(\frac{1}{2}\cos(30°)\left|\frac{1}{2}\sin(30°)\right.\right)$; also $E_2'\left(\frac{\sqrt{3}}{4}\left|\frac{1}{4}\right.\right)$.
Für die Projektionsmatrix A erhält man $A = \begin{pmatrix} 1 & \frac{\sqrt{3}}{4} & 0 \\ 0 & \frac{1}{4} & 1 \end{pmatrix}$.

Fig. 2

Aufgaben

2 Gegeben ist jeweils eine Projektionsebene E und eine durch einen Richtungsvektor $\vec{v}$ gegebene Projektionsrichtung. Ermitteln Sie die Projektionsmatrix und zeichnen Sie jeweils das Bild des Einheitswürfels mit den Eckpunkten $E_0(0|0|0)$, $E_1(1|0|0)$, $E_2(0|1|0)$ und $E_3(0|0|1)$ in der Projektionsebene E.
a) E ist die x_2x_3-Ebene; $\vec{v} = \begin{pmatrix} 1 \\ 1 \\ 1 \end{pmatrix}$
b) E ist die x_1x_3-Ebene; $\vec{v} = \begin{pmatrix} -1 \\ -1 \\ 1 \end{pmatrix}$

3 Fig. 3 zeigt das Bild eines Turms. Berechnen Sie die Bilder der Eckpunkte und zeichnen Sie das Bild unter der angegebenen Projektion.
a) Projektionsebene ist die x_2x_3-Ebene. Die Projektionsrichtung ist senkrecht zur Projektionsebene.
b) Projektionsebene ist die x_1x_2-Ebene. Die Projektionsrichtung ist dadurch gegeben, dass der Punkt $P(1|1|1)$ auf O abgebildet wird.

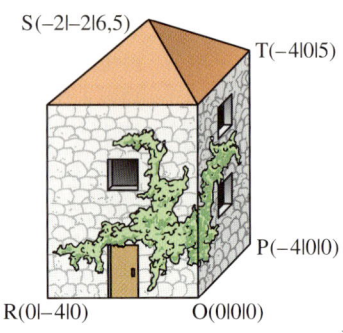

Fig. 3

206

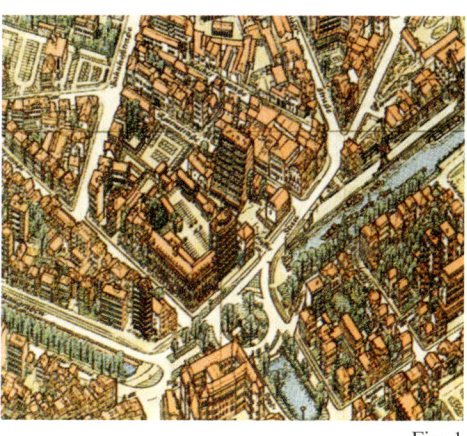

Parallelprojektionen

4 Bei Bildstadtplänen wird häufig die Projektion in die x_1x_2-Ebene mit der durch $\vec{v} = \begin{pmatrix} \frac{1}{2}\sqrt{2} \\ \frac{1}{2}\sqrt{2} \\ 1 \end{pmatrix}$ gegebenen Projektionsrichtung verwendet.

a) Aufgrund der Anschaulichkeit ist es üblich, das Bild der x_3-Achse auf dem Zeichenblatt „senkrecht" zu zeichnen. Wie müssen dann die Bilder der beiden anderen Achsen eingezeichnet werden?

b) Begründen Sie, dass man einer so hergestellten Zeichnung viele Längen maßstabsgetreu entnehmen kann.

Fig. 1

c) Zeichnen Sie das Bild einer „Rampe" (Fig. 2) mit den Eckpunkten A, B, C, D, E, F mithilfe der in dieser Aufgabe gesuchten Projektion.

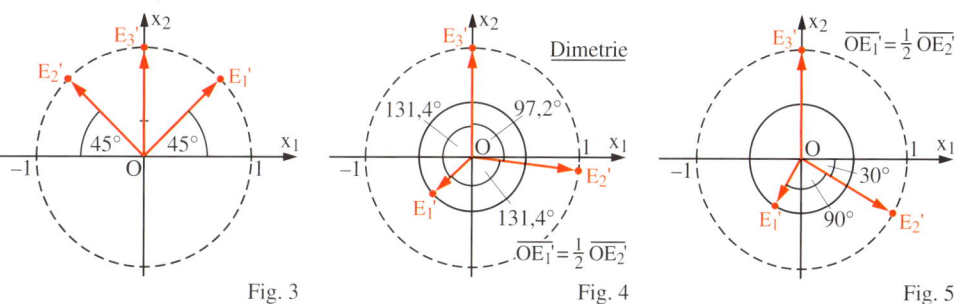

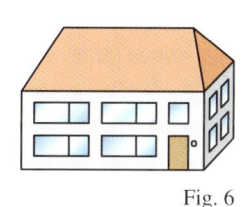

Fig. 2

5 In den Fig. 3 bis Fig. 5 stellen die Punkte E_1', E_2', E_3' jeweils die Bilder der Punkte $E_1(1|0|0)$, $E_2(0|1|0)$ und $E_3(0|0|1)$ dar. Bestimmen Sie jeweils die Matrix einer axonometrischen Abbildung, die die Punkte wie angegeben abbildet. Zeichnen Sie jeweils das Bild der Rampe aus Aufgabe 4.

Fig. 3   Fig. 4   Fig. 5

6 Ein quaderförmiges Haus mit Walmdach (Fig. 6) hat eine Dachfirsthöhe über Grund von 12 m. Die Länge des symmetrisch verlaufenden Firsts ist 7 m. Der quaderförmige Hauskörper ist 13 m lang, 6 m breit und 8 m hoch. Das Koordinatensystem sei so gelegt, dass die Eckpunkte der Grundfläche die Koordinaten $(0|0|0)$, $(13|0|0)$, $(13|6|0)$ und $(0|6|0)$ haben.

Fig. 6

a) Zeichnen Sie das Bild des Hauses unter der Projektion aus Beispiel 1.

b) Zeichnen Sie das Bild unter den axonometrischen Abbildungen aus Aufgabe 5.

7 Gegeben ist die Ebene $E_1: 2x_1 + 2x_2 + x_3 = 4$.

a) Bestimmen Sie die Schnittpunkte der Ebene E_1 mit den Koordinatenachsen.

b) Unter den Spurgeraden einer Ebene versteht man die Schnittgeraden der Ebene mit den Koordinatenebenen. Veranschaulichen Sie die Ebene E_1 durch Zeichnen der Bilder der Spurgeraden unter den Projektionen der Aufgabe 3.

c) Zeichnen Sie jeweils auch das Bild einer zur Ebene E_1 senkrechten Ursprungsgerade ein.

d) Die Ebene E_2 sei die zu E_1 parallele Ebene durch den Ursprung. Es wird senkrecht auf E_2 projiziert. Berechnen Sie die Bilder der Spurgeraden von E_1 unter dieser Projektion.

e) Berechnen Sie die Längen der Bilder von $\overline{OE_1}$, $\overline{OE_2}$ und $\overline{OE_3}$ bei der Projektion aus d).

f) Berechnen Sie die Winkel, die die Bilder dieser Strecken miteinander einschließen.

g) Geben Sie eine axonometrische Abbildung an, die das gleiche Bild liefert wie die Parallelprojektion aus d).

207

12 Vermischte Aufgaben

1 Eine geometrische Abbildung ist durch die Abbildungsgleichungen $\begin{cases} x_1' = x_1 \\ x_2' = x_2 + \sin(x_1) \end{cases}$ gegeben.
a) Bestimmen Sie die Bilder von Parallelen zu den beiden Koordinatenachsen.
b) Zeichnen Sie das Bild des „Fensters" in Fig. 1.
c) Bestimmen Sie alle Fixpunktgeraden und alle Fixgeraden der Abbildung.

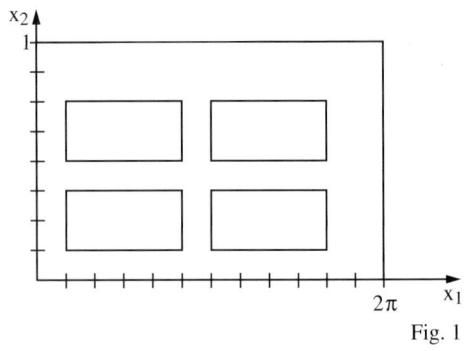

Fig. 1

2 Gegeben ist die Drehung D um den Punkt M(4|5) um den Winkel 30°.
a) Konstruieren Sie das Bild P′ des Punktes P(6|1) bei dieser Drehung.
b) Stellen Sie eine Matrixdarstellung für diese Abbildung auf.
(Hinweis: Verschieben Sie zunächst den Punkt M in den Ursprung, drehen Sie dann um 30° und machen Sie anschließend die Verschiebung rückgängig.)
c) Berechnen Sie das Bild von P und vergleichen Sie mit dem Ergebnis aus a).
d) Begründen Sie, dass sich die Drehung als Verkettung einer Drehung um den Ursprung um den Winkel 30° und einer Verschiebung darstellen lässt.

3 Gegeben ist die Spiegelung S an der Geraden $g: \vec{x} = \begin{pmatrix} 2 \\ 3 \end{pmatrix} + r \begin{pmatrix} 1 \\ 1 \end{pmatrix}$.
a) Konstruieren Sie das Bild P′ des Punktes P(4|0) bei dieser Spiegelung.
b) Stellen Sie eine Matrixdarstellung für diese Abbildung auf.
c) Berechnen Sie das Bild von P und vergleichen Sie mit dem Ergebnis aus a).
d) Begründen Sie, dass sich jede Spiegelung als Verkettung einer Spiegelung an einer Ursprungsgeraden und einer Verschiebung darstellen lässt.

4 a) Beweisen Sie die Gültigkeit der so genannten Additionstheoreme für trigonometrische Funktionen:
(1) $\cos(\alpha+\beta) = \cos(\alpha) \cdot \cos(\beta) - \sin(\alpha) \cdot \sin(\beta)$ (2) $\sin(\alpha+\beta) = \sin(\alpha) \cdot \cos(\beta) + \cos(\alpha) \cdot \sin(\beta)$
Bestimmen Sie dazu Matrixdarstellungen für die Verkettung zweier Drehungen mit dem Ursprung als Drehzentrum.
b) Weisen Sie nach: Die Verkettung zweier Spiegelungen an Ursprungsgeraden ist eine Drehung.

5 Gegeben sind die Geraden $g: \vec{x} = \begin{pmatrix} 2 \\ -1 \end{pmatrix}$ und $h: \vec{x} = s \begin{pmatrix} 1 \\ 1 \end{pmatrix}$. Konstruieren Sie das Bild des Dreiecks ABC mit A(4|2), B(7|2), C(3|−1,5) bei der affinen Abbildung α mit Fixpunkt O. Kontrollieren Sie Ihr Ergebnis anschließend durch Rechnung.
a) α ist die Spiegelung an g.
b) α ist die Punktspiegelung am Ursprung.
c) α ist die zentrische Streckung an O mit Streckfaktor 2.
d) α ist die Parallelstreckung mit der Achse g, die P(8|0) auf P′(9|1) abbildet.
e) α ist die Scherung mit der Achse g, die P(8|0) auf P′(6|1) abbildet.
f) α ist die Scherstreckung mit Fixpunkt O und Fixgerade g, die P(3|1) auf P′(5|2) abbildet.
g) α ist die EULER-Affinität mit den Fixgeraden g und h, die P(3|1) auf P′(5,5|2) abbildet.

208

6 Fig. 1 zeigt das Bild des Dreiecks OAB mit O(0|0), A(3|0) und B(1|3) bei einer affinen Abbildung α.
a) Geben Sie eine Matrixdarstellung für α an.
b) Eine Verkettung einer Achsenspiegelung mit einer Verschiebung in Richtung der Spiegelachse nennt man eine Schubspiegelung. Geben Sie eine Matrixdarstellung für eine Schubspiegelung mit der Geraden
g: $\vec{x} = t\begin{pmatrix} 1 \\ 2 \end{pmatrix}$ als Achse an.

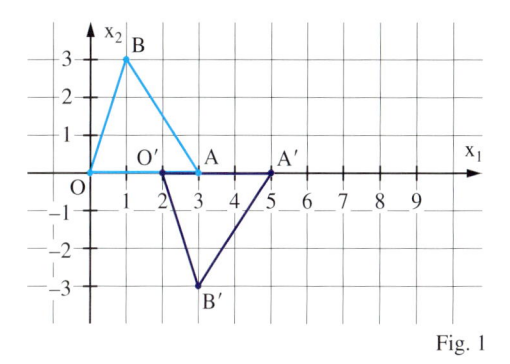

Fig. 1

7 Gegeben sind $A = \begin{pmatrix} 1,5 & 3 \\ 0,5 & 2 \end{pmatrix}$ und α: $\vec{x'} = A \cdot \vec{x}$.
a) Bestimmen Sie den Abbildungstyp von α und die Fixgeraden von α.
b) Bestimmen Sie die Matrixdarstellung einer Abbildung γ, so dass γ ∘ α eine zentrische Streckung mit Zentrum O und dem Streckfaktor 2 ist.
c) Bestimmen Sie die Matrixdarstellung einer Abbildung γ, so dass α ∘ γ eine zentrische Streckung mit Zentrum O und dem Streckfaktor 2 ist.

8 a) Begründen Sie mithilfe von Fig. 2, dass sich jede Scherung als Verkettung zweier Parallelstreckungen darstellen lässt.
b) Gegeben ist die Scherung σ mit der Geraden a: $x_1 - x_2 = 0$ als Achse und einem Scherungswinkel von 30°. Geben Sie eine Darstellung von σ als Verkettung zweier Parallelstreckungen an. Bestimmen Sie auch die Matrixdarstellungen und die Streckfaktoren dieser Parallelstreckungen.

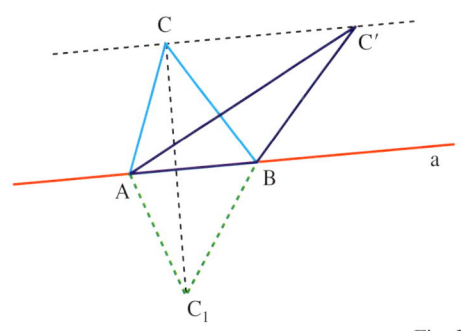

Fig. 2

9 Gegeben ist das Dreieck A(0|0), B(7|4), C(5|5).
a) Das Dreieck soll durch eine Parallelstreckung mit der x_1-Achse als Achse so abgebildet werden, dass C auf den Mittelpunkt der Seite $\overline{AB}$ abgebildet wird. Konstruieren Sie das Bilddreieck und überprüfen Sie Ihr Ergebnis durch Rechnung.
b) Das Dreieck soll durch eine Scherung an der Achse $\overline{OB}$ so abgebildet werden, dass das Bilddreieck bei B' einen rechten Winkel hat. Geben Sie eine Matrixdarstellung für die Scherung an.

10 Für jedes $k \neq -1$ ist $α_k: \vec{x'} = \frac{1}{5}\begin{pmatrix} 3k+7 & 4k-4 \\ -k+1 & 7k+3 \end{pmatrix} \cdot \vec{x}$ eine affine Abbildung.
a) Weisen Sie nach, dass es sich um Streckscherungen handelt.
b) Für welchen Wert von k ist $α_k$ eine Scherung, für welchen Wert von k ist $α_k$ eine zentrische Streckung?

11 Gegeben ist die affine Abbildung α: $\vec{x'} = A \cdot \vec{x}$. Zeigen Sie:
a) Wenn $A = \begin{pmatrix} a & -b \\ b & a \end{pmatrix}$ mit $b \neq 0$, dann hat α keinen Eigenwert.
b) Wenn $A = \begin{pmatrix} a & b \\ b & -a \end{pmatrix}$ mit $a \neq 0$ oder $b \neq 0$, dann hat α zwei verschiedene Eigenwerte.
c) Wenn $A = \begin{pmatrix} a & b \\ b & a \end{pmatrix}$, dann besitzt α ein Paar zueinander orthogonaler Eigenvektoren.

Mathematische Exkursionen

Iterierte Funktionensysteme – Verfahren, um komplexe Bilder zu generieren

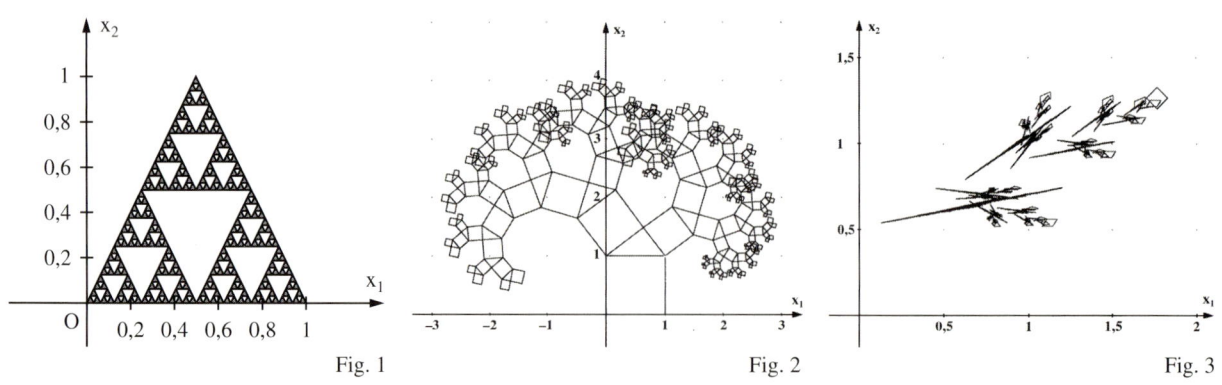

Fig. 1 ist durch einen Prozess mit mehreren Stufen so entstanden: Ausgehend vom „Einheitsquadrat" (Stufe 0) mit den Ecken (0|0), (1|0), (1|1) und (0|1) wurden drei affine Bilder erzeugt (Stufe 1 in Fig. 4). Diese drei Bilder zusammen ergeben eine neue Figur, von der wieder die entsprechenden affinen Bilder erzeugt wurden (Stufe 2 in Fig. 4). Dieser Prozess lässt sich beliebig fortsetzen. Fig. 1 zeigt das Ergebnis der 7. Stufe.

Das L in der linken unteren Ecke des Ausgangsquadrates dient dazu, Drehungen und Spiegelungen bei den benutzten Affinitäten zu erkennen.

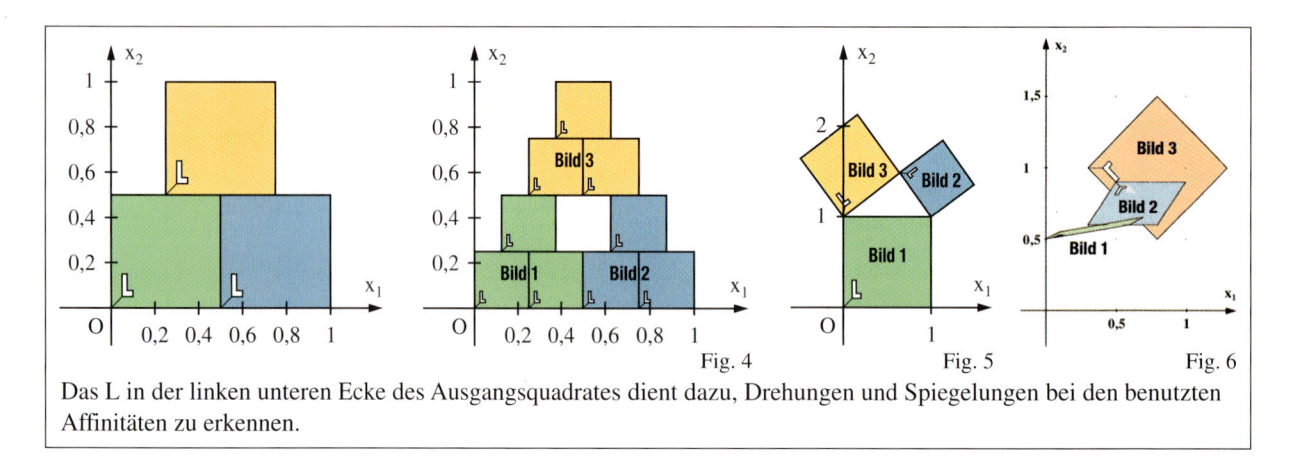

Fig. 2 und 3 zeigen jeweils das Ergebnis der 7. Stufe eines ebensolchen Prozesses. Bei gleicher Ausgangsfigur wurden jedoch andere Abbildungen als bei Fig. 1 benutzt. Diese sind in Fig. 5 und 6 verdeutlicht.

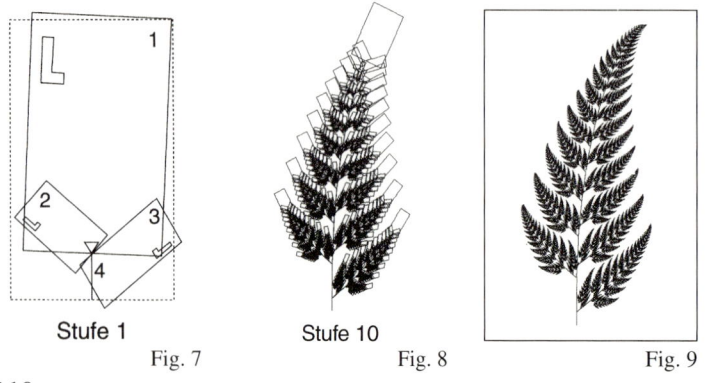

Fig. 7, 8 und 9 zeigen ein Beispiel dafür, welch komplexe Gebilde bei der Verwendung von nur vier affinen Bildern aus einem Rechteck entstehen können. Will man das Bild des Farns mit der hier wiedergegebenen Auflösung nach der oben beschriebenen Methode erhalten, so braucht man dafür mindestens 30 Iterationsschritte. Dafür müsste man etwa $1{,}5 \cdot 10^{18}$ Rechtecke berechnen. Ein Computer, der in einer Sekunde eine Million Rechtecke berechnet, bräuchte dafür etwa 18 Millionen Jahre.

Mathematische Exkursionen

Betrachtet man die Bilder auf der Seite gegenüber, so gewinnt man den Eindruck, dass sich die erzeugten Bilder mit wachsender Stufenzahl immer mehr einer „Grenzfigur" nähern. Mit mathematischen Mitteln, die hier nicht zur Verfügung stehen, lässt sich zeigen, dass dies tatsächlich mindestens dann der Fall ist, wenn das Bild des „Einheitsquadrates" unter den benutzten Affinitäten im Einheitsquadrat liegt.

Die gleichen „Grenzfiguren" erhält man erstaunlicherweise, wenn man die „Spur" eines Punktes verfolgt, der in zufälliger Reihenfolge den entsprechenden affinen Abbildungen unterworfen wird.

Das Zufallsspurverfahren
Starte mit einem beliebigen Punkt P_0 im Einheitsquadrat.
Ausgehend von diesem Startpunkt wird eine Punktfolge $\{P_0, P_1, P_2, \ldots\}$ gebildet: Den n-ten Punkt der Folge erhält man, indem man eine zufällig aus der Menge der benutzten Affinitäten ausgewählte Abbildung auf den gerade zuvor bestimmten Punkt anwendet.

Der Vorteil dieser Methode, Bilder zu erzeugen, die den „Grenzfiguren" sehr nahe kommen, liegt darin, dass der Rechenaufwand erheblich geringer ist. Er ist von einem PC durchaus zu bewältigen.
Fig. 10 und 11 zeigen ein Bild der Stufe 1 und das durch Zufallsspurverfahren mit 20 000 Punkten erzeugte Bild.
In dem unten zitierten Buch von Peitgen u. a. findet man BASIC-Programme zu beiden Methoden. Sucht man im Internet unter dem Stichwort „Funktionensysteme", so findet man auch Applets, mit denen man interaktiv experimentieren kann. Diese Applets benutzen zur Erzeugung der Bilder allerdings die (noch weiter verfeinerte) Zufallsspur-Methode.

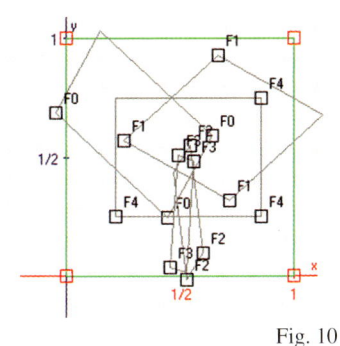

Fig. 10   Fig. 11

Wenn man das Entstehen der Bilder nach der ersten Methode wenigstens für kleine Stufen genauer verfolgen möchte, kann man aus dem unten zitierten Buch von Peitgen u. a. ein Programm benutzen.

Aufgabe
Fig. 12–15 zeigen jeweils das Einheitsquadrat und Bilder von ihm unter verschiedenen affinen Abbildungen.
a) Erstellen Sie ohne Computerhilfe Bilder der 2. Stufe. Kontrollieren Sie Ihre Ergebnisse anschließend mithilfe eines Ihnen zur Verfügung stehenden Computerprogramms.
b) Untersuchen Sie mit einem Ihnen zur Verfügung stehenden Computerprogramm, welche Bilder bei Anwendung einer der beiden zuvor beschriebenen Methoden entstehen.

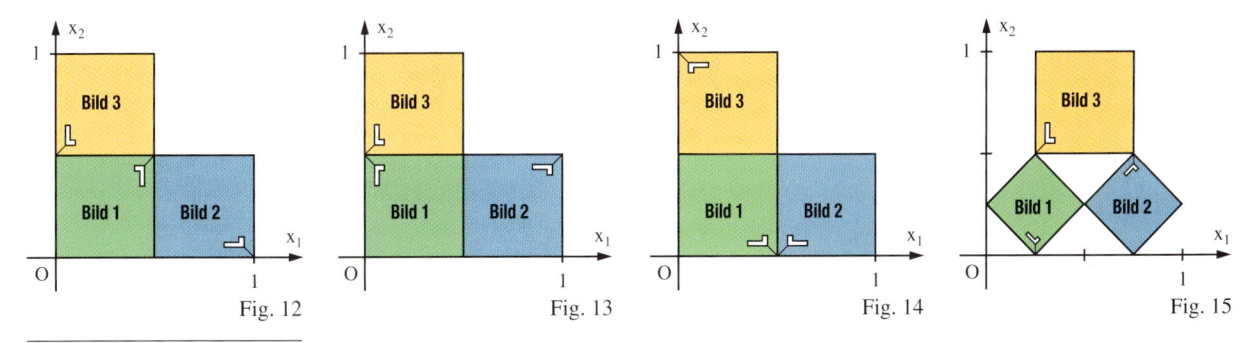

Fig. 12   Fig. 13   Fig. 14   Fig. 15

Literaturhinweis:
[1] Behr, Reinhard: Ein Weg zur fraktalen Geometrie; Klett 1993
[2] Peitgen, Heinz-Otto: Bausteine des Chaos: Fraktale/H.-O. Peitgen; H. Jürgens; D. Saupe. Klett-Cotta 1992
Fig. 10 und 11 findet man unter www.gris.uni-tuebingen.de/gris/GDV/java/applets/ifs/GermanApplet.html

Rückblick

Eine Abbildung, die jedem Punkt der Ebene einen Bildpunkt zuordnet, ist eine **geometrische Abbildung**. Punkte, die bei einer geometrischen Abbildung auf sich selbst abgebildet werden, nennt man **Fixpunkte**. Geraden, die auf sich selbst abgebildet werden, heißen **Fixgeraden**. Eine Gerade, die aus Fixpunkten einer Abbildung besteht, nennt man eine **Fixpunktgerade**.

Affine Abbildungen

Eine geradentreue und umkehrbare geometrische Abbildung der Ebene auf sich selbst nennt man eine **affine Abbildung** oder **Affinität**. Affine Abbildungen sind parallelentreu und teilverhältnistreu. Jede affine Abbildung ist festgelegt durch die Angabe von drei Punkten A, B, C und ihren Bildpunkten A', B', C'. Dabei dürfen allerdings die drei Punkte A, B, C und die Punkte A', B', C' nicht auf einer Geraden liegen.

Matrizen und affine Abbildungen

Das Produkt der Matrix $A = \begin{pmatrix} a_1 & b_1 \\ a_2 & b_2 \end{pmatrix}$ mit dem Vektor $\vec{x} = \begin{pmatrix} x_1 \\ x_2 \end{pmatrix}$ ist definiert durch $A \cdot \vec{x} = \begin{pmatrix} a_1 & b_1 \\ a_2 & b_2 \end{pmatrix} \cdot \begin{pmatrix} x_1 \\ x_2 \end{pmatrix} = \begin{pmatrix} a_1 x_1 + b_1 x_2 \\ a_2 x_1 + b_2 x_2 \end{pmatrix}$.

Jede affine Abbildung α ist durch eine Matrix $A = \begin{pmatrix} a_1 & b_1 \\ a_2 & b_2 \end{pmatrix}$ und einen Vektor $\vec{c} = \begin{pmatrix} c_1 \\ c_2 \end{pmatrix}$ festgelegt. Für einen Punkt X mit dem Ortsvektor $\vec{x} = \begin{pmatrix} x_1 \\ x_2 \end{pmatrix}$ und seinen Bildpunkt X' mit $\vec{x'} = \begin{pmatrix} x_1' \\ x_2' \end{pmatrix}$ gilt:

$\vec{x'} = A \cdot \vec{x} + \vec{c}$ bzw. $\begin{pmatrix} x_1' \\ x_2' \end{pmatrix} = \begin{pmatrix} a_1 & b_1 \\ a_2 & b_2 \end{pmatrix} \cdot \begin{pmatrix} x_1 \\ x_2 \end{pmatrix} + \begin{pmatrix} c_1 \\ c_2 \end{pmatrix}$.

Sind $\alpha: \vec{x'} = A \cdot \vec{x} = \begin{pmatrix} a_1 & b_1 \\ a_2 & b_2 \end{pmatrix} \cdot \vec{x}$ und $\beta: \vec{x'} = B \cdot \vec{x} = \begin{pmatrix} u_1 & v_1 \\ u_2 & v_2 \end{pmatrix} \cdot \vec{x}$ affine Abbildungen, so gilt:

Die Matrixdarstellung der Umkehrabbildung α^{-1} ist $\alpha^{-1}: \vec{x'} = A^{-1} \cdot \vec{x}$ mit $A^{-1} = \frac{1}{D} \begin{pmatrix} b_2 & -b_1 \\ -a_2 & a_1 \end{pmatrix}$ und $D = a_1 b_2 - a_2 b_1$.

D heißt die **Determinante von A**.

Zur Verkettung $\alpha \circ \beta$ („erst β, dann α") gehört das **Produkt** $A \cdot B$ **der Matrizen** mit $A \cdot B = \begin{pmatrix} a_1 u_1 + b_1 u_2 & a_1 v_1 + b_1 v_2 \\ a_2 u_1 + b_2 u_2 & a_2 v_1 + b_2 v_2 \end{pmatrix}$.

Eigenvektoren, Eigenwerte und charakteristische Gleichung

Ist $\alpha: \vec{x'} = A \cdot \vec{x} = \begin{pmatrix} a_1 & b_1 \\ a_2 & b_2 \end{pmatrix} \cdot \vec{x}$ eine affine Abbildung, so heißt ein Vektor $\vec{u} \neq \vec{0}$ ein **Eigenvektor** von α, wenn es eine reelle Zahl λ mit $A \cdot \vec{u} = \lambda \vec{u}$ gibt. λ ist in diesem Fall ein **Eigenwert** von α.

Eigenwerte sind die Lösungen der **charakteristischen Gleichung**
$\begin{vmatrix} a_1 - \lambda & b_1 \\ a_2 & b_2 - \lambda \end{vmatrix} = 0 \Leftrightarrow (a_1 - \lambda)(a_2 - \lambda) - a_2 b_2 = 0$.

Eigenvektoren geben die Richtungen von Fixgeraden an.

Scherungen sind Beispiele für affine Abbildungen.
Eine Scherung an der x_1-Achse mit dem Scherungswinkel $45°$ hat die x_1-Achse als Fixpunktgerade.
Für einen Punkt P, der nicht auf der x_1-Achse liegt, gilt:
(1) PP' ist parallel zur x_1-Achse.
(2) Ist A der Fußpunkt des Lotes von P auf die x_1-Achse, so ist $\sphericalangle P'AP = 45°$.

Fig. 1

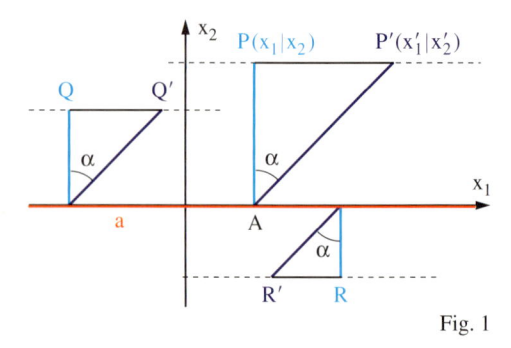

$E_1(1|0)$ ist Fixpunkt; das Bild von $E_2(0|1)$ ist $E_2'(1|1)$; die Matrixdarstellung der Scherung ist $\vec{x'} = \begin{pmatrix} 1 & 1 \\ 0 & 1 \end{pmatrix} \cdot \vec{x}$

Die affine Abbildung
$\alpha: \vec{x'} = \begin{pmatrix} 7 & -1 \\ -2 & 8 \end{pmatrix} \cdot \vec{x}$ hat die charakteristische Gleichung
$(7 - \lambda) \cdot (8 - \lambda) - (-2)(-1) = 0$.
Die Lösungen $\lambda_1 = 6$ und $\lambda_2 = 9$ sind die Eigenwerte von α.
Eigenvektoren z. B. zum Eigenwert 6 findet man mit dem Ansatz:
$A \cdot \begin{pmatrix} x_1 \\ x_2 \end{pmatrix} = 6 \begin{pmatrix} x_1 \\ x_2 \end{pmatrix}$
$\Leftrightarrow \begin{cases} 7x_1 - x_2 = 6x_1 \\ -2x_1 + 8x_2 = 6x_2 \end{cases}$
$\Leftrightarrow x_1 = x_2$

Alle Eigenvektoren zum Eigenwert 6 sind also die Vektoren
$t \begin{pmatrix} 1 \\ 1 \end{pmatrix}$ mit $t \neq 0$.

Aufgaben zum Üben und Wiederholen

1 Eine geometrische Abbildung bildet A(2|2) auf A'(2|0), B(3|1) auf B'(4|0), C(4|4) auf C'(0|4) und D(6|2) auf D'(6|6) ab. Begründen Sie, dass es sich nicht um eine affine Abbildung handeln kann.

2 Gegeben ist die affine Abbildung $\alpha: \vec{x'} = \begin{pmatrix} 1 & 5 \\ 3 & -1 \end{pmatrix} \cdot \vec{x}$.

a) Bestimmen Sie die Koordinaten der Eckpunkte A', B', C' des Bilddreiecks von ABC mit A(1|1), B(3|5), C(7|-1).

b) Bestimmen Sie das Bild der Geraden $g: \vec{x} = \begin{pmatrix} -1 \\ -2 \end{pmatrix} + t \begin{pmatrix} 2 \\ 1 \end{pmatrix}$.

c) Bestimmen Sie das Bild der Geraden durch P(3|4) und Q(-2|5).

d) Bestimmen Sie alle Fixpunkte von α.

e) Zeigen Sie, dass die Geraden $g: \vec{x} = r \cdot \begin{pmatrix} -1 \\ 1 \end{pmatrix}$ und $h: \vec{x} = s \cdot \begin{pmatrix} 5 \\ 3 \end{pmatrix}$ Fixgeraden von α sind.

3 Eine affine Abbildung bildet das Dreieck ABC auf das Dreieck A'B'C' ab. Bestimmen Sie eine Matrixdarstellung der Abbildung.

a) A(0|0), A'(0|0), B(1|2), B'(5|4), C(-1|2), C'(1|0)
b) A(0|0), A'(1|2), B(2|0), B'(1|4), C(0|2), C'(3|6)
c) A(2|0), A'(1|2), B(0|2), B'(3|4), C(4|3), C'(4|0)

4 Geben Sie jeweils eine Matrixdarstellung für die Abbildung α mit dem Fixpunkt O an.

a) α ist die Drehung um den Ursprung um 120°.

b) α ist die Spiegelung an der Geraden $g: \vec{x} = t \begin{pmatrix} 2 \\ 1 \end{pmatrix}$.

c) α ist eine Scherung mit der Geraden $g: x_1 = x_2$ als Scherungsachse, die den Punkt P(0|5) auf P'(2|7) abbildet.

d) α ist eine Parallelstreckung mit der x_1-Achse als Achse in Richtung der Geraden $g: x_2 = 2x_1$ mit dem Streckfaktor 2.

e) α ist eine EULER-Affinität, die in Richtung der Geraden $g: \vec{x} = t \begin{pmatrix} 1 \\ 3 \end{pmatrix}$ um den Faktor 2 und in Richtung der x_2-Achse um den Faktor 0,5 streckt.

5 Bestimmen Sie Eigenwerte und Eigenvektoren und den Typ der affinen Abbildung.

a) $\vec{x'} = \begin{pmatrix} 1 & 2 \\ 0 & 2 \end{pmatrix} \cdot \vec{x}$
b) $\vec{x'} = \begin{pmatrix} 1 & 0{,}5 \\ -0{,}5 & 2 \end{pmatrix} \cdot \vec{x}$
c) $\vec{x'} = \begin{pmatrix} -3 & 4 \\ 4 & 4 \end{pmatrix} \cdot \vec{x}$

6 Die Figur zeigt das Bild einer geraden Pyramide mit quadratischer Grundfläche und der Höhe 4 unter der Parallelprojektion in die x_2x_3-Ebene mit der durch $\vec{v} = \begin{pmatrix} 1 \\ \frac{\sqrt{2}}{4} \\ \frac{\sqrt{2}}{4} \end{pmatrix}$ gegebenen Projektionsrichtung.

a) Bestimmen Sie das Bild der Pyramide bei der durch $\vec{w} = \begin{pmatrix} 1 \\ -1 \\ -1 \end{pmatrix}$ gegebenen Projektionsrichtung in die x_1x_2-Ebene und zeichnen Sie das Bild der Pyramide unter dieser Projektion.

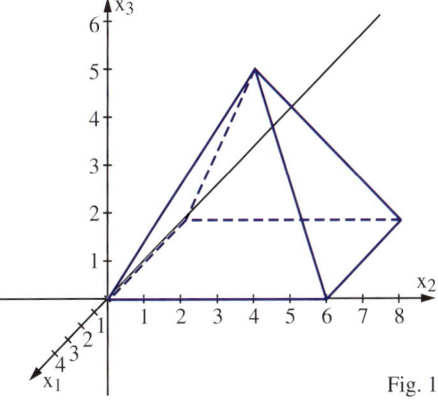

b) Bestimmen Sie das Bild der Pyramide unter einer Parallelprojektion in die Ebene E: $x_1 + x_2 + x_3 = 0$, wenn die Projektionsrichtung senkrecht zu E ist.

Fig. 1

Die Lösungen zu den Aufgaben dieser Seite finden Sie auf Seite 254.

VI Prozesse und Matrizen

1 Beschreibung von Prozessen durch Matrizen

1 Eine Fabrik stellt aus drei Grundstoffen R_1, R_2, R_3 zwei Düngersorten D_1 und D_2 her. Fig. 1 zeigt den Bedarf je Tonne Dünger. Wie viel Tonnen der Grundstoffe werden für 100 t D_1 und 200 t D_2 insgesamt gebraucht?

Düngersorte (1 t)	Bedarf in t an		
	R_1	R_2	R_3
D_1	0,5	0,3	0,2
D_2	0,2	0,2	0,4

Fig. 1

Vorgänge, die man durch lineare Gleichungen darstellen kann, lassen sich übersichtlicher durch „Matrizen" beschreiben. Da in realen Beispielen zu viele Variablen auftreten, betrachten wir im Folgenden nur vereinfachte Modelle. Dabei sollen prinzipielle Fragen und Methoden deutlich werden.

Die Pfeile sind zu lesen als: je Stück. B_1 benötigt man 4 Stck. T_1, ... Die Pfeile beschreiben somit die Zuordnung Bauteile → benötigte Einzelteile.

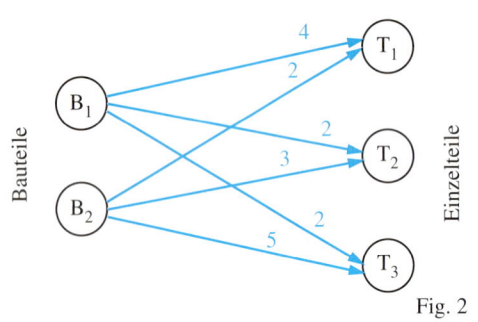

Das Diagramm in Fig. 2 zeigt den Einzelteilbedarf für zwei Bauteile B_1 und B_2, die aus Einzelteilen T_1, T_2, T_3 hergestellt werden. Sollen x_1 Stück B_1 und x_2 Stück B_2 produziert werden, so gilt für die Gesamtzahlen y_1, y_2, y_3 der benötigten Einzelteile:

Fig. 2

Gleichungsdarstellung:
$y_1 = 4x_1 + 2x_2$
$y_2 = 2x_1 + 3x_2$
$y_3 = 2x_1 + 5x_2$

Vektordarstellung:
$\begin{pmatrix} y_1 \\ y_2 \\ y_3 \end{pmatrix} = \begin{pmatrix} 4x_1 + 2x_2 \\ 2x_1 + 3x_2 \\ 2x_1 + 5x_2 \end{pmatrix}$

Die Koeffizienten in den Gleichungen fasst man zu einer Matrix A zusammen und schreibt:

$\begin{pmatrix} y_1 \\ y_2 \\ y_3 \end{pmatrix} = \underbrace{\begin{pmatrix} 4 & 2 \\ 2 & 3 \\ 2 & 5 \end{pmatrix}}_{A} \cdot \begin{pmatrix} x_1 \\ x_2 \end{pmatrix}$ mit $(4\ 2) \cdot \begin{pmatrix} x_1 \\ x_2 \end{pmatrix} = 4 \cdot x_1 + 2 \cdot x_2$, $(2\ 3) \cdot \begin{pmatrix} x_1 \\ x_2 \end{pmatrix} = 2 \cdot x_1 + 3 \cdot x_2$, $(2\ 5) \cdot \begin{pmatrix} x_1 \\ x_2 \end{pmatrix} = 2 \cdot x_1 + 5 \cdot x_2$.

Wenn man die Zeilen der Matrix A als Vektoren auffasst, erhält man jede benötigte Stückzahl als Skalarprodukt des entsprechenden **Zeilenvektors** der Matrix mit dem Spaltenvektor $\vec{x}$.

Die Pfeile sind zu lesen als: 20 % aus Gruppe H wechseln innerhalb eines Jahres nach Gruppe M, 75 % bleiben in H, 5 % wechseln nach N, ...

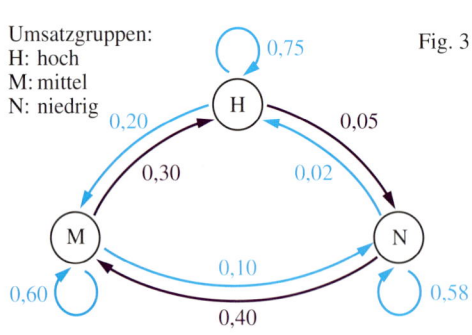

Umsatzgruppen:
H: hoch
M: mittel
N: niedrig

Fig. 3

Das Diagramm in Fig. 3 zeigt, wie sich die Umsätze der Filialen eines Kaufhauskonzerns innerhalb eines Jahres entwickeln.
Eingeteilt wird nach den drei Umsatzgruppen H (= hoch), M (= mittel) und N (= niedrig). Befinden sich zu Anfang des Jahres x_1 Filialen in Gruppe H, x_2 Filialen in Gruppe M und x_3 in Gruppe N, so hat man für die entsprechenden Anzahlen y_1, y_2, y_3 am Ende des Jahres die Darstellungen:

Gleichungsdarstellung:
$y_1 = 0{,}75 x_1 + 0{,}30 x_2 + 0{,}02 x_3$
$y_2 = 0{,}20 x_1 + 0{,}60 x_2 + 0{,}40 x_3$
$y_3 = 0{,}05 x_1 + 0{,}10 x_2 + 0{,}58 x_3$

Vektordarstellung:
$\begin{pmatrix} y_1 \\ y_2 \\ y_3 \end{pmatrix} = \begin{pmatrix} 0{,}75 x_1 + 0{,}30 x_2 + 0{,}02 x_3 \\ 0{,}20 x_1 + 0{,}60 x_2 + 0{,}40 x_3 \\ 0{,}05 x_1 + 0{,}10 x_2 + 0{,}58 x_3 \end{pmatrix}$

Matrixdarstellung:
$\begin{pmatrix} y_1 \\ y_2 \\ y_3 \end{pmatrix} = \underbrace{\begin{pmatrix} 0{,}75 & 0{,}30 & 0{,}02 \\ 0{,}20 & 0{,}60 & 0{,}40 \\ 0{,}05 & 0{,}10 & 0{,}58 \end{pmatrix}}_{A} \cdot \begin{pmatrix} x_1 \\ x_2 \\ x_3 \end{pmatrix}$

Hier beschreibt die Matrix A Übergänge zwischen Gruppenzugehörigkeiten. Die Endzahlen erhält man als Skalarprodukte der Zeilenvektoren von A mit dem Vektor der Anfangszahlen.

Beschreibung von Prozessen durch Matrizen

Merke:
„Jede Zeile mal der Spalte."

Definition: Einen Spaltenvektor $\vec{x}$ mit k Koeffizienten multipliziert man von links mit einer k-spaltigen Matrix A nach der Regel:

$$\begin{pmatrix} a_{11} & a_{12} & \cdots & a_{1k} \\ a_{21} & a_{22} & \cdots & a_{2k} \\ \vdots & \vdots & & \vdots \\ a_{n1} & a_{n2} & \cdots & a_{nk} \end{pmatrix} \cdot \begin{pmatrix} x_1 \\ x_2 \\ \vdots \\ x_k \end{pmatrix} = \begin{pmatrix} a_{11}x_1 + a_{12}x_2 + \ldots + a_{1k}x_k \\ a_{21}x_1 + a_{22}x_2 + \ldots + a_{2k}x_k \\ \vdots \\ a_{n1}x_1 + a_{n2}x_2 + \ldots + a_{nk}x_k \end{pmatrix}$$

Ist $\vec{x}$ der Vektor mit den Eingangswerten und A die Matrix, die den jeweiligen Vorgang – auch Prozess genannt – beschreibt, so erhält man mit $A \cdot \vec{x}$ die Spalte $\vec{y}$ der Ausgangswerte. Man nennt A die **Prozessmatrix**.

*Bei Produktionsprozessen nennt man die Prozessmatrix auch **Bedarfsmatrix**.*

Beispiel 1: (Bedarfsmatrix bestimmen)
Ein Nahrungsmittelkonzern stellt aus vier Grundstoffen G_1, G_2, G_3, G_4 zwei Sorten M_1, M_2 Babymilchpulver her (Fig. 1).
a) Bestimmen Sie die Matrix des Produktionsprozesses und beschreiben Sie ihn damit.
b) Es sollen 200 kg Milchpulver der Sorte M_1 und 300 kg der Sorte M_2 hergestellt werden. Wie viel kg der Grundstoffe werden benötigt?

Milchsorte (1 kg)	Bedarf in kg an			
	G_1	G_2	G_3	G_4
M_1	0,80	0,10	0,05	0,05
M_2	0,90	0,06	0,03	0,01

Fig. 1

Lösung:
a) Ist y_1, y_2, y_3, y_4 der Grundstoffbedarf in kg für x_1 kg M_1 und x_2 kg M_2, so gilt:

Gleichungsdarstellung:

$y_1 = 0{,}80\,x_1 + 0{,}90\,x_2$
$y_2 = 0{,}10\,x_1 + 0{,}06\,x_2$
$y_3 = 0{,}05\,x_1 + 0{,}03\,x_2$
$y_4 = 0{,}05\,x_1 + 0{,}01\,x_2$

Matrixdarstellung:

$$\begin{pmatrix} y_1 \\ y_2 \\ y_3 \\ y_4 \end{pmatrix} = \begin{pmatrix} 0{,}80 & 0{,}90 \\ 0{,}10 & 0{,}06 \\ 0{,}05 & 0{,}03 \\ 0{,}05 & 0{,}01 \end{pmatrix} \cdot \begin{pmatrix} x_1 \\ x_2 \end{pmatrix}$$

b) Rechnung:
$$\begin{pmatrix} 0{,}80 & 0{,}90 \\ 0{,}10 & 0{,}06 \\ 0{,}05 & 0{,}03 \\ 0{,}05 & 0{,}01 \end{pmatrix} \cdot \begin{pmatrix} 200 \\ 300 \end{pmatrix} = \begin{pmatrix} 0{,}80 \cdot 200 + 0{,}90 \cdot 300 \\ 0{,}10 \cdot 200 + 0{,}06 \cdot 300 \\ 0{,}05 \cdot 200 + 0{,}03 \cdot 300 \\ 0{,}05 \cdot 200 + 0{,}01 \cdot 300 \end{pmatrix} = \begin{pmatrix} 430 \\ 38 \\ 19 \\ 13 \end{pmatrix}$$

Antwort: Es werden 430 kg G_1, 38 kg G_2, 19 kg G_3 und 13 kg G_4 benötigt.

*Bei Austausch- und Entwicklungsprozessen nennt man die Prozessmatrix auch **Übergangsmatrix**.*

Beispiel 2: (Übergangsmatrix bestimmen)
In einem kleinen Land gibt es 900 000 Erwerbstätige. Jeder von ihnen wird jährlich Anfang Juli einer der drei Einkommensgruppen in Fig. 2 zugeordnet.

Einkommensgruppen:
1: niedrig
2: mittel
3: hoch

Die Pfeile im Diagramm geben an, wie viele Gruppenmitglieder jeweils anteilsmäßig von einem Jahr zum nächsten die Gruppe wechseln bzw. in der Gruppe bleiben.
a) Was sind hier die Eingangs- und Ausgangswerte? Bestimmen Sie die Matrix des Prozesses.
b) Angenommen, 300 000 Erwerbstätige befinden sich in Gruppe 1, 500 000 in 2 und 100 000 in 3.
Wie viele Erwerbstätige befinden sich am nächsten Stichtag in diesen Gruppen, wie viele sind es am übernächsten?

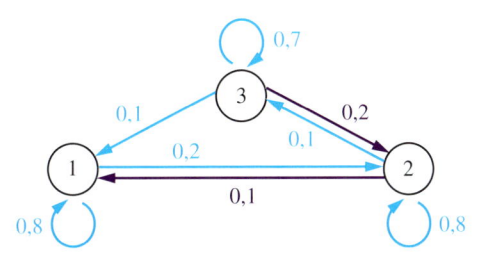

Fig. 2

215

Beschreibung von Prozessen durch Matrizen

Lösung:
a) Eingangswerte: Anzahlen x_1, x_2, x_3 an einem Stichtag;
Ausgangswerte: Anzahlen y_1, y_2, y_3 am nächsten Stichtag.

Gleichungsdarstellung: Matrixdarstellung:
$y_1 = 0{,}8\,x_1 + 0{,}1\,x_2 + 0{,}1\,x_3$
$y_2 = 0{,}2\,x_1 + 0{,}8\,x_2 + 0{,}2\,x_3$ $\begin{pmatrix} y_1 \\ y_2 \\ y_3 \end{pmatrix} = \begin{pmatrix} 0{,}8 & 0{,}1 & 0{,}1 \\ 0{,}2 & 0{,}8 & 0{,}2 \\ 0 & 0{,}1 & 0{,}7 \end{pmatrix} \cdot \begin{pmatrix} x_1 \\ x_2 \\ x_3 \end{pmatrix}$
$y_3 = \phantom{0{,}2\,x_1 + {}} 0{,}1\,x_2 + 0{,}7\,x_3$

b) Rechnung:
$\begin{pmatrix} 0{,}8 & 0{,}1 & 0{,}1 \\ 0{,}2 & 0{,}8 & 0{,}2 \\ 0 & 0{,}1 & 0{,}7 \end{pmatrix} \cdot \begin{pmatrix} 300\,000 \\ 500\,000 \\ 100\,000 \end{pmatrix} = \begin{pmatrix} 300\,000 \\ 480\,000 \\ 120\,000 \end{pmatrix}$; $\begin{pmatrix} 0{,}8 & 0{,}1 & 0{,}1 \\ 0{,}2 & 0{,}8 & 0{,}2 \\ 0 & 0{,}1 & 0{,}7 \end{pmatrix} \cdot \begin{pmatrix} 300\,000 \\ 480\,000 \\ 120\,000 \end{pmatrix} = \begin{pmatrix} 300\,000 \\ 468\,000 \\ 132\,000 \end{pmatrix}$.

Antwort: Am nächsten Stichtag sind 300 000 in Gruppe 1, 480 000 in 2 und 120 000 in 3.
Am übernächsten sind 300 000 in Gruppe 1, 468 000 in 2 und 132 000 in 3.

Beispiel 3: (Übergangsmatrix interpretieren)
Ein Meinungsforschungsunternehmen schätzt jeden Monat auf der Grundlage einer Umfrage ein, wie viel Prozent der Erwachsenen mit der Regierung unzufrieden sind (Z_1), ihr gegenüber gleichgültig eingestellt sind (Z_2) oder mit ihr zufrieden sind (Z_3). In Fig. 1 werden vermutete Änderungen der Gruppenzugehörigkeit von Monat zu Monat angezeigt.
a) Beschreiben Sie die Übergänge durch einen kurzen Text und zeichnen Sie ein Pfeildiagramm.
b) Anfänglich gehören $\frac{3}{10}$ der Erwachsenen zu Z_1, $\frac{3}{10}$ zu Z_2 und $\frac{2}{5}$ zu Z_3. Wie sieht die geschätzte Verteilung einen Monat später aus?

von
$\quad Z_1 \; Z_2 \; Z_3$
nach $\begin{array}{c} Z_1 \\ Z_2 \\ Z_3 \end{array} \begin{pmatrix} 0{,}4 & 0{,}2 & 0{,}3 \\ 0{,}4 & 0{,}6 & 0{,}1 \\ 0{,}2 & 0{,}2 & 0{,}6 \end{pmatrix}$

Fig. 1

Lösung:
a) Text:
Von der Gruppe Z_1 bleiben 40 % in Z_1, 40 % wechseln nach Z_2 und 20 % nach Z_3.
Von Z_2 wechseln 20 % nach Z_1, 60 % bleiben in Z_2 und 20 % wechseln nach Z_3.
Von Z_3 wechseln 30 % nach Z_1, 10 % wechseln nach Z_2 und 60 % bleiben in Z_3.

Diagramm:

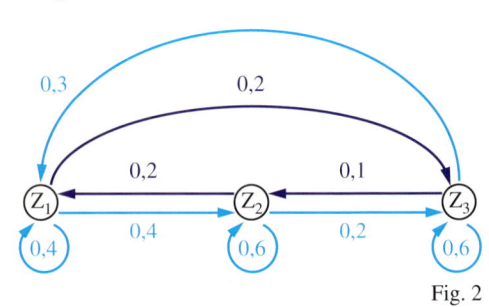

b) Rechnung:
$\begin{pmatrix} 0{,}4 & 0{,}2 & 0{,}3 \\ 0{,}4 & 0{,}6 & 0{,}1 \\ 0{,}2 & 0{,}2 & 0{,}6 \end{pmatrix} \cdot \begin{pmatrix} 0{,}3 \\ 0{,}3 \\ 0{,}4 \end{pmatrix} = \begin{pmatrix} 0{,}3 \\ 0{,}34 \\ 0{,}36 \end{pmatrix}$

Fig. 2

Antwort: Zur Gruppe Z_1 gehören 30 %, zu Z_2 gehören 34 % und zu Z_3 gehören 36 %.

Aufgaben

Bedarf an Kabeln in Meter und an Endgeräten in Stück:

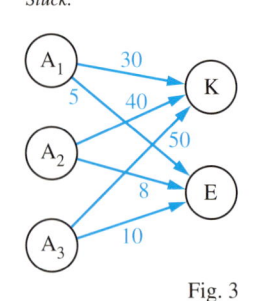

2 Berechnen Sie.

a) $\begin{pmatrix} 0 & 2 & 2 \\ 10 & 3 & 1 \\ 2 & 5 & 0 \end{pmatrix} \cdot \begin{pmatrix} 3 \\ 4 \\ 1 \end{pmatrix}$ b) $\begin{pmatrix} 1 & 5 \\ 2 & 4 \\ 3 & 3 \\ 4 & 2 \end{pmatrix} \cdot \begin{pmatrix} 4 \\ 3 \end{pmatrix}$ c) $\begin{pmatrix} 0 & 2 & 2 \\ 10 & 3 & 1 \\ 2 & 5 & 0 \\ 0 & 3 & 2 \end{pmatrix} \cdot \begin{pmatrix} 2 \\ 5 \\ 2 \end{pmatrix}$ d) $\begin{pmatrix} 2 & 1 & 4 & 0 \\ 4 & 0 & 1 & 2 \\ 3 & 3 & 0 & 1 \\ 2 & 1 & 0 & 2 \end{pmatrix} \cdot \begin{pmatrix} 1 \\ 3 \\ 2 \\ 7 \end{pmatrix}$

3 Ein Telefonanlagenbauer benötigt für die Installation der Standardanlage A_1 insgesamt 30 m Kabel (K) und 5 Endgeräte (E), für die Anlage A_2 sind es 40 m Kabel und 8 Endgeräte, für die Anlage A_3 braucht er 50 m Kabel und 10 Endgeräte (Fig. 3).
a) Stellen Sie die Matrix für diesen Produktionsprozess auf und beschreiben Sie ihn damit.
b) Es sollen 10 Anlagen des Typs A_1, 4 Anlagen des Typs A_2 und 3 des Typs A_3 installiert werden. Bestimmen Sie den Bedarf an Kabeln und Endgeräten.

Fig. 3

216

$$\begin{array}{c} \begin{array}{ccc} A_1 & A_2 & A_3 \end{array} \\ \begin{array}{c} R_1 \\ R_2 \\ R_3 \\ R_4 \end{array}\begin{pmatrix} 4 & 2 & 4 \\ 2 & 0 & 3 \\ 8 & 1 & 2 \\ 0 & 7 & 2 \end{pmatrix} \end{array}$$

Fig. 1

4 Ein Elektrogerätehersteller baut Heizungsregelungen. Für die Steuergeräte fertigt er drei Platinentypen A_1, A_2 und A_3. Die nebenstehende Matrix gibt an, wie viele Widerstände der Typen R_1, R_2, R_3, R_4 jeweils für eine Platine der Ausführung A_1, A_2, A_3 benötigt werden.
a) Es sollen 40 Platinen des Typs A_1, 20 des Typs A_2 und 30 des Typs A_3 produziert werden. Berechnen Sie die Gesamtzahlen der dafür benötigten Widerstände R_1, R_2, R_3, R_4.
b) Berechnen Sie die Gesamtzahlen der benötigten Widerstände R_1, R_2, R_3, R_4 für 35 Platinen des Typs A_1, 50 des Typs A_2 und 45 des Typs A_3.

5 Die Tabelle zeigt die Herstellungskosten für vier Computermodelle je Gerät.
a) Geben Sie eine Matrix A an, mit der sich aus dem Vektor $\vec{x}$ bestellter Stückzahlen die Gesamtherstellungskosten für Gehäuse, Komponenten und Montage berechnen lassen.
b) Berechnen Sie damit die Kosten für 100 ZX1, 150 ZX2, 80 ZX3 und 10 ZX4.

Modell	Gehäuse	Komponenten	Montage
ZX1	92 €	403 €	30 €
ZX2	92 €	466 €	32 €
ZX3	105 €	520 €	50 €
ZX4	145 €	730 €	55 €

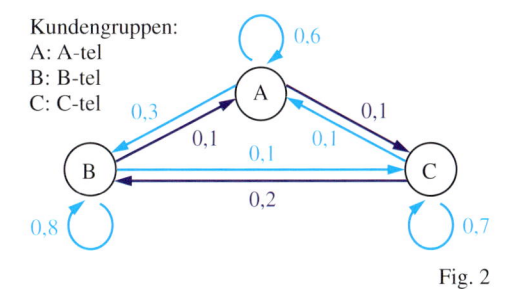

6 Die Telefongesellschaften A-tel, B-tel und C-tel haben den Telefonmarkt erobert und schließen Jahresverträge mit ihren Kunden ab. Fig. 2 zeigt, wie viele Kunden anteilmäßig von Jahr zu Jahr die Gesellschaft wechseln.
a) Bestimmen Sie die Übergangsmatrix.
b) Am Anfang hat jede Gesellschaft $\frac{1}{3}$ aller Kunden unter Vertrag. Wie sieht die Kundenverteilung nach zwei Jahren aus?

Kundengruppen:
A: A-tel
B: B-tel
C: C-tel

Fig. 2

7 Das Diagramm zeigt, wie sich eine Pilzkrankheit bei Fliegen entwickelt: Als Spore S überdauert der Pilz sehr viele Wochen. In jeder Woche findet $\frac{1}{1000}$ der Sporen jeweils eine Fliege als Wirt und wächst in ihr zu einem Pilzgeflecht G heran. $\frac{4}{5}$ dieser Fliegen sterben schon nach einer Woche, bevor der Pilz Sporen bildet. In der zweiten Woche bildet der Pilz Sporenbläschen B, die befallene Fliege stirbt, und es treten 10 000 Sporen aus.
a) Stellen Sie für die Entwicklung in einer Woche eine Übergangsmatrix auf.
b) Am Anfang gibt es 10 000 Sporen, 10 gerade befallene Fliegen und 5 Fliegen mit Sporenbläschen. Wie sieht der Bestand nach einer Woche und nach zwei Wochen aus?

Fig. 3

8 Gegeben ist ein Prozess, der durch eine Matrix beschrieben werden kann. Die Tabelle zeigt beobachtete Eingangswerte x_1, x_2, x_3 und zugehörige Ausgangswerte y_1, y_2 in Vektorschreibweise. Bestimmen Sie die Prozessmatrix und zeichnen Sie ein Pfeildiagramm dazu.

Eingangswerte			
$\begin{pmatrix} x_1 \\ x_2 \\ x_3 \end{pmatrix}$	$\begin{pmatrix} 3 \\ 2 \\ 1 \end{pmatrix}$	$\begin{pmatrix} 1 \\ 2 \\ 2 \end{pmatrix}$	$\begin{pmatrix} 5 \\ 1 \\ 7 \end{pmatrix}$
$\begin{pmatrix} y_1 \\ y_2 \end{pmatrix}$	$\begin{pmatrix} 5 \\ 9 \end{pmatrix}$	$\begin{pmatrix} 5 \\ 6 \end{pmatrix}$	$\begin{pmatrix} 19 \\ 18 \end{pmatrix}$
Ausgangswerte			

Fig. 4

217

2 Zweistufige Prozesse und Multiplikation von Matrizen

1 Ein Betrieb stellt aus drei Bauteilen T_1, T_2, T_3 zwei Zwischenteile Z_1, Z_2 und aus diesen drei Endprodukte E_1, E_2, E_3 her (Fig. 1). Es werden z. B. je Endbauteil E_1 2 Zwischenteile Z_1 und 3 Zwischenteile Z_2 benötigt. Je Stück Z_1 werden 4 Teile T_3 und je Stück Z_2 3 Teile T_3 gebraucht. Also werden insgesamt $2 \cdot 4 + 3 \cdot 3 = 17$ Teile T_3 je Endbauteil E_1 benötigt.

Bedarf eines Folgeproduktes an Vorprodukten (in Stck. je Einheit)

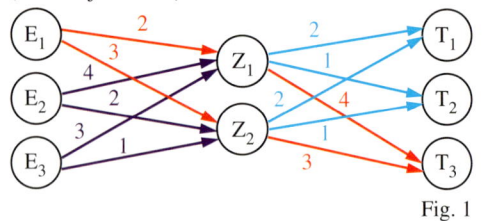

Fig. 1

a) Berechnen Sie die übrigen Bedarfswerte an T_1, T_2, T_3 für E_1 bzw. E_2 bzw. E_3.
b) Die Produktionsplanung lautet: 100 E_1, 50 E_2, 40 E_3. Bestimmen Sie den Gesamtbedarf an T_1, T_2, T_3.

Wenn bei einem Prozess in einer ersten Stufe der Vektor $\vec{x}$ der Eingangswerte mit einer Prozessmatrix B in den Vektor $\vec{y} = B \cdot \vec{x}$ überführt wird und $\vec{y}$ in einer zweiten Stufe mit einer Matrix A in $\vec{z} = A \cdot \vec{y}$ überführt wird, so ist $\vec{z} = A \cdot (B \cdot \vec{x})$ der Vektor der Ausgangswerte. Der gesamte Prozess lässt sich mit einer einzigen Matrix C in der Form $\vec{z} = C \cdot \vec{x}$ beschreiben.
In Fig. 1 ergibt sich z. B.:

$$\begin{pmatrix} x_1 \\ x_2 \\ x_3 \end{pmatrix} \to \underbrace{\begin{pmatrix} 2 & 4 & 3 \\ 3 & 2 & 1 \end{pmatrix}}_{B} \cdot \begin{pmatrix} x_1 \\ x_2 \\ x_3 \end{pmatrix} \to \underbrace{\begin{pmatrix} 2 & 2 \\ 1 & 1 \\ 4 & 3 \end{pmatrix}}_{A} \cdot \left[\begin{pmatrix} 2 & 4 & 3 \\ 3 & 2 & 1 \end{pmatrix} \cdot \begin{pmatrix} x_1 \\ x_2 \\ x_3 \end{pmatrix} \right] = \begin{pmatrix} 2 & 2 \\ 1 & 1 \\ 4 & 3 \end{pmatrix} \cdot \begin{pmatrix} 2x_1 + 4x_2 + 3x_3 \\ 3x_1 + 2x_2 + 1x_3 \end{pmatrix}$$

Multipliziert man aus und ordnet dabei nach x_1, x_2, x_3, so ergibt sich:

$$\begin{pmatrix} x_1 \\ x_2 \\ x_3 \end{pmatrix} \to \begin{pmatrix} (2 \cdot 2 + 2 \cdot 3)x_1 + (2 \cdot 4 + 2 \cdot 2)x_2 + (2 \cdot 3 + 2 \cdot 1)x_3 \\ (1 \cdot 2 + 1 \cdot 3)x_1 + (1 \cdot 4 + 1 \cdot 2)x_2 + (1 \cdot 3 + 1 \cdot 1)x_3 \\ (4 \cdot 2 + 3 \cdot 3)x_1 + (4 \cdot 4 + 3 \cdot 2)x_2 + (4 \cdot 3 + 3 \cdot 1)x_3 \end{pmatrix} = \underbrace{\begin{pmatrix} 10 & 12 & 8 \\ 5 & 6 & 4 \\ 17 & 22 & 15 \end{pmatrix}}_{C} \cdot \begin{pmatrix} x_1 \\ x_2 \\ x_3 \end{pmatrix}$$

Auch hier:

ZEILE • SPALTE

*Die Matrizenmultiplikation ist **assoziativ**, nicht aber kommutativ. Es gilt also stets $A \cdot (B \cdot C) = (A \cdot B) \cdot C$. Selbst wenn beide Produkte $A \cdot B$ und $B \cdot A$ definiert sind, gilt jedoch im Allgemeinen $A \cdot B \ne B \cdot A$. (vgl. dazu auch Seite 187 und Aufgabe 2)*

Definition: Man multipliziert eine r-zeilige Matrix B von links mit einer r-spaltigen Matrix A, indem man jeden ihrer Spaltenvektoren von links mit A multipliziert. Man nennt die resultierende Matrix C das **Matrizenprodukt** von A und B und schreibt $C = A \cdot B$. Jeder Koeffizient c_{ik} von C ist das Skalarprodukt des i-ten Zeilenvektors von A und des k-ten Spaltenvektors von B (Fig. 2).

$c_{ik} = a_{i1} \cdot b_{1k} + a_{i2} \cdot b_{2k} + \ldots + a_{ir} b_{rk}$

Fig. 2

Wenn man die Stufen eines zweistufigen Prozesses zusammenfasst, so muss man die zugehörigen Prozessmatrizen miteinander multiplizieren. Ist $\vec{x}$ der Vektor der Eingangswerte, B die Matrix der ersten Stufe und A die Matrix der zweiten Stufe, so ist $\vec{z} = C \cdot \vec{x}$ mit $C = A \cdot B$ der Vektor der Ausgangswerte nach der zweiten Stufe.
Mit der Matrizenmultiplikation lassen sich Probleme der „Materialverflechtung" wie in Aufgabe 1 bearbeiten. Außerdem kann man damit aufeinander folgende Austauschprozesse behandeln:

Beispiel: (Zweistufiger „Austauschprozess")

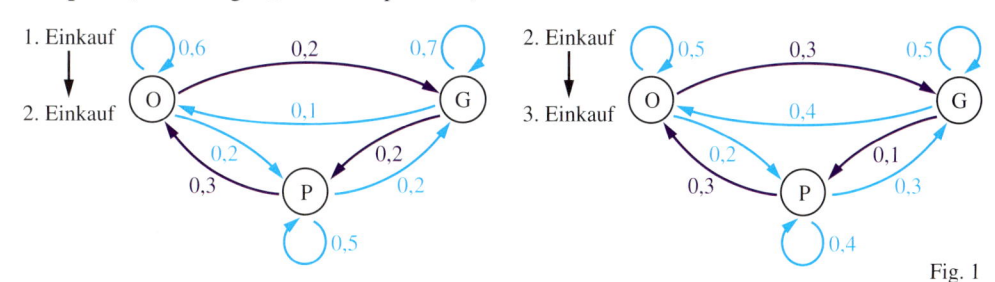

Fig. 1

Das linke Diagramm zeigt, wie viele erstmalige Kunden von drei Baumärkten O, P und G anteilsmäßig bei ihrem zweiten Einkauf den Baumarkt wechseln oder wiederkommen. Am Pfeilanfang steht der gerade besuchte Baumarkt, an der Pfeilspitze der Baumarkt, der beim zweiten Einkauf gewählt wird.

Das rechte Diagramm zeigt, wie sich diese Kunden beim dritten Einkauf verhalten. Bestimmen Sie die Übergangsmatrizen

a) vom 1. zum 2. Einkauf,   b) vom 2. zum 3. Einkauf,   c) vom 1. zum 3. Einkauf.

Lösung:

a) $B = \begin{pmatrix} 0{,}6 & 0{,}3 & 0{,}1 \\ 0{,}2 & 0{,}5 & 0{,}2 \\ 0{,}2 & 0{,}2 & 0{,}7 \end{pmatrix}$;   b) $A = \begin{pmatrix} 0{,}5 & 0{,}3 & 0{,}4 \\ 0{,}2 & 0{,}4 & 0{,}1 \\ 0{,}3 & 0{,}3 & 0{,}5 \end{pmatrix}$

c) $C = A \cdot B = \begin{pmatrix} 0{,}5 & 0{,}3 & 0{,}4 \\ 0{,}2 & 0{,}4 & 0{,}1 \\ 0{,}3 & 0{,}3 & 0{,}5 \end{pmatrix} \cdot \begin{pmatrix} 0{,}6 & 0{,}3 & 0{,}1 \\ 0{,}2 & 0{,}5 & 0{,}2 \\ 0{,}2 & 0{,}2 & 0{,}7 \end{pmatrix} = \begin{pmatrix} 0{,}44 & 0{,}38 & 0{,}39 \\ 0{,}22 & 0{,}28 & 0{,}17 \\ 0{,}34 & 0{,}34 & 0{,}44 \end{pmatrix}$

Aufgaben

2 Berechnen Sie das Matrizenprodukt.

a) $\begin{pmatrix} 2 & 1 \\ 3 & 2 \\ 0 & 5 \end{pmatrix} \cdot \begin{pmatrix} 2 & 1 & 3 \\ 0 & 3 & 2 \end{pmatrix}$ b) $\begin{pmatrix} 2 & 1 & 3 \\ 0 & 3 & 2 \end{pmatrix} \cdot \begin{pmatrix} 2 & 1 \\ 3 & 2 \\ 0 & 5 \end{pmatrix}$ c) $\begin{pmatrix} 0 & 1 & 2 \\ 4 & 2 & 0 \\ 0 & 3 & 1 \end{pmatrix} \cdot \begin{pmatrix} 3 & 1 & 1 \\ 1 & 3 & 1 \\ 4 & 0 & 2 \end{pmatrix}$

3 Ein Klebstoffhersteller mischt aus 3 Grundstoffen 4 Zwischenprodukte und stellt aus diesen 2 Klebersorten K_1 und K_2 her. Fig. 2 zeigt den jeweiligen Materialverbrauch in kg an Vorprodukten für ein kg jedes Folgeprodukts.

a) Bestimmen Sie die Bedarfsmatrizen für die beiden Produktionsstufen und daraus die Bedarfsmatrix für den Gesamtprozess.

b) Es sollen 100 kg K_1 und 200 kg K_2 produziert werden. Bestimmen Sie den Grundstoffbedarf.

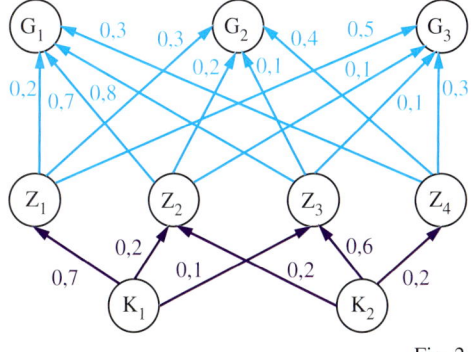

Fig. 2

4 Bearbeiten Sie die Fragestellungen aus dem Beispiel unter der Annahme, dass die Kunden auch vom zweiten zum dritten Einkauf, wie im linken Diagramm von Fig. 1 angegeben, wechseln.

5 Bei dem Prozess im Beispiel hat jeder der Baumärkte am Anfang 500 Kunden. Wie viele dieser Kunden besuchen beim dritten Einkauf denselben Baumarkt wie beim ersten?

219

3 Austauschprozesse und stationäre Verteilungen

Kleinstetten • Klotzenheim
Ist eine Disco nicht genug?

„Das wird eine Pleite…!" So tönte es noch vor einem Jahr, als in Kleinstetten der zweite Discobetreiber zugelassen wurde.
Inzwischen haben sich allen Unkenrufen zum Trotz die Besucherzahlen von STARPLUS und TOPDANCE auf stabile Werte eingependelt. Woran liegt das?

Unsere Reporterin war vor Ort: „STARPLUS nimmt weniger Eintritt", sagt Jasmin (24) und ist schon wieder mit ihrem Freund im Gewühl verschwunden.
„Hier kosten die Getränke nicht so viel", meinen Marc (19) und Mona (18) bei der Befragung in TOPDANCE.

1 In einer Kleinstadt gehen 360 Jugendliche an jedem Wochenende in eine der beiden Diskotheken STARPLUS und TOPDANCE. Von den STARPLUS-Besuchern wechseln das nächste Mal 50 % zu TOPDANCE und 50 % kommen wieder. Bei den TOPDANCE-Besuchern wechseln das nächste Mal 40 % und 60 % kommen wieder.
Wie müssen sich die Jugendlichen auf die Diskotheken verteilen, damit sich jede Woche dieselben Besucherzahlen ergeben?

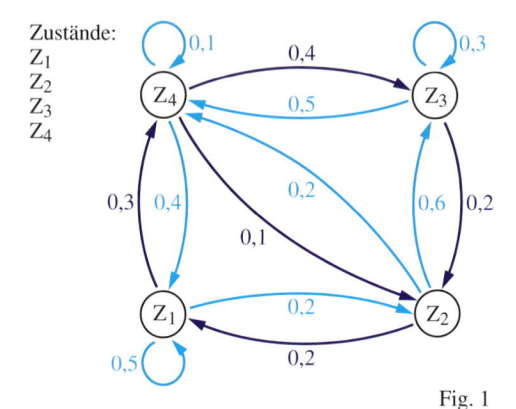

Es gibt Prozesse, bei denen man in regelmäßigen Zeitabständen Objekte beobachtet und jedes dieser Objekte nur in einem von endlich vielen Zuständen sein kann. Dann gibt man die Anzahlen der Objekte für die jeweiligen Zustände in einem Vektor $\vec{x}$ an.
Das Übergangsdiagramm in Fig. 1 gehört zu einem solchen Prozess mit 4 Zuständen. An den Pfeilen ist jeweils angegeben, welcher Anteil der Objekte von einem Beobachtungszeitpunkt zum nächsten in einen anderen Zustand wechselt bzw. den Zustand beibehält.

Zustände:
Z_1
Z_2
Z_3
Z_4

Fig. 1

Der Prozess aus Fig. 1 lässt sich mit einer Matrix A beschreiben. Interessiert man sich für „stabile" Anzahlvektoren, so muss man die Gleichung $A \cdot \vec{x} = \vec{x}$ lösen.

Beschreibung in der Form $A \cdot \vec{x} = \vec{x}$:

$$\begin{pmatrix} 0,5 & 0,2 & 0 & 0,4 \\ 0,2 & 0 & 0,2 & 0,1 \\ 0 & 0,6 & 0,3 & 0,4 \\ 0,3 & 0,2 & 0,5 & 0,1 \end{pmatrix} \cdot \begin{pmatrix} x_1 \\ x_2 \\ x_3 \\ x_4 \end{pmatrix} = \begin{pmatrix} x_1 \\ x_2 \\ x_3 \\ x_4 \end{pmatrix}$$

LGS zur Bestimmung stabiler Vektoren:
$0,5 x_1 + 0,2 x_2 + 0,4 x_4 = x_1$
$0,2 x_1 + 0,2 x_3 + 0,1 x_4 = x_2$
$ 0,6 x_2 + 0,3 x_3 + 0,4 x_4 = x_3$
$0,3 x_1 + 0,2 x_2 + 0,5 x_3 + 0,1 x_4 = x_4$

Das LGS ist homogen und hat unendlich viele Lösungen:

LGS in der üblichen Form:
$-0,5 x_1 + 0,2 x_2 + 0,4 x_4 = 0$
$0,2 x_1 - x_2 + 0,2 x_3 + 0,1 x_4 = 0$
$ 0,6 x_2 - 0,7 x_3 + 0,4 x_4 = 0$
$0,3 x_1 + 0,2 x_2 + 0,5 x_3 - 0,9 x_4 = 0$

Lösungsvektoren:

$$\begin{pmatrix} x_1 \\ x_2 \\ x_3 \\ x_4 \end{pmatrix} = t \begin{pmatrix} 2 \\ 1 \\ 2 \\ 2 \end{pmatrix} \text{ mit } t \in \mathbb{R}.$$

Wenn bei allen Spalten einer k-spaltigen Übergangsmatrix A die Koeffizientensumme 1 beträgt, ist die Summe aller Eingangswerte x_k stets gleich der Summe der Ausgangswerte x'_k.

Definition: Wird ein Prozess durch eine quadratische Matrix A mit nicht negativen Koeffizienten beschrieben, bei der in allen Spalten die Koeffizientensumme gleich 1 ist, so nennt man ihn einen **Austauschprozess**.
Jeder Vektor $\vec{g} \neq \vec{o}$ mit $A \cdot \vec{g} = \vec{g}$ heißt eine **stationäre Verteilung** des Prozesses (oder auch ein **Fixvektor** von A).

Austauschprozesse und stationäre Verteilungen

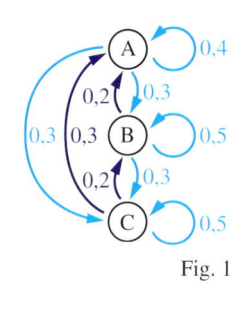

Beispiel 1: (Stationäre Verteilung)
In TRIDISTAN gibt es die Parteien A, B und C. Die Wahlberechtigten ändern von Wahl zu Wahl ihr Abstimmungsverhalten wie in Fig. 1 angegeben.
a) Geben Sie die Übergangsmatrix U für diesen Prozess an und prüfen Sie nach, dass es sich um einen Austauschprozess handelt.
b) TRIDISTAN hat 240 000 Wähler. Bestimmen Sie eine Gleichgewichtsverteilung für die Wählerstimmen.

Fig. 1

Lösung:

a) $U = \begin{pmatrix} 0{,}4 & 0{,}2 & 0{,}3 \\ 0{,}3 & 0{,}5 & 0{,}2 \\ 0{,}3 & 0{,}3 & 0{,}5 \end{pmatrix}$. Die Koeffizientensumme ist in jeder Spalte 1.

b) LGS: $\begin{cases} 0{,}4\,x_1 + 0{,}2\,x_2 + 0{,}3\,x_3 = x_1 \\ 0{,}3\,x_1 + 0{,}5\,x_2 + 0{,}2\,x_3 = x_2 \\ 0{,}3\,x_1 + 0{,}3\,x_2 + 0{,}5\,x_3 = x_3 \end{cases}$, also $\begin{cases} -0{,}6\,x_1 + 0{,}2\,x_2 + 0{,}3\,x_3 = 0 \\ 0{,}3\,x_1 - 0{,}5\,x_2 + 0{,}2\,x_3 = 0 \\ 0{,}3\,x_1 + 0{,}3\,x_2 - 0{,}5\,x_3 = 0 \end{cases}$.

LGS ganzzahlig umgeformt:
$6\,x_1 - 2\,x_2 - 3\,x_3 = 0$
$\qquad\quad 8\,x_2 - 7\,x_3 = 0$
$\qquad\qquad\qquad\quad\; 0 = 0$

Lösungsmenge: $L = \left\{ \left(\tfrac{19}{24}t;\; \tfrac{7}{8}t;\; t\right) \mid t \in \mathbb{R} \right\}$.

Aus $\tfrac{19}{24}t + \tfrac{7}{8}t + t = \tfrac{8}{3}t = 240\,000$ folgt

$t = 90\,000$. Gleichgewichtsverteilung:

$\vec{x}$ mit $x_1 = 71\,250$, $x_2 = 78\,750$, $x_3 = 90\,000$.

Beispiel 2: (Bestimmung von Parametern)
Ein leuchtendes Gas, bei dem sich jedes Molekül in einem der drei Zustände Z_1, Z_2, Z_3 befinden kann, wird in Minutenabständen beobachtet. Dabei ist die Verteilung der Moleküle auf die Zustände stationär und aus den Beobachtungen ergeben sich die Angaben in Fig. 2.
Bestimmen Sie die Koeffizienten q, r, s, t der Matrix U.

1. Die Anteile x_1, x_2, x_3 für die Zustände Z_1, Z_2, Z_3 sind 50 %, 30 % und 20 %.
2. Typ der Übergangsmatrix:
$U = \begin{pmatrix} 0{,}8 & 0{,}2 & s \\ 0{,}1 & q & s \\ 0{,}1 & r & t \end{pmatrix}$

Fig. 2

Lösung:
1. U beschreibt einen Austauschprozess. Also: $0{,}2 + q + r = 1$ und $s + s + t = 1$.
2. Aus $U \cdot \vec{x} = \vec{x}$ ergeben sich die Gleichungen $0{,}8 \cdot 0{,}5 + 0{,}2 \cdot 0{,}3 + s \cdot 0{,}2 = 0{,}5$,
$0{,}1 \cdot 0{,}5 + q \cdot 0{,}3 + s \cdot 0{,}2 = 0{,}3$ und $0{,}1 \cdot 0{,}5 + r \cdot 0{,}3 + t \cdot 0{,}2 = 0{,}2$.
3. LGS:

$\begin{aligned}
q + r &\;= 0{,}8 \\
2s + t &\;= 1 \\
0{,}2s &\;= 0{,}04 \\
0{,}3q + 0{,}2s &\;= 0{,}25 \\
0{,}3r + 0{,}2t &\;= 0{,}15
\end{aligned}$

Lösungsbestimmung:

$s = 0{,}2 \begin{array}{l} \nearrow t = 0{,}6 \searrow \\ \searrow q = 0{,}7 \nearrow \end{array} r = 0{,}1$

Hier muss nicht weiter umgeformt werden, wenn man geschickt vorgeht! Die letzte Gleichung ist entbehrlich und wird von den aus den ersten vier Gleichungen bestimmten Werten erfüllt.

Aufgaben

2 Stellen Sie ein LGS auf und bestimmen Sie eine Lösung mit $x_1 + x_2 + x_3 = 1$.

a) $\begin{pmatrix} 0{,}3 & 0{,}4 & 0{,}5 \\ 0{,}5 & 0{,}3 & 0{,}3 \\ 0{,}2 & 0{,}3 & 0{,}2 \end{pmatrix} \cdot \begin{pmatrix} x_1 \\ x_2 \\ x_3 \end{pmatrix} = \begin{pmatrix} x_1 \\ x_2 \\ x_3 \end{pmatrix}$
b) $\begin{pmatrix} 0{,}7 & 0{,}3 & 0{,}2 \\ 0{,}2 & 0{,}6 & 0{,}3 \\ 0{,}1 & 0{,}1 & 0{,}5 \end{pmatrix} \cdot \begin{pmatrix} x_1 \\ x_2 \\ x_3 \end{pmatrix} = \begin{pmatrix} x_1 \\ x_2 \\ x_3 \end{pmatrix}$

c) $\begin{pmatrix} 0{,}1 & 0{,}2 & 0{,}7 \\ 0{,}2 & 0{,}6 & 0{,}2 \\ 0{,}7 & 0{,}2 & 0{,}1 \end{pmatrix} \cdot \begin{pmatrix} x_1 \\ x_2 \\ x_3 \end{pmatrix} = \begin{pmatrix} x_1 \\ x_2 \\ x_3 \end{pmatrix}$
d) $\begin{pmatrix} 0{,}3 & 0{,}1 & 0{,}6 \\ 0{,}1 & 0{,}6 & 0{,}3 \\ 0{,}6 & 0{,}3 & 0{,}1 \end{pmatrix} \cdot \begin{pmatrix} x_1 \\ x_2 \\ x_3 \end{pmatrix} = \begin{pmatrix} x_1 \\ x_2 \\ x_3 \end{pmatrix}$

Austauschprozesse und stationäre Verteilungen

3 Die Kunden zweier Kinos A und B wechseln wie folgt von Besuch zu Besuch:
70 % der Besucher von A kommen beim nächsten Mal wieder, die übrigen gehen ins Kino B.
60 % der Besucher von B kommen beim nächsten Mal wieder, die übrigen gehen ins Kino A.
a) Stellen Sie die Übergangsmatrix U für diesen Prozess auf.
b) Im Kino A sind gerade 50 Besucher, in B 60 Besucher. Wie verteilen sich diese Besucher beim nächsten Mal auf beide Kinos?
c) Bestimmen Sie eine stationäre Verteilung von 350 Besuchern.

4 Die Zahnpastamarken ADent, BDent und CDent haben den Markt erobert. Die Kunden wechseln jedoch bei jedem Kauf die Marke, wie in der Tabelle angegeben.
Geben Sie die Übergangsmatrix A für den Prozess an und bestimmen Sie eine stationäre Verteilung für die Käuferanteile.

	Es wechseln von		
	ADent	BDent	CDent
nach ADent:	0 %	30 %	50 %
nach BDent:	60 %	0 %	50 %
nach CDent:	40 %	70 %	0 %

5 In QUADRISTAN gibt es nur noch die Mineralölkonzerne TP, XP, YP und ZP. In Fig. 1 ist angegeben, welche Kundenanteile beim nächsten Tanken die Marke wechseln.
a) Stellen Sie die Übergangsmatrix A für diesen Prozess auf.
b) Gerade haben je 25 % der Kunden bei TP, XP, YP und ZP getankt. Welche Kundenanteile haben die Konzerne beim nächsten Mal?
c) Bestimmen Sie eine stationäre Verteilung für die Kundenanteile.

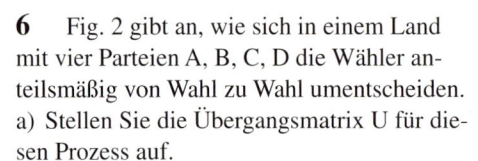

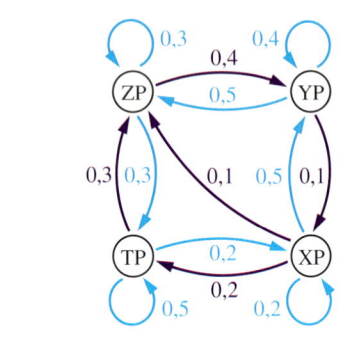

Fig. 1

6 Fig. 2 gibt an, wie sich in einem Land mit vier Parteien A, B, C, D die Wähler anteilsmäßig von Wahl zu Wahl umentscheiden.
a) Stellen Sie die Übergangsmatrix U für diesen Prozess auf.
b) Beim letzten Mal waren die Stimmanteile für die Parteien gleich groß. Wie groß sind ihre Stimmanteile beim nächsten Mal?
c) Bestimmen Sie eine stationäre Verteilung für die Stimmanteile.

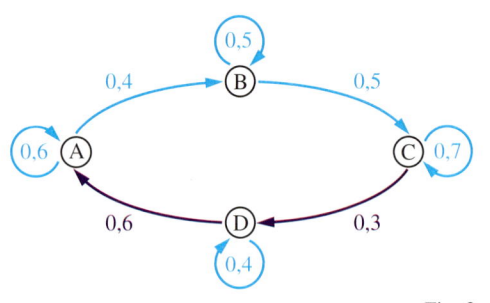

Fig. 2

7 Bestimmen Sie Werte für die unbekannten Koeffizienten der Übergangsmatrix U.

a) Stationäre Verteilung: $\begin{pmatrix} 0,3 \\ 0,3 \\ 0,4 \end{pmatrix}$ Übergangsmatrix U des Austauschprozesses: $\begin{pmatrix} 0,5 & q & s \\ 0,1 & q & t \\ 0,4 & r & q \end{pmatrix}$

b) Stationäre Verteilung: $\begin{pmatrix} 0,6 \\ 0,1 \\ 0,3 \end{pmatrix}$ Übergangsmatrix U des Austauschprozesses: $\begin{pmatrix} 3q & 3s & s \\ 0,1 & 0,1 & 0,1 \\ r & 2q & t \end{pmatrix}$

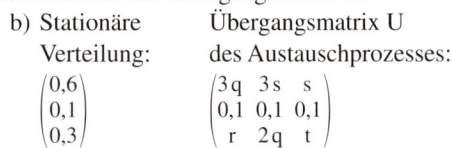

$U = \begin{pmatrix} \frac{1}{5} & \frac{1}{5} & \frac{1}{5} \\ \frac{3}{5} & \frac{3}{5} & \frac{3}{5} \\ \frac{1}{5} & \frac{1}{5} & \frac{1}{5} \end{pmatrix}$

8 Die nebenstehende Matrix U beschreibt einen Austauschprozess.
a) Geben Sie alle stationären Verteilungen (= Fixvektoren) von U an.
b) Zeigen Sie, dass für jede Eingangsverteilung $\vec{x}$ die Ausgangsverteilung $U \cdot \vec{x}$ eine stationäre Verteilung ist.

4 Iterationen und Grenzmatrizen

1 Die Kunden der Supermärkte LADI, LUPS und POP kaufen zwar immer in einem der 3 Märkte ein, wechseln jedoch von Woche zu Woche wie in Fig. 1 angegeben.

Markt:
1: LADI
2: LUPS
3: POP

a) Bestimmen Sie die Übergangsmatrix A.
b) Berechnen Sie für eine Anfangsverteilung von 60 % LADI-Kunden, 30 % LUPS-Kunden und 10 % POP-Kunden die Kundenverteilung nach einer Woche und nach zwei Wochen.

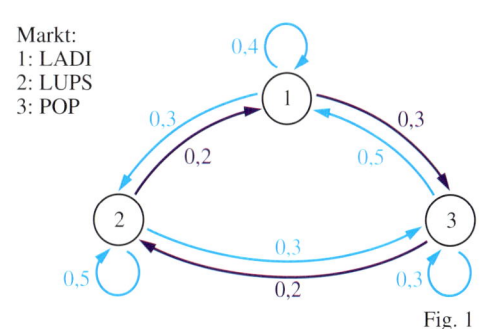

Fig. 1

Bei Entwicklungs- und Austauschprozessen ist die Prozessmatrix A quadratisch.

Mit der Matrizenmultiplikation kann man auch das Langzeitverhalten von Entwicklungsprozessen und Austauschprozessen untersuchen. Hier werden Verteilungen von Anzahlen oder Anteilen in regelmäßigen Zeitabständen beobachtet und jeweils als Vektor notiert. Ist $\vec{x}$ die Startverteilung, so beobachtet man $\vec{x} \mapsto A \cdot \vec{x} \mapsto A \cdot (A \cdot \vec{x}) = A^2 \cdot \vec{x} \mapsto A \cdot (A^2 \cdot \vec{x}) = A^3 \cdot \vec{x} \ldots$
Die Übergangsmatrix zwischen der Startverteilung und der k-ten beobachteten Verteilung ist daher das Produkt $A^k = \underbrace{A \cdot A \cdot \ldots \cdot A}_{k\text{-mal}}$.

Man kann mit sehr viel Aufwand beweisen, dass sich bei Austauschprozessen die Matrix A^n mit wachsendem n beliebig genau einer Grenzmatrix G nähert, wenn in der Folge $A, A^2, A^3 \ldots$ eine Matrix mit ausschließlich positiven Koeffizienten in einer Zeile vorkommt.

Beispiel 1: (Stationäre Verteilung und Grenzmatrix)
In einem Wildreservat gibt es 240 Tiere, von denen jedes täglich eine der vier Tränken I, II, III, IV aufsucht. Fig. 2 zeigt, welcher Anteil der Tiere an einer Tränke bis zum nächsten Tag zu einer anderen Tränke wechselt oder wiederkommt.

$$\text{nach } \begin{array}{c} \text{I} \\ \text{II} \\ \text{III} \\ \text{IV} \end{array} \begin{pmatrix} 0{,}5 & 0{,}1 & 0{,}2 & 0{,}1 \\ 0{,}2 & 0{,}5 & 0{,}1 & 0{,}2 \\ 0{,}1 & 0{,}3 & 0{,}5 & 0{,}1 \\ 0{,}2 & 0{,}1 & 0{,}2 & 0{,}6 \end{pmatrix}$$
von I II III IV

Fig. 2

a) Notieren Sie die Matrizengleichung für eine Stufe des Prozesses. Woran erkennt man, dass es sich um einen Austauschprozess handelt?
b) Bestimmen Sie eine stationäre Verteilung $\vec{x}$ der Wildtiere.
c) Bestimmen Sie mit einer Tabellenkalkulation oder einem Computeralgebrasystem die Matrizen A^2, A^4, A^8 und A^{16}. Gegen welche Grenzmatrix scheint A^k für $k \to \infty$ zu konvergieren?
d) Am Anfang kommen zu jeder Tränke des Wildreservats 60 Tiere. Multiplizieren Sie diese Startverteilung mit G. Welche Verteilung ergibt sich?

Lösung:
a) Darstellung mit quadratischer Matrix A:

$$\begin{pmatrix} x_1' \\ x_2' \\ x_3' \\ x_4' \end{pmatrix} = \begin{pmatrix} 0{,}5 & 0{,}1 & 0{,}2 & 0{,}1 \\ 0{,}2 & 0{,}5 & 0{,}1 & 0{,}2 \\ 0{,}1 & 0{,}3 & 0{,}5 & 0{,}1 \\ 0{,}2 & 0{,}1 & 0{,}2 & 0{,}6 \end{pmatrix} \cdot \begin{pmatrix} x_1 \\ x_2 \\ x_3 \\ x_4 \end{pmatrix}$$

Erkennungsmerkmal für Austauschprozesse: In jeder Spalte von A ist die Summe der Koeffizienten gleich 1.

b) Zu lösendes LGS:
$0{,}5\,x_1 + 0{,}1\,x_2 + 0{,}2\,x_3 + 0{,}1\,x_4 = x_1$
$0{,}2\,x_1 + 0{,}5\,x_2 + 0{,}1\,x_3 + 0{,}2\,x_4 = x_2$
$0{,}1\,x_1 + 0{,}3\,x_2 + 0{,}5\,x_3 + 0{,}1\,x_4 = x_3$
$0{,}2\,x_1 + 0{,}1\,x_2 + 0{,}2\,x_3 + 0{,}6\,x_4 = x_4$

LGS nach Umformung:
$5\,x_1 - x_2 - 2\,x_3 - x_4 = 0$
$16\,x_2 - 23\,x_3 + 6\,x_4 = 0$
$7\,x_3 - 6\,x_4 = 0$
$0 = 0$

Lösungsmenge: $L = \{(5t;\, 6t;\, 6t;\, 7t) \mid t \in \mathbb{R}\}$. Da $24t = 240$ sein muss, ist $t = 10$.
Stationäre Verteilung $\vec{x}$: Es müssen 50 Tiere nach I, 60 nach II, 60 nach III und 70 nach IV kommen.

Iterationen und Grenzmatrizen

Die Koeffizienten sollten als Dezimalbrüche eingegeben werden.

Die „Periodizität" ab der vierten Nachkommastelle legt die Vermutung nahe, dass in der ersten und letzten Zeile der Grenzmatrix Brüche auftreten, deren Nenner Vielfache von 3 sind.

c) Eine Befehlsfolge ist z. B. bei Maple V nach dem Befehl `with(linalg);`
```
A:=matrix([[0.5,0.1,0.2,0.1],[0.2,0.5,0.1,0.2],[0.1,0.3,0.5,0.1],
[0.2,0.1,0.2,0.6]]);
A2:=evalm(A&*A); A4:=evalm(A2&*A2); A8:=evalm(A4&*A4); A16:=evalm(A8&*A8);
```
Anzeige nach A, A2, A4 und A8:   Vermutete Grenzmatrix:

$$A16 := \begin{bmatrix} .2083335642 & .2083334615 & .2083332445 & .2083331346 \\ .2499999476 & .2500001038 & .2500000012 & .2499999475 \\ .2500000012 & .2499998940 & .2500001038 & .2500000012 \\ .2916664872 & .2916665408 & .2916666506 & .2916669166 \end{bmatrix}$$

$$G = \begin{pmatrix} \frac{5}{24} & \frac{5}{24} & \frac{5}{24} & \frac{5}{24} \\ \frac{1}{4} & \frac{1}{4} & \frac{1}{4} & \frac{1}{4} \\ \frac{1}{4} & \frac{1}{4} & \frac{1}{4} & \frac{1}{4} \\ \frac{7}{24} & \frac{7}{24} & \frac{7}{24} & \frac{7}{24} \end{pmatrix}$$

d) Es ergibt sich die stationäre Verteilung $\vec{x}$ aus b).

Beispiel 2: (Entwicklung mit Parameter)
Bei einer tropischen Fliegenart entwickeln sich die Eier in 1 Woche zu Larven und diese in einer weiteren Woche zu Fliegen. Durch Feinde kommt ein Teil der Eier und Larven um. Jede Fliege legt nach einer Woche t Eier und stirbt. Fig. 1 ist das zugehörige Übergangsdiagramm.

Fig. 1

a) Bestimmen Sie jeweils die Übergangsmatrix für 1 Woche, 2 Wochen und für 3 Wochen.

Die Frage in b) lässt sich auch ohne vorherige Matrizenrechnung beantworten.

b) Wie entwickelt sich die Anzahl der Fliegen über längere Zeiträume in Abhängigkeit von t?
Lösung:
a) Ist x_1 die Anzahl der Eier, x_2 die Anzahl der Larven und x_3 die Anzahl der Fliegen, so ergibt sich nach 1 Woche:

$$\begin{pmatrix} x_1' \\ x_2' \\ x_3' \end{pmatrix} = A \cdot \begin{pmatrix} x_1 \\ x_2 \\ x_3 \end{pmatrix} \text{ mit } A = \begin{pmatrix} 0 & 0 & t \\ \frac{3}{50} & 0 & 0 \\ 0 & \frac{1}{3} & 0 \end{pmatrix}$$

Für 2 Wochen erhält man $A^2 = A \cdot A$ wegen $\vec{x} \mapsto A \cdot \vec{x} \mapsto A \cdot A \cdot \vec{x}$, für 3 Wochen $A^3 = A \cdot A^2$:

$$A^2 = \begin{pmatrix} 0 & 0 & t \\ \frac{3}{50} & 0 & 0 \\ 0 & \frac{1}{3} & 0 \end{pmatrix} \cdot \begin{pmatrix} 0 & 0 & t \\ \frac{3}{50} & 0 & 0 \\ 0 & \frac{1}{3} & 0 \end{pmatrix} = \begin{pmatrix} 0 & \frac{1}{3}t & 0 \\ 0 & 0 & \frac{3}{50}t \\ \frac{1}{50} & 0 & 0 \end{pmatrix}; \quad A^3 = \begin{pmatrix} 0 & 0 & t \\ \frac{3}{50} & 0 & 0 \\ 0 & \frac{1}{3} & 0 \end{pmatrix} \cdot \begin{pmatrix} 0 & \frac{1}{3}t & 0 \\ 0 & 0 & \frac{3}{50}t \\ \frac{1}{50} & 0 & 0 \end{pmatrix} = \begin{pmatrix} \frac{1}{50}t & 0 & 0 \\ 0 & \frac{1}{50}t & 0 \\ 0 & 0 & \frac{1}{50}t \end{pmatrix}$$

b) Für $t < 50$ stirbt die Population aus, da die Anzahlen sich alle 3 Wochen um den Faktor $\frac{t}{50}$ verkleinern. Gilt $t > 50$, so wächst die Anzahl der Fliegen in 3-Wochen-Intervallen exponentiell, nur für $t = 50$ bleibt sie konstant.

Beispiel 3: (Entwicklung mit Abnahme)

In jedem Zustand wird ein Teil der Viren bemerkt und gelöscht.

Ein Internetvirus kommt in drei Formen vor: inaktiv als Bestandteil einer e-Mail (Form Z_1), auf einem befallenen Computer mit dem Umbau des Betriebssystems beschäftigt (Form Z_2), Verschicken von 5 infektiösen e-Mails mit anschließender Selbstzerstörung durch Festplattenformatierung (Form Z_3). Eine Bestandsaufnahme von Monatsanfang zu Monatsanfang lieferte das Diagramm in Fig. 2.

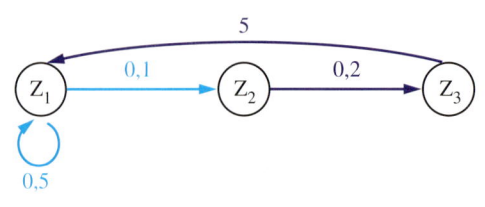

Fig. 2

a) Beschreiben Sie eine Stufe des Prozesses durch eine Übergangsmatrix A.
b) Am Anfang werden 1000 Viren im Zustand Z_1 freigesetzt. Bestimmen Sie die Anzahlen für die Zustände Z_1, Z_2 und Z_3 nach einem Monat, nach zwei und nach drei Monaten.
c) Setzen Sie mit einer Tabellenkalkulation oder einem Computeralgebrasystem die Anzahlbestimmung so lange fort, bis weniger als 50 Viren übrig sind. Wie viele Durchläufe braucht man dazu?

Iterationen und Grenzmatrizen

Lösung:
a) Für die Anzahlen x_1, x_2, x_3 von Z_1, Z_2, Z_3 ergibt sich:
Gleichungsdarstellung: Darstellung mit quadratischer Matrix A:
$x_1' = 0{,}5 x_1 + 5 x_3$
$x_2' = 0{,}1 x_1$
$x_3' = 0{,}2 x_2$

$$\begin{pmatrix} x_1' \\ x_2' \\ x_3' \end{pmatrix} = \begin{pmatrix} 0{,}5 & 0 & 5 \\ 0{,}1 & 0 & 0 \\ 0 & 0{,}2 & 0 \end{pmatrix} \cdot \begin{pmatrix} x_1 \\ x_2 \\ x_3 \end{pmatrix}$$

b) Die Spalten mit den Anzahlen sind:
$$A \cdot \begin{pmatrix} 1000 \\ 0 \\ 0 \end{pmatrix} = \begin{pmatrix} 500 \\ 100 \\ 0 \end{pmatrix}, \quad A \cdot \begin{pmatrix} 500 \\ 100 \\ 0 \end{pmatrix} = \begin{pmatrix} 250 \\ 50 \\ 20 \end{pmatrix}, \quad A \cdot \begin{pmatrix} 250 \\ 50 \\ 20 \end{pmatrix} = \begin{pmatrix} 225 \\ 25 \\ 10 \end{pmatrix}.$$

Die Koeffizienten sollten als Dezimalbrüche eingegeben werden.

c) Eine Befehlsfolge ist z. B. bei Maple V nach dem Befehl `with(linalg);`
`A:=matrix([[0.5,0,5],[0.1,0,0],[0,0.2,0]]); X3:=matrix([[225],[20],[10]]);`
`X4:=evalm(A&*X3); X5:=evalm(A&*X4); ... X8:=evalm(A&*X7);`
Angezeigt werden zunächst A und X3, danach:

Hier werden alle Endnullen in der Anzeige der Nachkommastellen weggelassen.

$$X4 := \begin{bmatrix} 162{,}5 \\ 22{,}5 \\ 5 \end{bmatrix} \quad X5 := \begin{bmatrix} 106{,}25 \\ 16{,}25 \\ 4{,}5 \end{bmatrix} \quad X6 := \begin{bmatrix} 75{,}625 \\ 10{,}625 \\ 3{,}25 \end{bmatrix} \quad X7 := \begin{bmatrix} 54{,}0625 \\ 7{,}5625 \\ 2{,}125 \end{bmatrix} \quad X8 := \begin{bmatrix} 37{,}65625 \\ 5{,}40625 \\ 1{,}5125 \end{bmatrix}$$

Es sind also noch 5 Durchläufe nötig.

Aufgaben

2 Ein Marktforschungsunternehmen befragt dieselben Kunden in monatlichen Zeitabständen, wie sie das Waschmittel MUMIL einschätzen. Dabei stellt sich heraus, dass sich die Anteile der Einschätzungen von Monat zu Monat in der gleichen Weise ändern (Fig. 1).
a) Stellen Sie die Übergangsmatrix A zu dem Diagramm auf und bestimmen Sie für eine Anfangsverteilung von 20 % Einschätzungen mit „+", 50 % mit „0" und 30 % mit „–" die Verteilungen nach einem Monat, nach zwei Monaten und nach drei Monaten.
b) Bestimmen Sie eine stationäre Verteilung $\vec{x}$ für die Einschätzungen.

Einschätzung von MUMIL:
+: gut
0: mittel
–: mäßig

Fig. 1

3 Bei einer Froschart im Regenwald entwickeln sich 20 % der Kaulquappen (K) in einem Monat zu Jungfröschen (J), von denen ein Anteil q einen weiteren Monat überlebt und erwachsen wird (E). Die Erwachsenen laichen und tragen den Laich einen Monat mit sich herum. Aus jedem Laichpaket schlüpfen danach t Kaulquappen und der erwachsene Frosch stirbt.

Die Frage in a) lässt sich auch ohne vorherige Matrizenrechnung beantworten.

a) Unter welcher Bedingung für q und t bleibt die Froschpopulation auf lange Sicht konstant?
b) Zeigen Sie, dass es unter der Bedingung aus a) sogar monatlich stabile Verteilungen der Frösche auf die Stadien K, J und E gibt.

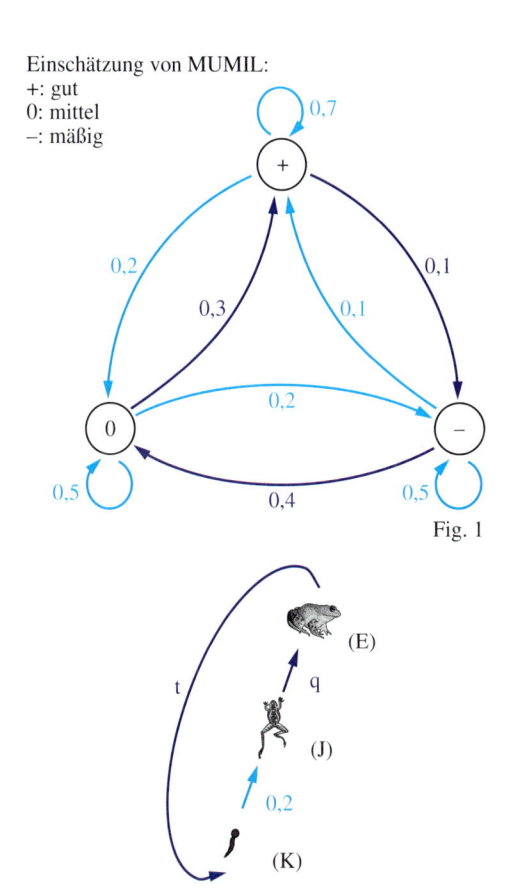

Fig. 2

225

Iterationen und Grenzmatrizen

4 Das Diagramm in Fig. 1 zeigt, wie viele Kunden von vier Baumärkten A, B, C und D anteilsmäßig bei ihrem nächsten Einkauf den Baumarkt wechseln oder wiederkommen. Am Pfeilanfang steht der gerade besuchte Baumarkt, an der Pfeilspitze der beim nächsten Einkauf gewählte Baumarkt. Welche Matrix K beschreibt die Wahl beim nächsten Einkauf? Bestimmen Sie damit die Übergangsmatrizen für den zweiten und den dritten Einkauf.

Fig. 1

5 In einem Konzern gibt es für die Manager die Gehaltsstufen N, M, H. Man fängt in N an und kann höchstens bis H kommen. Je nach Leistung wird man jedes Jahr neu eingestuft. Der Konzern sucht per Werbung Jungmanager.
a) Die Tabelle zeigt, wie viele Manager jeder Stufe jährlich anteilsmäßig das Gehalt wechseln. Welche Übergangsmatrix ergibt sich?
b) Bestimmen Sie mit einem Computeralgebrasystem die Übergangsmatrix für 10 Jahre und prüfen Sie, ob die Konzernwerbung stimmt.

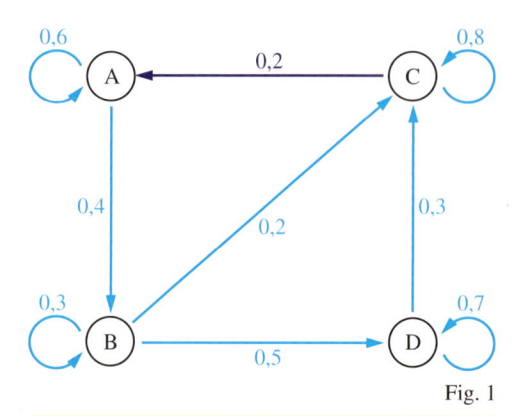

Werbung:
Kommen Sie als Jungmanager zu **GRoPHone**. Nach 10 Jahren sind 30% dieser Manager in der obersten Gehaltsstufe!

Wirklichkeit:

	Es wechseln jährlich		
	von N	von M	von H
nach N	50%	20%	0%
nach M	50%	60%	40%
nach H	0%	20%	60%

Fig. 2

6 Gegeben ist ein Austauschprozess mit der Übergangsmatrix $B = \begin{pmatrix} 0,8 & 0,6 & 0,4 \\ 0,2 & 0,4 & 0,4 \\ 0 & 0 & 0,2 \end{pmatrix}$.

a) Berechnen Sie mit einem Computeralgebrasystem nacheinander B^2, B^4, B^8 und B^{16}. Gegen welche Grenzmatrix scheinen die Matrizen B^k für $k \to \infty$ zu konvergieren?

b) Bilden Sie das Produkt $\vec{x} = G \cdot \begin{pmatrix} 1 \\ 0 \\ 0 \end{pmatrix}$. Ist $\vec{x}$ eine stationäre Verteilung?

Epidemien bei Krankheiten mit Immunitätserwerb
Es gibt Krankheiten, die nach der Gesundung Immunität hinterlassen.

Wenn die Übertragung einer solchen Krankheit nicht direkt von Mensch zu Mensch erfolgt, der Erreger aber oft genug in der Umwelt vorkommt, so beobachtet man eine Epidemie des folgenden Typs:
Unter den noch nie Erkrankten ist der Anteil q neu Erkrankter je Tag konstant. Wenn die Krankheit bei jedem lang genug dauert, wächst der Krankenstand erst einmal und fällt dann wieder, da es immer mehr Immune gibt.

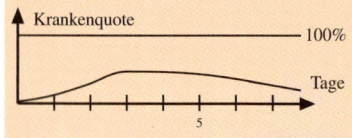

Erfolgt die Übertragung einer solchen Krankheit direkt von Mensch zu Mensch, so kann man annehmen, dass der Anteil q neu Erkrankter unter den noch nie Erkrankten umso größer ist, je mehr Kranke es am vorherigen Tag gab.
Wenn die Krankheitsdauer groß genug ist, wächst daher die Anzahl Erkrankter steil an. Danach fällt auch hier der Krankenstand, da es immer mehr Immune gibt, die sich nicht anstecken können.

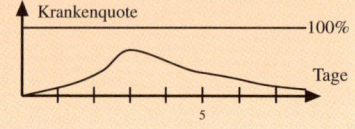

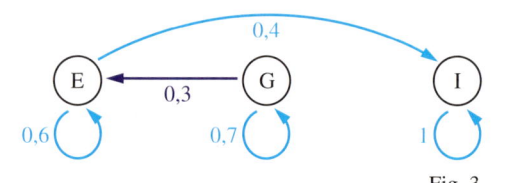

Fig. 3

7 In einer Kleinstadt grassiert eine Magen-Darm-Infektion. Sie verläuft in keinem Fall tödlich. Wenn man sie überstanden hat, ist man dagegen immun. Am Anfang sind 10% der Einwohner erkrankt (E), 10% sind immun (I), 80% sind zwar gesund, aber gefährdet (G). Fig. 3 zeigt, wie sich die Anteile der Zustände E, I und G von Tag zu Tag ändern.
a) Wann ist der Krankenstand am höchsten?
b) Nach wie vielen Tagen sind weniger als 10% der Einwohner erkrankt?

5 Stochastische Matrizen

1 Ein Würfel wurde sehr oft geworfen. Dabei wurde jedes Mal notiert, ob eine 6 oder eine andere Augenzahl ($\bar{6}$) fiel. Das Übergangsdiagramm zeigt, wie oft in etwa anteilsmäßig nach den Ausfällen 6 bzw. $\bar{6}$ die Ausfälle 6 und $\bar{6}$ auftraten.
Wie groß ist bei diesem Zufallsversuch der erwartete Anteil der Fälle, in denen auf eine 6 erst beim übernächsten Wurf wieder eine 6 folgt?

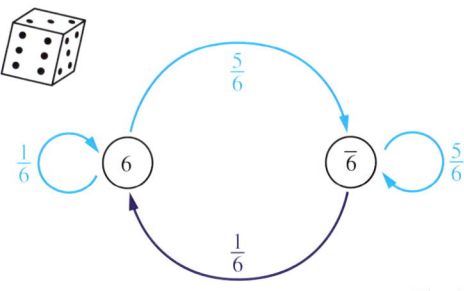

Fig. 1

Es gibt Prozesse, bei denen ein System in festen Zeitabständen beobachtet wird und zu jedem Beobachtungszeitpunkt nur einen von endlich vielen Zuständen $Z_1, \ldots, Z_n$ annehmen kann. Erfolgen alle Zustandswechsel von einem zum nächsten Beobachtungszeitpunkt zufällig und mit konstanten Übergangswahrscheinlichkeiten, so heißt die Matrix P mit den eingetragenen Übergangswahrscheinlichkeiten die **Übergangsmatrix** des Prozesses. Der Koeffizient p_{ik} in P ist gleich der Wahrscheinlichkeit, dass das System vom Zustand Z_k in den Zustand Z_i übergeht. Mit Wahrscheinlichkeiten rechnet man nach den Pfadregeln der Wahrscheinlichkeitsrechnung genauso wie mit den Anteilen für Übergänge in Austauschprozessen.

Einen solchen Prozess mit konstanten Übergangswahrscheinlichkeiten nennt man eine MARKOFF'sche Kette.

Definition: Eine Matrix P heißt eine **stochastische** Matrix, wenn sie quadratisch ist, nur nicht negative Koeffizienten enthält und in jeder Spalte die Koeffizientensumme 1 beträgt.

*stochastikós (griech.: mutmaßend) = mithilfe der Wahrscheinlichkeitstheorie schließend.
Es ist in der Mathematik üblich, eine Matrix mit diesen Eigenschaften auch dann eine stochastische Matrix zu nennen, wenn sie nicht zufällige Übergänge beschreibt, z. B. bei Austauschprozessen.*

Fig. 2 zeigt einen Prozess mit drei Zuständen. Wenn q_1, q_2, q_3 jeweils die Wahrscheinlichkeiten für die Beobachtung der Zustände A, B, C in einem gegebenen Zeitpunkt sind, so gibt der Vektor $P \cdot \vec{q}$ die Wahrscheinlichkeiten dieser Zustände im nächsten Beobachtungszeitpunkt an. Für die Matrizen $P, P^2, P^3, \ldots$ gilt der

Satz: Die Matrix P^k nähert sich mit wachsendem k beliebig genau einer stochastischen **Grenzmatrix** G, wenn es unter den Matrizen $P, P^2, P^3, \ldots$ eine Matrix mit mindestens einer Zeile gibt, in der keine 0 vorkommt.
In diesem Fall sind alle Spalten von G gleich und für jede Anfangsverteilung $\vec{q}$ ist die Verteilung $\vec{s} = G \cdot \vec{q}$ gleich der ersten Spalte von G (vgl. Fig. 3).

Die Wahrscheinlichkeitsverteilung $\vec{s}$ der Systemzustände „an einem sehr weit in der Zukunft liegenden Beobachtungszeitpunkt" hängt also nicht von der Anfangsverteilung ab.

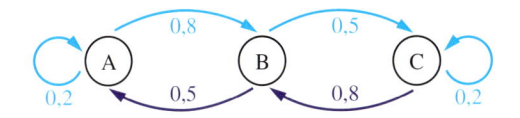

Wahrscheinlichkeiten für A, B, C:

vorher $\vec{q}$ nachher $P \cdot \vec{q}$

$\begin{pmatrix} q_1 \\ q_2 \\ q_3 \end{pmatrix} \quad \begin{pmatrix} 0{,}2 & 0{,}5 & 0 \\ 0{,}8 & 0 & 0{,}8 \\ 0 & 0{,}5 & 0{,}2 \end{pmatrix} \cdot \begin{pmatrix} q_1 \\ q_2 \\ q_3 \end{pmatrix} = \begin{pmatrix} 0{,}2 q_1 + 0{,}5 q_2 \\ 0{,}8 q_1 + 0{,}8 q_3 \\ 0{,}5 q_2 + 0{,}2 q_3 \end{pmatrix}$

Fig. 2

P			P^2			P^3			...	G		
$\frac{1}{5}$	$\frac{1}{2}$	0	$\frac{11}{25}$	$\frac{1}{10}$	$\frac{2}{5}$	$\frac{21}{125}$	$\frac{21}{50}$	$\frac{4}{25}$	...	$\frac{5}{18}$	$\frac{5}{18}$	$\frac{5}{18}$
$\frac{4}{5}$	0	$\frac{4}{5}$	$\frac{4}{25}$	$\frac{4}{5}$	$\frac{4}{25}$	$\frac{84}{125}$	$\frac{4}{25}$	$\frac{84}{125}$	...	$\frac{4}{9}$	$\frac{4}{9}$	$\frac{4}{9}$
0	$\frac{1}{2}$	$\frac{1}{5}$	$\frac{2}{5}$	$\frac{1}{10}$	$\frac{11}{25}$	$\frac{4}{25}$	$\frac{21}{50}$	$\frac{21}{125}$	...	$\frac{5}{18}$	$\frac{5}{18}$	$\frac{5}{18}$

Für $q_1 + q_2 + q_3 = 1$ gilt:

$G \cdot \begin{pmatrix} q_1 \\ q_2 \\ q_3 \end{pmatrix} = \begin{pmatrix} \frac{5}{18} & \frac{5}{18} & \frac{5}{18} \\ \frac{4}{9} & \frac{4}{9} & \frac{4}{9} \\ \frac{5}{18} & \frac{5}{18} & \frac{5}{18} \end{pmatrix} \cdot \begin{pmatrix} q_1 \\ q_2 \\ q_3 \end{pmatrix} = \begin{pmatrix} \frac{5}{18}(q_1+q_2+q_3) \\ \frac{4}{9}(q_1+q_2+q_3) \\ \frac{5}{18}(q_1+q_2+q_3) \end{pmatrix} = \begin{pmatrix} \frac{5}{18} \\ \frac{4}{9} \\ \frac{5}{18} \end{pmatrix}$

$\vec{s}$ ist eine Lösung der Gleichung $\vec{x} = P \cdot \vec{x}$.

Fig. 3

227

Stochastische Matrizen

Beispiel 1: (Spielserien)
Zwei Schachspieler spielen wiederholt gegeneinander. Der zweite Spieler ist am Anfang noch unerfahren. Deshalb betragen die Wahrscheinlichkeiten für die Ausgänge A (= der erste gewinnt), B (= der zweite gewinnt) und R (= Remis) bei der ersten Partie $q_A = 0{,}9$; $q_B = 0{,}1$; $q_R = 0$. Wie die Übergangswahrscheinlichkeiten in Fig. 2 zeigen, lernt der zweite Spieler jedoch aus jeder Partie.
a) Stellen Sie die Übergangsmatrix P auf.
Berechnen Sie damit die Wahrscheinlichkeiten q_A, q_B und q_R für die zweite Schachpartie.
b) Bestimmen Sie mit einer Tabellenkalkulation oder einem Computeralgebrasystem die Matrix P^4 und berechnen Sie die Wahrscheinlichkeiten q_A, q_B und q_R für die vierte, die achte und die zwölfte Partie. Welchen Werten s_A, s_B, s_R scheinen sich q_A, q_B, q_R immer mehr zu nähern?
c) Zeigen Sie, dass für die in b) bestimmte Wahrscheinlichkeitsverteilung $P \cdot \vec{s} = \vec{s}$ gilt.

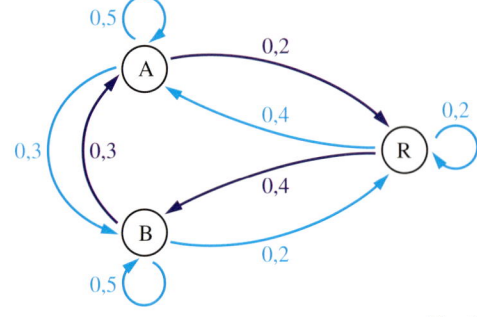

Fig. 1

Lösung:
a) Übergangsmatrix: Wahrscheinlichkeiten für zweite Partie:
$$P = \begin{pmatrix} 0{,}5 & 0{,}3 & 0{,}4 \\ 0{,}3 & 0{,}5 & 0{,}4 \\ 0{,}2 & 0{,}2 & 0{,}2 \end{pmatrix} \qquad \begin{pmatrix} q_A \\ q_B \\ q_R \end{pmatrix} = \begin{pmatrix} 0{,}5 & 0{,}3 & 0{,}4 \\ 0{,}3 & 0{,}5 & 0{,}4 \\ 0{,}2 & 0{,}2 & 0{,}2 \end{pmatrix} \cdot \begin{pmatrix} 0{,}9 \\ 0{,}1 \\ 0 \end{pmatrix} = \begin{pmatrix} 0{,}48 \\ 0{,}32 \\ 0{,}2 \end{pmatrix}$$

b) $P^4 = \begin{pmatrix} 0{,}4008 & 0{,}3992 & 0{,}4 \\ 0{,}3992 & 0{,}4008 & 0{,}4 \\ 0{,}2 & 0{,}2 & 0{,}2 \end{pmatrix}$; $P^4 \cdot \begin{pmatrix} 0{,}9 \\ 0{,}1 \\ 0 \end{pmatrix} = \begin{pmatrix} 0{,}40064 \\ 0{,}39936 \\ 0{,}2 \end{pmatrix}$; $P^4 \cdot \begin{pmatrix} 0{,}40064 \\ 0{,}39936 \\ 0{,}2 \end{pmatrix} = \begin{pmatrix} 0{,}400001024 \\ 0{,}399998976 \\ 0{,}2 \end{pmatrix}$;

$P^4 \cdot \begin{pmatrix} 0{,}400001024 \\ 0{,}399998976 \\ 0{,}2 \end{pmatrix} = \begin{pmatrix} 0{,}400000001638 \\ 0{,}399999998362 \\ 0{,}2 \end{pmatrix}$; Vermutung: $\begin{pmatrix} s_A \\ s_B \\ s_R \end{pmatrix} = \begin{pmatrix} 0{,}4 \\ 0{,}4 \\ 0{,}2 \end{pmatrix}$

c) $\begin{pmatrix} 0{,}5 & 0{,}3 & 0{,}4 \\ 0{,}3 & 0{,}5 & 0{,}4 \\ 0{,}2 & 0{,}2 & 0{,}2 \end{pmatrix} \cdot \begin{pmatrix} 0{,}4 \\ 0{,}4 \\ 0{,}2 \end{pmatrix} = \begin{pmatrix} 0{,}4 \\ 0{,}4 \\ 0{,}2 \end{pmatrix}$

Beispiel 2: (Diffusion)
Zwei mit Wasser gefüllte Glaskammern sind durch ein trichterförmiges Loch verbunden und werden in Minutenabständen beobachtet. In die linke Kammer werden am Anfang 30 000 Einzeller gesetzt, die danach in zufällig gewählten Richtungen umherschwimmen. Am Anfang ist jeder Einzeller mit der Wahrscheinlichkeit 1 in der linken und mit der Wahrscheinlichkeit 0 in der rechten Kammer zu finden.
In Fig. 3 ist für einen einzelnen Einzeller angegeben, mit welcher Wahrscheinlichkeit er von einer Minute zur nächsten aus seiner jeweiligen Kammer in die andere wechselt.

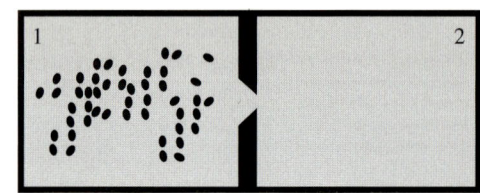

Fig. 2

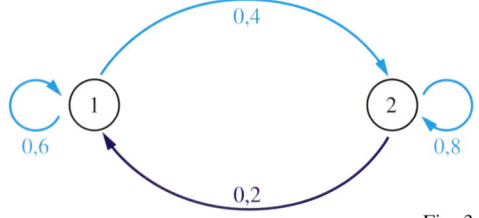

Fig. 3

Wegen der großen Anzahl der Einzeller stimmen die Anteile in den Kammern nach längerer Beobachtungszeit nahezu mit den Aufenthaltswahrscheinlichkeiten überein.

a) Geben Sie die Übergangsmatrix P für einen Einzeller an und berechnen Sie seine Aufenthaltswahrscheinlichkeiten q_1 und q_2 in den Kammern (1) und (2) nach 1, 2 und 3 Minuten.
b) Bestimmen Sie eine Wahrscheinlichkeitsverteilung $\vec{s}$ für q_1 und q_2, die sich von Beobachtung zu Beobachtung reproduziert. Berechnen Sie damit, wie viele Einzeller nach langer Beobachtungszeit jeweils in (1) und (2) zu erwarten sind.

228

Stochastische Matrizen

Lösung:

a) $P = \begin{pmatrix} 0,6 & 0,2 \\ 0,4 & 0,8 \end{pmatrix}$;

$\begin{pmatrix} q_1 \\ q_2 \end{pmatrix}$ nach 1, 2, 3 Minuten: $P \cdot \begin{pmatrix} 1 \\ 0 \end{pmatrix} = \begin{pmatrix} 0,6 \\ 0,4 \end{pmatrix}$; $P \cdot \begin{pmatrix} 0,6 \\ 0,4 \end{pmatrix} = \begin{pmatrix} 0,44 \\ 0,56 \end{pmatrix}$; $P \cdot \begin{pmatrix} 0,44 \\ 0,56 \end{pmatrix} = \begin{pmatrix} 0,376 \\ 0,624 \end{pmatrix}$

b) LGS: $\begin{cases} 0,6\,s_1 + 0,2\,s_2 = s_1 \\ 0,4\,s_1 + 0,8\,s_2 = s_2 \\ s_1 + s_2 = 1 \end{cases}$, also $\begin{cases} -0,4\,s_1 + 0,2\,s_2 = 0 \\ 0,4\,s_1 - 0,2\,s_2 = 0 \\ s_1 + s_2 = 1 \end{cases}$; Lösung: $\begin{pmatrix} s_1 \\ s_2 \end{pmatrix} = \begin{pmatrix} \frac{1}{3} \\ \frac{2}{3} \end{pmatrix}$

Es sind 10 000 Einzeller in Kammer 1 und 20 000 in Kammer 2 zu erwarten.

*Systemzustände, die erreicht und dann nicht mehr verlassen werden können, nennt man **absorbierend**.*

Beispiel 3: (absorbierende Zustände)
Bei einem Glücksspiel kann man einen Betrag setzen. Dann wird eine Münze geworfen. Der eingesetzte Betrag verdoppelt sich, wenn „Zahl" fällt, bei „Wappen" ist er verloren. Ein Spieler setzt 1 €. Wenn er verliert, hört er auf. Wenn er gewinnt, nimmt er 1 € weg und spielt noch einmal. Gewinnt er wieder, so hört er auf. Ansonsten fängt er wieder mit 1 € an.

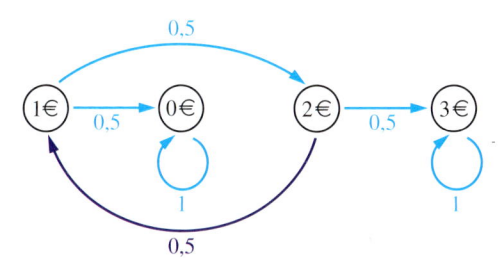

Fig. 1

a) Das Diagramm in Fig. 1 beschreibt die Spielstände und Übergangswahrscheinlichkeiten. Was bedeuten die Einsen als Übergangswahrscheinlichkeiten bei den Zuständen 0 € und 3 €?
b) Geben Sie die Übergangsmatrix P an (nummerieren Sie die Zustände in der Reihenfolge 1 €, 0 €, 2 €, 3 €). Bestimmen Sie damit die Wahrscheinlichkeitsverteilung der Zustände nach 1, 2 und 3 Spielen.
c) Bestimmen Sie mithilfe einer Tabellenkalkulation oder eines Computeralgebrasystems die Matrizen P^2, P^4 und P^8. Welcher Grenzmatrix G scheinen sich die Matrizenpotenzen zu nähern?

Die in d) bestimmte Verteilung $\vec{s}$ erfüllt die Bedingung $\vec{s} = P \cdot \vec{s}$, wenn die Vermutung für G stimmt!

d) Berechnen Sie für die Startverteilung $q_1 = 1$, $q_2 = q_3 = q_4 = 0$ die Verteilung $\vec{s} = G \cdot \vec{q}$. Wie lassen sich die Wahrscheinlichkeiten in $\vec{s}$ deuten?

Lösung:
a) Bei 0 € und 3 € hört das Spiel auf. Es bleibt also im jeweiligen Endzustand.
b) Übergangsmatrix:

$P = \begin{pmatrix} 0 & 0 & 0,5 & 0 \\ 0,5 & 1 & 0 & 0 \\ 0,5 & 0 & 0 & 0 \\ 0 & 0 & 0,5 & 1 \end{pmatrix}$; Wahrscheinlichkeiten q_1, q_2, q_3, q_4 nach 1, 2 und 3 Spielen:

Das Beispiel zeigt, dass es auch Fälle mit Grenzmatrizen gibt, obwohl in jeder Zeile jeder Matrix P^k mindestens eine 0 vorkommt.

$P \cdot \begin{pmatrix} 1 \\ 0 \\ 0 \\ 0 \end{pmatrix} = \begin{pmatrix} 0 \\ 0,5 \\ 0,5 \\ 0 \end{pmatrix}$; $P \cdot \begin{pmatrix} 0 \\ 0,5 \\ 0,5 \\ 0 \end{pmatrix} = \begin{pmatrix} 0,25 \\ 0,5 \\ 0 \\ 0,25 \end{pmatrix}$; $P \cdot \begin{pmatrix} 0,25 \\ 0,5 \\ 0 \\ 0,25 \end{pmatrix} = \begin{pmatrix} 0 \\ 0,625 \\ 0,125 \\ 0,25 \end{pmatrix}$

c) $P^2 = \begin{pmatrix} 0,25 & 0 & 0,00 & 0 \\ 0,50 & 1 & 0,25 & 0 \\ 0,00 & 0 & 0,25 & 0 \\ 0,25 & 0 & 0,50 & 1 \end{pmatrix}$; $P^4 = \begin{pmatrix} 0,0625 & 0 & 0,0000 & 0 \\ 0,6250 & 1 & 0,3125 & 0 \\ 0,0000 & 0 & 0,0625 & 0 \\ 0,3125 & 0 & 0,6250 & 1 \end{pmatrix}$; $P^8 = \begin{pmatrix} 0,00390625 & 0 & 0,00000000 & 0 \\ 0,66406250 & 1 & 0,33203125 & 0 \\ 0,00000000 & 0 & 0,00390625 & 0 \\ 0,33203125 & 0 & 0,66406250 & 1 \end{pmatrix}$;

Vermutung: $G = \begin{pmatrix} 0 & 0 & 0 & 0 \\ \frac{2}{3} & 1 & \frac{1}{3} & 0 \\ 0 & 0 & 0 & 0 \\ \frac{1}{3} & 0 & \frac{2}{3} & 1 \end{pmatrix}$.

d) Es ergeben sich: $s_1 = 0$, $s_2 = \frac{2}{3}$, $s_3 = 0$, $s_4 = \frac{1}{3}$. Wenn man nur beim Erreichen von 3 € oder dem Verlust des Einsatzes aufhört, beträgt die Wahrscheinlichkeit für den Gewinn $\frac{1}{3}$ und für den Verlust $\frac{2}{3}$.

229

Stochastische Matrizen

Aufgaben

2 Das Tageswetter auf einer Südseeinsel kennt nur die beiden Extreme „regnerisch" (R) und „sonnig" (S). Das Übergangsdiagramm in Fig. 1 zeigt, mit welchen Übergangswahrscheinlichkeiten das Wetter anhält bzw. wechselt.
a) Am Sonntag hat es geregnet. Wie groß sind die Wahrscheinlichkeiten q_R und q_S für die Wetterlagen R und S am folgenden Montag?
b) Stellen Sie die Übergangsmatrix P auf und berechnen Sie damit die Wahrscheinlichkeiten q_R und q_S für Dienstag, Mittwoch, Donnerstag und Freitag.

Fig. 1

3 In einem Land wird alle 5 Jahre gewählt. Es gibt nur die Parteien A, B und C. Ein Wähler ändert seine Stimmabgabe von Wahl zu Wahl mit den Übergangswahrscheinlichkeiten in Fig. 2. Am Anfang zieht er C nicht in Betracht und entscheidet sich zufällig zwischen A und B.
a) Geben Sie die Übergangsmatrix P an und bestimmen Sie die Wahrscheinlichkeiten q_1, q_2, q_3, mit denen er jeweils die Parteien A, B, C nach 5 Jahren wählt.
b) Bestimmen Sie eine stationäre Wahrscheinlichkeitsverteilung $\vec{s}$ für q_1, q_2 und q_3.

4 Zwei luftgefüllte Kammern (1) und (2) sind durch eine Wand getrennt, die Luftmoleküle in beiden Richtungen frei durchlässt. In Kammer (1) befinden sich am Anfang 1 Million Moleküle eines Geruchstoffs S (Fig. 3). Für jedes Molekül von S ändern sich die Aufenthaltswahrscheinlichkeiten q_1 und q_2 in den Kammern (1) und (2) von einer Minute zur nächsten, wie angegeben.
a) Geben Sie die Übergangsmatrix P an und bestimmen Sie die Aufenthaltswahrscheinlichkeiten eines Moleküls von S nach 1, 2 und 3 Minuten.
b) Bestimmen Sie eine stationäre Verteilung $\vec{s}$ für die Aufenthaltswahrscheinlichkeiten eines Moleküls von S.
c) Wie viele Moleküle von S sind nach langer Zeit in Kammer (1) bzw. (2) zu erwarten?

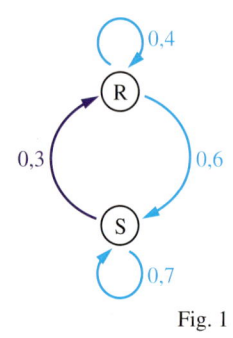

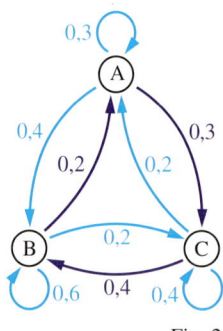

Fig. 2

5 Fig. 4 zeigt Übergangswahrscheinlichkeiten bei einem Spiel. Man fängt auf Platz 1 an und hört auf, wenn man 3 erreicht hat.
a) Bestimmen Sie die Übergangsmatrix P und berechnen Sie die Wahrscheinlichkeiten für die Plätze 1, 2 und 3 nach zwei Drehungen.
b) Es gibt nur eine stationäre Wahrscheinlichkeitsverteilung $\vec{s}$. Bestimmen Sie diese Verteilung. Welche Grenzmatrix G hat demnach die Matrizenfolge $P, P^2, P^3, \ldots$?
c) Welche Wahrscheinlichkeitsverteilung für die Plätze 1, 2 und 3 bei „genügend vielen Versuchen" ergibt sich aus G?

Regeln:
1. Je Spieldurchgang 1 x drehen.
2. Um gezeigte Zahl weiterrücken, wenn diese klein genug ist.
3. Sitzen bleiben, wenn die gezeigte Zahl zu groß ist.

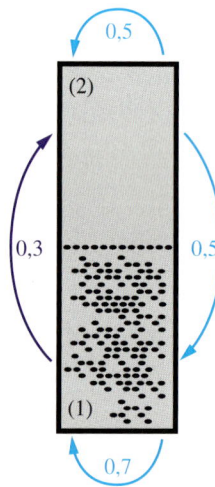

Fig. 3

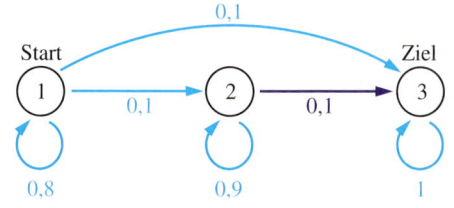

Fig. 4

6 Ein System ist nach jeder Minute in einem der Zustände 1, 2, 3 und 4. Die Übergangswahrscheinlichkeiten sind durch die Übergangsmatrix P in Fig. 5 gegeben.
a) Am Anfang ist das System im Zustand 1. Berechnen Sie die Wahrscheinlichkeitsverteilung der Systemzustände nach 2 Minuten.
b) Bestimmen Sie eine stationäre Wahrscheinlichkeitsverteilung $\vec{s}$ für die Systemzustände.

$$P = \begin{pmatrix} \frac{2}{5} & \frac{1}{4} & \frac{1}{4} & \frac{1}{5} \\ \frac{1}{5} & 0 & \frac{1}{2} & \frac{1}{5} \\ \frac{1}{5} & \frac{1}{2} & 0 & \frac{1}{5} \\ \frac{1}{5} & \frac{1}{4} & \frac{1}{4} & \frac{2}{5} \end{pmatrix}$$

Fig. 5

6 Algebra quadratischer Matrizen

Addition:
$$\begin{pmatrix} a_{11} & a_{12} \\ a_{21} & a_{22} \end{pmatrix} + \begin{pmatrix} b_{11} & b_{12} \\ b_{21} & b_{22} \end{pmatrix} = \begin{pmatrix} a_{11}+b_{11} & a_{12}+b_{12} \\ a_{21}+b_{21} & a_{22}+b_{22} \end{pmatrix}$$

Beispiele zur Multiplikation:
$$\begin{pmatrix} 2 & 1 \\ -1 & 1 \end{pmatrix}\begin{pmatrix} 1 & 1 \\ -1 & 1 \end{pmatrix} = ? \quad \begin{pmatrix} 1 & 1 \\ -1 & 1 \end{pmatrix}\begin{pmatrix} 2 & 1 \\ -1 & 1 \end{pmatrix} = ?$$
$$\begin{pmatrix} 0 & 1 \\ 0 & 0 \end{pmatrix}\begin{pmatrix} 1 & 0 \\ 0 & 0 \end{pmatrix} = ?$$

Fig. 1

1 a) Wenn man 2×2-Matrizen „koeffizientenweise" addiert (Fig. 1), hat man dieselben Rechenregeln wie bei reellen Zahlen. Welche Matrix übernimmt dabei die Rolle der 0?
b) Die Multiplikation von 2×2-Matrizen ist zwar assoziativ, es gelten jedoch nicht alle Multiplikationsgesetze des Rechnens mit reellen Zahlen. Rechnen Sie die Beispiele in Fig. 1 durch. Gibt es eine Matrix, die die Rolle der Zahl 1 übernimmt? Wenn ja, welche?

Betrachtet man die Menge M aller quadratischen Matrizen mit vorgegebener Zeilenzahl n, z. B. n = 2 oder n = 3, so kann man diese Matrizen koeffizientenweise **addieren** (Fig. 1) bzw. subtrahieren: Definiert man die Multiplikation einer Matrix mit einer Zahl r so, dass alle Koeffizienten mit r multipliziert werden, so bilden die Matrizen einen Vektorraum. Der Nullvektor in diesem Vektorraum ist die **Nullmatrix O**, bei der alle Koeffizienten 0 sind.

Bei der **Matrizenmultiplikation** in M können „merkwürdige" Resultate auftreten. So kann das Produkt zweier Matrizen die Nullmatrix sein, obwohl keine der beiden Matrizen die Nullmatrix ist. Es gibt jedoch eine Teilmenge von M, die nur gutartige Matrizen enthält:

Definition: Man nennt eine quadratische Matrix A **regulär**, wenn ihre Spaltenvektoren linear unabhängig sind, d.h. die Gleichung $A \cdot \vec{x} = \vec{o}$ nur die Lösung $\vec{o}$ hat.

Satz: In der Menge R aller regulären quadratischen Matrizen mit der gleichen Zeilenzahl n gelten für die Multiplikation folgende Gesetze:

(G1) Gehören die Matrizen A und B zu R, so gehört auch das Produkt $A \cdot B$ zu R.
(G2) Für alle Matrizen A, B, C aus R gilt das **Assoziativgesetz**:
$(A \cdot B) \cdot C = A \cdot (B \cdot C)$
(G3) Die **Einheitsmatrix E**, bei der alle Koeffizienten e_{ii} gleich 1 und alle anderen gleich 0 sind, ist bei der Multiplikation **neutral**. D.h. für alle Matrizen A aus R gilt: $A \cdot E = A$.
(G4) Zu jeder Matrix A aus R gibt es eine **Inverse** A^{-1} in R, d.h. die Matrix A^{-1} hat die Eigenschaft: $A \cdot A^{-1} = E$.

Zur Erinnerung:
Die Vektoren der Standardbasis sind:
$$\vec{e_1} = \begin{pmatrix} 1 \\ 0 \\ 0 \\ \vdots \\ 0 \end{pmatrix}, \vec{e_2} = \begin{pmatrix} 0 \\ 1 \\ 0 \\ \vdots \\ 0 \end{pmatrix}, \ldots,$$
$$\vec{e_n} = \begin{pmatrix} 0 \\ 0 \\ \vdots \\ 0 \\ 1 \end{pmatrix}.$$

Beweis:
zu (G1): Die Gleichung $C \cdot \vec{x} = \vec{o}$ mit $C = A \cdot B$ lässt sich in der Form $A \cdot (B \cdot \vec{x}) = \vec{o}$ schreiben. Da A regulär ist, muss also $B \cdot \vec{x}$ der Nullvektor sein. Da B regulär ist, folgt $\vec{x} = \vec{o}$. Also ist C regulär.
zu (G2): Das Multiplizieren von Matrizen entspricht dem Verketten von Abbildungen. Diese Verkettung ist stets assoziativ.
zu (G3): Der Beweis wird am Beispiel von 4×4-Matrizen in Aufgabe 5 geführt.
zu (G4): Die Gleichung $A \cdot \vec{x} = \vec{o}$ besitzt nur die Lösung $\vec{o}$. Also hat für jeden Vektor $\vec{e_k}$ der Standardbasis das der Gleichung $A \cdot \vec{x} = \vec{e_k}$ entsprechende inhomogene LGS genau eine Lösung $\vec{b_k}$. Schreibt man diese Lösungen als Spalten in eine Matrix B, so gilt $A \cdot B = E$.

Algebra quadratischer Matrizen

Bemerkungen:
Man kann zeigen, dass auch $\mathbf{E \cdot A = A}$ (vgl. Aufgabe 5) und $\mathbf{A^{-1} \cdot A = E}$ (vgl. Aufgabe 8) gilt. Daraus folgt, dass **A** die inverse Matrix von $\mathbf{A^{-1}}$ ist.
Man nennt eine Menge G mit einer Verknüpfung · eine **Gruppe**, wenn sie den Bedingungen (G1) bis (G4) genügt.
Man vereinbart auch für die Addition und Multiplikation quadratischer Matrizen gleicher Zeilenzahl die Regel „Punkt vor Strich". Es gelten die **Distributivgesetze**:
$A \cdot (B + C) = A \cdot B + A \cdot C$ und $(A + B) \cdot C = A \cdot C + B \cdot C$.
Entspricht einem LGS eine Matrizengleichung $A \cdot \vec{x} = \vec{b}$ mit quadratischer regulärer Koeffizientenmatrix A, so kann man es so lösen: $A \cdot \vec{x} = \vec{b} \Rightarrow \underbrace{A^{-1} \cdot A}_{= E} \cdot \vec{x} = A^{-1} \cdot \vec{b} \Rightarrow \vec{x} = A^{-1} \cdot \vec{b}$.

Dies ist vorteilhaft, wenn viele solche LGS mit der gleichen Koeffizientenmatrix A und verschiedenen $\vec{b}$ zu lösen sind.

Beispiel: (Inversenbestimmung)

Bestimmen Sie die inverse Matrix von $A = \begin{pmatrix} 4 & 1 & -1 \\ 1 & 2 & -5 \\ 0 & -1 & 2 \end{pmatrix}$.

Lösung:
Gesucht sind die Lösungen $\vec{b_1}, \vec{b_2}, \vec{b_3}$ der drei Gleichungen

(1) $\begin{pmatrix} 4 & 1 & -1 \\ 1 & 2 & -5 \\ 0 & -1 & 2 \end{pmatrix} \cdot \vec{x} = \begin{pmatrix} 1 \\ 0 \\ 0 \end{pmatrix}$, (2) $\begin{pmatrix} 4 & 1 & -1 \\ 1 & 2 & -5 \\ 0 & -1 & 2 \end{pmatrix} \cdot \vec{x} = \begin{pmatrix} 0 \\ 1 \\ 0 \end{pmatrix}$, (3) $\begin{pmatrix} 4 & 1 & -1 \\ 1 & 2 & -5 \\ 0 & -1 & 2 \end{pmatrix} \cdot \vec{x} = \begin{pmatrix} 0 \\ 0 \\ 1 \end{pmatrix}$.

Diese Gleichungen werden gleichzeitig mit dem GAUSS-JORDAN-Verfahren (vgl. Seite 17) gelöst:

Erweitert man A gleichzeitig um die Vektoren $\vec{e_1}, \vec{e_2}$ und $\vec{e_3}$ der Standardbasis, so hat man A um E erweitert.
z. B.: $Ia = II$, $IIa = III$, $IIIa = I$ und danach $IIIb = IIIa - 4 \cdot Ia - 7 \cdot IIa$.

1. Schritt: Man notiert die erweiterte Matrix $A|E$, indem man die Einheitsmatrix E hinter A schreibt.

$\left(\begin{array}{rrr|rrr} 4 & 1 & -1 & 1 & 0 & 0 \\ 1 & 2 & -5 & 0 & 1 & 0 \\ 0 & -1 & 2 & 0 & 0 & 1 \end{array}\right)$

2. Schritt: Man formt die Matrix $A|E$ so mit dem GAUSS-Verfahren um, dass die linke Hälfte Dreiecksform annimmt.

$\left(\begin{array}{rrr|rrr} 1 & 2 & -5 & 0 & 1 & 0 \\ 0 & -1 & 2 & 0 & 0 & 1 \\ 0 & 0 & 5 & 1 & -4 & -7 \end{array}\right)$

Z. B.: $IIIc = \frac{1}{5}IIIb$, $IIc = 2 \cdot IIIc - IIb$, usw.

3. Schritt: Durch weitere Zeilenumformungen der erweiterten Matrix überführt man die linke Hälfte dieser Matrix in die Einheitsmatrix.

$\left(\begin{array}{rrr|rrr} 1 & 0 & 0 & \frac{1}{5} & \frac{1}{5} & \frac{3}{5} \\ 0 & 1 & 0 & \frac{2}{5} & -\frac{8}{5} & -\frac{19}{5} \\ 0 & 0 & 1 & \frac{1}{5} & -\frac{4}{5} & -\frac{7}{5} \end{array}\right)$

4. Schritt: Die rechte Hälfte der umgeformten erweiterten Matrix ist die gesuchte Inverse, da sie aus den Lösungen der Gleichungen (1), (2) und (3) besteht.

$A^{-1} = \frac{1}{5}\begin{pmatrix} 1 & 1 & 3 \\ 2 & -8 & -19 \\ 1 & -4 & -7 \end{pmatrix}$

Aufgaben

2 Berechnen Sie A^2, B^2, $A + B$, $A - B$, $(A + B) \cdot (A - B)$ und $A^2 - B^2$. Woran liegt es, dass $(A + B) \cdot (A - B) \neq A^2 - B^2$?

$A = \begin{pmatrix} 2 & 1 & 0 & 1 \\ 1 & 2 & -2 & 0 \\ 0 & -1 & 2 & 1 \\ 0 & -2 & 0 & -1 \end{pmatrix}$ und $B = \begin{pmatrix} 0 & 1 & 4 & 2 \\ 1 & 0 & -1 & -1 \\ 3 & -1 & 0 & 1 \\ 2 & 0 & 1 & 0 \end{pmatrix}$

Algebra quadratischer Matrizen

3 Berechnen Sie $(A + B) \cdot (A - B)$ und $A^2 - B^2$.

a) $A = \begin{pmatrix} 0 & -1 & 2 \\ 1 & 2 & -3 \\ 2 & -3 & 4 \end{pmatrix}$, $B = \begin{pmatrix} 0 & 1 & 2 \\ -1 & -2 & 3 \\ -2 & 3 & -4 \end{pmatrix}$
b) $A = \begin{pmatrix} 1 & 5 & -1 \\ 3 & 2 & 1 \\ 8 & 1 & 2 \end{pmatrix}$, $B = \begin{pmatrix} 7 & -3 & 5 \\ 1 & 0 & -2 \\ 4 & -3 & -2 \end{pmatrix}$

Die Matrizen sind koeffizientenweise zu addieren bzw. mit einer reellen Zahl zu vervielfachen.

4 Die nebenstehenden Matrizen A, B, C und D bilden im Vektorraum der 2×2-Matrizen eine Basis.
a) Stellen Sie die Matrix H als Linearkombination der Matrizen A, B, C und D dar.
b) Stellen Sie die Matrix K als Linearkombination der Matrizen A, B, C und D dar.

$A = \begin{pmatrix} 1 & 0 \\ 0 & 0 \end{pmatrix}$, $B = \begin{pmatrix} 1 & 1 \\ 0 & 0 \end{pmatrix}$, $C = \begin{pmatrix} 1 & 1 \\ 1 & 0 \end{pmatrix}$,

$D = \begin{pmatrix} 1 & 1 \\ 1 & 1 \end{pmatrix}$, $H = \begin{pmatrix} 2 & 1 \\ 1 & -2 \end{pmatrix}$, $K = \begin{pmatrix} 3 & -1 \\ 1 & 0 \end{pmatrix}$

5 Die Einheitsmatrix E ist bezüglich der Multiplikation quadratischer Matrizen sowohl von rechts wie von links neutral. Überprüfen Sie das am Beispiel von 4 × 4-Matrizen.

6 Bestimmen Sie wie im Beispiel die inverse Matrix von A.

a) $A = \begin{pmatrix} 2 & 3 & -1 \\ 1 & -2 & 4 \\ 2 & 2 & -4 \end{pmatrix}$
b) $A = \begin{pmatrix} 5 & 2 & 1 \\ 1 & 4 & 2 \\ 1 & 2 & 4 \end{pmatrix}$
c) $A = \begin{pmatrix} 5 & -2 & 1 \\ 3 & -6 & 3 \\ 2 & 2 & -5 \end{pmatrix}$

d) $A = \begin{pmatrix} 3 & -2 & 4 \\ 2 & -5 & 2 \\ 1 & 2 & -5 \end{pmatrix}$
e) $A = \begin{pmatrix} 2 & -4 & 5 \\ 1 & 4 & 2 \\ 1 & 4 & -5 \end{pmatrix}$
f) $A = \begin{pmatrix} 3 & -1 & 4 \\ 2 & 3 & -4 \\ 1 & 2 & 4 \end{pmatrix}$

7 a) Bestimmen Sie A^{-1} und $(A^2)^{-1}$ für $A = \begin{pmatrix} 2 & 3 & -1 \\ 1 & -2 & 4 \\ 2 & 2 & -4 \end{pmatrix}$.

b) Zeigen Sie, dass für alle regulären quadratischen Matrizen gilt $(A^2)^{-1} = (A^{-1})^2$.

8 Zeigen Sie, dass für eine reguläre quadratische Matrix A und ihre Inverse A^{-1} auch $A^{-1} \cdot A = E$ gilt.
Anleitung: Nennen Sie die inverse Matrix von A^{-1} erst einmal B und multiplizieren Sie in der Beziehung $A \cdot A^{-1} = E$ erst beide Seiten von links mit A^{-1}, danach von rechts mit B.

Zur Erinnerung:
$a \cdot d - b \cdot c$ *ist die Determinante* $\begin{vmatrix} a & b \\ c & d \end{vmatrix}$.

9 Für jede reguläre 2 × 2-Matrix $A = \begin{pmatrix} a & b \\ c & d \end{pmatrix}$ gilt $a \cdot d - b \cdot c \neq 0$ und man kann ihre Inverse in der Form $A^{-1} = \frac{1}{a \cdot d - b \cdot c} \begin{pmatrix} d & -b \\ -c & a \end{pmatrix}$ berechnen.

a) Prüfen Sie dies nach, indem Sie die angegebenen Matrizen multiplizieren.
b) Lösen Sie die Matrizengleichungen (1), (2) und (3) mithilfe der inversen Matrix.

(1) $\begin{pmatrix} 2 & 1 \\ 3 & 4 \end{pmatrix} \cdot \begin{pmatrix} x_1 \\ x_2 \end{pmatrix} = \begin{pmatrix} 1 \\ 0 \end{pmatrix}$
(2) $\begin{pmatrix} 2 & 1 \\ 3 & 4 \end{pmatrix} \cdot \begin{pmatrix} x_1 \\ x_2 \end{pmatrix} = \begin{pmatrix} 3 \\ -1 \end{pmatrix}$
(3) $\begin{pmatrix} 2 & 1 \\ 3 & 4 \end{pmatrix} \cdot \begin{pmatrix} x_1 \\ x_2 \end{pmatrix} = \begin{pmatrix} -2 \\ 5 \end{pmatrix}$
(4) $\begin{pmatrix} 2 & 1 \\ 3 & 4 \end{pmatrix} \cdot \begin{pmatrix} x_1 \\ x_2 \end{pmatrix} = \begin{pmatrix} -1 \\ -1 \end{pmatrix}$
(5) $\begin{pmatrix} 2 & 1 \\ 3 & 4 \end{pmatrix} \cdot \begin{pmatrix} x_1 \\ x_2 \end{pmatrix} = \begin{pmatrix} 8 \\ -2 \end{pmatrix}$
(6) $\begin{pmatrix} 2 & 1 \\ 3 & 4 \end{pmatrix} \cdot \begin{pmatrix} x_1 \\ x_2 \end{pmatrix} = \begin{pmatrix} -7 \\ 10 \end{pmatrix}$

10 Bestimmen Sie zuerst die inverse Matrix A^{-1} von $A = \begin{pmatrix} 2 & -2 & 1 & 0 \\ 1 & -2 & 2 & 1 \\ 2 & 2 & 0 & 1 \\ 1 & 0 & 1 & 0 \end{pmatrix}$.

Lösen Sie danach jeweils die angegebene Gleichung unter Verwendung der Matrix A^{-1}.

a) $A \cdot \vec{x} = \begin{pmatrix} 1 \\ 0 \\ 2 \\ 0 \end{pmatrix}$
b) $A \cdot \vec{x} = \begin{pmatrix} 2 \\ -1 \\ 1 \\ -2 \end{pmatrix}$
c) $A \cdot \vec{x} = \begin{pmatrix} 0 \\ -1 \\ -2 \\ -3 \end{pmatrix}$
d) $A \cdot \vec{x} = \begin{pmatrix} 3 \\ -3 \\ 3 \\ -3 \end{pmatrix}$

Mathematische Exkursionen

Input-Output-Analyse

Im Jahr 1973 erhielt der russisch-amerikanische Wirtschaftswissenschaftler WASSILY W. LEONTIEF den Nobelpreis für Wirtschaftswissenschaften. Damit wurde er für die Schaffung der Input-Ouput-Methode geehrt.
Input definierte LEONTIEF als die Güter und Dienstleistungen, die ein Wirtschaftszweig kauft, **Output** definierte er als die Güter und Dienstleistungen, die ein Wirtschaftszweig produziert und verkauft.
Durch Untersuchung der Zusammenhänge zwischen Inputs und Outputs lassen sich für das Verhalten von Volkswirtschaften mathematische Modelle aufstellen.
Die Input-Output-Methode macht die vereinfachende Annahme, dass sich der *Output* (= produzierte Güter und Leistungen) eines Wirtschaftszweiges durch lineare Gleichungen aus dem *Input* (= eingekaufte Güter und Leistungen) berechnen lässt. Dabei werden alle Güter und Leistungen nur durch ihre Preise in Währungseinheiten WE (z. B. 1 000 000 €) vertreten.
Die Gesamtproduktion x_i eines Wirtschaftszweiges i setzt sich aus Lieferungen an andere produzierende Bereiche und dem Verkauf y_i an den Endverbrauchermarkt zusammen. Man nennt y_i die *Endnachfrage* und die Differenz $z_i = x_i - y_i$ den *internen Bedarf* der Volkswirtschaft an Leistungen des Sektors i.
Fig. 1 zeigt eine **Input-Output-Tabelle** für das vergröberte Modell einer Volkswirtschaft. Hier werden nur die Sektoren D (Dienstleistungen), L (Land- und Forstwirtschaft/Fischerei), V (Energie/Bergbau/Wasser) und I (Industrie) unterschieden.
Der Koeffizient in der i-ten Zeile und j-ten Spalte des unterlegten Feldes gibt an, wie viele Einheiten der Sektor i an den Sektor j liefern muss, wenn in j eine Produktionseinheit hergestellt werden soll. Die Matrix A mit diesen Koeffizienten nennt man die **Inputmatrix**.
Aus der Tabelle ergeben sich die Gleichungen in Fig. 2. In Matrizenschreibweise lauten sie:

(1) $\vec{z} = \begin{pmatrix} 0{,}21 & 0{,}09 & 0{,}04 & 0{,}18 \\ 0{,}09 & 0{,}15 & 0{,}01 & 0{,}07 \\ 0{,}06 & 0{,}04 & 0{,}41 & 0{,}07 \\ 0{,}19 & 0{,}30 & 0{,}15 & 0{,}83 \end{pmatrix} \cdot \vec{x}$,

(2) $\vec{y} = \vec{x} - \vec{z}$.

WASSILY W. LEONTIEF wurde 1906 in Sankt Petersburg geboren und studierte an der dortigen Universität und in Berlin. Er wanderte 1929 in die Vereinigten Staaten aus und arbeitete erst im National Bureau of Economic Research in New York. Ab 1931 lehrte er an der Harvard University. Im Jahr 1958 analysierte er die amerikanische Volkswirtschaft und unterschied dabei 83(!) Wirtschaftszweige.

		empfangende Sektoren				Endnachfrage	Gesamtproduktion
		D	L	V	I		
liefernde Sektoren	D	0,21	0,09	0,04	0,18	y_D	x_D
	L	0,09	0,15	0,01	0,07	y_L	x_L
	V	0,06	0,04	0,41	0,07	y_V	x_V
	I	0,19	0,30	0,15	0,83	y_I	x_I

Fig. 1

Interner Bedarf:
$z_D = 0{,}21\,x_D + 0{,}09\,x_L + 0{,}04\,x_V + 0{,}18\,x_I$
$z_L = 0{,}09\,x_D + 0{,}15\,x_L + 0{,}01\,x_V + 0{,}07\,x_I$
$z_V = 0{,}06\,x_D + 0{,}04\,x_L + 0{,}41\,x_V + 0{,}07\,x_I$
$z_I = 0{,}19\,x_D + 0{,}30\,x_L + 0{,}15\,x_V + 0{,}83\,x_I$

Überschuss für die Marktnachfrage:
$y_D = x_D - z_D$
$y_L = x_L - z_L$
$y_V = x_V - z_V$
$y_I = x_I - z_I$

Fig. 2

Daher muss z. B. für eine Gesamtproduktion (in WE) von $x_D = 160$, $x_L = 60$, $x_V = 100$, $x_I = 650$ der Sektor D für sich und die anderen Sektoren bereits $0{,}21 \cdot 160 + 0{,}09 \cdot 60 + 0{,}04 \cdot 100 + 0{,}18 \cdot 650 = 160\,\text{WE}$ leisten. Für den Endverbrauchermarkt bliebe dabei nichts übrig. Beim Sektor L würde die Gesamtproduktion von 60 WE noch nicht einmal für den internen Bedarf aller Sektoren reichen (Aufgabe 1)!
Wie das Beispiel zeigt, ist es sinnvoller, von Annahmen über die Marktnachfrage auszugehen und daraus auf die benötigte Gesamtproduktionen der Sektoren zu schließen. Dazu fasst man die Gleichungen (1) und (2) zusammen und erhält

nach $\vec{y} = \vec{x} - \begin{pmatrix} 0{,}21 & 0{,}09 & 0{,}04 & 0{,}18 \\ 0{,}09 & 0{,}15 & 0{,}01 & 0{,}07 \\ 0{,}06 & 0{,}04 & 0{,}41 & 0{,}07 \\ 0{,}19 & 0{,}30 & 0{,}15 & 0{,}83 \end{pmatrix} \cdot \vec{x}$ die Matrizengleichung (3) $\vec{y} = \begin{pmatrix} 0{,}79 & -0{,}09 & -0{,}04 & -0{,}18 \\ -0{,}09 & 0{,}85 & -0{,}01 & -0{,}07 \\ -0{,}06 & -0{,}04 & 0{,}59 & -0{,}07 \\ -0{,}19 & -0{,}30 & -0{,}15 & 0{,}17 \end{pmatrix} \cdot \vec{x}$.

Mathematische Exkursionen

Fasst man y_D, y_L, y_V, y_I als Parameter auf und löst das durch (3) gegebene LGS, z. B. mit dem GAUSS-JORDAN-Verfahren (vgl. Seite 17), so ergibt sich (mit auf 3 Nachkommastellen gerundeten Koeffizienten):

$x_D = 2{,}426\, y_D + 1{,}616\, y_L + 1{,}133\, y_V + 3{,}701\, y_I$
$x_L = 0{,}644\, y_D + 1{,}849\, y_L + 0{,}494\, y_V + 1{,}649\, y_I$
$x_V = 0{,}834\, y_D + 0{,}995\, y_L + 2{,}342\, y_V + 2{,}258\, y_I$
$x_I = 4{,}584\, y_D + 5{,}948\, y_L + 4{,}204\, y_V + 14{,}917\, y_I$

In Matrizenschreibweise lautet dies:

$$(4)\quad \vec{x} = \begin{pmatrix} 2{,}426 & 1{,}616 & 1{,}133 & 3{,}701 \\ 0{,}644 & 1{,}849 & 0{,}494 & 1{,}649 \\ 0{,}834 & 0{,}995 & 2{,}342 & 2{,}258 \\ 4{,}584 & 5{,}948 & 4{,}204 & 14{,}917 \end{pmatrix} \cdot \vec{y}.$$

Die Matrix C in Gleichung (4) ist die **inverse** Matrix der Differenzmatrix $E - A$. Dabei ist E die Einheitsmatrix. Bis auf Rundungsfehler gilt also $C \cdot (E - A) = E$.

Man kann daher das Lösen von Gleichung (3) als Multiplikation beider Seiten von links mit der Matrix $C = (E - A)^{-1}$ auffassen.

Da alle Koeffizienten von C positiv sind, lässt sich innerhalb der Modellgrenzen **jede** Marktnachfrage durch eine geeignete Produktion befriedigen.

Die stärkste Auswirkung auf die Gesamtproduktion hat dabei offensichtlich die Marktnachfrage nach Industrieprodukten.

In Fig. 1 wird noch einmal in allgemeiner Form das Verfahren aus dem Beispiel angegeben.

Allgemeine Input-Output-Tabelle:

	empfangende Sektoren 1　2　...　j　...　n	End-nach-frage	Ges.-produktion
liefernde Sektoren 1	$a_{11}\ a_{12}\ ...\ a_{1j}\ ...\ a_{1n}$	y_1	x_1
2	$a_{21}\ a_{22}\ ...\ a_{2j}\ ...\ a_{2n}$	y_2	x_2
⋮	⋮	⋮	⋮
i	$a_{i1}\ a_{i2}\ ...\ a_{ij}\ ...\ a_{in}$	y_i	x_i
⋮	⋮	⋮	⋮
n	$a_{n1}\ a_{n2}\ ...\ a_{nj}\ ...\ a_{nn}$	y_n	x_n

Der Koeffizient a_{ij} gibt an, wie viele Einheiten der Sektor i an den Sektor j liefern muss, wenn dort eine Einheit produziert wird.

LGS zur Bestimmung des Gesamtproduktionsvektors $\vec{x}$ aus dem Nachfragevektor $\vec{y}$:

$$\underbrace{\begin{pmatrix} 1-a_{11} & -a_{12} & ... & -a_{1n} \\ -a_{21} & 1-a_{22} & & -a_{2n} \\ \vdots & & \ddots & \\ -a_{n1} & -a_{n2} & & 1-a_{nn} \end{pmatrix}}_{E-A} \cdot \vec{x} = \vec{y}$$

Falls die Inverse $C = (E - A)^{-1}$ von $(E - A)$ existiert, ist $\vec{x} = C\,\vec{y}$.

Fig. 1

Anmerkungen zu den Grenzen des Verfahrens: Die Proportionalitätsannahmen über Inputs und Outputs gelten nur innerhalb gewisser Werteintervalle und die Koeffizienten von Inputmatrizen ändern sich im Laufe der Zeit. Außerdem bleiben zeitliche Unterschiede zwischen den Inputänderungen und Outputänderungen unberücksichtigt.

1 Berechnen Sie für den Produktionsvektor $x_D = 160$, $x_L = 60$, $x_V = 100$, $x_I = 650$ im Textbeispiel den inneren Bedarf $\vec{z}$ für alle Wirtschaftszweige und interpretieren Sie das Ergebnis.

2 Multiplizieren Sie die Matrix aus Gleichung (3) mit der Matrix aus Gleichung (4). Wie weit weichen die Koeffizienten der Produktmatrix und der Einheitsmatrix höchstens voneinander ab?

3 Bestimmen Sie mithilfe von Gleichung (4) zu einer Endnachfrage von $y_I = 200$ für Industriegüter und $y_D = 100$ nach Dienstleistungen den Produktionsvektor $\vec{x}$ mit minimaler Produktion der Sektoren L und V.

4 Fig. 2 zeigt die Gesamtproduktion in einer Volkswirtschaft mit drei Sektoren U, V und W mit den gegenseitigen Lieferungen.
a) Bestimmen Sie die Inputmatrix A.
b) Welche Endnachfrage ergibt sich aus Fig. 2?
c) Bestimmen Sie die Matrix C, mit der sich der Gesamtoutput $\vec{x}$ aus der Endnachfrage $\vec{y}$ berechnen lässt. Bestimmen Sie damit den Gesamtoutput zu der Endnachfrage (in WE) $y_U = 1500$, $y_V = 600$, $y_W = 1200$.

Tipp zu a):
Überlegen Sie, durch welchen Output man jeweils den Input eines Sektors dividieren muss!

Austausch von Produkten und Gesamtproduktion in WE:

		empfangende Sektoren			Gesamt-produktion
		U	V	W	
liefernde Sektoren	U	2400	1500	600	8000
	V	1600	2000	600	5000
	W	800	5000	1200	3000

Fig. 2

235

Rückblick

Prozessmatrizen: Werden bei einem Vorgang s Eingangswerten $x_1, \ldots, x_s$ durch lineare Gleichungen n Ausgangswerte $y_1, \ldots, y_n$ zugewiesen, so notiert man die Eingangswerte in einem Vektor $\vec{x}$, die Ausgangswerte in einem Vektor $\vec{y}$ und die Koeffizienten der Gleichungen in einer **Matrix A**. Man nennt den Vorgang einen Prozess mit der Übergangsmatrix A und beschreibt die Zuordnung in der Form

$$\begin{pmatrix} y_1 \\ y_2 \\ \vdots \\ y_n \end{pmatrix} = \underbrace{\begin{pmatrix} a_{11} & a_{12} & \cdots & a_{1s} \\ a_{21} & a_{22} & \cdots & a_{2s} \\ \vdots & \vdots & & \vdots \\ a_{n1} & a_{n2} & \cdots & a_{ns} \end{pmatrix}}_{A} \cdot \begin{pmatrix} x_1 \\ x_2 \\ \vdots \\ x_s \end{pmatrix}$$

Dabei ist der Wert y_k gleich dem Skalarprodukt aus dem k-ten **Zeilenvektor** von A und dem Spaltenvektor $\vec{x}$.

Matrizenmultiplikation: Das Matrizenprodukt $C = A \cdot B$ ist nur für den Fall definiert, dass A so viele Spalten wie B Zeilen besitzt. Den Koeffizienten c_{ik} von C berechnet man als Skalarprodukt des i-ten **Zeilenvektors** von A mit dem k-ten **Spaltenvektor** von B. Matrizenprodukte treten bei mehrstufigen Prozessen auf. Sind die Ausgangswerte eines Prozesses mit der Matrix B die Eingangswerte eines Prozesses mit der Matrix A, so hat der Gesamtprozess das Produkt $A \cdot B$ als Prozessmatrix.

Austauschprozesse: Hier geht es um die Verteilung regelmäßig beobachteter Objekte auf n Zustände. Der Koeffizient a_{ik} der zugehörigen Übergangsmatrix A gibt an, welcher Anteil der Objekte im Zustand k sich bei der nächsten Beobachtung in i befindet. Daher ist die Matrix A quadratisch, enthält keine negativen Koeffizienten und hat in jeder Spalte die Koeffizientensumme 1.

Der Vektor $\vec{x}$ mit eingetragenen Objektanzahlen (oder Anteilen) für die Zustände wird eine Verteilung genannt. Sie heißt **stationäre Verteilung**, wenn sie sich von einer Beobachtung zur nächsten reproduziert. Zur Bestimmung stationärer Verteilungen löst man die Gleichung $A \cdot \vec{x} = \vec{x}$.

Stochastische Matrizen: Betrachtet man anstelle von Anteilen Wahrscheinlichkeiten, so kann man Prozesse beschreiben, bei denen ein System zwischen endlich vielen Zuständen zufällig wechselt.

Der Koeffizient p_{ik} der Übergangsmatrix P gibt in diesem Fall an, mit welcher Wahrscheinlichkeit das System bei der nächsten Beobachtung im Zustand i ist, wenn es vorher im Zustand k war. Eine solche **stochastische** Matrix hat dieselben Eigenschaften wie die Übergangsmatrix eines Austauschprozesses.

Gibt $\vec{x}$ die Wahrscheinlichkeit der Zustände zu einem gegebenen Beobachtungszeitpunkt an, so erhält man diese Wahrscheinlichkeiten zum darauf folgenden Beobachtungszeitpunkt in der Form $P \cdot \vec{x}$.

Wenn bei Austauschprozessen oder stochastischen Prozessen die Übergangsmatrix oder wenigstens eine ihrer Potenzen eine Zeile ohne Nullen enthält, so nähert sich der Verteilungsvektor $\vec{x}$ bei fortgesetzter Beobachtung beliebig genau einer stationären Grenzverteilung $\vec{s}$.

Beschreibung eines Prozesses:

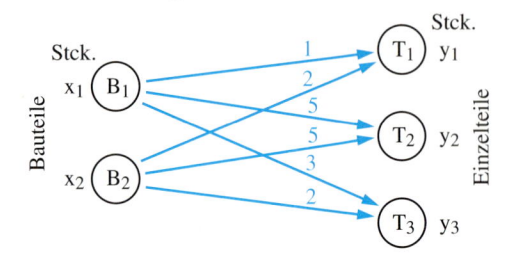

$$\begin{pmatrix} y_1 \\ y_2 \\ y_3 \end{pmatrix} = \begin{pmatrix} 1 & 2 \\ 5 & 5 \\ 3 & 2 \end{pmatrix} \cdot \begin{pmatrix} x_1 \\ x_2 \end{pmatrix} = \begin{pmatrix} x_1 + 2x_2 \\ 5x_1 + 5x_2 \\ 3x_1 + 2x_2 \end{pmatrix}$$

Ein Matrizenprodukt:

$$\begin{pmatrix} 2 & 3 \\ 4 & 2 \\ 1 & 5 \end{pmatrix} \cdot \begin{pmatrix} 1 & 0 & 3 \\ 5 & 2 & 2 \end{pmatrix} = \begin{pmatrix} 17 & 6 & 12 \\ 14 & 4 & 16 \\ 26 & 10 & 13 \end{pmatrix}.$$

Schema für 2-stufige Prozesse:

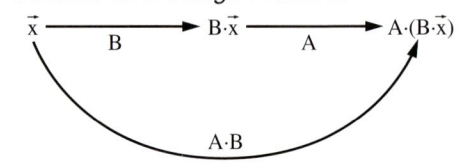

$$\vec{x} \xrightarrow{B} B \cdot \vec{x} \xrightarrow{A} A \cdot (B \cdot \vec{x})$$
$$\xrightarrow{A \cdot B}$$

Gleichung eines Austauschprozesses:

$$\begin{pmatrix} x_1' \\ x_2' \\ x_3' \end{pmatrix} = \begin{pmatrix} 0,5 & 0,2 & 0,1 \\ 0,3 & 0,6 & 0,4 \\ 0,2 & 0,2 & 0,5 \end{pmatrix} \cdot \begin{pmatrix} x_1 \\ x_2 \\ x_3 \end{pmatrix}$$

Eine stationäre Anzahlverteilung dazu:

$$\begin{pmatrix} 0,5 & 0,2 & 0,1 \\ 0,3 & 0,6 & 0,4 \\ 0,2 & 0,2 & 0,5 \end{pmatrix} \cdot \begin{pmatrix} 12 \\ 23 \\ 14 \end{pmatrix} = \begin{pmatrix} 12 \\ 23 \\ 14 \end{pmatrix}$$

Ein Prozess mit 3 Wetterzuständen:
t: trocken; w: wechselhaft; r: Regen

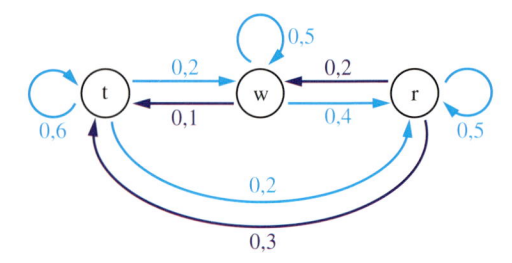

Übergangsmatrix: *Grenzmatrix von P^k:*

$$P = \begin{pmatrix} 0,6 & 0,1 & 0,3 \\ 0,2 & 0,5 & 0,2 \\ 0,2 & 0,4 & 0,5 \end{pmatrix} \quad G = \frac{1}{3}\begin{pmatrix} 1 & 1 & 1 \\ 1 & 1 & 1 \\ 1 & 1 & 1 \end{pmatrix}$$

236

Aufgaben zum Üben und Wiederholen

1 Für die Herstellung von zwei elektronischen Bauteilen B_1 und B_2 werden Widerstände der Typen R_1, R_2, R_3 gebraucht (Fig. 1).
a) Bestimmen Sie die Bedarfsmatrix A, mit der man aus den Stückzahlen x_1 für B_1 und x_2 für B_2 die Gesamtzahlen y_1, y_2, y_3 benötigter Widerstände berechnen kann.
b) Berechnen Sie y_1, y_2, y_3 für
  (1) $x_1 = 30$ und $x_2 = 20$
  (2) $x_1 = 55$ und $x_2 = 40$.

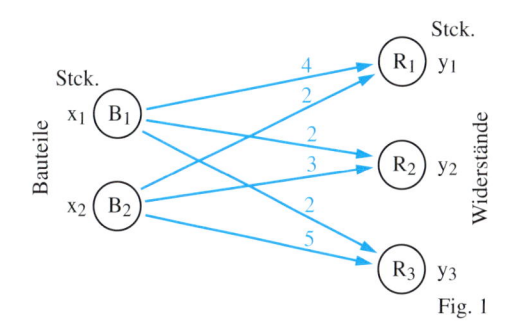

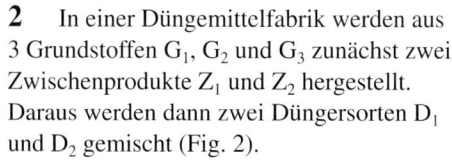

Fig. 1

2 In einer Düngemittelfabrik werden aus 3 Grundstoffen G_1, G_2 und G_3 zunächst zwei Zwischenprodukte Z_1 und Z_2 hergestellt. Daraus werden dann zwei Düngersorten D_1 und D_2 gemischt (Fig. 2).
a) Stellen Sie die Bedarfsmatrizen A und B der Produktionsstufen auf und bestimmen Sie die Bedarfsmatrix C für den Gesamtprozess.
b) Wie viel t der Grundstoffe werden insgesamt für 3 t Dünger D_1 und 4 t Dünger D_2 gebraucht?

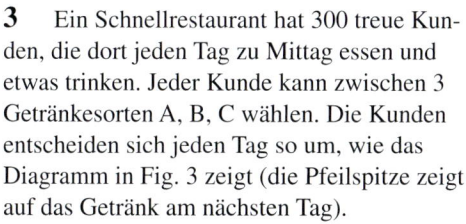

Bedarf je t eines Folgeprodukts an Vorprodukten in t:

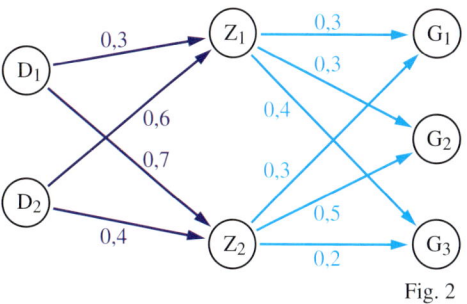

Fig. 2

3 Ein Schnellrestaurant hat 300 treue Kunden, die dort jeden Tag zu Mittag essen und etwas trinken. Jeder Kunde kann zwischen 3 Getränkesorten A, B, C wählen. Die Kunden entscheiden sich jeden Tag so um, wie das Diagramm in Fig. 3 zeigt (die Pfeilspitze zeigt auf das Getränk am nächsten Tag).
a) Beschreiben Sie eine Stufe des Prozesses durch eine Übergangsmatrix. Bestimmen Sie eine stationäre Verteilung für die Getränkewahl.
b) Bestimmen Sie die Übergangsmatrizen für 2, 3 und 4 Tage.

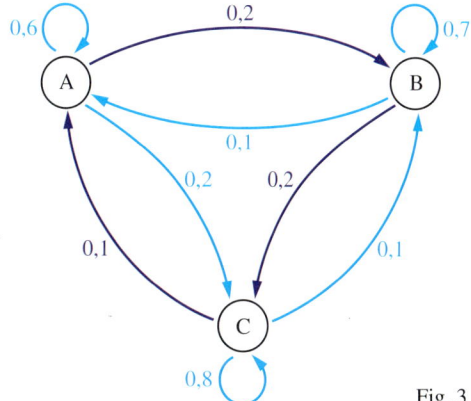

Fig. 3

4 Ein System ist nach jeder Minute in einem der Zustände 1, 2, 3, 4 und 5. Die Übergangswahrscheinlichkeiten sind durch die Übergangsmatrix P in Fig. 4 gegeben.
a) Am Anfang ist das System im Zustand 5. Berechnen Sie die Wahrscheinlichkeitsverteilung der Systemzustände nach 2 Minuten.
b) Bestimmen Sie eine stationäre Wahrscheinlichkeitsverteilung $\vec{s}$ für die Systemzustände.

$$P = \begin{pmatrix} 0,4 & 0 & 0 & 0 & 0,5 \\ 0,2 & 0,4 & 0 & 0 & 0 \\ 0,2 & 0,2 & 0,5 & 0 & 0 \\ 0,1 & 0,2 & 0,2 & 0,6 & 0 \\ 0,1 & 0,2 & 0,3 & 0,4 & 0,5 \end{pmatrix}$$

Fig. 4

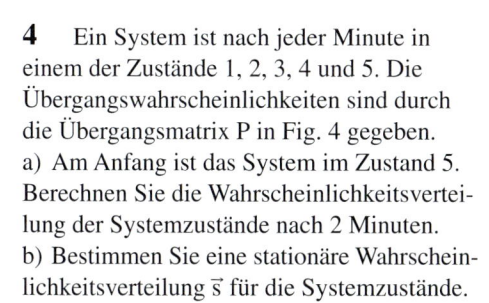

5 Gegeben ist die Übergangsmatrix $P = \begin{pmatrix} 0,5 & q & r \\ 0,4 & s & t \\ 0,1 & 0,2 & s \end{pmatrix}$ mit der stationären Verteilung $\vec{s} = \begin{pmatrix} 0,4 \\ 0,4 \\ 0,2 \end{pmatrix}$. Bestimmen Sie die Koeffizienten q, r, s und t.

Die Lösungen zu den Aufgaben dieser Seite finden Sie auf Seite 254.

237

Projekt

Perspektive in der Kunst

Die Perspektive in der Geschichte der Kunst

Das „mathematische" Problem der Malerei besteht darin, die dreidimensionale Welt auf einer zweidimensionalen Fläche darzustellen. Die ältesten bekannten Zeichnungen wie z. B. die Höhlenzeichnungen in Südfrankreich zeigen lineare Darstellungen von Tieren im Profil. In altägyptischen Wandreliefs werden die einzelnen Personen oder Dinge nur neben- und übereinander dargestellt. Bei menschlichen Figuren werden Körper meistens frontal gezeichnet, Kopf und Füße dagegen im Profil (Fig. 1).

Die Entdeckung der Perspektive erfolgte (vermutlich) im 6. Jahrhundert v. Chr.; aus dem 5. Jahrhundert sind Vasenmalereien erhalten, bei denen die einzelnen Personen für sich jeweils perspektivisch dargestellt werden. Anaxagoras entwickelte 460 v. Chr. eine Theorie der Perspektive, Demokrit, Platon und Aristoteles befassten sich im 4. Jahrhundert mit Fragen der Optik. Dabei ging man von Sehstrahlen aus, die bis zu dem getroffenen Gegenstand reichen und die dann dem Auge deren Aussehen mitteilt.

Fig. 1

In Euklids Buch zur Optik (um 300 v. Chr.) sind die damaligen Kenntnisse zusammengefasst. Euklid setzt dabei voraus, dass die Sehstrahlen vom Auge aus in geraden Linien verlaufen; sie bilden insgesamt einen Kegel, dessen Spitze im Auge liegt. Es folgen eine Reihe von Sätzen wie „Von zwei gleichen Größen in verschiedener Entfernung erscheint die nähere größer."

Fig. 2

Derartige Erkenntnisse gingen auch in die Kunst ein, man kann bereits von einer Raumperspektive sprechen, auch wenn sie noch nicht mathematisch konstruiert ist. Fig. 2 zeigt das rekonstruierte Fragment einer Darstellung einer Theaterszene auf einer Vase aus dem 4. Jahrhundert v. Chr. Wirklichkeitsnahe Darstellungen von Häusern, Fassaden, Türen kennzeichneten die Kulissen des griechischen Theaters; Bühnenmalerei wird zum Synonym für Perspektivlehre. Eine hierfür typische perspektivische Darstellung zeigt Fig. 3 (um 40 v. Chr.). Von Wandgemälden in Pompeji und Herakulaneum kennt man ebenfalls perspektivische Darstellungen, aber ab dem 5. Jahrhundert scheint die Kenntnis der Perspektive verloren gegangen zu sein. Erst in der Renaissance wird sie wieder entdeckt, vgl. Piero della Francesca: Die Geißelung Christi (Fig. 4).

Fig. 3

Fig. 4

238

Die „Ars Perspectiva" aus geometrischer Sicht

Erste Ansätze einer Perspektive in der Malerei finden sich beim italienischen Maler Giotto (1266–1337), er begann die Tiefe des Raumes als das eigentliche Problem zu empfinden. Er steht für den Übergang von der unperspektivischen zur perspektivischen Darstellung. Als der eigentliche Begründer der perspektivischen Darstellung in der Kunst („Ars perspectiva") gilt der Architekt und Erbauer der Domkuppel in Florenz, Filippo Brunelleschi (1377–1446). Aus einer Biografie über ihn weiß man, dass er ein Bild des Tempels von San Giovanni in Florenz geschaffen hatte, bei dem er „im richtigen Verhältnis die Vergrößerungen und Verkleinerungen der näheren und entfernteren Objekte zur Darstellung bringt, so wie sie vom menschlichen Auge gesehen werden, ... entsprechend dem Abstand, in dem sie sich zeigen." (Manetti, zitiert nach Gericke, s. u.) Auch soll Brunelleschi ein perspektivisches Bild vom Palazzo dei Signori geschaffen haben, aber keines der Bilder Brunelleschis ist erhalten geblieben.

Eine erste genaue Beschreibung der Perspektive stammt von dem Architekten, Künstler und Gelehrten Leon Battista Alberti (1404–1472). Vermutlich waren ihm die Ideen Euklids über die Optik durch arabische Texte bekannt, so bedeutete das Wort Perspectiva damals im Allgemeinen Optik. Auch Alberti betrachtet geradlinige „Sehstrahlen", wobei es gleichgültig sei, ob die Sehstrahlen vom Auge oder vom Gegenstand ausgehen. Schaut man durch z. B. ein Fenster, so bilden die Sehstrahlen eine „Sehpyramide" (entsprechend dem Sehkegel Euklids). Neu gegenüber früheren Werken zur Optik ist die Einführung einer Bildebene, die er sich als einen ganz feinen, dünn gewebten Schleier vorstellt.

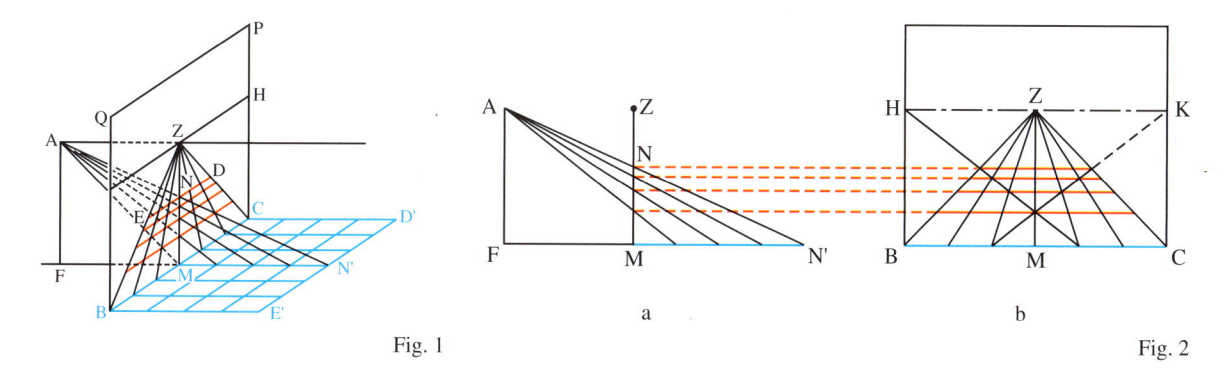

Fig. 1

Fig. 2

Zuerst beschreibt Alberti die Konstruktion des Bildes einer quadratisch eingeteilten Grundfläche. In Fig. 2 ist A der Augpunkt und die Ebene BCPQ die Bildebene. Der Sehstrahl AN' schneidet die Bildebene in N. Das Bild der Geraden E'D' ist die Gerade ED. Deutlich wird, dass die zur Bildebene parallelen Geraden des Quadratgitters auch im Bild zueinander parallel sind. Während sie aber auf dem Boden gleiche Abstände haben, verkleinern sich die Abstände im Bild umso mehr, je weiter hinten sie liegen. Die Konstruktion dieser Abstände zeigt Fig. 3. Zugleich wird an Fig. 3 deutlich, wie Alberti den Fluchtpunkt Z und den Horizont HK findet.

Piero della Francesca (um 1420–1492) zeigt in seinem Buch zur Perspektive, dass der Fluchtpunkt Z „senkrecht über M", dem Mittelpunkt der Strecke $\overline{BC}$, liegt und dass gilt $\overline{ZM} = \overline{AF}$ (Fig. 4). Seiner Begründung liegt folgender Gedanke zu Grunde:

In Fig. 4 ist $\overline{EN} : \overline{BM} = \overline{ZN} : \overline{ZM}$ und $\overline{ZN} : \overline{GN'} = \overline{AN} : \overline{AN'}$. Da $\overline{BM} = \overline{E'N'}$ und $\overline{ZM} = \overline{GN'}$, folgt $\overline{EN} : \overline{E'N'} = \overline{AN} : \overline{AN'}$. Dann müssen aber A, E, E' auf einer Geraden liegen, damit liegt Z auf der Geraden BE. Entsprechendes gilt für die Gerade CD.

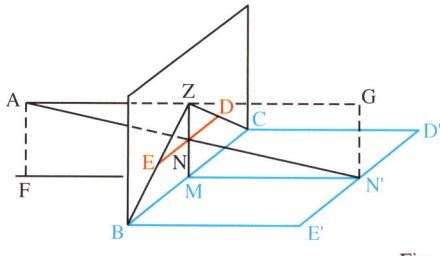

Fig. 3

239

Projekt

Perspektivmaschinen

Fig. 2

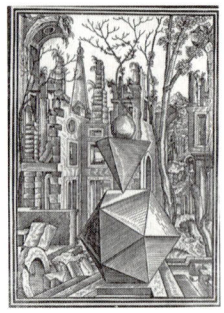

Fig. 1

Auf Grund ihrer Kenntnisse über die Perspektive konstruierten italienische Maler erst einmal mit Zirkel und Lineal die räumliche Gliederung des geplanten Bildes. Fig. 1 zeigt eine solche Studie von Leonardo da Vinci (1452–1519) zur „Anbetung der Könige". Schwieriger war es jedoch, wie in Fig. 2, kompliziertere Körper wie z. B. die Polyeder im Holzschnitt von Lorenz Stöehr (1566) darzustellen. Hierzu wurden so genannte „Perspektivmaschinen" benutzt.

Albrecht Dürer (1471–1528) hat mehrere solcher Perspektivmaschinen konstruiert. Bei seiner ersten Perspektivmaschine von 1525 (Fig. 3) wird das Auge durch eine Kinnhalterung fixiert, das Bild entsteht durch Nachzeichnen auf einem transparenten Zeichenblatt. In späteren Perspektivmaschinen wird statt des Sehstrahls eine Schnur verwendet wie z. B. bei Dürers zweiter Perspektivmaschine (Fig. 4).

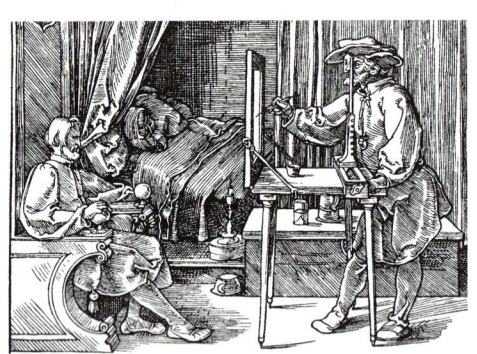

Fig. 3

Fig. 4

In Gemälden Ende des 16. Jahrhunderts findet man oft Darstellungen von Polyedern, die vielleicht einerseits das Ansehen der Mathematik bzw. Geometrie, aber auch Fähigkeit des Künstlers zu perspektivischen Darstellungen belegen. Das Bild in Fig. 5 eines unbekannten Künstlers zeigt den Franziskaner und „Rechenmeister" Luca Paciolis mit zwei Polyedern, deren Darstellung vermutlich maschinell konstruiert wurden.

Fig. 5

Ein paar ausgewählte Literaturhinweise:
Bärtschi, W. A.: Geometrische Linear- und Schattenperspektive, Braunschweig, 1994
Zur Perspektive in der Kunst:
Abels, J. G.: Erkenntnis der Bilder, die Perspektive in der Kunst der Renaissance, Frankfurt, 1985.
Fließ, P.: Kunst und Maschine, München, 1993.
Zur Perspektive aus der Sicht der Geschichte der Mathematik:
Gericke, H.: Mathematik im Abendland, Wiesbaden, 1992, darin S. 11 f. und S. 164 ff.

Projekt

Anregungen zu eigenen Untersuchungen

Untersuchen Sie mithilfe geeigneter Bildbände zur Malerei in der Renaissance (insbesondere zu italienischen Malern) oder mithilfe der Sammlung des Faches Kunsterziehung:
Sind Zimmerkanten, Gebäudeteile, Tische, ... perspektivisch korrekt gezeichnet?
Liegen die Fluchtpunkte richtig? Passen die dargestellten Personen, Tiere, Gegenstände in ihren Größen zur perspektivischen Darstellung des Raumes? Wurde absichtlich von einer korrekten Darstellung abgewichen?
Ein paar für Ihre Untersuchungen gut geeignete Werke:
Leonardo da Vinci: „Abendmahl"; Raffael: „Die Schule von Athen";
Tintoretto: „Das letzte Abendmahl"; Tizian: „Darstellung Mariens im Tempel";
Lucas Cranach d. Ä.: „Hl. Hieronymus in der Studierstube"

Untersuchen Sie an Werken von Giotto und seines Schülers Lorenzetti die Entwicklung zur perspektivischen Darstellung der Renaissance.

„Verkehrte" Perspektive

Gelegentlich wird versucht, durch beabsichtigte Fehler in der Perspektive besondere Effekte zu erzielen:

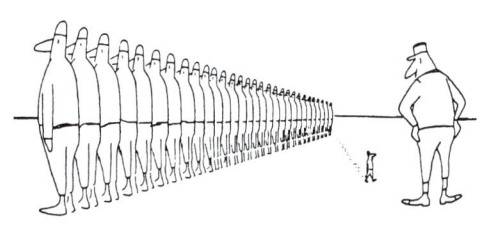

„Der Letzte vortreten"

„Begegnung auf einer Treppe"

Schon 1754 hat William Hogarth eine Zeichnung mit dem Titel „Falsche Perspektive" geschaffen. Der niederländische Grafiker M. C. Escher (1898–1972) ist u. a. durch seine „unmöglichen Figuren" berühmt geworden. Grundidee des „Belvedere" von 1958 ist der „unmögliche Würfel".

*Untersuchen Sie weitere Escher-Bilder, z. B. „Wasserfall" von 1961. Mehr auch zur Mathematik in den Werken Eschers finden Sie z. B. in:
Locher (Hrsg.): Leben und Werk M. C. Escher*

241

Projekt

Projekt: Komplexe Zahlen und Quaternionen

Vektoren und Matrizen stehen in einem engen Zusammenhang mit den komplexen Zahlen und Quaternionen. Dies gilt auch für die geschichtliche Entwicklung der Mathematik, vgl. dazu Seite 170. Eine besondere Bedeutung haben die komplexen Zahlen in der Physik zur Beschreibung von Schwingungsvorgängen. In der Raumfahrt werden Quaternionen bei Berechnungen zur Stabilisierung von Satelliten und Shuttles verwendet.

Komplexe Zahlen und ihre Darstellungen

DESCARTES 1637:
„Man kann sich bei jeder Gleichung so viele Lösungen vorstellen (franz.: imaginer) <wie ihr Grad angibt>, aber manchmal gibt es keine Größe, die dem entspricht, was man sich vorstellt."

DESCARTES bemühte sich, alle Lösungen der Gleichung $x^3 - 6x^2 + 13x - 10 = 0$ zu finden (vgl. Seite 170).
„Im Allgemeinen" haben Gleichungen dritten Grades auch drei Lösungen, hier gibt es aber nur eine „reelle" Lösung, und zwar die Zahl 2. DESCARTES stellte sich aber noch zwei weitere Lösungen vor, sozusagen als „imaginäre" Lösungen (franz.: racines imaginaires).
Das einfachste Beispiel einer Gleichung mit „imaginären" Lösungen ist die quadratische Gleichung $x^2 + 1 = 0$. Sie hat keine reellen Lösungen. Ganz formal könnte man aber aus $x^2 = -1$ folgern $x = \sqrt{-1}$. Diese nicht als reelle Zahl existierende Wurzel wäre dann eine „imaginäre" Lösung von $x^2 + 1 = 0$.

LEONHARD EULER (1707–1783) schrieb 1749:
„Alle imaginären Wurzeln algebraischer Gleichungen haben die Form $M + N\sqrt{-1}$, wobei M und N reelle Zahlen sind."
Hierzu als Beispiel: Rechnet man ganz formal wie mit reellen Zahlen, so findet man für die quadratische Gleichung $x^2 + 6x + 13 = 0$ die Lösungen

$$x_1 = \frac{-6 + \sqrt{36 - 4 \cdot 1 \cdot 13}}{2} = \frac{-6 + \sqrt{-16}}{2} = \frac{-6 + 4 \cdot \sqrt{-1}}{2} = -3 + 2 \cdot \sqrt{-1} \text{ und } x_2 = -3 - 2 \cdot \sqrt{-1}.$$

CARL FRIEDRICH GAUSS (1777–1855) führte für $\sqrt{-1}$ die Bezeichnung i ein, also $i = \sqrt{-1}$.
Unter den **komplexen Zahlen** versteht man so die Menge aller „Zahlen" der Form $a + bi$ mit $a, b \in \mathbb{R}$. Man bezeichnet diese Menge mit $\mathbb{C}$. Da man jede reelle Zahl a in der Form $a + 0 \cdot i$ schreiben kann, ist $\mathbb{R}$ eine Teilmenge von $\mathbb{C}$ bzw. $\mathbb{C}$ eine Erweiterung von $\mathbb{R}$.
Für die Addition und Multiplikation erhält man mithilfe der „üblichen" Rechengesetze
$(a + bi) + (c + di) = (a + c) + (b + d)i$ und
$(a + bi) \cdot (c + di) = ac + adi + bci + bdi^2 = (ac - bd) + (ad + bc)i$ (da $i^2 = \left(\sqrt{-1}\right)^2 = -1$).

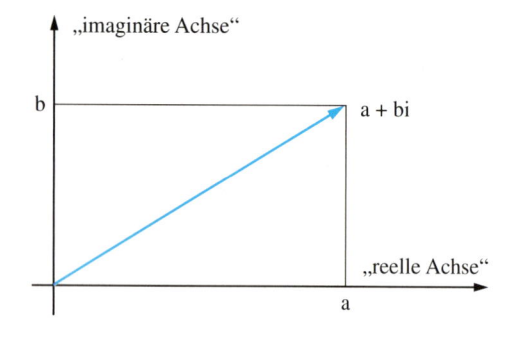

Zur konstruktiven Begründung stellte GAUSS die komplexen Zahlen als Punkte bzw. Pfeile in der „komplexen Zahlenebene" dar:
Der komplexen Zahl $a + bi$ entspricht so der Punkt mit den Koordinaten a und b bzw. der Vektor $\begin{pmatrix} a \\ b \end{pmatrix}$. Die Addition komplexer Zahlen entspricht dabei der Vektoraddition. Neu ist aber die sich ergebende Multiplikation: $\begin{pmatrix} a \\ b \end{pmatrix} \cdot \begin{pmatrix} c \\ d \end{pmatrix} = \begin{pmatrix} ac - bd \\ ad + bc \end{pmatrix}$.
Wie bei Vektoren nennt man $\sqrt{a^2 + b^2}$ den **Betrag** der komplexen Zahl $a + bi$ bzw. $\begin{pmatrix} a \\ b \end{pmatrix}$.

Projekt

Eine dritte Möglichkeit, komplexe Zahlen darzustellen, liefern die Matrizen:

Betrachtet man statt $a + bi$ die Matrix $\begin{pmatrix} a & -b \\ b & a \end{pmatrix}$, so ergeben die übliche Addition und Multiplikation genau die Addition und Multiplikation komplexer Zahlen:

$$\begin{pmatrix} a & -b \\ b & a \end{pmatrix} + \begin{pmatrix} c & -d \\ d & c \end{pmatrix} = \begin{pmatrix} a+c & -(b+d) \\ b+d & a+c \end{pmatrix} \text{ sowie}$$

$$\begin{pmatrix} a & -b \\ b & a \end{pmatrix} \cdot \begin{pmatrix} c & -d \\ d & c \end{pmatrix} = \begin{pmatrix} ac-bd & -(ad+bc) \\ ad+bc & ac-bd \end{pmatrix}.$$

(Vergleichen Sie mit der Addition und Multiplikation komplexer Zahlen auf der vorherigen Seite!)
Geometrisch kann man diese Matrizen als Drehstreckungen auffassen (vgl. Seite 198).
Ist speziell der Betrag der komplexen Zahl 1, also ist $a^2 + b^2 = 1$, so beschreibt die Matrix $\begin{pmatrix} a & -b \\ b & a \end{pmatrix}$ und damit die komplexe Zahl $a + bi$ eine Drehung (vgl. Seite 184).

Fragestellungen zu komplexen Zahlen

1 Zum Rechnen mit komplexen Zahlen:
a) Berechnen und schreiben Sie in der Form $a + bi$:
$(3 - 2i) \cdot (1 + i)$; $(3 - 2i) : (1 + i)$; $\left(-1 + i\sqrt{2}\right) \cdot \left(-1 - i\sqrt{2}\right)$; $(3 - 4i) : (-2 + i)$
b) Beweisen Sie den Satz von MOIVRE: $(\cos(\varphi) + i \sin(\varphi))^n = \cos(n\varphi) + i \sin(n\varphi)$
für $n = 2$ und $n = 3$.
c) Bestimmen Sie mithilfe des Satzes von MOIVRE alle Lösungen von $z^3 = 1$ und von $z^6 = 1$.

2 Lineare Funktionen $z \mapsto az + b$ komplexer Zahlen:
a) Die Funktion $z \mapsto az$ für eine feste komplexe Zahl a beschreibt eine Abbildung in der GAUSS'schen Zahlenebene.
Für welche a ist diese Abbildung eine zentrische Streckung mit dem Zentrum O?
Für welche a ist diese Abbildung eine Drehung um O?
b) Beschreiben Sie die geometrische Wirkung von $z \mapsto az + b$ (mit komplexen Zahlen a, b).

Komplexe Zahlen in der Physik
Schwingungen kann man durch die allgemeine Sinusfunktion mit
$s(t) = s_M \cdot \sin(\omega t)$ beschreiben, wobei s_M die Amplitude (= maximale Auslenkung) und ω die Winkelgeschwindigkeit angibt. Wählt man als Darstellung die GAUSS'sche Zahlenebene, so kann man die komplexe Funktion mit $z(t) = s_M \cdot [\cos(\omega t) + i \cdot \sin(\omega t)]$ betrachten. Der „Imaginärteil" $s_M \cdot \sin(\omega t)$ beschreibt dabei die oben angegebene Schwingung.
Will man Überlagerungen von Schwingungen untersuchen, so bietet diese Darstellung aufgrund der „EULER'schen Formel"
$\cos(\omega t) + i \cdot \sin(\omega t) = e^{i\omega t}$ rechnerische Vorteile (Potenzrechnung statt Rechnen mit der Sinusfunktion).

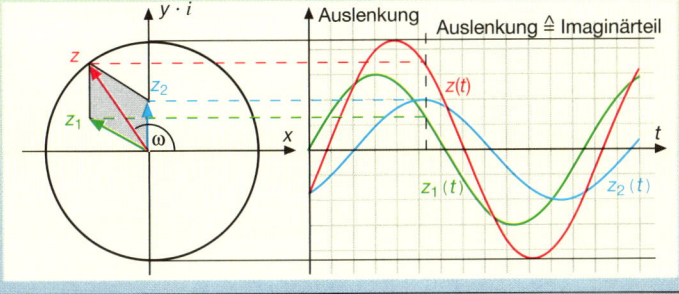

3 Untersuchen Sie die durch $z \mapsto \frac{1}{z}$ beschriebene Abbildung der GAUSS'schen Zahlenebene. Zeichnen Sie die GAUSS'sche Zahlenebene mit einer Koordinateneinheit von 5 cm. Zeichnen Sie die Gerade
a) g: $x_1 = 0{,}6$,   b) h: $x_2 = x_1$.
Wählen Sie 7 Punkte auf der Geraden (bei a) also komplexe Zahlen der Form $0{,}6 + bi$), berechnen Sie ihre Bilder und tragen Sie diese in Ihre Zeichnung ein.
Ist das Bild der Geraden wieder eine Gerade?
Versuchen Sie das Bild möglichst genau zu beschreiben.

Zum Weiterlesen:
Niederdrenk-Felgner, C.: Komplexe Zahlen,
Klett Themenheft Mathematik
Pieper, H.: Die komplexen Zahlen.
Theorie – Praxis – Geschichte.
Verlag Harri Deutsch

Projekt

Die Idee zu den Quaternionen ist Hamilton bei einem Spaziergang mit seiner Frau entlang des Royal Canal in Dublin gekommen. Er schrieb dazu später:
„Und ich konnte nicht dem Drang widerstehen, mit dem Messer die Grundformeln in einen Stein der Broughan Bridge, über die wir gingen, einzuritzen:
$i^2 = j^2 = k^2 = -1$.
$ij = -ji$."

Die Analogie der Matrixdarstellung der Quaternionen zur Matrixdarstellung der komplexen Zahlen erkennt man, indem man die Matrix einer Quaternion in vier Teilmatrizen zerlegt:

$$\begin{pmatrix} a_0 & -a_1 & -a_2 & -a_3 \\ a_1 & a_0 & -a_3 & a_2 \\ a_2 & a_3 & a_0 & -a_1 \\ a_3 & -a_2 & a_1 & a_0 \end{pmatrix}$$

Für die Teilmatrizen A und B gilt dann wie für die komplexen Zahlen
$\begin{pmatrix} A & -B \\ B & A \end{pmatrix}$.

Von den komplexen Zahlen zu den Quaternionen

Die reellen Zahlen und die komplexen Zahlen haben vergleichbare algebraische Eigenschaften: die Addition und die Multiplikation sind kommutativ und assoziativ und es gelten die Distributivgesetze. Der englische Mathematiker HAMILTON und der deutsche Mathematiker GRASSMANN versuchten auch für Vektoren des Raumes eine Multiplikation zu finden, die die gleichen algebraischen Eigenschaften wie die Multiplikation in $\mathbb{R}$ bzw. $\mathbb{C}$ hat (Der deutsche Mathematiker GEORG FERDINAND FROBENIUS (1849–1917) konnte später zeigen, dass dies nicht möglich ist). 1843 erzielte HAMILTON einen Teilerfolg. Er betrachtete „Skalare", d. h. reelle Zahlen a_0 und dazu Tripel a_1, a_2, a_3, die er Vektoren nannte.

Diese **Quaternionen** („Vierzahlen") sind eine Verallgemeinerung der komplexen Zahlen, nämlich formal notierte Terme der Form $a_0 + a_1 i + a_2 j + a_3 k$ mit $a_0, a_1, a_2, a_3 \in \mathbb{R}$.
Die Addition erfolgt entsprechend den komplexen Zahlen bzw. den Vektoren des $\mathbb{R}^4$.
Für die Multiplikation verlangte HAMILTON analog zu den komplexen Zahlen
$\mathbf{i^2 = j^2 = k^2 = -1}$.
Zusätzlich musste er alle Produkte zwischen den i, j und k definieren:
$\mathbf{ij = k;\ jk = i;\ ki = j;}$ aber $\mathbf{ji = -k;\ kj = -i;\ ik = -j}$
(damit ist die Multiplikation nicht kommutativ).

Ob diese Multiplikation die übrigen gewünschten Eigenschaften hat, ist nicht sofort zu erkennen. Um diese zu untersuchen, führt man die Multiplikation (ähnlich wie bei den komplexen Zahlen) auf die Matrizenmultiplikation zurück. Dazu setzt man:

$$1 \cong E = \begin{pmatrix} 1 & 0 & 0 & 0 \\ 0 & 1 & 0 & 0 \\ 0 & 0 & 1 & 0 \\ 0 & 0 & 0 & 1 \end{pmatrix};\ i \cong I = \begin{pmatrix} 0 & -1 & 0 & 0 \\ 1 & 0 & 0 & 0 \\ 0 & 0 & 0 & -1 \\ 0 & 0 & 1 & 0 \end{pmatrix};\ j \cong J = \begin{pmatrix} 0 & 0 & -1 & 0 \\ 0 & 0 & 0 & 1 \\ 1 & 0 & 0 & 0 \\ 0 & -1 & 0 & 0 \end{pmatrix};\ k \cong K = \begin{pmatrix} 0 & 0 & 0 & -1 \\ 0 & 0 & -1 & 0 \\ 0 & 1 & 0 & 0 \\ 1 & 0 & 0 & 0 \end{pmatrix}.$$

Damit entspricht $\hat{a} = a_0 + a_1 i + a_2 j + a_3 k$ die Matrix

$$A = a_0 \cdot E + a_1 \cdot I + a_2 \cdot J + a_3 \cdot K = \begin{pmatrix} a_0 & -a_1 & -a_2 & -a_3 \\ a_1 & a_0 & -a_3 & a_2 \\ a_2 & a_3 & a_0 & -a_1 \\ a_3 & -a_2 & a_1 & a_0 \end{pmatrix}.$$

Die Multiplikation der Quaternionen ergibt sich jetzt aus der Multiplikation der Matrizen.

Z. B.: $i \cdot k \cong I \cdot K = \begin{pmatrix} 0 & -1 & 0 & 0 \\ 1 & 0 & 0 & 0 \\ 0 & 0 & 0 & -1 \\ 0 & 0 & 1 & 0 \end{pmatrix} \cdot \begin{pmatrix} 0 & 0 & 0 & -1 \\ 0 & 0 & -1 & 0 \\ 0 & 1 & 0 & 0 \\ 1 & 0 & 0 & 0 \end{pmatrix} = \begin{pmatrix} 0 & 0 & 1 & 0 \\ 0 & 0 & 0 & -1 \\ -1 & 0 & 0 & 0 \\ 0 & 1 & 0 & 0 \end{pmatrix} \cong -J \cong -j.$

Damit ist sie wie die Matrizenmultiplikation zugleich assoziativ und distributiv zur Addition.

Um die Quaternionen geometrisch zu interpretieren, geht man auf den Ansatz von HAMILTON zurück und zerlegt die Quaternion in zwei Teile:
$a_0 + (a_1 i + a_2 j + a_3 k)$.

Die „reine" Quaternion $a_1 i + a_2 j + a_3 k$ lässt sich als Vektor $\begin{pmatrix} a_1 \\ a_2 \\ a_3 \end{pmatrix}$ des $\mathbb{R}^3$ auffassen, indem man i, j, k gleich $\vec{e_1}, \vec{e_2}$ bzw. $\vec{e_3}$ setzt: $\hat{a} = a_1 i + a_2 j + a_3 k \cong \begin{pmatrix} a_1 \\ a_2 \\ a_3 \end{pmatrix} = a_1 \vec{e_1} + a_2 \vec{e_2} + a_3 \vec{e_3}$.

Affine Abbildungen lassen sich im $\mathbb{R}^3$ (wie auch im $\mathbb{R}^2$) durch Multiplikation mit Matrizen darstellen. Drehungen und Spiegelungen im $\mathbb{R}^3$ kann man aber auch mithilfe von Quaternionen beschreiben.

Projekt

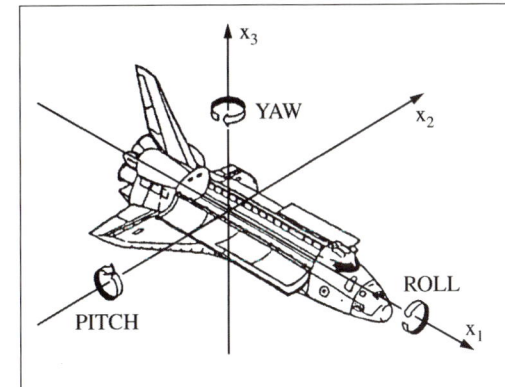

Ein Problem der Raumfahrt

Die Bewegung von Satelliten setzt sich zusammen aus zwei Teilbewegungen: der Bewegung des Schwerpunktes längs der Flugbahn und einer Drehbewegung um den Schwerpunkt. Seit LEONHARD EULER weiß man, dass man jede Drehbewegung um einen Punkt im Raum in Teildrehungen um zueinander orthogonale Achsen zerlegen kann. Hierzu am Beispiel des Space Shuttles (Entsprechendes gilt auch für Flugzeuge oder Schiffe): Die Drehbewegung um den Schwerpunkt setzt sich zusammen aus dem „Rollen" (engl.: roll) um die Längsachse des Shuttles, dem „Stampfen" (engl.: pitch) um die Querachse und dem „Gieren" (engl.: yaw) um die dritte Achse.

Satelliten und Shuttles neigen zu unkontrollierten Drehbewegungen, was aber im Hinblick auf die Ausrichtung von z. B. Antennen oder Solarkollektoren unbedingt vermieden werden muss. Um entsprechend gegensteuern zu können, muss man zur Bestimmung der notwendigen Maßnahmen Differenzialgleichungen über das Änderungsverhalten lösen, wozu sich eine Beschreibung der Drehbewegungen mithilfe von Quaternionen als günstig erweist. Man kann nämlich nicht nur Differenzialgleichungen mit reellen Koeffizienten lösen, sondern auch solche mit komplexen Zahlen oder Quaternionen als Koeffizienten.

Quaternionen und Drehungen im Raum

Eine affine Abbildung α kann man in der Ebene oder im Raum durch $\vec{x}' = A \cdot \vec{x}$ mit einer Matrix A beschreiben. Beschreibt man nun einen Vektor des Raums durch die reine Quaternion $\hat{x} = x_1 i + x_2 j + x_3 k$, kann man für jede fest gewählte Quaternion $\hat{q} = q_0 + q_1 i + q_2 j + q_3 k$ mit dem Betrag $\sqrt{q_0^2 + q_1^2 + q_2^2 + q_3^2} = 1$ eine Abbildung δ mit $\hat{x}' = \hat{q} \cdot \hat{x} \cdot \hat{q}^{-1}$ betrachten. Dann ist

$$\hat{q} \cdot \hat{x} = (q_0 + q_1 i + q_2 j + q_3 k) \cdot (x_1 i + x_2 j + x_3 k)$$
$$= (-q_1 x_1 - q_2 x_2 - q_3 x_3) + (q_0 x_1 + q_2 x_3 - q_3 x_2) i + (q_0 x_2 + q_3 x_1 - q_1 x_3) j +$$
$$+ (q_0 x_3 + q_1 x_2 - q_2 x_1) k.$$

Mit $\hat{q}^{-1} = q_0 - q_1 i - q_2 j - q_3 k$ (wegen $q_0^2 + q_1^2 + q_2^2 + q_3^2 = 1$) gilt dann für den skalaren Anteil von $\hat{x}'$:

$$x_0' = (-q_1 x_1 - q_2 x_2 - q_3 x_3) q_0 + (q_0 x_1 + q_2 x_3 - q_3 x_2) q_1 + (q_0 x_2 + q_3 x_1 - q_1 x_3) q_2 +$$
$$+ (q_0 x_3 + q_1 x_2 - q_2 x_1) q_3 = 0.$$

Damit ist $\hat{x}'$ ebenfalls eine reine Quaternion, sie kann somit als ein Vektor des $\mathbb{R}^3$ aufgefasst werden. Darüber hinaus kann man nachweisen, dass $\hat{x}$ und $\hat{x}'$ den gleichen Betrag haben. Daraus folgt, dass δ eine Bewegung, also eine Drehung oder eine Spiegelung, ist.

Sei jetzt umgekehrt eine spezielle Drehung um eine Gerade im Raum gegeben, z. B. das „Rollen" um die x_1-Achse im einen Winkel $\varphi = 2\beta$. Wie findet man die zugehörige Quaternion $\hat{q}$ mit $\hat{x}' = \hat{q} \cdot \hat{x} \cdot \hat{q}^{-1}$?

Fasst man i, j, k als Basisvektoren in Richtung der x_1-, x_2- bzw. x_3-Achse auf, so wähle man, da i Richtung der Drehachse ist: $\hat{q} = \cos(\beta) + i \cdot \sin(\beta)$.

Dann ist $j' = \hat{q} \cdot j \cdot \hat{q}^{-1} = (j \cdot \cos(\beta) + k \cdot \sin(\beta))(\cos(\beta) - i \cdot \sin(\beta)) = j \cdot \cos(2\beta) + k \cdot \sin(2\beta)$ und entsprechend $k' = j \cdot (-\sin(2\beta)) + k \cdot \cos(2\beta)$.

Bezogen auf die x_2-x_3-Ebene kann die Abbildung somit durch die Matrix $\begin{pmatrix} \cos(2\beta) & -\sin(2\beta) \\ \sin(2\beta) & \cos(2\beta) \end{pmatrix}$ beschrieben werden, es handelt sich tatsächlich um eine Drehung (vgl. Seite 184).

Die allgemeine Drehung um einen Punkt setzt sich aus bis zu drei solcher Drehungen zusammen. Sie lässt sich damit auch in der Form $\hat{x}' = \hat{q} \cdot \hat{x} \cdot \hat{q}^{-1}$ beschreiben, wobei dann $\hat{q}$ ein Produkt von Quaternionen ist.

Aufgaben zur Vorbereitung des schriftlichen Abiturs

Die folgenden Aufgaben beinhalten umfassendere Fragestellungen und können sich in dieser Form auch bei Abschlussklausuren oder beim schriftlichen Abitur ergeben.

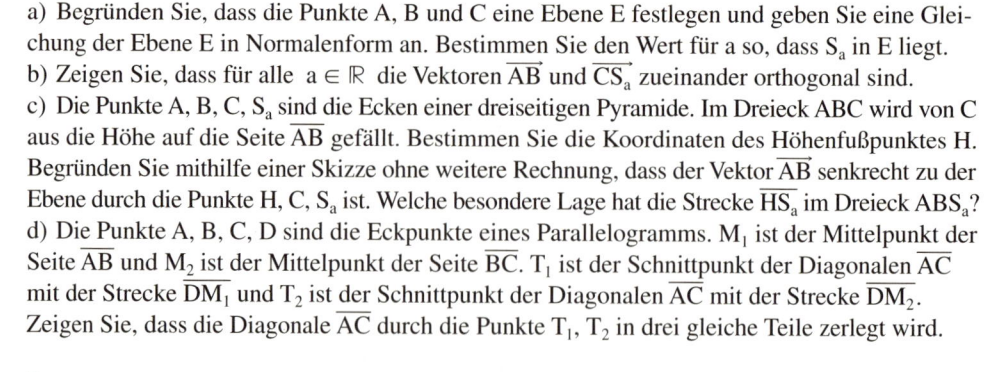

1 Gegeben sind die Punkte A(0|0|0), B(3|0|6), C(1|6|2) und S_a(7+2a|1|−1−a) mit a ∈ ℝ.
a) Begründen Sie, dass die Punkte A, B und C eine Ebene E festlegen und geben Sie eine Gleichung der Ebene E in Normalenform an. Bestimmen Sie den Wert für a so, dass S_a in E liegt.
b) Zeigen Sie, dass für alle a ∈ ℝ die Vektoren $\overrightarrow{AB}$ und $\overrightarrow{CS_a}$ zueinander orthogonal sind.
c) Die Punkte A, B, C, S_a sind die Ecken einer dreiseitigen Pyramide. Im Dreieck ABC wird von C aus die Höhe auf die Seite $\overline{AB}$ gefällt. Bestimmen Sie die Koordinaten des Höhenfußpunktes H. Begründen Sie mithilfe einer Skizze ohne weitere Rechnung, dass der Vektor $\overrightarrow{AB}$ senkrecht zu der Ebene durch die Punkte H, C, S_a ist. Welche besondere Lage hat die Strecke $\overline{HS_a}$ im Dreieck ABS_a?
d) Die Punkte A, B, C, D sind die Eckpunkte eines Parallelogramms. M_1 ist der Mittelpunkt der Seite $\overline{AB}$ und M_2 ist der Mittelpunkt der Seite $\overline{BC}$. T_1 ist der Schnittpunkt der Diagonalen $\overline{AC}$ mit der Strecke $\overline{DM_1}$ und T_2 ist der Schnittpunkt der Diagonalen $\overline{AC}$ mit der Strecke $\overline{DM_2}$.
Zeigen Sie, dass die Diagonale $\overline{AC}$ durch die Punkte T_1, T_2 in drei gleiche Teile zerlegt wird.

2 Gegeben sind die Punkte P(2|4|3), P'(0|−2|−1) und Q(2|8|4).
a) Bestimmen Sie eine Koordinatengleichung der Ebene E, bezüglich der die Punkte P und P' spiegelbildlich liegen.
b) Die Punkte P und Q legen die Gerade g fest. Berechnen Sie die Koordinaten des Durchstoßpunktes D der Geraden g durch die Ebene E.
c) Zeichnen Sie die Ebene E anhand ihrer Spurgeraden in ein Koordinatensystem ein. Ergänzen Sie Ihre Zeichnung mit den Punkten und Geraden, die im Weiteren bestimmt werden.
d) Die zu E orthogonale Gerade durch den Punkt Q durchstößt die Ebene E im Punkt F. Berechnen Sie die Koordinaten von F, die Länge der Strecke $\overline{QF}$ und die Koordinaten des Spiegelpunktes Q' bezüglich der Ebene E.
Bestimmen Sie eine Gleichung der Geraden h durch die Punkte D und F.
e) Welchen Winkel schließt die Gerade g mit der Ebene E und den Koordinatenebenen ein?

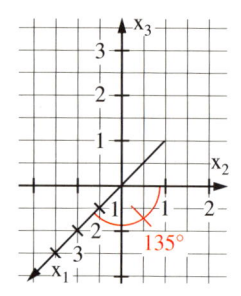

Verwenden Sie diese Darstellung zum Zeichnen (vgl. Seite 36).

3 In Fig. 1 ist das Schrägbild eines Winkelhauses in ein Koordinatensystem eingepasst. Aus den Maßangaben kann man die Koordinaten der Punkte A, B, C, D, E, F bestimmen und damit Gleichungen der „Dachebenen" E_1 und E_2 angeben.
a) Geben Sie für die Ebenen E_1 und E_2 Koordinatengleichungen an. Unter welchem Winkel schneiden sich E_1 und E_2 längs der Dachkehle $\overline{BE}$?
b) Wie lang ist die Dachkehle $\overline{BE}$ und welchen Neigungswinkel hat sie gegenüber der Grundrissebene (x_1x_2-Ebene)?
c) Die Antenne $\overline{GH}$ hat die Spitze H(8|14|16). Bestimmen Sie die Koordinaten des Antennenfußpunktes G. Kann man die Antennenspitze vom Punkt P(41|−7|1) sehen?
d) Bei Sonneneinstrahlung in Richtung des Vektors $\vec{u} = \begin{pmatrix} 8 \\ -5 \\ -6 \end{pmatrix}$ wirft die Antenne einen Schatten auf das Dach des Hauses. Berechnen Sie den Schattenpunkt auf der Dachkehle $\overline{BE}$ und den Schatten der Spitze H auf der Dachebene E_1.

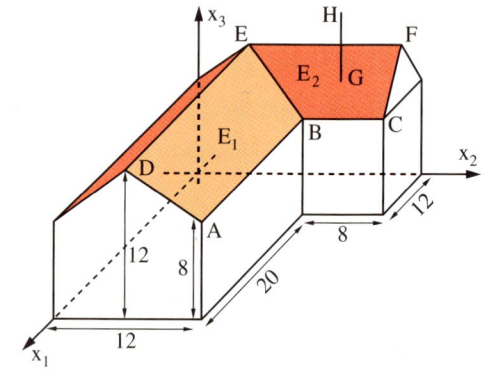

Fig. 1

246

4 Gegeben sind der Punkt A(2|2|0) und die Gerade $g: \vec{x} = \begin{pmatrix} 0 \\ 0 \\ 2 \end{pmatrix} + t \begin{pmatrix} 3 \\ -3 \\ 1 \end{pmatrix}$.

a) Bestimmen Sie eine Gleichung der Ebene E in Parameterform, die durch den Punkt A und die Gerade g festgelegt ist.
b) Bestimmen Sie den Abstand der Ebene E zum Ursprung.
c) Berechnen Sie die Durchstoßpunkte P und Q der x_1-Achse und der x_2-Achse durch die Ebene E.
d) Bestimmen Sie die Koordinaten des Punktes B auf der Geraden durch die Punkte P und Q, für den $\overrightarrow{OB} \perp \overrightarrow{OA}$ gilt.
e) Zeigen Sie, dass der Punkt A die Strecke $\overline{PQ}$ innen und der Punkt B die Strecke $\overline{PQ}$ außen im Verhältnis $\overline{OP} : \overline{OQ}$ teilt.

5 a) Berechnen Sie den Durchstoßpunkt D der Geraden $g: \vec{x} = \begin{pmatrix} -5 \\ -4 \\ 1 \end{pmatrix} + t \begin{pmatrix} 4 \\ 3 \\ 0 \end{pmatrix}$ durch die Ebene $E: 2x_1 - 3x_2 + x_3 = 1$.
b) Bestimmen Sie eine Parameterdarstellung der Ebene E', die parallel zu E ist und durch den Punkt A(-5|-4|1) geht. Bestimmen Sie den Abstand der Ebenen.
c) Welche Länge hat die Strecke, die von den Ebenen E und E' aus der Geraden g ausgeschnitten wird? In welchen Punkten und unter welchen Winkeln wird E von den Koordinatenachsen geschnitten?
d) Die Ebene $E_a: 2x_1 - 3x_2 + (2+a)x_3 = 3a + 4$, $a \in \mathbb{R}$, schneidet die x_3-Achse im Punkt P(0|0|p). Wie hängt p von a ab? Für welchen Wert von a existiert kein Schnittpunkt von E_a mit der x_3-Achse? Für welchen Wert von a gilt p > 4? Für welchen Wert von a ist p = a? Für welchen Wert von a ist $E = E_a$?

6 Gegeben sind die Punkte A(-1|2|1), B(2|0|3) und C(-2|2|0).
a) Zeigen Sie, dass diese Punkte eine Ebene E_1 festlegen und bestimmen Sie eine Gleichung dieser Ebene in Parameter- und Normalenform.
b) Die Ebene $E_2: 6x_1 + 9x_2 - 2x_3 - 6 = 0$ schneidet die Ebene E_1. Bestimmen Sie eine Gleichung der Schnittgeraden g.
c) Bestimmen Sie die Abstände der Punkte B und C von der Ebene E_2. Was kann man mit den bisherigen Ergebnissen über die gegenseitige Lage von B bzw. C und g folgern?
d) Zeigen Sie, dass die Punkte $S_a(-10|a|-a)$ für alle $a \in \mathbb{R}$ in einer der winkelhalbierenden Ebenen von E_1 und E_2 liegen.

7 Gegeben sind die Punkte P_1, P_2 und P_3, die nicht auf einer gemeinsamen Geraden liegen.
a) Konstruieren Sie den Schnittpunkt S der Seitenhalbierenden des Dreiecks $P_1P_2P_3$ und beweisen Sie die Beziehung $\overrightarrow{SP_1} + \overrightarrow{SP_2} + \overrightarrow{SP_3} = \vec{o}$.
b) Konstruieren Sie den Schnittpunkt M der Mittelsenkrechten des Dreiecks $P_1P_2P_3$ und beweisen Sie die Beziehung $\overrightarrow{MP_1} + \overrightarrow{MP_2} + \overrightarrow{MP_3} = 3\overrightarrow{MS}$.
c) Zeichnen Sie den Punkt H so, dass $3\overrightarrow{MS} = \overrightarrow{MH}$ ist. Beweisen Sie, dass die Gerade durch P_3 und H orthogonal zur Geraden durch P_1 und P_2 ist und $\overrightarrow{P_3H} = \overrightarrow{MP_1} + \overrightarrow{MP_2}$ gilt.
Zeigen Sie, dass sich die Höhen des Dreiecks $P_1P_2P_3$ im Punkt H schneiden.

8 Gegeben sind die Geradenschar $g_a: \vec{x} = \begin{pmatrix} 1 \\ 0 \\ 3 \end{pmatrix} + \begin{pmatrix} a \\ a^2 \\ 2 \end{pmatrix}$, $a \in \mathbb{R}$, und die Ebene $E: 2x_1 + x_2 - 4x_3 = 7$.
a) Bestimmen Sie den Parameter a so, dass die zugehörigen Geraden g_a parallel zur Ebene E sind. Welchen Winkel schließen diese beiden Geraden ein?
b) Zeigen Sie, dass keine Gerade der Geradenschar g_a orthogonal zu E ist.
c) Bestimmen Sie eine Gleichung der Ebene E_2, die die Geraden g_{-1} und g_1 enthält.

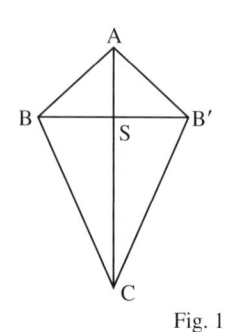

Aufgaben zur Vorbereitung des schriftlichen Abiturs

9 Gegeben sind die Geraden g: $\vec{x} = \begin{pmatrix} 1 \\ 3 \\ 0 \end{pmatrix} + r \begin{pmatrix} 1 \\ 1 \\ -1 \end{pmatrix}$, h: $\vec{x} = \begin{pmatrix} 1 \\ 4 \\ 1 \end{pmatrix} + s \begin{pmatrix} -1 \\ 4 \\ 6 \end{pmatrix}$ und die Punkte A(2|1|–4) und B(6|3|–4).

a) Zeigen Sie, dass die Geraden g und h eine Ebene E aufspannen und geben Sie eine Koordinatengleichung der Ebene E an.
B' ist der Spiegelpunkt von B an der Ebene E. Bestimmen Sie die Koordinaten des Punktes B'.
b) Durch den Punkt C wird das Dreieck ABB' zu einem Drachen ergänzt (Fig. 1). Der Schnittpunkt S teilt die Strecke $\overline{AC}$ im Verhältnis 1:4. Bestimmen Sie die Koordinaten von C.
c) Bestimmen Sie die Koordinaten eines Punktes D so, dass das Viereck ABDB' eine Raute ist.
d) Zeigen Sie allgemein: Die Seitenmitten einer Raute sind die Eckpunkte eines Rechtecks.

Fig. 1

Eine Sonnenuhr besteht aus einem Stab, der einen Schatten wirft und einer Skala. Während sich die Erde um ihre eigene Achse dreht, wandert der Schatten des Zeigers über die Skala und zeigt so die Uhrzeit an. Damit die Sonne im Sommer wie im Winter zu gleichen Zeiten Schatten in die gleiche Richtung wirft, ist der Stab parallel zur Erdachse auszurichten. Die Länge des Schattens hängt dann noch von der Jahreszeit ab.

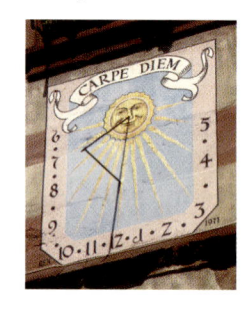

10 Auf einem Quader soll eine Sonnenuhr aufgestellt werden (Fig. 2). Der „Zeiger" steht in einem Winkel von 60° zur Grundfläche in Nord-Süd-Richtung.
a) Das Bohrloch soll im Mittelpunkt der Deckfläche angefertigt werden. Geben Sie eine Gleichung der Geraden an, die die Bohrrichtung beschreibt.
b) Die sichtbare Länge des „Zeigers" beträgt 2 Einheiten. Bestimmen Sie die Länge des Schattens, wenn die Lichtstrahlen senkrecht zur Deckfläche auftreffen.
c) Im Folgenden soll der Quader abgeschrägt werden (Fig. 3). Die neue Deckfläche soll durch die Punkte A und B verlaufen. Geben Sie eine Gleichung der Ebene an, in der die neue Deckfläche liegt. Zeigen Sie, dass die neue Oberfläche durch die alte Bohrung beschädigt ist, wenn die Bohrtiefe 1 Einheit beträgt.
d) In welchem Winkel zur Deckfläche muss die neue Bohrung erfolgen, damit die Zeigerrichtungen parallel zueinander sind? Wie lang ist jetzt der Schatten?

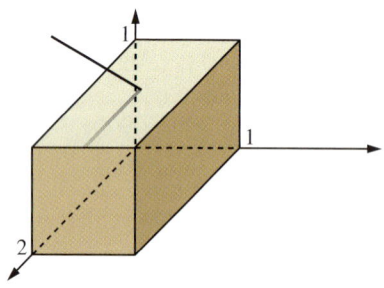

Fig. 2 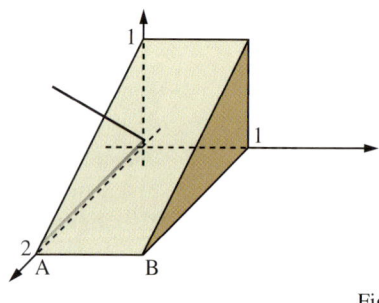   Fig. 3

11 Bei einer Insektenart entwickeln sich aus den Eiern innerhalb eines Monats Larven und aus diesen nach einem weiteren Monat wieder ein Insekt. Aus Erfahrung weiß man, dass aus 100 Eiern, die ein Insekt legt, 20% zu Larven werden und von diesen sich 40% zu vollständigen Insekten entwickeln.
a) Beschreiben Sie eine Stufe des Prozesses durch eine Übergangsmatrix A.
b) Untersuchen Sie, wie sich eine Insektenpopulation über 5 Monate entwickelt, die aus 30 Eiern, 20 Larven und 10 Insekten besteht.
c) Es werden Maßnahmen zur Bekämpfung der Insekten ergriffen:
– Ein Wirkstoff vernichtet für einen Monat nur die Insekten und Larven.
– Ein anderer Wirkstoff beeinflusst die Entwicklung so, dass ein Insekt nur noch 5 Eier ablegt.
Untersuchen Sie die Wirksamkeit dieser Maßnahmen.
d) Zeigen Sie, dass für eine Übergangsmatrix B mit $B = \begin{pmatrix} 0 & 0 & c \\ a & 0 & 0 \\ 0 & b & 0 \end{pmatrix}$, mit a, b, c ∈ ℝ, gilt:
$B^{3n} = \begin{pmatrix} (abc)^n & 0 & 0 \\ 0 & (abc)^n & 0 \\ 0 & 0 & (abc)^n \end{pmatrix} = (abc)^n \cdot \begin{pmatrix} 1 & 0 & 0 \\ 0 & 1 & 0 \\ 0 & 0 & 1 \end{pmatrix}$.
Erläutern Sie ihre Bedeutung für die Beurteilung einer Bekämpfungsmaßnahme für die Insekten.

GREGOR JOHANN MENDEL (1822–1884) war ein österreichischer Botaniker. Er beschäftigte sich intensiv mit der Erforschung der Vererbung. Dazu unternahm er zahlreiche Kreuzungsexperimente durch künstliche Bestäubung an Erbsen. Er kreuzte verschiedene Samenarten und studierte die Eigenschaften der daraus resultierenden Pflanzen. Seine Ergebnisse fasste er in den drei nach ihm benannten MENDEL'-schen Regeln zusammen. Außerdem prägte er die Begriffe dominant und rezessiv, die heute noch in der Genetik benutzt werden.

12 Erbsenpflanzen können sich in dem Merkmal großwüchsig und kleinwüchsig unterscheiden. Entscheidend dafür ist ein Genpaar, bei dem jedes Gen eine dominante (A) oder rezessive (a) Zustandsform annehmen kann. Nur bei dem Genotyp aa tritt die Kleinwüchsigkeit auf, bei den beiden anderen Genotypen AA und Aa dominiert das Gen (A).
Bei fortgesetzten Kreuzungen mit mischerbsigen Pflanzen, d. h. vom Typ Aa oder aA, ergeben sich folgende Übergangswahrscheinlichkeiten:

AA → AA: 0,5   AA → Aa: 0,5   aa → aa: 0,5   aa → Aa: 0,5
Aa → Aa: 0,5   Aa → aa: 0,25   Aa → AA: 0,25

a) Zeichnen Sie den zugehörigen Übergangsgraphen und stellen Sie die Übergangsmatrix auf.
b) In einem Versuch werden 10 000 Pflanzen mit der Zusammensetzung AA: 3000, Aa: 2000, aa: 5000 mit mischerbsigen Pflanzen gekreuzt. Bestimmen Sie die Verteilung nach 5 Jahren.
c) Untersuchen Sie, wie sich die Verteilung entwickelt, wenn die Versuchspflanzen ausschließlich vom Genotyp Aa sind. Untersuchen Sie an Zahlenbeispielen, was sich ändert, wenn zu Beginn jeweils nur zwei der drei Genotypen vertreten sind.
d) Bestimmen Sie die sich langfristig einstellende Gleichgewichtsverteilung der verschiedenen Genotypen. Welcher Prozentsatz der Pflanzen wird das Merkmal der Kleinwüchsigkeit schließlich aufweisen?

13 Gegeben ist die affine Abbildung $\alpha_{a,b}$ durch $\alpha_{a,b}: \vec{x}' = \begin{pmatrix} 1+a & a \\ b & 1+b \end{pmatrix} \cdot \vec{x}$, $a, b \in \mathbb{R} \setminus \{0\}$.

a) Setzen Sie $a = 2$ und $b = -2$. Bestimmen Sie die Normalform der affinen Abbildung $\alpha_{2,-2}$ und geben Sie die wesentlichen Eigenschaften dieser Abbildung an.
b) Bestimmen Sie für die Abbildung $\alpha_{2,-2}$ den Bildpunkt S′ des Punktes S(1|0). Konstruieren Sie damit dann den Bildpunkt des Punktes T(1|1) und geben Sie eine Beschreibung der Konstruktion an.
c) Bestimmen Sie für den Fall $b = -a$ die Normalform der affinen Abbildung $\alpha_{a,-a}$.
d) Setzen Sie $a = -c$ und $b = -c$ mit $c > 1$. Versuchen Sie ohne eine erneute vollständige Untersuchung dieser Abbildung die wesentlichen Unterschiede zum Fall $b = -a$ herauszuarbeiten.

14 Eine affine Abbildung α_t bildet den Punkt O(0|0) auf O′(t|−6), P(1|−1) auf P′(t + 5|−2t − 9) und Q(−3|1) auf Q′(t − 3|2t + 3) ab.

a) Bestimmen Sie eine Matrixdarstellung der Abbildung α_t.
b) Welchen Wert darf der Parameter t nicht annehmen, damit α_t eine affine (also umkehrbare) Abbildung ist? Für welchen Wert von t ist α_t eine flächeninhaltstreue Abbildung? Für welchen Wert von t verdoppeln sich die Flächeninhalte von Figuren bei der Abbildung α_t?
c) Für welchen Wert von t wird R(2|−1) auf R′(8|−20) abgebildet? Welcher Punkt T wird bei dieser Abbildung auf R abgebildet?
d) Für welche Werte von t existieren Fixpunkte mit gleichen Koordinaten?
e) Berechnen Sie die Fixpunkte der Abbildung α_t.

15 Die Gerade $x_2 = -2x_1$ ist Fixpunktgerade einer affinen Abbildung α. Der Punkt A(0|2) wird auf den Punkt A′(−3|0) abgebildet.
a) Konstruieren Sie die Bilder der Koordinatenachsen.
b) Konstruieren Sie die Bilder der Geraden g: $x_2 = x_1$ und h: $x_2 = x_1 - 2$.
c) Auf welche Gerade wird eine Gerade mit der Darstellung g: $x_2 = mx_1 + b$ abgebildet?
d) Beweisen Sie die folgenden Aussagen:
Wenn eine affine Abbildung zwei Fixpunkte besitzt, so besitzt sie auch eine Fixpunktgerade.
Wenn eine affine Abbildung drei Fixpunkte hat, die nicht auf einer gemeinsamen Geraden liegen, dann ist es die identische Abbildung.

Aufgaben zur Vorbereitung des mündlichen Abiturs

Die folgenden Aufgaben dienen zur Überprüfung des Verständnisses und könnten sich in dieser Form auch bei einer mündlichen Prüfung ergeben.

1 Gegeben sind die drei Geraden g: $\vec{x} = \begin{pmatrix} 1 \\ -3 \\ 1 \end{pmatrix} + r \begin{pmatrix} 2 \\ 0 \\ 1 \end{pmatrix}$; h: $\vec{x} = \begin{pmatrix} 2 \\ 1 \\ -2 \end{pmatrix} + s \begin{pmatrix} -4 \\ 0 \\ -2 \end{pmatrix}$; k: $\vec{x} = \begin{pmatrix} 3 \\ 1 \\ -2 \end{pmatrix} + t \begin{pmatrix} 4 \\ 2 \\ 0 \end{pmatrix}$.

a) Welche Lage haben die Geraden g und h, g und k sowie h und k zueinander?
b) Beschreiben Sie alle möglichen verschiedenen Lagen, die zwei Geraden g und h im Raum zueinander haben können.
c) Gegeben sind die Geraden g: $\vec{x} = \vec{p} + r\vec{u}$ und h: $\vec{x} = \vec{q} + s\vec{v}$.
Stellen Sie unter Verwendung der Begriffe „linear unabhängig" und „linear abhängig" Bedingungen für die Vektoren auf, die die unterschiedlichen Lagen aus b) kennzeichnen.

2 a) Bestimmen Sie die Schnittgerade der Ebene E_1: $\vec{x} \cdot \begin{pmatrix} 1 \\ 2 \\ 3 \end{pmatrix} + 2 = 0$ mit der Ebene E_2: $\vec{x} \cdot \begin{pmatrix} 1 \\ 3 \\ 2 \end{pmatrix} - 1 = 0$.

b) Welche Lagen können zwei Ebenen grundsätzlich zueinander haben? An welchen Stellen würden sich die Rechenschritte aus a) unterscheiden?
c) Geben Sie die unterschiedlichen Darstellungsformen für Ebenen an und erläutern Sie deren Vorzüge für die Untersuchung von Schnittproblemen.

3 Gegeben sind die Punkte A(3|4|−7) und B(5|6|3).
a) Bestimmen Sie die Koordinaten eines Punktes, der von A und B gleich weit entfernt ist.
b) Wo liegen alle Punkte, die von A und B gleich weit entfernt sind? Beschreiben Sie diese Punkte durch eine Gleichung.
c) Erläutern Sie, wie man den Abstand eines Punktes von einer Ebene berechnen kann.

4 Gegeben sind die Punkte A(3|0|3), B(−1|5|0), C(5|5|−3), D(11|−10|9).
a) In welchem Fall legen 3 Punkte im Raum genau eine Ebene fest?
Zeigen Sie, dass dies für die Punkte A, B, C gilt, aber nicht für die Punkte A, B und D.
b) Bestimmen Sie eine Gleichung der Ebene, die durch A, B und C festgelegt ist.
c) Erläutern Sie, wie man die Ebene E: $x_1 + 2x_2 + 2x_3 - 9 = 0$ in einem räumlichen Koordinatensystem veranschaulichen kann.

5 Gegeben sind die Punkte A(7,5|−1|2), B(0|4|−2) und die Ebene E: $2x_1 + 3x_2 = 12$.
a) Welche besondere Lage hat die Ebene E im Koordinatensystem?
b) Zeigen Sie, dass die Punkte A und B in der Ebene E liegen. Bestimmen Sie eine Gleichung der Geraden g, die durch B geht, orthogonal zu $\overline{AB}$ ist und in der Ebene E verläuft.
c) Berechnen Sie die Koordinaten aller Punkte auf der x_3-Achse, von denen aus die Strecke $\overline{AB}$ unter einem rechten Winkel erscheint.

6 Gegeben sind die Geraden g: $\vec{x} = \begin{pmatrix} 6 \\ 1 \\ -4 \end{pmatrix} + r \begin{pmatrix} 4 \\ 1 \\ -6 \end{pmatrix}$ und h: $\vec{x} = \begin{pmatrix} 4 \\ 0 \\ 3 \end{pmatrix} + s \begin{pmatrix} 0 \\ -1 \\ 3 \end{pmatrix}$.

a) Zeigen Sie, dass der Punkt A(4|−2|3) auf keiner der beiden Geraden liegt und die Geraden windschief zueinander sind.
b) Bestimmen Sie den Abstand des Punktes A von der Geraden g und den Abstand der beiden Geraden g und h.
c) Erläutern Sie allgemein, wie man den Abstand eines Punktes von einer Geraden, eines Punktes von einer Ebene und den Abstand zweier windschiefer Geraden bestimmt.

7 Gegeben sind die Punkte A(1|2|3), B(5|0|−1), C(3|4|−5) und D_k(k|6|−1) und die Ebene

E: $\vec{x} = \begin{pmatrix} 7 \\ 2 \\ -9 \end{pmatrix} + r\begin{pmatrix} -2 \\ 1 \\ 2 \end{pmatrix} + s\begin{pmatrix} -1 \\ -1 \\ 4 \end{pmatrix}$.

a) Zeigen Sie, dass die Strecke $\overline{AB}$ und der Punkt C in der Ebene E liegen.
b) Bestimmen Sie den Wert für k so, dass der Punkt D_k in der Ebene E liegt.
c) Zeigen Sie, dass die Punkte A, B, C und D_{-1} die Eckpunkte eines Quadrates sind.
Erläutern Sie mehrere Verfahren, mit denen man die Koordinaten des Diagonalenschnittpunktes bestimmen kann und bestimmen Sie die Koordinaten.
d) Das Quadrat ist die Grundfläche einer Pyramide mit der Höhe 7. Geben Sie Gleichungen der Ebenen an, in denen die Spitzen der Pyramiden liegen.

8 Welche Menge von Punkten X mit den Ortsvektoren $\vec{x}$ wird durch die folgende Vektorgleichung dargestellt, wenn $\vec{a}, \vec{b}$ gegebene linear unabhängige Vektoren sind?
a) $\vec{x} = r\vec{a} + r\vec{b}$, $r \in \mathbb{R}$ b) $\vec{x} = r\vec{a} + s\vec{b}$, $r, s \in \mathbb{R}$ c) $\vec{x} = r\vec{a} + s\vec{b}$ mit $r + s = 1$
d) $\vec{x} \cdot \vec{a} = 0$ e) $|\vec{x}| = 1$ f) $\vec{x}^2 - 2\vec{a} \cdot \vec{x} = 0$

9 Gegeben ist eine Gerade g: $\vec{x} = \vec{p} + t\vec{u}$ und ein Punkt A, der nicht auf der Geraden liegt, mit dem Ortsvektor $\vec{a}$.
a) Geben Sie eine Darstellung der Ebene E_1 an, die die Gerade g enthält und durch A geht.
b) Bestimmen Sie eine Darstellung der Ebene E_2, die zu g orthogonal ist und A enthält.
c) Erläutern Sie zwei verschiedene Verfahren, um den Abstand des Punktes A von der Geraden g zu berechnen.

10 a) Wie viele Punkte und deren Bildpunkte müssen gegeben sein, damit eine affine Abbildung eindeutig festgelegt ist?
b) Stellen Sie jeweils für die angegebene Abbildung die Matrix der Umkehrabbildung auf:
– Drehung um (0|0) mit dem Winkel φ,   – Spiegelung an der Geraden g: $x_2 = m x_1$,
– Streckung in x_1-Richtung mit dem Faktor k,   – Streckung in x_2-Richtung mit dem Faktor k.

11 a) Ein Dreieck ABC soll durch eine affine Abbildung α so abgebildet werden, dass die Seite $\overline{AB}$ fest bleibt und C auf einen vorgegebenen Punkt C′ abgebildet wird. Wie viele solcher Abbildungen gibt es? Warum muss α eine Achsenaffinität sein?
b) Ein Dreieck ABC soll durch eine affine Abbildung auf ein Dreieck PQR abgebildet werden; hierbei soll P der Bildpunkt von A sein. Wie viele solcher Affinitäten gibt es?

12 a) Welche Eigenwerte und welche Eigenvektoren hat die Abbildungsmatrix einer
– Achsenspiegelung,   – einer Punktspiegelung,
– einer zentrischen Streckung mit dem Streckfaktor 2,   – einer Verschiebung?
Geben Sie jeweils eine zugehörige Matrix in Normalform an.
b) Die Matrix einer Abbildung α habe die Eigenwerte $\lambda_1 = 1$ und $\lambda_2 = 2$. Was folgt daraus für die Abbildung α? Was kann man darüber hinaus folgern, wenn α einen Fixpunkt besitzt? Wie erhält man in diesem Fall weitere Informationen über die Abbildung?

13 Die Abbildung mit der Matrix $\begin{pmatrix} 1 & 0 \\ k & 1 \end{pmatrix}$ ist eine Scherung in Richtung der x_2-Achse mit dem Faktor $k = \tan(\alpha)$.
a) Veranschaulichen Sie die Abbildung in einem Koordinatensystem, indem Sie ein Quadrat abbilden. Beschreiben Sie die Abbildung.
b) Beschreiben Sie die Abbildung mit der Matrix $\begin{pmatrix} 1 & k \\ 0 & 1 \end{pmatrix}$.

Lösungen

Aufgaben zum Üben und Wiederholen, Seite 31

1
a) Lösung: (11; 1; 3)
b) Lösung: $\left(\frac{82}{19}; -\frac{16}{19}; -\frac{9}{19}\right)$
c) Lösung: $\left(\frac{54}{43}; -\frac{138}{43}; \frac{304}{43}\right)$

2
a) Lösungsmenge:
$L = \left\{\left(\frac{25-7t}{11}; \frac{5t-21}{11}; t\right) \mid t \in \mathbb{R}\right\}$
b) Lösungsmenge:
$L = \left\{\left(\frac{17t-18}{16}; \frac{5t+6}{8}; t\right) \mid t \in \mathbb{R}\right\}$
c) Lösungsmenge:
$L = \left\{\left(\frac{t+63}{31}; \frac{19t-74}{31}; t\right) \mid t \in \mathbb{R}\right\}$

3
a) Lösungsmenge: $L = \{(-1; 2)\}$
b) Lösungsmenge: $L = \{\ \}$
c) Lösungsmenge: $L = \left\{\left(\frac{6-3t}{2}; t\right) \mid t \in \mathbb{R}\right\}$
d) Lösungsmenge: $L = \{(1; -1)\}$

4
a) LGS: $\alpha + \beta + \gamma + \delta = 360°$
$\alpha - \gamma = 0°$
$\alpha - 2\beta = 0°$
$\beta - 2\gamma + \delta = 0°$
Winkel: $\alpha = 90°, \beta = 45°, \gamma = 90°, \delta = 135°$.
b) LGS: $\alpha + \beta + \gamma + \delta = 360°$
$\alpha - \gamma = 0°$
$\alpha - \beta = -40°$
$\beta - 4\gamma + \delta = 0°$
Winkel: $\alpha = 60°, \beta = 100°, \gamma = 60°, \delta = 140°$.

5
a) Lösung: $\left(\frac{37}{11}; -\frac{30}{11}; -3; \frac{97}{22}\right)$
b) Lösung: $\left(\frac{199}{22}; -36; -\frac{233}{11}; \frac{34}{11}\right)$
c) Lösung: $\left(\frac{619}{20}; \frac{807}{40}; \frac{859}{20}; -\frac{897}{40}\right)$

6
a) Für $r = 1$ hat das LGS keine Lösung, für $r \neq 1$ hat es genau eine Lösung.
b) Stufenform:
$2x_1 - x_2 + rx_3 = 2 - 2r$
$2x_3 + rx_3 = r$
$(3 - 2r)x_3 = 12 - r$
Für $r = \frac{3}{2}$ hat das LGS keine Lösung, für $r \neq \frac{3}{2}$ hat es genau eine Lösung.
c) Stufenform:
$6x_1 + rx_2 + 4x_3 = -6$
$rx_2 + rx_3 = 3$
$(6r^2 - 9)x_3 = 6r - 9$

6 (Fortsetzung)
Für $r = 0$ hat das LGS keine Lösung, für $r = \frac{3}{2}$ hat es unendlich viele Lösungen, für alle anderen r hat es genau eine Lösung.

7
a) Lösungsmenge:
$L_r = \left\{\left(\frac{14r+18}{5}; \frac{24r+18}{5}; 4r+6\right)\right\}$
b) Lösungsmenge:
$L_r = \left\{\left(5-r; \frac{27r-36}{6}; \frac{25r-32}{2}\right)\right\}$
c) Stufenform:
$x_1 + rx_2 + rx_3 = 5$
$rx_2 - rx_3 = -15$
$(r^2 - r)x_3 = r + 13$
Lösungsmengen:
$L_0 = \{\ \}$, $L_1 = \{\ \}$,
$L_r = \left\{\left(\frac{28-14r}{r^2-r}; \frac{18r-46}{r-1}; \frac{r+13}{r^2-r}\right)\right\}$ für $r \neq 0$, $r \neq 1$

8
a) Lösungsmenge:
$L = \left\{\left(\frac{9}{2}; 3; \frac{9}{8}; 4\right)\right\}$
b) Lösungsmenge:
$L = \left(-3; 0; \frac{3}{2}; 0\right) + s\left(-\frac{3}{2}; 0; \frac{1}{8}; 1\right) + t(-1; 1; 0; 0) \mid s, t \in \mathbb{R}$

9
LGS:
$x_1 + x_2 + x_3 + x_4 = 1000$
$\frac{7}{10}x_1 + \frac{19}{25}x_2 + \frac{4}{5}x_3 + \frac{17}{20}x_4 = 740$
$\frac{11}{50}x_1 + \frac{4}{25}x_2 + \frac{1}{10}x_3 + \frac{3}{25}x_4 = 180$
$\frac{2}{25}x_1 + \frac{2}{25}x_2 + \frac{1}{10}x_3 + \frac{3}{100}x_4 = 80$
Lösungsmenge des LGS:
$\left(\frac{1000}{3}; \frac{2000}{3}; 0; 0\right)$
Es werden etwa 333 kg von Sorte I, 667 kg von Sorte II und nichts von den Sorten III und IV gebraucht.

Aufgaben zum Üben und Wiederholen, Seite 71

1
a) $5\vec{a}$ b) $2\vec{c}$ c) $10\vec{d} - 7\vec{e}$
d) $2{,}7\vec{u} - 3{,}3\vec{v}$
e) $10{,}3\vec{a} - 7{,}2\vec{b} - 13{,}1\vec{c}$

2
$\begin{pmatrix}1\\2\\4\end{pmatrix} = (-8) \cdot \begin{pmatrix}1\\2\\1\end{pmatrix} + 12 \cdot \begin{pmatrix}0\\1\\1\end{pmatrix} + 3 \cdot \begin{pmatrix}3\\2\\0\end{pmatrix}$

3
a) $\vec{c} = -\vec{b}$; $\vec{d} = -\vec{a}$; $\vec{e} = \vec{b} - \vec{a}$
b) $\vec{a} = -\vec{d}$; $\vec{b} = \vec{e} - \vec{d}$; $\vec{c} = \vec{d} - \vec{e}$

4
a) Die Vektoren sind linear unabhängig, also bilden sie eine Basis des $\mathbb{R}^3$.
b) Die Vektoren sind linear unabhängig, also bilden sie eine Basis des $\mathbb{R}^3$.
c) Die Vektoren sind linear abhängig, also bilden sie keine Basis des $\mathbb{R}^3$.
$\begin{pmatrix}0\\0\\0\end{pmatrix} = 0 \cdot \begin{pmatrix}5\\7\\-9\end{pmatrix} + 0 \cdot \begin{pmatrix}-1\\-4\\3\end{pmatrix}$

5
a) $a \neq 24$ b) $a \neq 3\frac{3}{7}$ c) $a \neq 3$
d) $a \neq -6$ e) $a \neq 1$ f) $a \neq 0$

6
Es gilt: $\overrightarrow{AE} = \vec{a} + \frac{3}{4}(\vec{b} - \vec{a}) = \frac{1}{4}\vec{a} + \frac{3}{4}\vec{b}$
und $\overrightarrow{BD} = -\vec{b} + \frac{2}{3}\vec{a} = \frac{2}{3}\vec{a} - \vec{b}$
Geschlossene Vektorkette:
$\overrightarrow{AS} + \overrightarrow{SD} - \frac{2}{3}\vec{a} = \vec{o}$
also: $r\left(\frac{1}{4}\vec{a} + \frac{3}{4}\vec{b}\right) + s\left(\frac{2}{3}\vec{a} - \vec{b}\right) - \frac{2}{3}\vec{a} = \vec{o}$
$\vec{a}$ und $\vec{b}$ ausklammern:
$\left(\frac{1}{4}r + \frac{2}{3}s - \frac{2}{3}\right)\vec{a} + \left(\frac{3}{4}r - s\right)\vec{b} = \vec{o}$
da $\vec{a}$, $\vec{b}$ linear unabhängig sind, erhält man das LGS
$\begin{cases}\frac{1}{4}r + \frac{2}{3}s - \frac{2}{3} = 0\\ \frac{3}{4}r - s = 0\end{cases}$
das LGS hat die Lösung $\left(\frac{8}{9}; \frac{2}{3}\right)$.
Somit erhält man:
$\overrightarrow{AS} = \frac{8}{9}\left(\frac{1}{4}\vec{a} + \frac{3}{4}\vec{b}\right) = \left(\frac{2}{9}\vec{a} + \frac{2}{3}\vec{b}\right)$
$\overrightarrow{BS} = \frac{1}{3}\left(\frac{2}{3}\vec{a} - \vec{b}\right) = \left(\frac{2}{9}\vec{a} - \frac{1}{3}\vec{b}\right)$

7
a) $\overrightarrow{PQ} = \overrightarrow{TS} = \frac{1}{2}\vec{a} + \frac{1}{2}\vec{b}$;
$\overrightarrow{QR} = \overrightarrow{UT} = \frac{1}{2}\vec{b} + \frac{1}{2}\vec{c}$;
$\overrightarrow{RS} = \overrightarrow{PU} = -\frac{1}{2}\vec{a} + \frac{1}{2}\vec{c}$.
Die drei Vektoren $\overrightarrow{PQ}$, $\overrightarrow{QR}$, $\overrightarrow{RS}$ (und damit je drei der sechs Kantenvektoren des Sechsecks PQRSTU) sind linear abhängig: $\overrightarrow{PQ} - \overrightarrow{QR} + \overrightarrow{RS} = \vec{o}$.
b) Die Vektoren $\overrightarrow{PQ}$, $\overrightarrow{QR}$ und $\overrightarrow{SV} = -\frac{1}{2}\vec{a} - \frac{1}{2}\vec{c}$ sind linear unabhängig, wie man mithilfe ihrer Darstellung durch die linear unabhängigen Vektoren $\vec{a}, \vec{b}, \vec{c}$ feststellt.

Lösungen

8
Mögliche Basis ist
a) (1; 1; 0; 0), (1; 0; 1; 0), (−1; 0; 0; 1)
b) (1; −2; 1; 0), (2; −3; 0; 1)
c) (0; −1; 0; 1; 0), (−1; 0; 0; 0; 1),

Aufgaben zum Üben und Wiederholen, Seite 115

1
a) g und h sind zueinander windschief.
b) g und h sind identisch.
c) g und h schneiden sich in dem Punkt S(3|3|9).
d) g und h sind zueinander parallel und haben keine gemeinsamen Punkte.

2
a) E_1 und E_2 schneiden sich;
Schnittgerade g: $\vec{x} = \begin{pmatrix} -8 \\ 13 \\ 9 \end{pmatrix} + t \cdot \begin{pmatrix} -4 \\ 3 \\ -3 \end{pmatrix}$.
b) E_1 und E_2 sind zueinander parallel und haben keine gemeinsamen Punkte.
c) E_1 und E_2 schneiden sich;
Schnittgerade g: $\vec{x} = t \cdot \begin{pmatrix} 17 \\ 7 \\ 10 \end{pmatrix}$.
d) E_1 und E_2 schneiden sich;
Schnittgerade g: $\vec{x} = \begin{pmatrix} 2 \\ 6 \\ 6 \end{pmatrix} + t \cdot \begin{pmatrix} 9 \\ 18 \\ -5 \end{pmatrix}$.

3
a) g und E schneiden sich in dem Punkt S(5|3|8).
b) g und E schneiden sich in dem Punkt S(−6|2|−5).

4
a) $2x_1 + 6x_2 - x_3 = 52$
b) $x_1 - x_2 + x_3 = 2$
c) $8x_1 - 9x_2 - 2x_3 = -14$

5
a) $\vec{x} = \begin{pmatrix} 1 \\ 1 \\ -1 \end{pmatrix} + r \cdot \begin{pmatrix} 5 \\ -2 \\ 0 \end{pmatrix} + s \cdot \begin{pmatrix} 2 \\ 0 \\ 1 \end{pmatrix}$
b) $\vec{x} = \begin{pmatrix} 1 \\ 1 \\ 1 \end{pmatrix} + r \cdot \begin{pmatrix} 7 \\ 1 \\ 0 \end{pmatrix} + s \cdot \begin{pmatrix} 15 \\ 0 \\ -1 \end{pmatrix}$
c) $\vec{x} = \begin{pmatrix} 4 \\ 0 \\ 0 \end{pmatrix} + r \cdot \begin{pmatrix} 7 \\ -4 \\ 0 \end{pmatrix} + s \cdot \begin{pmatrix} 5 \\ 0 \\ 4 \end{pmatrix}$
d) $\vec{x} = r \cdot \begin{pmatrix} 0 \\ 1 \\ 0 \end{pmatrix} + s \cdot \begin{pmatrix} 5 \\ 0 \\ 2 \end{pmatrix}$

e) $\vec{x} = \begin{pmatrix} 2 \\ 0 \\ 0 \end{pmatrix} + r \cdot \begin{pmatrix} 1 \\ 0 \\ 0 \end{pmatrix} + s \cdot \begin{pmatrix} 0 \\ 5 \\ -3 \end{pmatrix}$
f) $\vec{x} = \begin{pmatrix} 1 \\ 0 \\ 0 \end{pmatrix} + r \cdot \begin{pmatrix} 0 \\ 0 \\ 1 \end{pmatrix} + s \cdot \begin{pmatrix} 1 \\ 1 \\ 0 \end{pmatrix}$

6
Der Punkt S teilt die Strecke $\overline{AE}$ im Verhältnis 5:2 und die Strecke $\overline{BF}$ im Verhältnis 4:3.

7
Ergänzt man die Zeichnung um die Strecke $\overline{BC}$, so gilt mit den Vektoren von Fig. 1:
Voraussetzung: $\vec{AB} = -n \cdot \vec{b}$; $\vec{BD} = \vec{a} + \vec{b}$ und $\vec{AC} = \vec{a} - n \cdot \vec{b}$.
Behauptung: $\vec{AS} = n \cdot \vec{SC}$ und $\vec{BS} = n \cdot \vec{SD}$
Beweis: $\vec{BS} + \vec{SA} + \vec{AB} = \vec{o}$, also ist
$r(\vec{a} + \vec{b}) - s(\vec{a} - n\vec{b}) - n\vec{b} = \vec{o}$
hieraus folgt $\vec{a}(r - s) + \vec{b}(r + ns - n) = \vec{o}$
da $\vec{a}$ und $\vec{b}$ linear unabhängig sind, gilt:
$r - s = 0$ und $r + ns - n = 0$
hieraus folgt: $r = s = \frac{n}{n+1}$
und somit $\vec{AS} = n \cdot \vec{SC}$ und $\vec{BS} = n \cdot \vec{SD}$.

Fig. 1

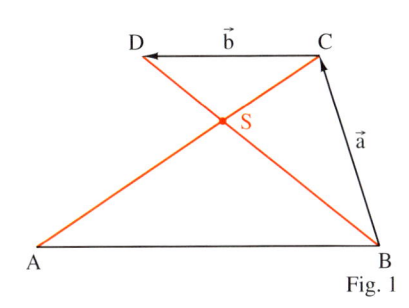

Aufgaben zum Üben und Wiederholen, Seite 173

1
a) $\left[\vec{x} - \begin{pmatrix} 6 \\ -8 \\ 2 \end{pmatrix}\right] \cdot \begin{pmatrix} 1 \\ 3 \\ 5 \end{pmatrix} = 0$; $x_1 + 3x_2 - 5x_3 = 20$
b) $d = \sqrt{35}$

2
a) h: $\vec{x} = \begin{pmatrix} 1 \\ 1 \\ 1 \end{pmatrix} + t \begin{pmatrix} 0 \\ 1 \\ 0 \end{pmatrix}$ b) E: $\left[\vec{x} - \begin{pmatrix} 2 \\ 8 \\ 0 \end{pmatrix}\right] \cdot \begin{pmatrix} 1 \\ 0 \\ 1 \end{pmatrix} = 0$

3
a) 1   b) $2 \cdot \sqrt{19}$ c) 15

4
a) A = 150   b) h = 8   c) V = 400

5
Eine Gerade und eine Ebene sind zueinander parallel, wenn der Richtungsvektor der Geraden orthogonal zum Normalenvektor der Ebene ist.
Aus $\begin{pmatrix} 2 \\ -8 \\ 6 \end{pmatrix} \cdot \begin{pmatrix} 2k \\ -1 \\ -k \end{pmatrix} = 0$ folgt k = 4.
Abstand zwischen g und E_4: d = 18

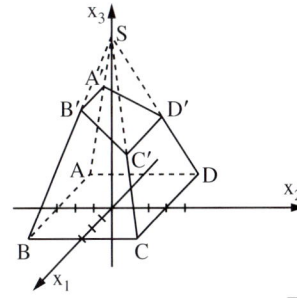

6
a) $A'(-1|-1|6)$; $B'(1|-1|6)$;
$C'\left(\frac{5}{3}\big|\frac{5}{3}\big|4\right)$; $D'\left(-\frac{5}{3}\big|\frac{5}{3}\big|4\right)$
b)

Fig. 2

Die Schnittfläche ist ein Trapez.
c) $A = \frac{80}{9}$
d) d = 3
e) Pyramide: V = 108
   Spitze: $V = \frac{80}{9}$
   Restkörper: $V = \frac{892}{9}$

7
Der Winkel zwischen $\vec{a}$ und $\vec{b}$ ist 0° oder 180°. Die Vektoren haben also gleiche oder entgegengesetzte Richtung, sie sind linear abhängig.

8
Die Raumdiagonale kann dargestellt werden durch $\vec{a} + \vec{b} + \vec{c}$. Damit ist
$(\vec{a} + \vec{b} + \vec{c})^2 = \vec{a}^2 + \vec{b}^2 + \vec{c}^2 + 2\vec{a} \cdot \vec{b} + 2\vec{a} \cdot \vec{c} + 2\vec{b} \cdot \vec{c}$.
Da $\vec{a} \perp \vec{b}$; $\vec{a} \perp \vec{c}$; $\vec{b} \perp \vec{c}$, ist
$\vec{a} \cdot \vec{b} = \vec{a} \cdot \vec{c} = \vec{b} \cdot \vec{c} = 0$.
Daraus folgt:
$(\vec{a} + \vec{b} + \vec{c})^2 = \vec{a}^2 + \vec{b}^2 + \vec{c}^2$
und damit die Behauptung.

253

Lösungen

Aufgaben zum Üben und Wiederholen, Seite 213

1
Die Parallelentreue ist verletzt.

2
a) $A'(6|2)$; $B'(28|4)$; $C'(2|22)$
b) $g': \vec{x} = \begin{pmatrix} -11 \\ -1 \end{pmatrix} + t \begin{pmatrix} 7 \\ 5 \end{pmatrix}$
c) $g': \vec{x} = \begin{pmatrix} 23 \\ 5 \end{pmatrix} + t \begin{pmatrix} 0 \\ -16 \end{pmatrix}$
d) $O(0|0)$ ist einziger Fixpunkt.
e) Es gilt $\alpha \begin{pmatrix} -1 \\ 1 \end{pmatrix} = -4 \begin{pmatrix} -1 \\ 1 \end{pmatrix}$ und $\alpha \begin{pmatrix} 5 \\ 3 \end{pmatrix} = -4 \begin{pmatrix} 5 \\ 3 \end{pmatrix}$.

3
a) $\alpha: \vec{x'} = \begin{pmatrix} 2 & 3 \\ 2 & 1 \end{pmatrix} \cdot \vec{x}$
b) $\alpha: \vec{x'} = \begin{pmatrix} 0 & 1 \\ 1 & 2 \end{pmatrix} \cdot \vec{x} + \begin{pmatrix} 1 \\ 2 \end{pmatrix}$
c) $\alpha: \vec{x'} = \begin{pmatrix} 0 & 1 \\ -1 & 0 \end{pmatrix} \cdot \vec{x} + \begin{pmatrix} 1 \\ 4 \end{pmatrix}$

4
a) $\alpha: \vec{x'} = \begin{pmatrix} -\frac{1}{2} & -\frac{\sqrt{3}}{2} \\ \frac{\sqrt{3}}{2} & -\frac{1}{2} \end{pmatrix} \cdot \vec{x}$
b) $\alpha: \vec{x'} = \begin{pmatrix} \frac{3}{5} & \frac{4}{5} \\ \frac{4}{5} & -\frac{3}{5} \end{pmatrix} \cdot \vec{x}$
c) $\alpha: \vec{x'} = \begin{pmatrix} \frac{3}{5} & \frac{2}{5} \\ -\frac{2}{5} & \frac{7}{5} \end{pmatrix} \cdot \vec{x}$
d) $\alpha: \vec{x'} = \begin{pmatrix} 1 & \frac{1}{2} \\ 0 & 2 \end{pmatrix} \cdot \vec{x}$
e) $\alpha: \vec{x'} = \begin{pmatrix} 2 & 0 \\ \frac{9}{2} & \frac{1}{2} \end{pmatrix} \cdot \vec{x}$

5
a) Die x_1-Achse ist Fixpunktgerade und die Gerade $g: \vec{x} = t \cdot \begin{pmatrix} 1 \\ 2 \end{pmatrix}$ ist Fixgerade.
Die Abbildung ist eine Parallelstreckung mit der x_1-Achse als Achse in Richtung der Geraden g mit dem Streckfaktor 2.
b) Fixgerade ist $g: \vec{x} = t \cdot \begin{pmatrix} 1 \\ 1 \end{pmatrix}$.
Die affine Abbildung ist eine Streckscherung.
c) Fixgeraden durch O sind
$g_1: \vec{x} = t \cdot \begin{pmatrix} 1 \\ \frac{7+\sqrt{113}}{8} \end{pmatrix}$ und $g_2: \vec{x} = t \cdot \begin{pmatrix} 1 \\ \frac{7-\sqrt{113}}{8} \end{pmatrix}$.
Die affine Abbildung ist eine EULER-Affinität.

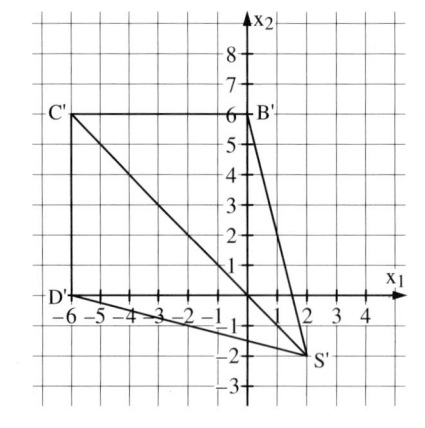

6
a), b)

Aufgaben zum Üben und Wiederholen, Seite 237

1
a) $A = \begin{pmatrix} 4 & 2 \\ 2 & 3 \\ 2 & 5 \end{pmatrix}$
b) (1) $y_1 = 160$, $y_2 = 120$, $y_3 = 160$
(2) $y_1 = 300$, $y_2 = 230$, $y_3 = 310$

2
a) $A = \begin{pmatrix} 0{,}3 & 0{,}3 \\ 0{,}3 & 0{,}5 \\ 0{,}4 & 0{,}2 \end{pmatrix}$
$B = \begin{pmatrix} 0{,}3 & 0{,}6 \\ 0{,}7 & 0{,}4 \end{pmatrix}$
$C = A \cdot B = \begin{pmatrix} 0{,}3 & 0{,}3 \\ 0{,}44 & 0{,}38 \\ 0{,}26 & 0{,}32 \end{pmatrix}$
b) $2{,}1\,t\,G_1$; $2{,}84\,t\,G_2$, $2{,}06\,t\,G_3$.

3
a) $\vec{q'} = \begin{pmatrix} 0{,}6 & 0{,}1 & 0{,}1 \\ 0{,}2 & 0{,}7 & 0{,}1 \\ 0{,}2 & 0{,}2 & 0{,}8 \end{pmatrix} \cdot \vec{q}$

LGS für $\vec{s}$:
$0{,}6\,s_1 + 0{,}1\,s_2 + 0{,}1\,s_3 = s_1$
$0{,}2\,s_1 + 0{,}7\,s_2 + 0{,}1\,s_3 = s_2$
$0{,}2\,s_1 + 0{,}2\,s_2 + 0{,}8\,s_3 = s_3$
$s_1 + s_2 + s_3 = 1$

Standardform:
$-0{,}4\,s_1 + 0{,}1\,s_2 + 0{,}1\,s_3 = 0$
$0{,}2\,s_1 - 0{,}3\,s_2 + 0{,}1\,s_3 = 0$
$0{,}2\,s_1 + 0{,}2\,s_2 - 0{,}2\,s_3 = 0$
$s_1 + s_2 + s_3 = 1$

Lösung in Vektorschreibweise:
$\vec{s} = \begin{pmatrix} 0{,}2 \\ 0{,}3 \\ 0{,}5 \end{pmatrix}$

3
b) Zu bestimmen sind $A^2 = A \cdot A$, $A^3 = A^2 \cdot A$ und $A^4 = A^3 \cdot A$.
$A^2 = \begin{pmatrix} 0{,}40 & 0{,}15 & 0{,}15 \\ 0{,}28 & 0{,}53 & 0{,}17 \\ 0{,}32 & 0{,}32 & 0{,}68 \end{pmatrix}$
$A^3 = \begin{pmatrix} 0{,}300 & 0{,}175 & 0{,}175 \\ 0{,}308 & 0{,}433 & 0{,}217 \\ 0{,}392 & 0{,}392 & 0{,}608 \end{pmatrix}$
$A^4 = \begin{pmatrix} 0{,}2500 & 0{,}1875 & 0{,}1875 \\ 0{,}3148 & 0{,}3773 & 0{,}2477 \\ 0{,}4352 & 0{,}4352 & 0{,}5648 \end{pmatrix}$

4
a) $\vec{q} = P \cdot \left(P \cdot \begin{pmatrix} 0 \\ 0 \\ 0 \\ 0 \\ 1 \end{pmatrix} \right) = \begin{pmatrix} 0{,}45 \\ 0{,}10 \\ 0{,}10 \\ 0{,}05 \\ 0{,}30 \end{pmatrix}$

b) LGS für $\vec{s}$:
$0{,}4\,s_1 \qquad\qquad\qquad\qquad + 0{,}5\,s_5 = s_1$
$0{,}2\,s_1 + 0{,}4\,s_2 \qquad\qquad\qquad\qquad = s_2$
$0{,}2\,s_1 + 0{,}2\,s_2 + 0{,}5\,s_3 \qquad\qquad = s_3$
$0{,}1\,s_1 + 0{,}2\,s_2 + 0{,}2\,s_3 + 0{,}6\,s_4 \quad = s_4$
$0{,}1\,s_1 + 0{,}2\,s_2 + 0{,}3\,s_3 + 0{,}4\,s_4 + 0{,}5\,s_5 = s_5$
$s_1 + s_2 + s_3 + s_4 + s_5 = 1$

Standardform:
$-0{,}6\,s_1 \qquad\qquad\qquad\qquad + 0{,}5\,s_5 = 0$
$0{,}2\,s_1 - 0{,}6\,s_2 \qquad\qquad\qquad\qquad = 0$
$0{,}2\,s_1 + 0{,}2\,s_2 - 0{,}5\,s_3 \qquad\qquad = 0$
$0{,}1\,s_1 + 0{,}2\,s_2 + 0{,}2\,s_3 - 0{,}4\,s_4 \quad = 0$
$0{,}1\,s_1 + 0{,}2\,s_2 + 0{,}3\,s_3 + 0{,}4\,s_4 - 0{,}5\,s_5 = 0$
$s_1 + s_2 + s_3 + s_4 + s_5 = 1$

Lösung in Vektorschreibweise:
$\vec{s} = \frac{1}{225} \begin{pmatrix} 60 \\ 20 \\ 32 \\ 41 \\ 72 \end{pmatrix}$

5
Aus $q + s + 0{,}4 = 1$, $r + t + s = 1$ und $P \cdot s = s$ ergibt sich:

LGS: $\begin{cases} q \qquad\; + s \qquad\quad = 0{,}6 \\ \quad\; r \;\;+ s + t = 1 \\ 0{,}4\,q + 0{,}2\,r \qquad\qquad = 0{,}2 \\ \qquad\qquad 0{,}4\,s + 0{,}2\,t = 0{,}24 \\ \qquad\qquad 0{,}2\,s \qquad\; = 0{,}08 \end{cases}$

Dies liefert die Koeffizienten
$q = s = t = 0{,}4$ und $r = 0{,}2$.

Register

Abbildung, affine 177
–, axonometrische 205
–, geometrische 174
–, geradentreue 177
–, umkehrbare 177
–, parallelentreue 177
–, teilverhältnistreue 177
Abstand eines Punktes
– von einer Ebene 142, 172
– von einer Geraden 149, 172
Abstand windschiefer Geraden 152, 172
Achsenaffinität 194
Affindrehung 198
Affinität 177
Äquivalenzumformungen 8
Assoziativgesetz 40, 43, 45, 70
Austauschprozess 220

Basis 58
Betrag eines Vektors 116, 172

CEVA, Satz von 107
Computer 26
CRAMER'sche Regel 18

Determinante 18, 188
Distributivgesetz 43, 45, 70, 124
Drehung 184
Durchstoßpunkt 92

Ebenen
–, sich schneidende 97
–, zueinander parallele 97
Ebenengleichung 114
– in Koordinatenform 86
– in Parameterform 82
Ebenenspiegelung 137
Eigenvektor 192
Eigenwerte 192
Einheitsvektor 116, 172
EULER-Affinität 196

Fixgerade 175
Fixpunkt 175
Fixpunktgerade 175

GAUSS-Verfahren 8, 30
Gegenvektor 32, 40, 70
Geraden
–, zueinander orthogonale 126
–, sich schneidende 76
–, zueinander parallele 76
–, zueinander windschiefe 76
Geradengleichung 114
– in Parameterform 72
Gleichung
–, charakteristische 192
–, lineare 6
Gleichungssystem
– homogenes 14
– inhomogenes 14
– lineares 6
– mit genau einer Lösung 11
– mit keiner Lösung 11
– mit unendlich vielen Lösungen 11
Grenzmatrix 223, 227

HESSE'sche Normalenform 144, 172

Koeffizienten 6, 43
kollinear 50
Kommutativgesetz 40, 47, 70, 124
komplanar 50
Koordinaten
– von Punkten 35
– von Vektoren 36
Koordinatendarstellung einer affinen
Abbildung 180
Koordinatengleichung
– der Ebene 86
Koordinatensystem
– kartesisches 35
– rechtwinkliges 35
– schiefwinkliges 35

LGS 6
linear abhängig 50, 70
linear unabhängig 50, 70
Linearkombination 14, 43, 70
Lösungsmenge 12, 30
–, einelementige 12

Register

Matrix   8, 30, 180
Matrixdarstellung einer affinen Abbildung   180
Matrizenmultiplikation   30, 186, 231
Matrizenprodukt   186, 218
MENELAOS, Satz von   107

n-Tupel   6
Normalenform   132, 172, 201
Normalenvektor   132
Normalform   201
Nullvektor   32

orthogonale Vektoren   119
Orthogonalität von
Geraden und Ebenen   136
Ortsvektor eines Punktes   36

Parallelprojektion   204
Parallelstreckung   194
Parameter   11, 30
Parametergleichung   73
Projektion   118, 204
Prozesse und Matrizen   214
Prozesse, mehrstufige   218
Prozessmatrix   215

Richtungsvektor   72

Scherung   174
Schnittwinkel
– einer Geraden und einer Ebene   155, 172
– zweier Ebenen   156, 172
– zweier Geraden   155, 172
Skalarprodukt   118, 172
– verallgemeinertes   130
– in Koordinatenform   119

Spannvektoren   81
Spiegelung   184
Spurprodukte   89
Spurgeraden   89
Standardbasis   58
Standardskalarprodukt   130
Streckscherung   197
Streckung
–, axiale   184
–, zentrische   184
Stufenform   8
Stützvektor   72, 81

Teilpunkt
–, äußerer   102
–, innerer   102
Teilverhältnis   102, 114

VARIGNON, Satz von   56
Vektoren
– addieren   39, 70
– mit einer Zahl multiplizieren   42, 70
– subtrahieren   39, 70
Vektorkette, geschlossene   55
Vektorprodukt   160
Vektorraum   47
– Basis eines   58
– Dimension eines   58
Verkettung affiner Abbildungen   186
Verschiebung   184
Verteilung, stationäre   220
Volumen des Spats   161

Winkel zwischen Vektoren   118